Finite Element Analysis in Geotechnical Engineering: Theory

岩土工程有限元分析:理论

〔英〕 David M. Potts　Lidija Zdravković 著

周　建　谢新宇　胡敏云等　译

科学出版社

北　京

图字:01-2010-3047 号

内 容 简 介

本书系统介绍了岩土工程数值分析理论及相关知识，阐述了数值计算的优势及不足、限制和缺陷，帮助读者对数值分析结果作出准确判断。内容覆盖岩土工程分析总论、线弹性有限元理论、岩土工程问题分析、土的力学性质、弹性本构模型、弹塑性力学性质、简单弹塑性本构模型、高等本构模型、材料非线性有限元理论、渗流和固结、三维有限元计算和傅里叶级数有限元法等。为使读者对有限元数值分析有全面深入的了解，本书侧重理论介绍，应用分析在《岩土工程有限元分析：应用》中介绍。

本书可作为岩土工程及结构工程专业研究生教材，也可供广大土木工程领域的工程技术人员和科研人员学习参考。

Translation from English edition:
Finite Element Analysis in Geotechnical Engineering: Theory by David M. Potts and Lidija Zdravković

图书在版编目(CIP)数据

岩土工程有限元分析：理论＝Finite Element Analysis in Geotechnical Engineering: Theory/(英)波茨(Potts D. M.)，(英)斯察维奇(Zdravković L.)著；周建，谢新宇，胡敏云等译．—北京：科学出版社，2010
ISBN 978-7-03-023549-7

Ⅰ．岩…　Ⅱ．①波…②斯…③周…④谢…⑤胡…　Ⅲ．岩土工程-有限元分析　Ⅳ．TU4

中国版本图书馆 CIP 数据核字(2010)第 189985 号

责任编辑：周　炜　王志欣　王向珍 / 责任校对：张　琪
责任印制：赵　博 / 封面设计：鑫联必升

科学出版社 出版
北京东黄城根北街 16 号
邮政编码：100717
http://www.sciencep.com

北京凌奇印刷有限责任公司印刷
科学出版社发行　各地新华书店经销
*
2010 年 5 月第　一　版　开本：720×1000　1/16
2025 年 1 月第五次印刷　印张：24 1/4
字数：467 000

定价：198.00 元

(如有印装质量问题，我社负责调换)

译者的话

在岩土工程教学和科研过程中，我们深深地感到需要一本合适的关于岩土工程数值计算的参考书。粗粗读了本书之后，我们都有被它吸引的感受。

本书基于作者30年来发展的岩土工程有限元分析软件(ICFEAP)，并结合了室内试验、本构模型研究，以及大量现场试验成果，开创了有限元分析在岩土工程实践中全面应用的先河。内容涵盖了岩土工程的主要应用领域，不仅有详尽深入的理论分析和严密的试验研究，还展示了通过试验、理论和数值分析三者的有机结合，使有限元数值模拟在大量岩土实际工程中得到成功应用。这些实例包括比萨斜塔加固工程、伦敦地铁工程等。

参加本书翻译的周建、胡敏云和谢新宇曾先后在帝国理工学院做过访问学者，帝国理工学院岩土方向的多位教授和博士也来杭州做过学术交流，互相之间算是比较熟悉的。

我们决定翻译本书是在2005年底，当时谢新宇和胡敏云正在帝国理工学院访问，那里总是经常会有各种聚会，大家热热闹闹地喝酒，正是趁着酒兴，我们向两位作者提出将他们的著作翻译成中文出版的想法，他们欣然同意，并答应帮助处理有关版权事宜。

2006年上半年，由谢新宇、周建和胡敏云牵头，又有应宏伟、潘晓东和刘开富几位加盟，翻译的班子算是搭成了。大家商定由周建和谢新宇分别负责《岩土工程有限元分析：理论》、《岩土工程有限元分析：应用》的统稿工作，并由谢新宇负责与出版社的联系事宜。翻译的具体分工如下：《岩土工程有限元分析：理论》，周建序言和第1～3章，胡敏云第4～8章和符号表，谢新宇第9、10章，潘晓东第11、12章；《岩土工程有限元分析：应用》，谢新宇序言和第1、6章，应宏伟第2、3章，刘开富第4、5章，周建7～9章。

翻译期间正值周建第二次在帝国理工学院访问，由她负责将大家翻译过程中遇到的一些问题与作者商量。翻译过程时间拖得很长，期间有作者的多次督促，历经两年总算脱稿，大家如释重负。翻译过程中浙江大学岩土专业的吴健、朱凯、杨相如、吴勇华、马伯宁、王龙等研究生作为初稿的第一批读者，提出了许多意见和建议。我们在此向为本书的翻译和出版给予帮助和支持的有关人士表示衷心的感谢。

翻译工作的困难也许只有亲历后才能真正体会，虽然我们尽力而为，但是鉴于英语和专业水平的限制，难免会有纰漏，还望各位读者和同行批评指正。

前　言

用有限元解决实际工程问题已有三十多年历史，由于岩土工程问题的特殊性，近期才将该方法大量用于岩土工程问题中，因此在岩土工程领域介绍有限元方法的书籍较少。

二十多年来，英国伦敦帝国理工学院（Imperial College，London）一直走在岩土工程数值分析的最前沿，凭借自己的计算程序及对有限元理论的深刻理解，已在有限元计算方面取得了巨大成就，多年研究经验表明，合理使用有限元方法可以为实际工程问题提供可靠的数据支持。

岩土工程有限元分析不仅要具备土力学和有限元方面的专业知识，了解现有本构模型的局限性，而且还要熟知软件的性能，但全面掌握这些知识并不容易，本科生或硕士生的专业课程很少覆盖这些内容，很多从事有限元分析或运用计算结果的工程师不了解其局限性和缺陷，近年来我们举办为期4天的岩土工程数值分析短训班就非常强调这个问题。这个短训班吸引了许多工程界和学术界的人员参加，举办得很成功，但也暴露出很多工程师不具备有限元分析的基本能力，正是他们的强烈要求及鼓励促使我们撰写这套书。

这套书主要介绍岩土工程有限元方法的应用，具体包括：

（1）有限元理论，主要介绍有限元分析中的近似和假设。

（2）常用本构模型及其优缺点。

（3）如何评价、比较商业软件的计算能力。

（4）有限元计算结果可信度的判断。

（5）用计算实例说明数值分析的局限性及利弊。

本套书主要面向商业软件的使用者及研究人员，也适用于岩土工程专业高年级本科生或研究生。为达到浅显易懂的目的，本书理论部分用传统的数学矩阵表示，没有使用张量符号。

显然，这套书不可能涵盖与岩土工程有关的所有数值分析内容，其一，涉及的领域太多，全部覆盖这些内容需要很长的篇幅；其二，我们的研究经验有限。因此这套书侧重介绍我们已经熟练掌握并对工程师有帮助的内容，仅含静力分析部分，不介绍动力响应。即便如此，集中在一本书中介绍仍不合适，于是将其分为《岩土工程有限元分析：理论》和《岩土工程有限元分析：应用》两本书。

《岩土工程有限元分析：理论》为理论部分，主要介绍有限元的基本理论和常用的本构模型，它清楚地论述了理论和模型中的假设和限制条件。《岩土工程有限元分析：应用》主要介绍有限元在实际工程中的应用，即如何具体运用，有哪些优缺点及局限性，这对软件使用者及评价有限元计算结果的工程师来说都是非常重要的。

本书共12章，第1章为岩土工程分析总论，介绍岩土数值分析所需的条件，提出现有分析方法的评价框架，让读者深入了解数值分析潜在的优越性。第2章为线弹性有限元理论，侧重介绍有限元理论所含的假设和条件。第3章介绍进行数值分析所需的修正和补充。

有限元理论最大的局限性是它假设材料是线弹性的。土体不是线弹性材料，第4章介绍反映土体重要特性的本构模型。遗憾的是，没有一个本构模型既能够反映土体的全部特征，而模型参数又可以由简单的试验确定。第5章介绍非线性弹性模型，它由弹性模型发展而来，在早期有限元分析应用较多，该模型有很大的局限性。现在应用较多的是基于弹塑性理论框架的本构模型，见第6章。第7章介绍简单的弹塑性模型，第8章介绍复杂的弹塑性模型。

有限元中采用非线性本构模型需要作一些理论拓展，详见第2章。第9章介绍最常用的非线性求解方法，从这些方法中可以知道，如果使用者不慎选错求解方法会引起很大的误差，本章也具体讨论了获得准确计算结果的方法。

第10章为变形和渗流耦合的有限元理论，这里可以考虑与时间有关的固结问题。三维问题的分析见第11章，求解三维问题需要很大的计算机内存，如何减小内存占用量及迭代算法的使用，在本章中均作了介绍。尽管三维分析已成功应用于其他工程领域，但就现在的计算机硬件条件而言，计算三维岩土工程问题还不是很经济。

第12章介绍傅里叶级数有限元理论，该理论用于分析几何轴对称而材料或加载条件不对称的三维问题。与一般三维有限元相比，二者计算精度相同，但能节省一个数量级的内存空间。

《岩土工程有限元分析：应用》建立在本书基础之上，理论部分介绍不多，主要侧重介绍有限元的工程应用，即如何从标准室内试验、现场试验获取计算参数，对隧道工程、挡土结构、土坡、堤坝和基础等问题进行有限元分析。此外，还有一章内容专门介绍基准校核，即应该如何进行有限元计算，有限元计算的限制条件与存在的缺陷，并用一些篇幅介绍岩土工程中不同边界条件下本构模型的选择及作者解决实际问题的一些经验。这套书虽由我们两位落笔撰写，但离不开伦敦帝国理工学院其他同事的帮助和支持。

书中所有算例均选用作者自己编写的程序计算，该程序不是商业化程序，因而计算结果公正，不带任何偏见。读者如采用商业软件，则要考虑结果所隐含的一些意思。

David M. Potts　Lidija Zdravković

伦　敦

1998年11月

目　录

第1章 岩土工程分析总论

1.1 引 言

本章概述了岩土结构设计的基础理论及不同分析方法，建立了岩土工程分析的基本框架，从而便于不同方法的比较。由本章内容可见，与目前使用的大多数传统方法相比，数值分析的优势十分明显。

1.2 概 述

几乎所有土木工程结构都涉及地基问题。例如，岩土材料构筑的边坡、土坝、堆石坝等(图 1.1)作用土或岩体提供的作用力和反作用力使结构保持平衡，片筏基础、桩基础等将建筑、桥梁、港口结构上的荷载传给地基，挡土墙的作用是使基

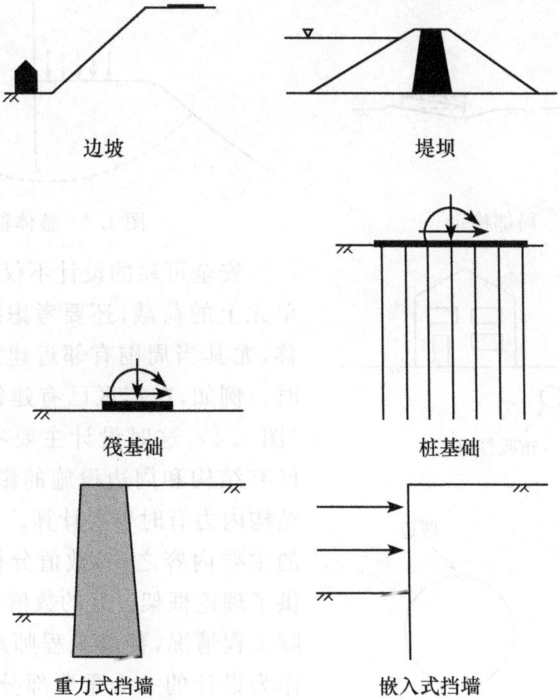

图 1.1 岩土工程结构示意图

坑能够垂直开挖。大多数情况下土体既提供作用力也提供反作用力;墙体和结构支撑体系的主要作用是传递荷载,因此岩土工程在土木结构设计中起着重要的作用。

设计时要计算正常荷载及极限荷载下土体和结构上的力及相应的位移,过去常用简单分析法或经验法(大多数规范和设计手册中都采用这些方法)估算,高性能计算机及计算软件的应用,使岩土结构分析和设计取得了很大进步,尤其在模拟使用中的岩土结构及土与结构相互作用等方面进展很大。

目前岩土工程结构分析方法很多,对没有经验的工程师来说很容易混淆。本章主要介绍岩土工程数值分析的基本理论及不同分析方法。通过已有方法的介绍建立计算框架,这样不仅便于各方法间的比较,而且可以知道数值分析是如何在此框架上建立起来的,明白其优势所在。

1.3 设计目的

稳定是岩土结构设计的首要问题,稳定有两种形式:①局部稳定,即结构和支撑系统保持稳定,不发生转动、垂直或水平破坏,如图 1.2 所示;②整体稳定,如边坡前挡墙设计时要考虑因结构失稳引发的边坡整体破坏情况,如图 1.3 所示。

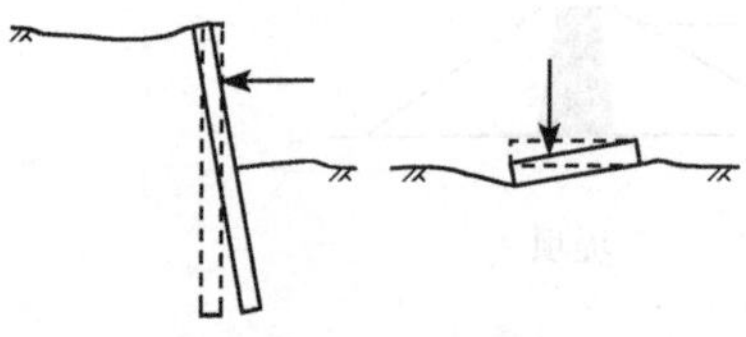

图 1.2　局部稳定

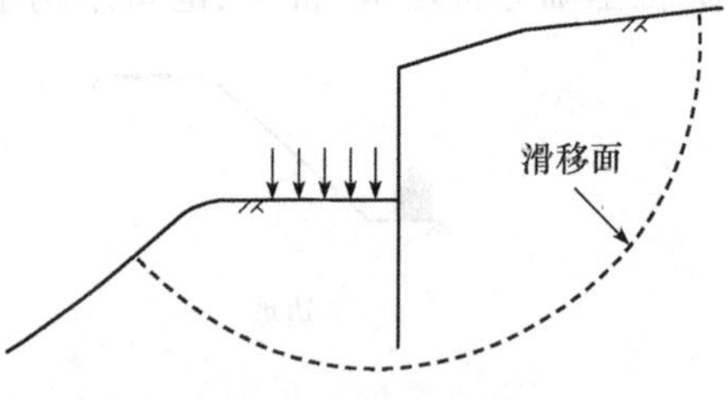

图 1.3　整体稳定

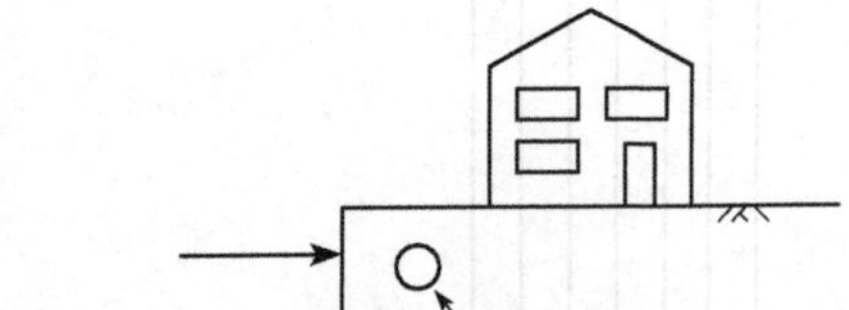

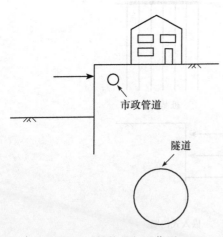

图 1.4　结构的相互作用

安全可靠的设计不仅要考虑所有结构单元上的荷载,还要考虑结构和土体的位移,尤其当周围有邻近建筑物或敏感设施时。例如,在市区已有建筑物旁开挖基坑(图 1.4),这时设计主要考虑的是开挖对已有结构和周边设施的影响,施工引起的结构内力有时也要计算。上述计算是设计的主要内容之一,数值分析为这些计算提供了理论框架。好的数值分析能够模拟实际工程情况,帮助工程师理解、分析问题。作为设计的一个重要部分,在材料和荷载确定的情况下数值分析是工程师量化各方面影响的有力工具，不仅仅是单纯的分析。

1.4　设计要求

设计开始前应获取所有相关信息，包括几何尺寸和荷载情况，这些一般由项目自身情况确定。通过工程勘察获得场地信息，确定土层分布及土体参数；确定土体的强度，如果场地的变形很重要，还要确定土体的刚度；地下水位及是否存在地下排水通道或自流井等信息也要提供，另外要考虑这些水力条件是否会变化，现在世界上很多大城市地下水位正不断上升。场地勘察还要查明公共服务设施的位置（如气、水、电、通信设施、下水道及隧道等），邻近建筑物基础的类型（条形、片筏形或桩基）、埋深及这些设施和基础所允许的位移情况。

新建结构运行中需要满足的限制条件也要确定下来，这些限制有多种形式，如距离附近设施或其他结构很近时，会对地面变形有一些要求。有了上述信息，设计的限制条件就确定下来（施工期和使用期的所有条件），这些条件其实已经隐含了哪些结构类型合适，哪些结构类型不合适，也决定了相应的计算分析类型。例如，基坑开挖对地面位移有限制的情况下，内撑式或锚固式挡墙比重力式或加筋式挡墙更合适。

1.5　计算理论

1.5.1　总控制方程

一般来说，理论解需要同时满足平衡方程、相容性方程、材料本构方程和边界条件（力和位移边界条件），下面分别加以介绍。

1.5.2　平衡方程

工程中常用应力（单位面积上作用的力）定量描述连续介质上力的分布情况，即力的传递常用应力的大小、方向及空间分布形式表示。应力变化必须遵循一定的规律，不能随意变化。介绍应力前先看一个例子，观察水如何在盛满沙子的容器中流动，如图 1.5 所示。容器有一个进水口，两个出水口，图中标出了每个沙粒上的水流速度矢量，箭头长短表示流速的大小，箭头方向代表流速方向。由于左边出口离进水口近一些，所以与右侧出口相比，大量水从左边流

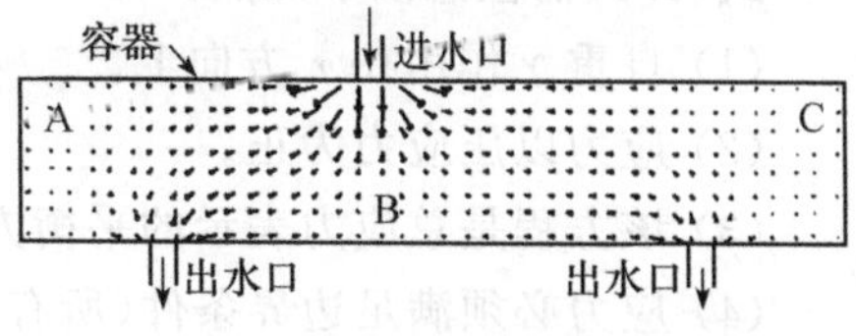

图 1.5　流线图

出。这样图 1.5 中 A、B、C 处的流速很小。在透明容器中注入有色液体就可以观察到上述现象。

再看一个例子,一根混凝土梁底部有两个铰支座,梁上作用荷载 L,如图 1.6 所示,由静力平衡得到两个铰支座上的反力分别是 $2L/3$ 和 $L/3$。但力在梁中如何传递却不知道,因为此时看不到力是如何传递的。与上一个例子一样,这里也可以用应力这个虚构变量描述力的传递,图 1.6 中给出了梁中大主应力的变化情况,其中线段的长短和倾向分别代表应力的大小和方向。

流速矢量在笛卡儿坐标系中有三个方向的分量,应力张量则有 6 个分量。图 1.5 所示的容器中有一些条件控制水在水箱中流动,同样也有一些条件控制应力各分量在混凝土梁中的分布。如果不考虑惯性和除重力外的所有体积力,土体单元中应力(图 1.7)必须满足下列方程(Timoshenko et al.,1951):

$$\begin{cases} \dfrac{\partial \sigma_x}{\partial x} + \dfrac{\partial \tau_{yx}}{\partial y} + \dfrac{\partial \tau_{zx}}{\partial z} + \gamma = 0 \\ \dfrac{\partial \tau_{xy}}{\partial x} + \dfrac{\partial \sigma_y}{\partial y} + \dfrac{\partial \tau_{zy}}{\partial z} = 0 \\ \dfrac{\partial \tau_{xz}}{\partial x} + \dfrac{\partial \tau_{yz}}{\partial y} + \dfrac{\partial \sigma_z}{\partial z} = 0 \end{cases} \tag{1.1}$$

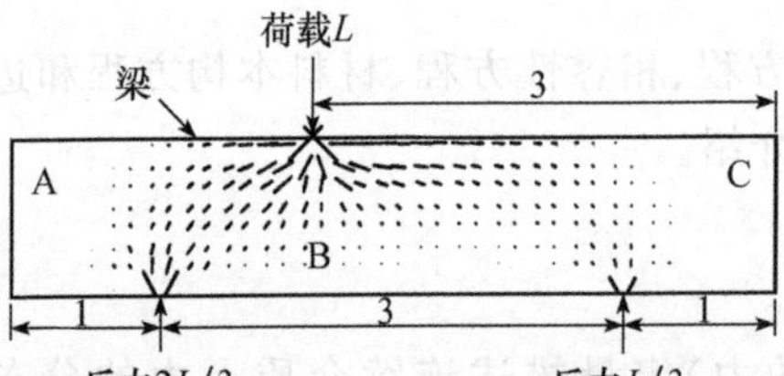

图 1.6　应力分布图

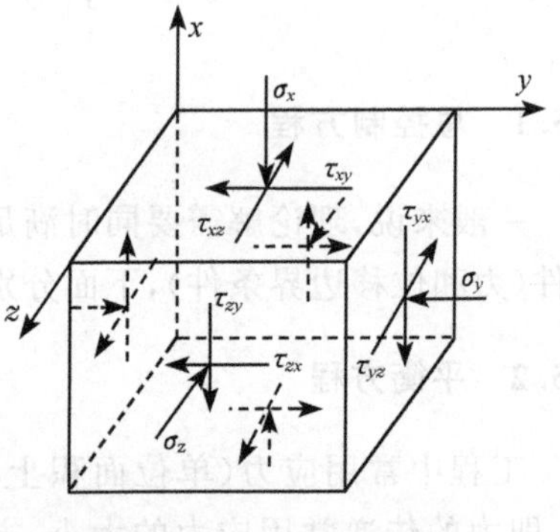

图 1.7　单元应力示意图

式(1.1)需注意以下几点:

(1) 自重 γ 作用在 x 方向上。

(2) 应力以压应力为正。

(3) 该方程是总应力表示的平衡方程。

(4) 应力必须满足边界条件(所有边界上压力与拉力平衡)。

1.5.3　几何方程

1. 物理相容性

变形相容是指材料变形后不会重叠或断开,可以用板的变形解释其物理含义。图1.8(a)中板由许多小的板单元组成,应变产生后,板单元产生变形,图1.8(b)表示板断裂破坏的情况。还有一种情况是变形后各个小的板单元仍彼此连接在一起(图1.8(c)),既没有重叠,也没有断开,这就是变形相容的情况。

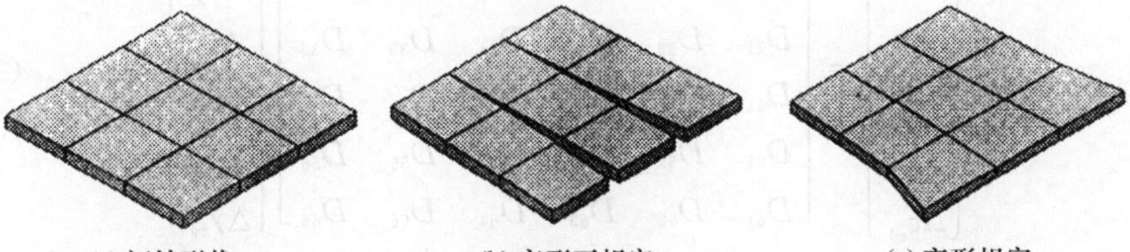

(a) 初始形状　(b) 变形不相容　(c) 变形相容

图1.8　变形模式

2. 数学相容性

上述变形相容的物理意义可以用应变的数学公式表示。假设变形可以用 x、y 和 z 方向上的连续函数 u、v 和 w 表示,根据小应变假设以及以压为正的约定,有(Timoshenko et al.,1951)

$$\begin{cases} \varepsilon_x = -\dfrac{\partial u}{\partial x}, \quad \varepsilon_y = -\dfrac{\partial v}{\partial y}, \quad \varepsilon_z = -\dfrac{\partial w}{\partial z} \\ \gamma_{xy} = -\dfrac{\partial v}{\partial x} - \dfrac{\partial u}{\partial y}, \quad \gamma_{yz} = -\dfrac{\partial w}{\partial y} - \dfrac{\partial v}{\partial z}, \quad \gamma_{xz} = -\dfrac{\partial w}{\partial x} - \dfrac{\partial u}{\partial z} \end{cases} \tag{1.2}$$

上述6个应变分量是3个位移的函数,因此彼此不独立,数学上可以证明若存在相容位移场,则所有应变及它们的导数必须存在且至少二阶连续,位移场必须满足已知位移或约束位移边界条件。

1.5.4　平衡及相容条件

由平衡条件(式(1.1))和几何方程(式(1.2))发现:

未知变量

$$6\text{个应力} + 6\text{个应变} + 3\text{个位移} = 15$$

已有方程

$$3\text{个平衡方程} + 6\text{个相容性条件} = 9$$

解出所有未知变量还要补充 6 个方程,这 6 个方程可以从本构关系中得到。

1.5.5 本构方程

本构方程描述材料的应力-应变关系,反映的是平衡方程和几何方程之间的联系。

为便于计算,本构关系的数学表达式可写为

$$\begin{Bmatrix} \Delta\sigma_x \\ \Delta\sigma_y \\ \Delta\sigma_z \\ \Delta\tau_{xy} \\ \Delta\tau_{xz} \\ \Delta\tau_{zy} \end{Bmatrix} = \begin{bmatrix} D_{11} & D_{12} & D_{13} & D_{14} & D_{15} & D_{16} \\ D_{21} & D_{22} & D_{23} & D_{24} & D_{25} & D_{26} \\ D_{31} & D_{32} & D_{33} & D_{34} & D_{35} & D_{36} \\ D_{41} & D_{42} & D_{43} & D_{44} & D_{45} & D_{46} \\ D_{51} & D_{52} & D_{53} & D_{54} & D_{55} & D_{56} \\ D_{61} & D_{62} & D_{63} & D_{64} & D_{65} & D_{66} \end{bmatrix} \begin{Bmatrix} \Delta\varepsilon_x \\ \Delta\varepsilon_y \\ \Delta\varepsilon_z \\ \Delta\gamma_{xy} \\ \Delta\gamma_{xz} \\ \Delta\gamma_{zy} \end{Bmatrix} \tag{1.3}$$

或

$$\Delta\boldsymbol{\sigma} = [\boldsymbol{D}]\Delta\boldsymbol{\varepsilon}$$

线弹性材料的矩阵$[\boldsymbol{D}]$为

$$\frac{E}{(1+\mu)} \begin{bmatrix} (1-\mu) & \mu & \mu & 0 & 0 & 0 \\ \mu & (1-\mu) & \mu & 0 & 0 & 0 \\ \mu & \mu & (1-\mu) & 0 & 0 & 0 \\ 0 & 0 & 0 & (1/2-\mu) & 0 & 0 \\ 0 & 0 & 0 & 0 & (1/2-\mu) & 0 \\ 0 & 0 & 0 & 0 & 0 & (1/2-\mu) \end{bmatrix} \tag{1.4}$$

式中,E 和 μ 分别为杨氏模量和泊松比。

土体一般为非线性材料,因此用应力-应变的增量形式表示本构方程更合适,即式(1.3)的形式,其中矩阵$[\boldsymbol{D}]$用过去和当前的应力计算。

本构方程可以用总应力或有效应力表示,如果已知有效应力,根据有效应力原理($\sigma=\sigma'+\sigma_f$)可以计算出平衡方程中的总应力

$$\Delta\boldsymbol{\sigma}' = [\boldsymbol{D}']\Delta\boldsymbol{\varepsilon}, \quad \Delta\boldsymbol{\sigma}_f = [\boldsymbol{D}_f]\Delta\boldsymbol{\varepsilon}, \quad \Delta\boldsymbol{\sigma} = ([\boldsymbol{D}'] + [\boldsymbol{D}_f])\Delta\boldsymbol{\varepsilon} \tag{1.5}$$

矩阵$[\boldsymbol{D}_f]$表示液体孔压与应变之间的本构关系。不排水时,孔压变化与体积应变(数值很小)相关,主要受流体的体积压缩性(数值较大)影响,详见第 3 章。

1.6 几何假定

用上述概念求解实际问题时还要作一些假设和理想化假定,尤其是需要确定

土体本构关系的数学表达式，并对问题的几何形状或边界条件进行简化或理想化处理。

1.6.1　平面应变

计算前还要对土力学中许多问题的几何特殊性作一些简化处理。例如，分析挡土墙、连续基础及边坡稳定时，这些结构一个方向的尺寸远大于其他两个方向的尺寸，如图 1.9 所示。这时如果力与/或已知位移边界条件垂直，且都独立于该方向，则所有与该方向垂直的断面上的位移值都相同。例如，某问题中 z 方向尺寸很大，就可以假设与 x-y 平行的各面上的应力状态都一样，任何 x-y 横截面及与它平行的 x-y 面内位移都等于零，即 $w=0$，位移 u、v 与 z 坐标无关。于是可以用这些近似假定定义重要的平面应变问题

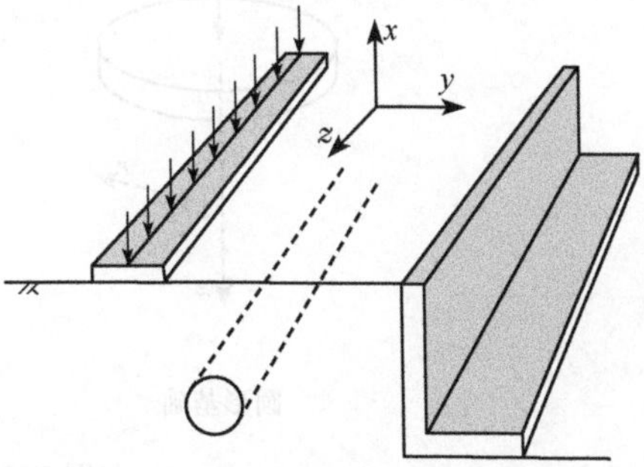

图 1.9　平面应变情况

$$\varepsilon_z=-\frac{\partial w}{\partial z}=0,\quad \gamma_{yz}=-\frac{\partial w}{\partial y}-\frac{\partial v}{\partial z}=0,\quad \gamma_{xz}=-\frac{\partial w}{\partial x}-\frac{\partial u}{\partial z}=0 \tag{1.6}$$

这样本构方程简化为

$$\begin{Bmatrix}\Delta\sigma_x\\ \Delta\sigma_y\\ \Delta\sigma_z\\ \Delta\tau_{xy}\\ \Delta\tau_{xz}\\ \Delta\tau_{zy}\end{Bmatrix}=\begin{bmatrix}D_{11} & D_{12} & D_{14}\\ D_{21} & D_{22} & D_{24}\\ D_{31} & D_{32} & D_{34}\\ D_{41} & D_{42} & D_{44}\\ D_{51} & D_{52} & D_{54}\\ D_{61} & D_{62} & D_{64}\end{bmatrix}\begin{Bmatrix}\Delta\varepsilon_x\\ \Delta\varepsilon_y\\ \Delta\gamma_{xy}\end{Bmatrix} \tag{1.7}$$

对于弹性及大多数材料，由于 $D_{51}=D_{52}=D_{54}=D_{61}=D_{62}=D_{64}=0$，于是 $\Delta\tau_{xz}=\Delta\tau_{zy}=0$，这样非零的应力变量只有 4 个，即 $\Delta\sigma_x$、$\Delta\sigma_y$、$\Delta\sigma_z$ 和 $\Delta\tau_{xy}$。

一般情况下，如果 D_{11}、D_{12}、D_{14}、D_{21}、D_{22}、D_{24}、D_{41}、D_{42} 和 D_{44} 与 σ_z 无关，则考虑平面应变问题只要计算 3 个应力变量，即 σ_x、σ_y 和 τ_{xy}；若假设土体为弹性材料，也是一样。另外，如果采用 Tresca 或莫尔-库仑破坏准则(见第 7 章)，并假设中主应力 $\sigma_2=\sigma_z$，也属于这类情况。该假设仅适用于简单的岩土问题分析这种特殊情况。

1.6.2　轴对称问题

一些计算结构有对称轴，如均质或水平层状地基上的圆形基础均匀加载或中

心加载时，过基础中心的竖向轴就是对称轴。三轴试样，单桩或沉箱基础等都有对称轴，如图 1.10 所示。

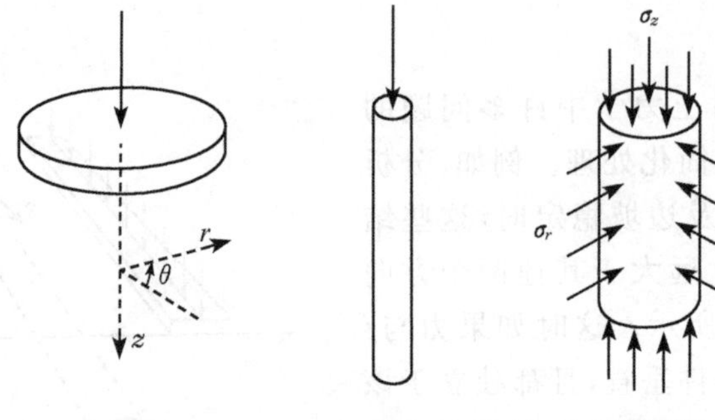

图 1.10　轴对称情况

计算轴对称问题时一般选用柱坐标 r(径向)、z(竖向)和 θ(环向)。因为对称，θ 方向的位移为零，r 和 z 方向的位移都与 θ 无关，这样应变简化为(Timoshenko et al.,1951)

$$\varepsilon_r=-\frac{\partial u}{\partial r},\quad \varepsilon_z=-\frac{\partial v}{\partial z},\quad \varepsilon_\theta=-\frac{u}{r},\quad \gamma_{rz}=-\frac{\partial v}{\partial r}-\frac{\partial u}{\partial z},\quad \gamma_{r\theta}=\gamma_{z\theta}=0 \tag{1.8}$$

式中，u 和 v 分别是 r 和 z 方向的位移。

轴对称情况与平面应变类似，因此上面矩阵[$\boldsymbol{D}$]的讨论结果这里也同样适用。平面应变情况下只有 4 个非零应力变量，即 $\Delta\sigma_r$、$\Delta\sigma_z$、$\Delta\sigma_\theta$ 和 $\Delta\tau_{rz}$。

1.7　分 析 方 法

如前所述，精确的理论解应该满足所有的平衡方程、几何方程、本构方程以及力与位移边界条件。因此有必要回顾一下目前国内外常用的数值分析方法，看一看它们是否都满足了这些条件。

通常将现有分析方法分为三大类：解析法、简单分析法和数值分析法。表 1.1 和表 1.2 逐一列出了各种方法满足上述条件及设计要求的情况。

表 1.1　不同方法满足求解条件情况

分析方法	求解条件				
	平衡条件	相容性条件	适用的本构关系	边界条件	
				力	位移
解析解	√	√	线弹性	√	√
极限平衡法	√	×	刚性＋破坏准则	√	×
应力场滑移线法	√	×	刚性＋破坏准则	√	×

续表

分析方法		求解条件				
		平衡条件	相容性条件	适用的本构关系	边界条件	
					力	位移
极限分析法	下限法	√	×	理想塑性材料+相关联流动法则	√	×
	上限法	×	√		×	√
弹性地基梁法		√	√	用土弹簧或地基反力系数模拟土体	√	√
完全数值分析		√	√	任意	√	√

注：√—满足；×—不满足，下同。

表1.2　不同方法满足设计要求情况

分析方法		设计要求						
		稳定性			挡墙及支撑		相邻建筑物	
		挡墙及支撑	坑底隆起	总体稳定	结构内力	位移	结构内力	位移
解析解(线弹性)		×	×	×	√	√	√	√
极限平衡法		√	单独计算	单独计算	√	×	×	×
应力场滑移线法		√	单独计算	单独计算	√	×	×	×
极限分析法	下限法	√	单独计算	单独计算	粗略估算	×	×	×
	上限法	√	单独计算	单独计算	粗略估算	粗略估算	×	×
弹性地基梁法		√	×	×	√	√	×	×
整体数值分析		√	√	√	√	√	√	√

1.8　解　析　解

对一指定结构，如果有反映材料实际性质的本构模型及确定的边界条件，将它们与平衡方程、几何方程结合，就能得到准确的解析解。但这个解是理论意义上的精确解，对实际问题而言仍是近似解，因为几何假设、已知边界条件及本构模型已经将实际物理问题理想化地转化为等效的数学形式。原则上讲，一次计算可以得到从初始加载(填筑或开挖)到很长一段时间内反映结构变形和稳定的解析解。因此解析法是一种极限分析法，所有条件都要满足，通过数学手段求解得到反映问题所有特性的完全解。土体是一种非常复杂的多相介质材料，加载时表现为非线性，除下面两种简单情况外，一般实际工程问题不可能得到完全的解析解。

(1) 假设土体为各向同性线弹性体。这时的解答可以初步估计位移和结构内力，无法考虑结构的稳定性。对比结果表明，该解答与实测结果相去甚远。

(2) 因几何对称将问题简化为一维情况计算。例如，球面扩张、无限弹塑性连续介质中无限长的圆柱洞室等情况。

1.9　简　单　法

为得到合理的解答,通常需要引入一些假设,一般可以采用下面两种中的任一种:①解除基本解所需的限制条件,用数学方法求得近似解。过去岩土工程界的前辈们常用这种方法,后来称之为"简单法"。②用数值近似法得到真解,理论解需要满足的所有条件该方法都能近似满足,本书的后续章节将详细介绍这种方法。

极限平衡法、应力场滑移线法和极限分析法都属于"简单法",这些方法都假设土体处于极限破坏状态,只是求解的方法不同而已。

1.9.1　极限平衡法

极限平衡法先假设"任意"形状的破坏面,然后考虑破坏时土体的极限平衡,并假设整个破坏面上任一点处破坏准则都适用,破坏面可以为平面、曲面或其他形式。计算时考虑破坏面和边界区域内的土体总静力平衡,不考虑土体内的应力分布,常用的有库仑楔体法和条分法。

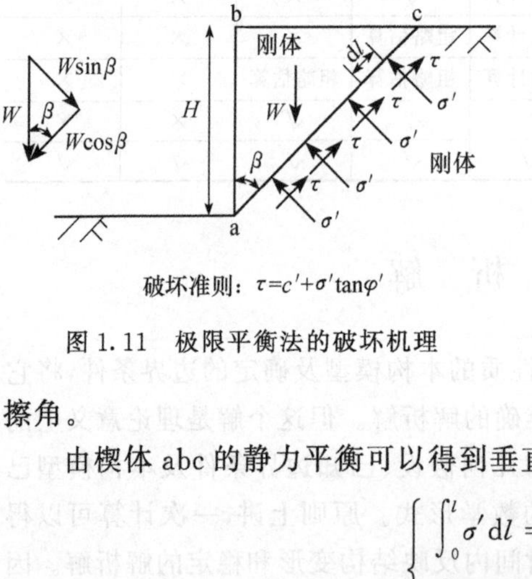

图 1.11　极限平衡法的破坏机理

算例　垂直开挖极限高度

实际上图 1.11 中 ac 破坏面上真正的正应力 σ 和剪应力 τ 的分布都未知。如果 l 为破坏面 ac 的长度,则

$$\int_0^l \tau\,\mathrm{d}l = \int_0^l c'\,\mathrm{d}l + \int_0^l \sigma'\tan\varphi'\,\mathrm{d}l = c'l + \tan\varphi'\int_0^l \sigma'\,\mathrm{d}l \tag{1.9}$$

式中,c' 和 φ' 分别为土体黏聚力和剪切摩擦角。

由楔体 abc 的静力平衡可以得到垂直于破坏面 ac 和平行于破坏面 ac 上的力

$$\begin{cases} \int_0^l \sigma'\,\mathrm{d}l = W\sin\beta \\ \int_0^l \tau\,\mathrm{d}l = W\cos\beta \end{cases} \tag{1.10}$$

注意,$W=\frac{1}{2}\gamma H^2\tan\beta, l=H/\cos\beta$,联合式(1.9)、式(1.10)得

$$H=\frac{2c'\cos\varphi'}{\gamma\cos(\beta+\varphi')\sin\beta} \tag{1.11}$$

由 $\frac{\partial H}{\partial \beta}=0$,解出最安全开挖高度 H(最小)对应的 β

$$\frac{\partial H}{\partial \beta}=\frac{-2c'\cos\varphi'\cos(2\beta+\varphi')}{\gamma[\sin\beta\cos(\beta+\varphi')]^2} \tag{1.12}$$

如果 $\cos(2\beta+\varphi')=0$,则式(1.12)等于零,于是得到 $\beta=\pi/4-\varphi'/2$。

将 β 代入式(1.11),得到开挖高度

$$H_{LE}=\frac{2c'\cos\varphi'}{\gamma\cos(\pi/4+\varphi'/2)\sin(\pi/4-\varphi'/2)}=\frac{4c'}{\gamma}\tan(\pi/4+\varphi'/2) \tag{1.13}$$

若用总应力表达,则式(1.13)简化为

$$H_{LE}=\frac{4S_u}{\gamma} \tag{1.14}$$

式中,S_u 为土体不排水抗剪强度。

注意,这是平面破坏面的上限解(见1.9.3小节),下限解等于该解的一半。

1.9.2　应力场滑移线法

应力场滑移线法假设每一点处的土体都处于破坏状态,由破坏准则和平衡方程联合求解。平面应变情况下若采用莫尔-库仑破坏准则,则有以下方程:

平衡方程

$$\begin{cases}\dfrac{\partial\sigma_x}{\partial x}+\dfrac{\partial\tau_{xy}}{\partial y}=0\\[2ex]\dfrac{\partial\tau_{xy}}{\partial x}+\dfrac{\partial\sigma_y}{\partial y}=\gamma\end{cases} \tag{1.15}$$

莫尔-库仑破坏准则(图1.12)为

$$\sigma_1'-\sigma_3'=2c'\cos\varphi'+(\sigma_1'+\sigma_3')\sin\varphi' \tag{1.16}$$

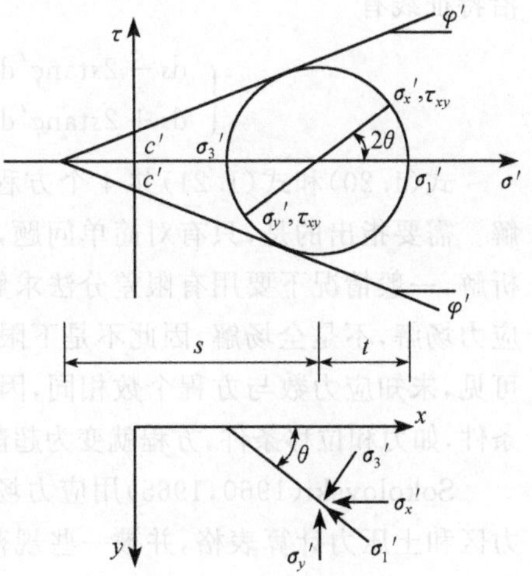

图1.12　莫尔应力圆

因为

$$s=c'\cot\varphi'+\frac{1}{2}(\sigma_1'+\sigma_3')=c'\cot\varphi'+\frac{1}{2}(\sigma_x'+\sigma_y')$$

$$t=\frac{1}{2}(\sigma_1'-\sigma_3')=\left[\frac{1}{4}(\sigma_x'-\sigma_y')^2+\tau_{xy}^2\right]^{0.5}$$

代入式(1.16),得到莫尔-库仑破坏准则的另一表达式

$$t=s\sin\varphi' \tag{1.17}$$

$$\left[\frac{1}{4}(\sigma'_x-\sigma'_y)^2+\tau_{xy}^2\right]^{0.5}=\left[c'\cot\varphi'+\frac{1}{2}(\sigma_x'+\sigma_y')\right]\sin\varphi' \tag{1.18}$$

平衡方程式(1.15)和破坏准则式(1.18)一共有 3 个方程、3 个未知数,因此理论上可以求解。联立方程得到

$$\begin{cases} (1+\sin\varphi'\cos 2\theta)\dfrac{\partial s}{\partial x}+\sin\varphi'\sin 2\theta\dfrac{\partial s}{\partial y}+2s\sin\varphi'\left(\cos 2\theta\dfrac{\partial\theta}{\partial y}-\sin 2\theta\dfrac{\partial\theta}{\partial x}\right)=0 \\ \sin\varphi'\sin 2\theta\dfrac{\partial s}{\partial x}+(1-\sin\varphi'\cos 2\theta)\dfrac{\partial s}{\partial y}+2s\sin\varphi'\left(\sin 2\theta\dfrac{\partial\theta}{\partial y}+\cos 2\theta\dfrac{\partial\theta}{\partial x}\right)=\gamma \end{cases} \tag{1.19}$$

这两个偏微分方程都是双曲线型偏微分方程,在特征线方向建立沿特征线的应力变量方程,可以得到方程(Atkinson et al.,1975)的解。应力特征线的微分方程为

$$\begin{cases} \dfrac{\mathrm{d}y}{\mathrm{d}x}=\tan[\theta-(\pi/4-\varphi'/2)] \\ \dfrac{\mathrm{d}y}{\mathrm{d}x}=\tan[\theta+(\pi/4-\varphi'/2)] \end{cases} \tag{1.20}$$

沿特征线有

$$\begin{cases} \mathrm{d}s-2s\tan\varphi'\mathrm{d}\theta=\gamma(\mathrm{d}y-\tan\varphi'\mathrm{d}x) \\ \mathrm{d}s+2s\tan\varphi'\mathrm{d}\theta=\gamma(\mathrm{d}y+\tan\varphi'\mathrm{d}x) \end{cases} \tag{1.21}$$

式(1.20)和式(1.21)共 4 个方程、4 个未知数,即 x、y、s 和 θ,理论上可以求解。需要指出的是,只有对简单问题,即/或土体重度为零的情况下该方程才有解析解,一般情况下要用有限差分法求解。上述方程得到的是用户感兴趣区域中的应力场解,不是全场解,因此不是下限解(见 1.9.3 小节)。由式(1.20)和式(1.21)可见,未知应力数与方程个数相同,因此该方程是静定方程。很多情况下加上边界条件,如力和位移条件,方程就变为超静定方程。另外,该方法不考虑材料的相容性。

Sokolovski(1960,1965)用应力场滑移线法得到了朗肯主动应力区、被动土应力区和土压力计算表格,并被一些规范采用。应力场滑移线法也为地基承载力解析解奠定了基础。

1.9.3 极限分析法

极限分析理论(Chen,1975)的主要假设如下:

(1) 土体是理想塑性材料,不发生硬化或软化,即弹性和弹塑性之间只有一个屈服面。

(2) 屈服面是一个凸面,土体的塑性应变用屈服面上的正交法则计算。

(3) 土体破坏后几何形状变化不显著,因此可以采用虚功方程。

有了上述假设,土体只会在一个条件下破坏,由上下限定理可以计算破坏时的极限荷载。由下限定理得到极限荷载安全值,由上限定理得到危险值,两种定理同

时使用就能确定破坏荷载范围。

1. 上限定理

对理想塑性材料，由运动破坏机理及能量耗散率得到实际破坏荷载的最小值，该值要么偏危险，要么等于实际破坏荷载。

该定理就是通常所说的“上限”定理。由于不考虑静力平衡，因此有很多解，解的精确程度取决于假设的破坏机理与实际情况的吻合程度。

2. 下限定理

若能找到整个区域的静力容许应力场，即整个区域内没有一处土体违背屈服条件，则与应力场对应的荷载就是荷载最大值，或等于实际破坏荷载。

这就是“下限”定理。静力容许应力场是指与外荷载和体积力平衡的应力场。如果不考虑相容条件，会有很多解，解的精确程度取决于假设的应力场与真实应力场的吻合程度。

如果下限解与上限解得到的极限荷载一样，那么该解就是理想塑性材料的真实解。要得到真实解，必须满足所有的求解条件，实际工程中很难做到，但计算下面两种情况时可以得到真解：①土体不排水抗剪强度 S_u 为常数时，计算条形基础的不排水承载力(Chen，1975)；②土体不排水抗剪强度 S_u 为常数时，计算无限连续土体介质中无限长刚性桩的不排水侧向承载力(Randolph et al.，1984)。

算例　不排水情况下的垂直开挖高度

1) 上限解

刚性块体 abc 沿很薄的塑性剪切带 ac 相对刚性基础运动，如图 1.13 所示。两个刚性块体的相对位移为 u。

$$内能耗散率 = \frac{uS_uH}{\cos\beta} \qquad (1.22)$$

$$外功率 = \frac{1}{2}H^2u\gamma\sin\beta \qquad (1.23)$$

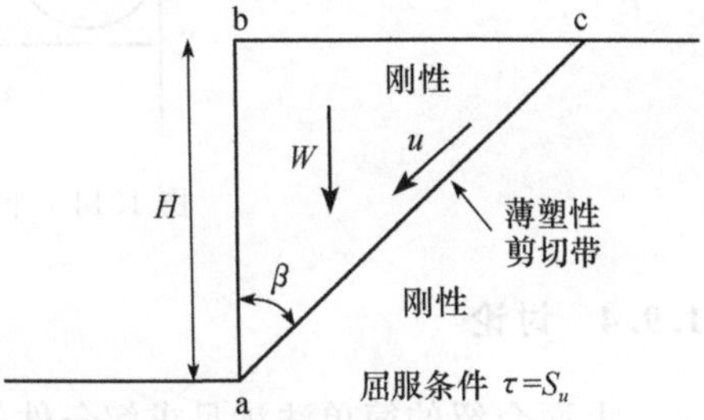

图 1.13　上限解示意图

式(1.22)和式(1.23)相等得到

$$H = 4S_u/(\gamma\sin 2\beta) \qquad (1.24)$$

由于求解的是上限解，因此要计算最小开挖高度对应的 β，即

$$\frac{\partial H}{\partial \beta} = -\frac{8S_u\cos 2\beta}{\gamma\sin^2 2\beta} \qquad (1.25)$$

$\cos 2\beta = 0$ 时方程式(1.25)等于零，于是求出 $\beta = \pi/4$，代入式(1.24)后得到

$$H_{UB} = \frac{4S_u}{\gamma} \tag{1.26}$$

2) 下限解

假设应力在 ab 和 ac 面上不连续,从图 1.14 所示的莫尔圆可知,随着高度 H 的增加,1 区和 2 区土体同时屈服。由于是下限解,要求出最大 H。由 1 区和 2 区土体同时破坏得到

$$H_{LB} = \frac{2S_u}{\gamma} \tag{1.27}$$

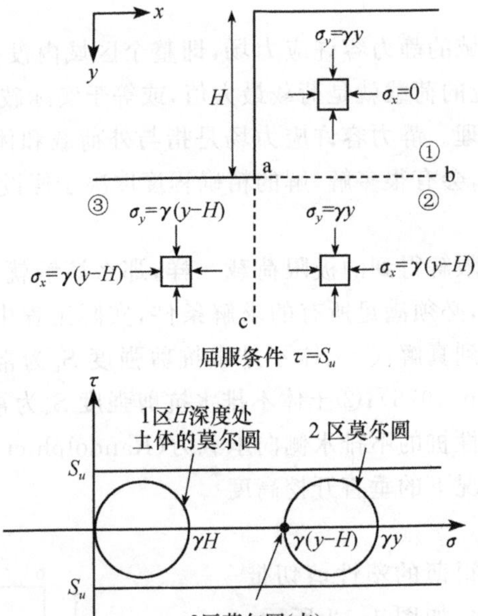

图 1.14　下限解应力场示意图

1.9.4　讨论

上面介绍的简单法满足求解条件的情况都列在表 1.1 中,此表清楚地表示出这些方法中没有一种方法能够满足所有的求解条件,因此不可能给出准确的理论解。由于采用近似的计算方法,同一问题有多种解答便不足为奇。

这些方法假设每一处土体都处于破坏状态,因此不能严格适用于各种工况。具体应用时不能区分不同的施工方法(如开挖或回填),不能考虑现场应力条件,只能计算局部稳定,不能给出土体和结构的位移,若要考虑整体稳定还要另外计算。

即便如此,简单法还是广泛应用于各种设计中。用实测结果校正后再应用就比较合适。如果情况较复杂,比如要考虑土与结构的相互作用,这时校正比较困

难,简单法的结果就不太可靠。简单法简单、易用,在设计中还扮演着重要的角色,初步设计阶段可以用简单法估算结构稳定性和内力情况。

1.10 数值分析

1.10.1 弹性地基梁法

弹性地基梁法常用于研究土和结构的相互作用,如轴向或侧向荷载作用下桩体、筏基础、嵌入式挡墙和隧道支护等。这种方法主要对土体进行假设,一般有两种假设方法:①假设土体为一系列独立的竖向或横向土弹簧(Borin,1989);②假设土体为一系列线弹性相互作用因子(Papin et al.,1985)。弹性地基梁法只能对单一结构进行分析,如单桩或单个挡墙,如果要考虑群桩或挡墙与基础的相互作用,还要作进一步假设。支撑和锚杆这些支撑体系常用简单的弹簧表示,如图1.15所示。

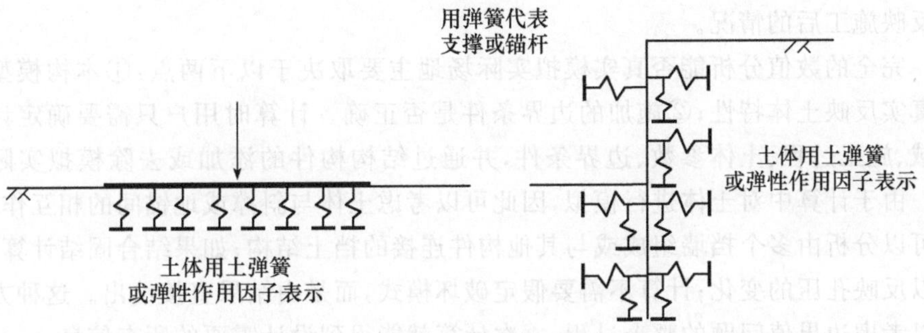

图1.15 弹性地基梁问题示意图

为得到开挖时的极限土压力,常在挡土墙两侧用弹簧或弹性作用因子模拟土体响应,开挖后的压力可用上述任一种简单法(极限平衡法、应力场滑移线法或极限分析法)计算。需要强调的是,这些极限土压力不是弹性地基梁法直接计算出的结果,而是先进行其他近似计算,再用弹性地基梁分析。

简化边界条件仅研究单一的结构(如单桩、单一基础或挡墙)时,假设土体本构关系能得到理论解。问题较复杂的结构一般用计算机求解。结构中的构件(单桩、基础或挡墙)可以用有限差分法或有限元法迭代求解,需要指出的是,这里仅对结构构件用有限差分法或有限元法进行计算,不要与1.10.2小节中整个土体结构用有限差分法或有限元法计算混淆。

由弹性地基梁法可以得到施加在周围建筑物上的极限土压力,从而可以计算结构的局部稳定性,一般情况下结构失稳时表现为计算结果不收敛,有时候其他原因也会导致计算结果不收敛,这样就给出了错误信息。弹性地基梁法可以计算结构的应力和位移,但不能考虑整体稳定及相邻土体的位移,也不能考虑周围建筑物。有时候也很难选择合适的弹簧刚度模拟支撑情况。例如,挡土墙计算中很难解释土拱效应,用弹性作用因子表示土体时,在处理墙体摩擦时会出问题,一般要忽略挡墙上的剪应力,或另作假设。弹性地基梁法计算中将挡墙作为一个独立的结构来考虑,支撑用一端固定在地基上的弹簧模拟,因此准确模拟结构各部分之间的相互作用很困难(如与底板或与其他挡墙间的连接),尤其当结构间为固端连接或完全转动连接时更困难。该方法仅考虑作用在挡墙上的土体,不能考虑斜撑和地锚的情况,因为它们主要与挡墙远处的土体有关。

1.10.2 完全数值分析

完全数值分析指满足所有理论求解条件,是采用土体真实本构模型和实际边界条件(如实反映场地情况)的一种计算方法。由于边界条件很复杂,土体材料又是非线性的,这类分析实质上是完全的数值计算,其中用得最多的是有限差分法和有限元法,计算时要考虑空旷场地到现有边界条件的变化,不仅要模拟施工期,还要反映施工后的情况。

完全的数值分析能否真实模拟实际场地主要取决于以下两点:①本构模型能否真实反映土体特性;②施加的边界条件是否正确。计算时用户只需要确定计算区域、施工过程、土体参数、边界条件,并通过结构构件的添加或去除模拟实际场地。由于计算中对土体进行模拟,因此可以考虑土体与斜撑或地锚间的相互作用;也可以分析由多个挡墙组成或与其他构件连接的挡土结构;如果结合固结计算,还可以反映孔压的变化;计算不需要假定破坏模式,而是由结果直接给出。这种方法可以考虑边界值问题的整个过程,一次计算就能得到设计需要的所有信息。

此外,该方法可以进行真正的三维计算,不受上述其他方法的任何限制。目前由于计算机硬件速度有限,大多数岩土工程问题仅进行二维平面应变或轴对称分析,随着计算机的不断发展,真正的三维计算将全面展开。

很多人认为数值分析也有一定的局限性,如受土体参数或施工过程的影响较大。作者以为这些并非局限性,如果在设计初始阶段就决定采用数值方法,那么相关的土体参数可以从勘查结果中获得;如果勘察完成后再决定采用数值计算,这时参数已经定了,就会困难一些。另外,如果边界条件受施工过程的影响不大,那么模拟各施工阶段也没有问题;如果计算结果对施工过程非常敏感,尽可能准确地模拟现场情况不但非常重要,也是必需的。从这个角度讲,数值分析不仅没有局限性,相反可以告诉工程师哪些边界条件会受施工影响、影响有多大,为设计提供足够的信息。

完全数值分析很复杂,应该由合格的有经验的人进行,它要求分析人员除了会使用软件外,还要有扎实的土力学功底,熟知软件中采用的土体本构模型。目前非线性计算不能直接求解，求解非线性控制方程有不同的算法，有些算法比较准确，有些算法的精度取决于步长的大小。这些算法都是近似的，误差与单元离散有关。但对有经验的人来说，这些问题都可以控制，因此能够得到准确的计算结果。

数值计算可以模拟复杂场地，考虑土、地基与结构的共同作用，也可以校核前面简单法的计算结果。本书主要介绍有限元法及其在岩土工程中的应用。

1.11　小　　结

(1) 岩土工程在所有土木工程结构设计中起着非常重要的作用。

(2) 岩土结构设计应考虑以下几方面：

① 稳定性：包括局部稳定性和整体稳定性。

② 结构内力：每一构件上的弯矩、轴力和剪力。

③ 结构和相邻建筑物的位移。

④ 结构位移和应力对相邻建筑物、周边设施的影响情况。

(3) 要得到完全的理论解，应满足下面四个条件：

① 平衡条件。

②几何条件。

③ 材料本构关系。

④ 边界条件。

(4) 不可能得到既满足上述四个条件，又能考虑土体真实本构关系的解析解。

(5) 已有简单法(极限平衡法、应力场滑移线法和极限分析法)中，以上四个条件至少有一个不能满足；于是有的文献中同一问题有多种解答的情况就不足为奇了。这些简单法能计算稳定性，但不能计算正常荷载下结构的位移和内力。

(6) 简单数值法，如弹性地基梁法，可以考虑局部稳定和荷载下挡墙的位移及结构内力，因此比简单法好；但该方法不能考虑整体稳定性，不能计算因施工引起的周围土体位移及施工对相邻建筑物的影响。

(7) 完全数值分析能提供设计所需的所有信息，一次计算就能模拟结构的整个施工过程。大多数情况下数值分析可以满足所有的条件，给出极限解；但耗时大，而且需要经验丰富的研究人员。目前数值分析在岩土工程中已得到广泛应用，随着计算机成本的降低，会成为主要计算趋势。

第2章 线弹性有限元理论

2.1 引　　言

本章介绍用有限元法求解线弹性问题的基本理论和一些有限元术语。为简单起见，主要介绍二维平面应变问题，当然，这里介绍的一些概念同样适用于其他情况。

2.2 概　　述

有限元法在工程中应用非常广泛，相关书籍也很多，但专门研究有限元法在岩土工程中应用的并不多。本章主要介绍有限元法的计算思路，侧重介绍近似简化方法，并对二维平面应变问题进行讨论。这里仅考虑连续单元和有限元中的“位移求解法”，先介绍主要求解步骤，然后再详细论述每一步。

2.3 总　　述

有限元计算主要包括以下步骤。

1) 单元离散

这是对问题的几何形状进行模拟的过程，它将研究区域离散为一系列微小单元，这些小单元称为有限元。有限元在单元边界上或单元内有节点。

2) 变量近似

计算时要选择主要的计算变量(位移或应力等)及这些变量在有限元内的变化规则；常用节点处的变量表示，岩土工程中常取位移为主要变量。

3) 单元方程

由最小能量原理推导出相应的单元方程

$$[\boldsymbol{K}_E]\{\Delta \boldsymbol{d}_E\} = \{\Delta \boldsymbol{R}_E\} \tag{2.1}$$

式中，$[\boldsymbol{K}_E]$为单元刚度矩阵；$\{\Delta \boldsymbol{d}_E\}$为单元节点位移；$\{\Delta \boldsymbol{R}_E\}$为单元节点荷载。

4) 总方程

由单元方程组合形成总方程

$$[\boldsymbol{K}_G]\{\Delta \boldsymbol{d}_G\} = \{\Delta \boldsymbol{R}_G\} \tag{2.2}$$

式中，$[\boldsymbol{K}_G]$为总刚度矩阵；$\{\Delta \boldsymbol{d}_G\}$为总节点位移；$\{\Delta \boldsymbol{R}_G\}$为总节点荷载。

5）边界条件

确定边界条件，并代入总方程。将已知荷载（如线荷载、点荷载、面荷载或体积荷载）代入$\{\Delta \boldsymbol{R}_G\}$中，已知位移代入$\{\Delta \boldsymbol{d}_G\}$中。

6）解总方程

总方程式(2.2)为一组方程，解方程就可以得到所有节点的位移，对节点位移求导便得到应力和应变。

2.4　单元离散

首先确定问题的几何边界并用简化或近似的办法进行量化处理，将几何区域划分为一系列有限元网格。二维计算中有限单元常用三角形单元或四边形单元，如图 2.1 所示，单元几何形状由单元节点坐标确定。如果单元边界是直线，节点位于单元角点处；如果边界是曲线，在曲线中点处还要添加节点。网格中所有单元通过单元边界上的节点相互连接。

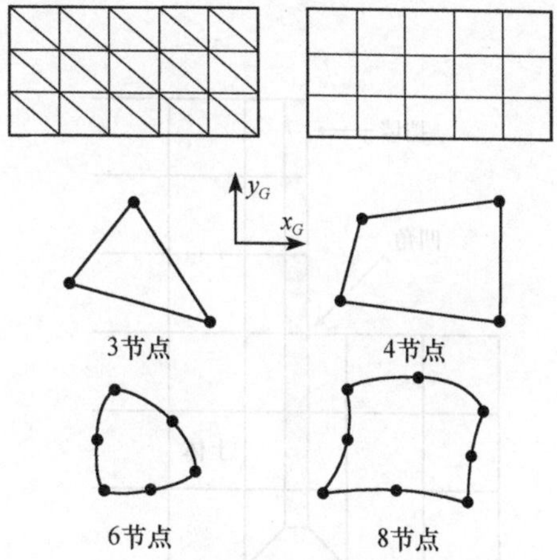

图 2.1　典型的二维有限元单元

有限元网格中单元和节点要编号，图 2.2 给出了四节点四边形单元的编号方法。节点从左到右、从下到上按顺序编号；单元也照此规则另外编号。按逆时针方向排列单元节点，形成单元节点序号描述单元在网格中的位置，如单元 2 的节点序号为 2、3、7、6。

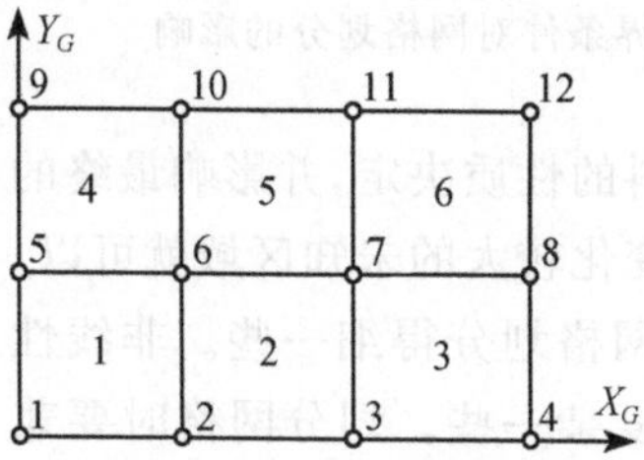

图 2.2　单元和节点编号

划分有限元网格时要考虑以下原则：

(1) 边界近似处理时应尽可能准确。

(2) 如果有弯曲边界或弯曲界面，要采用含中节点的高阶单元，如图 2.3 所示。

(3) 很多情况下几何不连续面就是天然的分界面，如有凹角或裂缝等不连续边界时，应在不连续点上布置节点；不同材料的分界面宜用单元边界表示，如图 2.4 所示。

(4) 荷载边界也会影响网格的划分。如果有不连续的加载边界，或边界上作用着点荷载，要在荷载不连续处布置节点，如图 2.5 所示。

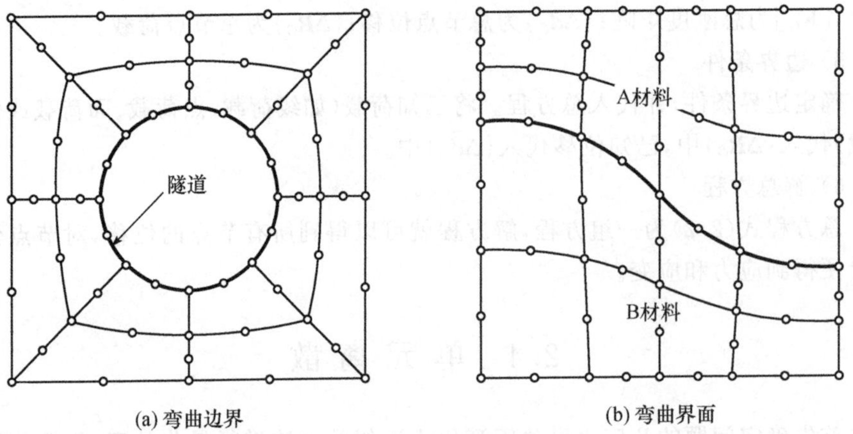

图 2.3 高阶单元

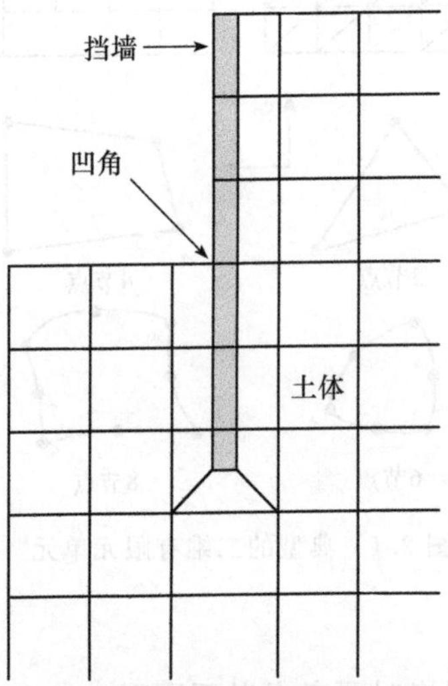

图 2.4 几何不连续面

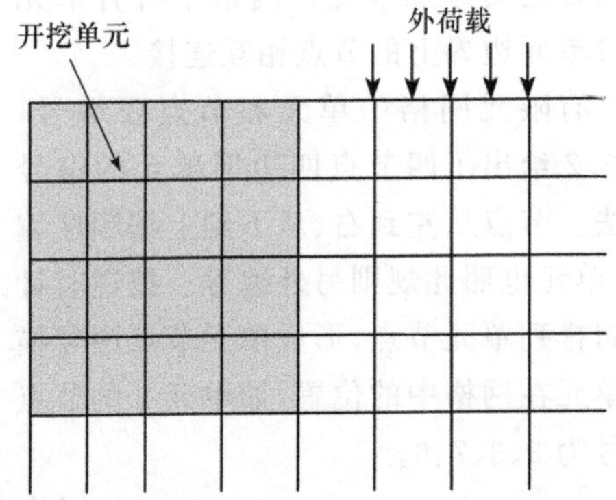

图 2.5 边界条件对网格划分的影响

综合考虑上述因素,单元的大小和数目主要由材料的性质决定,并影响最终的计算结果。线弹性材料网格划分比较简单,只要关注变化较大的未知区域就可以,一般来说为得到准确的计算结果,常将变化大的区域网格划分得细一些。非线性材料最终计算结果与前期应力历史有很大关系,情况复杂一些。划分网格时要兼顾边界条件、材料性质和几何形状,而且计算过程中这些情况还会不断变化。不论在什么情况下,规则单元的计算结果最好,因此避免使用不规则单元或长条形薄单元,如图 2.6 所示。

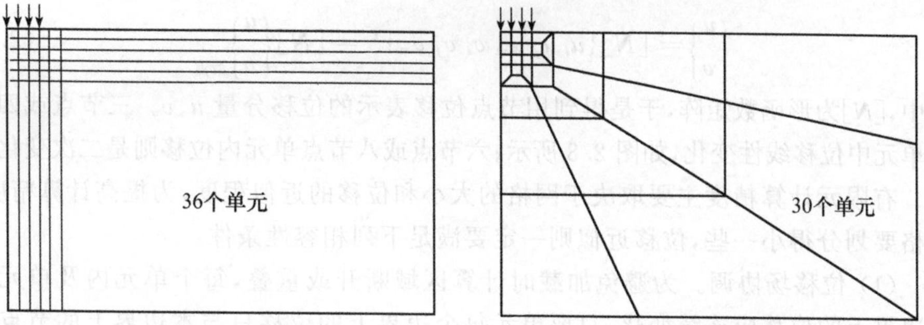

(a) 划分差的网格　　(b) 划分好的网格

图 2.6　网格划分好与差的情况

2.5　位移近似

以位移为变量的有限元中主要未知量是研究区域的位移场，应力和应变是位移的二阶导数，一旦位移场确定，应力和应变就确定了。二维平面应变中位移变量用 x、y 两个方向的总位移 u、v 表示。

有限元中最重要的近似是假设位移在计算区域中按一定的规则变化，当然这个变化应满足相容性条件。如果每个单元的位移分量都可以用一个简单的多项式表示，并且多项式的阶数由单元节点数确定，单元位移就可以用节点处的位移表示。如图 2.7 中三节点三角形单元的位移方程可以表示为

$$\begin{cases} u = a_1 + a_2 x + a_3 y \\ v = b_1 + b_2 x + b_3 y \end{cases} \tag{2.3}$$

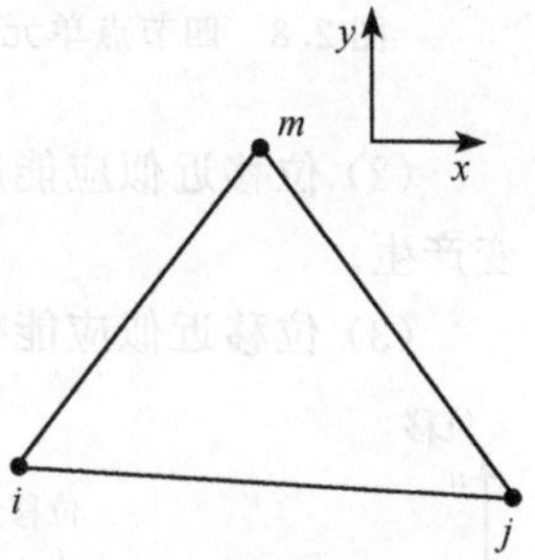

图 2.7　三节点三角形单元

把节点坐标代入方程，并求解下列两组(每组三个方程)方程，可以得到用节点位移表示的 6 个常数 a_1、a_2、a_3、b_1、b_2、b_3。

$$\begin{cases} u_i = a_1 + a_2 x_i + a_3 y_i \\ u_j = a_1 + a_2 x_j + a_3 y_j \\ u_m = a_1 + a_2 x_m + a_3 y_m \end{cases} \tag{2.4}$$

$$\begin{cases} v_i = b_1 + b_2 x_i + b_3 y_i \\ v_j = b_1 + b_2 x_j + b_3 y_j \\ v_m = b_1 + b_2 x_m + b_3 y_m \end{cases} \tag{2.5}$$

将节点位移 u_i、u_j、u_m 及 v_i、v_j、v_m 表示的 a_1、a_2、a_3、b_1、b_2、b_3 代入式(2.3)中有

$$\begin{Bmatrix} u \\ v \end{Bmatrix} = [\boldsymbol{N}]\{u_i\ u_j\ u_m\ v_i\ v_j\ v_m\}^{\mathrm{T}} = [\boldsymbol{N}]\begin{Bmatrix} u \\ v \end{Bmatrix}_{节点} \tag{2.6}$$

式中,$[\boldsymbol{N}]$为形函数矩阵,于是得到用节点位移表示的位移分量 u、v。三节点或四节点单元中位移线性变化,如图 2.8 所示;六节点或八节点单元内位移则是二次变化。

有限元计算精度主要取决于网格的大小和位移的近似程度,为提高计算精度,网格要划分得小一些,位移近似则一定要满足下列相容性条件:

(1) 位移场协调。为避免加载时计算区域断开或重叠,每个单元内及单元每个边界上的位移应连续变化,只要单元每个边界上的位移只与本边界上的节点位移相关,这个条件就能满足,如图 2.9 所示。

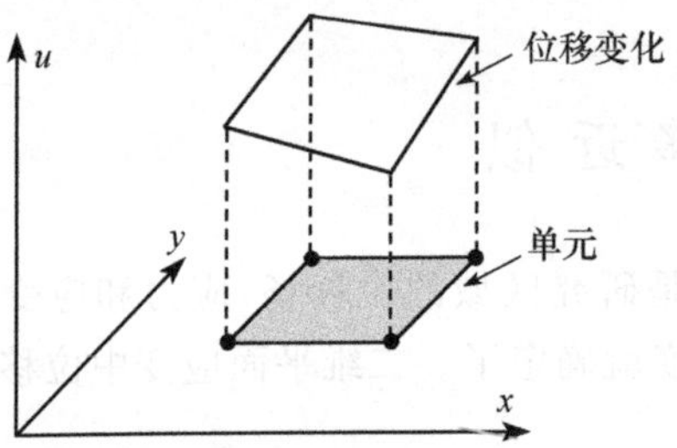

图 2.8　四节点单元内位移线性变化

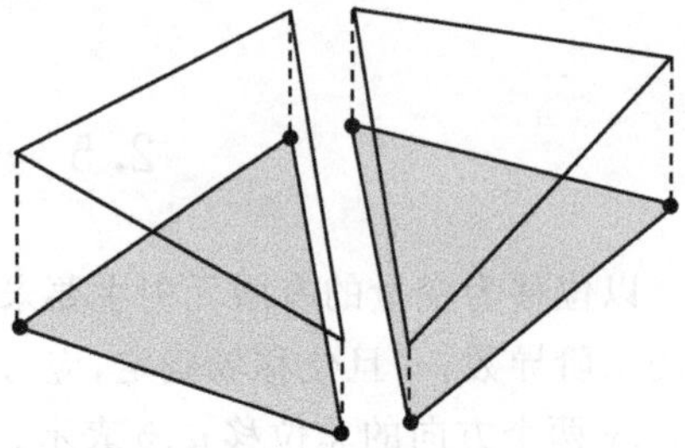

图 2.9　协调的位移场

(2) 位移近似应能反映刚体平移或转动情况,这种移动情况下单元内没有应变产生。

(3) 位移近似应能描述常应变速率情况。

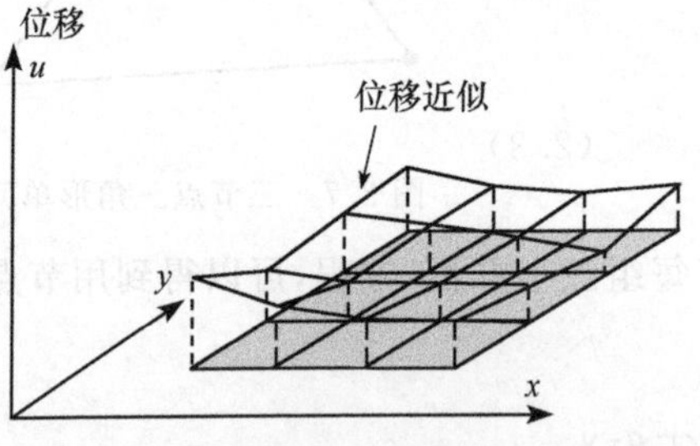

图 2.10　四节点单元网格中位移的变化

用简单多项式近似处理的位移满足上述相容性条件,位移近似的精髓在于将每个单元内未知的位移用节点位移的简单函数表达,因此单元位移场的计算转化为有限节点位移的计算,如图 2.10 所示,这里的节点位移就是通常所说的未知自由度。平面应变情况下,每个节点有两个自由度,即位移 u 和 v。

2.5.1　等参单元

二维计算中单元形式的选择由研究问题的几何形状和计算类型决定。岩土工程计算中单元应能适应各种各样的几何形状,包括弯曲边界或弯曲界面,这一点三角形单元和四边形单元都可以做到,只要添加中节点便可以模拟弯曲边界。形成总方程时四边形等参单元更容易一些,因此这里都采用四边形等参单元,这并不是说四边形单元比三角形单元好，实际上有些专家认为三角形单元更好一些，为全面起见，本章附录 II.1 也给出了三角形单元形函数的表达式。

图 2.11 为八节点等参单元，即广义曲边四边形单元，这种单元在岩土工程软件中用得很多。图 2.11 给出了局部坐标和总坐标中的单元形状，其中局部坐标 S、T 满足：$-1\leqslant S\leqslant 1$ 和 $-1\leqslant T\leqslant 1$，局部坐标中的母单元与总坐标中的子单元节点数相同。

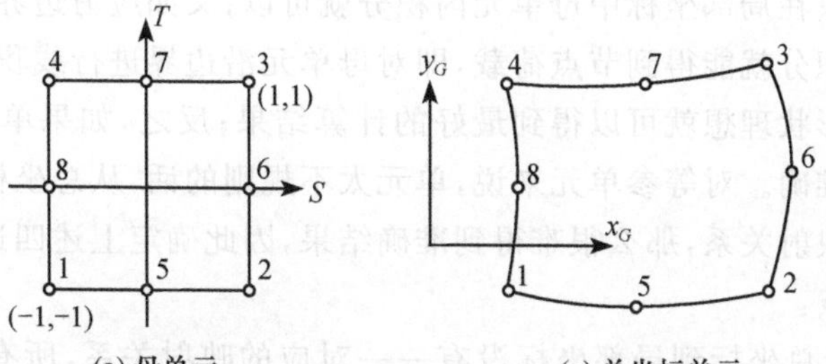

图 2.11　八节点等参单元

等参单元的基本思路是通过插值函数用局部坐标表示单元的位移和形状。由于单元内未知位移的变化和单元形状从总坐标映射到局部坐标采用同样的参数，因此该单元称为“等参单元”。

图 2.11 单元中任一点的总坐标可以用插值函数表示

$$x=\sum_{i=1}^{8}N_i x_i,\quad y=\sum_{i=1}^{8}N_i y_i \tag{2.7}$$

式中，x_i 和 y_i 为单元八个节点的总坐标值；$N_i(i=1,\cdots,8)$ 称为插值函数。等参单元中插值函数可以用 $-1\sim1$ 的局部坐标 S 和 T 表示。构造八节点等参单元的插值函数应满足：①一个节点有且仅有一个插值函数，而且每个插值函数都是局部坐标 S 和 T 的二次函数；②插值函数 N_1 在 1 节点处等于 $1(S=-1,T=-1)$，在其他七个节点处都等于零；类似地，N_i 在 i 节点处等于 1，在其他节点处都等于零。据此插值函数可以用以下形式表示：

$$\left\{\begin{array}{ll}
\quad\text{中节点} & \quad\text{角点}\\
N_5=\dfrac{1}{2}(1-S^2)(1-T), & N_1=\dfrac{1}{4}(1-S)(1-T)-\dfrac{1}{2}N_5-\dfrac{1}{2}N_8\\
N_6=\dfrac{1}{2}(1+S)(1-T^2), & N_2=\dfrac{1}{4}(1+S)(1-T)-\dfrac{1}{2}N_5-\dfrac{1}{2}N_6\\
N_7=\dfrac{1}{2}(1-S^2)(1+T), & N_3=\dfrac{1}{4}(1+S)(1+T)-\dfrac{1}{2}N_6-\dfrac{1}{2}N_7\\
N_8=\dfrac{1}{2}(1-S)(1-T^2), & N_4=\dfrac{1}{4}(1-S)(1+T)-\dfrac{1}{2}N_7-\dfrac{1}{2}N_8
\end{array}\right. \tag{2.8}$$

由于采用了等参单元,单元中位移的变化和单元形状的变化可以用同样的插值函数表示,因此上述 $N_1, N_2, \cdots, N_8$ 也是式(2.6)中的形函数,这样八节点等参单元的位移也是局部坐标 S 和 T 的二次函数。

等参单元的突出优点是只需要在局部坐标系母单元中求解单元方程,这样网格中每个单元的刚度矩阵积分可以用标准子程序在 S 和 T 为 $-1\sim1$ 的正方形区域上进行,边界条件也一样。例如,计算重力时,节点荷载可以由单元积分获得,并进一步简化为只在局部坐标中母单元内积分就可以;又如应力边界已知情况下,只要对网格边界积分就能得到节点荷载,即对母单元沿边界进行线积分就可以。

如果单元形状理想就可以得到最好的计算结果;反之,如果单元很不规则,那么结果就不太准确。对等参单元来说,单元太不规则的话,从总坐标到局部坐标没有一一对应的映射关系,那么很难得到准确结果,因此确定上述四边形等参单元时要注意以下几点:

(1) 为避免总坐标到局部坐标没有一一对应的映射关系,所有四边形等参单元的内角都要小于180°;内角在30°～150°的计算结果最好。

(2) 如果单元厚度很薄,刚度矩阵水平方向的自由度远大于对应竖直方向的位移数,由此形成的病态矩阵会产生很大的误差。为避免这种情况,单元的长宽比应小于5∶1。对各向同性材料,如果单元的长边方向平行于材料刚度最大的方向,可以不受此限制。

(3) 中节点的位置会影响总坐标与局部坐标映射法则的唯一性,对曲边单元来讲,如果每一边的曲率半径都大于长边的长度,则计算经验表明这时得到的结果最理想。

2.6 单元方程

单元方程控制着每个单元的变形情况,主要由几何方程、平衡方程和本构方程组成。

(1) 位移。如上所述,位移增量可采用以下假设:

$$\{\Delta \boldsymbol{d}\} = \begin{Bmatrix} \Delta \boldsymbol{u} \\ \Delta \boldsymbol{v} \end{Bmatrix} = [\boldsymbol{N}] \begin{Bmatrix} \Delta u \\ \Delta v \end{Bmatrix}_n = [\boldsymbol{N}]\{\Delta \boldsymbol{d}\}_n \tag{2.9}$$

(2) 应变。根据式(1.12)可由位移得到对应的应变

$$\begin{cases} \Delta\varepsilon_x = -\dfrac{\partial(\Delta u)}{\partial x}, \quad \Delta\varepsilon_y = -\dfrac{\partial(\Delta v)}{\partial y}, \quad \Delta\gamma_{xy} = -\dfrac{\partial(\Delta u)}{\partial y} - \dfrac{\partial(\Delta v)}{\partial x} \\ \Delta\varepsilon_z = \Delta\gamma_{xz} = \Delta\gamma_{zy} = 0, \quad \{\Delta\boldsymbol{\varepsilon}\}^{\mathrm{T}} = \{\Delta\varepsilon_x\ \Delta\varepsilon_y\ \Delta\gamma_{xy}\ \Delta\varepsilon_z\}^{\mathrm{T}} \end{cases} \tag{2.10}$$

对 n 节点单元,联立式(2.9)、式(2.10)有

$$\begin{Bmatrix} \Delta\varepsilon_x \\ \Delta\varepsilon_y \\ \Delta\gamma_{xy} \\ \Delta\varepsilon_z \end{Bmatrix} = -\begin{bmatrix} \dfrac{\partial N_1}{\partial x} & 0 & \dfrac{\partial N_2}{\partial x} & 0 & \cdots & \dfrac{\partial N_n}{\partial x} & 0 \\ 0 & \dfrac{\partial N_1}{\partial y} & 0 & \dfrac{\partial N_2}{\partial y} & \cdots & 0 & \dfrac{\partial N_n}{\partial y} \\ \dfrac{\partial N_1}{\partial y} & \dfrac{\partial N_1}{\partial x} & \dfrac{\partial N_2}{\partial y} & \dfrac{\partial N_2}{\partial x} & \cdots & \dfrac{\partial N_n}{\partial y} & \dfrac{\partial N_n}{\partial x} \\ 0 & 0 & 0 & 0 & \cdots & 0 & 0 \end{bmatrix} \begin{Bmatrix} \Delta u_1 \\ \Delta v_1 \\ \Delta u_2 \\ \Delta v_2 \\ \vdots \\ \Delta u_n \\ \Delta v_n \end{Bmatrix} \tag{2.11}$$

或简写为

$$\{\Delta\boldsymbol{\varepsilon}\} = [\boldsymbol{B}]\{\Delta\boldsymbol{d}\}_n \tag{2.12}$$

式中，矩阵$[\boldsymbol{B}]$只含形函数 N_i 的导数；$\{\Delta\boldsymbol{d}\}_n$ 为单元节点位移矩阵。

如果是等参单元，则形函数与 2.5.1 小节中的插值函数相同，这样式(2.11)中 $\partial N_i/\partial x$、$\partial N_i/\partial y$ 不能直接求出，但通过连续求导，可以得到用 S、T 导数表示的 x、y 导数形式

$$\left\{\frac{\partial N_i}{\partial S} \quad \frac{\partial N_i}{\partial T}\right\}^{\mathrm{T}} = [\boldsymbol{J}]\left\{\frac{\partial N_i}{\partial x} \quad \frac{\partial N_i}{\partial y}\right\}^{\mathrm{T}} \tag{2.13}$$

$[\boldsymbol{J}]$是雅可比矩阵

$$[\boldsymbol{J}] = \begin{bmatrix} \dfrac{\partial x}{\partial S} & \dfrac{\partial y}{\partial S} \\ \dfrac{\partial x}{\partial T} & \dfrac{\partial y}{\partial T} \end{bmatrix} \tag{2.14}$$

用式(2.13)求出插值函数对总坐标的导数

$$\begin{Bmatrix} \dfrac{\partial N_i}{\partial x} \\ \dfrac{\partial N_i}{\partial y} \end{Bmatrix} = \frac{1}{|\boldsymbol{J}|}\begin{bmatrix} \dfrac{\partial y}{\partial T} & -\dfrac{\partial y}{\partial S} \\ -\dfrac{\partial x}{\partial T} & \dfrac{\partial x}{\partial S} \end{bmatrix}\begin{Bmatrix} \dfrac{\partial N_i}{\partial S} \\ \dfrac{\partial N_i}{\partial T} \end{Bmatrix} \tag{2.15}$$

$|\boldsymbol{J}|$是雅可比行列式

$$|\boldsymbol{J}| = \frac{\partial x}{\partial S}\frac{\partial y}{\partial T} - \frac{\partial y}{\partial S}\frac{\partial x}{\partial T} \tag{2.16}$$

式(2.15)、式(2.16)中总坐标对局部坐标的导数按式(2.7)计算。

(3) 本构方程。本构方程可写成式(1.3)的形式

$$\{\Delta\boldsymbol{\sigma}\} = [\boldsymbol{D}]\{\Delta\boldsymbol{\varepsilon}\} \tag{2.17}$$

式中，$\{\Delta\boldsymbol{\sigma}\} = \{\Delta\sigma_x \ \Delta\sigma_y \ \Delta\tau_{xy} \ \Delta\sigma_z\}^{\mathrm{T}}$。

各向同性线弹性材料的弹性矩阵$[\boldsymbol{D}]$见第 1 章中 1.5.5 小节，横观各向同性

材料的弹性矩阵见第5章。

确定线弹性材料的单元方程要用到最小势能原理,由该原理可知加载后线弹性材料静力平衡时总能耗最小。材料总势能定义为

$$\text{总势能}(E) = \text{应变能}(W) - \text{外力做功}(L)$$

由最小势能原理,有

$$\delta\Delta E = \delta\Delta W - \delta\Delta L = 0 \tag{2.18}$$

式中,应变能 ΔW 为

$$\Delta W = \frac{1}{2}\int_{Vol}\{\Delta\boldsymbol{\varepsilon}\}^{\mathrm{T}}\{\Delta\boldsymbol{\sigma}\}\mathrm{d}Vol = \frac{1}{2}\int_{Vol}\{\Delta\boldsymbol{\varepsilon}\}^{\mathrm{T}}[\boldsymbol{D}]\{\Delta\boldsymbol{\varepsilon}\}\mathrm{d}Vol \tag{2.19}$$

积分在总体积上进行。

外力做功 ΔL 分为体积力做的功和面力做的功

$$\Delta L = \int_{Vol}\{\Delta\boldsymbol{d}\}^{\mathrm{T}}\{\Delta\boldsymbol{F}\}\mathrm{d}Vol + \int_{Srf}\{\Delta\boldsymbol{d}\}^{\mathrm{T}}\{\Delta\boldsymbol{T}\}\mathrm{d}Srf \tag{2.20}$$

式中,位移变量$\{\Delta\boldsymbol{d}\}^{\mathrm{T}}=\{\Delta\boldsymbol{u},\Delta\boldsymbol{v}\}$;体积力$\{\Delta\boldsymbol{F}\}=\{\Delta\boldsymbol{F}_x,\Delta\boldsymbol{F}_y\}^{\mathrm{T}}$;面力(可以为线荷载或面荷载)$\{\Delta\boldsymbol{T}\}=\{\Delta\boldsymbol{T}_x,\Delta\boldsymbol{T}_y\}^{\mathrm{T}}$;$Srf$ 表示面力作用边界。

联立式(2.19)和式(2.20),得到总势能

$$\Delta E = \frac{1}{2}\int_{Vol}\{\Delta\boldsymbol{\varepsilon}\}^{\mathrm{T}}[\boldsymbol{D}]\{\Delta\boldsymbol{\varepsilon}\}\mathrm{d}Vol - \int_{Vol}\{\Delta\boldsymbol{d}\}^{\mathrm{T}}\{\Delta\boldsymbol{F}\}\mathrm{d}Vol - \int_{Srf}\{\Delta\boldsymbol{d}\}^{\mathrm{T}}\{\Delta\boldsymbol{T}\}\mathrm{d}Srf \tag{2.21}$$

有限元的精髓是将研究的问题离散为一个个有限的小单元,这体现在两方面:①总势能等于各个单元上势能的总和

$$\Delta E = \sum_{i=1}^{N}\Delta E_i \tag{2.22}$$

式中,N 为单元数。②位移的变化可以用节点位移式(2.9)表示,因此式(2.21)又写为

$$\Delta E = \sum_{i=1}^{N}\Big[\frac{1}{2}\int_{Vol}\Big(\{\Delta\boldsymbol{d}\}_n^{\mathrm{T}}[\boldsymbol{B}]^{\mathrm{T}}[\boldsymbol{D}][\boldsymbol{B}]\{\Delta\boldsymbol{d}\}_n - 2\{\Delta\boldsymbol{d}\}_n^{\mathrm{T}}[\boldsymbol{N}]^{\mathrm{T}}\{\Delta\boldsymbol{F}\}\Big)\mathrm{d}Vol - \int_{Srf}\{\Delta\boldsymbol{d}\}_n^{\mathrm{T}}[\boldsymbol{N}]\{\Delta\boldsymbol{T}\}\mathrm{d}Srf\Big]_i \tag{2.23}$$

这里体积积分是对单元的体积进行积分,面积积分也是对单元的面积积分。式(2.23)中的未知量为网格中各节点的位移增量$\{\Delta\boldsymbol{d}\}_n$。总势能对节点位移增量变分

$$\delta\Delta E=\sum_{i=1}^{N}(\{\delta\Delta \boldsymbol{d}\}_n^{\mathrm{T}})_i\left[\int_{Vol}[\boldsymbol{B}]^{\mathrm{T}}[\boldsymbol{D}][\boldsymbol{B}]\mathrm{d}Vol\{\Delta \boldsymbol{d}\}_n-\int_{Vol}[\boldsymbol{N}]^{\mathrm{T}}\{\Delta \boldsymbol{F}\}\mathrm{d}Vol\right.$$

$$\left.-\int_{Srf}[\boldsymbol{N}]^{\mathrm{T}}\{\Delta \boldsymbol{T}\}\mathrm{d}Srf\right]_i=0 \tag{2.24}$$

即

$$\sum_{i=1}^{N}[\boldsymbol{K}_E]_i(\{\Delta \boldsymbol{d}\}_n)_i=\sum_{i=1}^{N}\{\Delta \boldsymbol{R}_E\} \tag{2.25}$$

式中，单元刚度矩阵 $[\boldsymbol{K}_E]=\int_{Vol}[\boldsymbol{B}]^{\mathrm{T}}[\boldsymbol{D}][\boldsymbol{B}]\mathrm{d}Vol$；方程右边的荷载向量 $\{\Delta \boldsymbol{R}_E\}=\int_{Vol}[\boldsymbol{N}]^{\mathrm{T}}\{\Delta \boldsymbol{F}\}\mathrm{d}Vol+\int_{Srf}[\boldsymbol{N}]^{\mathrm{T}}\{\Delta \boldsymbol{T}\}\mathrm{d}Srf$。

于是问题简化为先求解每个单元的平衡方程，然后再叠加

$$[\boldsymbol{K}_E]\{\Delta \boldsymbol{d}\}_n=\{\Delta \boldsymbol{R}_E\} \tag{2.26}$$

等参单元的单元刚度矩阵可以用局部坐标表示，等参单元中

$$\mathrm{d}Vol=t\mathrm{d}x\mathrm{d}y=t\mid \boldsymbol{J}\mid \mathrm{d}S\mathrm{d}T \tag{2.27}$$

平面应变情况下单元厚度为 1，于是单元刚度矩阵为

$$[\boldsymbol{K}_E]=\int_{-1}^{1}\int_{-1}^{1}t[\boldsymbol{B}]^{\mathrm{T}}[\boldsymbol{D}][\boldsymbol{B}]\mid \boldsymbol{J}\mid \mathrm{d}S\mathrm{d}T \tag{2.28}$$

式中，雅可比矩阵 $|\boldsymbol{J}|$ 建立了总坐标与局部坐标的映射关系，按式(2.16)计算。除了特殊单元形状外，方程式(2.28)不能直接求解，通常用数值积分法方便些。

2.6.1　数值积分

除特殊情况外，单元刚度矩阵和方程右边荷载向量求解时都要用到数值积分法。例如，要计算图 2.12(a)所示的一维积分 $\int_{-1}^{1}f(x)\mathrm{d}x$，最简单的积分方法是沿 x 方向将积分区域均匀平分为 a 大小的一个个小区域，并假设每一个小区域内曲线下面的面积等于梯形部分的面积 $a[f(x_i)+f(x_{i-1})]/2$。这种方法常称为梯形法则。

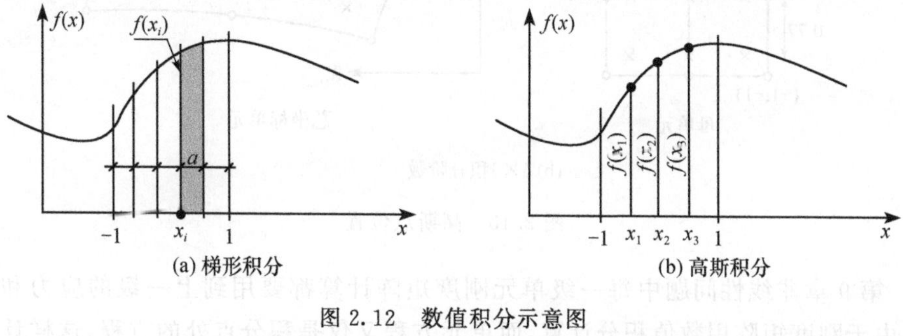

图 2.12　数值积分示意图

由最少 $f(x_i)$ 个数得到最精确解答的方法有很多种，一般说函数积分可以用各积分点处的函数值与权重的乘积和表示，如图 2.12(b)中可以用三个积分点表示一维积分

$$\int_{-1}^{1} f(x)\mathrm{d}x = \sum_{i=1}^{3} W_i f(x_i) = W_1 f(x_1) + W_2 f(x_2) + W_3 f(x_3) \quad (2.29)$$

式中，W_i 为权重；$f(x_i)$ 为三个积分点 $x_{(i=1,2,3)}$ 处的函数值。

权重 W_i 和积分点的位置 x_i 由积分采用的算法确定，积分点个数决定积分的阶数。积分点处的函数值个数与积分阶数有关，高阶积分得到的积分值精确些，但高阶积分耗时长，这个问题在二阶或三阶积分时尤为突出，如二阶积分要计算 3×3 的积分点列阵，三阶积分就需要计算 3×3×3 的列阵。

最常用的积分法是高斯积分法，相应的积分点称为高斯点。高斯积分的最优积分阶数取决于单元类型和单元形状。计算经验表明，八节点等参单元用 2×2 或 3×3 的积分阶数就可以了。2×2 和 3×3 的高斯点在母单元和总坐标单元中的位置如图 2.13 所示。2×2 和 3×3 的高斯点又分别称为约化积分和完全积分。

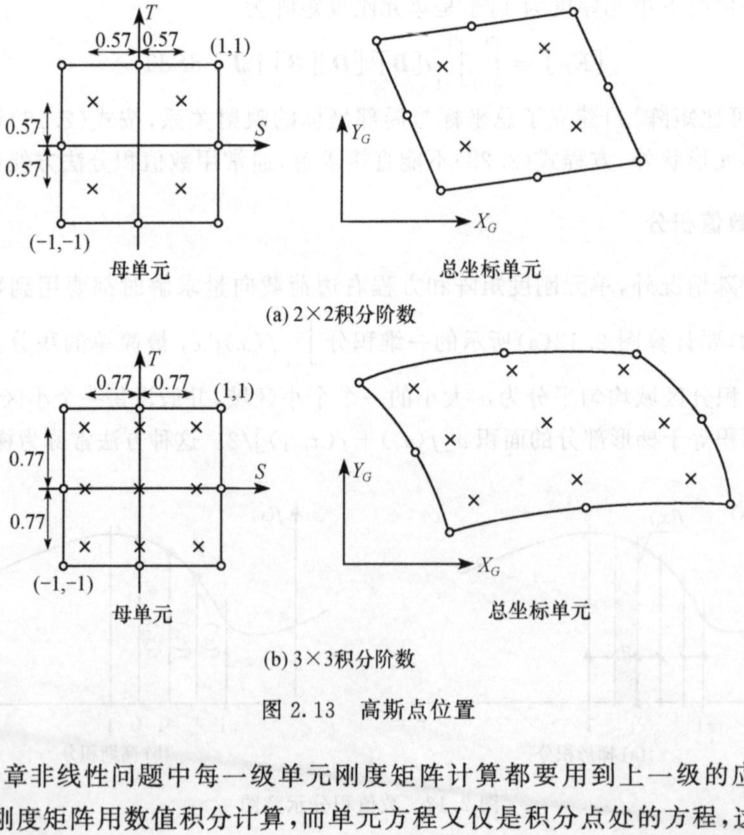

图 2.13　高斯点位置

第 9 章非线性问题中每一级单元刚度矩阵计算都要用到上一级的应力和应变，由于刚度矩阵用数值积分计算，而单元方程又仅是积分点处的方程，这样计算

积分点处的应力和应变就比较方便，许多程序直接输出积分点处的应力、应变值。

2.7 总方程

下一步是集合单元方程形成总方程

$$[\boldsymbol{K}_G]\{\Delta \boldsymbol{d}\}_{nG} = \{\Delta \boldsymbol{R}_G\} \tag{2.30}$$

式中，$[\boldsymbol{K}_G]$为总刚度矩阵；$\{\Delta \boldsymbol{d}\}_{nG}$为整个网格所含的未知自由度（节点位移）；$\{\Delta \boldsymbol{R}_G\}$为总荷载向量。按 2.6 节介绍的方法形成每个单元的刚度矩阵，然后集合成总刚度矩阵，这种方法叫直接刚度法，总刚度矩阵得名于由每一个单元集合而成，这些单元按共同自由度进行叠加，详见 2.7.1 小节。方程右边总荷载也是由节点荷载集合而成，详见第 3 章和 2.8 节。

由方程式(2.28)清楚地看到，如果弹性矩阵$[\boldsymbol{D}]$是对称矩阵，则单元刚度矩阵和总刚度矩阵也是对称矩阵，很多材料都是这种情况，包括线弹性材料。总刚度矩阵中的非零元素表示各单元自由度之间的连接关系，通常一个自由度只与几个自由度有关，于是总刚度矩阵中含很多零。此外大多数零元素位于对角线外，见 2.7.1 小节，这样集合、存储及求解总刚度矩阵时就可以利用矩阵对称和带状结构的特点。

2.7.1 直接刚度法

直接刚度法指按总自由度顺序由单元刚度矩阵集合形成总刚度矩阵，就单元而言，刚度矩阵中各元素仅与单元自由度对应；但对整个网格讲，各元素对应于总网格中的自由度。因此总刚度矩阵的大小取决于总自由度个数和自由度的非零个数。

下面用 4 节点单元简要说明这种集合方法。假设每个节点只有一个自由度（注意，二维计算中每个节点常有两个自由度），由于单元中一个节点仅有一个自由度，这样刚度矩阵就很简单，描述起来也很方便，“自由度”可以直接用节点号表示。

自由度编号和 4 节点单元刚度矩阵如图 2.14 所示。假设刚度矩阵是对称阵，图中只列出了对角线元素和上三角元素。

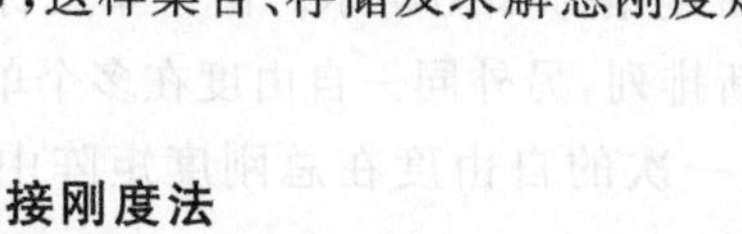

$$[\boldsymbol{K}_E] = \begin{bmatrix} K_{11} & K_{12} & K_{13} & K_{14} \\ & K_{22} & K_{23} & K_{24} \\ \text{对称} & & K_{33} & K_{34} \\ & & & K_{44} \end{bmatrix}$$

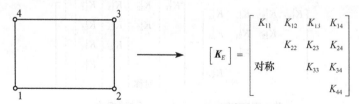

图 2.14　单元刚度矩阵

如果该单元是网格中的一个单元，那么按照总自由度编号，相应的刚度矩阵如图 2.15 所示。矩阵中每一元素的数值不变，但它在总刚度矩阵中代表的意义不同。例如，图 2.14 中 K_{11} 表示单元自由度为 1，但在图 2.15 中同样的自由度在总自由度中的编号就是 2，这个单元对总刚度矩阵的贡献 K_{22} 等于 K_{11}。特别要注意的是，单元刚度矩阵的每一行、每一列分别对应于单元每一个自由度。

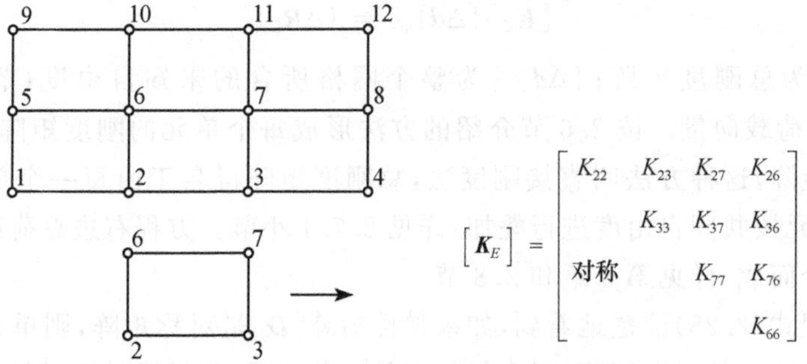

图 2.15　总自由度表示的单元刚度矩阵

下面用总自由度表示的刚度矩阵介绍单元集合情况。图 2.16 演示了如何由简单的两单元网格形成总刚度矩阵，自由度编号如图所示。由于单元标准编号与自由度编号不同，矩阵中有些元素会重新排列，另外同一自由度在多个单元中出现时要进行叠加，仅在一个单元中出现过一次的自由度在总刚度矩阵中只要叠加一次。

总刚度矩阵的结构非常重要，这将在有效存储中介绍，见 2.9 节。如图 2.16(d) 所示的情况下，几个点就会影响总刚度矩阵的结构，其中的非零元素由单元间有关联的自由度产生。这样每一排最后一个非零元素就表示与该自由度有关的最高自由度序号。这一特点使总刚度矩阵成为稀疏（有很多非零元素）矩阵、带状（非零元素集中在对角线上）矩阵。

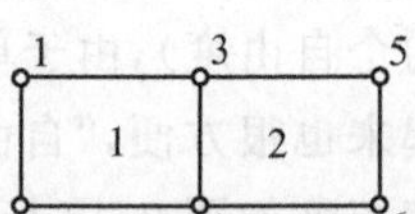

(a) 两单元网格

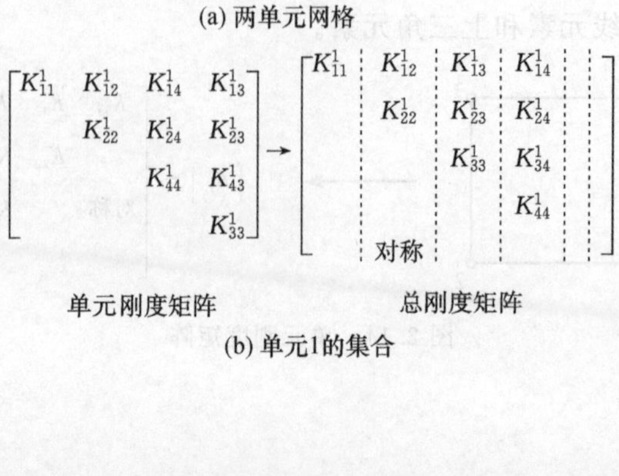

(b) 单元1的集合

$$
\begin{bmatrix}
K_{33}^{2} & K_{34}^{2} & K_{36}^{2} & K_{35}^{2} \\
 & K_{44}^{2} & K_{46}^{2} & K_{45}^{2} \\
 & & K_{66}^{2} & K_{65}^{2} \\
 & & & K_{55}^{2}
\end{bmatrix}
\rightarrow
\left[\begin{array}{c:c:c:c:c:c}
K_{11}^{1} & K_{12}^{1} & K_{13}^{1} & K_{14}^{1} & & \\
 & K_{22}^{1} & K_{23}^{1} & K_{24}^{1} & & \\
 & & K_{33}^{1}+K_{33}^{2} & K_{34}^{1}+K_{34}^{2} & K_{35}^{2} & K_{36}^{2} \\
 & & & K_{44}^{1}+K_{44}^{2} & K_{45}^{2} & K_{46}^{2} \\
 & \text{对称} & & & K_{55}^{2} & K_{56}^{2} \\
 & & & & & K_{66}^{2}
\end{array}\right]
$$

单元刚度矩阵　　　　　　总刚度矩阵

(c) 单元2的集合

$$
[\boldsymbol{K}_G]=
\begin{bmatrix}
K_{11} & K_{12} & K_{13} & K_{14} & & \\
 & K_{22} & K_{23} & K_{24} & & \\
 & & K_{33} & K_{34} & K_{35} & K_{36} \\
 & & & K_{44} & K_{45} & K_{46} \\
 & \text{对称} & & & K_{55} & K_{56} \\
 & & & & & K_{66}
\end{bmatrix}
$$

(d) 总刚度矩阵

图 2.16　两单元网格的集合方法

2.8　边界条件

补充边界条件是建立方程的最后一步，完整的计算应包含荷载条件和位移条件。荷载边界(含线荷载和分布荷载)将影响方程右边的向量，若是点荷载或线荷载，直接代入方程右侧$\{\Delta \boldsymbol{R}_G\}$即可；若是分布荷载，先求出等效节点荷载，再加到$\{\Delta \boldsymbol{R}_G\}$中，总刚度矩阵形成时与总自由度对应的荷载向量也相应形成。开挖或填筑引起的体积力也要计算到$\{\Delta \boldsymbol{R}_G\}$中，第 3 章将详细介绍这些边界条件。

位移边界条件会影响$\{\Delta \boldsymbol{d}\}_{nG}$，自由度已知的方程就不用求解了，详见 2.9 节。任何情况下只要是刚性位移，如整个网格的旋转或平移，就要给出全部的位移条件，如果位移条件不完整，总刚度矩阵会成为奇异阵，方程无法求解。二维平面应变问题中至少要给出两个节点 x 方向和一个节点 y 方向的已知位移，或两个节点 y 方向及一个节点 x 方向的位移。

2.9　解　方　程

有了总刚度矩阵和边界条件就得到一组数学方程，目前，解方程就得到节点位移$\{\Delta \boldsymbol{d}\}_{nG}$。解方程的方法很多,许多软件都用高斯消去法求解,对三维问题迭代法更有效,参见第 11 章内容。

为具体说明高斯消去法,先介绍一种特殊方法将刚度矩阵存为“带状矩阵”,刚度矩阵逆阵可以进行三角分解,当然也有其他一些方法求解方程(Crisfield,1986)。

2.9.1　总刚度矩阵存储

总刚度矩阵是稀疏、带状矩阵,没有必要存储整个矩阵,如果考虑矩阵的对称性,只存储对角线元素和上三角元素,可以减少一半存储量。为简便起见,假设一个节点只有一个自由度,则图 2.17 所示的简单网格只需存储 4 个四节点单元,总刚度矩阵如图 2.17(b)所示。

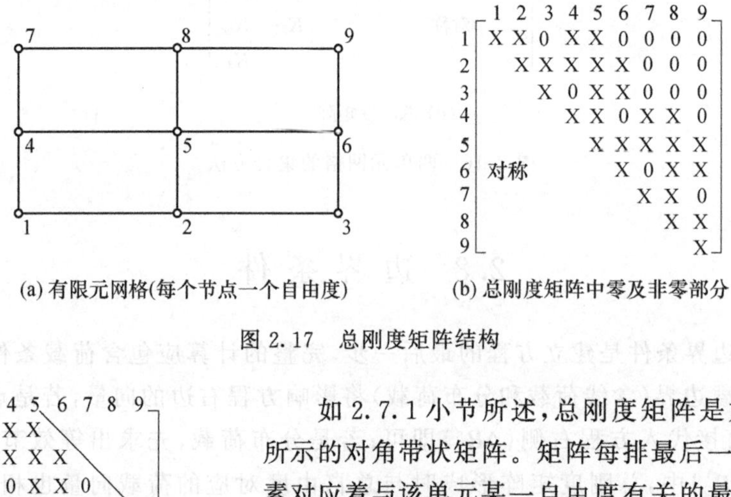

(a) 有限元网格(每个节点一个自由度)　　(b) 总刚度矩阵中零及非零部分

图 2.17　总刚度矩阵结构

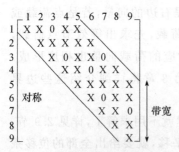

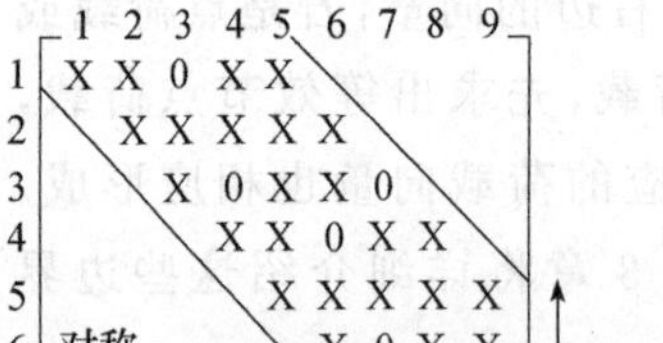

图 2.18　$[\boldsymbol{K}_G]$对角带状矩阵

如 2.7.1 小节所述,总刚度矩阵是如图 2.18 所示的对角带状矩阵。矩阵每排最后一个非零元素对应着与该单元某一自由度有关的最高自由度序号。如第四排最后一个非零元素对应的自由度序号为 8,由图 2.17 可知 8 号自由度的确与节点 4 有关。矩阵各列从对角线元素向上到最后一个非零元素的最大值就是矩阵的带宽。从图 2.18 可知,按列计算的带宽与按行计算的带宽一样,都是 5,图中还列出了带状结构的有效存储方法。这里按行序将刚度矩阵存为一个二维数组,数组的列数与带宽相等;也可以按列序存储,对存储条件和方程的求解都没有影响。

图 2.18 要存储的带宽里非零元素也占了一些空间,这些元素求解时用不到,一直为零,不需要存储。这样一来最有效的存储方法显然是按列存储,如图 2.19 所示,即每列从对角线元素存储到最后一个非零元素,当然中间也会含一些零元

素。比较图 2.18 和图 2.19 发现，按列存储实际上是变带宽存储，列与对角带之间的非零元素消除了，但中间的零元素解方程时还是需要的，于是存储一般以非零元素结束，见 2.9.2 小节。

每个自由度的带宽等于和本自由度有关的最高自由度序号与本自由度序号的差，因此它与自由度编号方法有关，Cuthill 等(1969)、Gibbs 等(1976)和 Everstine(1979)介绍了一些最小带宽的自由度编号方法。

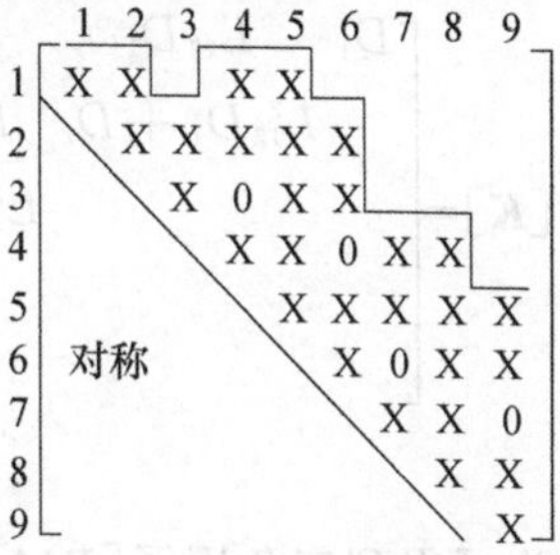

图 2.19　$[\boldsymbol{K}_G]$按列序存储

2.9.2　总刚度矩阵的三角分解

总刚度矩阵按列存储时总刚度矩阵的三角分解是解方程的基础，通过分解将矩阵写为

$$[\boldsymbol{K}_G]=[\boldsymbol{L}][\boldsymbol{DM}][\boldsymbol{L}]^{\mathrm{T}} \tag{2.31}$$

式中，$[\boldsymbol{L}]$是下三角矩阵

$$[\boldsymbol{L}]=\begin{bmatrix} 1 & & & & \\ L_{21} & 1 & & 0 & \\ L_{31} & L_{32} & 1 & & \\ \vdots & \vdots & \vdots & \ddots & \\ L_{n1} & L_{n2} & L_{n3} & \cdots & 1 \end{bmatrix} \tag{2.32}$$

$[\boldsymbol{DM}]$是对角阵

$$[\boldsymbol{DM}]=\begin{bmatrix} D_1 & & & \\ & D_2 & 0 & \\ & & D_3 & \\ & 0 & & \ddots & \\ & & & & D_n \end{bmatrix} \tag{2.33}$$

下面介绍如何由矩阵$[\boldsymbol{K}_G]$导出矩阵$[\boldsymbol{L}]$和$[\boldsymbol{DM}]$，以及$[\boldsymbol{DM}]$和$[\boldsymbol{L}]^{\mathrm{T}}$在列存储中如何替代$[\boldsymbol{K}_G]$中的对角元素及非对角元素。下面以 $n\times n$ 的满秩矩阵为例

$$[\boldsymbol{K}]=\begin{bmatrix} K_{11} & K_{12} & K_{13} & \cdots & K_{1n} \\ & K_{22} & K_{23} & \cdots & K_{2n} \\ & & K_{33} & \cdots & K_{3n} \\ & & & \ddots & \vdots \\ & & & & K_{nn} \end{bmatrix} \tag{2.34}$$

将式(2.32)和式(2.33)代入式(2.31)，矩阵$[\boldsymbol{K}]$转换为

$$[\boldsymbol{K}]=\begin{bmatrix} D_1 & L_{12}D_1 & L_{13}D_1 & \cdots & L_{1n}D_1 \\ & L_{12}^2D_1+D_2 & L_{13}L_{12}D_1+L_{23}D_2 & \cdots & L_{1n}L_{12}D_1+L_{2n}D_2 \\ & & L_{13}^2D_1+L_{23}^2D_2+D_3 & \cdots & L_{1n}L_{13}D_1+L_{2n}L_{23}D_2+L_{3n}D_3 \\ & & & \ddots & \vdots \\ & & & & L_{1n}^2D_1+L_{2n}^2D_2+L_{3n}^2D_3+\cdots+D_n \end{bmatrix} \tag{2.35}$$

为了得到三角因子[**DM**]和[**L**],式(2.34)中矩阵[**K**]的各元素要与式(2.35)中对应的元素相等。不同的方程解法对应着不同的求解顺序,有些按矩阵[**K**]的行序求解,有些按列序求解,也有的要变换矩阵中所有的元素。总的说来这些方法都是等效的,都需要按同样的数学步骤求解。相比而言列序法有一些优势,只需计算少量的中间元素,可以减少求解时间。要求解的方程为

$$\begin{cases} D_1 = K_{11} \\ L_{12} = K_{12}/D_1 \\ D_2 = K_{22} - L_{12}^2D_1 \\ L_{13} = K_{13}/D_1 \\ L_{23} = [K_{23} - L_{13}L_{12}D_1]/D_2 \\ D_3 = K_{33} - L_{13}^2D_1 - L_{23}^2D_2 \\ L_{1n} = K_{1n}/D_1 \\ L_{2n} = [K_{2n} - L_{1n}L_{12}]/D_2 \\ L_{3n} = [K_{3n} - L_{1n}L_{13}D_1 - L_{2n}L_{23}D_2]/D_3 \\ \cdots \\ D_n = K_{nn} - L_{1n}^2D_1 - L_{2n}^2D_2 - L_{3n}^2D_3 - \cdots - L_{n-1,n}^2D_{n-1} \end{cases} \tag{2.36}$$

这样依次得到[**DM**]和[**L**]中各元素,由矩阵[**K**]和前面得到的[**DM**]和[**L**]很容易验证矩阵[**K**]可以分解为矩阵[**DM**]和[**L**],最后得到矩阵[**K**]的上三角元素

$$[\boldsymbol{K}]=\begin{bmatrix} D_1 & L_{12} & L_{13} & \cdots & L_{1n} \\ & D_2 & L_{23} & \cdots & L_{2n} \\ & & D_3 & \cdots & L_{3n} \\ & & & \ddots & \vdots \\ & & & & D_n \end{bmatrix} \tag{2.37}$$

为达到最有效求解的目的,可以有序地一列一列求解,分三步进行:①非对角线元素按内积和修正;②将非对角线元素除以相应的对角线元素;③得到新的对角线元素,这些步骤见式(2.36)。

2.9.3 解方程

计算出总刚度矩阵$[\boldsymbol{K}_G]$的三角分解因子$[\boldsymbol{DM}]$和$[\boldsymbol{L}]$,便可分三步解方程。先将式(2.30)写成

$$[\boldsymbol{L}][\boldsymbol{DM}][\boldsymbol{L}]^{\mathrm{T}}\{\Delta\boldsymbol{d}\}=\{\Delta\boldsymbol{R}\} \tag{2.38}$$

式中,$\{\Delta\boldsymbol{d}\}$为未知自由度;$\{\Delta\boldsymbol{R}\}$为已知节点荷载,令

$$\{\Delta\boldsymbol{d}''\}=[\boldsymbol{DM}][\boldsymbol{L}]^{\mathrm{T}}\{\Delta\boldsymbol{d}\} \tag{2.39}$$

第一步,回代解出$\{\Delta\boldsymbol{d}''\}$

$$\{\Delta\boldsymbol{d}''\}=[\boldsymbol{L}]^{-1}\{\Delta\boldsymbol{R}\} \tag{2.40}$$

再令

$$\{\Delta\boldsymbol{d}'\}=[\boldsymbol{L}]^{\mathrm{T}}\{\Delta\boldsymbol{R}\} \tag{2.41}$$

得到

$$\{\Delta\boldsymbol{d}'\}=[\boldsymbol{DM}]^{-1}\{\Delta\boldsymbol{d}''\} \tag{2.42}$$

最后一步回代得到

$$\{\Delta\boldsymbol{d}\}=[\boldsymbol{L}]^{-\mathrm{T}}\{\Delta\boldsymbol{d}'\} \tag{2.43}$$

以上三步中都要用按列存为一维数组的$[\boldsymbol{DM}]$和$[\boldsymbol{L}]$。由于分解后的刚度矩阵在整个求解过程中都保持不变,所有的计算都是对方程右边的荷载向量进行,因此方程右边荷载不同时可以按同样的过程求解,不需要重新分解刚度矩阵。下面详细介绍。

第一步:前代。

这一步求解方程

$$\begin{bmatrix} 1 & & & & \\ L_{12} & 1 & & 0 & \\ L_{13} & L_{23} & 1 & & \\ \vdots & \vdots & \vdots & \ddots & \\ L_{1n} & L_{2n} & L_{3n} & \cdots & 1 \end{bmatrix}\begin{Bmatrix} \Delta d_1'' \\ \Delta d_2'' \\ \Delta d_3'' \\ \vdots \\ \Delta d_n'' \end{Bmatrix}=\begin{Bmatrix} f_1 \\ f_2 \\ f_3 \\ \vdots \\ f_n \end{Bmatrix} \tag{2.44}$$

通过简单回代,得到

$$\begin{cases} \Delta d_1''=f_1 \\ \Delta d_2''=f_2-L_{12}\Delta d_1'' \\ \Delta d_3''=f_3-L_{13}\Delta d_1''-L_{23}\Delta d_2'' \\ \cdots \\ \Delta d_n''=f_n-\sum\limits_{k=1}^{n-1}L_{kn}\Delta d_k'' \end{cases} \tag{2.45}$$

[$\boldsymbol{L}$]中各元素按列序存储,这意味着式(2.44)和式(2.45)中位于列序之外的元素便为零。实际上上面的前代过程已经说明了方程式(2.45)仅用[$\boldsymbol{L}$]列序中的元素求解。

第二步:对角阵转化。

这一步要求解的是

$$\begin{bmatrix} D_1 & & & & \\ & D_2 & & 0 & \\ & & D_3 & & \\ & 0 & & \ddots & \\ & & & & D_n \end{bmatrix} \begin{Bmatrix} \Delta d'_1 \\ \Delta d'_2 \\ \Delta d'_3 \\ \vdots \\ \Delta d'_n \end{Bmatrix} = \begin{Bmatrix} \Delta d''_1 \\ \Delta d''_2 \\ \Delta d''_3 \\ \vdots \\ \Delta d''_n \end{Bmatrix} \tag{2.46}$$

于是有

$$\begin{cases} \Delta d'_1 = \Delta d''_1 / D_1 \\ \Delta d'_2 = \Delta d''_2 / D_2 \\ \Delta d'_3 = \Delta d''_3 / D_3 \\ \cdots \\ \Delta d'_n = \Delta d''_n / D_n \end{cases} \tag{2.47}$$

第三步:回代。

回代时要解的方程为

$$\begin{bmatrix} 1 & L_{12} & L_{13} & \cdots \\ & 1 & L_{23} & \cdots \\ & & 1 & \cdots \\ & 0 & \ddots & \vdots \\ & & & 1 \end{bmatrix} \begin{Bmatrix} \Delta d_1 \\ \Delta d_2 \\ \Delta d_3 \\ \vdots \\ \Delta d_n \end{Bmatrix} = \begin{Bmatrix} \Delta d'_1 \\ \Delta d'_2 \\ \Delta d'_3 \\ \vdots \\ \Delta d'_n \end{Bmatrix} \tag{2.48}$$

由回代解出

$$\begin{cases} \Delta d_n = \Delta d'_n \\ \Delta d_{n-1} = \Delta d'_{n-1} - L_{n-1,n} \Delta d_n \\ \Delta d_{n-2} = \Delta d'_{n-2} - L_{n-2,n-1} \Delta d_{n-1} - L_{n-2,n} \Delta d_n \\ \cdots \\ \Delta d_1 = \Delta d'_1 - \sum\limits_{k=2}^{n} L_{1k} \Delta d_k \end{cases} \tag{2.49}$$

式(2.49)表述的回代过程也说明只用到了[$\boldsymbol{L}$]列序中的元素。

上述求解步骤非常有效,优点是分解后的刚度矩阵保持不变,这一优点对用迭代法解非线性问题特别重要,荷载向量修正后,只要一次分解刚度矩阵就可以。

2.9.4　已知位移边界条件

很多有限元计算中用确定的位移边界条件限制结构或部分结构的刚性位移，这些边界条件说明有些自由度是已知的，于是总方程

$$[\boldsymbol{K}_G]\{\Delta \boldsymbol{d}\}_{nG} = \{\Delta \boldsymbol{R}_G\} \tag{2.50}$$

要修改。下面分析一个已知自由度对总方程的影响，假设节点位移 Δd_j 已知，将方程式(2.50)全部展开为式(2.51)形式，其中 ΔR_j 为未知项，求解时常用作反力项。

$$\begin{bmatrix} K_{11} & \cdots & K_{1j} & \cdots & K_{1n} \\ \vdots & & \vdots & & \vdots \\ K_{j1} & \cdots & K_{jj} & \cdots & K_{jn} \\ \vdots & & \vdots & & \vdots \\ K_{n1} & \cdots & K_{nj} & \cdots & K_{nn} \end{bmatrix} \begin{Bmatrix} \Delta d_1 \\ \vdots \\ \Delta d_j \\ \vdots \\ \Delta d_n \end{Bmatrix} = \begin{Bmatrix} \Delta R_1 \\ \vdots \\ \Delta R_j \\ \vdots \\ \Delta R_n \end{Bmatrix} \tag{2.51}$$

因为 Δd_j 已知，式(2.51)中第 j 个方程可用式(2.52)代替

$$\Delta d_j = a_j \tag{2.52}$$

式中，a_j 已知。另外每个方程都含一个已知项 $K_{ij}\Delta d_j$，可以将它移到方程右边。通过这两步后，方程式(2.51)简化为

$$\begin{bmatrix} K_{11} & \cdots & 0 & \cdots & K_{1n} \\ \vdots & & \vdots & & \vdots \\ 0 & \cdots & 1 & \cdots & 0 \\ \vdots & & \vdots & & \vdots \\ K_{n1} & \cdots & 0 & \cdots & K_{nn} \end{bmatrix} \begin{Bmatrix} \Delta d_1 \\ \vdots \\ \Delta d_j \\ \vdots \\ \Delta d_n \end{Bmatrix} = \begin{Bmatrix} \Delta R_1 - K_{1j}a_j \\ \vdots \\ \Delta a_j \\ \vdots \\ \Delta R_n - K_{nj}a_j \end{Bmatrix} \tag{2.53}$$

这样将$[\boldsymbol{K}_G]$中第 j 行、第 j 列中的非对角元素设为零，对角线元素为 1，对方程右边稍作修改就可以考虑已知自由度情况。这样处理的优点是刚度矩阵的对称性不会破坏，而且解方程前对刚度矩阵列序中的元素进行修改也比较容易，但该方法也有两个主要缺点：①$[\boldsymbol{K}_G]$中一些元素被“0”和“1”覆盖后，反力 ΔR_j 不能回代计算；②每级增量或每步迭代都要考虑已知自由度的变化。这样就无法调整方程右边的向量，因为调整用到$[\boldsymbol{K}_G]$中的一些元素并没有保存，于是每次计算都要重新计算总刚度矩阵。

对刚度矩阵的分解和方程求解进行以下简单修改就可以避免上述缺点。先假设刚度矩阵可以用式(2.53)中的矩阵代替，但$[\boldsymbol{K}_G]$中第 j 行和第 j 列中的元素不变，分解$[\boldsymbol{K}_G]$时跳过与第 j 行和第 j 列有关的元素(因为它们都等于“0”)，其他元素都按原步骤分解。解方程前，用已知位移和$[\boldsymbol{K}_G]$中的正确元素调整右边的荷

载。最后解方程时,再跳过$[K_G]$的第 j 行、第 j 列。将已知位移代入到相应方程,由分解后的矩阵$[K_G]$便可计算出对应的反力。

2.10 应力和应变计算

解方程得到节点位移后,应力和应变也可相应得到。用式(2.11)计算应变,再由弹性矩阵$[D]$计算出应力,见式(2.17)。

2.11 算　　例

下面以均质线弹性地基上的条形基础为例(图 2.20)说明有限元的应用。基础宽 12m,土体杨氏模量 $E=10000\text{kN/m}^2$,泊松比 $\mu=0.4$,垂直对称面位于基础中心线处,这样计算时只要计算一半就行了。

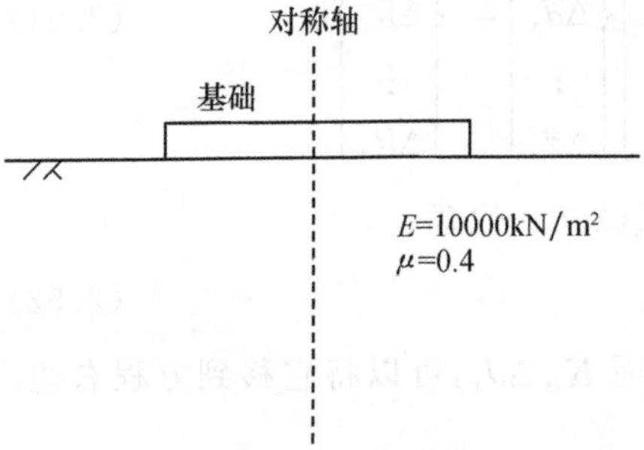

图 2.20　条形基础

对土体部分划分单元,共分为 42 个八节点等参单元,网格如图 2.21 所示。基础按边界条件处理,网格向上、向右各取 20m。

网格边界上节点 x(水平)和 y(垂直)方向的边界条件可以是已知节点位移或已知节点力条件。条形基础可以假设网格底边界上所有节点的水平位移 Δu 和垂直位移 Δv 都等于零,如图 2.21 所示,这样需要计算出这两个方向上的节点反力;

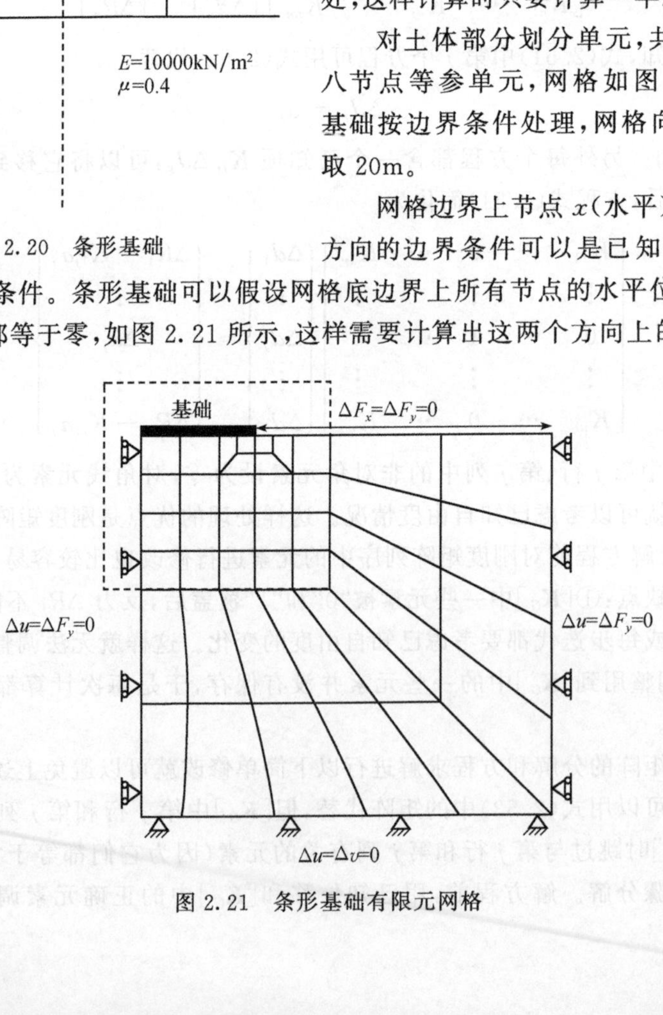

图 2.21　条形基础有限元网格

竖直边界上水平位移 Δu 和竖向力 ΔF_y 等于零，$\Delta F_y=0$ 意味着边界上没有垂直剪应力，节点可以垂直移动，节点处的水平反力可以计算出。基础边到右手边界处的网格顶部边界上，竖向力 ΔF_y 和水平力 ΔF_x 都等于零，这时应力自由面可以上下、左右自由运动。

基础下面的边界条件取决于基础是刚性还是柔性的，是光滑还是粗糙的。图 2.22 给出了三种不同的边界条件。

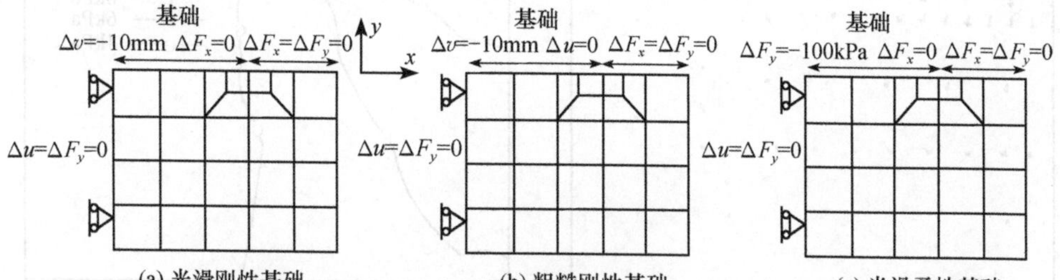

(a) 光滑刚性基础　(b) 粗糙刚性基础　(c) 光滑柔性基础

图 2.22　基础边界条件

图 2.22(a)假设刚性、光滑基础，基础下节点竖直向下位移为 10mm，$\Delta F_x=0$。图 2.22(b)假设同样的竖向位移边界条件，用水平位移等于零代替水平力为零，模拟粗糙的刚性基础，即 $\Delta u=0$。图 2.22(a)、(b)两种情况中都用均匀竖向位移模拟刚性基础。对图 2.22(c)中的柔性基础，则假设基础下各节点上竖向力 ΔF_y 相等，而且各点处 $\Delta F_x=0$。

要指出的是很多程序并不需要用户定义边界上每个节点 x、y 方向的边界条件，这时程序会采用默认值。一般不定义边界条件，程序就假设节点力等于零。例如，如果只给出节点的已知垂直位移，程序会自动认为该节点的水平力等于零。

用上述三种边界条件(图 2.22)计算得到的位移如图 2.23 所示。为便于比较，竖向位移 Δv 用基础中心点处的位移 $\Delta v_{\max}$ 进行归一化处理。由图可见，刚性基础基底光滑和粗糙时的沉降很接近。用解析解计算均质弹性半空间上的光滑柔性基础，得到的竖向位移值无限大；如果假设弹性介质深度有限，用弹性理论有限元方法计算得到的沉降却是有限的。基础边缘处的沉降解析解结果为 0.057m，有限元结果是 0.054m。如果网格划分得细一些，有限元计算可以得到与弹性理论解非常接近的结果。

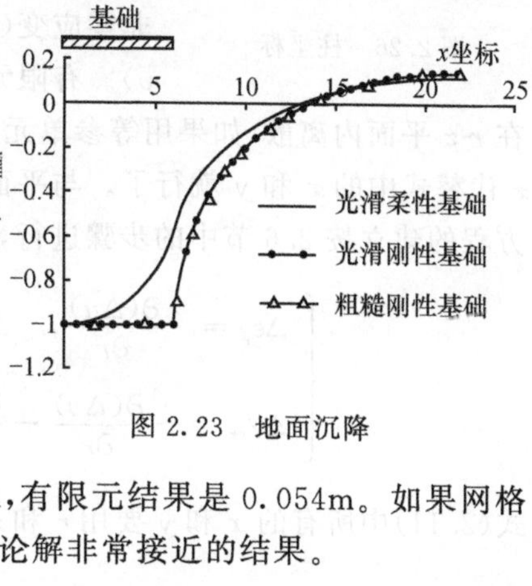

图 2.23　地面沉降

图 2.24 是有限元计算得到的粗糙刚性基础地面位移矢量图,这些矢量代表弹性土体的运动方向,大主应力 $\Delta\sigma_1$ 的等值线情况如图 2.25 所示。

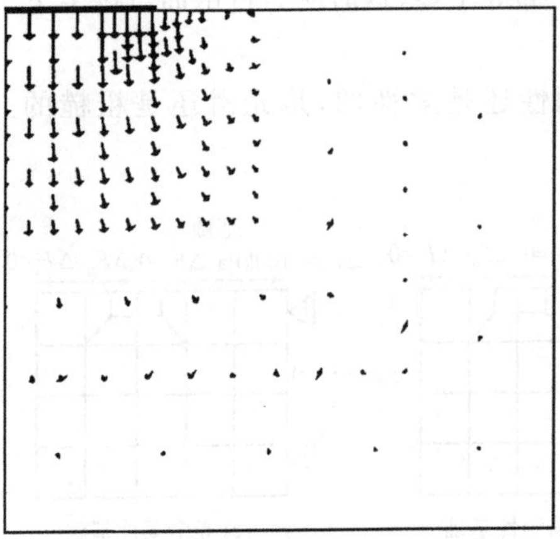

图 2.24　地面位移矢量图

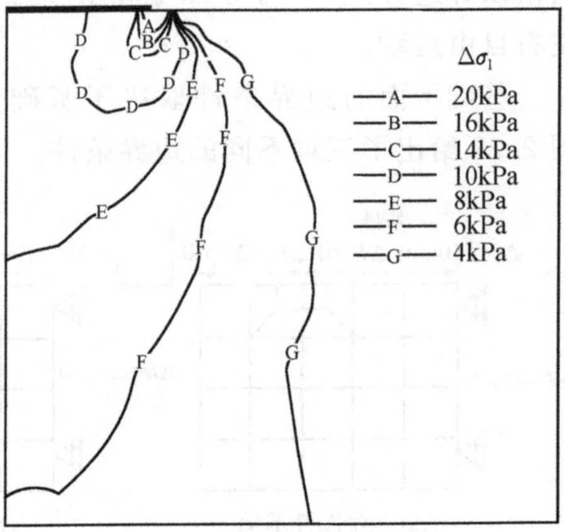

图 2.25　大主应力等值线图

2.12　有限元轴对称计算

前面介绍有限元方程建立时用了平面应变假设,实际上平面应变、轴对称和真三维情况下有限元方程的建立过程是类似的。第 1 章中已谈到某些岩土问题可以简化为轴对称情况,如轴向荷载下的桩或圆形基础。这时与平面应变采用直角坐标不同的是,要用柱坐标 r(径向)、z(轴向)和 θ(环向)计算,如图 2.26 所示,有四个非零应力(σ_r、σ_z、σ_θ 和 τ_{rz})、四个非零应变(ε_r、ε_z、ε_θ 和 γ_{rz})及 r、z 两个方向的位移(u 和 v)。有限元方程的建立与平面应变情况类似。研究区域在 rz 平面内离散,如果用等参单元,则单元几何方程与式(2.7)相同,只要用 r 和 z 代替式中的 x 和 y 就行了。与平面应变问题一样,节点自由度也是 u 和 v,单元方程的建立按 2.6 节中的步骤进行,但式(2.10)变为

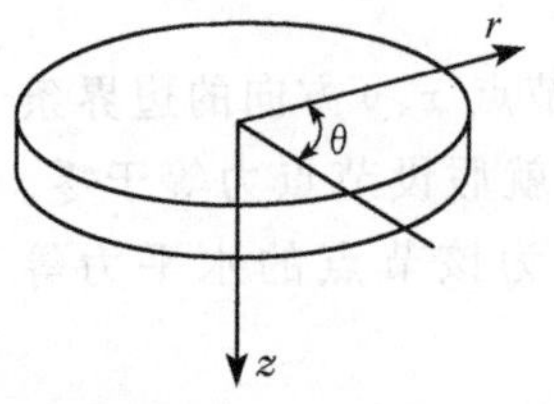

图 2.26　柱坐标

$$\left\{\begin{aligned}&\Delta\varepsilon_r=-\frac{\partial(\Delta u)}{\partial r},\quad \Delta\varepsilon_z=-\frac{\partial(\Delta v)}{\partial z},\quad \Delta\varepsilon_\theta=-\frac{\Delta u}{r}\\&\Delta\gamma_{rz}=-\frac{\partial(\Delta v)}{\partial r}-\frac{\partial(\Delta u)}{\partial z},\quad \Delta\gamma_{r\theta}=\Delta\gamma_{z\theta}=0\end{aligned}\right. \tag{2.54}$$

式(2.11)中所有的 x 和 y 要用 r 和 z 代替,即

$$\begin{Bmatrix} \Delta\varepsilon_r \\ \Delta\varepsilon_z \\ \Delta\gamma_{rz} \\ \Delta\varepsilon_\theta \end{Bmatrix} = -\begin{bmatrix} \frac{\partial N_1}{\partial r} & 0 & \frac{\partial N_2}{\partial r} & 0 & \cdots & \frac{\partial N_n}{\partial r} & 0 \\ 0 & \frac{\partial N_1}{\partial z} & 0 & \frac{\partial N_2}{\partial z} & \cdots & 0 & \frac{\partial N_n}{\partial z} \\ \frac{\partial N_1}{\partial z} & \frac{\partial N_1}{\partial r} & \frac{\partial N_2}{\partial z} & \frac{\partial N_2}{\partial r} & \cdots & \frac{\partial N_n}{\partial z} & \frac{\partial N_n}{\partial r} \\ \frac{N_1}{r} & 0 & \frac{N_2}{r} & 0 & \cdots & \frac{N_n}{r} & 0 \end{bmatrix} \begin{Bmatrix} \Delta u_1 \\ \Delta v_1 \\ \Delta u_2 \\ \Delta v_2 \\ \vdots \\ \Delta u_n \\ \Delta v_n \end{Bmatrix} \tag{2.55}$$

式(2.27)和式(2.28)中的单元厚度 t 用 $2\pi r$ 代替。总方程的集合、求解见 2.7～2.9 节。三维有限元问题将在第 11 章中介绍。

2.13　小　　结

(1) 有限元计算包括以下步骤：

① 单元离散。

② 选择节点位移为主要变量。

③ 用最小能量原理推导单元方程。

④ 由单元方程集合形成总方程。

⑤ 确定边界条件(节点位移和节点荷载)。

⑥ 求解总方程。

(2) 岩土工程计算中常采用曲边三角形单元或曲边四边形单元。

(3) 常采用等参单元。这样单元位移和几何形状可以用同样的插值函数由自然(局部)坐标表示。

(4) 用数值积分法形成单元刚度矩阵，于是应力、应变可直接用积分点处的结果表示。

(5) 如果本构方程是对称矩阵，总刚度矩阵也是对称矩阵，另外总刚度矩阵还是带状稀疏矩阵，可以有效、方便地存储。

(6) 对刚度矩阵进行三角分解，然后用高斯消去法解方程。

(7) 求解已知位移时要特别小心。

(8) 二阶变量应力和应变可以由节点位移解出。

附录 II.1　三角形单元

II.1.1　面积坐标推导

三角形单元的形函数和插值函数可以用图 II.1 所示的三节点单元推导。三

角形内一点 P 在总坐标 x-y 中的位置表示为

$$\vec{r} = x\vec{i} + y\vec{j} = x_3\vec{i} + y_3\vec{j} + \xi\vec{e_1} + \eta\vec{e_2} \tag{II.1}$$

式中,$\vec{i}$、$\vec{j}$ 为 x、y 坐标的单位矢量;$\vec{e_1}$、$\vec{e_2}$ 为局部坐标 ξ、η 的单位矢量;ξ 和 η 为与三角形两条边对应的局部坐标。如果用下列正交坐标代替 ξ、η 坐标,则

$$L_1 = \frac{\xi}{l_{31}}, \quad L_2 = \frac{\eta}{l_{32}}$$

l_{31} 和 l_{32} 是图 II.1 中三角形两条边 31 和 32 的长度,这样新坐标 L_1、L_2 仅在 0～1 变化。式(II.1)现在写为

$$\vec{r} = x_3\vec{i} + y_3\vec{j} + l_{31}L_1\vec{e_1} + l_{32}L_2\vec{e_2} \tag{II.2}$$

用总坐标表示 $l_{31}\vec{e_1}$、$l_{32}\vec{e_2}$

$$l_{31}\vec{e_1} = (x_1 - x_3)\vec{i} + (y_1 - y_3)\vec{j}$$
$$l_{32}\vec{e_2} = (x_2 - x_3)\vec{i} + (y_2 - y_3)\vec{j}$$

于是向量 $\vec{r}$ 变为

$$\vec{r} = [L_1x_1 + L_2x_2 + (1 - L_1 - L_2)x_3]\vec{i} + [L_1y_1 + L_2y_2 + (1 - L_1 - L_2)y_3]\vec{j} \tag{II.3}$$

x、y 坐标与 $L_i(i=1,2,3)$ 间的关系为

$$\begin{cases} x = L_1x_1 + L_2x_2 + L_3x_3 \\ y = L_1y_1 + L_2y_2 + L_3y_3 \end{cases} \tag{II.4}$$

式中,$L_3 = 1 - L_1 - L_2$。三个坐标 $L_i(i=1,2,3)$ 均在 0～1 变化,并代表了三节点三角形的插值函数 N_i

$$x = \sum_{i=1}^{3} N_i x_i, \quad y = \sum_{i=1}^{3} N_i y_i, \quad N_i = L_i \tag{II.5}$$

式(II.4)重写为下列形式,便可以知道这些坐标的几何意义:

$$\begin{Bmatrix} x \\ y \\ 1 \end{Bmatrix} = \begin{bmatrix} x_1 & x_2 & x_3 \\ y_1 & y_2 & y_3 \\ 1 & 1 & 1 \end{bmatrix} \begin{Bmatrix} L_1 \\ L_2 \\ L_3 \end{Bmatrix} \tag{II.6}$$

由式(II.6)得到用总坐标 x、y 表示的 $L_i(i=1,2,3)$

$$\begin{Bmatrix} L_1 \\ L_2 \\ L_3 \end{Bmatrix} = \frac{1}{2\Delta} \begin{bmatrix} a_1 & b_1 & c_1 \\ a_2 & b_2 & c_2 \\ a_3 & b_3 & c_3 \end{bmatrix} \begin{Bmatrix} 1 \\ x \\ y \end{Bmatrix} \tag{II.7}$$

或

$$L_i = \frac{1}{2\Delta}(a_i + b_i x + c_i y),\quad i = 1,2,3 \tag{II.8}$$

式(II. 7)中，Δ 是式(II. 6)中矩阵的行列式，代表图 II. 1 中三角形的面积。参数 a_i、b_i 和 c_i 为

$$\begin{cases} a_1 = x_2 y_3 - x_3 y_2, & a_2 = x_3 y_1 - x_1 y_3, & a_3 = x_1 y_2 - x_2 y_1 \\ b_1 = y_2 - y_3, & b_2 = y_3 - y_1, & b_3 = y_1 - y_2 \\ c_1 = x_3 - x_2, & c_2 = x_1 - x_3, & c_3 = x_2 - x_1 \end{cases} \tag{II.9}$$

可见式(II. 8)括号中部分表示图 II. 2 中 1、2、3 三角形的面积。因此 $L_i(i=1,2,3)$ 的几何意义就是 1、2、3 对应的三角形面积 A_i 与单元总面积 A 的比

$$L_i = \frac{A_i}{A},\quad i = 1,2,3 \tag{II.10}$$

于是它们又称为“面积坐标”。

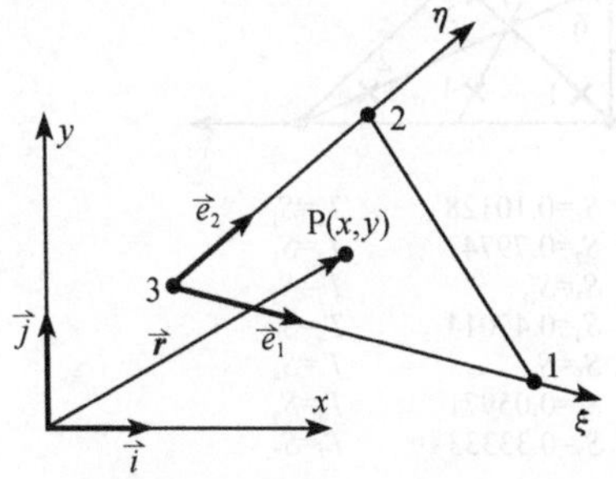

图 II. 1　三节点三角形单元

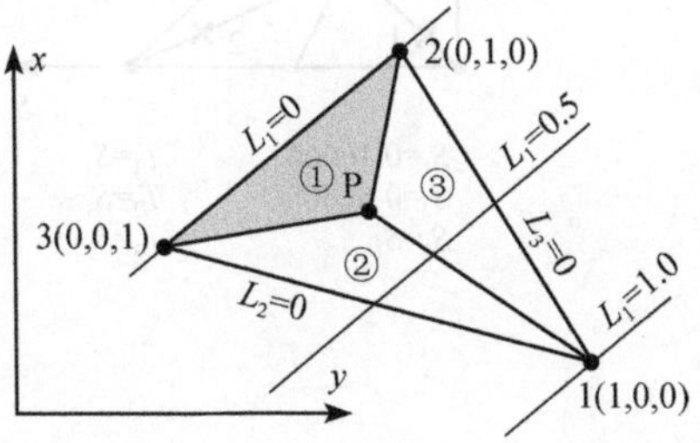

图 II. 2　三角形单元的面积坐标

II. 1. 2　等参方程

与四边形单元一样，三角形单元也可以应用等参关系。图 II. 3 为三节点等参单元及对应的总坐标。母单元在局部坐标 S、T 中为直角三角形，其中，$0 \leqslant T \leqslant 1$，$0 \leqslant S \leqslant 1$。

形函数 N_i 可以用局部 S、T 表示

$$\begin{cases} N_1 = 1 - S - T \\ N_2 = S \\ N_3 = T \end{cases} \tag{II.11}$$

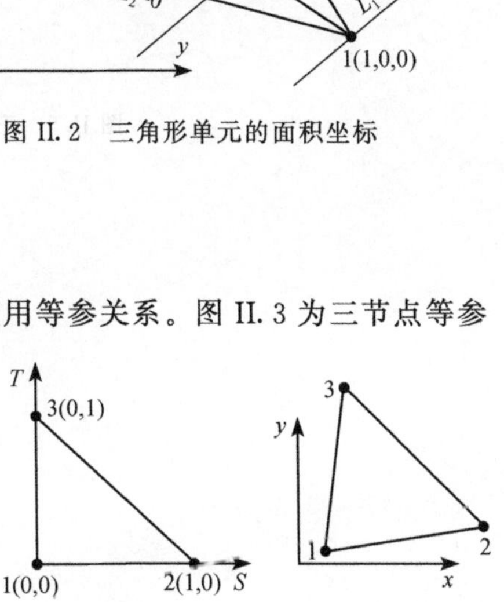

母单元　　总坐标中的单元

图 II. 3　三角等参单元

高阶六节点三角形单元，如图 II. 4 所示，其插值函数如下：

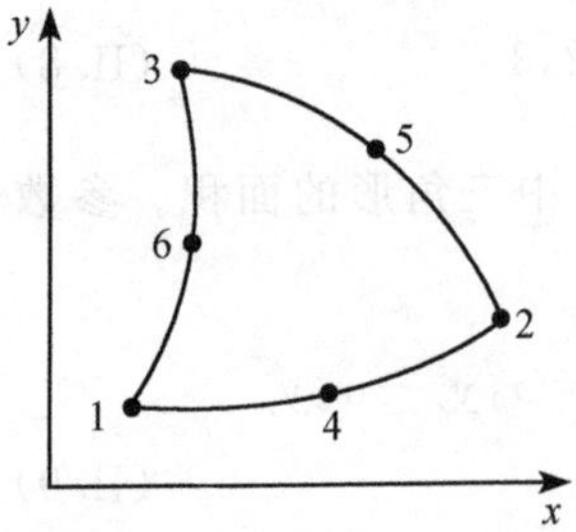

图 II.4　六节点三角形单元

中点

$$\begin{cases} N_4 = 4S(1-S-T) \\ N_5 = 4ST \\ N_6 = 4T(1-S-T) \end{cases} \tag{II.12}$$

角点

$$\begin{cases} N_1 = 1-S-T \\ N_2 = S \\ N_3 = T \end{cases}$$

图 II.5 给出了三节点、七节点三角形单元高斯积分点的位置。

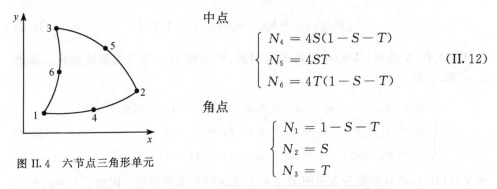

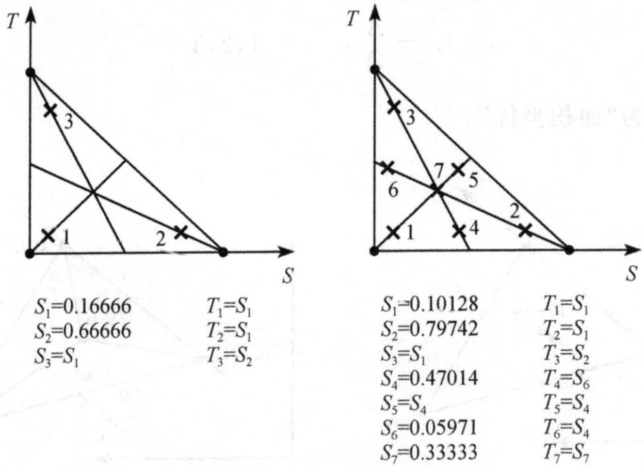

图 II.5　三角形单元高斯积分点

第 3 章　岩土工程问题分析

3.1　引　　言

有限元理论解决实际岩土工程问题时还需要作一些改进，本章主要介绍这方面内容，包括不排水条件下如何计算孔隙水压力，如何用特殊单元模拟结构与地基间的接触，最后介绍与岩土工程有关的边界条件问题。阅读本章后，读者可以用线弹性有限元解决大量岩土工程问题。

3.2　概　述

第 2 章介绍了线弹性有限元基本理论，如前所述，它可以分析任何线弹性连续介质，但解决岩土工程问题还有严重的不足，不进行修正或补充，只能解决很少的问题。例如，线弹性有限元一般建立的是总应力与总应变之间的关系，而岩土工程中常将总应力分解为有效应力和孔隙水压力，要用有效应力变量描述本构关系，显然要对基本理论作一些修改。

很多岩土工程问题都含土与结构的相互作用，如图 3.1 所示，要求有限元能对结构、地基和二者的相互作用进行分析。例如，进行隧道分析时，隧道内衬砌与土体的相互作用模拟非常重要，如果分段模拟衬砌，还要能反映每段间的相互作用。很多情况下除了连续单元外，还要用到第 2 章中介绍的一些特殊单元。

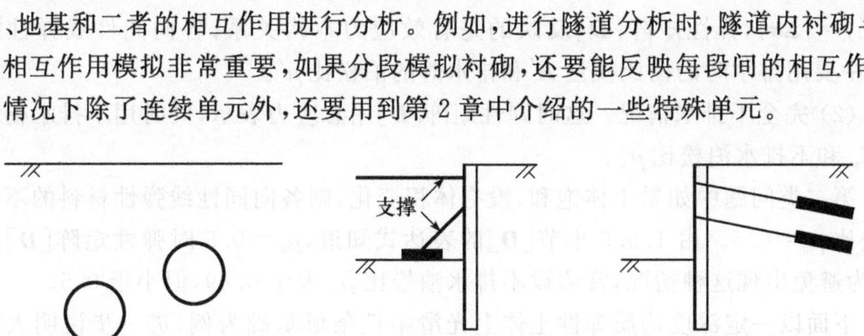

(a) 隧道　　(b) 内撑挡墙　　(c) 锚杆墙

图 3.1　土与结构的相互作用

第 2 章讨论了位移边界条件、线荷载边界条件和面荷载边界条件，这些边界条件足够解决很多问题，岩土工程却需要考虑更多、更复杂的边界条件。例如，很多岩土工程都涉及结构工程开挖和回填问题，如图 3.2 所示；很多问题中要考虑孔隙水压力的变化，此外还常常要用一些特殊边界模拟结构与土的相互作用。

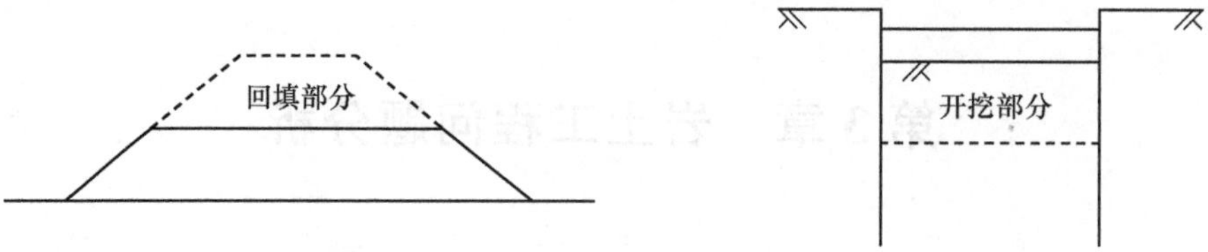

(a) 堤坝填筑　　(b) 开挖

图 3.2　开挖和回填

本章介绍如何在有限元中考虑上述问题，工程应用见《岩土工程有限元分析：应用》。

3.3　总应力分析

第 2 章中土体本构关系可以简单表示为

$$\{\Delta\boldsymbol{\sigma}\} = [\boldsymbol{D}]\{\Delta\boldsymbol{\varepsilon}\} \tag{3.1}$$

式中，总应力增量$\{\Delta\boldsymbol{\sigma}\}=\{\Delta\sigma_x\ \Delta\sigma_y\ \Delta\sigma_z\ \Delta\tau_{xy}\ \Delta\tau_{xz}\ \Delta\tau_{yz}\}^{\mathrm{T}}$，总应变增量$\{\Delta\boldsymbol{\varepsilon}\}=\{\Delta\varepsilon_x\ \Delta\varepsilon_y\ \Delta\varepsilon_z\ \Delta\gamma_{xy}\ \Delta\gamma_{xz}\ \Delta\gamma_{yz}\}^{\mathrm{T}}$，$[\boldsymbol{D}]$表示它们二者的关系。这里假设$[\boldsymbol{D}]$是各向同性线弹性矩阵，见 1.5.5 小节。第 5～8 章将介绍其他类型的本构关系。由于平衡方程用总应力表示，正如第 1 章所述，式(3.1)应给出总应力增量和总应变增量的关系，这样的有限元方程可以解决下面两类问题：

(1) 没有孔压变化的完全排水情况。这时 $\Delta p_f=0$，总应力等于有效应力，即$\{\Delta\boldsymbol{\sigma}'\}=\{\Delta\boldsymbol{\sigma}\}$，弹性矩阵$[\boldsymbol{D}]$反映的是有效应力本构关系，各向同性线弹性矩阵$[\boldsymbol{D}]$中要用排水时的杨氏模量 E'和排水时的泊松比μ'。

(2) 完全不排水情况。这时弹性矩阵$[\boldsymbol{D}]$用总应力表示，同时用不排水杨氏模量 E_u 和不排水泊松比 μ_u。

第二类问题中如果土体饱和，没有体积变化，则各向同性线弹性材料的不排水泊松比 $\mu_u=0.5$。由 1.5.5 小节$[\boldsymbol{D}]$的表达式知道，$\mu_u=0.5$ 时弹性矩阵$[\boldsymbol{D}]$无穷大，为避免出现这种情况，常假设不排水泊松比 μ_u 大于 0.49，但小于 0.5。

下面以一定深度均质弹性土体上光滑柔性条形基础为例，进一步说明大泊松比对计算结果的影响。网格划分如图 3.3(a)所示，计算过程与 2.11 节类似，不同的是这里网格划分得多一些，计算范围也扩大了，这样得到的结果更准确些。条形基础上均布荷载为 100kPa，土体杨氏模量 $E'=10000$kPa。泊松比范围为 0～0.499999。计算分两类进行，一类为单精度计算，另一类为双精度计算。单精度算法中一个实数用 7 个数字表示，双精度则用 14 个数字表示，显然双精度计算结果比单精度精确，不同泊松比下基础边缘处的地面沉降如图 3.3(b)所示。

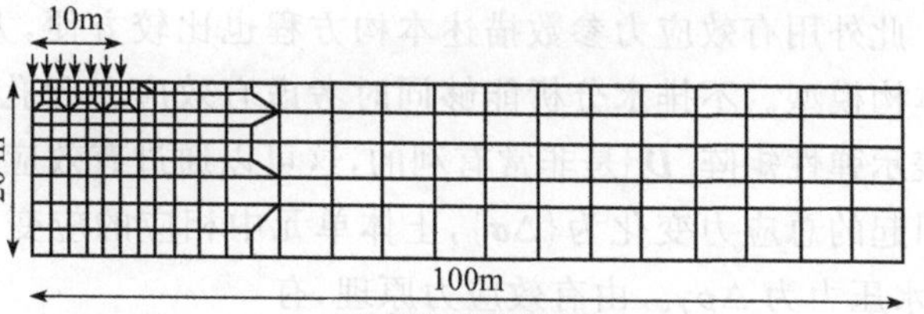

(a) 有限元计算网格

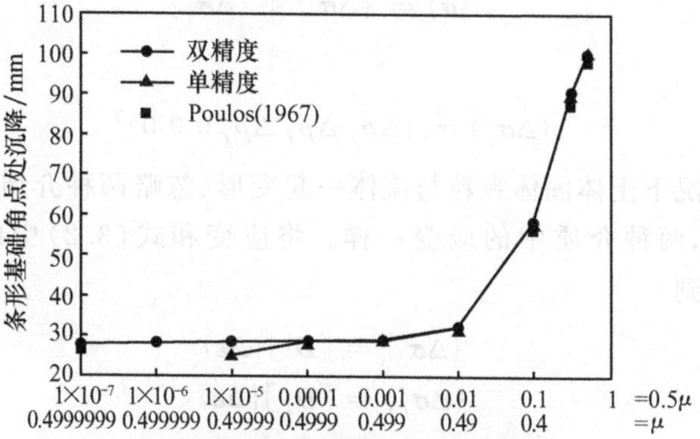

(b) 条形基础角点处沉降与泊松比的关系

图 3.3　泊松比对光滑柔性基础的影响

为比较起见，图 3.3(b)中还给出了泊松比为 0、0.2、0.4 和 0.5 时，由 Pouls (1967)计算图表得到的解答，这些图表依据点荷载下弹性数值积分解答绘制而成，虽然这些解是近似解，但总的来说，有限元结果与 Pouls 解很接近。

由双精度计算结果可知，泊松比大于 0.499 后的取值对结果几乎没有影响，计算结果与 $\mu=0.5$ 时非常接近，单精度算法中泊松比大于 0.49999 后，由于数值计算不稳定，无法计算刚度矩阵的逆矩阵，即使解出 $\mu=0.49999$ 时的结果，也有很大误差，如图 3.3(b)所示。

上述结果一方面说明，泊松比取 0.499 的结果与 $\mu=0.5$ 很接近，同时也说明，计算稳定时泊松比的最大取值由计算精度决定。许多软件都用双精度计算，但要注意，最大泊松比取值与总刚度矩阵逆阵的计算算法有关，也与研究的问题有关。不排水时，泊松比取值没有严格、绝对的规定，有些书中建议用 $\mu=0.49$ 表示不排水条件，由图 3.3(b)可见，$\mu=0.49$ 时对光滑柔性基础问题结果误差不大。

另外计算中遇到不可压缩材料($\mu\to0.5$)时也会出现问题，得到的平均应力等于$(\Delta\sigma_x+\Delta\sigma_y+\Delta\sigma_z)/3$)会有较大误差，Naylor(1974)研究表明，用简化高斯积分法(见 2.6.1 小节)和积分点处的应力值计算，结果要准确些。

3.4　孔 压 计 算

上述不排水计算用的是总应力，不能反映孔压的变化，但很多情况下需要知道孔压如何变化。此外用有效应力参数描述本构方程也比较方便,尤其是第 8 章中要介绍的复杂本构模型。不排水分析能够同时考虑有效应力和孔压的变化,并用有效应力参数表示弹性矩阵[**D**]是非常有利的,这可以通过有效应力原理实现。

假设外荷引起的总应力变化为$\{\Delta\boldsymbol{\sigma}\}$,土体单元中相应的应变为$\{\Delta\boldsymbol{\varepsilon}\}$,土体不排水,超静孔隙水压力为 Δp_f。由有效应力原理,有

$$\{\Delta\boldsymbol{\sigma}\} = \{\Delta\boldsymbol{\sigma}'\} + \{\Delta\boldsymbol{\sigma}_f\} \tag{3.2}$$

式中

$$\{\Delta\boldsymbol{\sigma}_f\} = \{\Delta p_f \ \Delta p_f \ \Delta p_f \ 0 \ 0 \ 0\}^{\mathrm{T}} \tag{3.3}$$

不排水情况下土体固体颗粒与流体一起变形(忽略两种介质间的相对运动),从宏观角度看,两种介质中的应变一样。将应变和式(3.2)中的应力分量代入式(3.1)中,得到

$$\{\Delta\boldsymbol{\sigma}'\} = [\boldsymbol{D}']\{\Delta\boldsymbol{\varepsilon}\} \tag{3.4}$$

$$\{\Delta\boldsymbol{\sigma}_f\} = [\boldsymbol{D}_f]\{\Delta\boldsymbol{\varepsilon}\} \tag{3.5}$$

将式(3.1)、式(3.4)和式(3.5)代入式(3.2),得到

$$[\boldsymbol{D}] = [\boldsymbol{D}'] + [\boldsymbol{D}_f] \tag{3.6}$$

式(3.6)为总应力表达的刚度矩阵[**D**]与有效应力表达的刚度矩阵[**D′**]及孔压矩阵$[\boldsymbol{D}_f]$之间的关系。$[\boldsymbol{D}_f]$与单相介质孔隙水的体积模量 K_f 有关。若孔隙水是两相流体,如非饱和土中的流体,选取合适的 K_f 就可以了。这样的流体无法传递剪应力,于是一般三维应力状态下式(3.5)中$[\boldsymbol{D}_f]$为

$$[\boldsymbol{D}_f] = K_e \begin{bmatrix} 1_3 & 0_3 \\ 0_3 & 0_3 \end{bmatrix} \tag{3.7}$$

式中,K_e 为常数;1_3 为所有元素都是 1 的 3×3 矩阵;0_3 为 3×3 的零矩阵。下面从 Naylor(1974)分析中可知,孔隙流体的等效体积模量 K_e 与 K_f 有关。

若 n 为土体孔隙率,则单位土体中孔隙流体体积为 n,固体颗粒体积为 $1-n$。设 K_s 为固体颗粒体积模量,流体压力增加 Δp_f 使流体和土颗粒压缩,从而引起有效应力增加$\{\Delta\boldsymbol{\sigma}'\}$,固体颗粒体积变化。应力必须由颗粒间接触产生,而颗粒接触面又很小,于是体积变化很小,若应力引起的体积变化可以忽略不计,则单位土体中总体积变化 $\Delta\varepsilon_v$ 为

$$\Delta\varepsilon_v = \frac{n}{K_f}\Delta p_f + \frac{(1-n)}{K_s}\Delta p_f \tag{3.8}$$

将式(3.7)代入式(3.5)中,得到三个完全一样的方程

$$\Delta p_f = K_e(\Delta\varepsilon_x + \Delta\varepsilon_y + \Delta\varepsilon_z) = K_e\Delta\varepsilon_v$$

或

$$\Delta\varepsilon_v = \frac{\Delta p_f}{K_e} \tag{3.9}$$

令式(3.8)等于式(3.9)，于是有

$$K_e = \frac{1}{\dfrac{n}{K_f} + \dfrac{1-n}{K_s}} \tag{3.10}$$

式(3.10)可以进一步简化。一般 K_s 比土体体积模量大很多(与流体相比，土体体积模量忽略不计)，如果孔隙流体的压缩性很大，即 K_s 比 K_f 大很多，于是式(3.10)简化为

$$K_e = \frac{K_f}{n} \tag{3.11}$$

式中，饱和土中 K_f、K_s 都比土颗粒骨架的刚度大很多，它们具体等于多少不重要，若假设 $K_f = K_s$，式(3.10)进一步简化为

$$K_e = K_f \tag{3.12}$$

对有效应力原理适用且有上述增量型弹性矩阵的任意多孔介质，上述推导过程都成立，换句话说，对简单均质线弹性土体适用的，对第7、8章中复杂的本构模型也同样适用。

上述理论可直接应用到有限元计算中，只要用有效刚度矩阵$[\boldsymbol{D}']$和流体等效体积模量 K_e 代替总刚度矩阵$[\boldsymbol{D}]$即可。单元刚度矩阵、总刚度矩阵的集合和方程求解与第2章中介绍的一样，只是应力计算有点不同。这里用 K_e 和体积应变结果，按式(3.9)计算流体压力 Δp_f，用$[\boldsymbol{D}']$和式(3.4)计算有效应力，总应力变化可以由有效应力和孔隙压力叠加得到，或直接由式(3.1)计算。如果 K_e 等于零(如排水情况下)，仍按有效应力和流体压力计算，只是加载时流体压力保持不变。

不排水计算时一定要输入 K_e。根据作者经验，计算饱和土时只要 K_e 较大，具体数值是多少对结果没什么影响；但数值太大会使计算不稳定，如等效不排水情况下总应力泊松比 μ_u 接近0.5时就会发生这种情况。因此作者建议取 K_e 等于 βK_{skel}，β 取值在100～1000，K_{skel} 为土体颗粒骨架的体积模量，可以用$[\boldsymbol{D}']$中有效应力参数计算。各向同性线弹性土体的等效不排水总应力泊松比 μ_u 与排水时(有效)泊松比 μ' 及 β 有关

$$\mu_u = \frac{A}{1+2A},\quad A = \frac{1+\mu'}{1-2\mu'}\left(\frac{\mu'}{1+\mu'} + \frac{\beta}{3}\right) \tag{3.13}$$

表3.1给出了 $\mu'=0.1$，$\mu'=0.3$ 时 μ_u 随 β 的变化情况。

表 3.1　μ_u 的等效值

β	μ_u	
	$\mu'=0.1$	$\mu'=0.3$
10	0.4520	0.4793
100	0.4946	0.4977
1000	0.4994	0.4998

若考虑与时间有关的孔压消散问题,则要进行有限元固结计算,具体参见第10章。

3.5　特殊单元

3.5.1　简介

很多岩土问题都包含土与结构的相互作用(图 3.1),有限元计算要把这些结构构件,如挡土墙、支撑、锚杆、隧道衬砌、基础等都包括在计算网格中。理论上可以用第 2 章中介绍的各种二维连续单元模拟这些构件,但应用时还会有问题,比如很多情况下这些构件的几何尺寸与总尺寸相比很小,仍用这样的二维单元模拟要么网格需要划分得很细,计算单元很多,要么单元比例不合要求。很多时候构件上弯矩、轴力和剪力的平均值分布比应力的具体分布重要,这时仍可以用二维单元中的应力计算,但还需辅助其他一些手段。

为克服上述不足,可以用一些特殊的单元模拟这些构件,这些单元在一个方向或多个方向上厚度为零。例如,挡土墙可以用无厚度的梁单元模拟,这样单元便用弯矩、轴力和剪力及相应的应变表示,对工程感兴趣的内容可以直接从有限元计算结果中得到。

文献中可以发现,这些特殊单元有许多不同的形式,本章介绍的三节点等参弯曲 Mindlin 梁单元,由伦敦帝国理工学院岩土数值研究组 Day(1990)及 Day 等(1990)提出。它与第 2 章中介绍的二维实体单元协调,也是等参单元,可以采用同样的二次插值函数,可以计算单元的轴力、弯矩、剪力及相应的应变。在平面应变或轴对称计算中该单元变为壳单元。

因为文献中介绍的特殊单元有很严重的缺陷,尤其是一些单元不能考虑结构的刚体位移,这种情况敦促了新单元的诞生,该单元的优点和缺点请参见文献(Day et al.,1990)。

3.5.2　单元应变

这种弯曲梁单元的应变(图 3.4)定义为(Day,1990)如下:

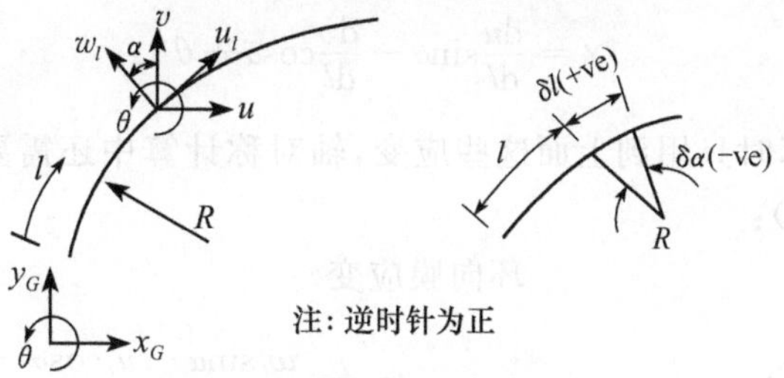

图 3.4　坐标轴及变量的定义

轴向应变

$$\varepsilon_l = -\frac{\mathrm{d}u_l}{\mathrm{d}l} - \frac{w_l}{R} \tag{3.14}$$

弯曲应变

$$\chi_l = \frac{\mathrm{d}\theta}{\mathrm{d}l} \tag{3.15}$$

剪应变

$$\gamma = \frac{u_l}{R} - \frac{\mathrm{d}w_l}{\mathrm{d}l} + \theta \tag{3.16}$$

式中，l 为单元长度；u_l、w_l 为梁的切向位移和法向位移；R 为弯曲半径；θ 为横截面转角。式(3.14)和式(3.16)中以压为正。

用总坐标 x_G-y_G 中的位移 u、v 改写式(3.14)、式(3.16)，得到用总坐标表示的位移

$$\begin{cases} u_l = v\sin\alpha + u\cos\alpha \\ w_l = v\cos\alpha - u\sin\alpha \end{cases} \tag{3.17}$$

图 3.4 中

$$\frac{\mathrm{d}\alpha}{\mathrm{d}l} = -\frac{1}{R} \tag{3.18}$$

于是得到用总位移表示的单元应变如下：

轴向应变

$$\varepsilon_l = -\frac{\mathrm{d}u}{\mathrm{d}l}\cos\alpha - \frac{\mathrm{d}v}{\mathrm{d}l}\sin\alpha \tag{3.19}$$

弯曲应变

$$\chi_l = \frac{\mathrm{d}\theta}{\mathrm{d}l} \tag{3.20}$$

剪应变

$$\gamma = \frac{\mathrm{d}u}{\mathrm{d}l}\sin\alpha - \frac{\mathrm{d}v}{\mathrm{d}l}\cos\alpha + \theta \tag{3.21}$$

平面应变计算时只用到上面这些应变,轴对称计算中还需要补充定义以下两个应变(Day,1990):

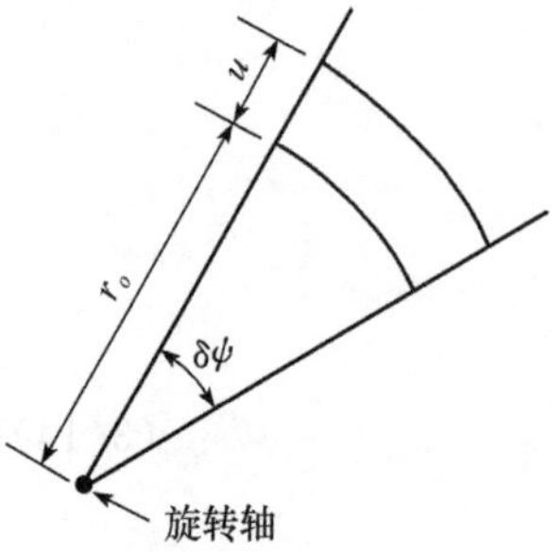

图 3.5 r_o 的定义

环向膜应变

$$\varepsilon_{\psi} = \frac{w_l\sin\alpha - u_l\cos\alpha}{r_o} = -\frac{u}{r_o} \tag{3.22}$$

环向弯曲应变

$$\chi_{\psi} = \frac{\theta\cos\alpha}{r_o} \tag{3.23}$$

式中,r_o 为单元环向半径,如图 3.5 所示;u 和 v 要重新定义为垂直和平行于旋转轴的位移。

3.5.3 本构关系

有了上面定义的单元应变,单元上的力和弯矩可以表示为

$$\{\Delta\boldsymbol{\sigma}\} = [\boldsymbol{D}]\{\Delta\boldsymbol{\varepsilon}\} \tag{3.24}$$

式中,$\{\Delta\boldsymbol{\varepsilon}\} = \{\Delta\varepsilon_l\ \Delta\chi_l\ \Delta\gamma\ \Delta\varepsilon_{\psi}\ \Delta\chi_{\psi}\}^{\mathrm{T}}$;$\{\Delta\boldsymbol{\sigma}\} = \{\Delta F\ \Delta M\ \Delta S\ \Delta F_{\psi}\ \Delta M_{\psi}\}^{\mathrm{T}}$ 都用增量形式表示,ΔF 为径向荷载,ΔM 为弯矩,ΔS 为剪力,ΔF_{ψ} 为环向力,ΔM_{ψ} 为环向弯矩。平面应变计算中,ΔF 为平面内的轴力增量,ΔF_{ψ} 为平面外的荷载增量,且 $\Delta\varepsilon_{\psi} = \Delta\chi_{\psi} = 0$。

对各向同性线弹性材料,弹性矩阵$[\boldsymbol{D}]$为

$$[\boldsymbol{D}] = \begin{bmatrix} \frac{EA}{1-\mu^2} & 0 & 0 & \frac{EA\mu}{1-\mu^2} & 0 \\ 0 & \frac{EI}{1-\mu^2} & 0 & 0 & \frac{EI\mu}{1-\mu^2} \\ 0 & 0 & kGA & 0 & 0 \\ \frac{EA\mu}{1-\mu^2} & 0 & 0 & \frac{EA}{1-\mu^2} & 0 \\ 0 & \frac{EI\mu}{1-\mu^2} & 0 & 0 & \frac{EI}{1-\mu^2} \end{bmatrix} \tag{3.25}$$

式中,惯性矩 I 和横截面面积 A 为单元参数,在平面应变和轴对称问题中指单位厚度上的惯性矩和断面面积;E 为杨氏模量;μ 为泊松比;k 为剪力修正系数。

单元弯曲时梁(或壳)单元横截面上的剪应力呈非线性分布,但单元中仅用一个变量表示剪应变。这就需要用修正系数 k 修正横截面面积,使 kA 面积上的应

变能等于面积 A 上的实际应变能。修正系数 k 与单元横截面形状有关，正方形截面时 $k=5/6$，对长细梁而言，其性质主要由弯曲变形控制，对 k 的取值不敏感。

3.5.4　单元方程

第 2 章中介绍的单元一个节点有两个自由度，而这种特殊单元在平面应变和轴对称计算中一个节点有三个自由度，即用总坐标表示的位移 u、v 和截面转角 θ，应变矩阵 $\boldsymbol{B}$ 为

$$\begin{Bmatrix}\varepsilon_l\\ \chi_l\\ \gamma\\ \varepsilon_\psi\\ \chi_\psi\end{Bmatrix}=\begin{bmatrix}B_1\\ B_2\\ B_3\\ B_4\\ B_5\end{bmatrix}\{\boldsymbol{\delta}\} \tag{3.26}$$

式中，B_i 代表矩阵 $\boldsymbol{B}$ 中第 i 排元素；$\boldsymbol{\delta}$ 为节点位移和转角（即节点自由度），对图 3.6 中的三节点梁（或壳）单元，向量 $\{\boldsymbol{\delta}\}$ 为

$$\{\boldsymbol{\delta}\}=\{u_1\ v_1\ \theta_1\ u_2\ v_2\ \theta_2\ u_3\ v_3\ \theta_3\}^{\mathrm{T}} \tag{3.27}$$

单元中任一点的坐标和总自由度可以用形函数和节点坐标表示

$$\begin{cases} x=\sum\limits_{i=1}^{3}N_ix_i, & \dfrac{\mathrm{d}x}{\mathrm{d}s}=\sum\limits_{i=1}^{3}N'_ix_i\\ y=\sum\limits_{i=1}^{3}N_iy_i, & \dfrac{\mathrm{d}y}{\mathrm{d}s}=\sum\limits_{i=1}^{3}N'_iy_i\\ u=\sum\limits_{i=1}^{3}N_iu_i, & \dfrac{\mathrm{d}u}{\mathrm{d}s}=\sum\limits_{i=1}^{3}N'_iu_i\\ v=\sum\limits_{i=1}^{3}N_iv_i, & \dfrac{\mathrm{d}v}{\mathrm{d}s}=\sum\limits_{i=1}^{3}N'_iv_i\\ \theta=\sum\limits_{i=1}^{3}N_i\theta_i, & \dfrac{\mathrm{d}\theta}{\mathrm{d}s}=\sum\limits_{i=1}^{3}N'_i\theta_i \end{cases} \tag{3.28}$$

这里“′”表示对 s 求导，这种等参单元的形函数定义如下：

$$\begin{cases} N_1=\dfrac{1}{2}s(s-1)\\ N_2=\dfrac{1}{2}s(s+1)\\ N_3=(1-s^2) \end{cases} \tag{3.29}$$

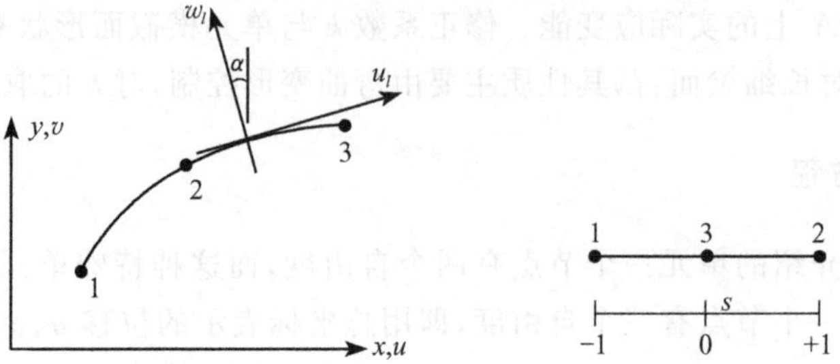

(a) 总坐标　　(b) 局部坐标

图 3.6　三节点梁(或壳)单元

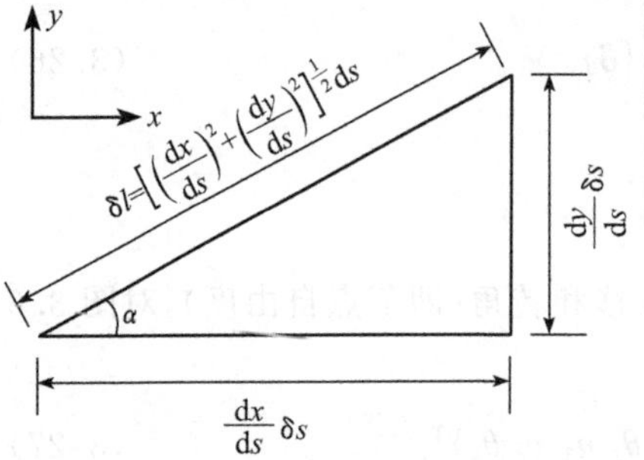

图 3.7　坐标转换

s 是局部坐标，沿单元长度方向从 −1 变化到 1(图 3.6)。为简单起见，记 $S=\sin\alpha$，$C=\cos\alpha$。$\sin\alpha$ 和 $\cos\alpha$ 可以通过图 3.7 计算

$$\begin{cases}\sin\alpha=\dfrac{1}{|\boldsymbol{J}|}\dfrac{dy}{ds}\\[2ex]\cos\alpha=\dfrac{1}{|\boldsymbol{J}|}\dfrac{dx}{ds}\end{cases}\tag{3.30}$$

行列式 $|\boldsymbol{J}|$ 用式(3.31)计算

$$|\boldsymbol{J}|=\left[\left(\frac{dx}{ds}\right)^2+\left(\frac{dy}{ds}\right)^2\right]^{\frac{1}{2}}\tag{3.31}$$

由图 3.7 可见 $dl=|\boldsymbol{J}|ds$，于是矩阵 $\boldsymbol{B}$ 中各行元素为

$$B_1=-\frac{1}{|\boldsymbol{J}|}\{CN'_1\ \ SN'_1\ \ 0\ \ CN'_2\ \ SN'_2\ \ 0\ \ CN'_3\ \ SN'_3\ \ 0\}\tag{3.32}$$

$$B_2=\frac{1}{|\boldsymbol{J}|}\{0\ \ 0\ \ N'_1\ \ 0\ \ 0\ \ N'_2\ \ 0\ \ 0\ \ N'_3\}\tag{3.33}$$

用 N_i 和 N'_i 还可以相应确定出 B_3、B_4 和 B_5。直接用这些表达式进行 3×3 的完全积分，会发生膜闭锁和剪力闭锁现象，表现为轴力和剪力波动太大，这在梁和壳单元中经常会发生，区域协调法可以解决这个问题，只要将应变方程的一些项用替代形函数(Day，1990)表示，这些替代形函数可以采用下列形式：

$$\begin{cases}\bar{N}_1=\dfrac{1}{2}\left(\dfrac{1}{3}-s\right)\\[2ex]\bar{N}_2=\dfrac{1}{2}\left(\dfrac{1}{3}+s\right)\\[2ex]\bar{N}_3=\dfrac{2}{3}\end{cases}\tag{3.34}$$

对式(3.29)表示的等参形函数采用最小二乘法便得到上述替代形函数，在简化高斯积分点处，替代形函数值与等参形函数值相等，如图 3.8 所示。

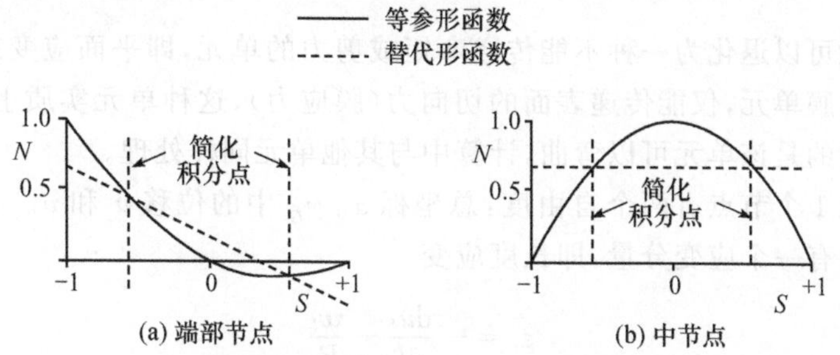

图 3.8　三节点单元的替代形函数

式(3.21)、式(3.23)中 θ 的插值，及式(3.22)、式(3.23)中的 r_o 都可以用这些替代形函数计算，这里用不到替代形函数的导数。替代形函数仅用在应变方程的某些项中，即相当于对这些项进行简化积分，实际上如果用简化(2 点)高斯积分法计算刚度矩阵，结果与形函数采用什么形式没有关系。若用替代形函数 $\overline{N}_i$ 表示单元 θ 变化引起的 γ 应变，则有

$$B_3 = \left\{ -\frac{CN'_1}{|\boldsymbol{J}|} \quad -\frac{SN'_1}{|\boldsymbol{J}|} \quad \overline{N}_1 \quad -\frac{CN'_2}{|\boldsymbol{J}|} \quad -\frac{SN'_2}{|\boldsymbol{J}|} \quad \overline{N}_2 \quad -\frac{CN'_3}{|\boldsymbol{J}|} \quad -\frac{SN'_3}{|\boldsymbol{J}|} \quad \overline{N}_3 \right\} \tag{3.35}$$

计算平面外的环向应变时用到当前半径 r_o，也可以用替代形函数 $\overline{N}_i$ 表示

$$r_o = \sum_{i=1}^{3} \overline{N}_i x_i \tag{3.36}$$

ε_ψ 的定义中，$\overline{N}_i$ 表示的 B_4 为

$$B_4 = -\frac{1}{r_o}\{\overline{N}_1\ 0\ 0\ \overline{N}_2\ 0\ 0\ \overline{N}_3\ 0\ 0\} \tag{3.37}$$

χ_ψ 的定义中 B_5 为

$$B_5 = \frac{C}{r_o}\{0\ 0\ \overline{N}_1\ 0\ 0\ \overline{N}_2\ 0\ 0\ \overline{N}_3\} \tag{3.38}$$

单元刚度矩阵$[\boldsymbol{K}_E]$(见 2.6 节)为

$$[\boldsymbol{K}_E] = \int_0^{\text{长度}} [\boldsymbol{B}]^{\mathrm{T}}[\boldsymbol{D}][\boldsymbol{B}]\mathrm{d}l \tag{3.39}$$

式中，l 为单元长度；弹性矩阵$[\boldsymbol{D}]$用式(3.25)计算。在局部坐标中对式(3.39)积分，如图 3.6 所示。

$$[\boldsymbol{K}_E] = \int_{-1}^{1} [\boldsymbol{B}]^{\mathrm{T}}[\boldsymbol{D}][\boldsymbol{B}]\,|\,\boldsymbol{J}\,|\,\mathrm{d}s \tag{3.40}$$

使用替代形函数可以避免直梁(壳)单元闭锁的情况，但弯曲梁单元中还会发生被

锁现象,用简化积分法计算所有的应变变量可以彻底解决这个问题。

3.5.5　膜单元

梁单元可以退化为一种不能传递弯矩或剪力的单元,即平面应变或轴对称中两端固定的膜单元,仅能传递表面的切向力(膜应力),这种单元实质上就是弹簧,与弹簧不同的是该单元可以弯曲,计算中与其他单元同样处理。

膜单元1个节点有两个自由度:总坐标 x_G-y_G 中的位移 u 和 v。计算平面应变问题时只有一个应变分量,即长度应变

$$\varepsilon_l = -\frac{\mathrm{d}u_l}{\mathrm{d}l} - \frac{w_l}{R} \tag{3.41}$$

轴对称计算时要增加一个环向应变

$$\varepsilon_\psi = -\frac{u}{r_o} \tag{3.42}$$

这些应变的定义与梁单元一样(见式(3.14)、式(3.22))。弹性矩阵[$\boldsymbol{D}$]也与梁单元一样

$$[\boldsymbol{D}] = \begin{bmatrix} \frac{EA}{1-\mu^2} & \frac{EA\mu}{1-\mu^2} \\ \frac{EA\mu}{1-\mu^2} & \frac{EA}{1-\mu^2} \end{bmatrix} \tag{3.43}$$

单元方程的形成与3.5.4小节中梁单元类似,式(3.42)中 u 和 r_o 的插值函数只要用一般等参形函数就可以,不需要用替代形函数。

与弹簧边界(将在本章后面介绍)相比,这种膜单元的优势在于以下两点:

(1) 可以方便地用本构关系和弹塑性方程描述单元的行为。例如,最大轴力可以由屈服函数 F 确定,F=轴力±常数。

(2) 轴对称问题中环向力可以提供约束,用膜单元计算时可以很方便的描述,但弹簧边界条件无法考虑环向力的影响。

土与结构相互作用的研究中膜单元非常有用,选用这种单元后,可以用不容许出现拉应力的本构模型模拟锚杆墙移动后锚杆滑落的情况;可以用只有抗拉力(不是压力)的单元模拟嵌入土中的柔性加筋带,如土工织物等。

3.6　有限元界面模拟

3.6.1　简介

土体与结构相互作用中结构与土体常发生相对运动,而位移协调的连续单元

无法模拟这种情况,如图 3.9 所示,有限元中节点位移协调限制了相邻建筑与土体单元一起产生位移。界面单元,有时称为节点单元,可以模拟土与结构的边界,如墙、桩或基础下面的边界。这种单元的优点是能反映土与结构接触面上本构关系的变化(如挡墙的最大摩擦角),允许土和结构间产生滑移或脱开。下面几种方法都可以描述土与结构间的不连续变形:

(1) 适用于一般本构关系的薄单元(Pande et al. ,1979;Griffiths,1985),如图 3.10 所示。

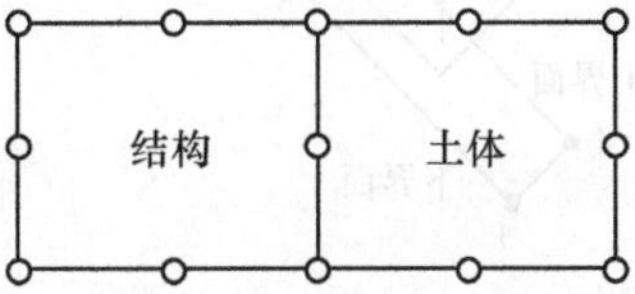

图 3.9　连续单元中土体与结构接触面情况

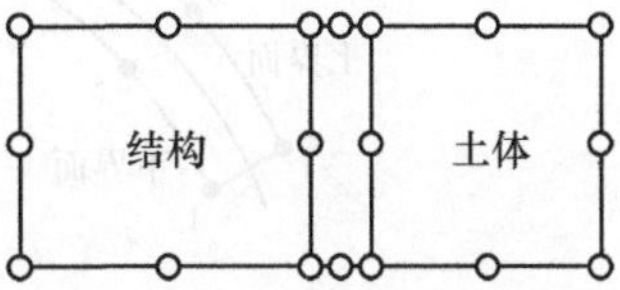

图 3.10　用连续薄单元模拟

(2) 只有对应节点有联系的弹簧单元(Hermann,1978;Frank et al. ,1982),对应点之间用不连续的弹簧连接,如图 3.11 所示。

(3) 零厚度或有限厚度的特殊界面单元或节点单元(Goodman et al. ,1968;Ghaboussi et al. ,1973;Wilson,1977;Carol et al. ,1983;Desai et al. ,1984;Beer,1985),如图 3.12 所示。

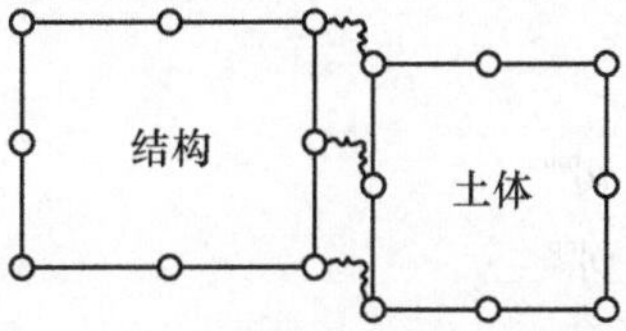

图 3.11　用弹簧模拟接触面情况

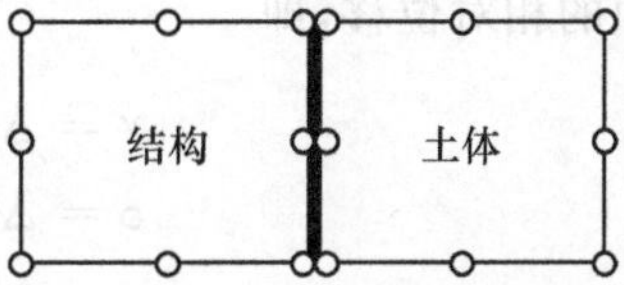

图 3.12　用特殊单元模拟接触面

(4) 混合单元,先分别对土体和结构进行模拟,然后由控制方程保持界面上力和位移协调(Francavilla et al. ,1975;Sachdeva et al. ,1981;Katona,1983;Lai et al. ,1989)。

这些方法中零厚度单元用得最普遍,该单元由伦敦帝国理工学院岩土数值研究组提出(Day,1990),下面介绍二维平面应变和轴对称情况下该单元的应用情况。

3.6.2　基本理论

等参接触面单元的详细介绍见 Beer(1985)、Carol 等(1983)文献。四节点或六节点的接触面单元(图 3.13)分别与二维四节点和八节点的四边形等参单元及三节点和六节点的三角形等参单元对应。接触面应力包括正应力σ和剪应力τ，它们与单元正应变ε、剪应变γ的关系可以用本构方程表示

$$\begin{Bmatrix} \Delta\tau \\ \Delta\sigma \end{Bmatrix} = [\boldsymbol{D}] \begin{Bmatrix} \Delta\gamma \\ \Delta\varepsilon \end{Bmatrix} \tag{3.44}$$

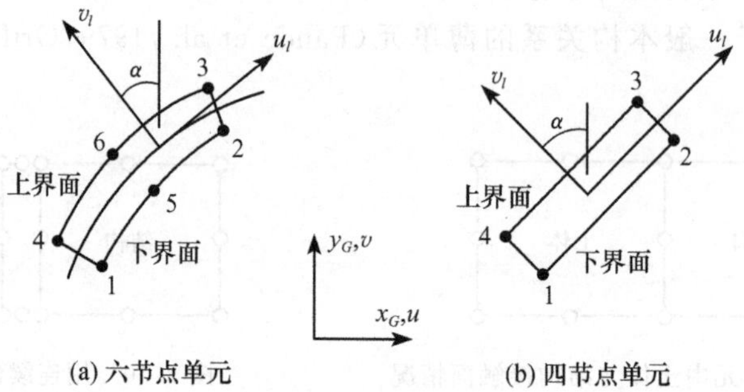

图 3.13　等参接触面单元

各向同性线弹性材料的矩阵[$\boldsymbol{D}$]为

$$[\boldsymbol{D}] = \begin{bmatrix} K_s & 0 \\ 0 & K_n \end{bmatrix} \tag{3.45}$$

式中，K_s、K_n 分别为弹性剪切刚度和抗压刚度。接触面单元的应变定义为单元上、下界面的相对位移，即

$$\gamma = \Delta u_l = u_l^{\text{bot}} - u_l^{\text{top}} \tag{3.46}$$

$$\varepsilon = \Delta v_l = v_l^{\text{bot}} - v_l^{\text{top}} \tag{3.47}$$

式中

$$\begin{cases} u_l = v\sin\alpha + u\cos\alpha \\ v_l = v\cos\alpha - u\sin\alpha \end{cases} \tag{3.48}$$

u、v 是总坐标 x_G、y_G 方向上的位移。于是

$$\begin{cases} \gamma = (v^{\text{bot}} - v^{\text{top}})\sin\alpha + (u^{\text{bot}} - u^{\text{top}})\cos\alpha \\ \varepsilon = (v^{\text{bot}} - v^{\text{top}})\cos\alpha - (u^{\text{bot}} - u^{\text{top}})\sin\alpha \end{cases} \tag{3.49}$$

3.6.3　单元方程

图 3.14 所示为一六节点接触面单元。其应变定义为

$$\begin{Bmatrix} \gamma \\ \varepsilon \end{Bmatrix} = \begin{Bmatrix} u_l^{\text{bot}} - u_l^{\text{top}} \\ v_l^{\text{bot}} - v_l^{\text{top}} \end{Bmatrix} \tag{3.50}$$

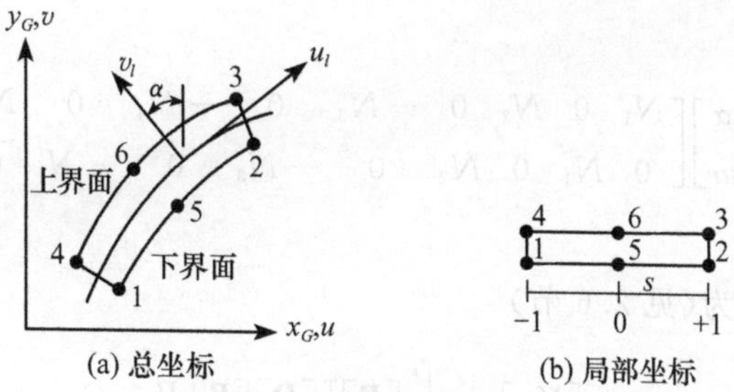

图 3.14　六节点接触面单元

若用矩阵形式表示图 3.14 中总坐标和局部坐标间的转换，有

$$\begin{Bmatrix} u_l \\ v_l \end{Bmatrix} = \begin{bmatrix} \cos\alpha & \sin\alpha \\ -\sin\alpha & \cos\alpha \end{bmatrix} \begin{Bmatrix} u \\ v \end{Bmatrix} \tag{3.51}$$

将式(3.51)代入式(3.50)中，得到

$$\begin{Bmatrix} \gamma \\ \varepsilon \end{Bmatrix} = \begin{bmatrix} \cos\alpha & \sin\alpha \\ -\sin\alpha & \cos\alpha \end{bmatrix} \begin{Bmatrix} u^{\mathrm{bot}} - u^{\mathrm{top}} \\ v^{\mathrm{bot}} - v^{\mathrm{top}} \end{Bmatrix} \tag{3.52}$$

单元中任一点的总坐标位移(u,v)可以通过等参形函数 N_i 用节点位移表示

$$\begin{cases} u^{\mathrm{top}} = N_3 u_3 + N_4 u_4 + N_6 u_6 \\ u^{\mathrm{bot}} = N_1 u_1 + N_2 u_2 + N_5 u_5 \end{cases} \tag{3.53}$$

及

$$\begin{cases} v^{\mathrm{top}} = N_3 v_3 + N_4 v_4 + N_6 v_6 \\ v^{\mathrm{bot}} = N_1 v_1 + N_2 v_2 + N_5 v_5 \end{cases} \tag{3.54}$$

式中，下标表示节点号。等参形函数 N_i 定义为

$$\begin{cases} N_1 = N_4 = \dfrac{1}{2}s(s-1) \\ N_2 = N_5 = \dfrac{1}{2}s(s+1) \\ N_3 = N_6 = 1 - s^2 \end{cases} \tag{3.55}$$

式中，s 表示单元长度的局部坐标，在 −1～1 范围内取值，如图 3.14 所示。把式(3.53)、式(3.54)代入式(3.52)中有

$$\begin{Bmatrix} \gamma \\ \varepsilon \end{Bmatrix} = [\boldsymbol{B}]\{\boldsymbol{\delta}\} \tag{3.56}$$

式中，$\{\boldsymbol{\delta}\}$为节点位移向量(节点自由度)

$$\{\boldsymbol{\delta}\} = \{u_1\ v_1\ u_2\ v_2\ u_3\ v_3\ u_4\ v_4\ u_5\ v_5\ u_6\ v_6\}^{\mathrm{T}} \tag{3.57}$$

且

$$[\boldsymbol{B}]=\begin{bmatrix}\cos\alpha & \sin\alpha \\ -\sin\alpha & \cos\alpha\end{bmatrix}\begin{bmatrix}N_1 & 0 & N_2 & 0 & -N_3 & 0 & -N_4 & 0 & N_5 & 0 & -N_6 & 0 \\ 0 & N_1 & 0 & N_2 & 0 & -N_3 & 0 & -N_4 & 0 & N_5 & 0 & -N_6\end{bmatrix} \tag{3.58}$$

单元刚度矩阵为(见 2.6 节)

$$[\boldsymbol{K}_E]=\int_0^l[\boldsymbol{B}]^{\mathrm{T}}[\boldsymbol{D}][\boldsymbol{B}]\mathrm{d}l \tag{3.59}$$

式中,l 为单元长度;弹性矩阵$[\boldsymbol{D}]$用式(3.44)或式(3.45)计算。在图 3.14 所示的局部坐标中积分,有

$$[\boldsymbol{K}_E]=\int_{-1}^1[\boldsymbol{B}]^{\mathrm{T}}[\boldsymbol{D}][\boldsymbol{B}]\mid\boldsymbol{J}\mid\mathrm{d}s \tag{3.60}$$

式中,$|\boldsymbol{J}|$的表达式见式(3.31)。

接触面上、下界面的坐标用形函数(式(3.55))和节点坐标表示。小变形问题中仍用原几何形状进行计算,于是 x、y 坐标为

$$\begin{cases} x^{\mathrm{top}}=x^{\mathrm{bot}}=N_1x_1+N_2x_2+N_5x_5 \\ y^{\mathrm{top}}=y^{\mathrm{bot}}=N_1y_1+N_2y_2+N_5y_5 \end{cases} \tag{3.61}$$

及

$$\begin{cases} \dfrac{\mathrm{d}x}{\mathrm{d}s}=N'_1x_1+N'_2x_2+N'_5x_5 \\ \dfrac{\mathrm{d}y}{\mathrm{d}s}=N'_1y_1+N'_2y_2+N'_5y_5 \end{cases} \tag{3.62}$$

式中,上标“′”表示对 s 求导,三角函数 $\sin\alpha$ 和 $\cos\alpha$ 的计算见式(3.30)。

3.6.4 讨论

Day 等(1994)研究指出,如果零厚度单元的刚度与周围连续单元或结构中梁单元的刚度相差太大,会使计算结果不稳定。由于单元两侧对应的节点坐标相同,单元划分时会出现一些问题;另外设置接触面单元的地方还会出现其他一些问题,Potts 等(1991)给出了上述问题的解决办法。

3.7 边界条件

3.7.1 简介

“边界条件”指描述一个问题所需的全部附加条件,根据它对总方程式(2.30)

$$[\boldsymbol{K}_G]\{\Delta \boldsymbol{d}\}_{nG} = \{\Delta \boldsymbol{R}_G\}$$

的影响分为以下几类：

第一类边界条件只影响方程的右边（即$\{\Delta \boldsymbol{R}_G\}$项），这类条件是荷载边界条件，包括点荷载、面荷载、体积力、填筑和开挖填筑。

第二类边界条件仅影响方程的左侧（即$\{\Delta \boldsymbol{d}\}_{nG}$项），这类边界称为已知位移边界条件。

最后一类比较复杂，会影响总方程的结构。它包括局部坐标，要对刚度矩阵和等式右边的荷载向量进行坐标转换；约束自由度，影响自由度编号和刚度矩阵的集合；弹簧边界条件，也会影响刚度矩阵的集合。

下面详细介绍岩土数值分析要用到的各种边界条件，2.11 节中讲到平面应变（及轴对称）问题中要确定网格边界上每个节点$x(r)$及$y(z)$方向的边界条件，它可以是节点位移边界条件，也可以是节点荷载条件。很多程序不需要用户定义所有的边界条件，因为程序中对没有明确说明的边界节点已作了隐含假设，一般情况下如果不定义具体的边界条件，程序就假设该节点的荷载为零。

3.7.2　局部坐标

大多数情况下节点自由度（平面应变和轴对称问题中每个节点有两个方向的位移）都是对总坐标而言，于是相容性条件、刚度矩阵和荷载都依据总坐标建立。有时为了施加与总坐标轴成一定角度的边界条件，就要对一些节点定义局部坐标。如果单元中有这些节点，那么对应的刚度矩阵、荷载等都要进行坐标转换。

图 3.15 所示的问题中含滑移边界条件，其中节点 1 沿平行于x_l的方向移动，x_l与总坐标轴x_G的夹角为α。这时如果用局部坐标x_l和y_l描述节点 1，令第二个自由度为零（$v_l=0$）就非常方便了。

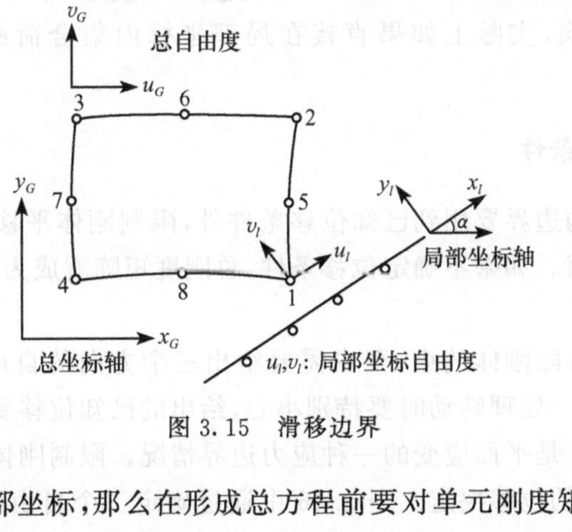

图 3.15　滑移边界

如果采用了局部坐标，那么在形成总方程前要对单元刚度矩阵和荷载边界条件进行坐标转换。平面应变及轴对称问题中,可以用式(3.63)对单元刚度矩阵$[\boldsymbol{K}_E]$进行坐标转换

$$[\boldsymbol{K}_E]_{local} = [\boldsymbol{Q}]^{\mathrm{T}}[\boldsymbol{K}_E]_{global}[\boldsymbol{Q}] \tag{3.63}$$

式中,$[\boldsymbol{Q}]$是余弦方向的旋转矩阵,定义为

$$\{\Delta\boldsymbol{d}\}_{global} = [\boldsymbol{Q}]\{\Delta\boldsymbol{d}\}_{local} \tag{3.64}$$

式(3.64)建立了总坐标和局部坐标间的联系。对四节点等参单元,旋转矩阵$[\boldsymbol{Q}]$为

$$[\boldsymbol{Q}] = \begin{bmatrix} \cos\alpha_1 & -\sin\alpha_1 & 0 & 0 & 0 & 0 & 0 & 0 \\ \sin\alpha_1 & \cos\alpha_1 & 0 & 0 & 0 & 0 & 0 & 0 \\ 0 & 0 & \cos\alpha_2 & -\sin\alpha_2 & 0 & 0 & 0 & 0 \\ 0 & 0 & \sin\alpha_2 & \cos\alpha_2 & 0 & 0 & 0 & 0 \\ 0 & 0 & 0 & 0 & \cos\alpha_3 & -\sin\alpha_3 & 0 & 0 \\ 0 & 0 & 0 & 0 & \sin\alpha_3 & \cos\alpha_3 & 0 & 0 \\ 0 & 0 & 0 & 0 & 0 & 0 & \cos\alpha_4 & -\sin\alpha_4 \\ 0 & 0 & 0 & 0 & 0 & 0 & \sin\alpha_4 & \cos\alpha_4 \end{bmatrix} \tag{3.65}$$

式中,α_1、α_2、α_3 和 α_4 为四节点中每一点的局部坐标与总坐标的夹角。计算式(3.63)时实际上只要对式(3.65)中的非零元素进行计算。

方程右边的荷载向量可以用同样的方法进行转换,$\{\Delta\boldsymbol{R}_E\}$的表达式见 2.6 节,转换后的荷载向量为

$$\{\Delta\boldsymbol{R}_E\}_{local} = [\boldsymbol{Q}]^{\mathrm{T}}\{\Delta\boldsymbol{R}_E\}_{global} \tag{3.66}$$

式中,$[\boldsymbol{Q}]$还采用式(3.65)中的形式(注意,$[\boldsymbol{Q}]^{-1}=[\boldsymbol{Q}]^{\mathrm{T}}$)。式(3.66)是在单元内进行荷载坐标转换,实际上如果直接在局部坐标内集合荷载向量$\{\Delta\boldsymbol{R}_G\}$,会更方便。

3.7.3　已知位移条件

除了描述结构边界要用到已知位移条件外,限制刚体平移和转动也需要一定数量的已知位移值。如果不确定位移条件,总刚度矩阵就成为奇异阵,平衡方程无法求解。

二维问题中解除刚体约束,至少需要给出三个方向的自由度,即两个平移方向,一个转动方向。处理转动时要特别小心,给出的已知位移要能限制所有的刚体转动模式,图 3.16 是平面应变的一种应力边界情况。限制刚体运动的已知位移不唯一,由需要求解的位移决定。图 3.16 中通过确定三个自由度解除了刚体约束,

即节点 5 处 $u=0$，$v=0$ 和节点 6 处 $v=0$。

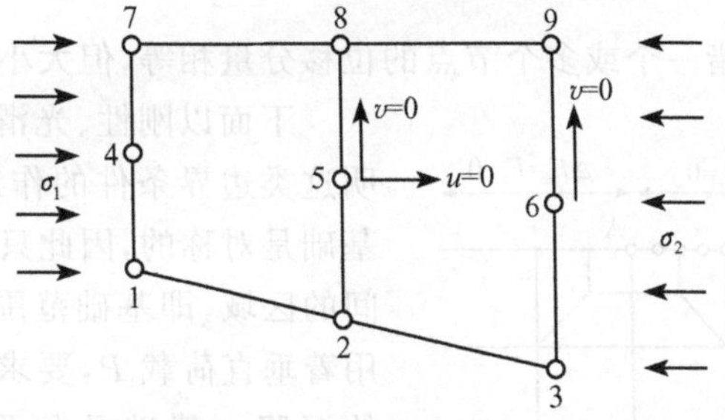

图 3.16　刚性约束解除

如果对称问题中有对称的边界条件，只要计算一半区域就可以了，如 2.11 节所述。这时位移边界条件要保证对称轴处没有变形，另外这些条件还可以帮助解除刚体的其他一些约束情况。

确定已知位移就相当于确定各自由度的数值，如果一些节点用了局部坐标，那么对应的已知位移分量也要用局部坐标中的数值。已知位移条件的施加与解方程同时进行，具体见 2.9.4 小节内容，这里仅作简单介绍。

总平衡方程式(2.30)可写为

$$\begin{bmatrix} \boldsymbol{K}_u & \boldsymbol{K}_{up} \\ \boldsymbol{K}_{up}^{\mathrm{T}} & \boldsymbol{K}_p \end{bmatrix} \begin{Bmatrix} \Delta \boldsymbol{d}_u \\ \Delta \boldsymbol{d}_p \end{Bmatrix} = \begin{Bmatrix} \Delta \boldsymbol{R}_u \\ \Delta \boldsymbol{R}_p \end{Bmatrix} \tag{3.67}$$

式中，$\Delta \boldsymbol{d}_u$ 为未知自由度；$\Delta \boldsymbol{d}_p$ 为已知节点位移。由式(3.67)得到第一个方程

$$[\boldsymbol{K}_u]\{\Delta \boldsymbol{d}_u\} = \{\overline{\Delta \boldsymbol{R}_u}\} \tag{3.68}$$

式中

$$\{\overline{\Delta \boldsymbol{R}_u}\} = \{\Delta \boldsymbol{R}_u\} - [\boldsymbol{K}_{up}]\{\Delta \boldsymbol{d}_p\} \tag{3.69}$$

未知位移$\{\Delta \boldsymbol{d}_u\}$可以从式(3.68)中解出。有了$\{\Delta \boldsymbol{d}_u\}$，便由式(3.67)得到第二个方程

$$\{\Delta \boldsymbol{R}_p\} = [\boldsymbol{K}_{up}]^{\mathrm{T}}\{\Delta \boldsymbol{d}_u\} + [\boldsymbol{K}_p]\{\Delta \boldsymbol{d}_p\} \tag{3.70}$$

这样已知位移处的节点反力就有了。

2.9 节中已知位移的求解不需要重新集合形成总方程(见式(3.67))，而是在求解式(3.68)时跳过与$\{\Delta \boldsymbol{R}_p\}$对应的方程，然后用系数矩阵$[\boldsymbol{K}_{up}]^{\mathrm{T}}$ 和$[\boldsymbol{K}_p]$计算节点反力。

如果要用梁(壳)单元模拟结构构件，那么这些单元除了 x、y 两个方向的位移外，还有一个自由度转角 θ，见 3.5.2 小节，模拟结构杆件时有时需要给出一些节点的已知转角值。

3.7.4　约束自由度

约束自由度是指一个或多个节点的位移分量相等，但大小未知。

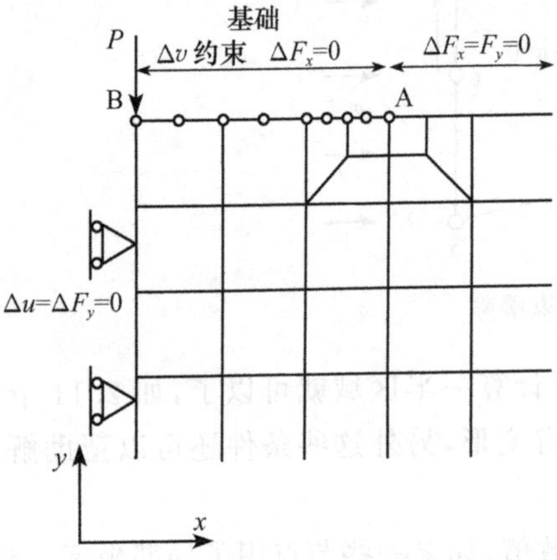

图 3.17　垂直荷载 P 下刚性、光滑条形基础的边界条件

下面以刚性、光滑的条形基础为例说明这类边界条件的作用。图 3.17 中假设基础是对称的，因此只考虑节点 A 和 B 之间的区域，即基础范围的一半。基础上作用着垂直荷载 P，要求计算该荷载下基础的沉降。基础几何形状和网格划分与 2.11 节中的算例相同。求解荷载下基础的沉降，必须把荷载当作边界条件考虑。基础是刚性的，所以宽度方向上各节点的沉降量应该相同，但大小未知，这正是要求解的内容，计算方法之一就是采用约束自由度。紧靠基础下的网格边界如图 3.17 所示，垂直荷载 $\Delta F_y = P$ 施加在对称轴上 B 点处，AB 边界上的水平荷载为零，即 $\Delta F_x = 0$，对 AB 间各节点采用约束自由度条件，即每个节点只能产生竖向位移，且位移大小相同，有限元计算时规定这些节点只有一个方向的自由度，即竖直方向的位移。

一般一组约束位移分量只有一个自由度编号，在总方程集合中只出现一次，这样会改变总刚度矩阵的结构，有些情况下会增加矩阵总的存储量(因为$[\boldsymbol{K}_G]$中的元素也要存储)。

图 3.18 是两个完全光滑无摩擦的物体，上面物体的 25、26、27、28 节点分别与下面的 19、20、21、22 号节点对应，要计算上面物体在自重作用下产生的应力。

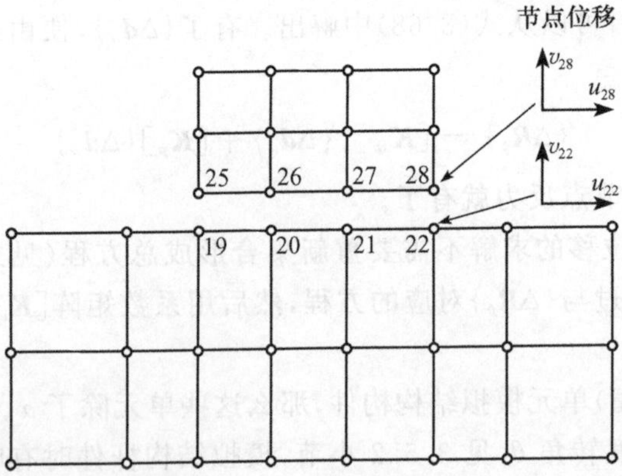

图 3.18　无摩擦接触问题

图 3.18 中两个物体相互接触但没有贯入变形,这个条件可以用下面一组约束方程约束接触面上各节点的自由度实现:

$$v_{19} = v_{25}, \quad v_{20} = v_{26}, \quad v_{21} = v_{27}, \quad v_{22} = v_{28} \tag{3.71}$$

将式(3.71)代入方程中求解时,只要对约束节点位移分量采用同样的自由度序号即可。例如,令 v_{19} 和 v_{25} 的自由度序号相同。

节点的自由度(或位移)都是沿着节点局部坐标的正轴方向测量的,如果结合 3.7.2 小节介绍的局部坐标,描述约束自由度就非常灵活。图 3.19 表示总坐标中自由度的约束可以转化为局部坐标中一个节点两个方向自由度的约束,只要调整局部坐标系(x_l,y_l)与总坐标系(x_G,y_G)的夹角 α 就行了。总坐标中的位移(x_G、y_G 正方向的值)用 u 和 v 表示。

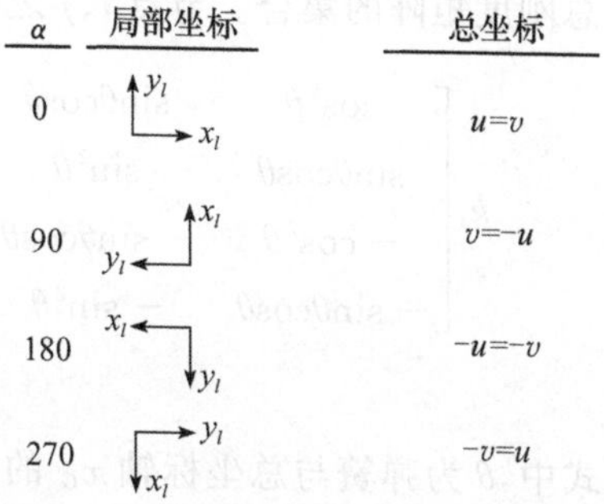

图 3.19 总坐标中单节点自由度约束

如果在两个节点间约束自由度,那么总坐标系中的约束情况取决于这两点的局部坐标轴方向。图 3.20 给出了 A、B 两节点间自由度约束的例子,为简单起见,A 点的局部坐标与总坐标一致,B 点的局部坐标不断变化,局部坐标的方向即自由度的方向用 x_l、y_l 表示,总坐标位移用 u 和 v 表示。

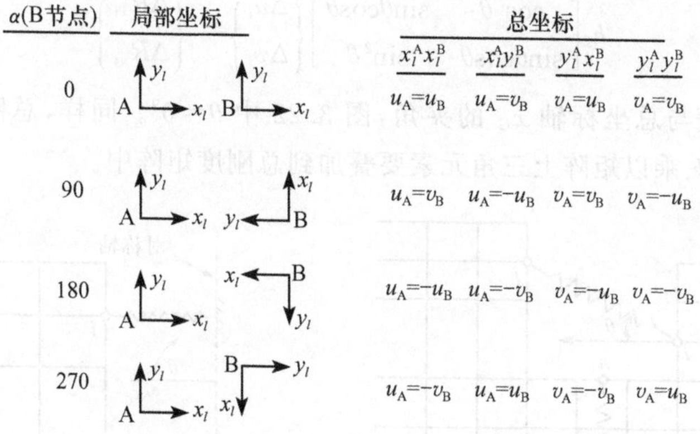
α(B节点)
局部坐标
总坐标
0
90
180
270
A
B
u_A=u_B u_A=v_B v_A=u_B v_A=v_B
u_A=v_B u_A=−u_B v_A=v_B v_A=−u_B
u_A=−u_B u_A=−v_B v_A=−u_B v_A=−v_B
u_A=−v_B u_A=u_B v_A=−v_B v_A=u_B

图 3.20 总坐标中节点间自由度约束

施加约束的另一个办法是对一个边界上的所有节点自由度都进行约束,如图 3.17 中的条形基础。

3.7.5 弹簧

代替膜单元表示结构构件只能承受膜应力(轴向力)的一种方法是使用弹簧边

界条件。弹簧一般假设为线性弹簧,弹簧刚度为 k_s,有限元分析中弹簧可以用于三种不同的情况。

(1) 将弹簧放在网格的两个节点中间。图 3.21 是一个开挖简图,图 3.21 中用了两根弹簧。第一根弹簧连在节点 i 和 j 之间,代表支撑;第二根连在节点 m、n 之间,代表一根端承桩。两根弹簧实际上相当于两个线性两节点膜单元,它们参与总刚度矩阵的集合。节点 i、j 之间弹簧的平衡方程为

$$k_s\begin{bmatrix}\cos^2\theta & \sin\theta\cos\theta & -\cos^2\theta & -\sin\theta\cos\theta \\ \sin\theta\cos\theta & \sin^2\theta & -\sin\theta\cos\theta & -\sin^2\theta \\ -\cos^2\theta & -\sin\theta\cos\theta & \cos^2\theta & \sin\theta\cos\theta \\ -\sin\theta\cos\theta & -\sin^2\theta & \sin\theta\cos\theta & \sin^2\theta\end{bmatrix}\begin{Bmatrix}\Delta u_i \\ \Delta v_i \\ \Delta u_j \\ \Delta v_j\end{Bmatrix}=\begin{Bmatrix}\Delta R_{xi} \\ \Delta R_{yi} \\ \Delta R_{xj} \\ \Delta R_{xj}\end{Bmatrix} \tag{3.72}$$

式中,θ 为弹簧与总坐标轴 x_G 的夹角,如图 3.21 所示。形成总刚度矩阵时必须将弹簧刚度 k_s 乘以矩阵上三角元素,然后叠加到总刚度矩阵中,这样与 i、j 节点的位移相关的元素会受到影响。

(2) 将弹簧加在单个节点上。图 3.22 表示一种对称开挖的情况,节点 i 处的弹簧表示一道支撑。弹簧另一端没有连接任何节点,隐含的假设是另一端"接地",即不能沿任何方向移动。此时弹簧也参与总刚度矩阵的集合,对应的平衡方程为

$$k_s\begin{bmatrix}\cos^2\theta & \sin\theta\cos\theta \\ \sin\theta\cos\theta & \sin^2\theta\end{bmatrix}\begin{Bmatrix}\Delta u_i \\ \Delta v_i\end{Bmatrix}=\begin{Bmatrix}\Delta R_{xi} \\ \Delta R_{yi}\end{Bmatrix} \tag{3.73}$$

式中,θ 为弹簧与总坐标轴 x_G 的夹角,图 3.22 中 $\theta=0°$。同样,总刚度矩阵集合时,弹簧刚度 k_s 乘以矩阵上三角元素要叠加到总刚度矩阵中。

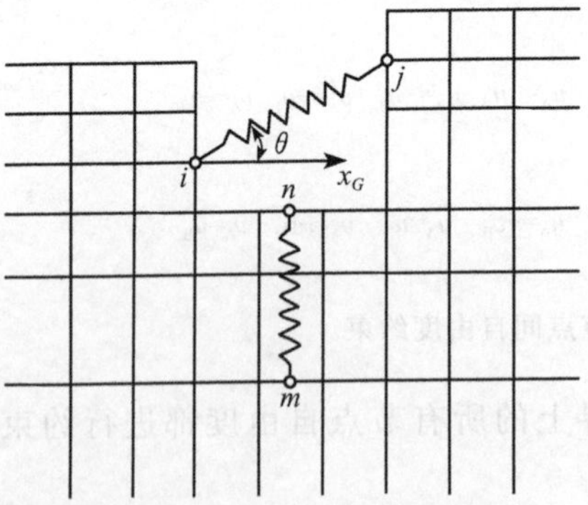

图 3.21　两个节点间的弹簧连接

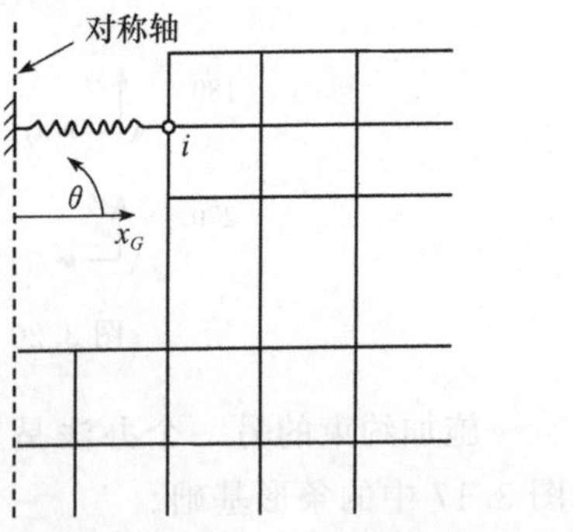

图 3.22　单个节点上的弹簧

(3) 在网格边界施加连续的弹簧。图 3.23 是底部边界加弹簧的情况。特别

要强调的是，它们不是每个节点处一根根不连续的弹簧，而是整个边界上连续的弹簧。形成总刚度矩阵前要将它们转换成等效的节点弹簧。对一个单元边界而言，计入到总刚度矩阵中的部分应该为

$$\int_{Srf} [\boldsymbol{N}]^{\mathrm{T}}[\boldsymbol{K}_s][\boldsymbol{N}]\mathrm{d}Srf \qquad (3.74)$$

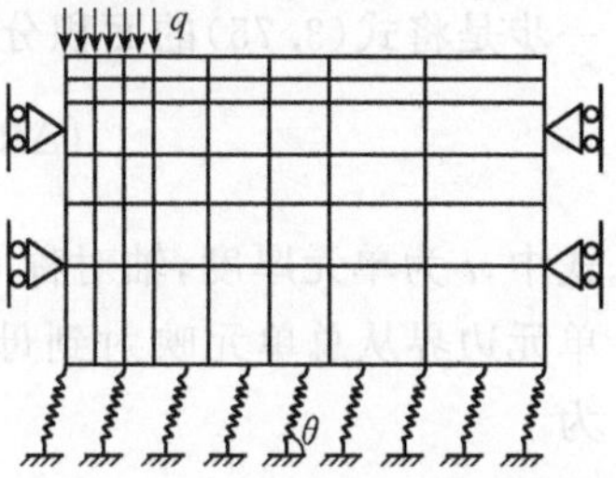

图 3.23　"网格"边界处连续弹簧

其中

$$[\boldsymbol{K}_s] = k_s\begin{bmatrix}\cos^2\theta & \sin\theta\cos\theta \\ \sin\theta\cos\theta & \sin^2\theta\end{bmatrix}$$

式中，Srf 为弹簧作用边界。显然上述方程只对单元边界节点的总刚度元素有影响。如果弹簧穿越不止一个单元，那么计算总刚度矩阵时所有这些单元的贡献都要考虑进去。式(3.74)要对每个单元边界积分，类似于 3.7.6 小节中应力边界积分的情况。

3.7.6　应力边界

应力边界要转换为等效节点荷载计算，很多软件可以自动计算任意边界上、任意分布形式的应力等效节点荷载。

下面以图 3.24 中的应力边界为例具体说明如何计算。图 3.24 中节点 1、2 之间分布着线性递减的剪应力，点 2、3 间施加了任意变化的正应力，点 3、4 边界为应力自由边界，点 4、1 边界上施加了线性增加的正应力。为计算与应力边界等效的节点荷载，要用到荷载的面积分形式，见 2.6 节。

$$\{\Delta\boldsymbol{R}_E\} = \int_{Srf} [\boldsymbol{N}]^{\mathrm{T}}\{\Delta\boldsymbol{T}\}\mathrm{d}Srf \qquad (3.75)$$

式中，$[\boldsymbol{N}]$用式(2.8)表示；$\{\Delta\boldsymbol{T}\}$为边界上的总荷载增量(即边界应力)；Srf(边界)为应力作用的单元边界，式(3.75)要对应力作用的每个单元边界积分。积分的第

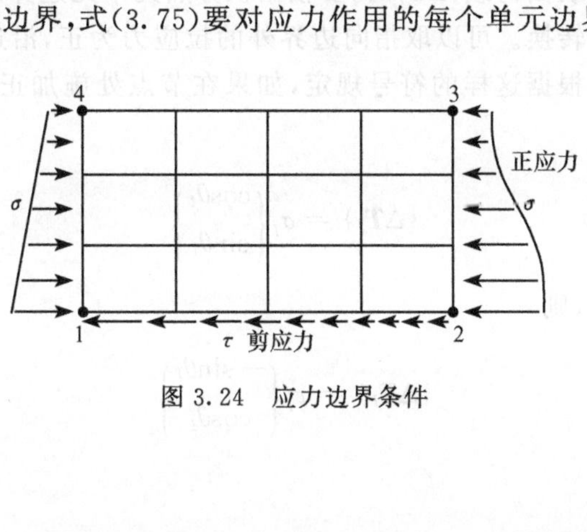

图 3.24　应力边界条件

一步是将式(3.75)的面积分转化为局部坐标中的一维积分

$$\{\Delta \boldsymbol{R}_E\} = \int_{-1}^{1} t[\boldsymbol{N}']^{\mathrm{T}}\{\Delta \boldsymbol{T}\} \mid \boldsymbol{J}' \mid \mathrm{d}s \tag{3.76}$$

式中，t 为单元厚度，轴对称问题中等于 $2\pi r$；$[\boldsymbol{N}']$为单元边界的插值函数；$|\boldsymbol{J}'|$为单元边界从总单元映射到母单元的雅可比行列式。四节点等参单元的矩阵$[\boldsymbol{N}']$为

$$[\boldsymbol{N}'] = \begin{bmatrix} N'_1 & 0 & N'_2 & 0 \\ 0 & N'_1 & 0 & N'_2 \end{bmatrix} \tag{3.77}$$

式中

$$\begin{cases} N'_1 = \dfrac{1}{2}(1-s) \\ N'_2 = \dfrac{1}{2}(1+s) \end{cases} \tag{3.78}$$

是单元边界的插值函数。单元边界上每个节点的雅可比行列式为

$$\mid \boldsymbol{J}' \mid = \left[\left(\frac{\mathrm{d}x}{\mathrm{d}s}\right)^2 + \left(\frac{\mathrm{d}y}{\mathrm{d}s}\right)^2\right]^{\frac{1}{2}} \tag{3.79}$$

对简化的等参关系，坐标的导数可表示为

$$x = \sum_{i=1}^{2} N'_i x_i, \quad y = \sum_{i=1}^{2} N'_i y_i \tag{3.80}$$

式中，x_i、y_i 为单元边界上两个节点的总坐标。

计算等效节点荷载的最后一步是用 2.6.1 小节中介绍的一维高斯积分法对式(3.76)积分，该方法中式(3.76)的积分用各高斯积分点处被积函数值与权函数乘积的和替代。

计算积分点处表面荷载$\{\Delta \boldsymbol{T}\}$时，要根据积分点处单元边界的位置和应力的符号规定对应力进行转换。可以取指向边界外的拉应力为正，沿边界逆时针方向转动的剪应力为正。根据这样的符号规定，如果在节点处施加正应力，则对应的荷载为

$$\{\Delta \boldsymbol{T}_I\} = \sigma_I \begin{Bmatrix} \cos\theta_I \\ \sin\theta_I \end{Bmatrix} \tag{3.81}$$

如果施加了剪应力，则

$$\{\Delta \boldsymbol{T}_I\} = \tau_I \begin{Bmatrix} -\sin\theta_I \\ \cos\theta_I \end{Bmatrix} \tag{3.82}$$

式中，θ_I对应着边界垂直方向与总坐标轴 x_G 的夹角，下标 I 表示积分点。θ_I按式(3.83)计算

$$\tan(\theta_I + 90) = \frac{\mathrm{d}y}{\mathrm{d}x} = \left[\frac{\sum_{i=1}^{2} \frac{\partial N'_i}{\partial S} y_i}{\sum_{i=1}^{2} \frac{\partial N'_i}{\partial S} x_i}\right]_{atS_I} \tag{3.83}$$

对式(3.80)求导就得到式(3.83)。

任何情况下，由式(3.76)计算得到的等效节点荷载都是总坐标中的节点荷载，如果定义了局部坐标系，那么节点荷载要进行坐标转换，见 3.7.2 小节。

3.7.7　点荷载

还有一种荷载边界是不连续的节点荷载，在平面应变和轴对称计算中就是线荷载，荷载的长度方向与网格平面垂直。这种边界条件允许用户在一定边界范围内自定义应力边界条件，或确定每个节点上的点荷载。点荷载可以在点荷载坐标系内确定。

图 3.25 中点荷载与边界面成一定角度。如果点荷载施加在一段边界上表示连续分布的应力，那么就必须用最小势能原理计算相应的节点荷载，见第 2 章，即节点荷载在节点处做的功等于连续分布的应力在变形边界上做的功。节点荷载也要按式(3.75)的积分形式计算。

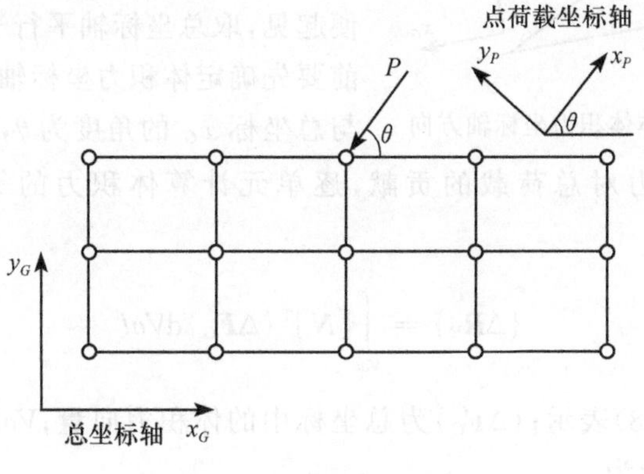

图 3.25　点荷载坐标轴

如果单元形状简单、应力分布也简单，就可以很准确地计算出节点荷载，图 3.26 是二节点和三节点的单元边界情况。

同样，任何情况下用点荷载坐标(x_P，y_P)表示，或与网格竖向边界成一定夹角的节点荷载都要转换到总坐标中，即要用总坐标表示节点荷载，局部坐标的转换见 3.7.2 小节。

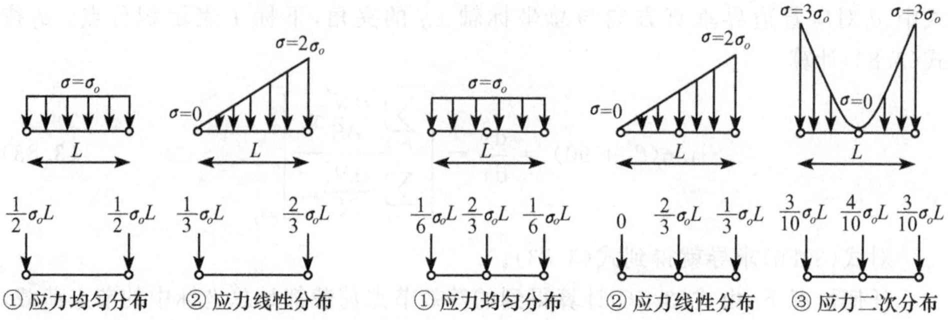

(a) 二节点　　(b) 三节点

图 3.26　单元边界上等效节点荷载的计算

3.7.8　体积力

重力或体积力在大多数岩土工程中起着非常重要的作用，与上面介绍的其他荷载边界类似，体积力作为边界条件也要计算出相应的等效节点荷载，很多程序可以自动算出体积力的等效节点荷载。体积力可以作用在任何方向上，大小可以任意变化。

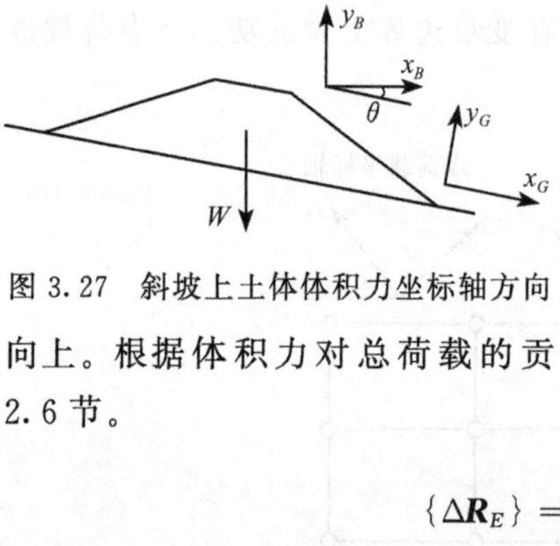

图 3.27　斜坡上土体体积力坐标轴方向

下面以图 3.27 为例说明如何施加体积力并确定体积力坐标轴。图 3.27 中堤坝位于斜坡上，在自重荷载下会发生变形。为方便起见，取总坐标轴平行于坡面。重力施加前要先确定体积力坐标轴 x_B 和 y_B，这里 x_B 与总坐标 x_G 的角度为θ，重力施加在 y_B 方向上。根据体积力对总荷载的贡献，逐单元计算体积力的等效节点荷载，见 2.6 节。

$$\{\Delta \boldsymbol{R}_E\} = \int_{Vol} [\boldsymbol{N}]^{\mathrm{T}} \{\Delta \boldsymbol{F}_G\} \mathrm{d}Vol \tag{3.84}$$

式中，$[\boldsymbol{N}]$用式(2.8)表示；$\{\Delta \boldsymbol{F}_G\}$为总坐标中的体积力向量；$Vol$ 为单元体积。总坐标中体积力分量为

$$\begin{Bmatrix} \Delta F_{xG} \\ \Delta F_{yG} \end{Bmatrix} = \Delta\gamma \begin{Bmatrix} \cos\beta \\ \sin\beta \end{Bmatrix} \tag{3.85}$$

式中，$\Delta\gamma$ 为单位体积重度增量，$\beta=\theta$ 或 $\theta+90°$根据 $\Delta\gamma$ 表示 x_B 方向，或是表示 y_B 方向的体积力分量确定；θ 为 x_B 和 x_G 轴的夹角。

用 2.6 节介绍的单元刚度矩阵对式(3.84)积分。首先，体积力要转换到局部

坐标中积分

$$\{\Delta \boldsymbol{R}_E\}=\int_{-1}^{1}\int_{-1}^{1} t[\boldsymbol{N}]^{\mathrm{T}}\ |\ \boldsymbol{J}\ |\ \mathrm{d}s\mathrm{d}T\{\Delta \boldsymbol{F}_G\} \tag{3.86}$$

平面应变中 t 是单元厚度，轴对称中 $t=2\pi r$。$|\boldsymbol{J}|$ 为雅可比行列式，表示总单元与母单元之间的映射，用式(2.16)计算。单元中 $\{\Delta \boldsymbol{F}_G\}$ 为常数，因此可以移到积分号外面。式(3.86)可以用二维高斯积分法积分，见 2.6.1 小节。

对网格中的每个单元重复上述步骤，集合每个单元的节点荷载形成总节点等效荷载，即总坐标中的总节点荷载，如果采用了局部坐标，要进行坐标转换，见 3.7.2 小节。体积力的单位要与网格的几何单位一致，也要与材料的应力单位(如杨氏模量)协调。

3.7.9　填筑

很多岩土工程项目中涉及新材料的铺筑，如堤坝填筑、挡土墙后填方等，有限元无法直接模拟这些问题。分析这类问题时所用的程序应考虑以下几点：

(1) 原网格中要用单元将填筑的材料表示出来。但开挖或计算前，这些单元一定要是“死单元”，施工后，这些单元才被“激活”。

(2) 填筑要分步进行，即便是线弹性材料也不能一次加荷。修筑堤坝一定要分层填筑，而且填一层，计算一层。

(3) 施工期内新材料单元的本构模型要能反映施工过程中材料的性质。施工完成后，本构关系可以采用已填筑好的材料(一次性填筑)本构模型。

(4) 单元填好后，必须用施加体积力的方法将自重加到填好的单元上。

具体模拟时建议采用下列步骤：

(1) 将整个填筑过程分成一级级荷载增量，施工开始前将所有要填筑的单元都划分好，并设成“死单元”。

(2) 激活本级要填筑的单元，这些单元用施工期的材料本构关系进行计算，一般情况下施工期材料的刚度取得低一些。

(3) 根据 3.7.8 小节介绍的方法，计算本级填筑单元由自重产生的节点荷载，并集聚到方程右侧的荷载向量中。

(4) 每一级增量下都要重新计算总刚度矩阵和所有的边界条件，计算位移、应变和应力的增量变化。

(5) 计算下一级增量前，对本级刚填筑的单元，用一次性加荷的本构关系代替施工中采用的本构关系；将只与本级单元(不包括前面已填好的单元)连接的节点位移全部设为零。根据所填材料的本构模型，必要时设置模型状态参数(如弹塑性模型中的硬化参数)并/或调整施工后单元的应力。如果需要调整应力，一定要注意方程右边的荷载向量也要相应调整，以满足平衡方程。

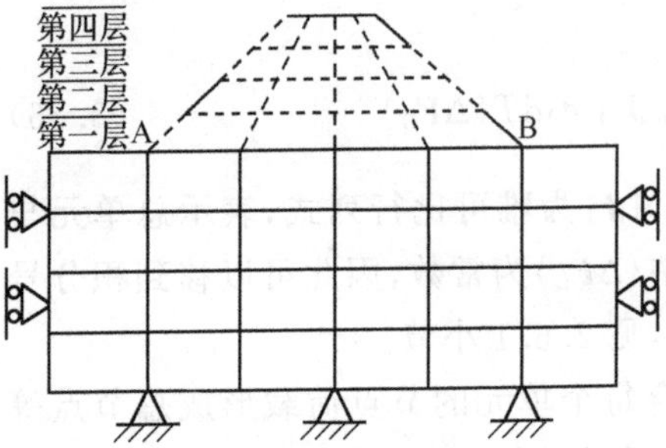

图 3.28　堤坝填筑

(6) 进行下一级计算。

下面举例说明。图 3.28 是堤坝填筑示意图，材料在水平方向分为四层，于是分四级填筑。开始计算前，堤坝的所有单元都是"死单元"。第一级增量填筑第一层，这一层的所有单元都被激活(变成"活单元")，单元采用施工中的本构模型。填好后，对这些单元施加自重应力，计算等效节点荷载，并叠加到方程右侧的荷载中。形成新的总刚度矩阵，重设边界条件后解方程。将只与本级单元(不是地面下的那些单元)联系的节点位移增量设为零，即 AB 线以上被激活的节点。本级施工完成后，单元的本构关系换成一次性填筑时的本构关系，计算材料状态参数，并进行应力修正(适用于第 8 章中的复杂本构模型)。

第二、三、四级填筑时重复上面的计算步骤。叠加各级增量结果得到最后的总结果。显然计算结果与分级数及每一级的填筑厚度有关，《岩土工程有限元分析：应用》中将详细讨论这些问题。

激活单元可以采用下面两种方法中的任一种。最好的方法是建立有限元方程时不要包括这些"死单元"，即形成总刚度矩阵和总荷载向量时，只与"死单元"连接的单元刚度矩阵和节点自由度都不考虑，建立方程时就好像"死单元"根本不存在。这里建议采用这种方法处理"死单元"，但它要求程序能熟练跟踪记录每一级的数据及排列，因为整个计算中网格单元在不断变化。另一种方法是计算时将所有的"死单元"都考虑进去，但假设它们的刚度很小很小，这样数据记录就简化了。所有单元和自由度都参与形成单元方程，它们对计算结果的影响与假设的刚度有关。很多用这种方法计算的程序自动地把这些"死单元"的刚度设得很低，或建议用户取很小的值。要注意，不能让泊松比的计算结果接近 0.5，否则这些"死单元"变为不可压缩单元，对结果影响会非常大。

填筑过程模拟很复杂，分析这类问题不宜采用针对结构工程开发的程序。

3.7.10　开挖

开挖在岩土工程中很普遍，有限元模拟分析的步骤介绍如下。图 3.29(a)中阴影部分 A 要被挖除，只留下 B 部分。开挖时，将与挖除部分前土体内应力等效的荷载(T)施加到开挖面上，位移和应力都无须变化，如图 3.29(b)所示。这样开挖后 B 部分土体的状态与去除 T 荷载后完全一样，即相当于施加了等量的反作用力，如图 3.29(c)所示。

这样模拟开挖需要确定作用在新边界上的等效荷载 T 和 B 部分土体的刚度，

然后将反力 $-T$ 加到新的边界上。有限元要计算与反力 $-T$ 对应的等效节点荷载，即对邻近开挖面的开挖单元计算

$$\{\boldsymbol{R}_E\} = \int_{Vol} [\boldsymbol{B}]^{\mathrm{T}} \{\boldsymbol{\sigma}\} \mathrm{d}Vol - \int_{Vol} [\boldsymbol{N}]^{\mathrm{T}} \gamma \mathrm{d}Vol \tag{3.87}$$

式中，$\{\boldsymbol{\sigma}\}$ 为单元应力；γ 为单位体积重度；Vol 为开挖体积。计算时仅将开挖面上等效的节点荷载代到 $\{\boldsymbol{R}_E\}$ 中，并对开挖面旁所有的开挖单元重复这样的计算，该方法由 Brown 等(1985)提出。

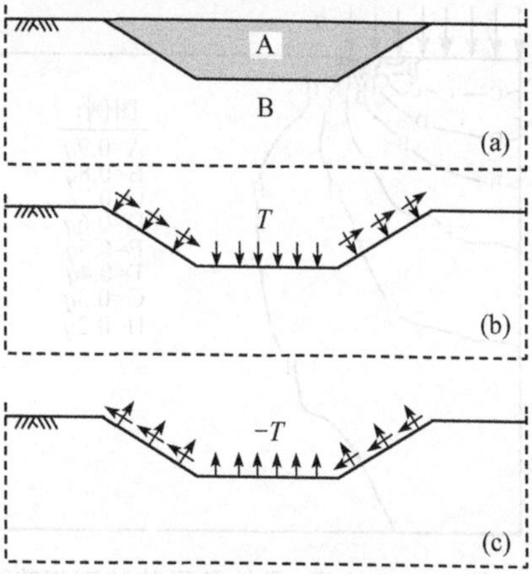

图 3.29　开挖模拟

一般开挖时要进行结构支护，因此要分步模拟，另外如果用的是非线性模型，也要分步计算，计算步骤包括：

(1) 确定每一级需要开挖的单元。

(2) 用式(3.87)计算开挖面上将要开挖单元的等效节点力；将要开挖的单元标记为“死单元”，从计算网格中删除。

(3) 用“活单元”重新形成边界条件和总刚度矩阵，解方程得到每一级开挖引起的位移、应力和应变变化情况。

(4) 将位移、应力和应变的变化叠加到前一级的累积值中，得到新的累积结果。

(5) 进行下一步计算。

3.7.11 孔压

3.4 节介绍了总应力分为有效应力和孔压的计算。本节专门介绍孔压的变化。

有限元中孔压的变化用节点处的等效节点荷载表示，如果单元中孔压变化为 Δp_f，则等效节点荷载为

$$\{\boldsymbol{R}_E\} = -\int_{Vol} [\boldsymbol{B}]^{\mathrm{T}} \{\Delta\boldsymbol{\sigma}_f\} \mathrm{d}Vol \tag{3.88}$$

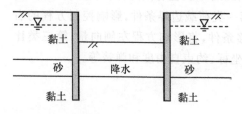

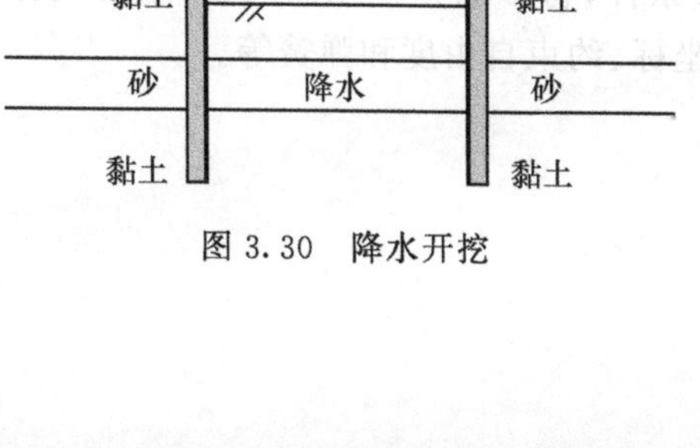

图 3.30　降水开挖

式中，$\{\Delta\boldsymbol{\sigma}_f\}$ 用式(3.3)表示。下面两种情况下需要考虑孔压的变化：

(1) 网格一部分的孔压有变化。例如，在层状土体中开挖，为防止坑底隆起要在砂砾层中降水，如图 3.30 所示。

(2) 孔压消散。例如，在不排水条件

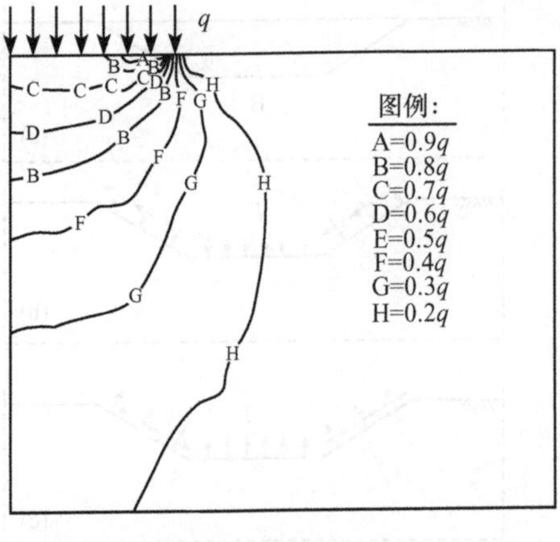

图 3.31　光滑、柔性条形基础下超静孔隙水压力的分布

下对条形基础加载，开始计算时孔压等效体积模量 K_e 取很大值，见 3.4 节，得到孔压的分布情况（图 3.31）。一旦开始加载，将 K_e 设为零，令孔压消散引起的节点荷载与加载引起的荷载增量刚好抵消，计算出完全固结的情况，但这样计算无法得到固结期间各变量的变化情况。对线弹性材料，这样计算比较合适，如果是非线性弹性材料，只能得到近似结果。因为目前计算假设固结过程中应力是线性变化的，实际上应力的变化根本不成比例。加载时条形基础边缘处的孔压最先消散，这部分有效应力变化很快，相对而言，中间有效应力的变化较慢。由此产生的误差取决于所用的本构方程。准确模拟固结过程应进行渗流耦合计算，详见第 10 章内容。

3.8　小　结

(1) 不考虑孔压的排水情况下，可以用材料的有效应力参数计算。

(2) 不排水条件下用总应力和总应力指标计算，当泊松比接近 0.5 时，要特别小心。

(3) 总应力可以分解为有效应力和孔隙水压力，因此可以用有效应力指标分析不排水情况，得到有效应力和孔压的变化；也可以分析排水情况，得到孔压的变化。

(4) 一般很难用连续单元反映结构构件单元的变化，这时可选择特殊单元。如果结构构件能承受弯矩、轴力和剪力，便选择梁(壳)单元；如果只能承受轴力，则要用膜单元，本章详细介绍了这两种单元。

(5) 结构与土体的相互作用可以用多种方法模拟，本章介绍了零厚度接触面单元。如何在实际问题中使用这种单元将在《岩土工程有限元分析：应用》中介绍。

(6) 有限元计算中有三类边界条件：第一类荷载边界条件，影响控制方程的右边，如应力边界、体积力等；第二类已知位移条件，将影响方程左侧向量；第三类比较复杂，它将改变整个方程的结构，如局部坐标、约束自由度和弹簧等。

(7) 本章具体介绍了下列边界条件：

① 局部坐标。

② 已知位移。

③ 约束自由度。

④ 弹簧。

⑤ 应力边界。

⑥ 节点荷载。

⑦ 体积力。

⑧ 填筑。

⑨ 开挖。

⑩ 孔压。

第 4 章　土的力学性质

4.1　引　　言

本章着重论述土(包括黏土、砂土以及粒径范围较大的土体)的力学性质。通过对室内试验结果分析,阐明土体力学性质的主要特征。本章给出的各种试验数据不受任何理论体系的影响,因此可用来验证和比较各种土体本构模型,这些本构模型将在后续章节中具体介绍。

4.2　概　　述

第 2 章线弹性有限元理论中假设材料是线弹性的,实际上各类土体并不符合这种理想简化。若真能满足上述假设,土体将永远不会达到破坏状态,也就不需要岩土工程师了。事实上土体是高度非线性的,无论强度还是刚度都与土的应力和应变水平密切相关。为了能对岩土工程问题作出准确预测,需要建立更复杂的土体本构模型。由于涉及非线性问题,需要进一步发展有限单元理论,这将在第 9 章中分析讨论。

土体的力学性质非常复杂,目前还没有一种本构模型仅靠一些参数便能全面描述土体各种力学性质,现在可选择的本构模型很多,每一种模型都有一定的适用性和局限性。在第 5、第 7 和第 8 章中,将对目前已提出和正在应用的各种本构模型进行论述,这些模型都在一定程度上反映了土体的受力特性。了解土体的真实响应并确定其重要的力学性质,不仅有助于探求数学模型背后复杂的理论依据,同时也为评价和比较各种不同的模型奠定了基础。

土体的力学性质是相当复杂的,仅用一章很难面面俱到地描述土的各种力学行为,因此本章只对一些重要的问题进行讨论,这需要读者熟悉土力学理论,尤其需要对土体的室内试验和试验结果的分析表述方法有比较深的认识。本章的主要目的不是介绍新的概念,而是总结由室内试验观测获得的重要土体性质。本章将从黏土的受力响应入手,首先介绍单向压缩和三轴应力、应变条件下土体的剪切性质;接着讨论中间主应力(下面简称中主应力)大小、主应力作用方向以及大应变条件下的剪切等对黏土性质的影响。对砂土也进行同样的介绍,并分析黏土和砂土的不同。现实中的确有纯黏土和纯砂土,但绝大多数土体粒径变化范围很大，它们的力学性质反映了颗粒的组成情况。本章最后对各土体的力学性质进行了比较，总结出一些重要内容，即理想土体本构模型应该能反映的力学性质。

4.3　黏土的力学性质

4.3.1　土体单向压缩特性

黏土的单向压缩特性通常用固结仪通过压缩试验进行研究。典型的土样为圆柱体，直径 60mm，高 20mm。试验时土样竖向压缩，径向位移受到严格限制。图 4.1 为重塑 Pappadai 黏土的试验(Cotecchia，1996)结果，图中横坐标为竖向有效应力(σ_v')，纵坐标为孔隙比(e)。按通常的做法，竖向有效应力以对数坐标表示。压缩过程中土样经历了两次卸载/加载过程。

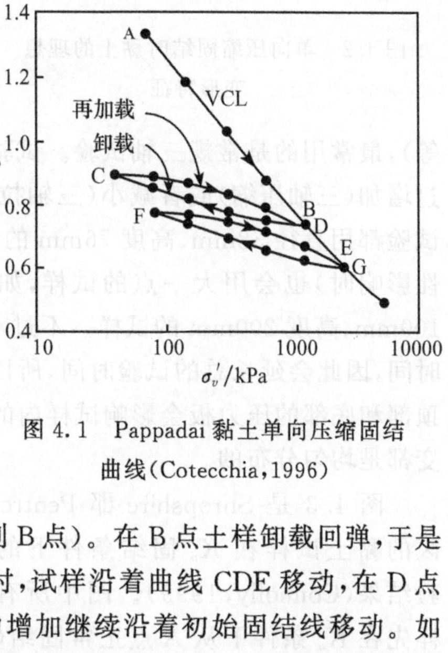

图 4.1　Pappadai 黏土单向压缩固结曲线(Cotecchia，1996)

初始条件下当重塑黏土放入固结仪时，土体处于正常固结状态，图 4.1 中用点 A 表示。加载过程中(竖向有效应力σ_v'增加)试样受到压缩，孔隙比减小，在压缩曲线上沿着初始固结线向下移动(由 A 点到 B 点)。在 B 点土样卸载回弹，于是沿着卸载回弹曲线 BC 运动到 C 点。再加载时，试样沿着曲线 CDE 移动，在 D 点曲线与初始固结线相交，并随着竖向有效应力增加继续沿着初始固结线移动。如果再次卸载，试样将沿另外一条回弹曲线移动。例如，在 E 点卸载时试样沿 EF 线移动。通常假定滞回圈(如 BCD 和 EFG)是相互平行的。

由于没有承受过更大的前期竖向应力，沿初始固结线变形的土体称为正常固结土。位于滞回圈上的土称为超固结土，用超固结比($OCR=\sigma_{v\max}'/\sigma_v'$)表示，其中$\sigma_{v\max}'$和$\sigma_v'$分别为土体历史上经受的最大竖向有效应力和当前竖向有效应力。同样竖向应力增量下，与超固结土相比，正常固结土的孔隙比变化更大，这说明超固结土比正常固结土更坚硬。若再加载，当应力状态接近于初始固结线时，超固结土的刚度迅速下降。

为了用图 4.1 给出的试验结果进行设计计算，通常需要对其进行简化。例如，常假定初始固结线在 e-lgσ_v'坐标系中为一条直线，斜率为 C_c，而滞回圈可以用一条斜率为 C_s 的直线代替，如图 4.2 所示。但这种简化方法并没有被普遍接受。例

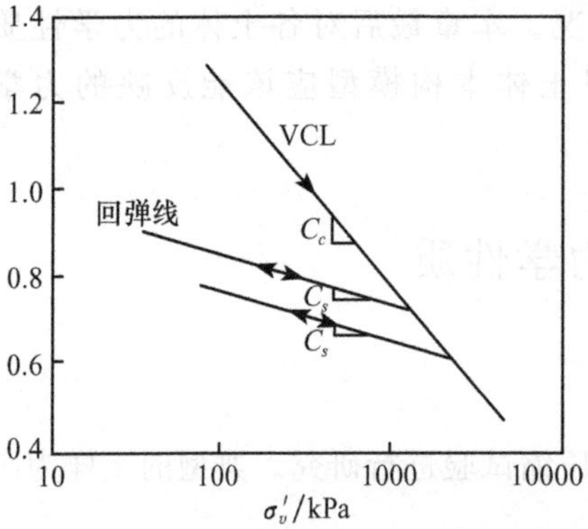

图 4.2　单向压缩固结时黏土的理想变形特征

如，有些岩土工程师提出将试验结果绘制在 $\lg e$-$\lg\sigma_v'$ 坐标系中，然后再对初始固结线和滞回圈进行理想化假定；还有一些研究者主张用平均有效应力代替竖向有效应力，并且/或用自然对数代替标准对数整理试验结果。后面有关章节中将对这些假设作进一步讨论。

4.3.2　土体的剪切特性

土体的剪切特性可以用很多试验设备和方法进行研究（如三轴仪、真三轴仪、直剪仪、简单剪切仪、扭剪仪、空心圆柱仪等），最常用的是常规三轴试验。试验时圆柱形试样先承受一定的围压 σ_r，然后通过增加（三轴压缩）或者减小（三轴拉伸）轴向应力 σ_a 实现对土样的剪切。大多数试验都用直径 38mm、高度 76mm 的试样，有时（尤其是需要考虑大尺寸土体结构性影响时）也会用大一点的试样，如直径 50mm、高度 100mm 的试样，或者直径 100mm、高度 200mm 的试样。不过对黏土而言，大尺寸试样孔压消散需要更长的时间，因此会延长总的试验时间，所以大尺寸试验并不受欢迎。此外，放置在试样顶部和底部的压力板会影响试样内的应力分布，但数据分析时往往假定应力和应变都是均匀分布的。

图 4.3 是 Shropshire 郡 Pentre 地区的黏土试样在 K_o 固结条件下的试验结果（Connolly，1999）。图中所有试样先在 K_o 条件下从 A 点正常固结（即不产生径向应变）到 B 点，如图 4.3 所示。接着在 K_o 条件下分别卸载到不同的超固结比，然后关闭所有的排水阀，通过增加或减小轴向应力使试样在不排水条件下剪切破坏，试样的有效应力路径如图 4.3 所示，从图中可以明显地看出土体的几个重要特点：对 $OCR<3$ 的土样，有效应力路径曲线向左侧弯曲，试验结束时的平均有效应力小于开始时的平均有效应力。这表明，剪切时试样有收缩的趋势，但不排水条

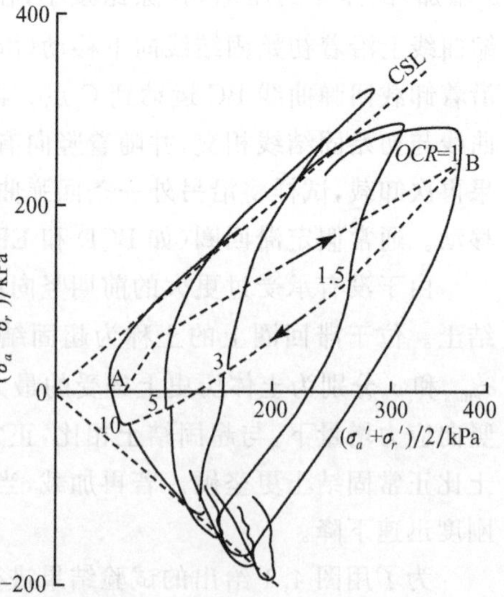

图 4.3　层状 Pentre 黏土三轴有效应力路径（Connolly，1999）

件限制了试样体积的收缩,因此产生了压缩孔隙水压力(正孔隙水压力)。与此不同的是,对于强超固结土样($OCR\geqslant 3$),有效应力路径曲线向右弯曲,说明土有剪胀特征,并产生了拉伸孔隙水压力(负孔隙水压力)。

所有试样破坏时的应力状态连成一条过原点的直线,这条直线称作临界状态线,常用剪切摩擦角 φ'_{cs} 表示。对图 4.3 中的应力路径,压缩和拉伸时的剪切摩擦角 φ'_{cs} 分别为 32°和 28°。有时强超固结土的应力路径达到破坏状态之前会超出临界状态线,即峰值有效强度(以黏聚力 c' 和剪切摩擦角 φ' 表示)大于破坏强度,这在图 4.3 中表现得不太明显。

弱超固结土试样的偏应力($\sigma'_a-\sigma'_r$)先达到峰值强度,然后在接近破坏时又有所降低。这表明,若以最大偏应力的一半定义不排水强度 S_u,在剪切摩擦角完全发挥之前弱超固结土就已经达到了不排水强度;而强超固结土试样的偏应力在最终破坏时才达到最大值。

图 4.4(a)和图 4.4(b)是压缩和拉伸试验中割线杨氏模量 E_u 随轴向应变$\varepsilon_a-\varepsilon_{a0}$ 的变化情况。$E_u=(\sigma_a-\sigma_{a0})/(\varepsilon_a-\varepsilon_{a0})$,$\sigma_{a0}$ 和 ε_{a0} 分别为不排水剪切前的轴向总应力和轴向总应变。这两幅图都明显地表示,剪切过程中土体刚度逐渐降低,而且所有的试样呈现出同样的变化规律,尤其对弱超固结土,其刚度下降超过一个数量级。

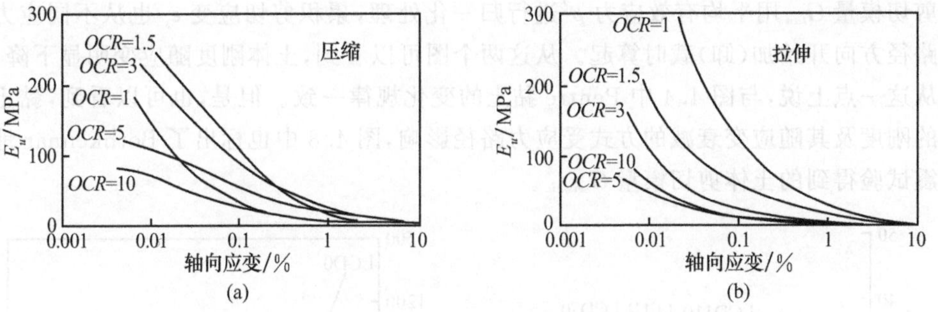

图 4.4　Pentre 黏土的不排水杨氏模量(Connolly,1999)

从图 4.4 中还可以清楚地看到,土体刚度大小与 OCR 密切相关,但需要注意的是,这里每个试验的 OCR 和平均有效应力($p'=(\sigma'_1+\sigma'_2+\sigma'_3)/3$)都不同,因此从上述数据很难分析这两个参数对黏土刚度的影响。图 4.5(Soga et al.,1995)给出了应力水平对土体刚度的影响,这是正常固结各向同性高岭土的四个扭剪试验数据,试验中只有固结应力不同。图 4.4(a)和图 4.4(b)为典型的土体刚度随应变衰减的情况,重要的是图中表明了刚度和平均有效应力 p' 之间有非线性关系。

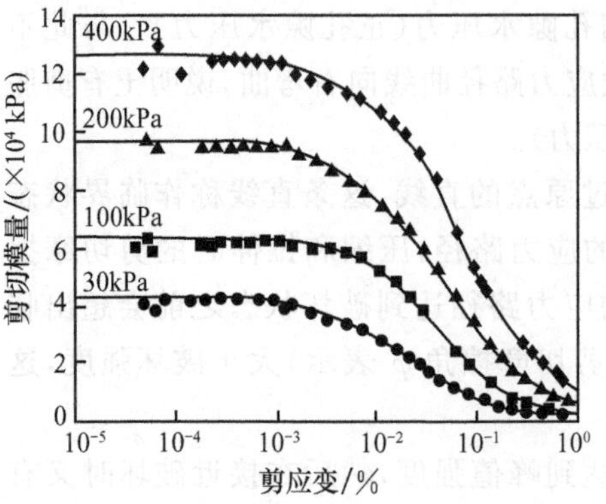

图 4.5　高岭土刚度随应力水平的变化情况(Soga et al.,1995)

从以上试验和分析中可以清楚地认识到超固结比和平均有效应力对黏土的力学性质影响很大。

4.3.3　应力路径

应力路径对土体刚度也有一定的影响。Smith(1992)通过 Bothkennar 黏土的一系列三轴试验对这个问题进行了研究，如图 4.6 所示。所有试样首先沿着 ABC 路径固结，然后卸载至 D 点，试样在 BC 和 CD 段进行 K_o 固结。在 D 点试样变形稳定后，按照不同的应力路径进行排水剪切。图 4.7 和图 4.8 为各种应力路径下刚度随应变的变化情况。图 4.7 是等效切线体积模量 $K'_{tan}(=\Delta p'/\Delta\varepsilon_v)$ 与累积体积应变 ε_v 的变化关系；其中等效切线体积模量 K'_{tan} 用平均有效应力 p' 进行归一化处理，累积体积应变 ε_v 从不同应力路径方向开始加(卸)载时算起。图 4.8 给出了等效切线剪切模量 G_{tan} $(=\Delta(\sigma'_a-\sigma'_r)/3\Delta\varepsilon_s)$ 与累积三轴偏应变 $\varepsilon_s\left(=\dfrac{2}{3}(\varepsilon_a-\varepsilon_r)\right)$ 的变化关系；其中，等效切线剪切模量 G_{tan} 用平均有效应力 p' 进行归一化处理，累积剪切应变 ε_s 也从不同应力路径方向开始加(卸)载时算起。从这两个图可以看到，土体刚度随应变明显下降，从这一点上说，与图 4.4 中 Pentre 黏土的变化规律一致。但是，也可以看到，黏土的刚度及其随应变衰减的方式受应力路径影响，图 4.8 中也标出了 Bothkennar 地震试验得到的土体剪切模量 $G_{seismic}$。

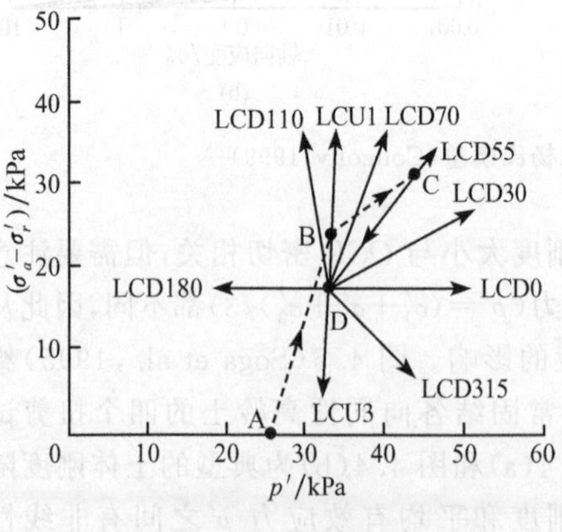

图 4.6　Bothkennar 黏土试验应力路径(Smith,1992)

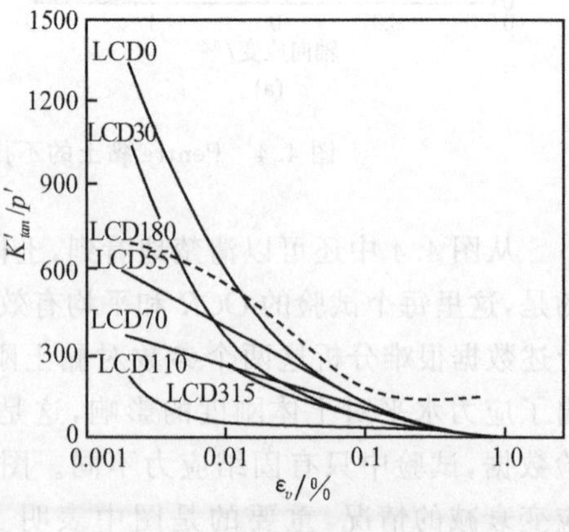

图 4.7　Bothkennar 黏土的体积刚度(Smith,1992)

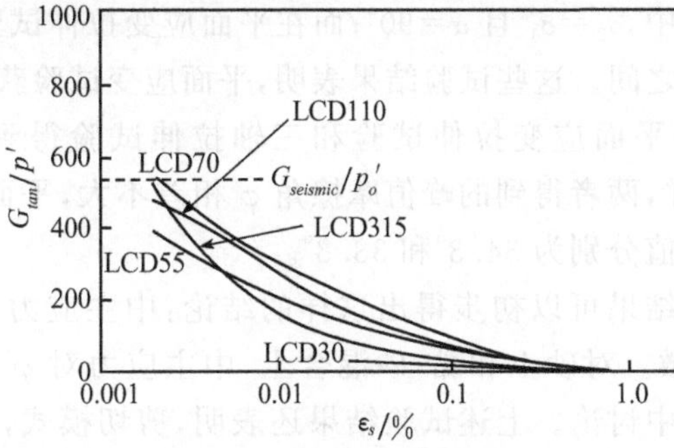

图 4.8　Bothkennar 黏土的剪切刚度(Smith,1992)

4.3.4　中主应力

如前所述,三轴压缩和三轴拉伸试验中 Pentre 土的排水强度有所不同。这两种试验的不同之处在于:压缩试验中,中主应力 σ_2 等于小主应力 σ_3,大主应力 σ_1 作用在垂直方向(即 $\alpha=0°$,α 是大主应力作用方向与土体沉积方向的夹角);而在拉伸试验中,中主应力 σ_2 等于大主应力 σ_1,此时大主应力作用在水平方向(径向),即 $\alpha=90°$。因此,两种试验强度的差别可能来自中主应力 σ_2 的影响,或者来自 σ_1 作用方向 α 的影响,或是来自两者的共同影响。为了区分上述影响因素,需要进行一些特定的试验研究,大主应力作用方向的影响将在下一节中讨论。下面着重讨论中主应力大小对黏土抗剪强度的影响。

为了分离出中主应力的影响,需要进行一系列的试验研究。试验中仅改变中主应力大小,其他参数保持不变。但是常规三轴仪难以满足上述要求,需要采用特殊的仪器设备,如真三轴仪、定向剪切仪或空心圆柱仪等。目前黏土的系列试验研究还有待开展,本章后面部分将对砂土和黏-砂混合土取得的初步试验结果进行分析。

对黏土而言,对同一种黏土,已经获得了同一种土的常规三轴试验和平面应变试验数据,这里不妨先对这些试验结果进行比较。如前所述,三轴压缩试验中,$\sigma_2=\sigma_3$ 且 $\alpha=0°$;平面应变压缩试验中,$\alpha=0°$,但中主应力 σ_2 介于 σ_1 和 σ_3 之间。平面应变试验很难获得 σ_2 的精确值,但有试验数据显示 $0.15\leqslant[(\sigma_2-\sigma_3)/(\sigma_1-\sigma_3)]\leqslant0.35$。$K_o$ 正常固结条件下,Vaid 和 Campanella(1974)对类似的原状 Haney 黏土试样进行三轴压缩和平面应变压缩试验发现,就不排水强度 S_u 而言,由平面应变试验获得的强度比三轴压缩试验得到的强度高约 10%,即平面应变试验和三轴压缩试验得到的 S_u/σ_{vc}' 分别为 0.296 和 0.268,其中 σ_{vc}' 是竖向有效固结应力。就峰值摩擦角 φ' 而言,差别甚微,平面应变试验和三轴压缩试验得到的值分别为 31.6°和 29.8°。

Vaid 和 Campanella 还对 Haney 黏土进行了平面应变拉伸试验和三轴拉伸试

验。在三轴拉伸试验中，$\sigma_2=\sigma_1$ 且 $\alpha=90°$；而在平面应变拉伸试验中，$\alpha=90°$，中主应力 σ_2 介于 σ_1 和 σ_3 之间。这些试验结果表明，平面应变试验获得的 S_u 比三轴拉伸试验高约 25%，即平面应变拉伸试验和三轴拉伸试验得到的 S_u/σ'_{vc} 分别为 0.211 和 0.168。同样，两者得到的峰值摩擦角 φ' 相差不大，平面应变拉伸试验和三轴拉伸试验得到的值分别为 34.3°和 33.8°。

从以上黏土试验结果可以初步得出这样的结论：中主应力对 S_u 有一定的影响，但对 φ' 的影响甚微。对砂土和黏-砂混合土，中主应力对 φ' 的影响要大一些，这将在本章后面几节中讨论。上述试验结果还表明，剪切模式，即压缩还是拉伸，也就是 α 对 S_u 和 φ' 也有较大影响。

4.3.5 各向异性

为方便起见，分析试验数据时常假定黏土是各向同性的，上述数据分析中采用等效各向同性刚度就清楚地表明了这一点。一般而言，由于土的天然沉积方式不同，不可能完全各向同性。事实上，土只有在垂直其沉积方向的平面上才有可能表现为各向同性，往往称作“横观各向同性”。这种材料的强度和刚度既受应力大小的影响，又受应力方向的影响。但实验室内常规三轴试验和直剪试验很难对黏土的各向异性进行研究，这也是为什么过去经常忽略土体各向异性的原因。近年来，为了研究土体各向异性的影响已开发出一些特殊的试验装置，如定向剪切仪和空心圆柱仪等，由此也获得了一些试验数据。

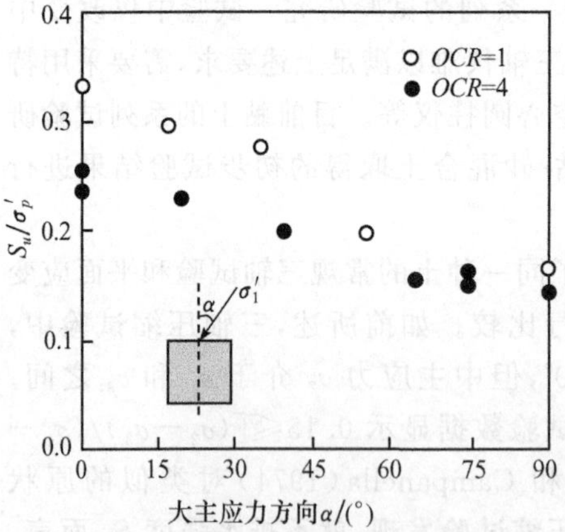

图 4.9 Boston Blue 黏土不排水抗剪强度的各向异性(Seah,1990)

Seah(1990)用定向剪切仪对重塑 Boston Blue 黏土进行了一系列试验，试验中在不同大主应力作用方向 α 对试样(图 4.9)进行剪切。图 4.9 是 K_o 固结不排水抗剪强度的试验结果，图中绘制了用竖向固结应力 σ'_p(注：经 K_o 固结/回弹后的竖向应力)归一化的不排水抗剪强度 S_u 随 α 的变化情况，图中标出了正常固结土和超固结比 $OCR=4$ 这两种情况。由图可见，随着 α 增加，不排水强度显著下降，下降幅度达 50%，这说明各向异性的影响很强烈。如果黏土是各向同性的，不排水强度就不会受 α 的影响。

现有有限的实测数据可以证明黏土的刚度也具有各向异性。例如，表 4.1 列出了一些黏土的水平和竖向杨氏模量之比。这些数据表明，该比值与黏土的种类、OCR 以及剪切过程中的应变水平等相关。

表 4.1　天然黏土和重塑黏土的刚度比

来　源	土体名称	应变水平/%	E'_h/E'_v
Ward 等(1959)	伦敦黏土	0.2 0.6	1.4 2.4
Kirkpatric 等(1972)	重塑高岭土	很高	0.6～0.84
Franklin 等(1972)	重塑高岭土	很低	1.8～4.0
Atkinson(1975)	伦敦黏土	～1	2
Lo 等(1977)	Leda 黏土	0.4～0.6	0.55
Saada 等(1978)	重塑 Edgar 高岭土	0.0001 0.007	1.25 1.35
Yong 等(1979)	Champlain 黏土	0.5～1.0	0.62
Graham 等(1983)	Winnipeg 黏土	～3	1.78
Kirkgard 等(1991)	S. Francisco 湾淤泥	高	1.2～1.8

4.3.6　大应变

大应变(>20%)情况下试样中出现的不均匀现象导致大多数室内仪器不能给出该情况下可靠的试验数据。例如,大应变条件下,试样中会出现局部破坏区,在该区域测得的应力和应变值很不可靠。

为了克服上述缺陷,Bishop 等(1971)开发了环剪仪。在该仪器内放置外径152.4mm、内径101.6mm、高19mm的环状土样。试验时,土样底部固定,通过在土样顶部施加扭矩使土样旋转剪切,整个试验过程中竖向应力保持不变。试验结果表明,很多黏土随着大应变逐渐增加,土体强度不断降低,并明显小于三轴小应变中测得的峰值强度,直到达到一个残余值。图4.10给出了伦敦黏土(London clay)环剪试验得到的典型试验结果(Parathiras,1994)。由图可见,大应变情况

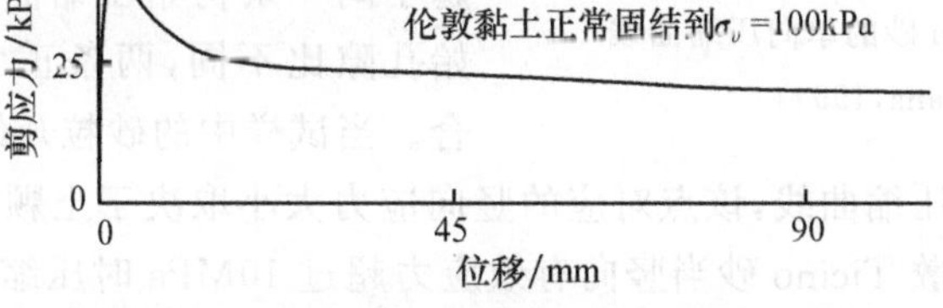

图 4.10　伦敦黏土的残余强度(Parathiras,1994)

下,土体的残余剪应力仅为小应变下峰值的50%。对排水强度而言,土体的残余黏聚力 $c_r'=2\text{kPa}$,残余摩擦角 $\varphi_r'=12°$,而伦敦黏土抗剪强度的典型峰值(Potts et al.,1997)为 $c_p'=7\text{kPa}$,峰值摩擦角 $\varphi_p'=20°$。峰值强度逐渐降低为残余强度是黏土颗粒在剪切带内沿剪切方向重新定向排列的结果。

显然,研究残余强度和峰值强度到残余强度的损失率对岩土工程中的渐进破坏问题和已存在破坏面的情况(如地质过程中形成的破坏面)非常重要,参见文献Potts等(1990)。

4.4　砂土的力学性质

前面介绍的黏土的很多力学性质也适用于砂土,但砂土的自然特征和沉积特点会导致一些特殊的性质。砂土的渗透性比黏土强,试验所需时间较短,因此砂土的试验研究开展得更广泛一些,从这些试验中可以详细研究主应力和各向异性对砂土的影响。

4.4.1　单向压缩特性

研究沉积黏土的特点时,一般认为黏土最初以泥浆形式存在,当前的应力状态是多次压缩固结和卸载回弹的结果,因此可以认为黏土沉积物有一个共同初始状态,即泥浆状态。这种假设并不适用于砂土,因为砂土可以按不同的速率沉积,形成不同的初始密度,从而具有不同的力学性质。

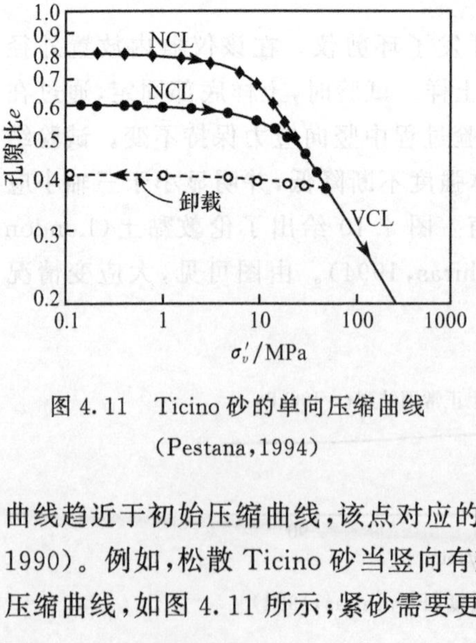

图4.11　Ticino砂的单向压缩曲线(Pestana,1994)

图4.11是Ticino砂的两组试验结果(Pestana,1994),一组试样开始较密实,$e_0=0.6$;另一组较松散,$e_0=0.8$。需要指出的是,制备同一种砂土试样时,无论是松砂还是紧砂,每次都准确得到相同初始孔隙比是非常困难的,因此同一应力点下往往对应着多个初始孔隙比。当这两组砂样单向受压时,它们沿着正常压缩曲线(NCL)移动,在较高的有效应力下,趋于同一条初始压缩曲线。由于试样初始孔隙比不同,两条正常压缩曲线不重合。当试样中的砂粒开始被压碎时,压缩曲线趋近于初始压缩曲线,该点对应的竖向应力大小取决于土颗粒的强度(Coop,1990)。例如,松散Ticino砂当竖向有效应力超过10MPa时压缩曲线才趋于初始压缩曲线,如图4.11所示;紧砂需要更高的竖向应力,因为紧砂中颗粒间的接触点

远远多于松砂。大多数岩土工程和地下结构的应力水平和受力状态处于正常压缩曲线的前半部分。前面讨论过,黏土卸载和再加载会形成滞回圈,虽然图 4.11 没有说明这一点,但是在 $e\text{-}\lg\sigma_v'$ 坐标中卸载-再加载曲线往往是相互平行的。

4.4.2 剪切特性

与单向压缩一样,砂土的剪切特性也受初始密度影响。图 4.12 是松散 Ham River 砂的三轴压缩和三轴拉伸试验应力路径(Kuwano,1998),图 4.13 是密实 Dunkirk 砂的应力路径(Kuwano,1998)。这两幅图中各组试验的试验过程相同:先进行一维压缩固结,然后按不同的超固结比 *OCR* 卸载,最后在不排水条件下进行三轴压缩或拉伸直至剪切破坏。这两幅图虽然是不同砂的试验结果,但具有一定的代表性。

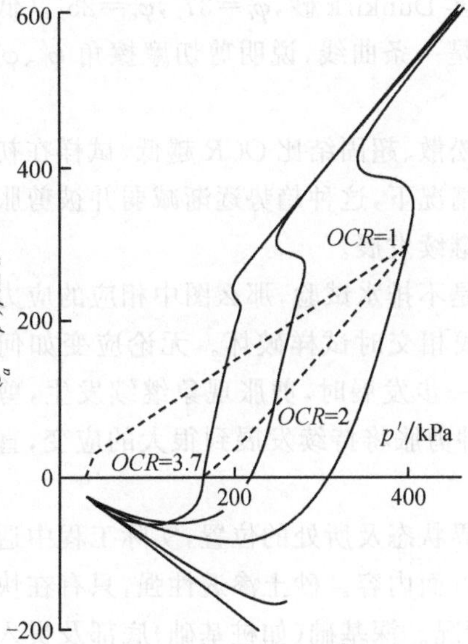

图 4.12　松散 Ham River 砂的有效应力路径(Kuwano,1998)

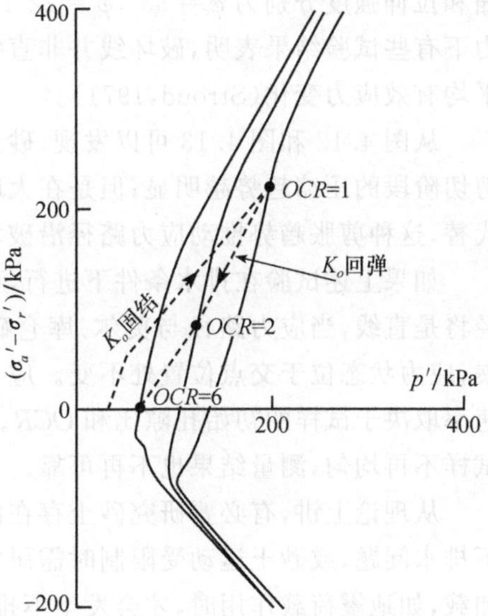

图 4.13　密实 Dunkirk 砂的有效应力路径(Kuwano,1998)

从图 4.12Ham River 砂的试验结果可以得出以下结论:超固结情况下,无论是压缩试验还是拉伸试验,应力路径总是先向左侧弯曲,说明试样有压缩趋势,孔隙水压力为正值(压缩);随着进一步加载,土样的压缩趋势逐渐减弱,继而出现剪胀趋势,产生了负孔隙水压力,应力路径弯向右侧。应力路径上从压缩转为剪胀的拐点称作"相转换点"。随着 *OCR* 增加,试样的初始压缩趋势减弱,剪胀趋势增加。

对密实的 Dunkirk 砂,如图 4.13 所示,仅在 *OCR*＝1 和 *OCR*＝2 的拉伸试验

中才出现上述先压缩后剪胀的趋势,在超固结比较大的拉伸试验和所有压缩试验中,都只出现剪胀现象。

无论是松砂还是紧砂,大应变情况下压缩和拉伸试验趋于同一条破坏线。达到破坏线时,松砂和紧砂都表现出剪胀趋势,于是产生负孔隙水压力,使应力状态超出破坏线位置。这样试样承受越来越高的偏应力,不像黏土那样存在临界状态。通常满足下列条件之一时可终止试验:①孔隙水无法补充试样内出现的空洞;②试验设备达到了最大加载能力;③试样变得非常不均匀,无法测到可靠的应力、应变。可以猜测,高应力水平下砂土也有临界状态,但这只能通过特殊的高压试验仪实现,Coop(1990)提出的上述假设与高应力水平下只存在着唯一的初始压缩曲线是一致的。

无论是松砂还是紧砂,三轴压缩和三轴拉伸试验都可以定义破坏线,即图 4.12 和图 4.13 中通过应力坐标原点的直线($c'=0.0$)。对松散 Ham River 砂,压缩和拉伸强度分别为 $\varphi_c'=33°$,$\varphi_e'=22°$;对密实 Dunkirk 砂,$\varphi_c'=37°$,$\varphi_e'=25°$。低应力下有些试验结果表明,破坏线并非直线而是一条曲线,说明剪切摩擦角 φ_c'、φ_e' 随平均有效应力变化(Stroud,1971)。

从图 4.12 和图 4.13 可以发现,砂土越松散、超固结比 *OCR* 越低,试样在初始剪切阶段的压缩趋势越明显;但是在大应变情况下,这种趋势逐渐减弱并被剪胀所代替,这种剪胀趋势推动应力路径沿破坏线继续发展。

如果上述试验在排水条件下进行,而不是不排水试验,那么图中相应的应力路径将是直线,当应力路径与莫尔-库仑破坏线相交时试样破坏。无论应变如何发展,应力状态位于交点位置处不变。应变进一步发展时,剪胀现象继续发生,剪胀速率取决于试样的初始孔隙比和 *OCR*。这种剪胀将持续发展到很大的应变,直到试样不再均匀,测量结果也不再可靠。

从理论上讲,有必要研究砂土存在的临界状态及所处的位置,实际工程中遇到不排水问题,或砂土运动受限制时需研究这方面内容。砂土渗透性强,只有在快速加载,如地震荷载作用时,才会发生不排水情况。深基础(如桩基础)底部及贯入问题中(如分析圆锥贯入仪的结果时)会发生砂土运动受限制的情况。大多数岩土结构如浅基础和挡土墙中,砂土往往处于排水状态,破坏时产生的体积变化对承载力影响不大,这时候只有破坏线的倾角(即 φ')非常重要,《岩土工程有限元分析:应用》讨论边界值问题时将对这个问题作进一步分析。

图 4.14(a)和图 4.14(b)是三轴压缩和三轴拉伸试验中松散 Ham River 砂的割线杨氏模量 E_u 随轴应变($\varepsilon_a-\varepsilon_{ao}$)的变化情况。图 4.15(a)和图 4.15(b)是密实 Dunkirk 砂的情况。这些图中的曲线与图 4.4 中 Pentre 黏土的变化趋势类似。

图 4.16 为应力水平对砂土刚度的影响,图中数据是松散 Ham River 砂的三组 K_o 固结扭剪试验结果,三组试验的唯一区别是有效固结应力不同。试验结果

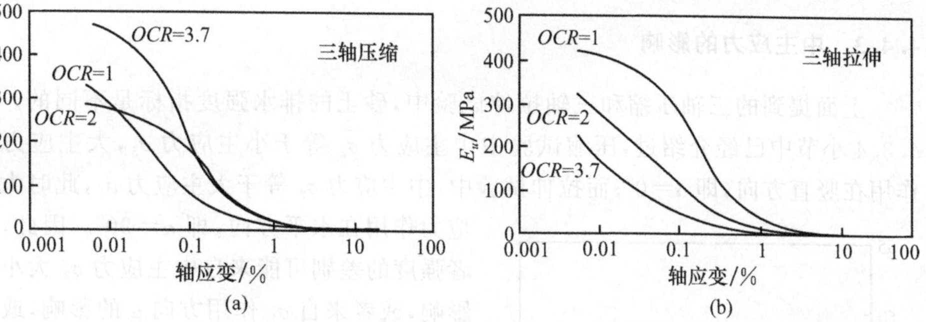

图 4.14　松散 Ham River 砂的不排水杨氏模量(Kuwano,1998)

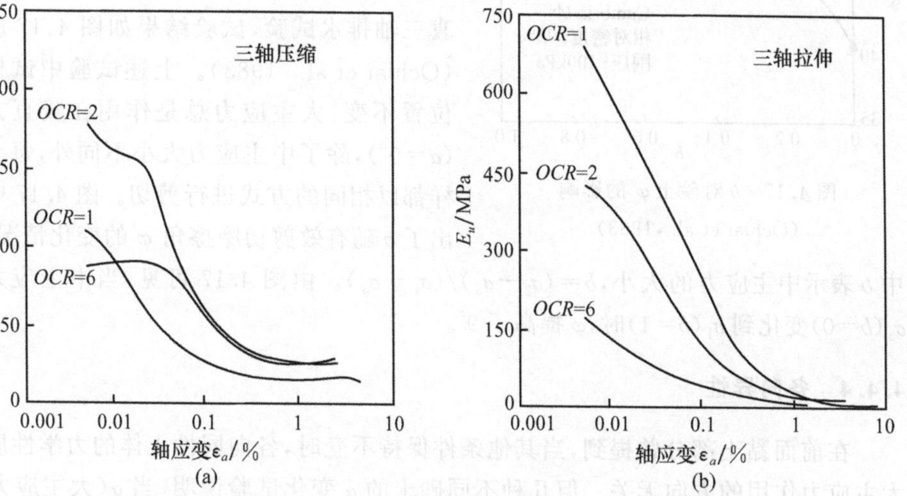

图 4.15　密实 Dunkirk 砂的不排水杨氏模量(Kuwano,1998)

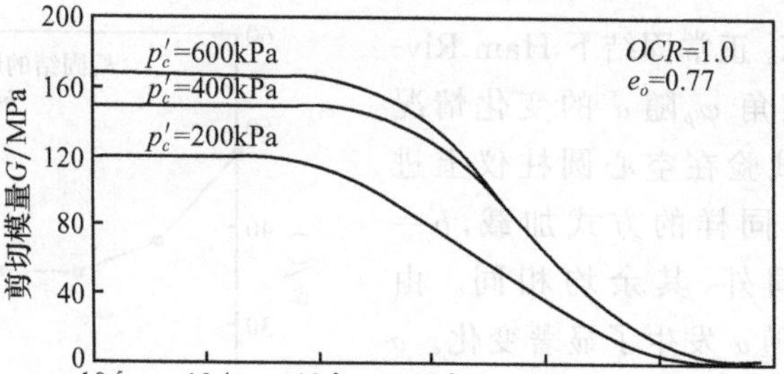

图 4.16　应力水平对砂土刚度的影响(Porovic et al.,1994)

表明,砂土刚度与应力水平之间存在非线性关系,更多的试验分析可参阅文献 Porovic 等(1994)。

4.4.3 中主应力的影响

上面提到的三轴压缩和三轴拉伸试验中,砂土的排水强度指标是不同的。在4.3.4小节中已经介绍过,压缩试验中中主应力 σ_2 等于小主应力 σ_3,大主应力 σ_1 作用在竖直方向,即 $\alpha=0°$;而拉伸试验中,中主应力 σ_2 等于大主应力 σ_1,此时大主应力作用在水平方向,即 $\alpha=90°$。因此,两者强度的差别可能来自中主应力 σ_2 大小的影响,或者来自 σ_1 作用方向 α 的影响,或是来自两者的共同影响。为了研究中主应力的影响,对密实 Cumbria 砂进行等向固结真三轴排水试验,试验结果如图 4.17 所示(Ochiai et al.,1983)。上述试验中试样的位置不变,大主应力总是作用在竖直方向($\alpha=0°$),除了中主应力大小不同外,每个试样都以相同的方式进行剪切。图 4.17 中绘出了 b 随有效剪切摩擦角 φ' 的变化情况,其中 b 表示中主应力的大小,$b=(\sigma_2-\sigma_3)/(\sigma_1-\sigma_3)$。由图 4.17 可见,当中主应力由 $\sigma_3(b=0)$ 变化到 $\sigma_1(b=1)$ 时,φ' 提高了 9°。

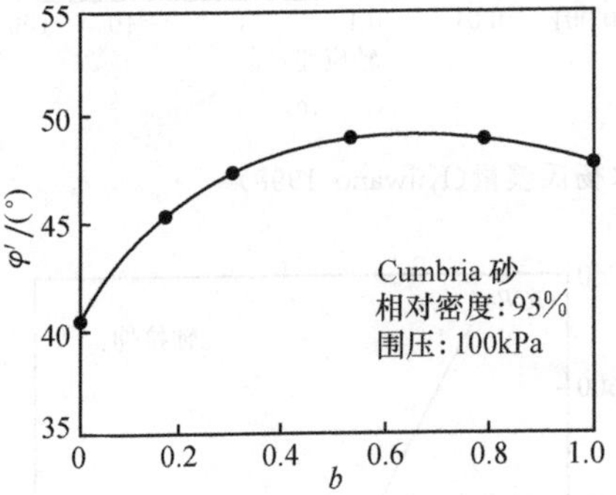

图 4.17 b 对砂土 φ' 的影响

(Ochiai et al.,1983)

4.4.4 各向异性

在前面黏土部分曾提到,当其他条件保持不变时,各向同性土体的力学性质与大主应力作用的方向无关。但几种不同砂土的 α 变化试验说明,当 α(大主应力 σ_1 与土体沉积方向之间的夹角)改变时,土体的力学性质也随之变化,这说明砂土有一定的各向异性。

图 4.18 为 K_o 正常固结下 Ham River 砂的峰值摩擦角 φ'_p 随 α 的变化情况(Hight,1998),试验在空心圆柱仪上进行。所有试验以同样的方式加载,$b=0.3$,除了 α 不同外,其余均相同。由图 4.18 可见,φ'_p 随 α 发生了显著变化。α 有如此大的影响说明砂土有很强的各向异性,远大于黏土。

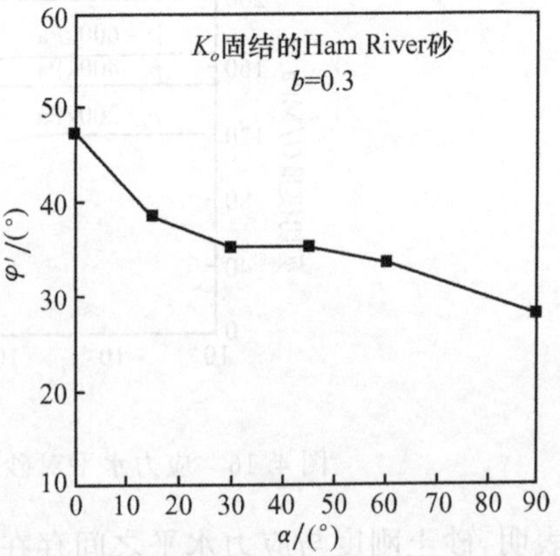

图 4.18 α 对砂土 φ' 的影响(Hight,1998)

砂土刚度也有很明显的各向异性。Kohata 等(1997)对从砂土到砾石的很多棱柱形试样进行了研究,结果如图 4.19

所示。每一类土的试样先在不同竖向与水平向有效应力比(σ_v'/σ_h')下正常固结；然后同时在试样的竖向和水平向施加较少次数的循环荷载，以计算小应变下的 E_v' 和 E_h'。图 4.19 是三种砂，即 Toyoura 砂、SLB 砂和 Ticino 砂的 E_v'/E_h' 与 σ_v'/σ_h' 的关系图。如果试样是各向同性的，则 $E_v'/E_h'=1$，试验数据偏离这个值越大，说明各向异性越强。

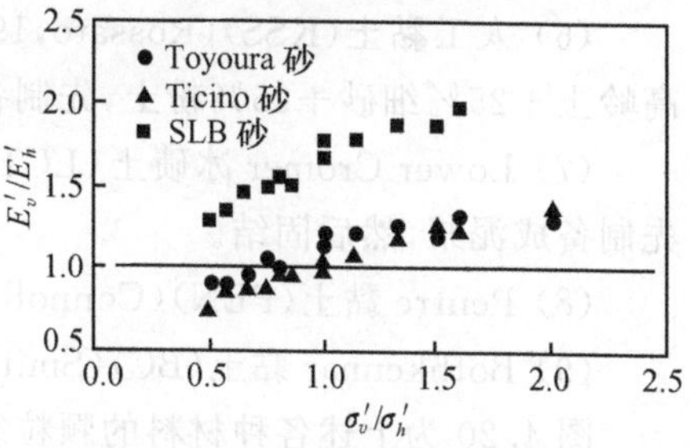

图 4.19　砂土刚度的各向异性
(Kohata et al.,1997)

三种砂的试验结果还表明，各向异性程度随 σ_v'/σ_h' 变化，其中 SLB 砂的各向异性远远大于 Toyoura 砂和 Ticino 砂的。

4.4.5　大应变下的力学性质

在大应变条件下砂土的抗剪强度并不出现大幅衰减。就这方面来说，砂土的受力特性有别于大部分黏土的情况。

4.5　混合土的力学性质

尽管黏土和砂土的力学特点有许多共性，但它们的重要力学性质仍有区别。实际上很少有土体只含砂粒或只含黏粒，较普遍的情况是很多土体的粒径分布范围很大，其力学性质受颗粒成分的影响。本节将对这样一些土体的力学性质进行比较分析，从中找出主要控制因素。

4.5.1　沉积土比较

本节对下列 9 种沉积土的力学性质进行比较：

(1) Ham River 砂(HRS)(Kuwano,1998)。该砂为石英砂，制备成初始孔隙比 $e_o=0.8$ 的松砂试样。

(2) Dunkirk 砂(DKS)(Kuwano,1998)。该石英砂含有约 10%的钙质贝壳残片，制备成初始孔隙比 $e_o=0.65$ 的紧砂试样。

(3) HRS+10%(按重量计)的高岭土(HK)(Georgiannou,1988)。制备初始孔隙比 $e_o=0.8$ 的松散试样。

(4) 硅质粉土(HPF4)(Ovando-Shelley,1986)。由纯石英组成的棱角状粉土，制备成初始孔隙比 $e_o=0.95$ 的松散试样。

(5) 硅质粉土(HPF4)(Zdravković,1996)。与上述粉土相同，但制成密实试样，初始孔隙比 $e_o=0.65$。

(6) 人工黏土(KSS)(Rossato,1992)。材料的配比(按重量百分比计)为50%高岭土+25%细砂+25%粉土,先制备成泥浆,然后固结。

(7) Lower Cromer 冰碛土(LCT)(Gens,1982)。一种重塑的低塑性冰碛土,先制备成泥浆,然后固结。

(8) Pentre 黏土(PEN)(Connolly,1999)。一种天然粉质黏土。

(9) Bothkennar 黏土(BC)(Smith,1992)。一种天然高塑性黏土。

图 4.20 为上述各种材料的颗粒级配曲线比较图。上述试样都在室内标准三轴试验装置(Bishop et al.,1975)中进行试验。试验时土样先在 K_0 条件下固结,然后按不同的 OCR 以 K_0 条件卸载,最后在不排水压缩或拉伸情况下进行剪切。这些试验涵括了工程中典型的应力变化情况。

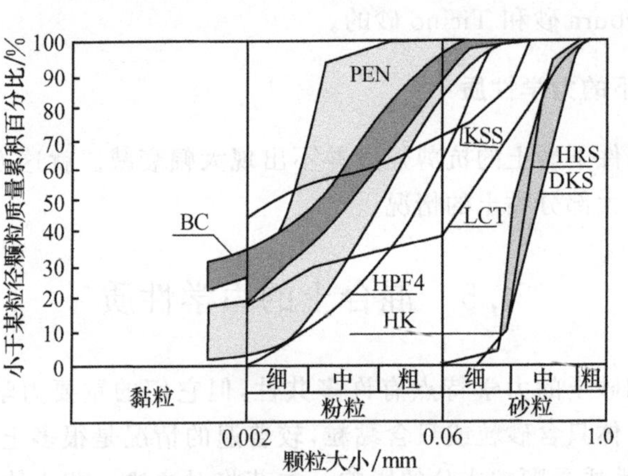

图 4.20　不同土体颗粒级配曲线

图 4.21 比较了上述几种土体在 K_0 条件下的压缩性。图中可以明显地看到,

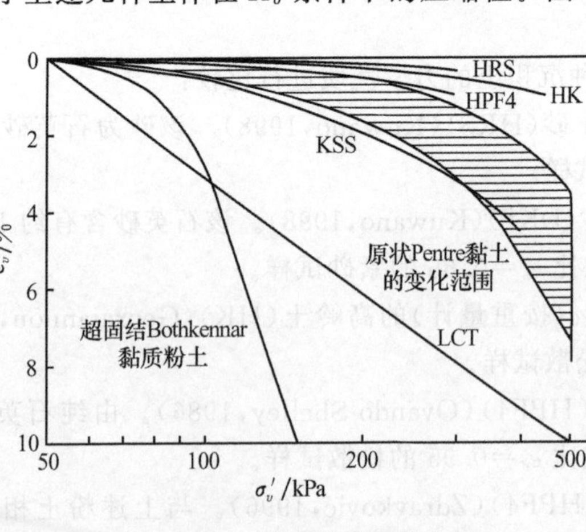

图 4.21　不同土体压缩性比较

砂土的压缩性最低，土体压缩性随黏粒含量增加而增加。对既含黏粒又含粉粒的 Pentre 黏土，图 4.21 中给出的是体积变化范围，具体情况由试样是偏粉土还是偏黏土决定，或取决于土体的宏观结构是成层状还是流纹状。为了强调黏粒含量对土体压缩性的影响，图 4.22 比较了 HRS(0%高岭土)、HK(10%高岭土)、KSS(50%高岭土)以及高岭土(100%高岭土)的情况。

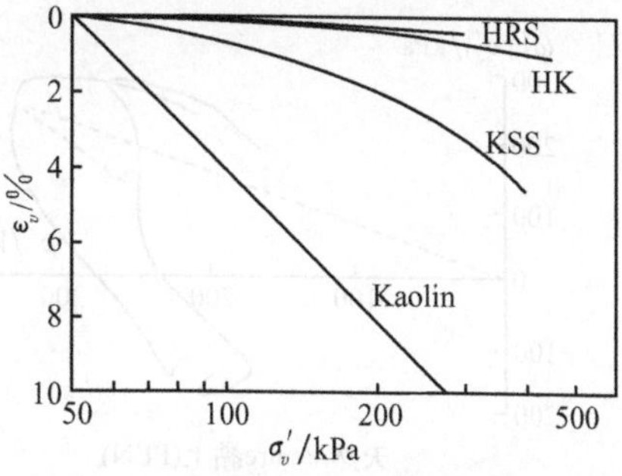

图 4.22　黏粒含量对土体压缩性的影响

图 4.23 给出了上述 8 种土的三轴不排水压缩和拉伸试验有效应力路径，及试样在 K_0 条件下固结到不同的超固结比 OCR 的过程。LCT、KSS 和 Pentre 黏土

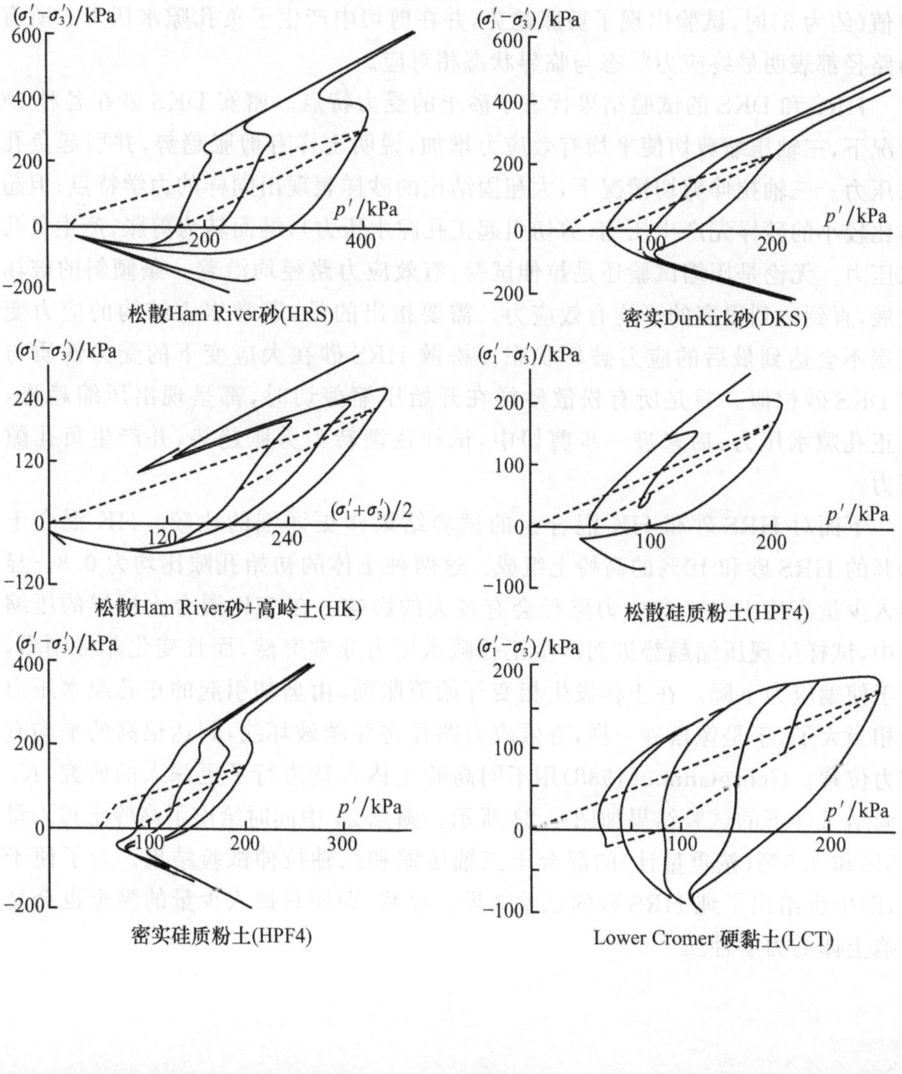

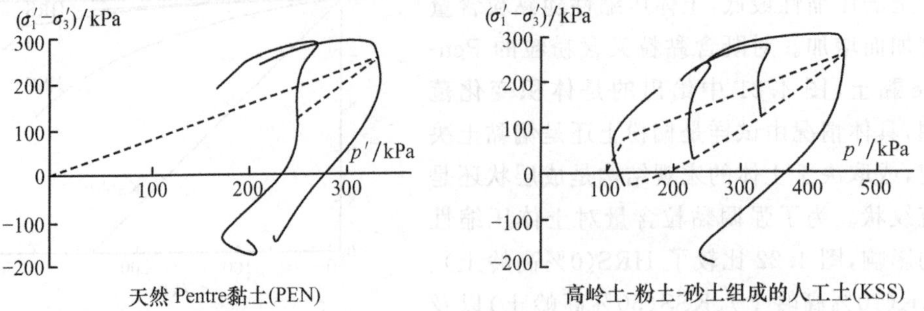

图 4.23　三轴不排水压缩和拉伸试验中不同土体的有效应力路径

表现出典型的黏土受力特征。正常固结试样的应力路径均表现出压缩趋势,说明剪切引起了正孔隙水压力。随着 *OCR* 的增加,土样压缩趋势减弱,当 *OCR* 超过临界值(约为 3)时,试验出现了剪胀趋势,并在剪切中产生了负孔隙水压力。所有应力路径都表明最终应力状态与临界状态相对应。

HRS 和 DKS 的试验结果代表了砂土的受力特点。密实 DKS 砂在各种 *OCR* 情况下,三轴压缩剪切使平均有效应力增加,说明土样有剪胀趋势,并引起负孔隙水压力。三轴拉伸剪切情况下,大超固结比的砂样表现出同样的力学特点;但超固结比较小的砂样先产生压缩(剪切引起正孔隙水压力),继而转为剪胀,产生负孔隙水压力。无论是压缩试验还是拉伸试验,有效应力路径均沿着一条倾斜的破坏线发展,直到达到很高的平均有效应力。需要指出的是,通常岩土结构的应力变化范围不会达到最后的应力破坏状态。松散 HRS 砂在大应变下的受力性质与密实 DKS 砂相似。只是所有松散砂样在开始压缩剪切时,都呈现出压缩趋势,产生正孔隙水压力;后来进一步剪切中,试样逐渐转为剪胀趋势,并产生负孔隙水压力。

下面对 HRS 砂和 HK 混合土的试验结果作更详细的比较。HK 混合土由 90%的 HRS 砂和 10%的高岭土组成。这两种土体的初始孔隙比均为 0.8。显然掺入少量高岭土对土样应力路径会有较大的影响。在 HK 混合土试样的压缩试验中,试样呈现压缩趋势进而产生正孔隙水压力非常突然,而且变化非常剧烈,以至于使偏应力下降。在土样发生相变开始剪胀前,由剪切引起的正孔隙水压力已经相当大了,于是像松砂一样,有效应力路径将穿越破坏线,到达很高的平均有效应力位置。Georgiannou(1988)用不同高岭土掺入量进行了更深入的研究,K_0 正常固结条件下的试验结果如图 4.24 所示。图 4.24 中同时给出了高岭土掺入量为 7.5%和 3.5%(按重量计)的混合土三轴压缩和三轴拉伸试验结果。为了便于比较,图中也给出了纯 HRS 砂的试验结果。显然,即便只掺入少量的黏土也会显著影响土体的力学性质。

比较粉土 HPF4 和其他土体的力学性质时可以发现，粉土具有砂土的一般特征。松散 HPF4 粉土与松散 HRS 砂的力学特征相似，密实 HPF4 粉土与密实 DKS 砂的表现一致。压缩时，密实 HPF4 粉土表现出较强的剪胀趋势，但无论是压缩还是拉伸，都不会达到峰值或临界状态；拉伸时，它表现出较强的收缩趋势，在到达相变点之前，平均有效应力已下降 50%左右。与紧砂的情况相似，密实 HPF4 粉土与大多数黏土相比对应力历史的“记忆”较差。因此，在超固结状态下，HDP4 粉土的屈服特征没有正常固结土明显。

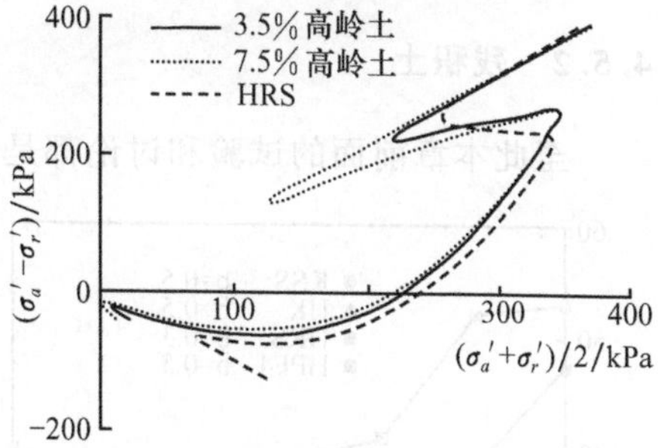

图 4.24　黏土含量对有效应力路径的影响(Georgiannou，1988)

Zdravković(1996)对密实 HPF4 粉土进行了复杂的空心圆柱试验，这些试验可以确定粉土刚度的各向异性。图 4.25 是 K_o 条件下超固结比为 1.3 的粉土试验结果，图 4.25 中给出了竖直方向杨氏模量(E_v')、水平方向杨氏模量(E_h')及剪切模量 G_{vh} 随偏应变 E_d 的变化关系。E_v'和 E_h'之间的显著差别说明粉土有很强的各向异性，与本章前几节介绍的大多数土一样，粉土刚度随着应变的增加而降低。

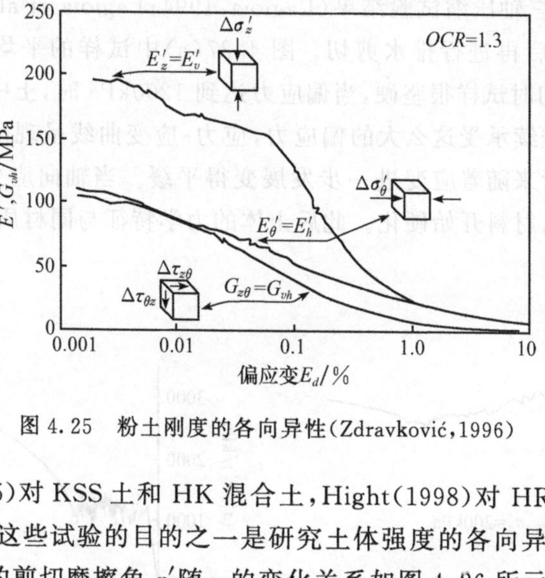

图 4.25　粉土刚度的各向异性(Zdravković，1996)

Menkiti(1995)对 KSS 土和 HK 混合土，Hight(1998)对 HRS 砂也进行了空心圆柱试验研究，这些试验的目的之一是研究土体强度的各向异性。上述土体和密实 HPF4 粉土的剪切摩擦角 φ'随 α 的变化关系如图 4.26 所示。试验中中主应力 σ_2 介于 σ_1 和 σ_3 之间。试验结果表明，φ'会受 α 的影响，因此土体有各向异性。试验结果还显示，随着土中黏粒含量的增加，各向异性程度有所降低。例如，HRS 砂的 φ'变化范围远大于 KSS 土的。

4.5.2　残积土

至此本章前面的试验和讨论都是针对沉积土的，这种土从本质上讲是母岩风化产生的碎屑经风或水搬运而在其他地方沉积形成的。与之不同的是，残积土是母岩风化后在原位沉积形成的。原来的母岩往往非常坚硬，有一定的黏结结构，因此有很高的凝聚力。风化作用减少了黏结结构并降低了黏结强度。由于风化作用不均匀，残积土的凝聚力变化范围很大。显然，土体的这种黏结结构将影响其力学性质。残积土的特征变化较大，很难准确描述出黏结的影响。于是，有学者尝试对人工制备的黏结土体进行试验研究，如 Maccarini(1987)及 Bressani(1990)。

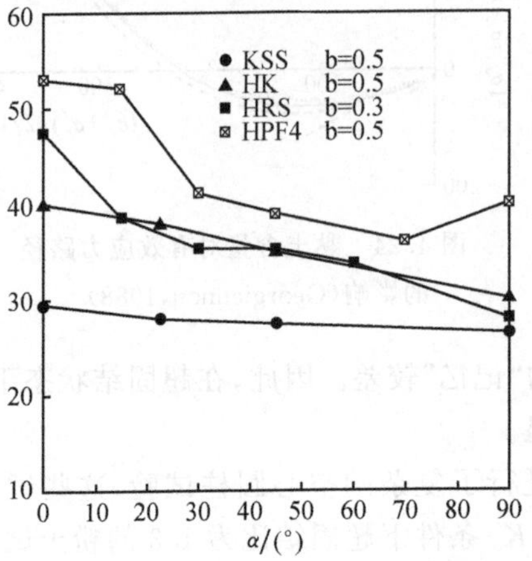

图 4.26　部分土体 φ'随 α 的变化情况

作为残积土受力特性的一个例证，图 4.27 给出了 Gravina di Puglia 火山灰屑岩残积土的两个三轴压缩试验结果(Lagioia,1994;Lagioia et al.,1995)。两个试样都是等向固结后再进行排水剪切。图 4.27(a)中试样的平均有效固结应力为 200kPa，开始剪切时试样很坚硬，当偏应力达到 1200kPa 时，土中黏结结构开始破坏，试样无法再继续承受这么大的偏应力，应力-应变曲线呈现出软化趋势。最初软化非常厉害，后来随着应变进一步发展变得平缓。当轴向应变超过 15%后，随着偏应力的增加，材料开始硬化。此后土体的力学特征与同材质的散体试样类似。

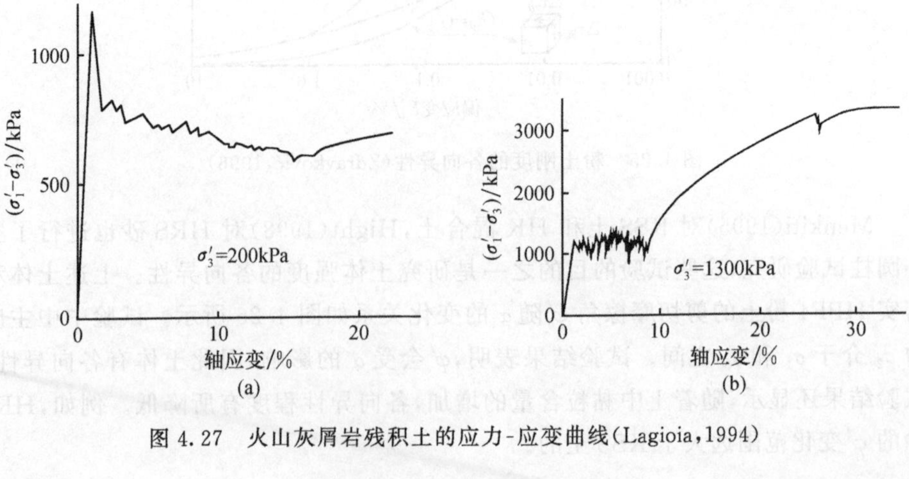

图 4.27　火山灰屑岩残积土的应力-应变曲线(Lagioia,1994)

图 4.27(b)是类似试样在平均有效固结应力 1300kPa 下等向固结后剪切的结果，土体的反应与上面截然不同。开始时试样也很硬；偏应力达到 1200kPa 左右时，土体中的黏结作用逐渐降低，但偏应力没有下降而是保持不变，这种情况一直持续到轴向应变为 10%左右，然后材料开始硬化，与散体试样受力特征相似。在轴向应变达到 10%以前，应力-应变曲线的锯齿形波动反映了土中黏结结构被削弱的非稳态过程，很明显，此过程中土体的受力特点取决于平均应力水平。

这两个试验中土体的黏结结构削弱前，即偏应力达到 1200kPa 前，应力、应变基本上呈线性关系。仔细研究这一部分的加载曲线可知，这一范围内土体基本上为各向同性线弹性。

4.5.3 残余强度

在 4.3.6 小节中曾提到，当黏土剪切到很大应变时，抗剪强度将从峰值强度降低到残余强度。对剪切摩擦角 φ 而言，黏土的残余强度仅为峰值的一半是正常现象。但大应变时砂土强度不会出现大幅度的降低。如果土中既含黏粒又含砂粒，则残余摩擦角的变化取决于土中的黏粒含量，图 4.28(a)对此作了充分的解释，图 4.28 中显示了几种土体残余摩擦角 φ_r' 随黏粒含量（以体积含量百分比计）的变化情况。黏粒含量较低（小于 20%）时，φ_r' 较高，接近峰值摩擦角；如果黏粒含量超过 40%，φ_r' 则相对较低，远小于峰值；当黏粒含量介于 20%和 40%时，φ_r' 对黏粒含量很敏感。

图 4.28(b)进一步给出了 φ_r' 随塑性指数 I_p 的变化关系，塑性指数的大小反映了土中黏粒的含量，因此该图的变化趋势与图 4.28(a)的一致。

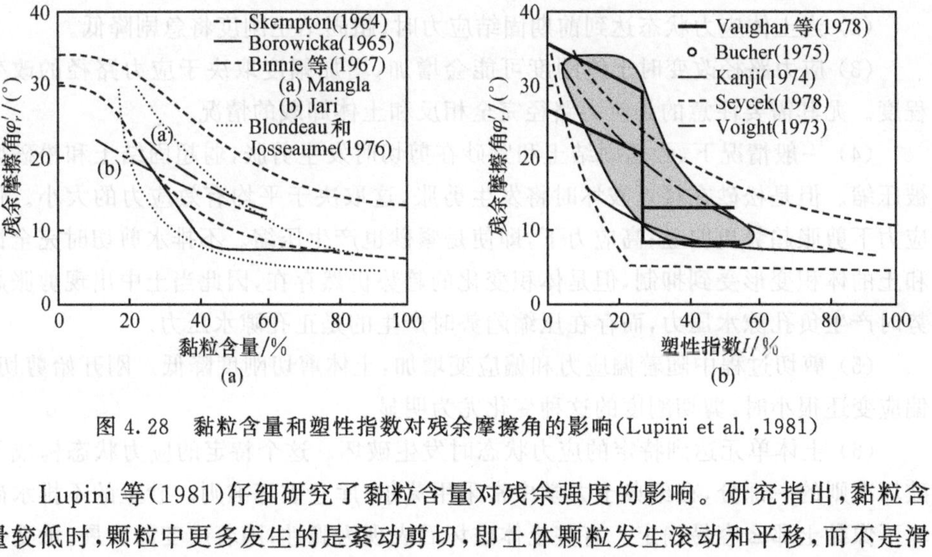

图 4.28 黏粒含量和塑性指数对残余摩擦角的影响(Lupini et al.，1981)

Lupini 等(1981)仔细研究了黏粒含量对残余强度的影响。研究指出，黏粒含量较低时，颗粒中更多发生的是紊动剪切，即土体颗粒发生滚动和平移，而不是滑移剪切;相反,黏粒含量很高时,剪切主要表现为黏土颗粒间的错动滑移,而且随着应变的发展,黏土颗粒呈定向排列,正是这种滑移和土颗粒定向排列导致了较低的残余强度。

4.6 评 论

理论上讲,任何本构模型都应该能够模拟上述土体的各种力学特性,但目前只有高等模型才能做到。在后面第 8 章中将对这些模型进行讨论,要知道,尽管这些模型可以准确地描述土体的力学性质,它们需要输入很多的参数,有些输入参数很难由常规的现场测试或室内试验获得。因此,实际应用时需要综合考虑、权衡利弊,是选用高等本构模型,用特殊的室内试验确定所需参数,还是选用简单的模型,虽然不能完全模拟土体的各种力学行为,但参数却容易从现有的试验中获得。通常权衡的结果是选用较简单的本构模型,这时要注意,该模型应该能反映要研究的主要问题,这一点非常重要。例如,土坡稳定和挡土墙设计这类稳定计算中,正确反映土体强度特征非常重要。如果关心的是位移,如估算多支撑基坑开挖中的位移情况,那么准确描述土体刚度就至关重要了。

4.7 小 结

通过前面的讨论,将土体的一些重要力学性质总结如下:

(1) 当土体颗粒挤压密实时,即增加平均有效应力 p' 且/或减小孔隙比时,无论是土体单元的体积模量还是剪切模量都将随之增加。

(2) 当土体应力状态达到前期固结应力时,超固结土刚度将急剧降低。

(3) 应力路径改变时土体刚度可能会增加,增加幅度取决于应力路径的改变程度。尤其需要注意的是应力路径完全相反和土体卸载的情况。

(4) 一般情况下,强超固结土和紧砂在剪切时发生剪胀,弱超固结土和松砂则被压缩。但是松砂在接近破坏时将发生剪胀,这取决于平均有效应力的大小。低应力下剪胀趋势更明显;高应力下,即使是紧砂也产生压缩。不排水剪切时完全饱和土的体积变形受到抑制,但是体积变化的趋势仍然存在,因此当土中出现剪胀趋势时产生负孔隙水压力,而存在压缩趋势时产生的是正孔隙水压力。

(5) 剪切过程中随着偏应力和偏应变增加,土体剪切刚度降低。刚开始剪切、偏应变还很小时,剪切刚度的这种变化尤为明显。

(6) 土体单元达到特定的应力状态时发生破坏。这个特定的应力状态构成了破坏准则的一部分,在经典土力学中常采用莫尔-库仑破坏准则。砂土的不排水破坏不像黏土那么容易确定。有些土体破坏后表现为脆性,随着应变的发展,承受偏应力的能力降低。

(7) 许多天然土体的粒径变化范围很大,它们的力学性质取决于颗粒组成情况。即使很少的黏粒含量也会对砂土的力学性质产生很大影响。

(8) 大多数土体都表现出各向异性的特征。

第5章 弹性本构模型

5.1 引　　言

第2章介绍有限元基本理论时，假设土体为各向同性线弹性材料。本章及后面的第6～8章将介绍土体的其他一些模型。这里先介绍应力不变量的概念，接着重点介绍弹性本构模型。出于完整性考虑，各向同性和各向异性的线弹性本构模型都作了一定的介绍，此外还介绍了材料参数随应力和/或应变水平变化的非线性弹性模型。

5.2 概　　述

第2章有限元基本理论中假设材料为线弹性，第4章中土体的实际力学性质表明此假设对土体不适用。要准确分析岩土工程问题，需要用更复杂的本构模型。

本章和第6～8章介绍目前用得较多的描述土体受力特性的一些模型。为了有助于研究各向同性土体的力学特性，先介绍应力和应变不变量。本章后几节主要介绍一些弹性模型，尽管这些模型应用有限，但对提高本构模型的整体认识大有益处。为了叙述的完整性，本章不仅介绍各向同性线弹性模型，还介绍各向异性线弹性矩阵，及材料参数随应力和/或应变水平变化的非线性弹性模型。

弹-塑性本构模型将在第6～8章介绍，第9章将有限元基本理论拓展用于非线性本构模型。上述各种本构模型在实际岩土工程中的具体应用将在《岩土工程有限元分析：应用》中介绍。

5.3 不　变　量

应力向量各分量（如 σ_x、σ_y、σ_z、τ_{xy}、τ_{xz}、τ_{yz}）的大小取决于坐标轴的方向，如图5.1所示。但是不管坐标轴如何选择，主应力（σ_1、σ_2 和 σ_3）总是作用在同一平面上，而且大小相等，对坐标轴而言，它们是不变量。因此，应力状态可以用已知坐标轴中的六个应力分量描述，也可以用主应力及其作用的三个主平面的方向描述。无论哪种情况，都需要六个互相独立的分量。

各向同性材料各个方向上的性质相同，为方便起见，可以用应力的一部分向量

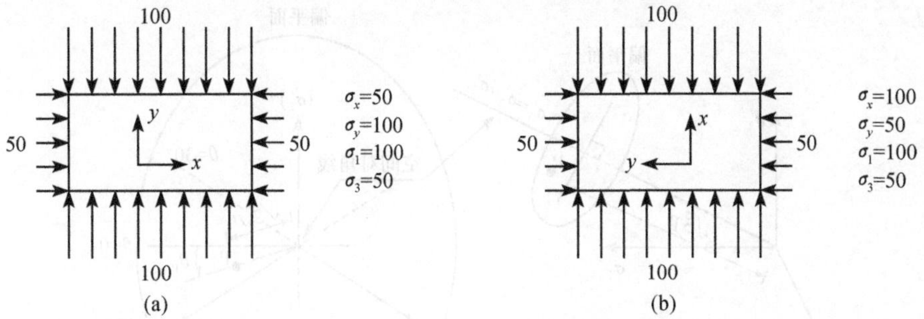

图 5.1　坐标轴变化对应力分量大小的影响

代替需要确定的六个独立分量。例如，若仅对材料的最大和最小正应力感兴趣，只需要知道主应力值 σ_1 和 σ_3；另外，若仅对总应力值感兴趣，则需要知道三个主应力大小，并不需要知道作用方向。岩土工程中为了方便计算，常将有效主应力组合成应力不变量，常用的应力不变量如下：

平均有效应力

$$p' = \frac{1}{3}(\sigma'_1 + \sigma'_2 + \sigma'_3) \tag{5.1}$$

偏应力

$$J = \frac{1}{\sqrt{6}}\sqrt{(\sigma'_1 - \sigma'_2)^2 + (\sigma'_2 - \sigma'_3)^2 + (\sigma'_3 - \sigma'_1)^2} \tag{5.2}$$

洛德角

$$\theta = \arctan\left[\frac{1}{\sqrt{3}}\left(2\,\frac{(\sigma'_2 - \sigma'_3)}{(\sigma'_1 - \sigma'_3)} - 1\right)\right] \tag{5.3}$$

以上不变量不是随意选择的，它们在有效主应力空间有明确的几何意义。p' 是有效主应力空间中当前偏应力平面沿空间应力对角线（$\sigma_1 = \sigma_2 = \sigma_3$）到原点的距离，偏应力平面是垂直于空间对角线的任意平面；J 的大小表示偏应力平面上当前应力状态到空间对角线的距离；θ 定义了当前应力状态在偏平面上的位置。例如，P 点（$\sigma'^{P}_1, \sigma'^{P}_2, \sigma'^{P}_3$）应力状态对应的应力不变量为 p'^{P}、J^{P}、θ^{P}，如图 5.2 所示。P 点所在的偏平面到原点的距离为$\sqrt{3}p'^{P}$，如图 5.2(a)所示；偏平面上 P 点到空间对角线的距离为$\sqrt{2}J^{P}$，P 点在该平面内的位置用 θ^{P} 表示，如图 5.2(b)所示。图中，$(\sigma'_1)^{pr}$、$(\sigma'_2)^{pr}$和$(\sigma'_3)^{pr}$表示主应力轴在偏应力平面上的投影。因为 $\sigma'^{P}_1 \geqslant \sigma'^{P}_2 \geqslant \sigma'^{P}_3$，P 点位置限制在 $\theta = -30°$ 和 $\theta = +30°$ 两条直线之间。这两条直线分别对应三轴压缩（$\sigma'^{P}_1 \geqslant \sigma'^{P}_2 = \sigma'^{P}_3$）和三轴拉伸（$\sigma'^{P}_1 = \sigma'^{P}_2 \geqslant \sigma'^{P}_3$）的情况。

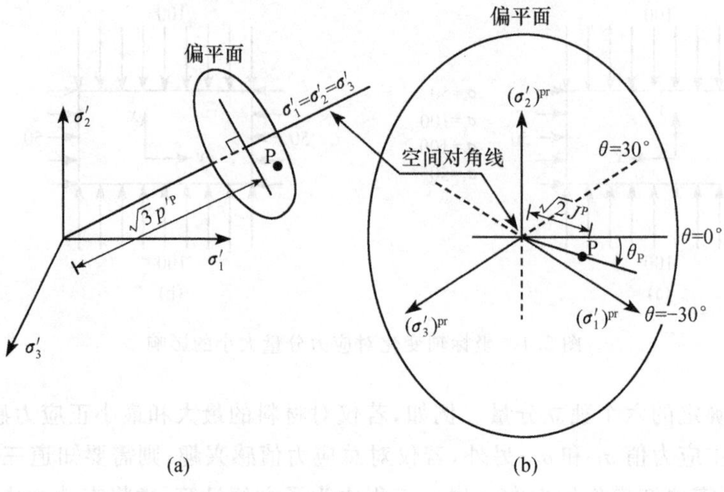

图 5.2　主应力空间中的不变量

主应力可以用这些不变量表示为

$$\begin{Bmatrix}\sigma_1'\\\sigma_2'\\\sigma_3'\end{Bmatrix}=p'\begin{Bmatrix}1\\1\\1\end{Bmatrix}+\frac{2}{\sqrt{3}}J\begin{Bmatrix}\sin\left(\theta+\dfrac{2\pi}{3}\right)\\\sin\theta\\\sin\left(\theta-\dfrac{2\pi}{3}\right)\end{Bmatrix}\tag{5.4}$$

以上方法同样适用于总应变($\varepsilon_x,\varepsilon_y,\varepsilon_z,\gamma_{xy},\gamma_{xz},\gamma_{yz}$)和主应变($\varepsilon_1,\varepsilon_2,\varepsilon_3$)，也可用来描述应变增量($\Delta\varepsilon_x,\Delta\varepsilon_y,\Delta\varepsilon_z,\Delta\gamma_{xy},\Delta\gamma_{xz},\Delta\gamma_{yz}$)。对岩土工程来说，通常只用到两个应变不变量，即：

体积应变增量

$$\Delta\varepsilon_v=\Delta\varepsilon_1+\Delta\varepsilon_2+\Delta\varepsilon_3\tag{5.5}$$

偏应变增量

$$\Delta E_d=\frac{2}{\sqrt{6}}\sqrt{(\Delta\varepsilon_1-\Delta\varepsilon_2)^2+(\Delta\varepsilon_2-\Delta\varepsilon_3)^2+(\Delta\varepsilon_3-\Delta\varepsilon_1)^2}\tag{5.6}$$

不变量的选择依据功率增量方程 $\Delta W=\{\boldsymbol{\sigma}'\}^{\mathrm{T}}\{\Delta\boldsymbol{\varepsilon}\}=p'\Delta\varepsilon_v+J\Delta E_d$。于是得到总应变不变量：$\varepsilon_v=\int\Delta\varepsilon_v, E_d=\int\Delta E_d$。用总主应变代替增量主应变时，总体积应变 ε_v 也可由式(5.5)计算出。表面上看，似乎也可以用总主应变代替增量主应变，并由式(5.6)计算 E_d，但实际上行不通。图 5.3(a)对原因作了解释，图中给出了主应变空间中的部分偏平面。在 a 点，土体单元不产生任何偏应变，$E_d^a=0$；施加一定的荷载后，应变状态移到 b 点，这时偏应变增量为 ΔE_d^b，总偏应变 $E_d^b=$

ΔE_d^b。进一步增加荷载，并使应变路径方向发生改变，应变状态移到 c 点，产生的偏应变增量为 ΔE_d^c。此时总偏应变为 $E_d^c = \Delta E_d^b + \Delta E_d^c$，可以用图 5.3(a)中 abc 路径的长度表示。如果用类似于式(5.6)的方法，计算 c 点对应的累积主应变，则得到的是 ac 路径的长度，无法得到式(5.6)定义的累积偏应变增量。只有当 ΔE_d^b 和 ΔE_d^c 在偏平面上方向一致时，路径 abc 和 ac 才是一样的，如图 5.3(b)所示。显然，只有在加载过程中应变路径保持为直线时才是这种情况。实际上，这种情况一般不存在，当然也不排除在某些土力学试验中会出现这样的情况。

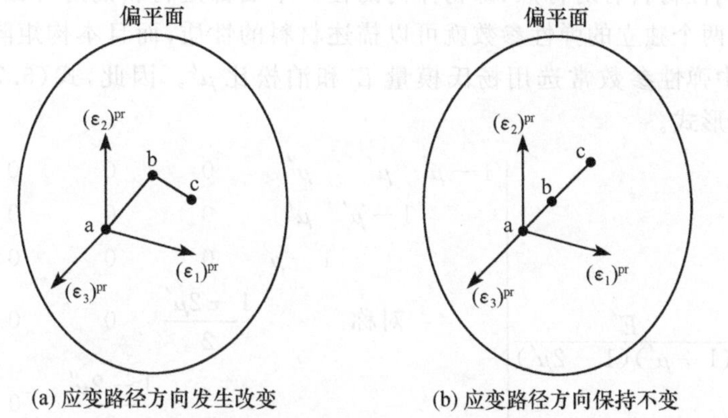

图 5.3　偏应变平面内的应变路径方向

同理可知，如果用主应力增量代替总的主应力，但仍用式(5.2)计算 ΔJ，则 $J \neq \int \Delta J$。

为了应用方便，也可以定义其他的应力和应变不变量，这些将在第 8 章中讨论。

5.4　弹性特性

弹性理论最基本的假定是主应力增量方向和主应变增量方向一致，这个假定适用于这里介绍的所有弹性本构模型。描述总应力增量和总应变增量的本构关系为

$$\begin{Bmatrix} \Delta\sigma_x \\ \Delta\sigma_y \\ \Delta\sigma_z \\ \Delta\tau_{xz} \\ \Delta\tau_{yz} \\ \Delta\tau_{xy} \end{Bmatrix} = \begin{bmatrix} D_{11} & D_{12} & D_{13} & D_{14} & D_{15} & D_{16} \\ D_{21} & D_{22} & D_{23} & D_{24} & D_{25} & D_{26} \\ D_{31} & D_{32} & D_{33} & D_{34} & D_{35} & D_{36} \\ D_{41} & D_{42} & D_{43} & D_{44} & D_{45} & D_{46} \\ D_{51} & D_{52} & D_{53} & D_{54} & D_{55} & D_{56} \\ D_{61} & D_{62} & D_{63} & D_{64} & D_{65} & D_{66} \end{bmatrix} \begin{Bmatrix} \Delta\varepsilon_x \\ \Delta\varepsilon_y \\ \Delta\varepsilon_z \\ \Delta\gamma_{xz} \\ \Delta\gamma_{yz} \\ \Delta\gamma_{xy} \end{Bmatrix} \tag{5.7}$$

在 3.4 节中讲到，总应力矩阵[$\boldsymbol{D}$]可以分解为有效应力矩阵[$\boldsymbol{D}'$]和孔隙水压

力矩阵$[\boldsymbol{D}_f]$。于是本构关系可以用$[\boldsymbol{D}]$或$[\boldsymbol{D}']$定义。

弹性模型有多种形式:有些假定土体为各向同性,也有些假定土体为各向异性;有些假定土体为线性弹性,也有的假设土体为非线性弹性,即参数与应力和/或应变水平相关。下面介绍岩土工程数值分析中常用的几种模型。

5.5 各向同性线弹性模型

各向同性材料有对称点,即物体内的任一平面都是材料的对称面。这种情况下,只需要两个独立的弹性参数就可以描述材料的性质,而且本构矩阵是对称的。结构工程中弹性参数常选用杨氏模量E'和泊松比μ'。因此,式(5.7)可以写成式(5.8)的形式。

$$\begin{Bmatrix}\Delta\sigma'_x\\ \Delta\sigma'_y\\ \Delta\sigma'_z\\ \Delta\tau_{xz}\\ \Delta\tau_{yz}\\ \Delta\tau_{xy}\end{Bmatrix}=\frac{E'}{(1+\mu')(1-2\mu')}\begin{bmatrix}1-\mu' & \mu' & \mu' & 0 & 0 & 0\\ & 1-\mu' & \mu' & 0 & 0 & 0\\ & & 1-\mu' & 0 & 0 & 0\\ & \text{对称} & & \frac{1-2\mu'}{2} & 0 & 0\\ & & & & \frac{1-2\mu'}{2} & 0\\ & & & & & \frac{1-2\mu'}{2}\end{bmatrix}\begin{Bmatrix}\Delta\varepsilon_x\\ \Delta\varepsilon_y\\ \Delta\varepsilon_z\\ \Delta\gamma_{xz}\\ \Delta\gamma_{yz}\\ \Delta\gamma_{xy}\end{Bmatrix}\tag{5.8}$$

如果材料为线性弹性,则E'和μ'为常量,描述有效应力和有效应变关系的有效刚度矩阵与式(5.8)中的相同。该矩阵也可以表述总应力和总应变之间的关系,既可以是全量形式,也可以是增量形式,只是这时的杨氏模量和泊松比宜采用不排水时的参数,即E_u和μ_u。

从岩土工程角度考虑,常用弹性剪切模量G和有效体积模量K'描述土体的性质,则式(5.7)变为

$$\begin{Bmatrix}\Delta\sigma'_x\\ \Delta\sigma'_y\\ \Delta\sigma'_z\\ \Delta\tau_{xz}\\ \Delta\tau_{yz}\\ \Delta\tau_{xy}\end{Bmatrix}=\begin{bmatrix}K'+\frac{4}{3}G & K'-\frac{2}{3}G & K'-\frac{2}{3}G & 0 & 0 & 0\\ & K'+\frac{4}{3}G & K'-\frac{2}{3}G & 0 & 0 & 0\\ & & K'+\frac{4}{3}G & 0 & 0 & 0\\ & \text{对称} & & G & 0 & 0\\ & & & & G & 0\\ & & & & & G\end{bmatrix}\begin{Bmatrix}\Delta\varepsilon_x\\ \Delta\varepsilon_y\\ \Delta\varepsilon_z\\ \Delta\gamma_{xz}\\ \Delta\gamma_{yz}\\ \Delta\gamma_{xy}\end{Bmatrix}\tag{5.9}$$

式中

$$G=\frac{E'}{2(1+\mu')},\quad K'=\frac{E'}{3(1-2\mu')} \tag{5.10}$$

同样也可以用不排水参数表示上述本构矩阵。由于水不能承受剪应力，有效剪切模量和不排水剪切模量相同，因此式(5.9)和式(5.10)计算时用没有上标“′”的参数，即总应力矩阵[**D**]中，要用 K_u 代替式(5.9)中的 K'。

各向同性线弹性模型无法真实反映第4章概括出的土体重要力学性质，因此分析岩土问题时，该模型的使用受到很大限制。用这类模型分析理想三轴排水压缩试验得到的偏应力-偏应变曲线和偏应变-体积应变曲线均为线性，如图5.4所示，说明它甚至无法反映土体最基本的受力特征。但是，这类模型常用于结构单元的分析，如挡土墙、地下室底板等。

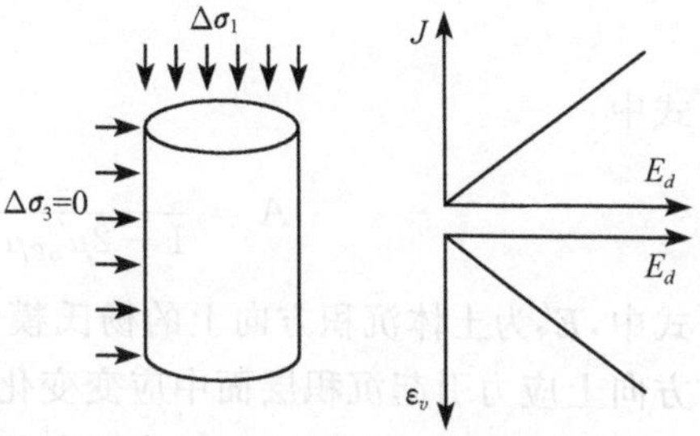

图5.4 三轴排水压缩试验的弹性分析结果

5.6 各向异性线弹性模型

如同第4章中介绍的那样，土体的力学性质很少表现为真正的各向同性，一般情况下常表现为各向异性。从数学上讲，当一种材料为完全各向异性时，式(5.7)中的矩阵[**D**]将为满行矩阵，即确定 D_{ij} 需要36个独立参数。但是从热动力学应变能的角度讲(Love,1927)，矩阵[**D**]必须是对称的，即 $D_{ij}=D_{ji}(i\neq j)$，这样独立的各向异性参数降为21个。

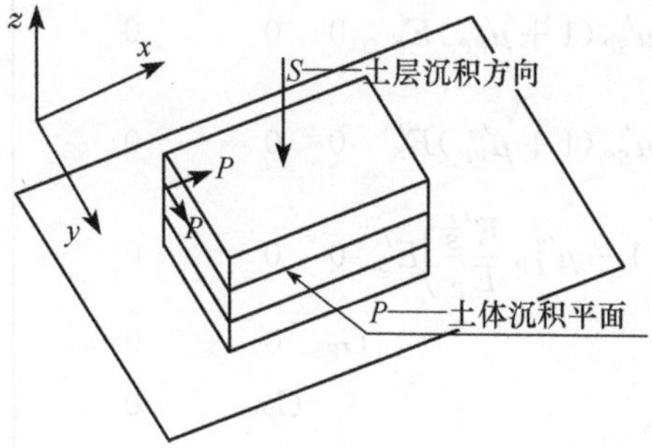

图5.5 考虑横观各向同性的坐标轴方向

一般很多材料表现出有限的各向异性。对于沉积土，沉积方式和应力历史对各向异性特征有很大影响。垂直某一平面沉积下来的土体很可能在沉积方向上有对称轴，即在沉积平面内土体的力学性质在各个方向上都是相同的。图5.5的直角坐标系中，z 轴沿着土体沉积方向 S，x、y 轴位于沉积平面 P 内。

上述各向异性称为横观各向同性，或横截面各向异性、正交各向异性，本构矩阵中独立的材料参数减少为7个。应力增量和应变增量之间的刚度矩阵[**D**]用式(5.11)表示。

$$\begin{bmatrix} A(1-\mu'_{SP}\mu'_{PS})E'_P & A(\mu'_{PP}+\mu'_{SP}\mu'_{PS})E'_P & A\mu'_{SP}(1+\mu'_{PP})E'_P & 0 & 0 & 0 \\ A(\mu'_{PP}+\mu'_{SP}\mu'_{PS})E'_P & A(1-\mu'_{SP}\mu'_{PS})E'_P & A\mu'_{SP}(1+\mu'_{PP})E'_P & 0 & 0 & 0 \\ A\mu'_{PS}(1+\mu'_{PP})E'_S & A\mu'_{PS}(1+\mu'_{PP})E'_S & A(1-\mu'_{PP}\mu'_{PP})E'_S & 0 & 0 & 0 \\ 0 & 0 & 0 & G_{PS} & 0 & 0 \\ 0 & 0 & 0 & 0 & G_{PS} & 0 \\ 0 & 0 & 0 & 0 & 0 & G_{PP} \end{bmatrix} \tag{5.11}$$

式中

$$A=\frac{1}{1-2\mu'_{SP}\mu'_{PS}-2\mu'_{SP}\mu'_{PS}\mu'_{PP}-\mu'^2_{PP}} \tag{5.12}$$

式中，E'_S为土体沉积方向上的杨氏模量；E'_P为沉积平面中的杨氏模量；μ'_{SP}为沉积方向上应力引起沉积层面中应变变化的泊松比；μ'_{PS}为沉积平面中应力引起沉积方向上应变变化的泊松比；μ'_{PP}为沉积平面中应力引起同平面中应变变化的泊松比；G_{PS}为沿沉积方向所在平面中的剪切模量；G_{PP}为沉积平面中的剪切模量。

由于对称，有以下关系：

$$\frac{\mu'_{SP}}{E'_S}=\frac{\mu'_{PS}}{E'_P} \tag{5.13}$$

和

$$G_{PP}=\frac{E'_P}{2(1+\mu'_{PP})} \tag{5.14}$$

这样横观各向同性参数由7个减为5个，式(5.11)中矩阵[$\boldsymbol{D}$]简化为式(5.15)的对称形式。

$$\begin{bmatrix} A\left(1-\mu'^2_{SP}\dfrac{E'_P}{E'_S}\right)E'_S & A\left(\mu'_{PP}+\mu'^2_{SP}\dfrac{E'_P}{E'_S}\right)E'_S & A\mu'_{SP}(1+\mu'_{PP})E'_S & 0 & 0 & 0 \\ & A\left(1-\mu'^2_{SP}\dfrac{E'_P}{E'_S}\right)E'_S & A\mu'_{SP}(1+\mu'_{PP})E'_S & 0 & 0 & 0 \\ & & A\left(1-\mu'^2_{PP}\dfrac{E'^2_S}{E'_P}\right)E'_S & 0 & 0 & 0 \\ & & & G_{PS} & 0 & 0 \\ & \text{对称} & & & G_{PS} & 0 \\ & & & & & \dfrac{E'_P}{2(1+2\mu'_{PP})} \end{bmatrix} \tag{5.15}$$

式中

$$A=\frac{1}{(1+\mu'_{PP})\left[\frac{E'_S}{E'_P}(1-\mu'_{PP})-2\mu'^2_{SP}\right]} \tag{5.16}$$

同样，也可以用不排水参数表示式(5.15)中的本构矩阵。由于材料参数是常数，用式(5.11)和式(5.15)中矩阵[$\boldsymbol{D}$]可以描述总应力-总应变关系。尽管该模型可以反映土体的各向异性刚度特征，但仍旧无法满足第 4 章中讨论的土体其他重要力学特性。

5.7　非线性弹性模型

5.7.1　简介

为了改进上述线弹性模型，首先要建立材料参数与应力和(或)应变水平之间的关系，这样才有可能满足第 4 章中讨论的情况。各向同性线弹性模型仅需要两个模型参数，情况相对简单些。但是对各向异性材料，需要五个模型参数，情况就复杂得多。因此，目前应用的非线性弹性模型大多建立在各向同性的基本假定之上。

对各向同性弹性体，可以在 E、μ、K、G 四个参数中任选两个描述材料的性质。岩土工程中为了方便起见，常用体积模量 K 和剪切模量 G，原因是平均应力(体应力)下土体的力学性质与偏应力(剪应力)下有很大差别。例如，当平均应力增加时，土体的刚度往往随之增加；但是偏应力增加时，土体的剪切刚度将随之降低。而且从式(5.9)中可以看出，各向同性弹性体的两种位移模式是不相关联的，即改变平均应力 $\Delta p'$，不会引起扭曲变形(即没有剪应变)，变化偏应力也不会引起体积改变。这虽然有利于构建本构模型，但是必须清醒地认识到土体的真实力学性质并非如此。例如，直剪试验中单纯施加偏应力也会引起体应变。

下面介绍五种非线性弹性模型：双线性模型、K-G 模型、双曲线模型以及两个小应变刚度模型。

5.7.2　双线性模型

双线性模型假定应力状态破坏之前体积刚度和剪切刚度都保持常量，一旦破坏，切线剪切模量 G 变为很小。理想情况下 G 应该等于零，但如果这样赋值的话，偏应力增量和偏应变增量之间就不再是一一对应的关系，这将导致有限元方程的病态及数值分析的不稳定，因此实际应用时 G 取很小的值。双线性模型的应力-应变曲线如图 5.6 所示，由图可见，如果破坏时卸载，则剪切模量将恢复到破坏前的初始值。

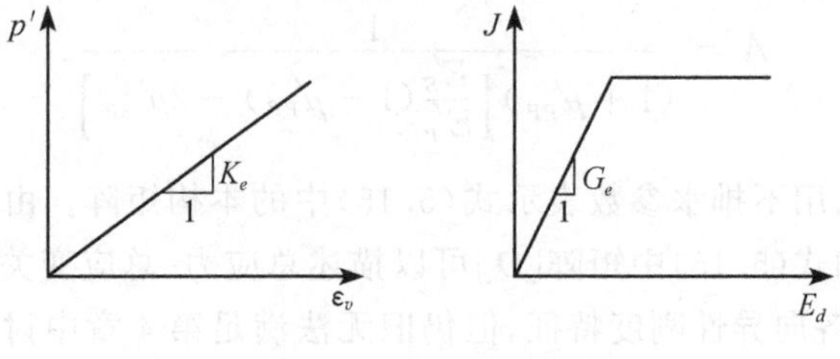

图 5.6　双线性模型

为了描述破坏前的弹性特征，双线性模型需要两个弹性参数，即 K_e 和 G_e（或等效 E_e 和等效 μ_e）。此外还需要一些参数定义破坏面。例如，如果采用莫尔-库仑破坏面，还需要知道两个参数，即凝聚力 c'和剪切摩擦角 φ'。

5.7.3　*K-G* 模型

该模型在某种意义上是双线性模型的逻辑拓展。切线（即增量）体积模量 K_t 和剪切模量 G_t 可以用应力不变量表达如下：

$$K_t = K_{t0} + \alpha_K p' \tag{5.17}$$

$$G_t = G_{t0} + \alpha_G p' + \beta_G J \tag{5.18}$$

用该模型描述材料的性质时需要五个参数：K_{t0}、α_K、G_{t0}、α_G、β_G，这些参数可以通过试验数据拟合得到。与双线性模型一样，土体破坏时相应的参数应该使切线（增量）剪切刚度的值变得很小，令 β_G 为负值便可以做到。确定上述五个参数时要知道土的凝聚力 c'和剪切摩擦角 φ'。该模型也可用于卸载情况，最简单的做法是令卸载时的 β_G 为零。这时体积模量 K_t 保持不变，剪切模量 G_t 则突然增大到较高值。如果后续再加载使应力又接近破坏状态，则再将 β_G 赋予先前的值。*K-G* 模型的应力-应变曲线如图 5.7 所示。关于该模型更详细的介绍参见 Naylor 等（1981）的工作。

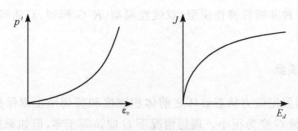

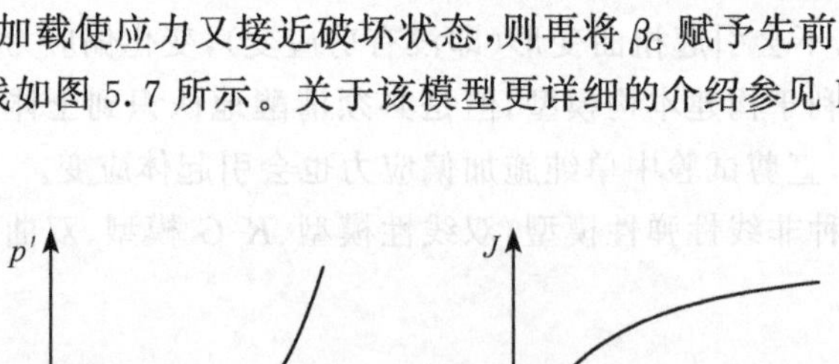

图 5.7　*K-G* 模型

5.7.4　双曲线模型

本质上讲，上述两个模型都是增量型模型，模型直接定义了切线模量的变化，双曲线模型建立的是总应力-总应变之间的关系。为了能进行有限元分析，需要求导得到等效的增量形式。

该模型最初由 Kondner(1963)提出，后来 Duncan 等进行了大量的研究工作，得到了著名的邓肯-张模型(Duncan-Chang，1970)。根据三轴不排水试验结果得到，模型的最初始表达式含两个参数和一个隐含假定，即泊松比为 0.5。经过多次修正，现在该模型既适用于排水条件也适用于不排水条件，模型所需的参数也增加到了 9 个(Seed et al.，1975)。

最初的模型表示为以下双曲线方程：

$$\sigma_1 - \sigma_3 = \frac{\varepsilon}{a + b\varepsilon} \tag{5.19}$$

式中，σ_1 和 σ_3 是最大和最小主应力；ε 为轴向应变；a 和 b 为材料常数。当 $\sigma_1 = \sigma_3$ 时，a 的倒数即为初始切线杨氏模量 E_i，如图 5.8(a)所示。b 的倒数为破坏时的 $\sigma_1 - \sigma_3$，即应力-应变曲线的渐近线，如图 5.8(a)所示。

Kondner 等指出，如果变换坐标轴重新绘制应力-应变试验数据，可以很方便地确定出材料常数，如图 5.8(b)所示。于是式(5.19)改写为

$$\frac{\varepsilon}{\sigma_1 - \sigma_3} = a + b\varepsilon \tag{5.20}$$

需要说明的是，a 和 b 分别是变换坐标轴后图中直线的截距和斜率，如图 5.8(b)所示。将试验得到的应力-应变数据按图 5.8(b)的形式绘出，很容易得到双曲线拟合数据时所对应的参数 a 和 b。

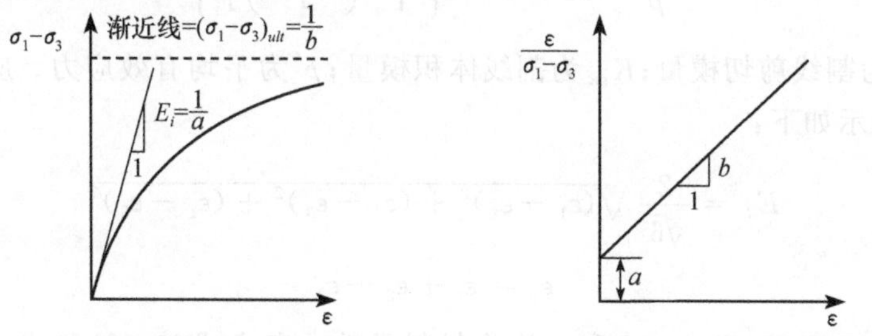

(a) 双曲线型应力-应变关系　　(b) 双曲线关系的转化形式

图 5.8 双曲线模型

有限元中用该模型计算通常需要对式(5.19)求导，得到切线杨氏模量 E_t 随应力水平 $\sigma_1 - \sigma_3$ 的变化关系

$$E_t = \frac{\partial(\sigma_1 - \sigma_3)}{\partial\varepsilon} = \frac{a}{(a + b\varepsilon)^2} \tag{5.21}$$

前面提到，双曲线模型的初始表达形式经历了长时间发展，现在已经可以推广

应用于排水的情况。尽管与线弹性模型相比有了很大改进,但是该模型同样无法反映第 4 章中讨论的许多土体重要力学性质。

该模型隐含的问题是它假定材料的泊松比为常数。土体剪切破坏时,切线杨氏模量降为零,若泊松比为常量,则切线剪切模量和体积模量都会降低,这对剪切模量来说是合理的,但是对体积模量来说不合适,因为只有泊松比精确等于 0.5 时体积模量才不会降低。但是,正如第 3 章中讲过的,有限元计算中通常不这样取值,因为即便泊松比接近 0.5,也会使体积模量降为零。

5.7.5 小应变刚度模型

前面介绍的三个模型多年前就有了,发展至今,它们都可以描述从最初加载到破坏的整个应力-应变变化过程。近些年来随着电子测试技术的发展,已经可以比较精确地量测土体的变形特征,人们发现在应变开始阶段,随着微小应变的发生,土体刚度将迅速发生很大的改变,这在第 4 章中也介绍过。现有许多本构模型无法考虑土体的这一特征,因此需要进一步研究。Jardine 等(1986)提出的针对土体小应变变形的本构模型是这方面最早的模型之一,该模型也是基于各向同性非线性弹性理论,在这里作一简单介绍。

剪切模量和体积模量的割线形式表达如下:

$$\frac{G_{sec}}{p'}=A+B\cos\left\{\alpha\left[\lg\left(\frac{E_d}{\sqrt{3}C}\right)\right]^{\gamma}\right\} \tag{5.22}$$

$$\frac{K_{sec}}{p'}=R+S\cos\left\{\delta\left[\lg\left(\frac{|\varepsilon_v|}{T}\right)\right]^{\eta}\right\} \tag{5.23}$$

式中,G_{sec} 为割线剪切模量;K_{sec} 为割线体积模量;p' 为平均有效应力。应变不变量 E_d 和 ε_v 表示如下:

$$E_d=\frac{2}{\sqrt{6}}\sqrt{(\varepsilon_1-\varepsilon_2)^2+(\varepsilon_2-\varepsilon_3)^2+(\varepsilon_1-\varepsilon_3)^2} \tag{5.24}$$

$$\varepsilon_v=\varepsilon_1+\varepsilon_2+\varepsilon_3 \tag{5.25}$$

式中,A、B、C、R、S、T、α、γ、δ 和 η 均为材料常数。考虑式(5.22)和式(5.23)中三角函数的循环取值特点,通常需要设置应变的下限值($E_{d,\min}$,$\varepsilon_{v,\min}$)和上限值($E_{d,\max}$,$\varepsilon_{v,\max}$),当应变取值小于下限值或大于上限值时,模量仅随 p' 变化,与应变无关。伦敦黏土的割线剪切模量和割线体积模量的典型变化如图 5.9 所示。

为了用该模型进行有限元计算,分别对式(5.22)和式(5.23)中割线表达式进行微分得到下列切线(增量)值:

$$\frac{3G}{z}=A+B(\cos\alpha)X^{\gamma}-\frac{B\alpha\gamma X^{\gamma-1}}{2.303}(\sin\alpha)X^{\gamma} \tag{5.26}$$

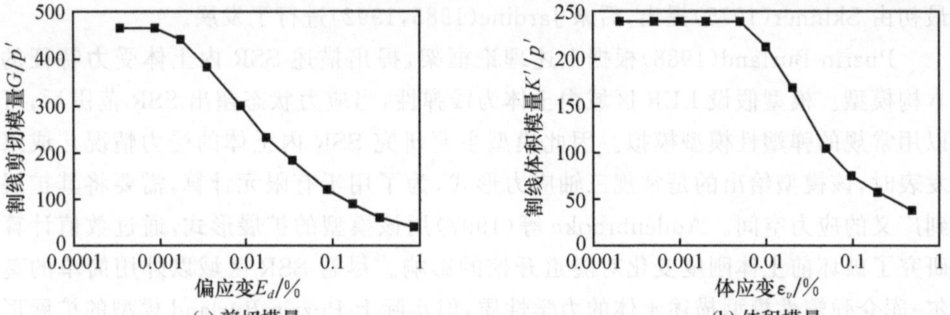

(a) 剪切模量　(b) 体积模量

图 5.9　剪切模量和体积模量随应变水平的变化情况

$$\frac{K}{z}=R+S(\cos\delta)Y^{\eta}-\frac{S\delta\mu Y^{\eta-1}}{2.303}(\sin\delta)Y^{\eta} \tag{5.27}$$

式中

$$X=\lg\left(\frac{E_d}{\sqrt{3}C}\right),\quad Y=\lg\left(\frac{|\varepsilon_v|}{T}\right) \tag{5.28}$$

前面讲到该模型主要模拟小应变范围内的土体力学性质,因此它不能用于土体快破坏时的大应变情况。这样该模型常需要与塑性模型联合使用,用塑性模型描述大应变时土体的力学性质,弹塑性模型将在第 6～8 章中介绍。用该模型解决实际工程问题将在《岩土工程有限元分析:应用》中详细介绍。

5.7.6 Puzrin-Burland 模型

上述小应变刚度模型可以反映小应力和小应变时的土体受力特征,但它缺乏严格的理论推导,而且无法考虑实际土体的一些重要力学性质,尤其是应力方向变化时它无法考虑体积刚度的变化。Jardine 等(1986)用该模型对一系列岩土工程问题进行分析,强调了土体小应变行为的重要性,直到现在人们还在努力探索控制土体小应变时应力-应变行为的力学机理。

在有限的试验研究基础上,可以假定应力空间中存在着一个小应变区域(SSR),该区域内应力-应变呈非线性关系,土体刚度很大,变形可以完全恢复,所以循环应力可以形成闭合圈。该区域内存在着一个更小的区域(LER),土体在里面表现为线弹性。应力变化时,这两个区域也将随之发生位移,如图 5.10 中虚线所示。这种大刚度运动区的概念

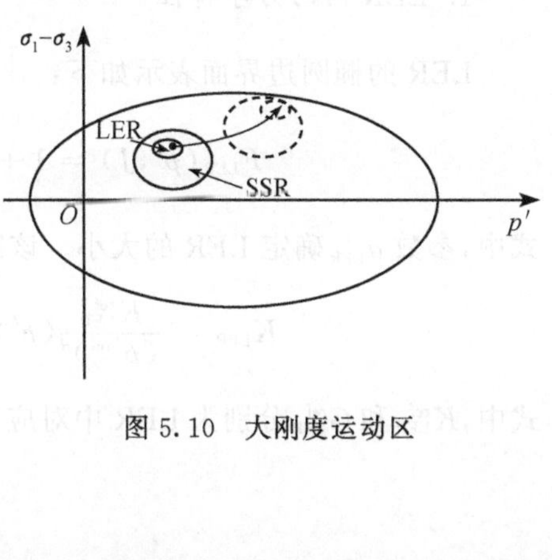

图 5.10　大刚度运动区

最初由 Skinner(1975)提出，后来 Jardine(1985,1992)进行了发展。

Puzrin-Burland(1988)根据上述理论框架，提出描述 SSR 内土体受力特征的本构模型。模型假设 LER 区域内土体为线弹性，当应力状态超出 SSR 范围后，可以用常规的弹塑性模型模拟。因此模型主要研究 SSR 内土体的受力情况。成果发表时，该模型给出的是常规三轴应力形式，为了用于有限元计算，需要将其扩展到广义的应力空间。Addenbrooke 等(1997)用该模型的扩展形式，通过数值计算研究了破坏前土体刚度变化对隧道开挖的影响。尽管 SSR 区域以外用简单的莫尔-库仑弹塑性模型描述土体的力学性质，但实际上 Puzrin-Burland 模型的扩展形式与 SSR 以外所用的模型无关。

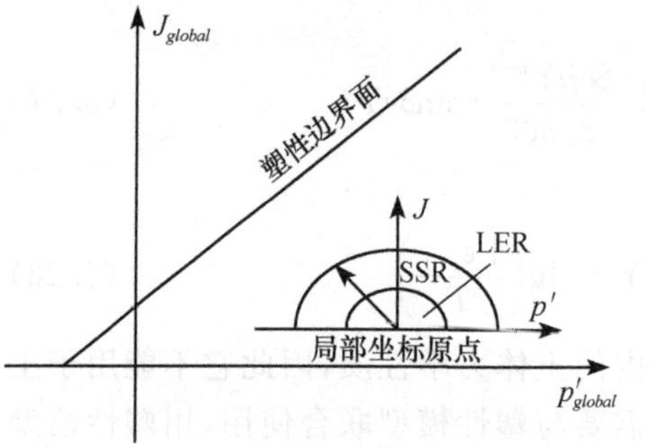

图 5.11　J-p'空间内应力点周围的应力区

模型假定土体为各向同性，因此用应力不变量的形式进行描述，见 5.3 节。一个应力点，或局部坐标原点，其周围应力空间可以分成三个区，如图 5.11 所示。第一个区是线弹性区(LER)。第二个区是 SSR 区，偏应力-应变和体积应力-应变关系用对数表示(Puzrin et al.,1996)。这两个区都有椭圆边界面。偏应力不变量 J 总是正的，因此图 5.11 中只给出了半个椭圆面。最后一个区位于 SSR 面外和塑性屈服面(与破坏前模型的选择无关)之间，土体又表现为弹性，此时剪切模量 G 和体积模量 K 与 SSR 边界有关。为了与试验结果一致(见第 4 章)，LER 和 SSR 区域内土体的刚度都取决于平均应力的大小。

下面给出具体的方程。注意，p'、J(平均力和偏应力不变量)，以及 ε_v 和 E_d(体积应变和偏应变不变量)都是从局部坐标原点开始计算的(图 5.11)。

1. LER 内的力学特性

LER 的椭圆边界面表示如下：

$$F_{\mathrm{LER}}(p',J)=1+n^2\left(\frac{J}{p'}\right)^2-\left(\frac{a_{\mathrm{LER}}}{p'}\right)^2=0 \tag{5.29}$$

式中，参数 a_{LER} 确定 LER 的大小。该区域内剪切模量和体积模量定义为

$$K_{\mathrm{LER}}=\frac{K_{\mathrm{LER}}^{\mathrm{ref}}}{(p'^{\mathrm{ref}})^{\beta}}(p')^{\beta},\quad G_{\mathrm{LER}}=\frac{G_{\mathrm{LER}}^{\mathrm{ref}}}{(p'^{\mathrm{ref}})^{\gamma}}(p')^{\gamma} \tag{5.30}$$

式中，$K_{\mathrm{LER}}^{\mathrm{ref}}$ 和 $G_{\mathrm{LER}}^{\mathrm{ref}}$ 分别为 LER 中对应于平均有效应力 p'^{ref} 的弹性体积模量和弹性

剪切模量。

参数 a_{LER} 可由三轴不排水试验确定：$a_{\text{LER}}=nJ^{\text{u}}_{\text{LER}}$，$J^{\text{u}}_{\text{LER}}$ 是 LER 边界上的偏应力值，$n=\sqrt{(K_{\text{LER}}/G_{\text{LER}})}$。参数 β 和 γ 决定着模量随平均有效应力的变化情况。

2. SSR 内的力学特性

SSR 的边界面也是一个椭圆

$$F_{\text{SSR}}(p',J)=1+n^2\left(\frac{J}{p'}\right)^2-\left(\frac{a_{\text{SSR}}}{p'}\right)^2=0 \tag{5.31}$$

式中，参数 a_{SSR} 确定 SSR 的大小，可由三轴不排水试验确定：$a_{\text{SSR}}=nJ^{\text{u}}_{\text{SSR}}$，$J^{\text{u}}_{\text{SSR}}$ 是 SSR 边界上的偏应力值，n 的表达式同上。

LER 和 SSR 之间的区域中，弹性模量同时取决于平均有效应力和应变，并按以下对数形式衰减：

$$K=K_{\text{LER}}\left(1-\alpha\left\{\frac{(x_v-x_e)R[\ln(1+x_v-x_e)]^{R-1}}{1+x_v-x_e}+[\ln(1+x_v-x_e)]^R\right\}\right) \tag{5.32}$$

$$G=G_{\text{LER}}\left(1-\alpha\left\{\frac{(x_D-x_e)R[\ln(1+x_D-x_e)]^{R-1}}{1+x_D-x_e}+[\ln(1+x_D-x_e)]^R\right\}\right) \tag{5.33}$$

式中

$$\alpha=\frac{x_u-1}{(x_u-x_e)[\ln(1+x_u-x_e)]^R} \tag{5.34}$$

$$R=\left(\frac{1-x_e}{x_u-x_e}-b\right)\left\{\frac{(1+x_u-x_e)[\ln(1+x_u-x_e)]}{x_u-1}\right\} \tag{5.35}$$

$$x_u=\frac{2K_{\text{LER}}u}{a_{\text{SSR}}a_{\text{SSR}}},\quad x_v=\frac{|\varepsilon_v|K_{\text{LER}}}{p'_{\text{SSR}}},\quad x_D=\frac{E_dG_{\text{LER}}}{J_{\text{SSR}}},\quad x_e=\frac{a_{\text{LER}}}{a_{\text{SSR}}} \tag{5.36}$$

其中，x_u 为 SSR 边界上的归一化应变；x_e 为 LER 边界上的归一化应变；b 为切线模量在 SSR 边界上的数值与 LER 内的数值之比

$$b=\frac{G_{\text{SSR}}}{G_{\text{LER}}}=\frac{K_{\text{SSR}}}{K_{\text{LER}}} \tag{5.37}$$

式中，u 为应变能增量，可由不排水三轴试验确定，$u=0.5E^{\text{u}}_{\text{SSR}}J^{\text{u}}_{\text{SSR}}$，其中 $E^{\text{u}}_{\text{SSR}}$ 和 $J^{\text{u}}_{\text{SSR}}$ 分别是 SSR 边界上的偏应变和偏应力。

3. SSR 以外的力学特性

SSR 以外体积模量 $K=bK_{\text{LER}}$，剪切模量 $G=bG_{\text{LER}}$。以后可以采用塑性硬化/

软化模型,并使 SSR 边界和土体的初始屈服相关联,这样 SSR 边界上的弹性参数 G 和 K 就可以与弹塑性模型中的剪切刚度和体积刚度联系起来了,这种方法基本上可以直接确定出参数 b,不再需要输入模型参数。Puzrin 和 Burland(1998)阐述了该方法的基本原理。

该模型中如果应力路径出现反向,则局部初始应力点将移到变换点处,于是又激活了材料小应变、大刚度的力学性质,这样模型可以模拟加载—卸载—再加载的闭合循环特性。可以用归一化后的平均应力增量和偏应力增量小于零定义应力路径的反向

$$\mathrm{d}\left(\frac{p'}{p'_{\mathrm{SSR}}}\right)=\frac{p'_{\mathrm{SSR}}\mathrm{d}p'-p'\mathrm{d}p'_{\mathrm{SSR}}}{p'^{2}_{\mathrm{SSR}}}\leqslant 0 \quad \text{及} \quad \mathrm{d}\left(\frac{J}{J_{\mathrm{SSR}}}\right)=\frac{J_{\mathrm{SSR}}\mathrm{d}J-J\mathrm{d}J_{\mathrm{SSR}}}{J^{2}_{\mathrm{SSR}}}\leqslant 0 \tag{5.38}$$

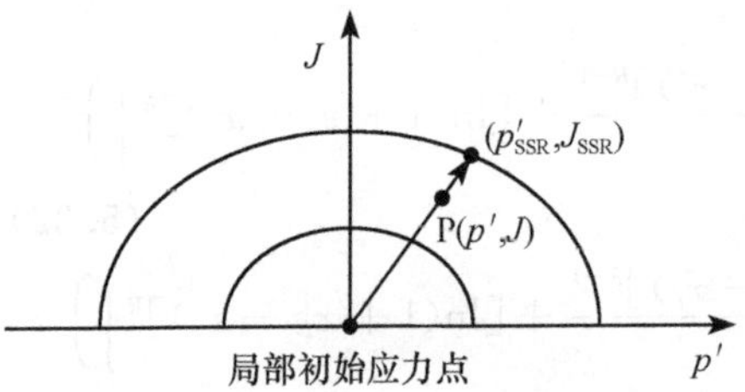

图 5.12　当前应力状态在 SSR 上的投影

式中,J_{SSR} 和 p'_{SSR} 为当前应力状态在 SSR 上的线性投影,如图 5.12 所示。根据该法则,任何应力状态下都可以进行反向加载,不仅可以在 SSR 边界上,也可以在 SSR 内任一点处。

该模型需要八个参数:u/p'、b、a_{LER}/p'、a_{SSR}/p'、K_{LER}/p'、G_{LER}/p'、β、γ。其中,体积模量和剪切模量取决于 p',它们随 p' 的减小会降到很低。因此,Addenbrooke 等(1997)引入了 $G_{\min}$ 和 $K_{\min}$ 作为计算的下限值。

该模型与前面的小应变刚度模型最大的区别在于,当应力状态在 SSR 内移动时,剪切刚度和体积刚度同时衰减,相比之下,在小应变刚度模型中剪切刚度和体积刚度的降低分别只与偏应变和体积应变有关。因此,在小应变刚度模型中,剪切刚度仅随偏应变的发展而降低,与体积应变无关,而体积刚度仅随体积应变降低,与偏应变无关;但在 Puzrin-Burland 模型中,剪切模量和体积模量同时降低,且与应变发展无关。

5.8 小　结

(1) 一般而言,描述一点的应力状态需要六个独立分量。如果材料是各向同性的,可以用三个独立的应力不变量表示其大小。这些应力不变量可以是三个主应力或是这些应力的组合。但如果材料是各向异性的,则需用六个独立的分量表示。上述结论对应变也同样适用。

(2) 各向同性线弹性模型只需要两个材料参数,它无法反映第4章中描述的实际土体的重要力学性质;横观各向同性线弹性模型需要五个材料参数,可以反映土体刚度的各向异性,但没有本质上的改善。

(3) 非线性弹性模型的材料参数随着应力和/或应变水平变化,对线性模型作了实质性改进。受模型参数个数的限制,大多数非线性弹性模型仍假设材料为各向同性。但是,它们依然无法模拟实际土体的一些重要力学性质,尤其是无法反映土体剪切时体积变化的特点。而且由于各模型都隐含主应力增量方向和主应变增量方向一致的假定,无法准确反映土体的破坏机理。

第6章 弹塑性力学性质

6.1 引　言

本章介绍弹塑性材料的理论体系和基本假定，给出理想弹塑性（弹性-理想塑性）和弹性-塑性应变硬化/应变软化的定义，引入屈服面和塑性势面的概念以及硬化和软化准则。从中可以看出，弹塑性理论体系可用来模拟土体的许多实际力学性质。本章最后推导了建立弹塑性本构矩阵所需要的理论公式。

6.2 概　　述

第5章中介绍了一些弹性本构模型，这些模型相对而言比较简单，但是它们无法模拟土体力学性质的许多重要特征，塑性理论可以对这些模型进行改进和扩展。本章的目的是介绍弹塑性概念，并为后面有限元计算推导所需的公式。

本章首先考虑线弹性-理想塑性材料的单轴受力特点。以这个简单问题为例，介绍塑性屈服、硬化和软化的概念。从中看到，土体许多实际受力特点与这些概念是一致的，因此这种力学理论体系有很大的潜力。但是单轴问题只是一种理想的受力情况，为了描述多应力下的土体性质，必须在广义应力-应变空间中表达塑性的概念。由此提出了广义弹塑性模型的基本要素，并用这些要素分析二维应力下弹塑性材料的受力特征。本章最后推导了有限元计算中建立弹塑性本构矩阵所需的理论方程。具体的弹塑性本构模型将在第7章和第8章中介绍。

6.3 线弹性-理想塑性材料的单轴受力特点

图6.1是对线弹性-理想塑性压杆施加轴向压应变 ε 的情况，图6.1中也给出了这个杆件的应力-应变曲线。应变发展初期，杆件表现为弹性，应力-应变关系沿着直线AB发展。因为材料是线弹性的，直线AB的斜率可以用杨氏模量 E 表示。如果在B点前不再施加压应变（即卸载），则应力-应变将沿着直线BA返回。这样只要应变没有使杆件中的应力达到B点，杆件都表现为线弹性；一旦卸载，就可以恢复到没有变形产生的初始状态。如果杆件加载后应变超过了 ε_B，到了C点，则应力-应变曲线通过B点。在B点处达到屈服应力 σ_Y，杆件表现为塑性，应力-应

变关系不再是线性,压杆中的应力保持为 σ_Y 不变。此时对杆件卸载,则材料转为弹性,应力-应变曲线沿着路径 CD 发展,并与路径 BA 平行。当卸载到轴向应力为零时,即 D 点,杆件中仍然残留一定的应变。该应变与 BC 路径上产生的塑性应变相等,即 $\varepsilon_C^p=\varepsilon_C-\varepsilon_B$。这样杆件无法恢复到初始形状,而是永久性缩短。如果再对杆件加载,应力-应变曲线将再次沿着路径 DC 变化直到 C 点,该点处轴向应力等于屈服应力,杆件又进入塑性状态,然后应力-应变曲线沿着路径 CF 变化。显然加载过程中应力未到达 C 点之前,杆件一直处于线弹性状态。

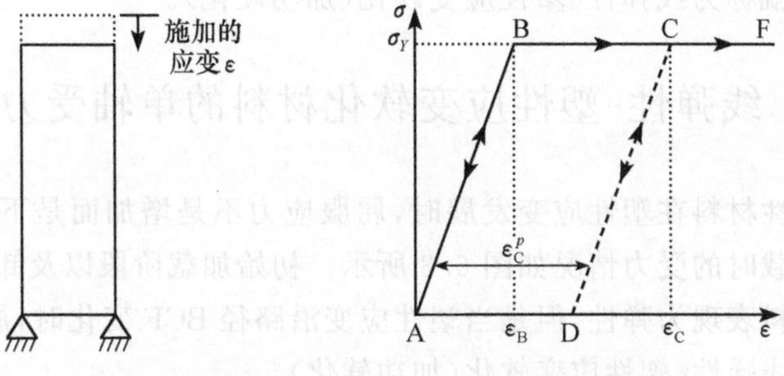

图 6.1 线弹性-理想塑性材料的单轴加载情况

路径 AB 和 DC 上的变形是可以恢复的,因此为弹性变形。但路径 BCF 上变形不可以恢复,如变形不可能沿着路径 CB 发展。如果用应力加载代替应变加载,则所施加的应力不可能超过屈服应力 σ_Y,如果试图施加一个大于 σ_Y 的应力,会使应变无限发展。材料表现出图 6.1 中理想化的力学特性就称为线弹性-理想塑性,或理想塑性材料。

6.4 线弹性-塑性应变硬化材料的单轴受力特点

图 6.2 是另一种理想化的单轴应力-应变曲线。杆件在应变加载时的受力特点与前面讲的大体相似,只有微小的差别。应变初始阶段材料沿路径 AB 产生了

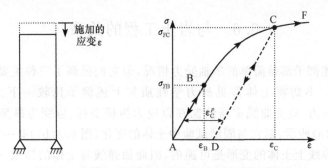

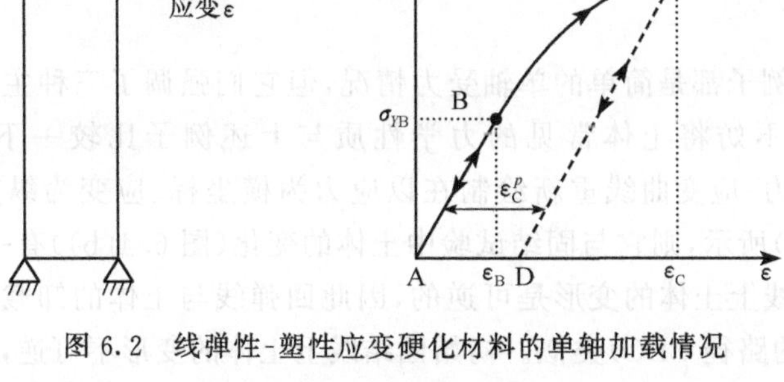

图 6.2 线弹性-塑性应变硬化材料的单轴加载情况

弹性变形,如果应变超过 B 点,到达 C 点,则超过了材料的初始屈服应力 σ_{YB},这时不像图 6.1 中那样应力保持为 σ_{YB} 不变,而是增加到 σ_{YC}。一旦在 C 点卸载,则杆件又表现为弹性,并沿直线路径 CD 移动,直线 CD 与直线 BA 平行。与前面一样,当完全卸载到 D 点时,$\sigma=0$,但杆件中残留有永久应变(塑性应变)。再加载时,杆件最初仍表现为弹性,沿路径 DC 到达 C 点后表现为塑性。C 点的屈服应力 σ_{YC} 高于 B 点的屈服应力,这是塑性应变从 B 点发展到 C 点的结果。最后,如果杆件应变到达 F 点,则应力-应变曲线变成一条水平线,杆中的应力保持不变。材料呈现出这种受力特性就称为线弹性-塑性应变硬化(加功硬化)。

6.5　线弹性-塑性应变软化材料的单轴受力情况

第三种塑性材料在塑性应变发展时,屈服应力不是增加而是下降。这种材料在单轴应变加载时的受力情况如图 6.3 所示。初始加载阶段以及卸载—再加载的闭合路径中材料表现为弹性,但是当塑性应变沿路径 BCF 变化时,屈服应力下降。这种特性称为线弹性-塑性应变软化(加功软化)。

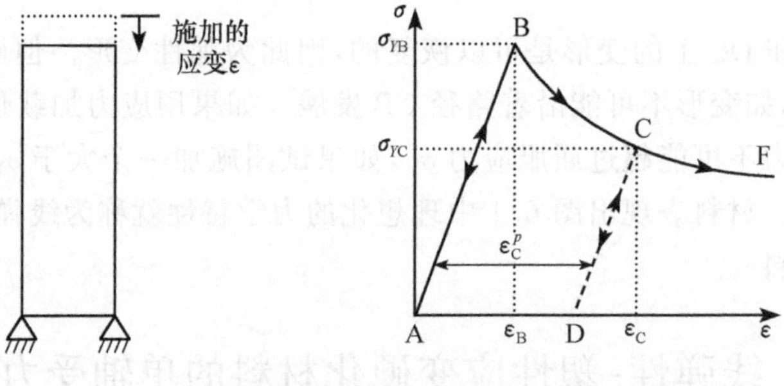

图 6.3　线弹性-塑性应变软化材料的单轴加载情况

工程上对这种脆性变形材料非常感兴趣,因为一旦应变超过材料的初始屈服点(即图 6.3 中的点 B),屈服应力会降低,材料承担荷载的能力也会下降。

6.6　与岩土工程的关系

虽然上述例子都是简单的单轴受力情况,但它们强调了三种主要弹塑性特征之间的区别。不妨将土体常见的力学性质与上述例子比较一下。例如,若将图 6.2 中的应力-应变曲线重新绘制在以应力为横坐标、应变为纵坐标的坐标系中,如图 6.4(a)所示,则它与固结试验中土体的变化(图 6.4(b))有一定的相似性。通常假设回弹线上土体的变形是可逆的,因此回弹线与土体的卸载—再加载路径(图 6.4(a)中的路径 CDC)类似。初始固结线上土体的变形不可逆,即只能沿着这条线向下发展，不能向上移动，因此产生了永久变形，这与图 6.4(a)中的应变硬化路径 BCF 相似。

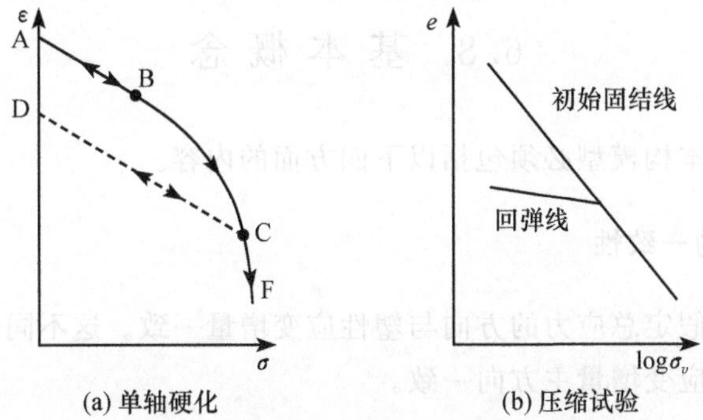

(a) 单轴硬化　(b) 压缩试验

图 6.4　单轴硬化与固结试验的相似性

同样将图 6.3 中的应变软化曲线重新绘制成图 6.5(a)，发现它与紧砂直剪试验得到的剪应力-剪应变曲线特征(图 6.5(b))类似。

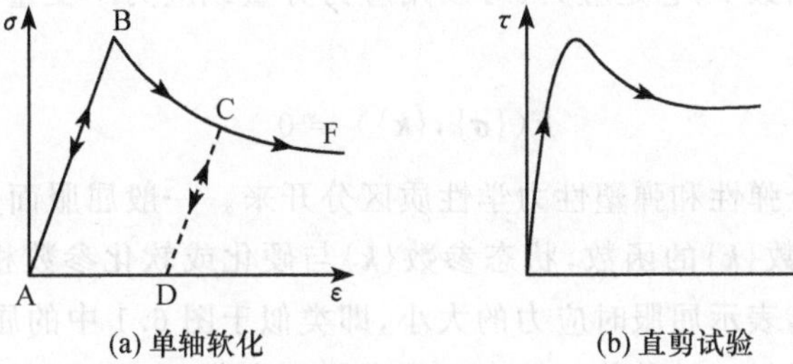

(a) 单轴软化　(b) 直剪试验

图 6.5　单轴软化与直剪试验的相似性

6.7　广义应力-应变空间中的拓展

为了能广泛应用上述弹塑性概念，需要将其拓展到多轴广义应力-应变空间。由于应力和应变各有六个独立分量，使问题变得很复杂。但如果可以假定材料是各向同性的(即材料的性质不随方向而改变)，并考虑屈服本身只取决于应力的大小，则可以用应力、应变不变量对问题进行简化。如第 5 章所述，应力大小的确定需要三个应力不变量，这些应力不变量可以是主应力，也可以是它们的组合。塑性分析中常采用增量形式描述材料的力学行为，于是采用总应力(累积应力)不变量和应变增量不变量。

用不变量表示后，应力和应变参数由六个降为三个，大大简化了弹塑性表达式。但这是以各向同性材料为前提的。要研究各向异性材料,仍要用六个独立的应力分量和六个应变分量。

6.8 基本概念

描述弹塑性本构模型必须包括以下四方面的内容。

6.8.1 坐标轴的一致性

弹塑性模型假定总应力的方向与塑性应变增量一致。这不同于弹性力学中假设的应力增量与应变增量主方向一致。

6.8.2 屈服函数

在 6.3 节和 6.5 节单轴受力情况下,屈服应力 σ_Y 指的是塑性应变开始产生时的应力。多轴情况下由于存在多个非零应力分量,再用屈服应力就不合适了。通常需要定义屈服函数 F,它是应力(可以用应力分量或应力不变量表示)和状态参数$\{\boldsymbol{k}\}$的标量函数。

$$F(\{\boldsymbol{\sigma}\},\{\boldsymbol{k}\}) = 0 \tag{6.1}$$

该函数将完全弹性和弹塑性力学性质区分开来。一般屈服面是应力$\{\boldsymbol{\sigma}\}$的函数,大小是状态参数$\{\boldsymbol{k}\}$的函数,状态参数$\{\boldsymbol{k}\}$与硬化或软化参数相关。对理想塑性材料$\{\boldsymbol{k}\}$是常量,表示屈服时应力的大小,即类似于图 6.1 中的屈服应力 σ_Y。对塑性硬化和软化材料,$\{\boldsymbol{k}\}$随着塑性应变的发展而变化,表示屈服时应力大小如何变化,它与图 6.2(硬化材料)和图 6.3(软化材料)中的曲线 BCF 类似。如果硬化或软化与塑性应变的大小有关,则称应变硬化或应变软化。如果它们与塑性功的大小相关,则称为加功硬化或加功软化。

可以用屈服函数 F 的数值判断材料的变形类型。如果 $F(\{\boldsymbol{\sigma}\},\{\boldsymbol{k}\})<0$,则材料完全是弹性的;如果 $F(\{\boldsymbol{\sigma}\},\{\boldsymbol{k}\})=0$,则材料是塑性或弹塑性的;$F(\{\boldsymbol{\sigma}\},\{\boldsymbol{k}\})>0$ 的情况不可能发生。式(6.1)在应力空间中表现为一个面。例如,当式(6.1)用主应力表示且 $\sigma_2=0$ 时,绘出的屈服函数如图 6.6(a)所示,这样的屈服函数称为屈服线。如果 σ_2 不为零而且可以任意变化,则屈服函数要在三维应力空间 σ_1-σ_2-σ_3 中才能绘出,此时得到的是一个屈服面,如图 6.6(b)所示。被这个面包围的空间称为弹性区域,这就是采用各向同性假设,并用应力不变量表示屈服函数的好处。如果没有这项假设,则要用六个应力分量表示屈服函数,要在六维空间中绘制屈服面,当然不可能画出这样的空间,因此要看到这样的屈服面也非常困难。

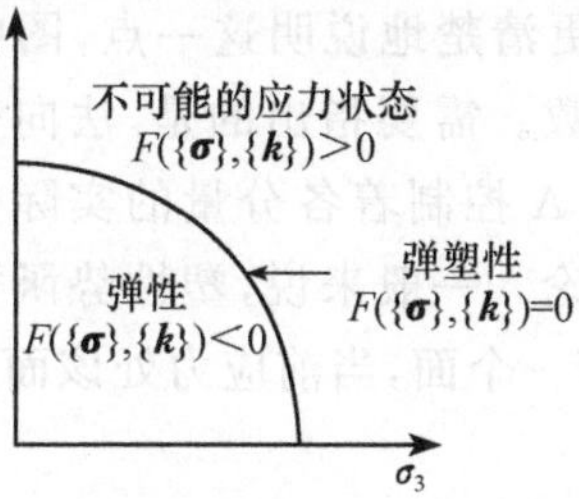

(a) 屈服线

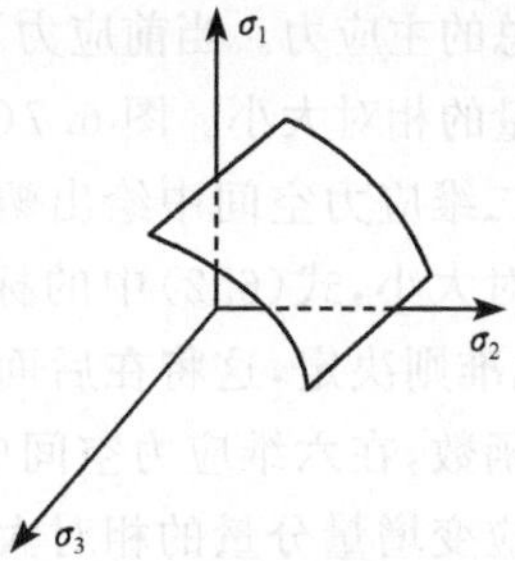

(b) 部分屈服面

图 6.6　屈服函数示意图

6.8.3　塑性势函数

6.3～6.5 节的单轴加载例子中都隐含着这样一个假定，即塑性应变发产的方向与所施加的应力方向一致，单轴加载时这是不言而喻的。但是多轴情况下应力、应变都有六个独立分量，问题就复杂得多。要用一些方法确定每一个应力状态下塑性应变的发展方向，通常用流动法则表示，即

$$\Delta\varepsilon_i^p = \Lambda \frac{\partial P(\{\boldsymbol{\sigma}\},\{\boldsymbol{m}\})}{\partial \sigma_i} \tag{6.2}$$

式中，$d\varepsilon_i^p$ 为塑性应变增量的六个分量；P 为塑性势函数；Λ 为标量因子。塑性势函数表示为

$$P(\{\boldsymbol{\sigma}\},\{\boldsymbol{m}\}) = 0 \tag{6.3}$$

这里$\{\boldsymbol{m}\}$实质上是一个状态参数矢量，具体数值并不重要，因为在流动法则中（见式(6.2)），只需要知道 P 对各应力分量的导数。

式(6.2)可以用图 6.7 来说明，图中绘出了主应力空间中一部分塑性势面。由于假设总应力方向与塑性应变增量方向一致，因此可以在同一个坐标系中绘出主

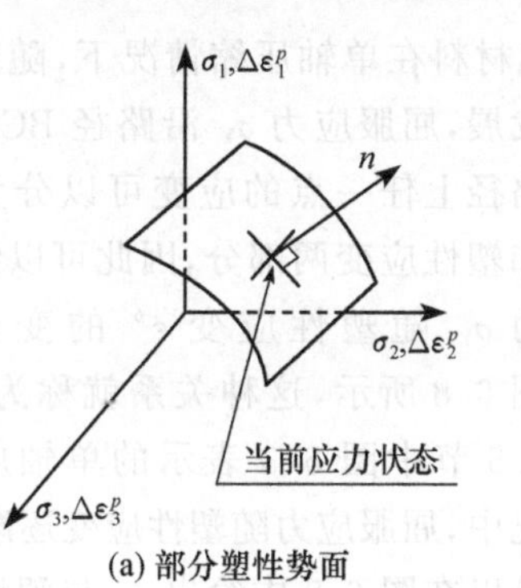

(a) 部分塑性势面

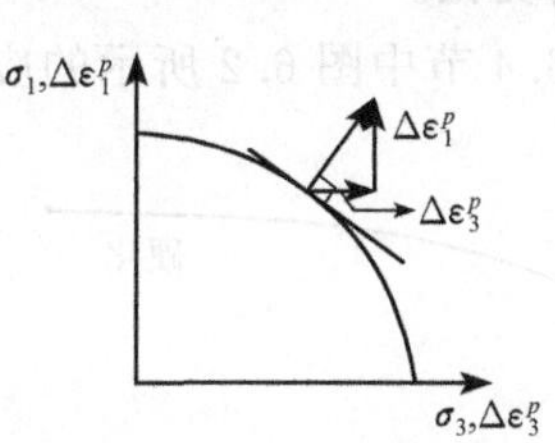

(b) 塑性势曲线

图 6.7　塑性势函数示意图

应变增量和总的主应力。当前应力下，塑性势面向外的法向矢量分量给出了塑性应变增量各分量的相对大小。图 6.7(b)可以更清楚地说明这一点，图中假设 $\sigma_2=0$，于是可以在二维应力空间中绘出塑性势函数。需要指出的是，法向矢量只表明应变分量的相对大小，式(6.2)中的标量因子 Λ 控制着各分量的实际数值。Λ 由材料硬化/软化准则决定，这将在后面加以讨论。一般来说，塑性势函数是六个独立应力分量的函数，在六维应力空间中对应着一个面，当前应力处该面的法向矢量分量代表了各应变增量分量的相对大小。

如果假定塑性势函数与屈服函数相同，即 $F(\{\boldsymbol{\sigma}\},\{\boldsymbol{m}\})=F(\{\boldsymbol{\sigma}\},\{\boldsymbol{k}\})$，还可以作进一步简化。这种情况下的流动法则称为相关联的流动法则。此时塑性应变增量矢量与屈服面正交，即所谓的正交条件。一般情况下塑性势函数和屈服函数不同，即 $F(\{\boldsymbol{\sigma}\},\{\boldsymbol{m}\})\neq F(\{\boldsymbol{\sigma}\})$，这时流动法则称为不相关联的流动法则。

建立本构模型时流动法则非常重要，它决定了材料的剪胀特性，进而影响到材料体积的变化及强度，见第 4 章。对有限元计算而言，流动法则是否相关联还隐含着对计算机内存和计算时间的要求。在本章后面的讨论中可以看到，如果流动法则是相关联的，则本构矩阵和总刚度矩阵都是对称矩阵；相反，如果流动法则不相关联，本构矩阵和总刚度矩阵都是不对称的，不对称矩阵求逆既占内存又耗机时。

6.8.4　硬化/软化准则

硬化/软化准则描述了状态参数$\{\boldsymbol{k}\}$随塑性应变的发展情况。它可以量化式(6.2)中的标量参数 Λ。如果材料是理想塑性的，则既不发生硬化也不发生软化，状态参数$\{\boldsymbol{k}\}$为常量，因此不需要硬化准则或软化准则。这种材料的 Λ 是不明确的，这与实际情况相符，因为一旦应力达到并保持为屈服应力时，材料应变会无限发展下去。但对塑性应变硬化和/或软化的材料，就需要这些准则具体说明屈服函数应如何变化。

例如，6.4 节中图 6.2 所示的应变硬化材料在单轴压缩情况下，随着塑性应变发展，屈服应力 σ_Y 沿路径 BCF 增加。该路径上任一点的应变可以分为弹性应变和塑性应变两部分，因此可以绘出屈服应力 σ_Y 随塑性应变 ε^p 的变化情况，如图 6.8 所示，这种关系就称为硬化准则。6.5 节中图 6.3 表示的单轴应变软化情况中，屈服应力随塑性应变逐渐降低，同样可以在图 6.8 中绘出 σ_Y 与塑性应变 ε^p 的变化关系，这种变化关系称为软化准则。

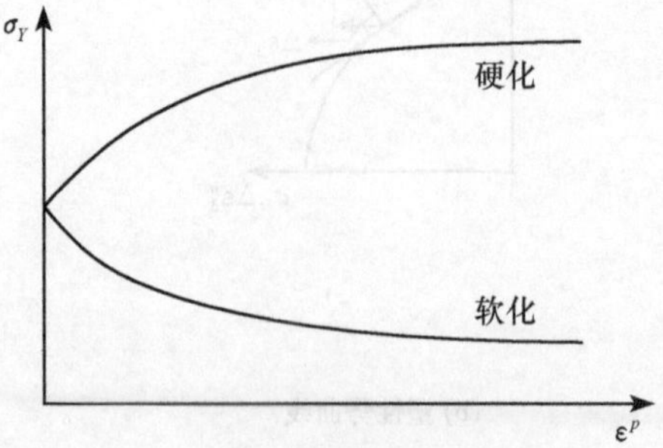

图 6.8　硬化和软化准则示意图

多轴情况下，通常要建立屈服面大小的变化和总（累积）塑性应变分量（或不变量）之间的关系。这时硬化/软化准则就称为应变硬化/应变软化。另外尽管不常用，但同样可以建立屈服面大小与塑性功 $W^p=\int\{\boldsymbol{\sigma}\}^{\mathrm{T}}\{\Delta\boldsymbol{\varepsilon}^p\}$ 变化之间的关系，这时硬化/软化准则称为功率硬化/功率软化。

总之，建立弹塑性模型时，除了认为总应力方向与塑性应变增量方向一致外，还需要三方面的信息，其中表示材料进入塑性状态的屈服函数和确定塑性应变方向的塑性势函数是两个必不可少的条件。如果材料发生硬化或软化，则还需要硬化/软化准则。第 7 章和第 8 章中将具体介绍这些模型。

现在用一个二维受力实例具体说明多轴应力下上述这些概念。为简化起见，假定相关联的流动法则，即屈服面函数与塑性势函数相同。

6.9　理想塑性（线弹性-理想塑性）材料的二维力学特征

这种材料的屈服面在应力空间中是固定的，它的位置不会因加载而改变。如果应力状态处于屈服面以下，材料是完全弹性的；如果应力状态到达了屈服面，则产生塑性应变；不会出现应力状态超出屈服面的情况。

下面考虑图 6.9 中土体单元在二维应力 σ_x、σ_y 作用下的情况。最初试样在 o 点没有任何应力，于是保持 $\sigma_y=0$，增加应力分量 σ_x 直到达到 a 点。由于应力状态始终位于屈服面之下，即在屈服线内侧，材料完全表现为弹性。尽管 σ_y 没有变，但由于泊松比的影响，仍产生了应变 ε_y（如果 $0<\mu<1/2$，则 ε_y 可能为负值）。只有泊松比 μ 为零时，ε_y 才可能为零。然后保持 σ_x 不变，增加 σ_y 直到达到屈服面上 b 点。应力位于屈服面以下时，材料是弹性的，应变 ε_y 由弹性模量控制。一旦应力到达屈服面（b 点），σ_y 就不可能再增加了，塑性应变开始产生。如果应力状态保持在 b 点不变，则塑性应变会无限增加。但是，塑性应变增量 $\mathrm{d}\varepsilon_x^p$ 和 $\mathrm{d}\varepsilon_y^p$ 的比值是固定的，等于 b 点处的屈服面（这里与塑性势面相同）梯度，此时土体单元已经破坏。

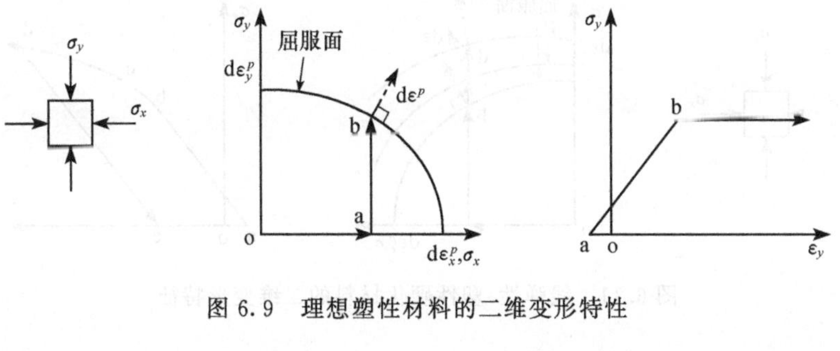

图 6.9　理想塑性材料的二维变形特性

如果上述土体单元是边界值问题中的一部分,如基础边缘下的土体,它可能被周围弹性状态的土体包围,这些土体中的应力还位于屈服面之下。这种情况下,上述单元的塑性应变将受到限制。只有当大量土体单元发生破坏形成连续破坏面时,应变才会无限制发展。

6.10　线弹性-塑性硬化材料的二维力学特征

线弹性-塑性硬化材料的屈服面位置和/或大小会随着塑性应变的发展而变化。如果屈服面形心相同,只是屈服面大小发生变化,这种硬化常称为等向硬化,如图 6.10 所示。相反,如果屈服面大小不变,只是在应力空间中的位置发生变化,这种硬化称为运动硬化。一般硬化既包括等向硬化,又包括运动硬化。

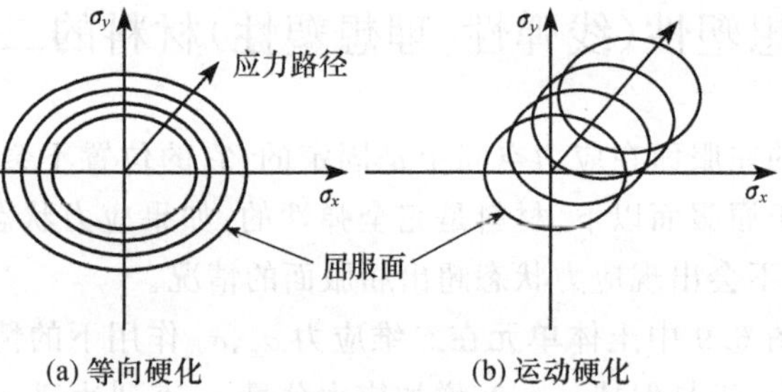

图 6.10　硬化种类

对一土体单元采用与 6.9 节同样的加载路径,到达初始屈服面上的 b 点之前,材料的变化是一样的,如图 6.11 所示。随着应力 σ_y 的进一步增加,开始产生塑性应变,根据硬化规律,屈服面扩大(等向硬化),现在可以继续增加 σ_y,于是弹性应变与塑性应变同时发展,即土体产生弹塑性变形。随着进一步加载,屈服面的梯度,也就是塑性应变分量 $d\varepsilon_x^p$ 和 $d\varepsilon_y^p$ 的比值也会改变。最终屈服面停止硬化,与上面提到的理想塑性材料一样土体发生破坏。

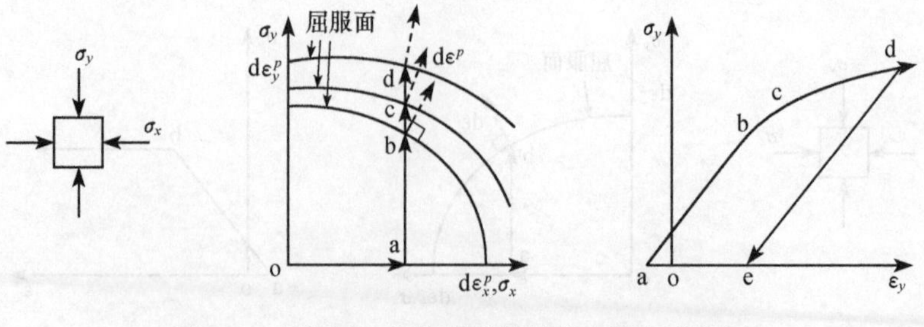

图 6.11　线弹性-塑性硬化材料的二维变形特征

如果到达 d 点后应力 σ_y 按应力路径 d—a 卸载，则应力-应变曲线沿路径 d—e 变化。卸载初期材料产生弹性变形，如果是等向硬化，则整个卸载过程中土体一直保持弹性；如果是运动硬化，卸载时也会产生塑性变形，这个问题比较复杂，这里不讨论。完全卸载后，土体将有残余应变 ε_y，它等于从 b 点加载到 d 点产生的塑性应变 ε_y^p。如果这时再增加 σ_y，那么在 d 点之前材料仍处于弹性状态，在此之后材料重新进入弹塑性状态。

6.11　线弹性-塑性软化材料的二维力学特征

线弹性-塑性软化材料的力学特性与应变硬化相似，不同之处在于软化模型中屈服面的大小随塑性应变的增加而减小。

土体沿着 6.9 节理想塑性材料和 6.10 节塑性应变硬化（或功率硬化）材料同样的加载路径，在到达初始屈服面上 b 点之前，材料的变形特征一样，如图 6.12 所示。一旦到达初始屈服面，开始产生塑性应变，屈服面变小（等向软化）。因此 σ_y 无法保持 b 点处的数值不变，如果保持的话，只会导致塑性变形无限发展。若用应变（ε_y）控制代替应力控制，即用应变边界条件代替应力边界条件，则应变软化材料的应力-应变曲线如图 6.12 所示。在塑性应变的某个阶段减小 ε_y，则土体表现为弹性，即沿路径 c—d 产生位移。这时如果再增加 ε_y，应力-应变曲线沿着卸载路径（c—d）反向变化直到土体再次屈服（在 c 点），此时土体的屈服应力小于初始屈服应力。

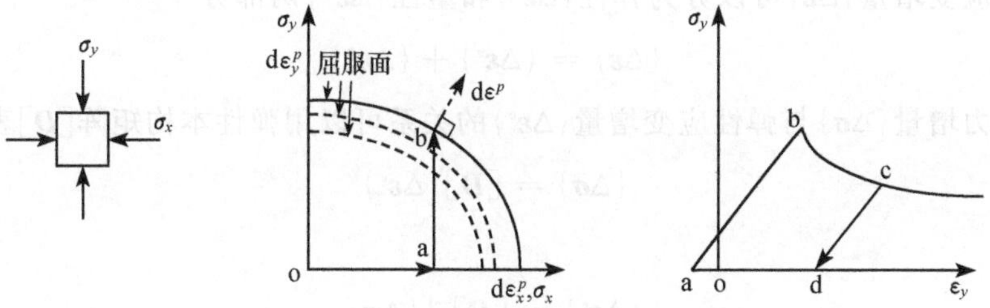

图 6.12　线弹性-塑性软化材料的二维变形特征

6.12　与实际土体比较

为了模拟土体的真实力学性质，本构模型应能同时反映应变硬化和应变软化，如图 6.13 所示。

注意，弹性与弹塑性变形的一个重要区别是，弹性应变增量与应力增量成正

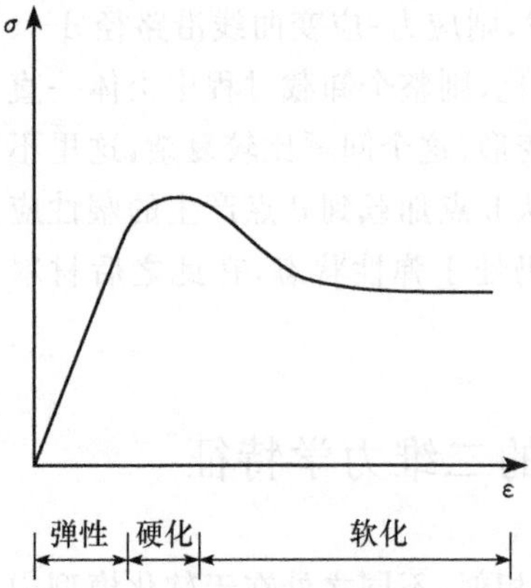

图 6.13　既含应变硬化又含应变软化的土体真实力学性质

比；而弹塑性应变增量是当前应力的函数，因此应变增量和应力增量可能不在同一个方向上。

以上分析中都隐含了线弹性假设，这不符合实际情况，其实也可以将非线性弹性与弹塑性模型相结合。由于土体的复杂性，迄今为止还没有一种弹塑性模型，能够仅通过简单室内试验得到的有限参数全面反映实际土体的各种力学性质，这也是目前有很多本构模型的原因，这些模型有的简单，有的非常复杂；有的用总应力描述，有的用有效应力描述。第 7 章将介绍一些简单的模型，较复杂的模型在第 8 章中介绍。

6.13　弹塑性本构矩阵方程

确定了弹塑性本构模型的基本要素后，现在需要建立应力增量和应变增量之间的关系，可以表示为

$$\{\Delta\boldsymbol{\sigma}\} = [\boldsymbol{D}^{ep}]\{\Delta\boldsymbol{\varepsilon}\} \tag{6.4}$$

为了与纯弹性矩阵相区别，用$[\boldsymbol{D}^{ep}]$表示弹塑性本构矩阵。弹性矩阵仍然用矩阵$[\boldsymbol{D}]$表示。

总应变增量$\{\Delta\boldsymbol{\varepsilon}\}$可以分为弹性$\{\Delta\boldsymbol{\varepsilon}^e\}$和塑性$\{\Delta\boldsymbol{\varepsilon}^p\}$两部分

$$\{\Delta\boldsymbol{\varepsilon}\} = \{\Delta\boldsymbol{\varepsilon}^e\} + \{\Delta\boldsymbol{\varepsilon}^p\} \tag{6.5}$$

应力增量$\{\Delta\boldsymbol{\sigma}\}$与弹性应变增量$\{\Delta\boldsymbol{\varepsilon}^e\}$的关系可以用弹性本构矩阵$[\boldsymbol{D}]$表示

$$\{\Delta\boldsymbol{\sigma}\} = [\boldsymbol{D}]\{\Delta\boldsymbol{\varepsilon}^e\} \tag{6.6}$$

或者

$$\{\Delta\boldsymbol{\varepsilon}^e\} = [\boldsymbol{D}]^{-1}\{\Delta\boldsymbol{\sigma}\} \tag{6.7}$$

联立式(6.5)和式(6.6)，有

$$\{\Delta\boldsymbol{\sigma}\} = [\boldsymbol{D}](\{\Delta\boldsymbol{\varepsilon}\} - \{\Delta\boldsymbol{\varepsilon}^p\}) \tag{6.8}$$

根据式(6.2)给出的流动法则，由塑性势函数 $F(\{\boldsymbol{\sigma}\},\{\boldsymbol{m}\})=0$ 确定塑性应变增量$\{\Delta\boldsymbol{\varepsilon}^p\}$的大小，于是有

$$\{\Delta\boldsymbol{\varepsilon}^p\} = \Lambda\left\{\frac{\partial P(\{\boldsymbol{\sigma}\},\{\boldsymbol{m}\})}{\partial\boldsymbol{\sigma}}\right\} \tag{6.9}$$

式中，Λ为一个标量因子。将式(6.9)代入式(6.8)得到

$$\{\Delta\boldsymbol{\sigma}\}=[\boldsymbol{D}]\{\Delta\boldsymbol{\varepsilon}\}-\Lambda[\boldsymbol{D}]\left\{\frac{\partial P(\{\boldsymbol{\sigma}\},\{\boldsymbol{m}\})}{\partial\boldsymbol{\sigma}}\right\} \tag{6.10}$$

当材料处于塑性状态时，应力状态必须满足屈服函数 $F(\{\boldsymbol{\sigma}\},\{\boldsymbol{k}\})=0$。因此 $\mathrm{d}F(\{\boldsymbol{\sigma}\},\{\boldsymbol{k}\})=0$，根据求导法则，得到

$$\mathrm{d}F(\{\boldsymbol{\sigma}\},\{\boldsymbol{k}\})=\left\{\frac{\partial F(\{\boldsymbol{\sigma}\},\{\boldsymbol{k}\})}{\partial\boldsymbol{\sigma}}\right\}^{\mathrm{T}}\{\Delta\boldsymbol{\sigma}\}+\left\{\frac{\partial F(\{\boldsymbol{\sigma}\},\{\boldsymbol{k}\})}{\partial\boldsymbol{k}}\right\}^{\mathrm{T}}\{\Delta\boldsymbol{k}\}=0 \tag{6.11}$$

这个方程就是常说的一致性方程（或一致性条件）。它可以重写为下列形式：

$$\{\Delta\boldsymbol{\sigma}\}=-\frac{\left\{\dfrac{\partial F(\{\boldsymbol{\sigma}\},\{\boldsymbol{k}\})}{\partial\boldsymbol{k}}\right\}^{\mathrm{T}}\{\Delta\boldsymbol{k}\}}{\left\{\dfrac{\partial F(\{\boldsymbol{\sigma}\},\{\boldsymbol{k}\})}{\partial\boldsymbol{\sigma}}\right\}^{\mathrm{T}}} \tag{6.12}$$

联立式(6.10)和式(6.12)，有

$$\Lambda=\frac{\left\{\dfrac{\partial F(\{\boldsymbol{\sigma}\},\{\boldsymbol{k}\})}{\partial\boldsymbol{\sigma}}\right\}^{\mathrm{T}}[\boldsymbol{D}]\{\Delta\boldsymbol{\varepsilon}\}}{\left\{\dfrac{\partial F(\{\boldsymbol{\sigma}\},\{\boldsymbol{k}\})}{\partial\boldsymbol{\sigma}}\right\}^{\mathrm{T}}[\boldsymbol{D}]\left\{\dfrac{\partial P(\{\boldsymbol{\sigma}\},\{\boldsymbol{m}\})}{\partial\boldsymbol{\sigma}}\right\}+A} \tag{6.13}$$

式中

$$A=-\frac{1}{\Lambda}\left\{\frac{\partial F(\{\boldsymbol{\sigma}\},\{\boldsymbol{k}\})}{\partial\boldsymbol{k}}\right\}^{\mathrm{T}}\{\Delta\boldsymbol{k}\} \tag{6.14}$$

将式(6.13)代入式(6.10)，得到

$$\{\Delta\boldsymbol{\sigma}\}=[\boldsymbol{D}]\{\Delta\boldsymbol{\varepsilon}\}-\frac{[\boldsymbol{D}]\left\{\dfrac{\partial P(\{\boldsymbol{\sigma}\},\{\boldsymbol{m}\})}{\partial\boldsymbol{\sigma}}\right\}\left\{\dfrac{\partial F(\{\boldsymbol{\sigma}\},\{\boldsymbol{k}\})}{\partial\boldsymbol{\sigma}}\right\}^{\mathrm{T}}[\boldsymbol{D}]\{\Delta\boldsymbol{\varepsilon}\}}{\left\{\dfrac{\partial F(\{\boldsymbol{\sigma}\},\{\boldsymbol{k}\})}{\partial\boldsymbol{\sigma}}\right\}^{\mathrm{T}}[\boldsymbol{D}]\left\{\dfrac{\partial P(\{\boldsymbol{\sigma}\},\{\boldsymbol{m}\})}{\partial\boldsymbol{\sigma}}\right\}+A} \tag{6.15}$$

比较式(6.4)和式(6.15)，得到下列弹塑性本构矩阵：

$$[\boldsymbol{D}^{ep}]=[\boldsymbol{D}]-\frac{[\boldsymbol{D}]\left\{\dfrac{\partial P(\{\boldsymbol{\sigma}\},\{\boldsymbol{m}\})}{\partial\boldsymbol{\sigma}}\right\}\left\{\dfrac{\partial F(\{\boldsymbol{\sigma}\},\{\boldsymbol{k}\})}{\partial\boldsymbol{\sigma}}\right\}^{\mathrm{T}}[\boldsymbol{D}]}{\left\{\dfrac{\partial F(\{\boldsymbol{\sigma}\},\{\boldsymbol{k}\})}{\partial\boldsymbol{\sigma}}\right\}^{\mathrm{T}}[\boldsymbol{D}]\left\{\dfrac{\partial P(\{\boldsymbol{\sigma}\},\{\boldsymbol{m}\})}{\partial\boldsymbol{\sigma}}\right\}+A} \tag{6.16}$$

式(6.14)中参数 A 的形式由塑性类型（即理想塑性、塑性应变硬化/应变软化或塑性功率硬化/功率软化）决定。

1. 理想塑性

这种情况下状态参数 $\{\boldsymbol{k}\}$ 是常数，因此

$$\left\{\frac{\partial F(\{\boldsymbol{\sigma}\},\{\boldsymbol{k}\})}{\partial \boldsymbol{k}}\right\}^{\mathrm{T}}=0 \tag{6.17}$$

由此可得 $A=0$。

2. 塑性应变硬化/应变软化

此时状态参数$\{\boldsymbol{k}\}$与总塑性应变$\{\boldsymbol{\varepsilon}^p\}$相关。因此式(6.14)可写为

$$A=-\frac{1}{\Lambda}\left\{\frac{\partial F(\{\boldsymbol{\sigma}\},\{\boldsymbol{k}\})}{\partial \boldsymbol{k}}\right\}^{\mathrm{T}}\frac{\partial\{\boldsymbol{k}\}}{\partial\{\boldsymbol{\varepsilon}^p\}}\{\Delta\boldsymbol{\varepsilon}^p\} \tag{6.18}$$

如果$\{\boldsymbol{k}\}$与$\{\boldsymbol{\varepsilon}^p\}$之间呈线性关系,则

$$\frac{\partial\{\boldsymbol{k}\}}{\partial\{\boldsymbol{\varepsilon}^p\}}=\text{常量}\quad(\text{即与}\{\boldsymbol{\varepsilon}^p\}\text{ 无关}) \tag{6.19}$$

将式(6.19)代入式(6.18)中,结合式(6.9)给出的流动法则,则未知标量 Λ 可以约去,这时 A 就确定了。

如果$\{\boldsymbol{k}\}$与$\{\boldsymbol{\varepsilon}^p\}$之间不存在线性关系,则式(6.19)左侧的微分比是塑性应变的函数,也是 Λ 的函数;代入式(6.18)中,再采用式(6.9)给出的流动法则,此时 Λ 无法约去,A 也无法确定,这样就无法得到本构矩阵$[\boldsymbol{D}^{ep}]$。

实际应用中,所有的应变硬化/应变软化模型都假定$\{\boldsymbol{k}\}$与$\{\boldsymbol{\varepsilon}^p\}$之间存在线性关系。

3. 塑性功率硬化/功率软化

这种塑性情况下的状态参数$\{\boldsymbol{k}\}$与总塑性功 W^p 相关,而总塑性功取决于塑性应变的大小。可以看出,若采用与前面应变硬化/应变软化类似的推导方法,只有当状态参数$\{\boldsymbol{k}\}$与塑性功 W^p 之间具有线性关系时,式(6.14)中的参数 A 才可以确定,因为它与未知标量 Λ 无关。如果状态参数$\{\boldsymbol{k}\}$与塑性功 W^p 之间不存在线性关系,A 就是 Λ 的函数,同样无法得到本构矩阵$[\boldsymbol{D}^{ep}]$。

如果弹性本构矩阵$[\boldsymbol{D}]$是对称的(各向同性或横观各向同性材料),当式(6.20)表示的分子部分为对称矩阵时,式(6.16)弹塑性本构矩阵$[\boldsymbol{D}^{ep}]$也是对称的。

$$[\boldsymbol{D}]\left\{\frac{\partial P(\{\boldsymbol{\sigma}\},\{\boldsymbol{m}\})}{\partial \boldsymbol{\sigma}}\right\}\left\{\frac{\partial F(\{\boldsymbol{\sigma}\},\{\boldsymbol{k}\})}{\partial \boldsymbol{\sigma}}\right\}^{\mathrm{T}}[\boldsymbol{D}] \tag{6.20}$$

要满足式(6.20)对称,必须有

$$\left\{\frac{\partial P(\{\boldsymbol{\sigma}\},\{\boldsymbol{m}\})}{\partial \boldsymbol{\sigma}}\right\}=\left\{\frac{\partial F(\{\boldsymbol{\sigma}\},\{\boldsymbol{k}\})}{\partial \boldsymbol{\sigma}}\right\} \tag{6.21}$$

即弹塑性本构矩阵为对称矩阵的隐含条件是屈服函数与塑性势函数相同。如前所

述，这是一种特殊的塑性类型，流动法则是相关联的，这种情况下对有限元网格中所有的单元采用对称的$[\boldsymbol{D}^{ep}]$，单元集合后得到的总刚度矩阵也是对称的。

一般情况下流动法则是不相关联的，屈服函数与塑性势函数不同，本构矩阵$[\boldsymbol{D}^{ep}]$并不对称。因此形成总方程时总刚度矩阵不对称。与对称情况相比，计算不对称矩阵的逆矩阵比较复杂，占用的计算机资源也较多，需要较大的内存和较多的机时。

一些商业软件无法求解不对称的总刚度矩阵，因此，软件只能选用含相关联流动法则的塑性模型。

6.14　小　结

(1) 弹塑性理论为模拟土体实际力学性质提供了最好的理论框架。本章介绍了三种塑性类型：理想塑性、应变(或功率)硬化及应变(或功率)软化。这些模型假定材料在屈服之前是弹性的，因此充分利用了弹性和塑性模型的优势。

(2) 弹塑性模型中既可采用线弹性，也可以采用非线弹性，因此第 5 章中介绍的模型这里均可以使用。

(3) 弹塑性模型假设总应力方向与塑性应变增量方向一致。确定弹塑性模型需要两个基本条件和一个补充条件。两个基本条件是，区分弹性和弹塑性变形的屈服函数，及确定塑性应变增量方向的塑性势函数(或流动法则)。一个补充条件是硬化/软化准则，它描述状态参数(如强度)随塑性应变(或塑性功)的变化情况。

(4) 如果屈服面和塑性势面相同，则称为相关联的(或满足正交条件的)本构模型，这时本构矩阵和有限元总刚度矩阵都是对称的。如果不满足这个条件，上述两个矩阵都是不对称的，有限元计算时将占用较多的内存和机时。

第7章 简单弹塑性本构模型

7.1 引　言

本章介绍一些简单弹塑性本构模型基本方程。首先介绍 Tresca 和 von Mises 弹性-理想塑性模型。这两个模型均以总应力的形式给出，可用于描述不排水条件下土体的力学性质。接着用有效应力研究土体的力学特性，介绍如何由著名的库仑破坏准则得到莫尔-库仑(Mohr-Coulomb)和德鲁克-布拉格(Drucker-Prager)模型，并引入塑性应变硬化/应变软化对莫尔-库仑模型进行拓展。本章介绍土体的临界状态及常用的剑桥模型和修正剑桥模型的基本假定，对模型基本方程的一些修正方法也作了介绍。最后，本章讨论了平面应变问题中偏应力平面上塑性势面形状的重要性。

7.2 概　述

本章用第 6 章提出的弹塑性理论框架构建一些简单的弹塑性本构模型，首先介绍 Tresca 和 von Mises 弹性-理想塑性模型。这两个模型以总应力的形式给出，可以描述不排水条件下土体的力学性质。为了描述更一般的土体特性，需要用有效应力表述本构模型。为此本章介绍了如何由著名的库仑破坏准则得到莫尔-库仑和德鲁克-布拉格模型。上述各模型在描述土体的真实力学特性(如第 4 章中所述)方面都具有一定的局限性，但是它们奠定了经典土力学理论的基础。

通过塑性硬化和/或塑性软化，可以对这些简单的本构模型作进一步改进，修正的莫尔-库仑模型就是一个例子。

临界状态本构模型的发展将岩土力学塑性理论向前推进了一大步。一个简单的模型若采用相关联的流动法则就能够(至少是定性地)反映第 4 章中介绍的土体性质的许多基本特征。这极大地推动了不同类型临界状态模型的发展，每一模型都力图与土体的真实力学特性相吻合。用这些模型分析岩土工程问题已成为计算土力学的一个重要内容。在简单介绍土体临界状态的基本假定后，本章介绍了广为应用的剑桥模型和修正剑桥模型。这两个模型最初都建立在三维应力空间中，用它们分析边界值问题需要作进一步假定，于是探讨了如何将它们拓展到广义应力空间中，同时也介绍了这两个模型常用的修正方法。

本章最后讨论了偏应力空间中塑性势面形状对平面应变边界值问题研究的重要性。结果表明，塑性势面形状决定了破坏时中主应力的相对大小(常用 b 或 θ 表示)，反过来中主应力的大小又控制着土体强度的发挥。

7.3 Tresca 模型

通常可以用莫尔应力圆将土体的试验结果绘制在二维平面应力中。例如，常规三轴试验常用竖向和水平向总应力(σ_v 和 σ_h)，或竖向和水平向有效应力(σ'_v 和 σ'_h)，绘制试验结果；如果是饱和土试验，常用总应力绘制破坏时的莫尔应力圆，如图 7.1 所示。如果两个相同的试样在不同围压下进行试验，试验中不允许发生固结，则经典土力学理论认为这两个试样破坏时的莫尔应力圆直径相同，但在 σ 轴上的位置不一样，如图 7.1 所示。因此，由不排水强度 S_u 和破坏时莫尔应力圆直径之间的关系得到相应的破坏准则。注意常规三轴试验中，$\sigma_1=\sigma_v$，$\sigma_3=\sigma_h$，于是破坏准则可以写为

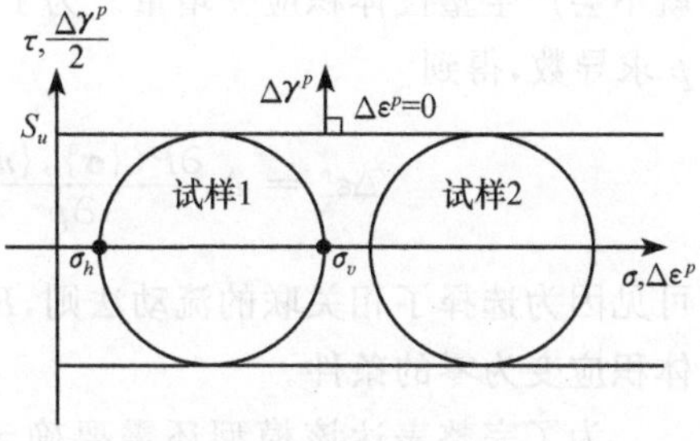

图 7.1　总应力莫尔圆

$$\sigma_1-\sigma_3=2S_u \tag{7.1}$$

Tresca 模型采用这样的破坏准则作为屈服面，于是屈服函数可写为

$$F(\{\boldsymbol{\sigma}\},\{\boldsymbol{k}\})=\sigma_1-\sigma_3-2S_u=0 \tag{7.2}$$

对一般应力而言，用式(7.2)前先要计算出三个主应力($\sigma_a,\sigma_b,\sigma_c$)，并确定大主应力 σ_1 和小主应力 σ_3 的值。有限元计算时，用应力不变量 p、J 和 θ(见式(5.1)～式(5.3))改写式(7.2)更方便些，由式(5.4)可得

$$F(\{\boldsymbol{\sigma}\},\{\boldsymbol{k}\})=J\cos\theta-S_u=0 \tag{7.3}$$

主应力空间中式(7.3)这样的屈服函数为一个正六棱柱，空间对角线即为棱柱体的对称线，如图 7.2 所示。由于大、小主应力有六种不同的排列方式，即 $\sigma_a>\sigma_b>\sigma_c$，$\sigma_b>\sigma_a>\sigma_c$，…，因此偏应力平面上六角形有六个对称轴。该模型是理想塑性模型，不需要硬化/软化准则，假定状态参数$\{\boldsymbol{k}\}=S_u$ 为常量(即与塑性应变和/或塑性功无关)。

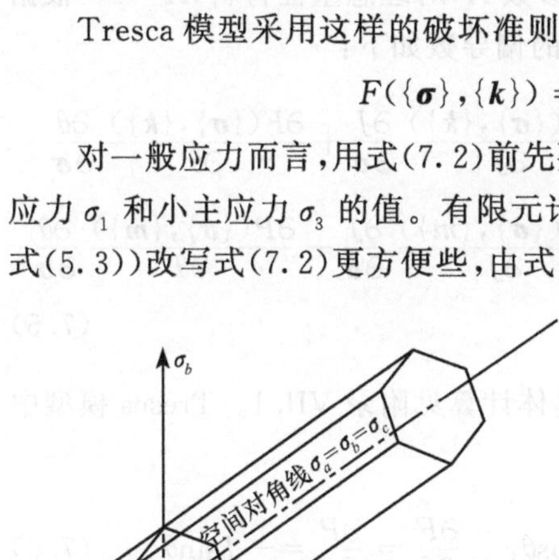

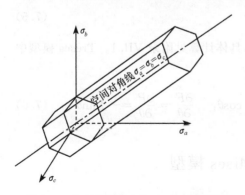

图 7.2　主应力空间中的 Tresca 屈服面

现在该模型的塑性部分就缺塑性势函数 $P(\{\boldsymbol{\sigma}\},\{\boldsymbol{m}\})$ 了。该模型反映的是饱和土体的不排水力学特性,因此模型得到的体积应变应该为零。土体可以是纯弹性的(位于屈服面以下)或纯塑性的(位于屈服面上),但无论体积应变的弹性分量还是塑性分量都必须等于零。这限制了塑性势函数的选择,一个简单的方法是假定相关联的塑性流动法则,即选取式(7.3)给出的屈服函数为塑性势函数。要知道,塑性应变增量可以与总应力绘在同一坐标系中(见 6.8 节),因此图 7.1 中塑性应变增量矢量竖向向上,与屈服面正交,这表明土体不会产生塑性应变增量,因而就不会产生塑性体积应变增量。为了说明这一点,更直接的做法是塑性势函数对 p 求导数,得到

$$\Delta\varepsilon_v^p = \Lambda \frac{\partial P(\{\boldsymbol{\sigma}\},\{\boldsymbol{m}\})}{\partial p} = \Lambda \frac{\partial F(\{\boldsymbol{\sigma}\},\{\boldsymbol{k}\})}{\partial p} = 0 \tag{7.4}$$

可见因为选择了相关联的流动法则,$P(\{\boldsymbol{\sigma}\},\{\boldsymbol{m}\})=F(\{\boldsymbol{\sigma}\},\{\boldsymbol{k}\})$,于是满足了塑性体积应变为零的条件。

为了完整表达该模型还需要确定弹性参数。由于没有弹性体积应变,因此 $\mu_u \approx 0.5$。这样一旦不排水剪切强度 S_u 和不排水杨氏模量 E_u 确定下来,模型也就确定了。

计算弹塑性本构矩阵 $[\boldsymbol{D}^{ep}]$(见式(6.16))需要确定:弹性本构矩阵 $[\boldsymbol{D}]$,可以由 μ_u 和 E_u 计算得到(见式(5.8));屈服函数和塑性势函数的偏导数 $\partial F(\{\boldsymbol{\sigma}\},\{\boldsymbol{k}\})/\partial\boldsymbol{\sigma}$ 和 $\partial P(\{\boldsymbol{\sigma}\},\{\boldsymbol{m}\})/\partial\boldsymbol{\sigma}$;硬化和软化参数 A,对理想塑性材料,$A=0$。根据链式法则,计算 $F(\{\boldsymbol{\sigma}\},\{\boldsymbol{k}\})$ 和 $P(\{\boldsymbol{\sigma}\},\{\boldsymbol{m}\})$ 的偏导数如下:

$$\begin{aligned}
\frac{\partial F(\{\boldsymbol{\sigma}\},\{\boldsymbol{k}\})}{\partial \boldsymbol{\sigma}} &= \frac{\partial F(\{\boldsymbol{\sigma}\},\{\boldsymbol{k}\})}{\partial p}\frac{\partial p}{\partial \boldsymbol{\sigma}} + \frac{\partial F(\{\boldsymbol{\sigma}\},\{\boldsymbol{k}\})}{\partial J}\frac{\partial J}{\partial \boldsymbol{\sigma}} + \frac{\partial F(\{\boldsymbol{\sigma}\},\{\boldsymbol{k}\})}{\partial \theta}\frac{\partial \theta}{\partial \boldsymbol{\sigma}} \\
\frac{\partial P(\{\boldsymbol{\sigma}\},\{\boldsymbol{m}\})}{\partial \boldsymbol{\sigma}} &= \frac{\partial P(\{\boldsymbol{\sigma}\},\{\boldsymbol{m}\})}{\partial p}\frac{\partial p}{\partial \boldsymbol{\sigma}} + \frac{\partial P(\{\boldsymbol{\sigma}\},\{\boldsymbol{m}\})}{\partial J}\frac{\partial J}{\partial \boldsymbol{\sigma}} + \frac{\partial P(\{\boldsymbol{\sigma}\},\{\boldsymbol{m}\})}{\partial \theta}\frac{\partial \theta}{\partial \boldsymbol{\sigma}}
\end{aligned} \tag{7.5}$$

$\partial p/\partial\boldsymbol{\sigma}$、$\partial J/\partial\boldsymbol{\sigma}$ 和 $\partial\theta/\partial\boldsymbol{\sigma}$ 与模型无关,具体计算见附录 VII. 1。Tresca 模型中 $F(\{\boldsymbol{\sigma}\},\{\boldsymbol{k}\})=P(\{\boldsymbol{\sigma}\},\{\boldsymbol{m}\})$,且

$$\frac{\partial F}{\partial p} = \frac{\partial P}{\partial p} = 0,\quad \frac{\partial F}{\partial J} = \frac{\partial P}{\partial J} = \cos\theta,\quad \frac{\partial F}{\partial \theta} = \frac{\partial P}{\partial \theta} = -J\sin\theta \tag{7.6}$$

7.4 von Mises 模型

由图 7.2 知道,三维主应力空间中 von Mises 屈服面有角点。该屈服面与垂直

于空间对角线的偏应力平面的交线为正六边形，六边形的角点对应着三轴压缩和三轴拉伸情况。这些角点意味着屈服函数有奇异性，过去用该屈服函数求解简单边界值问题的解析解（即理论解）时会有问题。数值计算中这些角点也会带来一些困难。例如，确定$[\boldsymbol{D}^{ep}]$需要计算屈服函数和塑性势函数的偏导数（见式(6.16)），但这些偏导数在角点处不唯一，目前已有很多方法可以解决这个问题。

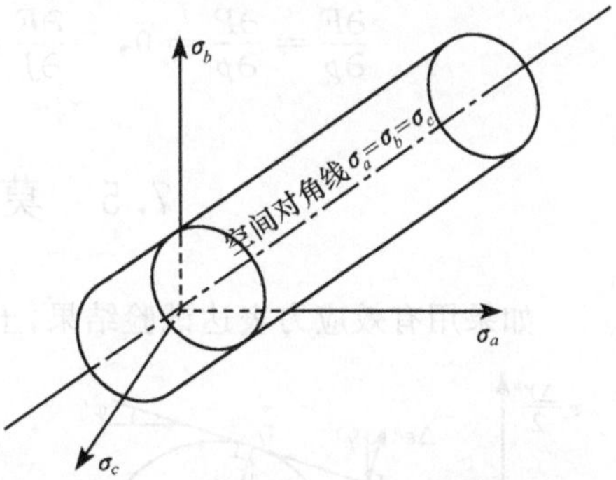

图 7.3　主应力空间中泛米塞斯屈服面

由于 Tresca 准则在计算中会有一些困难，数学家们通常对屈服函数的表达式进行简化，使屈服函数在主应力空间中呈圆柱形，而不是六棱柱形，如图 7.3 所示，这只要将式(7.3)改写为下列形式：

$$F(\{\boldsymbol{\sigma}\},\{\boldsymbol{k}\}) = J - \alpha = 0 \tag{7.7}$$

式中，α 为土体抗剪强度的材料参数。这种形式的屈服函数常称为 von Mises 准则，偏应力平面上它是一个圆。

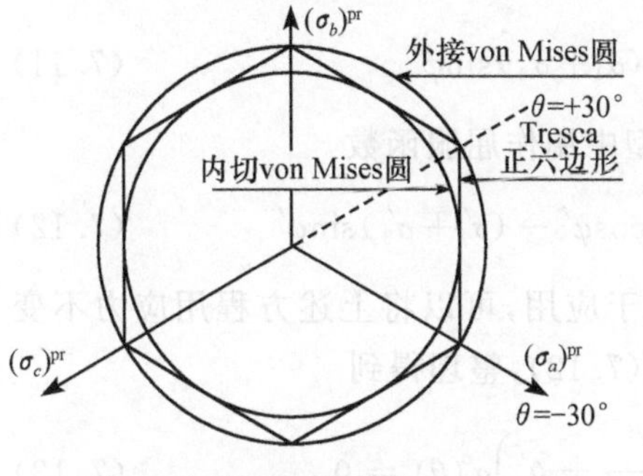

图 7.4　偏应力平面上 Tresca 与 von Mises 屈服准则的对比

现在的问题是如何确定 α 与土体不排水抗剪强度之间的关系。图 7.4 是该问题的示意图，图中绘出了偏应力平面上 Tresca 正六边形，由图可见，有两个 von Mises 圆，一个是 Tresca 正六边形的外接圆，一个是内切圆。一般认为 von Mises 屈服函数是 Tresca 屈服函数的近似值，因此需要得到与图 7.4 中六边形拟合最佳的圆。对比式(7.3)和式(7.7)，可以得到以下关系：

$$\alpha = \frac{S_u}{\cos\theta} \tag{7.8}$$

式(7.8)使上述屈服函数在特定的洛德角 θ 处与 Tresca 函数相等。例如，图 7.4 中外接圆在 $\theta=\pm30°$ 时与 Tresca 正六边形相交，此时 $\alpha=1.155S_u$；内切圆在 $\theta=0°$ 时与 Tresca 正六边形相交，于是 $\alpha=S_u$。因此与正六边形拟合最好的圆在 $\theta=\pm15°$ 处，此时 $\alpha=1.035S_u$。

该模型假定相关联的流动法则 $P(\{\boldsymbol{\sigma}\},\{\boldsymbol{m}\})=F(\{\boldsymbol{\sigma}\},\{\boldsymbol{k}\})$，于是塑性势函数也可以用式(7.7)表示。土体的弹性变形可以由假定的泊松比 $\mu_u\approx0.5$ 及杨氏模

量 E_u 确定。为了得到弹塑性本构矩阵$[\boldsymbol{D}^{ep}]$(见式(6.16)),需要对屈服函数和塑性势函数求偏导数,如式(7.5)所示,其中

$$\frac{\partial F}{\partial p}=\frac{\partial P}{\partial p}=0,\quad \frac{\partial F}{\partial J}=\frac{\partial P}{\partial J}=1,\quad \frac{\partial F}{\partial \theta}=\frac{\partial P}{\partial \theta}=0 \tag{7.9}$$

7.5　莫尔-库仑模型

如果用有效应力表达试验结果,土体破坏时的莫尔应力圆可以理想地表示为图 7.5 的形式。通常假设不同初始有效应力下试验得到的莫尔圆公切线是一条直线,这条直线称为库仑破坏准则,表示为

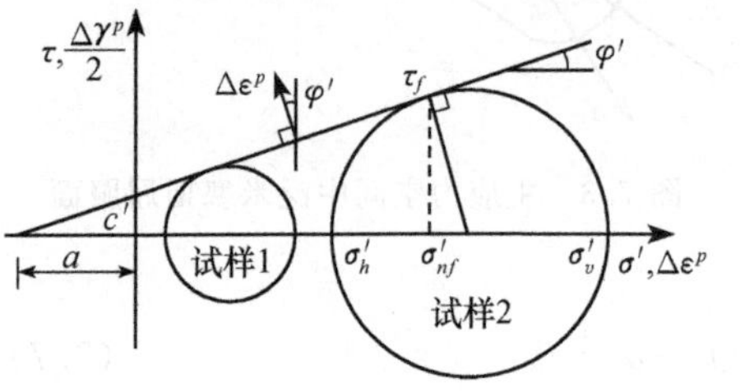

图 7.5　有效应力莫尔圆

$$\tau_f = c' + \sigma'_{nf}\tan\varphi' \tag{7.10}$$

式中,τ_f 和 σ'_{nf} 分别为破坏面上的切向和法向应力,凝聚力 c' 和内摩擦角 φ' 为材料参数。图 7.5 中,$\sigma'_1=\sigma'_v$,$\sigma'_3=\sigma'_h$,根据图中几何关系,将式(7.10)改写为

$$\sigma'_1-\sigma'_3 = 2c'\cos\varphi' + (\sigma'_1+\sigma'_3)\sin\varphi' \tag{7.11}$$

这就是莫尔-库仑破坏准则,在莫尔-库仑模型中用作屈服函数

$$F(\{\boldsymbol{\sigma}'\},\{\boldsymbol{k}\}) = \sigma'_1-\sigma'_3-2c'\cos\varphi'-(\sigma'_1+\sigma'_3)\sin\varphi' \tag{7.12}$$

与前面介绍的 Tresca 模型相似,为了便于应用,可以将上述方程用应力不变量 p'、J 和 θ 的形式改写。将式(5.4)代入式(7.12),整理得到

$$F(\{\boldsymbol{\sigma}'\},\{\boldsymbol{k}\}) = J-\left(\frac{c'}{\tan\varphi'}+p'\right)g(\theta)=0 \tag{7.13}$$

式中

$$g(\theta)=\frac{\sin\varphi'}{\cos\theta+\dfrac{\sin\theta\sin\varphi'}{\sqrt{3}}} \tag{7.14}$$

在有效应力空间中,该屈服函数式(7.13)为一个不规则的六棱锥,如图 7.6 所示,由于主应力大小的排列方式不同,它也有六重对称性。

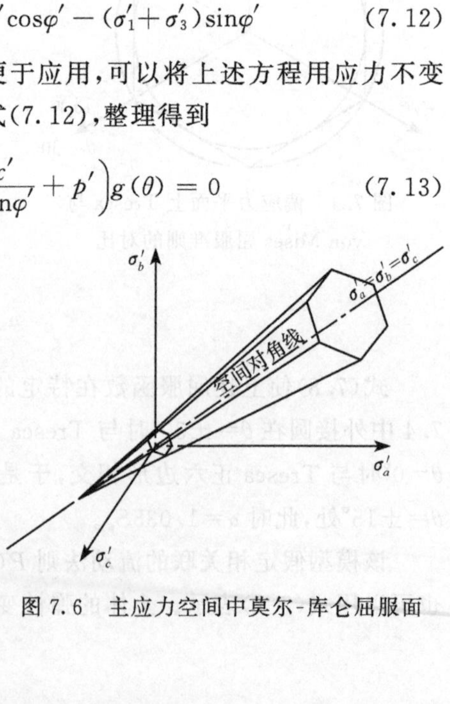

图 7.6　主应力空间中莫尔-库仑屈服面

值得指出的是,如果式(7.13)中用

S_u 代替 c'，并令 $\varphi'=0$，便得到式(7.3)表示的 Tresca 屈服函数。

莫尔-库仑模型是理想塑性模型，不需要硬化/软化准则，假定状态参数 $\{\boldsymbol{k}\}=\{c',\varphi'\}^{\mathrm{T}}$ 为常数，与塑性应变和塑性功无关。

完成该模型还需要确定塑性势函数 $P(\{\boldsymbol{\sigma}'\},\{\boldsymbol{m}\})$。与 Tresca 模型类似，可用相关联的流动法则 $P(\{\boldsymbol{\sigma}'\},\{\boldsymbol{m}\})=F(\{\boldsymbol{\sigma}'\},\{\boldsymbol{k}\})$。这样塑性应变增量与垂直方向的夹角为 φ'，如图 7.5 所示，这意味着会产生负的塑性应变，而负的拉应变会使塑性体积应变发生剪胀。该情况下可以令式(7.15)中的剪胀角 ν(图 7.7)与剪切摩擦角 φ' 相等

$$\nu=\sin^{-1}\left(-\frac{\Delta\varepsilon_1^p+\Delta\varepsilon_3^p}{\Delta\varepsilon_1^p-\Delta\varepsilon_3^p}\right)\tag{7.15}$$

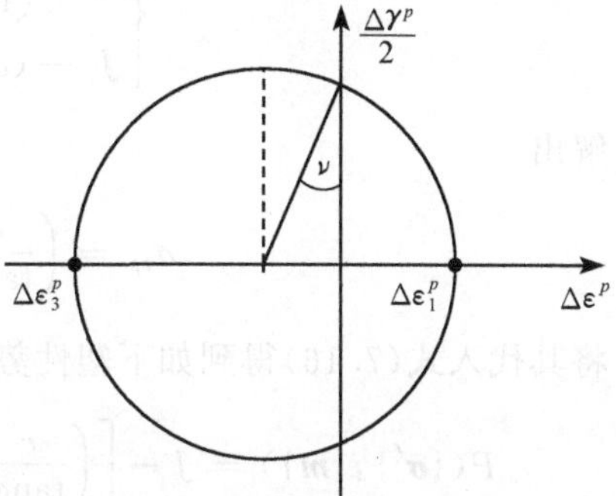

图 7.7　塑性应变莫尔圆

把 $\Delta\varepsilon_1^p=\Lambda\partial P(\{\boldsymbol{\sigma}'\},\{\boldsymbol{m}\})/\partial\sigma_1'$，$\Delta\varepsilon_3^p=\Lambda\partial P(\{\boldsymbol{\sigma}'\},\{\boldsymbol{m}\})/\partial\sigma_3'$ 代入式(7.15)，其中，$P(\{\boldsymbol{\sigma}'\},\{\boldsymbol{m}\})$ 用式(7.12)计算，便得到剪胀角 ν 的大小。

上述方法有两个缺陷：①计算得到的塑性体积应变(即剪胀)远远大于土体的实测情况；②一旦土体屈服，剪胀将无限发展下去。实际上，土体刚开始破坏时会发生初始剪胀，但应变较大时体积将保持不变，即塑性体积应变增量等于零。

为了克服该模型的第一个缺陷，可以采用不相关联的流动法则，假定塑性势函数与屈服面函数相似，如式(7.13)，但是用 ν 代替 φ'，于是得到

$$P(\{\boldsymbol{\sigma}'\},\{\boldsymbol{m}\})=J-(a_{pp}+p')g_{pp}(\theta)=0\tag{7.16}$$

式中

$$g_{pp}(\theta)=\frac{\sin\nu}{\cos\theta+\dfrac{\sin\theta\sin\nu}{\sqrt{3}}}\tag{7.17}$$

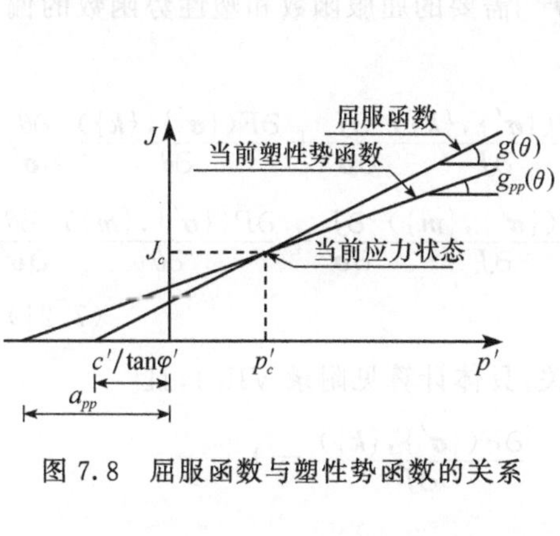

图 7.8　屈服函数与塑性势函数的关系

式中，a_{pp} 是塑性势锥体的顶点与有效主应力空间原点的距离，它相当于屈服函数中的 $c'/\tan\varphi'$(见式(7.13))。

注意，塑性势函数必须穿过当前应力状态点，由于土体处于塑性状态，应力状态点必须位于屈服面上，即得到图 7.8 所示的情况。图中 p_c'、J_c 和 θ_c(图中没有给出)是当前应力的不变量，假定位于屈服

面上。由于屈服面和塑性势面都通过该应力状态点，因此将 p_c'、J_c 和 θ_c 同时代入式(7.13)和式(7.16)，得

$$\begin{cases} J_c - \left(\dfrac{c'}{\tan\varphi'} + p_c'\right) g(\theta_c) = 0 \\ J_c - (a_{pp} + p_c') g_{pp}(\theta_c) = 0 \end{cases} \tag{7.18}$$

解出

$$a_{pp} = \left(\frac{c'}{\tan\varphi'} + p_c'\right)\frac{g(\theta_c)}{g_{pp}(\theta_c)} - p_c' \tag{7.19}$$

将其代入式(7.16)得到如下塑性势函数：

$$P(\{\boldsymbol{\sigma}'\},\{\boldsymbol{m}\}) = J - \left[\left(\frac{c'}{\tan\varphi'} + p_c'\right)\frac{g(\theta_c)}{g_{pp}(\theta_c)} - p_c' + p'\right] g_{pp}(\theta) = 0 \tag{7.20}$$

p'-J-θ 空间上屈服面固定不变，但塑性势面要不断变化使之通过当前应力点，因为计算弹塑性本构矩阵$[\boldsymbol{D}^{ep}]$只需要知道塑性势函数对各应力分量的偏导数(见式(6.16))。如果 $\nu=\varphi'$，式(7.20)与式(7.13)相同，是相关联的情况；当 $\nu<\varphi'$ 时，是不相关联情况，随着 ν 降低，土体剪胀量也逐渐减少。如果 $\nu=0°$，塑性剪胀为零，则不产生塑性体积应变。这样通过剪胀角 ν 的大小便可以控制塑性体积应变的变化。

尽管用不相关联的流动法则可以控制塑性体积应变增量的大小，但不论土体的剪切程度如何，模型预测出的体积应变还是不断增加，这不符合实际情况，分析一些边界值问题时会得到不合理的结果(见《岩土工程有限元分析：应用》)。解决这个问题的方法之一是使剪胀角随塑性应变变化，本章后面将讨论这样的模型。

这样莫尔-库仑模型需要五个参数，其中三个参数，c'、φ' 和 ν 控制着材料的塑性变形；另外两个参数，E' 和 μ' 控制着材料的弹性变形。如果假设相关联的流动法则，只需要四个参数，因为 $\nu=\varphi'$。

通过连续求导，得到弹塑性本构矩阵$[\boldsymbol{D}^{ep}]$需要的屈服函数和塑性势函数的偏导数

$$\frac{\partial F(\{\boldsymbol{\sigma}'\},\{\boldsymbol{k}\})}{\partial \boldsymbol{\sigma}'} = \frac{\partial F(\{\boldsymbol{\sigma}'\},\{\boldsymbol{k}\})}{\partial p'}\frac{\partial p'}{\partial \boldsymbol{\sigma}'} + \frac{\partial F(\{\boldsymbol{\sigma}'\},\{\boldsymbol{k}\})}{\partial J}\frac{\partial J}{\partial \boldsymbol{\sigma}'} + \frac{\partial F(\{\boldsymbol{\sigma}'\},\{\boldsymbol{k}\})}{\partial \theta}\frac{\partial \theta}{\partial \boldsymbol{\sigma}'}$$

$$\frac{\partial P(\{\boldsymbol{\sigma}'\},\{\boldsymbol{m}\})}{\partial \boldsymbol{\sigma}'} = \frac{\partial P(\{\boldsymbol{\sigma}'\},\{\boldsymbol{m}\})}{\partial p'}\frac{\partial p'}{\partial \boldsymbol{\sigma}'} + \frac{\partial P(\{\boldsymbol{\sigma}'\},\{\boldsymbol{m}\})}{\partial J}\frac{\partial J}{\partial \boldsymbol{\sigma}'} + \frac{\partial P(\{\boldsymbol{\sigma}'\},\{\boldsymbol{m}\})}{\partial \theta}\frac{\partial \theta}{\partial \boldsymbol{\sigma}'} \tag{7.21}$$

式中，$\partial p'/\partial \boldsymbol{\sigma}'$、$\partial J/\partial \boldsymbol{\sigma}'$ 和 $\partial \theta/\partial \boldsymbol{\sigma}'$ 与模型无关，具体计算见附录 VII.1，且

$$\frac{\partial F(\{\boldsymbol{\sigma}'\},\{\boldsymbol{k}\})}{\partial p'} = -g(\theta), \quad \frac{\partial F(\{\boldsymbol{\sigma}'\},\{\boldsymbol{k}\})}{\partial J} = 1$$

$$\frac{\partial F(\{\boldsymbol{\sigma}'\},\{\boldsymbol{k}\})}{\partial\theta}=\left(\frac{c'}{\tan\varphi'}+p'\right)\frac{\sin\varphi'}{\left(\cos\theta+\frac{\sin\theta\sin\varphi'}{\sqrt{3}}\right)^2}\left(\sin\theta-\frac{\cos\theta\sin\varphi'}{\sqrt{3}}\right) \tag{7.22}$$

$$\frac{\partial P(\{\boldsymbol{\sigma}'\},\{\boldsymbol{m}\})}{\partial p'}=-g_{pp}(\theta),\quad \frac{\partial P(\{\boldsymbol{\sigma}'\},\{\boldsymbol{m}\})}{\partial J}=1$$

$$\frac{\partial P(\{\boldsymbol{\sigma}'\},\{\boldsymbol{m}\})}{\partial\theta}=(a_{pp}+p')\frac{\sin\nu}{\left(\cos\theta+\frac{\sin\theta\sin\nu}{\sqrt{3}}\right)^2}\left(\sin\theta-\frac{\cos\theta\sin\nu}{\sqrt{3}}\right) \tag{7.23}$$

7.6　德鲁克-布拉格模型

跟前面介绍的 Tresca 模型一样，有效主应力空间中莫尔-库仑屈服函数也有角点，如图 7.6 所示，这些角点意味着屈服函数有奇点，计算弹塑性本构矩阵$[\boldsymbol{D}^{ep}]$（见式(6.16)）时，屈服函数对应力分量的偏导数在角点处不唯一。有限元计算中可以对这些角点进行处理，但需要较复杂的计算程序，也需要更多的计算资源。早期的研究者们找到了一些简化处理方法，其中最常用的，但不唯一的方法是对屈服函数进行修正，使其在有效主应力空间中成为一个圆锥形屈服面，如图 7.9 所示，这只要用常数 M_{JP}（与 θ 无关的常量）代替式(7.13)中的 $g(\theta)$，便可以方便地得到。于是屈服函数为

$$F(\{\boldsymbol{\sigma}'\},\{\boldsymbol{k}\})=J-\left(\frac{c'}{\tan\varphi'}+p'\right)M_{JP}=0 \tag{7.24}$$

式中，M_{JP} 为材料常数。这种形式的屈服函数常称作德鲁克-布拉格或扩展的 von Mises 屈服函数，偏应力平面上该屈服函数为圆形。

岩土工程中用该模型计算必须建立 M_{JP} 和剪切摩擦角 φ' 间的关系，图 7.10

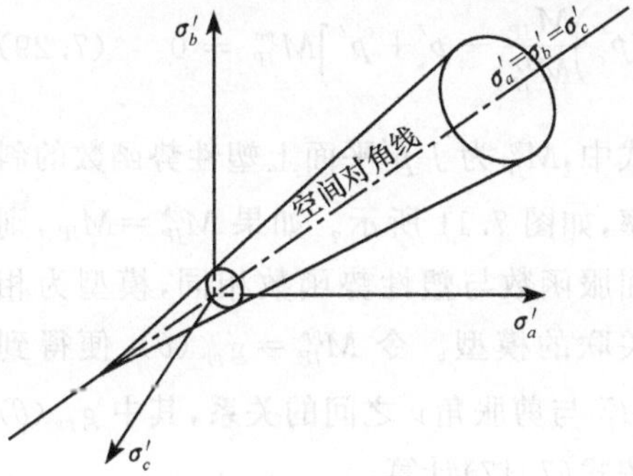

图 7.9　主应力空间中德鲁克-布拉格屈服面

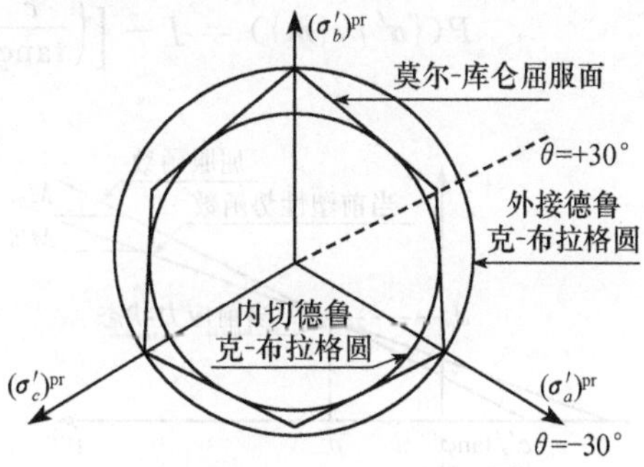

图 7.10　偏应力平面上德鲁克-布拉格屈服面和莫尔-库仑屈服面

为示意图，图中在偏应力平面上比较了莫尔-库仑不规则六边形屈服面与德鲁克-布拉格圆形屈服面。图中给出了两种德鲁克-布拉格圆，一个是莫尔-库仑不规则六边形的外接圆，另一个是内切圆。如果假定莫尔-库仑屈服面是正确的，则需要得到与莫尔-库仑六边形拟合最佳的德鲁克-布拉格圆。对比式(7.13)和式(7.24)，得到

$$M_{JP} = g(\theta) = \frac{\sin\varphi'}{\cos\theta + \dfrac{\sin\theta\sin\varphi'}{\sqrt{3}}} \tag{7.25}$$

式(7.25)表示两个屈服面在特定洛德角处相等。例如，图 7.10 中外接圆与莫尔-库仑六边形屈服面在 $\theta=-30°$(对应于三轴压缩)处相交。将 $\theta=30°$ 代入式(7.25)得到

$$M_{JP}^{\theta=-30°} = \frac{2\sqrt{3}\sin\varphi'}{3-\sin\varphi'} \tag{7.26}$$

同理，将 $\theta=+30°$ 代入式(7.25)，得到德鲁克-布拉格圆与莫尔-库仑不规则六边形在 $\theta=+30°$(对应于三轴拉伸)处相切时的 M_{JP} 为

$$M_{JP}^{\theta=+30°} = \frac{2\sqrt{3}\sin\varphi'}{3+\sin\varphi'} \tag{7.27}$$

要得到内切圆的 M_{JP}，必须先确定内切圆与莫尔-库仑六边形相切时的 θ，即求出式(7.25)中最小 M_{JP} 对应的 θ。将式(7.25)对 θ 求导，并令结果等于零，得到

$$\theta^{\text{ins}} = \arctan\left(\frac{\sin\varphi'}{\sqrt{3}}\right) \tag{7.28}$$

将该 θ 代入式(7.25)就得到内切圆的 M_{JP}^{ins}。

采用下列不相关联的塑性势函数，该模型就完整了。

$$P(\{\boldsymbol{\sigma}'\},\{\boldsymbol{m}\}) = J - \left[\left(\frac{c'}{\tan\varphi'} + p'_c\right)\frac{M_{JP}}{M_{JP}^{pp}} - p'_c + p'\right]M_{JP}^{pp} = 0 \tag{7.29}$$

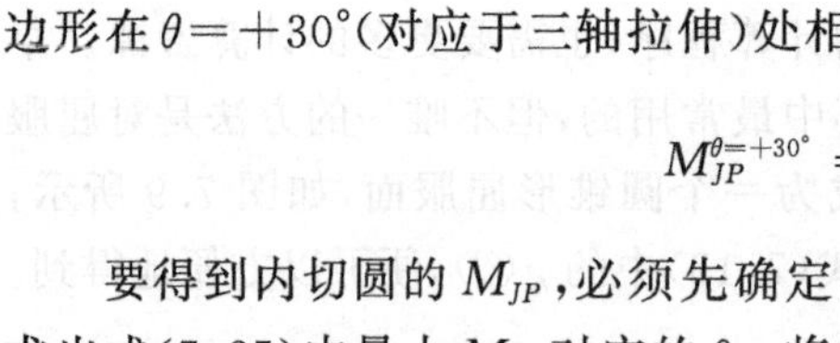

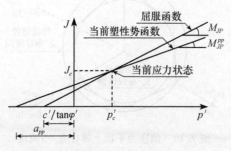

图 7.11 屈服函数与塑性势函数之间的关系

式中，M_{JP}^{pp} 为 J-p' 平面上塑性势函数的斜率，如图 7.11 所示。如果 $M_{JP}^{pp}=M_{JP}$，则屈服函数与塑性势函数相同，模型为相关联的模型。令 $M_{JP}^{pp}=g_{pp}(\theta)$，便得到 M_{JP}^{pp} 与剪胀角 ν 之间的关系，其中 $g_{pp}(\theta)$ 按式(7.17)计算。

与莫尔-库仑模型一样，德鲁克-布拉格模型的弹性变形由杨氏模量 E' 和

泊松比μ'计算，因此该模型需要五个参数。弹塑性本构矩阵$[\boldsymbol{D}^{ep}]$需要的屈服函数和塑性势函数的偏导数，仍可以用式(7.21)计算，且

$$\frac{\partial F(\{\boldsymbol{\sigma}'\},\{\boldsymbol{k}\})}{\partial p'}=-M_{JP}, \quad \frac{\partial F(\{\boldsymbol{\sigma}'\},\{\boldsymbol{k}\})}{\partial J}=1, \quad \frac{\partial F(\{\boldsymbol{\sigma}'\},\{\boldsymbol{k}\})}{\partial \theta}=0 \tag{7.30}$$

$$\frac{\partial P(\{\boldsymbol{\sigma}'\},\{\boldsymbol{m}\})}{\partial p'}=-M_{JP}^{pp}, \quad \frac{\partial P(\{\boldsymbol{\sigma}'\},\{\boldsymbol{m}\})}{\partial J}=1, \quad \frac{\partial P(\{\boldsymbol{\sigma}'\},\{\boldsymbol{m}\})}{\partial \theta}=0 \tag{7.31}$$

7.7 简单理想塑性模型的讨论

前面几节介绍了四种简单的线弹性-理想塑性模型。从本质上讲，Tresca 和 von Mises 模型以及莫尔-库仑和德鲁克-布拉格模型之间的区别在于它们在偏应力面上的形状不同。如果假定材料强度与大、小主应力差有关，则得到 Tresca 模型(总应力表示)和莫尔-库仑模型(有效应力表示)。这两个模型都隐含土体屈服和强度与中主应力σ_2的大小无关这样的假定，这也是主应力空间中屈服函数和塑性势函数为六棱柱(Tresca)和六棱锥形(莫尔-库仑)的原因。

主应力空间中，von Mises 和德鲁克-布拉格模型的屈服面和塑性势面分别为圆柱面和圆锥面，说明土体屈服和强度都受中主应力σ_2的影响。尽管目前看来这个微小的差别仅对理论研究有意义，但它对分析边界值问题有很大影响，这将在《岩土工程有限元分析：应用》中深入讨论。

遗憾的是，现在还没有足够的试验数据能准确量化中主应力对土体力学性质的影响，研究中主应力的影响需要使用较复杂的试验设备，如空心圆柱仪或真三轴仪等。现有有限的试验数据表明，偏应力平面上屈服函数和塑性势函数都是没有角点的光滑面，形状介于图 7.4 中的六边形和图 7.10 中的圆形之间。上述模型中也可以采用其他形状的屈服面和塑性势面。例如，莫尔-库仑模型中，若重新定义式(7.14)中的函数$g(\theta)$，可以很容易地改变偏应力平面上屈服面的形状，具体见 7.9.2 小节。

经典土力学建立在 Tresca 和莫尔-库仑模型基础上，所以优先选用这两个模型(而不是 von Mises 和德鲁克-布拉格模型)更符合实际，这样做的好处是有限元计算结果和常规试验得到的土体性质更一致，但是有限元程序必须解决屈服函数和塑性势函数中的角点问题。

为了提高这些模型的灵活性，可以用非线性弹性代替模型中的线弹性部分，允许弹性常数随应力和/或应变水平变化。

7.8　应变硬化/软化的莫尔-库仑模型

为了改进 7.5 节中介绍的莫尔-库仑模型，可以允许强度参数 c' 和 φ' 与剪胀角 ν 随总塑性应变变化。例如，假设 c' 和 φ' 随总塑性偏应变 E_d^p 变化，如图 7.12 所示，就能得到一种新的本构模型。图 7.12 中有三个区：1 区，假定 c' 和 φ' 由初始值（c'_i 和 φ'_i）线性增加到峰值（c'_p 和 φ'_p）；2 区，c' 和 φ' 保持峰值不变；3 区，c' 和 φ' 从峰值线性或指数降低到残余值（c'_r 和 φ'_r）。这样土体在 1 区发生应变硬化，在 2 区表现为理想塑性，在 3 区发生应变软化。1 区和 2 区中假定剪胀角 ν 与剪切摩擦角 φ' 成正比，即 $\nu=\psi\varphi'$，其中 ψ 是常数；但在 3 区，假定剪胀角 ν 由 2 区的峰值降低到残余值 ν_r，降低的方式与 φ' 的方式相同，即按线性或指数形式降低。这样模型所需的参数如下。

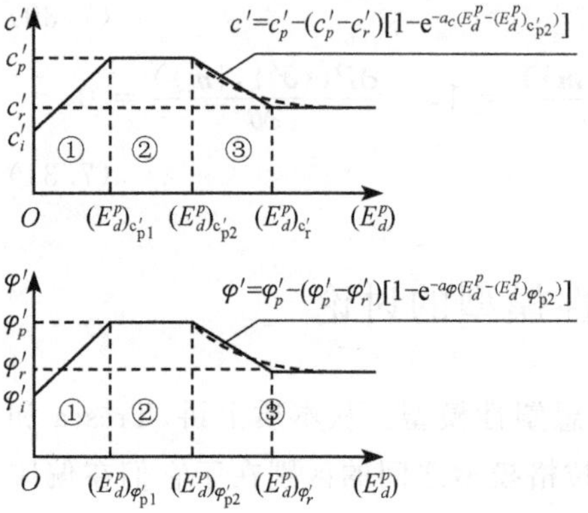

图 7.12　硬化准则

塑性参数：c'_i、c'_p、c'_r、φ'_i、φ'_p、φ'_r、$(E_d^p)_{c_{p1}}$、$(E_d^p)_{c_{p2}}$、$(E_d^p)_{\varphi_{p1}}$、$(E_d^p)_{\varphi_{p2}}$、ψ、ν_r，以及 $(E_d^p)_{c_r}$、$(E_d^p)_{\varphi_r}$（线性软化）或 a_c，a_φ（指数软化）。

弹性参数：E' 和 μ' 或非线性弹性参数。

尽管模型需要输入的参数很多，但模型的灵活性大大提高了。通过合理的参数选择，可以对模型进行简化，仅用其中的一部分参数。例如，如果 $c'_i=c'_p=c'_r$，且 $\varphi'_i=\varphi'_p=\varphi'_r$，则模型简化为 7.5 节中介绍的莫尔-库仑理想塑性模型。同样，如果 $c'_i=c'_p$，$\varphi'_i=\varphi'_p$，且 $(E_d^p)_{c_{p1}}=(E_d^p)_{\varphi_{p1}}=(E_d^p)_{c_{p2}}=(E_d^p)_{\varphi_{p2}}=0$，则模型就只含软化部分。

上述每一个区域中，c' 和 φ' 随 E_d^p 变化都可以用数学表达式表示，因此硬化/软化准则可以分段描述。用式(6.14)计算参数 A，再结合屈服函数和塑性势函数的偏导数，就可以得到本构矩阵 $[\boldsymbol{D}^{ep}]$。

这里屈服函数和塑性势函数的偏导数用式(7.21)～式(7.23)计算。对应变硬化/软化，式(6.14)中参数 A 表示为

$$A=-\left[\frac{\partial F(\{\boldsymbol{\sigma}'\},\{\boldsymbol{k}\})}{\partial\varphi'}\frac{\partial\varphi'}{\partial E_d^p}+\frac{\partial F(\{\boldsymbol{\sigma}'\},\{\boldsymbol{k}\})}{\partial c'}\frac{\partial c'}{\partial E_d^p}\right]\frac{\partial P(\{\boldsymbol{\sigma}'\},\{\boldsymbol{m}\})}{\partial J}\tag{7.32}$$

式(7.32)中屈服函数和塑性势函数的偏导数与上述三个区域无关，由式(7.13)和式(7.16)得到

$$\frac{\partial P(\{\boldsymbol{\sigma}'\},\{\boldsymbol{m}\})}{\partial J}=1$$

$$\frac{\partial F(\{\boldsymbol{\sigma}'\},\{\boldsymbol{k}\})}{\partial c'}=-\frac{g(\theta)}{\tan\varphi'} \quad (7.33)$$

$$\frac{\partial F(\{\boldsymbol{\sigma}'\},\{\boldsymbol{k}\})}{\partial \varphi'}=\frac{g(\theta)}{\sin^2\varphi'}\left[c'-\left(\frac{c'}{\tan\varphi'}+p'\right)g(\theta)\cos\theta\cos\varphi'\right]$$

c'和φ'的导数取决于它们在三个不同区域内的分布形式。

1 区：线性分布

$$\frac{\partial\varphi'}{\partial E_d^p}=\frac{\varphi'_p-\varphi'_i}{(E_d^p)_{\varphi'_{p1}}},\quad \frac{\partial c'}{\partial E_d^p}=\frac{c'_p-c'_i}{(E_d^p)_{c'_{p1}}}$$

2 区：保持常数

$$\frac{\partial\varphi'}{\partial E_d^p}=0,\quad \frac{\partial c'}{\partial E_d^p}=0$$

3 区：指数分布

$$\frac{\partial\varphi'}{\partial E_d^p}=a_\varphi(\varphi'_r-\varphi'_p)\mathrm{e}^{-a_\varphi[E_d^p-(E_d^p)_{\varphi'_{p2}}]}$$

$$\frac{\partial c'}{\partial E_d^p}=a_c(c'_r-c'_p)\mathrm{e}^{-a_c[E_d^p-(E_d^p)_{c'_{p2}}]}$$

3 区：线性分布

$$\frac{\partial\varphi'}{\partial E_d^p}=\frac{\varphi'_r-\varphi'_p}{(E_d^p)_{\varphi'_r}-(E_d^p)_{\varphi'_{p2}}}$$

$$\frac{\partial c'}{\partial E_d^p}=\frac{c'_r-c'_p}{(E_d^p)_{c'_r}-(E_d^p)_{c'_{p2}}} \quad (7.34)$$

Potts 等(1990)用与上述模型类似的本构模型(屈服面以下采用非线弹性)，对 Carsington 大坝的渐进破坏进行了分析，并研究了硬黏土中边坡开挖的滞后破坏(Potts et al.,1997)情况。

7.9　临界状态模型的发展

自库仑(1776)和朗肯(1857)以后，塑性理论在岩土力学中的应用经历了很长的发展历史，滑移线理论和极限平衡方法广为普及。尽管前面第 4 章中介绍的土体力学性质显示出明显的弹塑性力学特征，但是反映土体实际特性的弹塑性本构模型发展却远远滞后于金属材料。早期的研究，如对 von Mises 破坏准则进行扩展(Drucker et al.,1952)使其能够考虑岩土材料的摩擦特性，或者对莫尔-库仑破坏包络线进行推广(图 7.6 和图 7.9)，均无法充分反映土体的许多基本性质(见第 4 章)，而且由相关联流动法则预测屈服时土体的剪胀量也过大。

20 世纪 50 年代，临界状态本构模型的研究开始起步，Drucker 等(1957)认为土体存在一个由体积变化控制的帽子屈服面；Roscoe 等(1958)基于临界状态概念建立了模型框架，并认为存在一个状态边界面；Calladine(1963)则提出了塑性硬化理论，使土体的压缩和剪切特性在模型中统一起来。

最早的临界状态模型是剑桥大学的 Roscoe 和他的合作者们提出的一系列剑桥黏土公式。Roscoe 等(1963)以及 Schofield 等(1968)提出了最初的剑桥模型，这是一种弹塑性的本构模型。后来 Roscoe 等(1968)提出了修正剑桥模型。20 世纪 70 年代初，这些模型开始应用于数值分析中(Smith,1970；Simpson,1973；Naylor,1975)。

7.9.1　三轴应力空间中的基本方程

剑桥模型和修正剑桥模型都基于三轴试验结果，实际上它们建立在以下假定之上：

(1) 完全排水条件下，黏土试样缓慢等向压缩($\sigma'_1=\sigma'_2=\sigma'_3$)，土体将沿着图 7.13 中 v-$\ln p'$($v=1+e$，比体积)平面上的轨迹移动，v-$\ln p'$平面上的轨迹包括一条初始固结线和一组回弹线。刚开始加载时，试样沿着初始固结线向下移动。如果在 b 点卸载，试样沿着回弹线 bc 向上移动。再加载，试样沿同一条回弹线向下移动，先到 b 点，然后继续沿初始固结线向下位移。如果在 d 点卸载，则试样沿着回弹线 de 向上移动。假定 v-$\ln p'$平面上初始固结线和回弹线都是直线，并用下列方程表示：

$$\begin{cases} v+\lambda(\ln p')=v_1 & \text{(初始固结线)} \\ v+\kappa(\ln p')=v_s & \text{(回弹线)} \end{cases} \tag{7.35}$$

不同黏土的 κ、λ 和 v_1 不同，每条回弹线对应的 v_s 也不同。沿初始固结线的体积变化基本上是不可逆的或塑性的，但回弹线上的体积变化是可逆的，即弹性变形。

(2) 三轴剪应力，$q=\sigma'_v-\sigma'_h=\sqrt{3}J$，增加到屈服应力 q 之前，假设土体为弹性，土体屈服时的 q 可以由屈服函数 $F(\{\boldsymbol{\sigma}'\},\{\boldsymbol{k}\})=0$ 计算。前面讲到回弹路径上土体为弹性，因此屈服函数应位于每条回弹线上方，如图 7.14 所示。剑桥模型和修正剑桥模型屈服面的形式假设为

$$F(\{\boldsymbol{\sigma}'\},\{\boldsymbol{k}\})=\frac{J}{p'M_J}+\ln\left(\frac{p'}{p'_o}\right)=0 \quad \text{(剑桥模型)} \tag{7.36}$$

$$F(\{\boldsymbol{\sigma}'\},\{\boldsymbol{k}\})=\left(\frac{J}{p'M_J}\right)^2-\left(\frac{p'_o}{p'}-1\right)=0 \quad \text{(修正剑桥模型)} \tag{7.37}$$

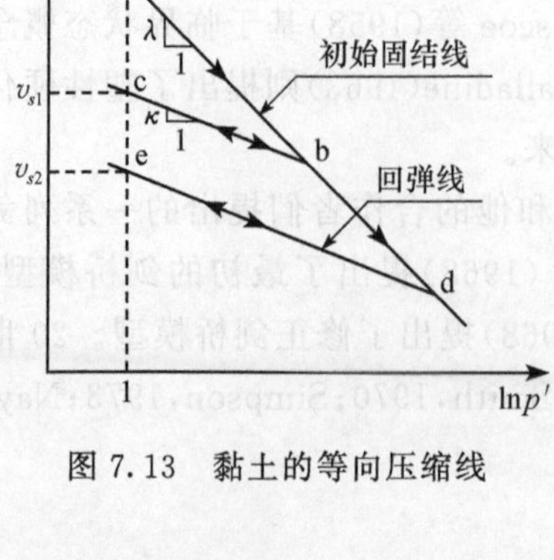

图 7.13　黏土的等向压缩线

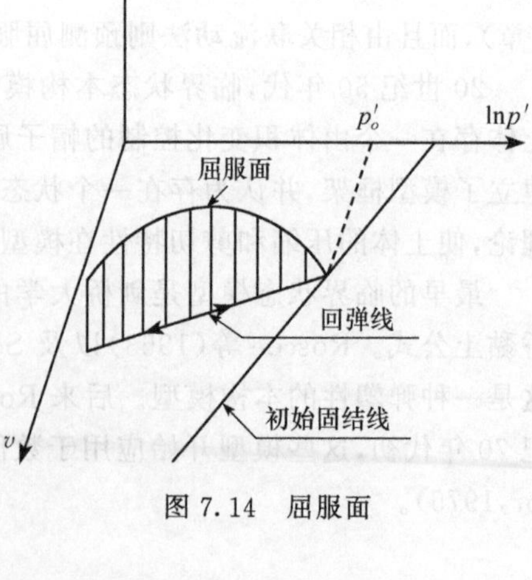

图 7.14　屈服面

式中，p'为平均有效应力(见式(5.1))；J 为偏应力(见式(5.2))；M_J 为另一个土体参数；p'_o为当前回弹线与初始固结线交点处的 p'，如图 7.14 所示。这些曲线在 J-p'平面上的投影如图 7.15(a)和图 7.15(b)所示。图中，剑桥模型的屈服面是一条对数曲线，而修正剑桥模型的屈服面是一条椭圆线。参数 p'_o实际上控制着屈服面的大小，且每一条回弹线对应着一个特定的 p'_o。每一条回弹线都对应一个屈服面，因此式(7.36)或式(7.37)给出的屈服函数就定义了 v-J-p'空间中的一个屈服面，即稳定状态边界面，如图 7.16 所示。如果黏土的 v-J-p'状态位于该面内部则土体表现为弹性，若位于该面上则表现为弹塑性，黏土的应力状态不可能位于该面以外。

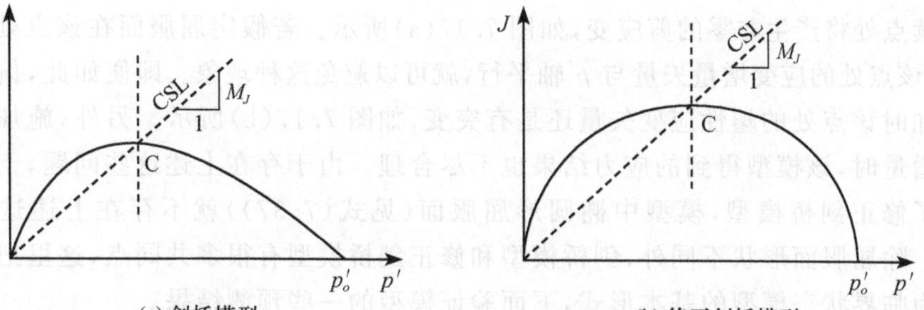

(a) 剑桥模型　　(b) 修正剑桥模型

图 7.15　J-p'平面上屈服面投影

(3) 假设硬化/软化是各向同性的，且受参数 p'_o控制，p'_o与塑性体积应变 ε_v^p 有关

$$\frac{\mathrm{d}p'_o}{p'_o} = \mathrm{d}\varepsilon_v^p \frac{v}{\lambda - \kappa} \qquad (7.38)$$

式(7.38)给出了硬化准则。

(4) 土体处于塑性状态时，即位于状态边界面上的时候，塑性应变增量矢量与屈服线正交，由于是相关联模型，塑性势函数 $P(\{\boldsymbol{\sigma}'\},\{\boldsymbol{m}\})$可以用式(7.36)(剑桥模型)或式(7.37)(修正剑桥模型)表示。

(5) 如前所述，回弹线上土体表现为弹性，这表明土体的弹性体积应变 ε_v^e 可用式(7.35)计算

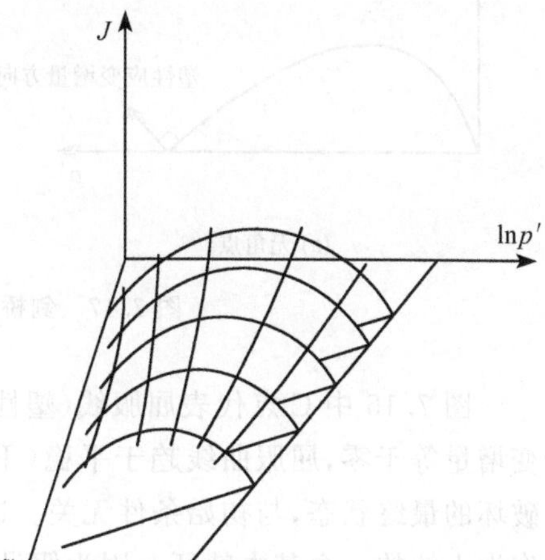

图 7.16　状态边界面

$$\mathrm{d}\varepsilon_v^e = \frac{\mathrm{d}v}{v} = \frac{\kappa}{v}\frac{\mathrm{d}p'}{p'} \qquad (7.39)$$

于是得到土体弹性体积模量

$$K = \frac{\mathrm{d}p'}{\mathrm{d}\varepsilon_v^e} = \frac{vp'}{\kappa} \tag{7.40}$$

开始时公式中没有考虑弹性剪应变。为避免数值计算中的一些问题,也为了能更好地模拟边界面内的情况,一般用一个额外的模型参数,即弹性剪切模量 G 计算弹性剪应变。

由上可见,剑桥模型和修正剑桥模型都需要五个材料参数:v_1、κ、λ、M_J、G,有时用弹性泊松比 μ 代替 G。

最初剑桥模型屈服面在 $J=0$ 处不连续,如图 7.15(a)所示,给理论研究和实际应用都带来了不便。模型采用相关联的流动法则,当应力产生等向变化时,在不连续点处将产生非零的剪应变,如图 7.17(a)所示。若假定屈服面在该点处有角点,该点处的应变增量矢量与 p' 轴平行,就可以避免这种现象。即便如此,偏应力增加时该点处的塑性应变矢量还是有突变,如图 7.17(b)所示。另外,施加应变比增量时,该模型得到的应力结果也不尽合理。由于存在上述这些问题,于是提出了修正剑桥模型,模型中椭圆形屈服面(见式(7.37))就不存在上述这些问题。除屈服面形状不同外,剑桥模型和修正剑桥模型有很多共同点,这里把它们作为临界状态模型的基本形式,下面验证模型的一些预测结果。

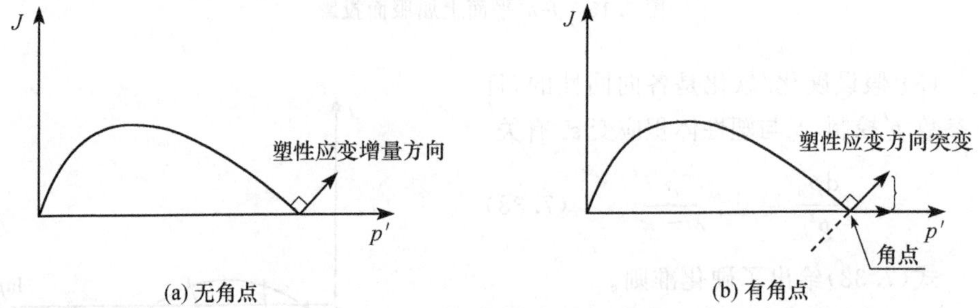

图 7.17　剑桥模型屈服面的不连续性

图 7.15 中 C 点代表屈服线(塑性势线)上斜率为零的点。该点处塑性体积应变增量等于零,屈服曲线趋于平稳(不发生硬化/软化,见式(7.38))。C 点是土体破坏的最终状态,与初始条件无关。这个最终状态称作“临界状态”,长期以来一直作为土体的一个基本特征。因为假设等向硬化,各个不同屈服面上的临界状态点都位于斜率为 M_J 的直线 CSL 上,如图 7.15 所示。这样很自然地,模型使相关联的塑性流动和剪切破坏线相协调,并且在最终状态下土体不再剪胀。

两种剑桥模型还可以成功解释土体的另一力学特征:不同应力历史下土体的体积变化不同。如果土体单元在 C 点的右侧屈服,塑性体积应变增量为正(压缩)，如图 7.18 所示，且出现硬化特征，即式(7.38)得到的 p_o'有增加趋势。这一侧屈服面可称为湿面或次临界面。如果土体在 C 点左侧(干侧或超临界侧)屈服，塑性体积应变增量为负(体积增加)，如图 7.18 所示，且出现软化特征，由式(7.38)得到的 p_o'有下降趋势。因此临界状态点左侧的屈服面也是破坏面。

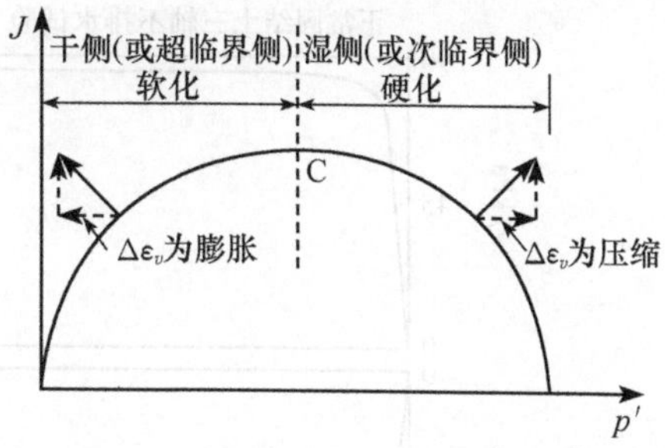

图 7.18　剑桥模型中土体体积变化

这两个模型可以得到唯一的状态边界面，如图 7.16 所示，土体应力状态不能超出该边界面，模型也给出了体积与临界状态应力的唯一关系，与文献中报道的实测结果(Rendulic，1936；Hvorslev，1937；Henkel，1960)一致。模型还能够很好地预测土体固结/回弹特性以及前期固结压力下土体的屈服情况，如图 7.13 所示。

为了证明模型模拟土体力学性质的能力，图 7.19 和图 7.20 给出了修正剑桥模型得到的理想排水和不排水条件下正常固结和超固结土的三轴压缩试验计算结果，这些结果用附录 VII.2 中的公式计算。土样先在 $p'=200$kPa 条件下等向正常固结，根据 Bothkennar 黏土的情况确定出相应的材料参数(Allman et al.，1992)：$v_1=2.67$，$\lambda=0.181$，$\kappa=0.025$，$M_J=0.797$，$G=20000$MPa。

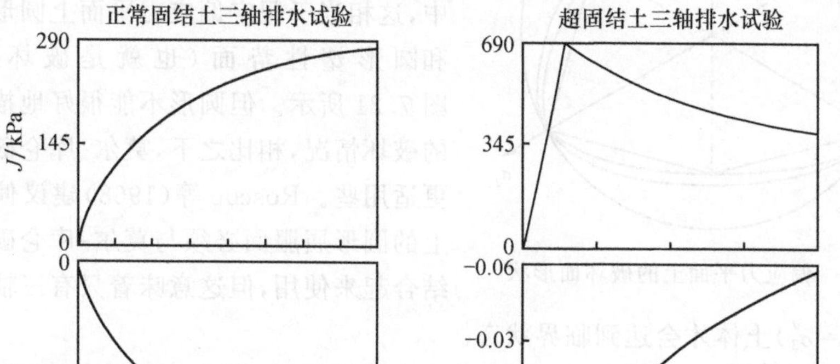

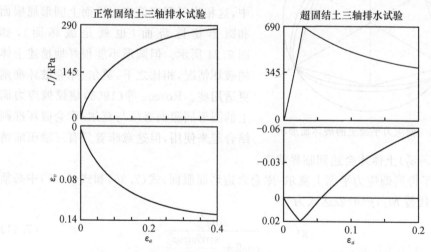

图 7.19　修正剑桥模型预测的三轴排水压缩试验结果

7.9.2　广义应力空间中的扩展

起初临界状态模型公式建立在常规三轴试验的基础上，由于受到中主应力必须等于大主应力或小主应力的限制，试验的应力空间非常有限，基本公式用 $q(=\sigma_1'-\sigma_3')$

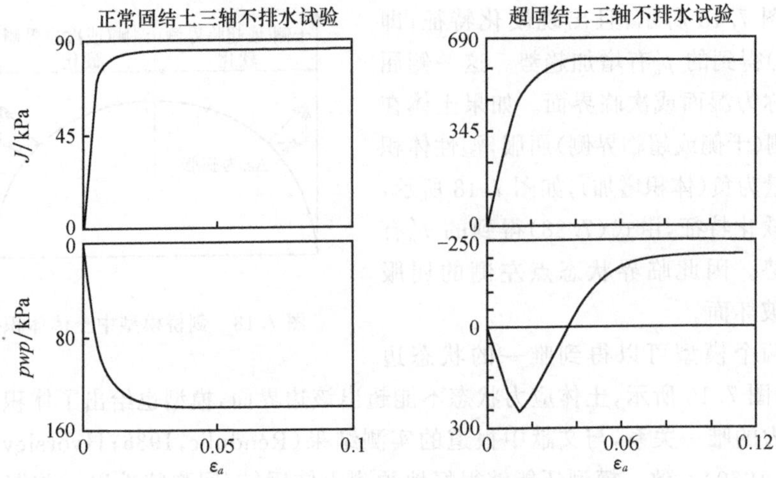

图 7.20 修正剑桥模型预测三轴不排水压缩试验结果

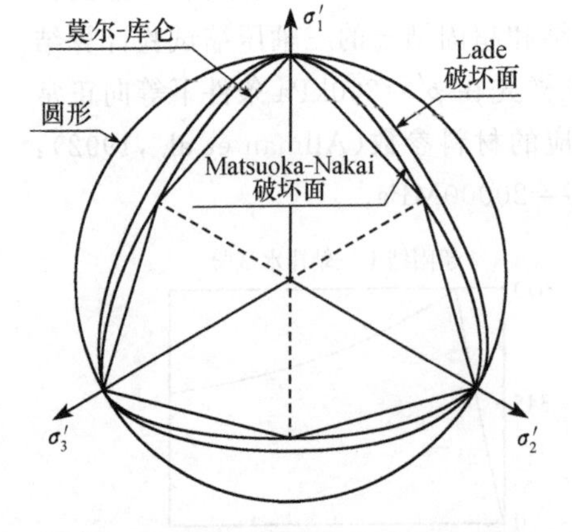

图 7.21 偏应力平面上的破坏面形状

和 p' 的形式表达。数值计算中需要假定屈服面和塑性势面在偏应力平面上的形状，将模型扩展到整个应力空间中。最初的做法是用 J 代替 q（Roscoe et al.，1968），即如式(7.36)、式(7.37)所示。在一般应力空间中，这相当于假定偏应力平面上圆形屈服面和圆形塑性势面（也就是破坏面），如图 7.21 所示。但圆形不能很好地描述土体的破坏情况，相比之下，莫尔-库仑破坏准则更适用些。Roscoe 等(1968)建议偏应力面上的圆形屈服面必须与莫尔-库仑破坏准则结合起来使用，但这意味着只有三轴压缩情况下($\sigma_2'=\sigma_3'$)土体才会达到临界状态。

为了得到偏应力平面上莫尔-库仑六边形屈服面，式(7.36)和式(7.37)中必须用 $g(\theta)$ 代替 M_J，$g(\theta)$ 表达式为

$$g(\theta)=\frac{\sin\varphi_{cs}'}{\cos\theta+\frac{\sin\theta\sin\varphi_{cs}'}{\sqrt{3}}} \tag{7.41}$$

式中，φ_{cs}' 是代替 M_J 的一个参数，表示临界状态剪切摩擦角。式(7.41)在图 7.21 中表示为六边形。于是式(7.36)和式(7.37)变为

$$F(\{\boldsymbol{\sigma}'\},\{\boldsymbol{k}\})=\frac{J}{p'g(\theta)}+\ln\left(\frac{p'}{p_o'}\right)=0 \quad \text{（剑桥模型）} \tag{7.42}$$

$$F(\{\boldsymbol{\sigma}'\},\{\boldsymbol{k}\}) = \left[\frac{J}{p'g(\theta)}\right]^2 - \left(\frac{p'_o}{p'} - 1\right) = 0 \quad \text{（修正剑桥模型）} \tag{7.43}$$

这样，φ'_{cs}为常数时土体达到临界状态。莫尔-库仑表达式在$\theta=-30°$和$\theta=+30°$处不连续，一般要进行圆滑处理。尽管莫尔-库仑准则明显优于圆形屈服面，近似结果还可以，但是仍然不能很好地反映土体的实际破坏情况。

另外还有一些既连续又与偏应力平面上试验结果吻合较好的破坏面形式，其中 Matsuoka 和 Nakai（1974）及 Lade（Lade et al.，1975）破坏面最为著名，如图7.21所示。Matsuoka 等屈服面中 $g(\theta)$的表达式为

$$g(\theta) = \sqrt{J^f_{2\eta}} \tag{7.44}$$

求解下面的二次方程，得到特定洛德角 θ 下的 $J^f_{2\eta}$

$$(C_{\mathrm{MN}} - 3)J^f_{2\eta} + \frac{2}{\sqrt{27}}C_{\mathrm{MN}}\sin 3\theta(J^f_{2\eta})^{\frac{3}{2}} - (C_{\mathrm{MN}} - 9) = 0 \tag{7.45}$$

式中

$$C_{\mathrm{MN}} = \frac{9 - 3M_J^2}{\frac{2\sqrt{3}}{9}M_J^3 - M_J^2 + 1}$$

其中，M_J 是三轴压缩时（$\theta=-30°$）J-p'平面上临界状态线斜率。式(7.45)中，M_J可用三轴压缩条件下临界状态剪切摩擦角$(\varphi'_{cs})^{\theta=-30°}$表示

$$M_J = \frac{2\sqrt{3}\sin\varphi'^{\theta=-30°}_{cs}}{3 - \sin\varphi'^{\theta=-30°}_{cs}} \tag{7.46}$$

Lade 破坏面也可以用式(7.44)表示，特定洛德角 θ 及平均有效应力 p'下 $J^f_{2\eta}$用式(7.47)计算。

$$J^f_{2\eta} + \frac{2}{\sqrt{27}}\sin 3\theta(J^f_{2\eta})^{\frac{3}{2}} - C_{\mathrm{L}} = 0 \tag{7.47}$$

式中

$$C_{\mathrm{L}} = \frac{\frac{\eta_1}{27}\left(\frac{p_a}{3p'}\right)^m}{1 + \frac{\eta_1}{27}\left(\frac{p_a}{3p'}\right)^m}$$

其中，η_1 和 m 为材料参数；p_a 为大气压力。

van Eekelen(1980)提出了偏应力平面上一族连续的屈服面（或塑性势面）

$$g(\theta) = X(1 + Y\sin 3\theta)^{-Z} \tag{7.48}$$

式中，X、Y 和 Z 为常数。如果屈服面是凸面，则 Y 和 Z 的取值将受限制。把 $g(\theta)$

代入方程式(7.42)和式(7.43)中,便得到偏应力面上各种形状的屈服面和塑性势面,圆形屈服面、Lade 面、Matsuoka 等破坏面都可以从式(7.48)近似得到。

Potts 等(1984)强调偏应力平面上破坏面形式的重要性,证明了平面应变问题中偏应力面上塑性势面形状 $g_{pp}(\theta)$ 和剪胀角 ν 决定了土体破坏时的洛德角 θ_f。研究表明,文献中提出的一些塑性势函数无法得到与实际相符的 θ_f,并指出偏应力平面上,通常有必要采用不同形状的屈服面和塑性势面。例如,如果用式(7.41)表示屈服面,得到偏应力面上莫尔-库仑六边形,这时必须采用不同形状的塑性势面,否则平面应变破坏会在 $\theta_f=-30°$(三轴压缩)或 $\theta_f=+30°$(三轴拉伸)时发生。由于偏应力面上采用不同的屈服面和塑性势面,于是模型为不相关联的本构模型,这个问题将在 7.12 节中讨论。

通过一些简单的假定和参数,剑桥模型和修正剑桥模型就可以很好地模拟土体的许多重要力学性质,这说明模型比较令人满意。当然,如果将预测情况与试验结果进行定量比较,可以发现,这样简单的模型还不能完全再现土体真实的力学性质。需要指出的是,模型通常能得到足够精确的计算结果,在不考虑应力循环和应力偏转的情况下效果更好。Montreal 等的专题论文集(Wroth et al.,1980;Houlsby et al.,1982)中给出了该模型的成功范例。Wroth 等(1985)对模型基本公式的优缺点及与实测土体的关系进行了非常清楚地讨论。目前为止,修正剑桥模型仍是数值计算中应用最多的临界状态模型。

为了表述完整,附录 VII.3 给出了建立本构矩阵[$\boldsymbol{D}^{ep}$]所需要的基本方程,其中修正剑桥模型在偏应力面上的屈服面和塑性势面形状分别为莫尔-库仑六边形和圆形。

7.9.3 不排水强度

前面介绍的剑桥模型和修正剑桥模型所需的材料参数包括:固结参数(v_1、κ 和 λ),排水强度参数(φ'_{cs} 或 M_J)及在偏应力平面上的变化和弹性参数(μ 或 G)。这些参数中不包括不排水抗剪强度 S_u。这两个模型常用来模拟软黏土的不排水情况,而软黏土的强度一般用 S_u 表达,因此使用起来不太方便。附录 VII.4 中给出了用输入参数和初始应力状态计算不排水抗剪强度 S_u 的方法。最终表达式如下:

剑桥模型

$$\frac{S_u}{\sigma'_{vi}}=g(\theta)\cos\theta\frac{OCR}{3}(1+2K_o^{NC})\left[\frac{(1+2K_o^{OC})}{(1+2K_o^{NC})OCR}\right]^{\frac{\kappa}{\lambda}}e^{\left(1-\frac{\kappa}{\lambda}\right)(B-1)} \tag{7.49}$$

修正剑桥模型

$$\frac{S_u}{\sigma'_{vi}}=g(\theta)\cos\theta\frac{OCR}{6}(1+2K_o^{NC})(1+B^2)\left[\frac{2(1+2K_o^{OC})}{(1+2K_o^{NC})OCR(1+B^2)}\right]^{\frac{\kappa}{\lambda}} \tag{7.50}$$

这样选择相应的参数(κ、λ 和 φ'_{cs}或 M_J),并将初始应力条件(OCR、K_o)代入式(7.50)便得到不排水抗剪强度。初始竖向有效应力为零时,不排水抗剪强度也为零,这种情况要特别注意,《岩土工程有限元分析:应用》将讨论这个问题。

7.10　临界状态模型基本方程修正

目前有很多方法对 7.9 节中介绍的临界状态模型进行修正,修正的目的是使数值计算结果与实测结果更一致,同时也能模拟一些新的情况,如循环加载。ISSMFE(国际土力学与基础工程学会)(1985)对土体弹塑性本构模型进行了很好的总结,并介绍了临界状态模型的一些重要修正方法,这里仅讨论数值计算中用到的一些修正方法。由于本构模型中临界状态方程的应用非常普及,很难将它与其他模型严格分开,因此这里就不严格区分了。

本节重点讨论以下几个问题:干侧或超临界状态侧屈服面形状,K_o 固结土屈服面修正以及主屈服面内土体性质的模拟。

7.10.1　超临界状态侧屈服面形状

剑桥模型基本方程很快就暴露出一个缺点,即超临界状态侧(干侧)采用的屈服曲线(图 7.15)过高估计了土体的破坏应力。Hvorslev(1937)发现用一条直线近似表示超固结土的破坏包络线可以得到较满意的结果,图 7.22 中试验数据也说明了这种情况,可见最初用剑桥模型计算时,在超临界状态侧采用直线型屈服面(Zienkiewicz et al.,1973)并不奇怪,如图 7.23 所示。这个

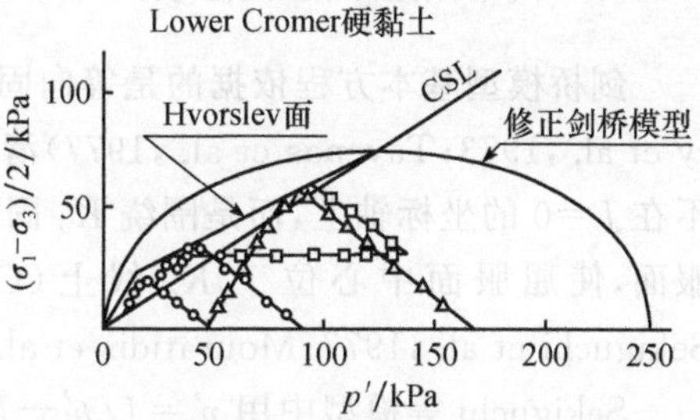

图 7.22　超临界状态侧的试验结果(Gens,1982)

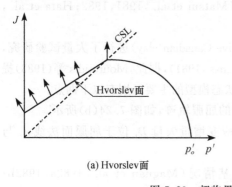

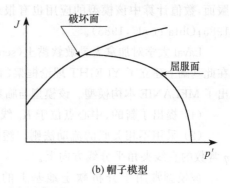

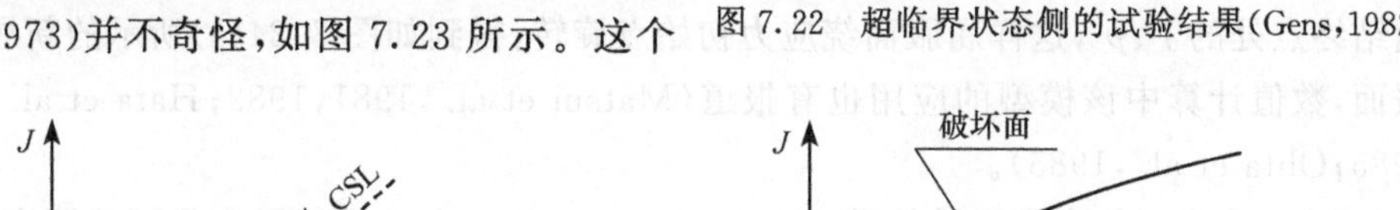

图 7.23　超临界状态侧屈服面修正

新屈服曲线常称为 Hvorslev 面。如果采用相关联的塑性流动法则，如 7.5 节和 7.6 节中莫尔-库仑及德鲁克-布拉格模型，则剑桥模型得到的剪胀速率太大，而且相关联流动也意味着临界状态点处应变不连续。因此，Zienkiewicz 等(1973)用了不相关联的流动法则，其中剪胀率从临界状态点处的零速率线性增长到 $p'=0$ 处的固定值。Tanaka 等(1986)和伦敦帝国理工学院数值研究小组也用了类似方法，伦敦帝国理工学院数值研究小组将剑桥模型屈服面作为塑性势面，并与 Hvorslev 屈服面结合起来使用，取得了成功。

帽子模型(Di Maggio et al.，1971；Sandier et al.，1976)基本上也是一种临界状态模型，模型对超临界状态侧屈服面进行了修正。图 7.23(b)所示的帽子屈服面随塑性体积应变变化而移动，但破坏面是固定的，因此不会发生软化。该模型简单、灵活，已广泛用于数值计算中(Sandier et al.，1979；Chen et al.，1985；Daddazio et al.，1987)。

为了得到屈服面超临界侧土体的实际破坏应力，有必要对该侧屈服面进行修正，但是大多数软件并没有这么做，如果数值计算关注的是位于次临界状态侧的土体，如弱超固结土，则问题不大；但一个对所有情况都适用的通用模型应该包含上述修正方法。

7.10.2 K_o 固结土屈服面形状

剑桥模型基本方程依据的是等向固结土的试验结果，但是大量试验数据(Parry et al.，1973；Tavenas et al.，1977)清楚表明 K_o 正常固结黏土的屈服面中心并不在 $J=0$ 的坐标轴上，而是围绕 K_o 固结线旋转。因此许多人建议修改传统的屈服面，使屈服面中心位于 K_o 线上(Ohta et al.，1976；Kavvadas et al.，1982；Sekiguchi et al.，1977；Mouratidis et al.，1983)。

Sekiguchi 等模型中用 $\eta'=J/p'-J_a/p'_a$ 代替 $\eta=J/p'$，其中 J_a 和 p'_a 是非等向固结终点处的 J、p'，这样屈服面绕应力初始点旋转，得到如图 7.24(a)所示的新屈服面，数值计算中该模型的应用也有报道(Matsui et al.，1981，1982；Hata et al.，1985；Ohta et al.，1985)。

Laval 大学对加拿大灵敏软黏土(sensitive Canadian clay)进行了大量试验研究，在此基础上建立了 YLIGHT 理论框架(Tavenas，1981)，据此，Mouratidis 等(1983)提出了 MELANIE 本构模型。该模型与临界状态模型的主要区别有以下两点：

(1) 提出了新的、中心点位于 K_o 线上的屈服轨迹，如图 7.24(b)所示。

(2) 采用不相关联的流动法则。塑性应变增量矢量 $\boldsymbol{D}_i$ 位于屈服面法线 n_i 与 η 常数的直线夹角平分线方向上。

该模型常用于分析软土地基上的路基情况(Magnan et al.，1982a，1982b；Magnan et al.，1985)。

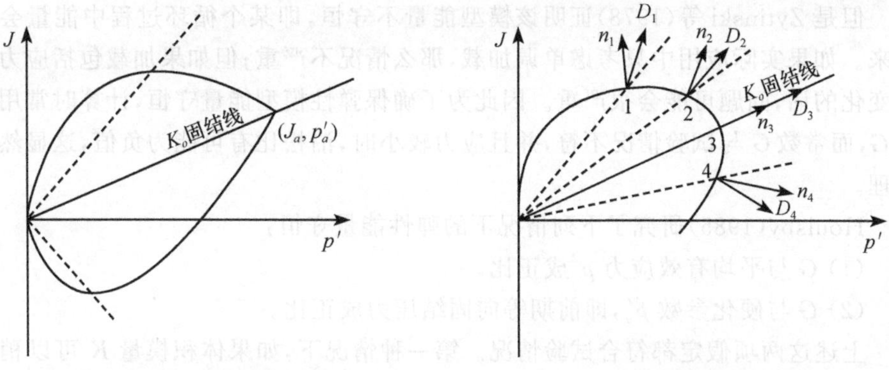

(a) Sekiguchi & Ohta模型　　　　　　　　　(b) MELANIE 模型

图 7.24　K_0 固结土屈服面

新屈服面形式显然受到 K_0 固结中各向异性的影响。为了保持模型的一致性,塑性应变各向异性的变化也应加以考虑,于是屈服面的形状将不断变化,这样的模型也有文献提出(Hashigushi,1977;Banerjee et al.,1985),但在数值计算中还没有应用。有一个模型可以满足上述要求,而且也已经用于数值分析,这就是第 8 章中将介绍的 MIT 模型。

K_0 固结模型与临界状态基本方程比较目前还不完善,因此一时还难以评价在临界状态模型中采用上述新屈服面形式的重要性。一方面,这些模型可以更好地反映 K_0 固结土的实际力学性质;另一方面,传统的剑桥模型模拟天然黏土(假定为 K_0 固结)的现场受力情况也很成功。有文献比较了用修正剑桥模型和 MELA-NIE 模型计算软黏土路堤的情况(Magnan et al.,1982a,1982b),结果无法确定,修正剑桥模型对地基沉降的预测更好一些,两个模型预测孔隙水压力的情况都很好。由于没有进行更多的比较,也没有深入分析两者差异的原因,所以还不能对这些模型的优点下结论。

7.10.3　模型的弹性部分

临界状态基本方程的假定之一是用式(7.39)计算土体的弹性体积应变增量。若土体为各向同性,该假定就对应着非线性弹性模型,其中体积刚度 K 的变化由式(7.40)确定。因此 K 与 p' 和 $v(=1+e)$ 成正比,一般情况下 v 的变化很小,有时甚至可以忽略不计。

最初临界状态方程对弹性模型中的剪切模量不作任何改动。早期计算时,选用常泊松比 μ,它可以反映剪切模量 G 随 p' 线性变化的情况

$$G = \frac{3(1-2\mu)}{2(1+\mu)} \frac{vp'}{\kappa} \tag{7.51}$$

但是 Zytinski 等(1978)证明该模型能量不守恒,即某个循环过程中能量会多出来。如果实际应用中只考虑单调加载,那么情况不严重;但如果加载包括应力往返变化的话,问题可能会很严重。因此为了确保弹性模型能量守恒,计算时常用常数 G,而常数 G 与试验情况不符,并且应力较小时,泊松比有可能为负值,这显然不合理。

Houlsby(1985)研究了下列情况下的弹性能量守恒:

(1) G 与平均有效应力 p' 成正比。

(2) G 与硬化参数 p'_o,即前期等向固结压力成正比。

上述这两项假定都符合试验情况。第一种情况下,如果体积模量 K 可以稍微随偏应力变化,则模型能量是守恒的,此时代表常应力比的直线,即 $\eta=J/p'$,成为弹性偏应变常量的等值线。第二种情况涉及弹、塑性耦合。用热力学的方法阐明塑性理论时(Houlsby,1982)发现,假定 G 与 p'_o 成正比时,屈服面的形状会产生微小的变化。

总之,上述弹性模型过于简单,无法充分反映应力状态位于屈服面内时土体的真实力学特性。Jardine 等(1986)研究表明,在典型边界值问题中,为了得到合理的位移分布模式,变化土体刚度非常重要。单调加载时,用复杂的非线性弹性模型反映屈服面内土体的性质更方便些。伦敦帝国理工学院的 Jardine 等(1986)根据试验结果提出了一个非线性弹性经验模型,应用结果表明模型比较合理(Jardine et al.,1988),见第 5 章相关内容。

需要特别指出的是,如果计算弹性体积应变的表达式与式(7.39)不同,则临界状态应力与比体积(即孔隙比)之间不再有一一对应关系。

7.10.4 主屈服面内的塑性变形

如上所述,简单的弹性模型无法充分反映屈服面内土体的性质,这一点对循环加载尤为重要,由于变形不可逆,为了得到满意的预测结果,需要准确模拟土体的累积变形。为此,多重屈服面模型、双屈服面模型(Mroz et al.,1978)、边界面模型(Dafalias et al.,1982)、广义塑性模型(Pande et al.,1982),及 Nova & Hueckel 模型(1981)等不同形式的塑性模型相继提出。临界状态基本方程仅仅为不同模型提供了一个基本框架,因此这里它只扮演次要的角色,下面对该问题作一简要概括。

为描述主屈服面内的塑性变形,数值计算中所用的方程可以分为两类。

(1) 第一类为分离模型:用单独的方程模拟循环加载情况,然后加到合适的静力模型中(van Eekelen et al.,1978;Zienkiewicz et al.,1978);

(2) 第二类为整体模型:用整体模型中的总方程计算循环加载结果(Prevost,1978;Dafalias et al.,1982;Carter et al.,1982;Zienkiewicz et al.,1985;Pastor et al.,1985)。

应用时两类模型的区别非常明显。第二类模型可以更准确地反映土体的实际情况，包括滞回效应，但如果循环次数较多（如港口工程风暴设计），该类模型计算时间长而且需要很大的内存空间。

van Eekelen 等（1978）用循环荷载下产生的孔隙水压力作为分离模型中的疲劳参数，每一次循环后孔隙水压力的增长由归一化后的该次循环应力大小决定。模型的静力部分为基于 Drammen 黏土的临界状态模型，可以反映内部屈服情况。Potts（1985）用该模型分析了循环次数超过 3500 次的风暴荷载下重力式结构情况。Zienkiewicz 等（1978）以体积应变为疲劳变量，体积应变的增加取决于偏应变路径的总长度，并将这个压密模型与临界状态方程耦合，研究了水平地震作用下饱和砂土的动力响应（Zienkiewicz et al.，1981）。

Zienkiewicz 等（1982）用同样的问题比较了压密模型和第二类模型中其他两个本构模型（Dafalias et al.，1982；Carter et al.，1982）的分析结果。这三个模型得到的孔隙水压力预测值相差很大，压密模型得到的孔隙水压力增长较快。

随着模型进一步发展，将广义塑性边界面模型引入到临界状态基本方程中（Zienkiewicz et al.，1985；Pastor et al.，1985），这样所需的模型参数较少而且分析能力较强。用该模型分析一维和二维动力离心模型试验结果，得到的计算值与实测值十分吻合（Tanaka et al.，1987；Zienkiewicz et al.，1987）。由于有了更简单、实用的模型，加上计算水平也有了大幅度提高，用整体临界状态模型分析动力问题已成为可能。

虽然模型发展的主要目的是为了准确反映土体的动力特性，但在处理静力问题上也有广阔的空间。例如，用 Prevost（1978）模型分析软土隧道盾构开挖（Clough et al.，1983，1985），得到的结果与修正剑桥模型预测情况基本相似，但在边界上 Prevost 模型预测结果更符合实际，这大概与现代隧道盾构开挖中加载/卸载的过程有关。

有时候为了改善非线性模型的计算结果，假设主屈服面内土体也会发生塑性屈服。Naylor（1985）对临界状态基本方程进行改进，将塑性边界面模型的映射法则与复合材料模型结合起来使用。这样弹、塑性变形之间可以平滑过渡，改善了数值计算结果，并能更好地模拟土体情况，但得到一个有趣的结果，即超临界侧应力到达主屈服轨迹前，土体已经破坏了，因此无须采用 Hvorslev 修正屈服面。

7.11　其他形式的临界状态模型屈服面和塑性势面

7.11.1　引言

最初剑桥模型中通过假定塑性功以简单摩擦形式得到塑性势面形状。在这个

假定基础上考虑三轴应力状态，其中剪胀量 D 随应力比 $\eta=J/p'$ 线性变化(图 7.25)

$$\begin{cases} D=\Delta\varepsilon_v^p/\Delta\varepsilon_d^p \\ \Delta\varepsilon_v^p=\Delta\varepsilon_1^p+2\Delta\varepsilon_3^p & \text{(塑性体应变率)} \\ \Delta\varepsilon_d^p=\dfrac{2}{\sqrt{3}}(\Delta\varepsilon_1^p-\Delta\varepsilon_3^p) & \text{(塑性偏应变率)} \end{cases} \tag{7.52}$$

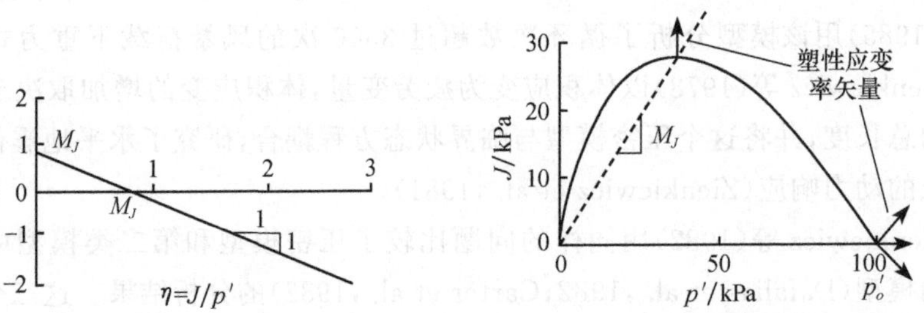

(a) 剪胀量与应力比的关系　　(b) 塑性势曲线

图 7.25　剑桥模型

上述关系积分后便得到如下塑性势函数：

$$P(\{\boldsymbol{\sigma}'\},\{\boldsymbol{m}\})=\frac{J}{p'M_J}+\ln\left(\frac{p'}{p'_o}\right)=0 \tag{7.53}$$

式中，p'_o为硬化/软化参数，它确定了当前塑性势面的大小；M_J 为材料参数，它决定塑性体积应变增量为零时的 η，见图 7.25 和 7.9.1 小节。由于假设相关联的流动法则，式(7.53)也是屈服面方程表达式，见式(7.36)。

式(7.53)中的数学表达式有两个主要缺点。首先如 7.9.1 小节所述，在平均有效应力轴上 $J=0$，$p'=p'_o$处，曲线有奇异点，如图 7.25(b)所示，土体加载历史和应力状态位于该点时，塑性应变率方向将有多种可能。但是对等向加载材料，该矢量应该与 p'轴平行，即产生无限剪胀。第二个缺点是，D-η 的斜率为 1，虽然许多土中确实存在这样的线性关系，但斜率通常不等于 1。

为了克服上述缺点，有些学者提出了其他数学表达式。例如，Roscoe 等(1968)用式(7.37)表示的椭圆形塑性势面，最近 Nova(1991)提出了“泪珠”形塑性势面。Desai(1980)提出了一种广义屈服函数，它是三个应力不变量表示的多项式，如果适当地选择非零的多项式系数，几种较常用的屈服函数都能得到。不同模型的屈服面和塑性势面形状往往大不相同，遗憾的是，大多数模型采用的数学表达式不允许屈服面和塑性势面形状有多种选择，因为它们对计算结果的影响很大，而准确反映土体力学特性才是最重要的。实际上土体的屈服形状差异很大，因此最好选用灵活性大的表达式。

为了得到与初始剑桥模型类似的塑性势面形状，且没有上述缺点，Lagioia 等

(1996)提出了一种通用的数学表达式,它不仅没有初始剑桥模型的缺点,而且可以给出一系列不同的塑性势面,从一开始的“子弹”形到现在颇受欢迎的“泪珠”形都包含在内。目前文献中用到的大多数塑性势面形状都可以通过合适的参数由该表达式获得。该表达式非常灵活,这样在不相关联的模型中,既可以用来定义屈服面也可以用来定义塑性势面,只是需要两套不同的形状参数而已。下面简单介绍这个表达式,详细叙述参考文献(Lagioia et al.,1996)。

7.11.2 三轴应力空间中新的表达式

推导数学表达式时可以先考虑三轴压缩情况,如 7.9.2 小节中介绍剑桥模型和修正剑桥模型时提到,可以有多种方法将三轴应力表达式推广到广义应力情况,如何将新表达式扩展到广义应力空间将在后面介绍。

前面在剑桥模型中指出,考虑剪胀量 D 随应力比 $\eta(=J/p')$ 的变化有助于研究塑性变形。根据经典塑性理论,由塑性势面的导数可以计算塑性应变率的相对大小

$$\Delta\varepsilon_i^p = \Lambda\frac{\partial P(\{\boldsymbol{\sigma}'\},\{\boldsymbol{m}\})}{\partial\boldsymbol{\sigma}_i'} \tag{7.54}$$

式中,Λ 为标量因子;$\Delta\varepsilon_i^p$ 为塑性应变增量矢量,见 6.8.3 小节和 6.13 节。因此剪胀量 D 可写为

$$D = \frac{\Delta\varepsilon_v^p}{\Delta\varepsilon_d^p} = \frac{\Lambda\dfrac{\partial P(\{\boldsymbol{\sigma}'\},\{\boldsymbol{m}\})}{\partial p'}}{\Lambda\dfrac{\partial P(\{\boldsymbol{\sigma}'\},\{\boldsymbol{m}\})}{\partial J}} = -\frac{\mathrm{d}J}{\mathrm{d}p'} \tag{7.55}$$

用 η 和 p' 改写式(7.55)

$$\frac{\mathrm{d}p'}{p'} = -\frac{\mathrm{d}\eta}{D+\eta} \tag{7.56}$$

现在的目的是建立塑性势函数表达式 $P(\{\boldsymbol{\sigma}'\},\{\boldsymbol{m}\})$,以便在 D-η 平面上得到斜率为 μ_P 的直线,且满足以下条件:

$$\begin{aligned} \eta &= 0 \quad \Rightarrow \quad D \to \infty \\ \eta &= M_{PJ} \quad \Rightarrow \quad D = 0 \end{aligned} \tag{7.57}$$

即各向同性材料在等向加载条件下($\eta=0$)仅产生塑性体积应变,并且三轴压缩情况下,当应力比达到 M_{PJ} 时,临界状态条件开始适用。

上述条件与初始剑桥模型的区别在于 μ_P 可以任意选取,而且当应力比 η 趋于零时,直线逐渐趋近于 $D=\infty$。

满足上述条件的剪胀量与应力比关系可以表示为

$$D = \mu_P(M_{PJ}-\eta)\left(\frac{\alpha_P M_{PJ}}{\eta}+1\right) \tag{7.58}$$

式中,参数 α_P 确定了曲线开始弯曲趋向 $D=\infty$ 时,与 $\eta=0$ 轴的距离。将式(7.58)代入式(7.56)中并积分便得到三轴压缩时塑性势函数表达式。需要指出的是,根据不同的斜率 μ_P,可以得到两个不同的积分表达式。一个式子适用于除 $\mu_P=1$ 以外的任意 μ_P,另一个则仅适用于 $\mu_P=1$ 的情况。实际上第一个式子可以看作是广义表达式,因为当 $\mu_P=1$ 时,可以取 μ_P 为非常接近于 1 的值(如 0.99999 或 1.00001),这样只需要详细介绍第一种情况。

将式(7.58)代入式(7.56)中,并积分得到如下方程:

$$P(\{\boldsymbol{\sigma}'\},\{\boldsymbol{m}\})=\frac{p'}{p'_P}-\frac{\left(1+\dfrac{\eta_P}{K_{P2}}\right)^{\frac{K_{P2}}{\beta_P}}}{\left(1+\dfrac{\eta_P}{K_{P1}}\right)^{\frac{K_{P1}}{\beta_P}}}=0 \tag{7.59}$$

式中

$$\beta_P=(1-\mu_P)(K_{P1}-K_{P2}) \tag{7.60}$$

$$K_{P1}=\frac{\mu_P(1-\alpha_P)}{2(1-\mu_P)}\left[1+\sqrt{1-\frac{4\alpha_P(1-\mu_P)}{\mu_P(1-\alpha_P)^2}}\right] \tag{7.61}$$

$$K_{P2}=\frac{\mu_P(1-\alpha_P)}{2(1-\mu_P)}\left[1-\sqrt{1-\frac{4\alpha_P(1-\mu_P)}{\mu_P(1-\alpha_P)^2}}\right] \tag{7.62}$$

且 η_P 是归一化后的应力比 η

$$\eta_P=\frac{\eta}{M_{PJ}} \tag{7.63}$$

式(7.59)适用于 η_P 为正的情况,且满足

$$\begin{cases}1+\dfrac{\eta_P}{K_{P1}}\geqslant 0\\[2ex]1+\dfrac{\eta_P}{K_{P2}}\geqslant 0\end{cases} \tag{7.64}$$

于是确定塑性势面需要四个参数:M_{PJ}、p'_P、μ_P、α_P。图 7.26 表示了这四个参数的几何意义。

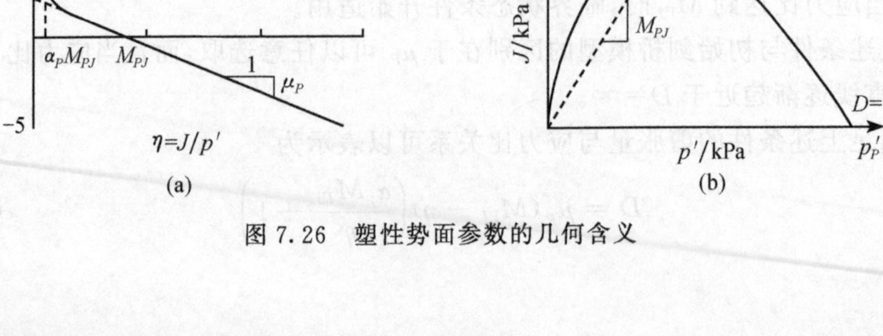

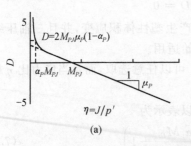

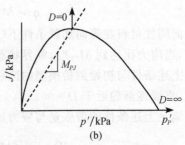

图 7.26　塑性势面参数的几何含义

如果假定相关联的流动法则，则式(7.59)也是屈服面方程，p_P'成为硬化/软化参数 p_o'，见 7.9.1 小节。如果假定不相关联的流动法则，屈服面方程可以采用与式(7.59)同样的形式，只是参数 M_J、μ 和 α 取值不同。

$$F(\{\boldsymbol{\sigma}'\},\{\boldsymbol{k}\}) = \frac{p'}{p_o'} - \frac{\left(1+\dfrac{\eta_F}{K_{F2}}\right)^{\frac{K_{F2}}{\beta_F}}}{\left(1+\dfrac{\eta_F}{K_{F1}}\right)^{\frac{K_{F1}}{\beta_F}}} = 0 \tag{7.65}$$

式中

$$\beta_F = (1-\mu_F)(K_{F1}-K_{F2}) \tag{7.66}$$

$$K_{F1} = \frac{\mu_F(1-\alpha_F)}{2(1-\mu_F)}\left[1+\sqrt{1-\frac{4\alpha_F(1-\mu_F)}{\mu_F(1-\alpha_F)^2}}\right] \tag{7.67}$$

$$K_{F2} = \frac{\mu_F(1-\alpha_F)}{2(1-\mu_F)}\left[1-\sqrt{1-\frac{4\alpha_F(1-\mu_F)}{\mu_F(1-\alpha_F)^2}}\right] \tag{7.68}$$

$$\eta_F = \frac{\eta}{M_{FJ}} \tag{7.69}$$

参数 M_{PJ} 和 M_{FJ} 是 J-p' 平面上曲线水平切线处的应力比。如果式(7.65)表示的是塑性势函数，即式(7.59)，则 M_{PJ} 为有效内摩擦角的函数，表示为

$$M_{PJ} = \frac{2\sqrt{3}\sin\varphi_{cs}'}{3-\sin\varphi_{cs}'} \tag{7.70}$$

但是如果式(7.65)表示的是屈服面，则要由几何情况确定 M_{FJ}。p_P'和 p_o'为曲线在平均有效应力轴上两个交点处的值。由于塑性势函数只用到方程的导数形式，因此 p_P'成了虚参数。对于屈服曲线，p_o'一般表示状态参数，即硬化/软化参数(见 7.9.1 小节)。参数 μ_P、μ_F 和 α_P、α_F 前面已作介绍。如果表达式定义的是塑性势函数，则 α_P 为剪胀量等于式(7.71)时对应的应力比与 M_{PJ} 的比值

$$D = 2\mu_P M_{PJ}(1-\alpha_P) \tag{7.71}$$

如果为屈服面方程，则要通过屈服面拟合确定 μ_F 和 α_F 两个参数。显然，如果要得到剑桥模型屈服面形式，α_P(或 α_F)要取得很小。α 越小，$p'=p_P'$(或 p_o')处“子弹头”的形状越尖。

由上述方程可以看出，M_{PJ}(或 M_{FJ})的取值没有任何限制，但是 μ_P(或 μ_F)和 α_P(或 α_F)的值有限制

$$\begin{cases}\alpha_P \neq 1, & \alpha_F \neq 1 \\ \mu_P \neq 1, & \mu_F \neq 1\end{cases} \tag{7.72}$$

而且，$\mu_P<1$ 或 $\mu_F<1$ 情况下，μ_P 或 μ_F 必须满足

$$\mu_P > \frac{4\alpha_P}{(1-\alpha_P)^2 + 4\alpha_P}, \quad \mu_F > \frac{4\alpha_F}{(1-\alpha_F)^2 + 4\alpha_F} \tag{7.73}$$

如果 $\alpha_P<1$(或 $\alpha_F<1$)且 $\mu_P<1$(或 $\mu_F<1$)，则曲面在 $p'=p'_P$(或 $p'=p'_o$)及 $p'=0$ 处都是圆形的，于是原点处归一化后的应力比为

$$\eta_P^{p'=0} = \infty, \quad \eta_F^{p'=0} = \infty \tag{7.74}$$

其他情况下，η_P(或 η_F)都是定值。如果 $\alpha_P<1$(或 $\alpha_F<1$)且 $\mu_P>1$(或 $\mu_F>1$)，则 η_P(或 η_F)为

$$\eta_P^{p'=0} = -K_{P1}, \quad \eta_F^{p'=0} = -K_{F1} \tag{7.75}$$

如果 $\alpha_P>1$(或 $\alpha_F>1$)，则无论 μ 如何取值，都有

$$\eta_P^{p'=0} = -K_{P2}, \quad \eta_F^{p'=0} = -K_{F2} \tag{7.76}$$

这些情况下，屈服函数和塑性势函数在 $p'=0$ 处的应力比均为定值，这种特征可以为高应力比值设定一个界限。如果是不相关联情况，则要注意，由屈服面得到的应力比对塑性势面也要同样有效。

改变参数 $\alpha_P(\alpha_F)$ 和 $\mu_P(\mu_F)$ 可以得到不同形状的曲线。图 7.27 为 μ_P、M_{PJ} 和 p'_P 保持不变，变化 α_P 对曲线形状的影响。图中清楚地表示出，参数 α_P 控制着 $p'=p'_P$ 处"弹头"的圆滑度。该参数同时控制着曲线在斜率为 M_{PJ} 直线两侧的相对比例，即曲线呈"子弹"形还是"泪珠"形。

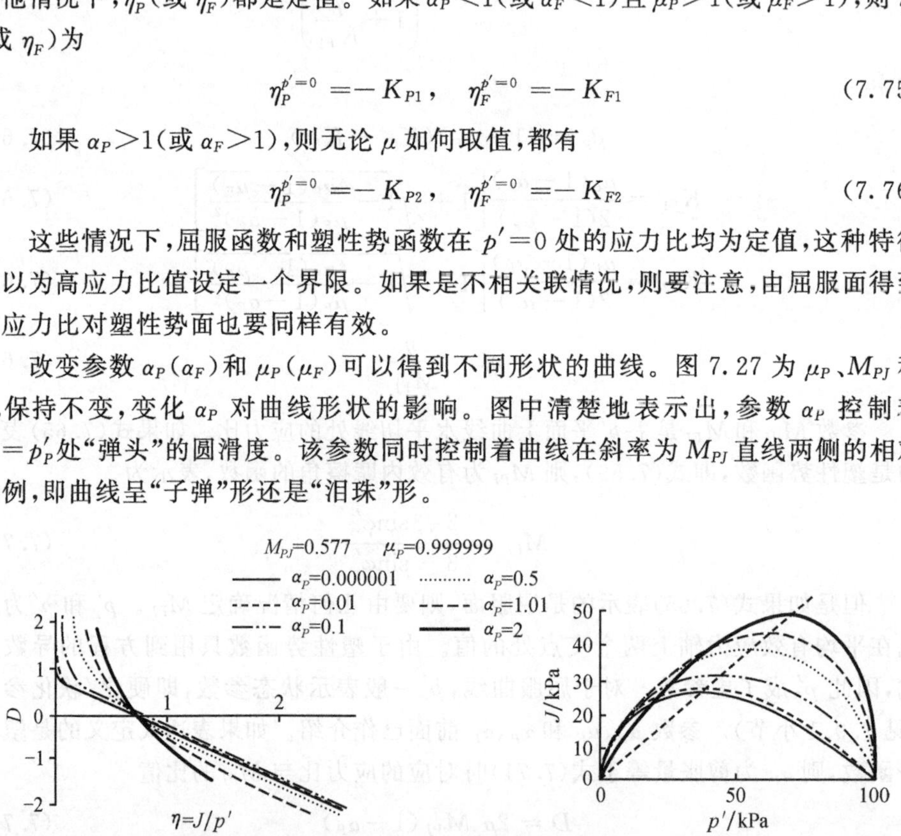

图 7.27 参数 α_P 对曲线形状的影响

图 7.28 是 α_P、M_{PJ} 和 P'_P 不变，μ_P 变化对曲线形状的影响情况。$\mu_P>1$ 时，曲线在应力空间原点处的应力比趋于定值。

Lagioia 等(1996)进一步介绍了通过合适参数的选择，用新的表达式可以得到许多文献中应用的曲线形状，也证明了新表达式可以准确地拟合试验结果。

7.11.3 通用表达式

至此仅考虑了三轴压缩情况下的表达式。将式(7.59)和式(7.65)推广到三维

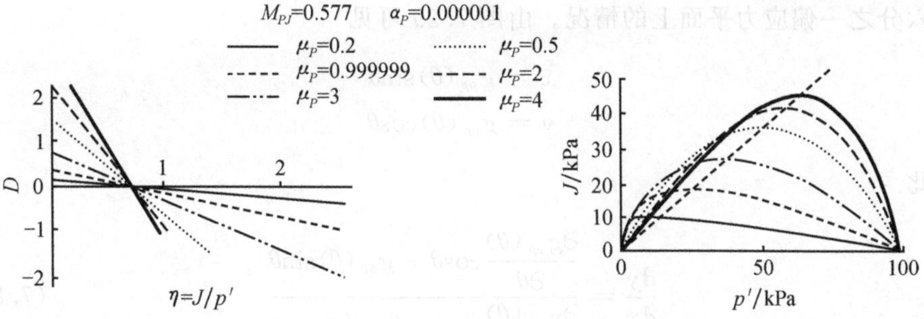

图 7.28　参数 μ_P 对曲线形状的影响

应力空间最简单的方法是用式(7.77)代替 η_P 和 η_F

$$\eta_P = \frac{\eta}{g_{pp}(\theta)}, \quad \eta_F = \frac{\eta}{g(\theta)} \tag{7.77}$$

式中，$g_{pp}(\theta)$和 $g(\theta)$可以采用 7.9.2 小节中的任何形式。

上述模型已用于三轴应力情况下结构性土体的受力分析(Lagioia et al.，1997)。

7.12　平面应变中塑性势面形状的影响

前面 7.9.2 小节中指出，偏应力平面上塑性势面形状 $g_{pp}(\theta)$对平面应变分析影响很大，下面对此进行研究。

对平面应变问题，根据定义，平面外的应变增量 $\Delta\varepsilon_2$ 等于零。如果假定土体为弹塑性，则

$$\Delta\varepsilon_2 = \Delta\varepsilon_2^e + \Delta\varepsilon_2^p = 0 \tag{7.78}$$

破坏时应力不产生变化，弹性分量 $\Delta\varepsilon_2^e$ 降为零，因此，有

$$\Delta\varepsilon_2^p = 0 \tag{7.79}$$

根据式(7.15)破坏时剪胀角的定义，并结合式(7.79)，可以得到破坏时塑性应变增量的洛德角

$$\theta_{\Delta\varepsilon^p} = \arctan\left(\frac{\sin\nu}{\sqrt{3}}\right) \tag{7.80}$$

塑性应变增量的方向与偏应力平面上塑性势曲线的投影(用 $g_{pp}(\theta)$表示)垂直，图 7.29 给出

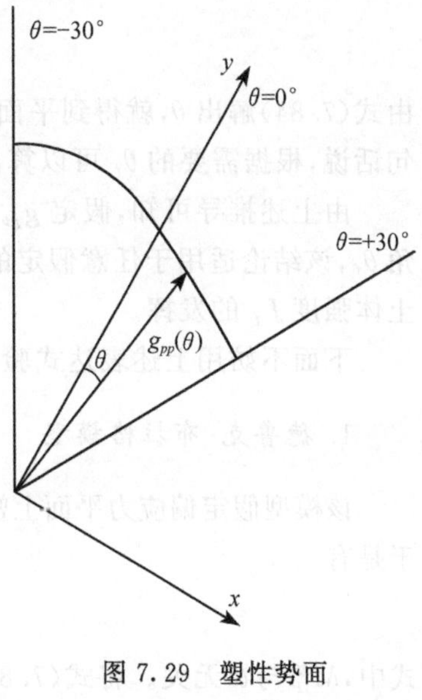

图 7.29　塑性势面

了六分之一偏应力平面上的情况。由图 7.29 可见

$$x = g_{pp}(\theta)\sin\theta$$
$$y = g_{pp}(\theta)\cos\theta$$

因此

$$\frac{\mathrm{d}y}{\mathrm{d}x} = \frac{\dfrac{\partial g_{pp}(\theta)}{\partial\theta}\cos\theta - g_{pp}(\theta)\sin\theta}{\dfrac{\partial g_{pp}(\theta)}{\partial\theta}\sin\theta + g_{pp}(\theta)\cos\theta} \tag{7.81}$$

由于塑性应变增量矢量与塑性势面正交,则

$$\theta_{\Delta\varepsilon^p} = \arctan\left(-\frac{\mathrm{d}y}{\mathrm{d}x}\right) \tag{7.82}$$

联立式(7.80)和式(7.82),得到

$$-\frac{\sin\nu}{\sqrt{3}} = \frac{\dfrac{\partial g_{pp}(\theta)}{\partial\theta}\cos\theta - g_{pp}(\theta)\sin\theta}{\dfrac{\partial g_{pp}(\theta)}{\partial\theta}\sin\theta + g_{pp}(\theta)\cos\theta} \tag{7.83}$$

将 $g_{pp}(\theta)$的表达式和破坏时剪胀角 ν 代入式(7.83),得到破坏时的应力洛德角 θ_f。例如,如果用式(7.48)表示塑性势函数,并假设破坏时体积变化为零,$\nu=0°$(即位于临界状态),则式(7.83)简化为

$$\tan\theta = -\frac{3ZY\cos3\theta}{1+Y\sin3\theta} \tag{7.84}$$

由式(7.84)解出 θ,就得到平面应变条件下没有剪胀时的破坏应力洛德角 θ_f。换句话说,根据需要的 θ_f 可以算出相应的 Z 和 Y。

由上述推导可知,假定 $g_{pp}(\theta)$的表达式及剪胀角,可以得到平面应变中的洛德角 θ_f,该结论适用于任意假定的屈服函数。当然屈服函数的表达式又决定了 θ_f 处土体强度 J_f 的发挥。

下面不妨用上述表达式验证一下本章介绍的几种模型。

1. 德鲁克-布拉格模型

该模型假定偏应力平面上塑性势面和屈服面都为圆形,见式(7.24)和式(7.29),于是有

$$g_{pp}(\theta) = M_{JP}^{pp} \tag{7.85}$$

式中,M_{JP}^{pp}与 θ 无关。将式(7.85)代入式(7.83),得到

$$\tan\theta_f = \frac{\sin\nu}{\sqrt{3}} \tag{7.86}$$

这样破坏时应力洛德角直接由剪胀角 ν 确定。如果 $\nu=0°$，则破坏时 $\theta=0°$。泛米塞斯模型可以得到同样的结果，由于剪胀量等于零，因此破坏时的 θ 也等于零。

2. 莫尔-库仑模型

莫尔-库仑模型中，偏应力平面上塑性势面的形状 $g_{pp}(\theta)$ 由式(7.17)表示。将 $g_{pp}(\theta)$ 代入式(7.81)中，有

$$\frac{\mathrm{d}y}{\mathrm{d}x} = -\frac{\sin\nu}{\sqrt{3}} \tag{7.87}$$

再根据式(7.82)，得到

$$\theta_{\Delta\varepsilon^p} = \arctan\left(\frac{\sin\nu}{\sqrt{3}}\right) \tag{7.88}$$

式(7.88)与 θ 无关，于是偏应力平面上塑性应变增量的方向是固定的。比较方程式(7.80)和式(7.88)发现，上述 $\theta_{\Delta\varepsilon^p}$ 结果与平面应变条件一致。因此在偏应力平面上塑性势函数为直线这种特殊情况下，破坏应力洛德角不能唯一确定，可以是$-30°\sim+30°$的任意值，不论剪切摩擦角 φ 如何，都是如此。Tresca 模型也有类似的情况。

3. 临界状态模型

7.9.2 小节中曾指出，确定偏应力平面上屈服面和塑性势面的方法很多，如果 M_J 是常数，即屈服面和塑性势面为圆形，土体在临界状态破坏，剪胀量为零，式(7.86)中的 $\nu=0°$，即破坏时应力洛德角 $\theta=0°$。

或者，若用式(7.48)定义 $g_{pp}(\theta)$，则破坏时应力洛德角可由式(7.84)计算。

问题出在莫尔-库仑六边形，这时 $g_{pp}(\theta)$ 用式(7.41)表示，代入式(7.82)中，有

$$\theta_{\Delta\varepsilon^p} = \arctan\left(\frac{\sin\varphi'_{cs}}{\sqrt{3}}\right) \tag{7.89}$$

因此，对莫尔-库仑模型而言，式(7.89)与 θ 无关，塑性应变增量方向在偏应力平面上保持不变。但是，对比式(7.89)和式(7.80)发现，式(7.89)中的 $\theta_{\Delta\varepsilon^p}$ 不符合平面应变条件，即当 $\nu=0°$ 时，$\theta_{\Delta\varepsilon^p}\neq 0$。因此，应力状态被迫位于三轴压缩($\theta=-30°$)或三轴拉伸($\theta=+30°$)处，即塑性势面的角点处，这时塑性应变增量方向无法确定，却又要满足式(7.80)。显然这与实际情况不符，因为大多数土体破坏时的 θ 介于$-10°\sim-25°$。为了解决这个问题，要用其他形式的 $g_{pp}(\theta)$ 表达式，如7.9.2

小节中任一种形式。但是仍然可以用式(7.41)表示的莫尔-库仑六边形确定偏应力平面上屈服面形状。此时屈服函数和塑性势函数不同，属于不相关联的情况。附录 VII.3 中的模型在偏应力平面上的屈服函数和塑性势函数分别采用了莫尔-库仑六边形和圆形。

Potts 等(1984)采用修正剑桥模型，通过有限元分析定量研究了以上问题对平面应变问题的影响，得出如下结论：

(1) 依据假定的塑性势面形状计算的 θ_f 对破坏前和破坏时的平面应变变形结果有很大影响。

(2) 对土体性质起决定性影响的是破坏时的 θ_f，而不是塑性势面形状。这意味着如果两种塑性势函数在偏应力面上的形状不同，但是它们有同样的 θ_f，那么得到的结果差不多。因此塑性势面形状的重要性主要体现在它对 θ_f 的影响上。

(3) 只要 θ_f 处的剪切摩擦角 φ'_{cs} 正确，那么偏应力平面上屈服面形状对排水条件下土体破坏前和破坏时的力学性质影响都很小。因此如果假定正交法则，偏应力平面上屈服函数和塑性势函数形状一样，并正确计算剪切摩擦角，那么得到的结果大致相同。

(4) 不排水时，只要 θ_f 处不排水抗剪强度相同，则塑性势函数形式对破坏前和破坏时土体的影响很小。但是要记住，θ_f 直接由塑性势函数确定。

因此考虑通用本构模型时，尤其对塑性势函数及其在偏应力平面上的形状进行改进时，需要多加注意。目前确定塑性势函数的试验数据非常有限，但是，正如前面所介绍的，控制土体力学特性的是 θ_f，不是塑性势函数的具体形状。试验数据表明(Comfrorth，1961；Henkel et al.，1966；Hambly et al.，1969；Green，1971；Menkiti，1995；Zdravković，1996)，θ_f 在 $0°\sim-25°$，因此保证任何假定的塑性势函数所确定的 θ_f 位于上述范围内比较合理。

7.13　小　结

(1) 简单理想塑性模型中，Tresca 和莫尔-库仑模型比 von Mises 和德鲁克-布拉格模型更适用，因为这两个模型与经典土力学中的基本假定一致。

(2) 对莫尔-库仑模型而言，采用不相关联的流动法则非常重要，如果采用相关联的流动法则会过高估计土体的剪胀趋势。

(3) 如果土体强度参数 c' 和 φ'，以及剪胀角 ν，可以随塑性偏应变 E_d^p 变化，则可以进一步改进莫尔-库仑模型。

(4) 临界状态模型(CSM)建立在各向同性弹性应变硬化/软化塑性理论基础上。

(5) 一般而言，土体的固结和剪切特性都是分开考虑的。临界状态模型可以同时考虑土体这两方面的性质，与简单的 Tresca 和莫尔-库仑模型相比，在模拟土体性质上向前迈出了一大步。

(6) 最初临界状态模型(如剑桥模型和修正剑桥模型)是在三轴应力空间中提出的，为了用于数值计算，要对模型进行拓展，这需要附加一些假定，文献中介绍了好几种拓展方法。拓展方法对计算结果影响较大，因此充分理解所采用的方法非常重要。

(7) 文献中对临界状态模型的基本公式进行了许多修正，包括超临界侧采用 Hvorslev 屈服面；改进屈服面和塑性势面形状；根据 K_0 固结线调整屈服面位置；对屈服面内非线性弹性进行修正，以及在屈服面内引入“次塑性”的概念。

(8) 临界状态基本模型需要五个参数：固结参数(v_1,κ,λ)，排水强度参数(φ'或 M_J)及弹性参数(μ 或 G)，其中不含不排水强度 S_u，但是通过输入的参数和初始应力状态可以计算出 S_u。

(9) 平面应变中，偏应力平面上塑性势面形状和剪胀角 ν 决定着破坏时洛德角 θ_f 的大小。

附录 VII.1 应力不变量的导数

(1) 平均总应力

$$p=\frac{\sigma_1+\sigma_2+\sigma_3}{3}=\frac{\sigma_x+\sigma_y+\sigma_z}{3} \tag{VII.1}$$

$$\left\{\frac{\partial p}{\partial \boldsymbol{\sigma}}\right\}=\frac{1}{3}\{1\;1\;1\;0\;0\;0\}^{\mathrm{T}} \tag{VII.2}$$

(2) 平均有效应力

$$p'=\frac{\sigma'_1+\sigma'_2+\sigma'_3}{3}=\frac{\sigma'_x+\sigma'_y+\sigma'_z}{3} \tag{VII.3}$$

$$\left\{\frac{\partial p'}{\partial \boldsymbol{\sigma}'}\right\}=\frac{1}{3}\{1\;1\;1\;0\;0\;0\}^{\mathrm{T}} \tag{VII.4}$$

(3) 偏应力

$$J=\left\{\frac{1}{6}\left[(\sigma'_1-\sigma'_2)^2+(\sigma'_2-\sigma'_3)^2+(\sigma'_3-\sigma'_1)^2\right]\right\}^{\frac{1}{2}}$$
$$=\left\{\frac{1}{6}\left[(\sigma'_x-\sigma'_y)^2+(\sigma'_x-\sigma'_z)^2+(\sigma'_y-\sigma'_z)^2+\tau_{xy}^2+\tau_{zx}^2+\tau_{yz}^2\right]\right\}^{\frac{1}{2}} \tag{VII.5}$$

$$\left\{\frac{\partial J}{\partial \boldsymbol{\sigma}'}\right\}=\frac{1}{2J}\{\sigma'_x-p'\;\;\sigma'_y-p'\;\;\sigma'_z-p'\;\;2\tau_{xy}\;\;2\tau_{xz}\;\;2\tau_{yz}\}^{\mathrm{T}} \tag{VII.6}$$

(4) 洛德角

$$\theta=\arctan\left[\frac{1}{\sqrt{3}}\left(2\frac{\sigma_2'-\sigma_3'}{\sigma_1'-\sigma_3'}-1\right)\right]=-\frac{1}{3}\arcsin\left(\frac{3\sqrt{3}}{2}\frac{\det \boldsymbol{s}}{J^3}\right) \qquad \text{(VII. 7)}$$

式中

$$\det \boldsymbol{s}=\begin{vmatrix}\sigma_x'-p' & \tau_{xy} & \tau_{zx}\\ \tau_{xy} & \sigma_y'-p' & \tau_{yz}\\ \tau_{zx} & \tau_{yz} & \sigma_z'-p'\end{vmatrix}$$

或

$$\det \boldsymbol{s}=(\sigma_x'-p')(\sigma_y'-p')(\sigma_z'-p')-(\sigma_x'-p')\tau_{yz}^2-(\sigma_y'-p')\tau_{zx}^2-(\sigma_z'-p')\tau_{xy}^2+2\tau_{xy}\tau_{yz}\tau_{zx}$$

$$\left\{\frac{\partial\theta}{\partial\boldsymbol{\sigma}'}\right\}=\frac{\sqrt{3}}{2\cos3\theta J^3}\left[\frac{\det \boldsymbol{s}}{J}\left\{\frac{\partial J}{\partial\boldsymbol{\sigma}'}\right\}-\left\{\frac{\partial(\det \boldsymbol{s})}{\partial\boldsymbol{\sigma}'}\right\}\right] \qquad \text{(VII. 8)}$$

注意，上述 J 和 θ 均用有效应力表达，如果在上述各式中用总应力代替有效应力，可以得到同样的 J 和 θ，而且，$\{\partial J/\partial\boldsymbol{\sigma}\}=\{\partial J/\partial\boldsymbol{\sigma}'\}$，$\{\partial\theta/\partial\boldsymbol{\sigma}\}=\{\partial\theta/\partial\boldsymbol{\sigma}'\}$。

附录 VII. 2　修正剑桥模型三轴试验的理论解

修正剑桥模型是非常受欢迎的土体本构模型，常用来模拟正常固结土到中等超固结土的力学特性，已广泛应用于岩土工程有限元分析中。由于模型的复杂性，可用来校准有限元程序的理论解很少。本附录给出理想排水(无端部效应)和不排水条件下三轴试验的理论解。确定该模型需要五个参数：κ、λ、v_1、M_J、G，具体定义见第 7 章。

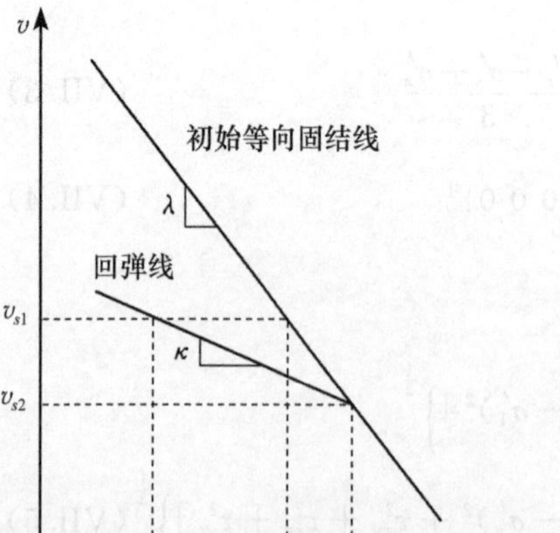

图 VII. 1　初始固结线和回弹线

1. 流动法则和塑性势函数

假定模型为相关联的塑性模型，则屈服函数 $F(\{\boldsymbol{\sigma}'\},\{\boldsymbol{k}\})$ 和塑性势函数 $P(\{\boldsymbol{\sigma}'\},\{\boldsymbol{m}\})$ 可表示为

$$F(\{\boldsymbol{\sigma}'\},\{\boldsymbol{k}\})=P(\{\boldsymbol{\sigma}'\},\{\boldsymbol{m}\})=\frac{J^2}{p'^2M_J^2}-\frac{p_o'}{p'}+1=0 \qquad \text{(VII. 9)}$$

式中，p_o' 为硬化参数，如图 VII. 1 所示；p' 为平均有效应力；J 为偏应力。

塑性流动方向和屈服函数的梯度通过

对式(VII. 9)求导得到

$$\begin{cases}\dfrac{\partial F(\{\boldsymbol{\sigma}'\},\{\boldsymbol{k}\})}{\partial J}=\dfrac{\partial P(\{\boldsymbol{\sigma}'\},\{\boldsymbol{m}\})}{\partial J}=\dfrac{2J}{p'^2M_J^2}\\ \dfrac{\partial F(\{\boldsymbol{\sigma}'\},\{\boldsymbol{k}\})}{\partial p'}=\dfrac{\partial P(\{\boldsymbol{\sigma}'\},\{\boldsymbol{m}\})}{\partial p'}=-\dfrac{2J^2}{p'^3M_J^2}+\dfrac{p'_o}{p'^2}\end{cases} \tag{VII. 10}$$

如果应力保持为塑性状态,则必须满足一致性条件($\mathrm{d}F(\{\boldsymbol{\sigma}'\},\{\boldsymbol{k}\})=0$)。对式(VII. 9)求导,得到

$$\frac{\mathrm{d}p'_o}{p'_o}=\frac{2J}{p'p'_oM_J^2}\mathrm{d}J-\frac{\mathrm{d}p'}{p'}+2\frac{\mathrm{d}p'}{p'_o} \tag{VII. 11}$$

2. 硬化准则

假定土体为等向硬化,其硬化参数由塑性体积应变 ε_v^p 确定,即

$$\frac{\mathrm{d}p'_o}{p'_o}=\frac{v}{\lambda-\kappa}\mathrm{d}\varepsilon_v^p \tag{VII. 12}$$

3. 弹性变形

弹性体积应变表示为

$$\mathrm{d}\varepsilon_v^e=\frac{\mathrm{d}p'}{K}=\frac{\kappa}{vp'}\mathrm{d}p' \tag{VII. 13}$$

式中,K 为弹性体积模量。最初修正剑桥模型中不考虑弹性偏应变,即隐含着 G 为无穷大。为了避免数值计算困难,也为了在屈服面内得到更好的模拟结果,常用有限的 G 计算弹性偏应变,文献中提出了各种计算方法,这里仅考虑下列三种:

(1) G 是硬化参数 p'_o 的倍数,$G=gp'_o$。

(2) G 由泊松比 μ 确定。

(3) G 为常数。

VII. 2. 1 三轴排水试验下的理论解

试验中保持径向总应力不变,对圆柱形剑桥黏土试样施加轴向压力,不允许产生超静孔隙水压力,试样初始应力为 $p'=p'_i$,$J=J_i$。上述边界条件形成了以下应力路径(图 VII. 2):

$$p'=\frac{J}{\sqrt{3}}+p'_h,\quad \mathrm{d}p'=\frac{\mathrm{d}J}{\sqrt{3}} \tag{VII. 14}$$

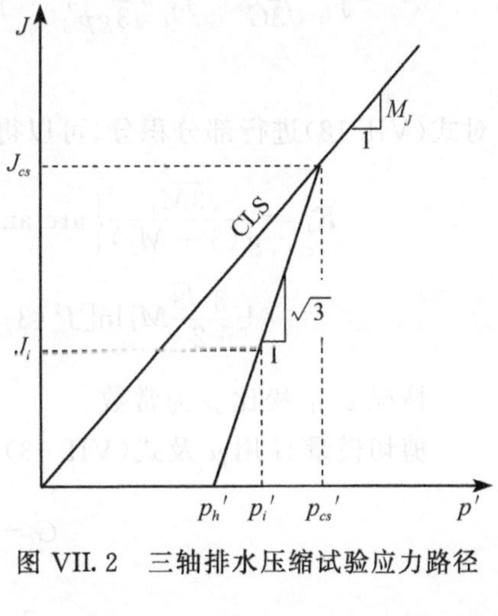

图 VII. 2 三轴排水压缩试验应力路径

式中,$p_h'(=p_i'-J_i/\sqrt{3})$为应力路径在 p'轴上的截距。下面的理论解中将给出任意偏应力 J_c 下土体的体积应变ε_v、偏应变 E_d 和平均有效应力 p_c'。临界状态条件限制了 p_c'和 J_c 的取值,其最大值只能等于临界状态线和排水应力路径交点处的 p_{cs}'和 J_{cs},即

$$J_{cs}=\frac{M_J p_h'}{1-\dfrac{M_J}{\sqrt{3}}},\quad p_{cs}'=\frac{p_h'}{1-\dfrac{M_J}{\sqrt{3}}} \tag{VII.15}$$

偏应变 E_d 分为塑性应变和弹性应变两部分,即 E_d^p 和 E_d^e。同样,ε_v 也可以分为ε_v^p 和ε_v^e 两部分。下面求解中假定在积分区间内土体比体积(孔隙比)不变。

1. 弹性应变

1) 弹性体积应变

对式(VII. 13)积分得到弹性体积应变

$$\varepsilon_v^e=\int_{p_i'}^{p_c'}\frac{\kappa}{v}\frac{\mathrm{d}p'}{p'}=\frac{\kappa}{v}\ln\left(1+\frac{J_c-J_i}{p_i'\sqrt{3}}\right) \tag{VII.16}$$

2) 弹性偏应变

情况 1:$G=gp_a'$。

由式(VII. 9)

$$p_o'=\frac{J^2}{M_J^2 p'}+p' \tag{VII.17}$$

与式(VII. 14),并将 G 表达式代入,得到弹性偏应变表达式

$$E_d^e=\int_{J_i}^{J_c}\frac{\mathrm{d}J}{\sqrt{3}G}=\int_{J_i}^{J_c}\frac{\mathrm{d}J}{\sqrt{3}gp_o'}=\int_{J_i}^{J_c}\frac{M_J^2}{g}\frac{\sqrt{3}p_h'+J}{3J^2+M_J^2(3p_h'^2+2\sqrt{3}p_h'J+J^2)}\mathrm{d}J \tag{VII.18}$$

对式(VII. 18)进行部分积分,可以得到

$$E_d^e=\frac{\sqrt{3}M_J}{g(3+M_J^2)}\left\{\arctan\left[\frac{J(3+M_J^2)}{3M_J p_h'}+\frac{M_J}{\sqrt{3}}\right]\right.$$
$$\left.+\frac{3\sqrt{3}}{2}M_J\ln\left[J^2(3+M_J^2)+2\sqrt{3}M_J^2p_h'J+3M_J^2p_h'^2\right]\right\}_{J_i}^{J_c} \tag{VII.19}$$

情况 2:泊松比 μ 为常数。

剪切模量 G 用 μ 及式(VII. 13)中的 K 表示

$$G=\frac{3vp'(1-2\mu)}{2(1+\mu)\kappa} \tag{VII.20}$$

联立式(VII. 20)和式(VII. 14)得到弹性偏应变

$$E_d^e=\int_{J_i}^{J_c}\frac{\mathrm{d}J}{\sqrt{3}G}=\int_{J_i}^{J_c}\frac{2(1+\mu)\kappa}{3\sqrt{3}v\left(p'_h+\frac{J}{\sqrt{3}}\right)(1-2\mu)}\mathrm{d}J=\frac{2(1+\mu)\kappa}{3v(1-2\mu)}\ln\left(\frac{\sqrt{3}p'_h+J_c}{\sqrt{3}p'_h+J_i}\right)\tag{VII. 21}$$

情况 3:剪切模量为常数。

若剪切模量为常数,则弹性偏应变为

$$E_d^e=\int_{J_i}^{J_c}\frac{\mathrm{d}J}{\sqrt{3}G}=\left[\frac{J}{\sqrt{3}G}\right]_{J_i}^{J_c}=\frac{J_c-J_i}{\sqrt{3}G}\tag{VII. 22}$$

2. 塑性应变

应力路径与初始屈服面相交时才会产生塑性应变。与初始应力状态对应的初始屈服面位置取决于超固结比大小,它确定了初始 p'_o(即 p'_{oi})的大小。由式(VII. 9)和式(VII. 14)可以得到应力路径与初始屈服面的交点(用 p'_y和 J_y 表示)

$$J_y=\text{下面的正值}=\frac{\frac{2p'_h-p'_{oi}}{\sqrt{3}}\pm\sqrt{4p'_h(p'_h-p'_{oi})\frac{3+M_J^2}{3M_J^2}-\left(\frac{2p'_h-p'_{oi}}{\sqrt{3}}\right)^2}}{2\frac{3+M_J^2}{3M_J^2}}\tag{VII. 23}$$

$$p'_y=\frac{J_y}{\sqrt{3}}+p'_h$$

1) 塑性体积应变

将方程式(VII. 11)和式(VII. 14)代入式(VII. 12)中得到塑性体积应变

$$\begin{aligned}\varepsilon_v^p&=\frac{\lambda-\kappa}{v}\int_{J_y}^{J_c}\left[-\frac{1}{\sqrt{3}p'_h+J}+\frac{2(3+M_J^2)J+2\sqrt{3}M_J^2p'_h}{(3+M_J^2)J^2+2\sqrt{3}M_J^2p'_hJ+3M_J^2p_h'^2}\right]\mathrm{d}J\\&=\frac{\lambda-\kappa}{v}\{-\ln(\sqrt{3}p'_h+J)+\ln[(3+M_J^2)J^2+2\sqrt{3}M_J^2p'_hJ+3M_J^2p_h'^2]\}_{J_y}^{J_c}\end{aligned}\tag{VII. 24}$$

2) 塑性偏应变

塑性偏应变增量和塑性体积应变增量分别为

$$\begin{cases}\mathrm{d}E_d^p=\Lambda\dfrac{\partial P(\{\boldsymbol{\sigma}'\},\{\boldsymbol{m}\})}{\partial J}=\Lambda\dfrac{2J}{p'^2M_J^2}\\[2ex]\mathrm{d}\varepsilon_v^p=\Lambda\dfrac{\partial P(\{\boldsymbol{\sigma}'\},\{\boldsymbol{m}\})}{\partial p'}=-\Lambda\left(\dfrac{2J^2}{p'^3M_J^2}-\dfrac{p'_o}{p'^2}\right)\end{cases}\tag{VII. 25}$$

将式(VII. 25)第二式与式(VII. 9)、式(VII. 11)和式(VII. 12)联立,得到塑性标量因子 Λ 的表达式

$$\Lambda = \frac{\lambda - \kappa}{v} M_J^2 p'^2 \frac{2Jp'\mathrm{d}J + M_J^2 p'^2 \mathrm{d}p' - J^2 \mathrm{d}p'}{(M_J^2 p'^2 + J^2)(M_J^2 p'^2 - J^2)} \tag{VII. 26}$$

将式(VII. 26)代入式(VII. 25)中第一式,并用式(VII. 14)消去 p' 项,得到如下塑性偏应变:

$$\mathrm{d}E_d^p = \frac{\lambda - \kappa}{v} \int_{J_y}^{J_c} \left[\frac{-2\sqrt{3}p'_h}{J^2(3 + M_J^2) + 2\sqrt{3}M_J^2 p'_h J + 3M_J^2 p'^2_h} + \frac{\frac{1}{M_J}}{\sqrt{3}M_J p'_h + J(M_J - \sqrt{3})} + \frac{\frac{1}{M_J}}{\sqrt{3}M_J p'_h + J(M_J + \sqrt{3})} \right] \mathrm{d}J \tag{VII. 27}$$

积分得到

$$E_d^p = \left\{ -\frac{2}{\sqrt{3}} \frac{\lambda - \kappa}{v M_J} \arctan\left[\frac{J(3 + M_J^2)}{3M_J p'_h} + \frac{M_J}{\sqrt{3}} \right] + \frac{\lambda - \kappa}{v} \left\{ \frac{1}{M_J(M_J - \sqrt{3})} \ln[\sqrt{3}M_J p'_h + J(M_J - \sqrt{3})] + \frac{1}{M_J(M_J + \sqrt{3})} \ln[\sqrt{3}M_J p'_h + J(M_J + \sqrt{3})] \right\} \right\}_{J_y}^{J_c} \tag{VII. 28}$$

VII. 2. 2　三轴不排水试验下的理论解

三轴不排水试验中,在径向总应力保持不变的条件下,对圆柱形剑桥黏土试样施加轴向压力,不允许试样体积发生变化。试样中的初始应力用 p'_i 和 J_i 表示。下面推导中用到了 p'_u,它表示不排水试验开始时初始固结线上初始孔隙比对应的平均有效应力,如图 VII. 1 所示。由回弹线和初始固结线方程,可以得到 p'_u 与当前应力 p' 及 p'_o 的关系

$$\frac{p'_o}{p'} = \left(\frac{p'_u}{p'} \right)^{\frac{1}{\xi}} \tag{VII. 29}$$

式中

$$\xi = 1 - \frac{\kappa}{\lambda}$$

用式(VII. 29)消去屈服函数(式(VII. 9))中的 p'_o,则

$$J = p' M_J \sqrt{\left(\frac{p'_u}{p'} \right)^{\frac{1}{\xi}} - 1} \tag{VII. 30}$$

不排水试验中 p_u' 保持不变，因此式(VII. 30)给出的是屈服时 J-p' 空间上的应力路径。屈服前应力路径是垂直的，即 $\Delta p'=0$。

下面的理论解给出了当前任意 p_c' 时的偏应变 E_d 和 J_c。临界状态条件对 p_c' 的取值进行了限制，即当初始应力位于“湿”侧(次临界侧)时，$p_{cs}'\leqslant p_c'\leqslant p_i'$；而当初始应力位于“干”侧(超临界侧)时，$p_{cs}'\geqslant p_c'\geqslant p_i'$，其中 p_{cs}' 是 p' 的临界值。由临界状态线和式(VII. 30)中不排水应力路径的交点得到

$$p_{cs}'=\frac{p_u'}{2^{\xi}},\quad J_{cs}=M_J\frac{p_u'}{2^{\xi}} \tag{VII. 31}$$

试验中任意阶段孔隙水压力等于平均总应力与平均有效应力的差值，即用式(VII. 14)和式(VII. 30)计算。

为了方便起见，可以将偏应变 E_d 分为塑性和弹性两部分，即 E_d^p 和 E_d^e。尽管总体积应变为零，但仍有弹性和塑性体积应变分量 ε_v^e 和 ε_v^p，它们大小相等、符号相反。

1. 弹性偏应变

情况 1：$G=gp_o'$。

用式(VII. 29)将 p_o' 表示为 p' 和 p_u' 的函数，并对式(VII. 30)中不排水应力路径进行求导，得到 $\mathrm{d}J$ 的表达式，于是弹性偏应变表示为

$$E_d^e=\int_{J_i}^{J_c}\frac{\mathrm{d}J}{\sqrt{3}G}=\frac{M_J}{\sqrt{3}g}\int_{p_i}^{p_c}\frac{1-\dfrac{1}{2\xi}-\left(\dfrac{p_u'}{p'}\right)^{-\frac{1}{\xi}}}{p'\sqrt{\left(\dfrac{p_u'}{p'}\right)^{\frac{1}{\xi}}-1}}\mathrm{d}p' \tag{VII. 32}$$

对式(VII. 32)积分，得到

$$E_d^e=\xi\frac{M_J}{\sqrt{3}g}\left[\frac{\sqrt{\left(\dfrac{p_u'}{p'}\right)^{\frac{1}{\xi}}-1}}{\left(\dfrac{p_u'}{p'}\right)^{\frac{1}{\xi}}}-\left(1-\frac{1}{\xi}\right)\arctan\sqrt{\left(\dfrac{p_u'}{p'}\right)^{\frac{1}{\xi}}-1}\right]_{p_i'}^{p_c'} \tag{VII. 33}$$

情况 2：泊松比 μ 为常数。

对式(VII. 30)中不排水应力路径求导得到 $\mathrm{d}J$ 表达式，并结合式(VII. 20)得到弹性偏应变

$$E_d^e=\int_{J_i}^{J_c}\frac{\mathrm{d}J}{\sqrt{3}G}=\frac{2(1+\mu)\kappa M_J}{3\sqrt{3}v(1-2\mu)}\int_{p_i'}^{p_c'}\frac{\left(\dfrac{p_u'}{p'}\right)^{\frac{1}{\xi}}\left(1-\dfrac{1}{2\xi}\right)-1}{p'\sqrt{\left(\dfrac{p_u'}{p'}\right)^{\frac{1}{\xi}}-1}}\mathrm{d}p' \tag{VII. 34}$$

对式(VII.34)积分便得到

$$E_d^e = \frac{2(1+\mu)M_J\xi\kappa}{3\sqrt{3}v(1-2\mu)}\left[2\arctan\sqrt{\left(\frac{p'_u}{p'}\right)^{\frac{1}{\xi}}-1}-\left(2-\frac{1}{\xi}\right)\sqrt{\left(\frac{p'_u}{p'}\right)^{\frac{1}{\xi}}-1}\right]_{p'_i}^{p'_c} \tag{VII.35}$$

情况 3：剪切模量为常数。

此时弹性偏应变表示为

$$E_d^e = \int_{J_i}^{J_c}\frac{\mathrm{d}J}{\sqrt{3}G} = \left[\frac{J}{\sqrt{3}G}\right]_{J_i}^{J_c} = \left[p'\frac{M_J}{\sqrt{3}G}\sqrt{\left(\frac{p'_u}{p'}\right)^{\frac{1}{\xi}}-1}\right]_{p'_i}^{p'_c} \tag{VII.36}$$

2. 塑性偏应变

式(VII.25)给出了塑性体积应变增量和偏应变增量的计算公式。注意，不排水试验中 $\varepsilon_v^e = -\varepsilon_v^p$，于是联立 $\mathrm{d}\varepsilon_v^e$ 的表达式(VII.13)和式(VII.25)，得到 Λ 的计算式

$$\Lambda = \frac{\kappa}{v}\frac{\mathrm{d}p'}{\dfrac{2J^2}{p'^2M_J^2}-\dfrac{p'_o}{p'}} \tag{VII.37}$$

将式(VII.37)代入式(VII.25)中第一式，并由式(VII.29)得到

$$E_d^p = \int_{p'_i}^{p'_c} 2\frac{\kappa}{vp'M_J}\frac{\sqrt{\left(\dfrac{p'_u}{p'}\right)^{\frac{1}{\xi}}-1}}{\left(\dfrac{p'_u}{p'}\right)^{\frac{1}{\xi}}-2}\mathrm{d}p' \tag{VII.38}$$

注意：不排水条件下 p' 没有变化，土体表现为纯弹性。这样土体在 $p'_y = p'_i$ 时第一次屈服。对式(VII.38)积分得到

$$E_d^p = -\frac{2\kappa\xi}{vM_J}\left[\arctan\sqrt{\left(\frac{p'_u}{p'}\right)^{\frac{1}{\xi}}-1}-\frac{1}{2}\ln\left(\frac{1+\sqrt{\left(\dfrac{p'_u}{p'}\right)^{\frac{1}{\xi}}-1}}{1-\sqrt{\left(\dfrac{p'_u}{p'}\right)^{\frac{1}{\xi}}-1}}\right)\right]_{p'_i}^{p'_c} \tag{VII.39}$$

3. 峰值强度

不排水三轴试验中应力路径满足方程式(VII.30)。此时土体峰值偏应力 J_p 及其对应的平均有效应力值 p'_p，以及将 J_p 与 J_{cs} 进行比较更值得关注。将式(VII.30)对 p' 求导并令其等于零，可以解出 p'_p。然后将 p'_p 代入式(VII.30)就可以计算出 J_p，即

$$p'_p = p'_u\left(\frac{2\xi - 1}{2\xi}\right)^{\xi}, \quad J_p = M_J p'_u\left(\frac{2\xi - 1}{2\xi}\right)^{\xi}\sqrt{\frac{1}{2\xi - 1}} \tag{VII. 40}$$

比较上述 p'_p 和 p'_{cs} 的表达式发现，J_p 位于临界状态的“干”侧。式(VII. 40)除以式(VII. 31)可以得到 J_p 与 J_{cs} 的比值

$$\frac{J_p}{J_{cs}} = \left(\frac{1 - \dfrac{2\kappa}{\lambda}}{1 - \dfrac{\kappa}{\lambda}}\right)^{1 - \frac{\kappa}{\lambda}}\sqrt{\frac{1}{1 - \dfrac{2\kappa}{\lambda}}} \tag{VII. 41}$$

图 VII. 3 给出了 J_p/J_{cs} 随 κ/λ 的变化情况。由图可见，$\kappa/\lambda > 0$ 时，峰值偏应力 J_p 大于 J_{cs}。这表明当应力位于“干”侧时，土体表现为应变软化。

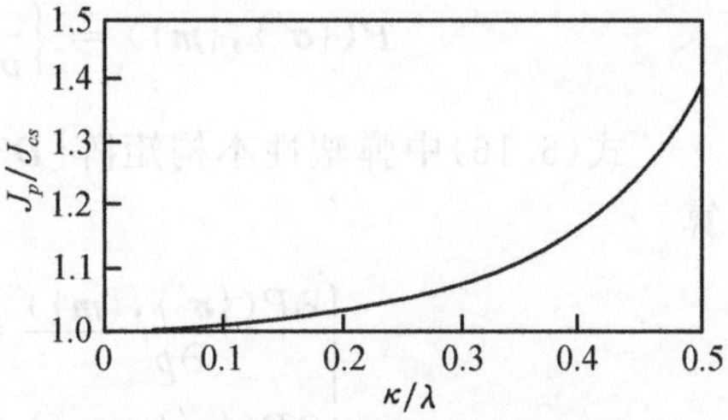

图 VII. 3　三轴不排水试验中 J_p/J_{cs} 的变化

附录 VII. 3　修正剑桥模型中导数计算

1. 屈服函数

偏应力平面上假定屈服面为莫尔-库仑六边形，其中

$$g(\theta) = \frac{\sin\varphi'_{cs}}{\cos\theta + \dfrac{1}{\sqrt{3}}\sin\theta\sin\varphi'_{cs}} \tag{VII. 42}$$

于是屈服面为

$$F(\{\boldsymbol{\sigma}'\},\{\boldsymbol{k}\}) = \left[\frac{J}{p'g(\theta)}\right]^2 - \left(\frac{p'_o}{p'} - 1\right) = 0 \tag{VII. 43}$$

弹塑性本构矩阵$[\boldsymbol{D}^{ep}]$(见式(6.16))所需的导数可由式(7.21)及式(VII. 44)计算，其中

$$\begin{cases} \dfrac{\partial F(\{\boldsymbol{\sigma}'\},\{\boldsymbol{k}\})}{\partial p'} = \dfrac{1}{p'}\left\{1 - \left[\dfrac{J}{p'g(\theta)}\right]^2\right\} \\ \dfrac{\partial F(\{\boldsymbol{\sigma}'\},\{\boldsymbol{k}\})}{\partial J} = \dfrac{2J}{[p'g(\theta)]^2} \\ \dfrac{\partial F(\{\boldsymbol{\sigma}'\},\{\boldsymbol{k}\})}{\partial \theta} = \dfrac{2J^2}{p'^2 g(\theta)}\dfrac{\dfrac{1}{\sqrt{3}}\cos\theta\sin\varphi'_{cs} - \sin\theta}{\sin\varphi'_{cs}} \end{cases} \tag{VII. 44}$$

2. 塑性势函数

为了避免 7.12 节中提到的问题，可用式(VII. 43)表示塑性势函数，但是假定

它在偏应力平面上为圆形。为此用参数 $\theta(\sigma')$ 代替变量 θ，$\theta(\sigma')$ 表示应力空间中设定塑性势函数梯度处的洛德角。塑性势函数有旋转对称性，$P(\{\boldsymbol{\sigma}'\},\{\boldsymbol{m}\})$ 是屈服面 $F(\{\boldsymbol{\sigma}'\},\{\boldsymbol{k}\})$ 与 $\theta=\theta(\sigma')$ 平面相交得到的回转面。因此

$$P(\{\boldsymbol{\sigma}'\},\{\boldsymbol{m}\})=\left\{\frac{J}{p'g[\theta(\sigma')]}\right\}^2-\left(\frac{p'_o}{p'}-1\right)=0 \tag{VII. 45}$$

式(6.16)中弹塑性本构矩阵 $[\boldsymbol{D}^{ep}]$ 所需的导数可用式(7.21)及式(VII.46)计算

$$\begin{cases}\dfrac{\partial P(\{\boldsymbol{\sigma}'\},\{\boldsymbol{m}\})}{\partial p'}=\dfrac{1}{p'}\left(1-\left\{\dfrac{J}{p'g[\theta(\sigma')]}\right\}^2\right)\\ \dfrac{\partial P(\{\boldsymbol{\sigma}'\},\{\boldsymbol{m}\})}{\partial J}=\dfrac{2J}{\{p'g[\theta(\sigma')]\}^2}\\ \dfrac{\partial P(\{\boldsymbol{\sigma}'\},\{\boldsymbol{m}\})}{\partial \theta}=0\end{cases} \tag{VII. 46}$$

3. 硬化参数

弹塑性本构矩阵中硬化参数为

$$A=-\frac{1}{\Lambda}\frac{\partial F(\{\boldsymbol{\sigma}'\},\{\boldsymbol{k}\})}{\partial k}\mathrm{d}k=-\frac{1}{\Lambda}\frac{\partial F(\{\boldsymbol{\sigma}'\},\{\boldsymbol{k}\})}{\partial p'_o}\mathrm{d}p'_o \tag{VII. 47}$$

注意

$$\mathrm{d}p'_o=p'_o\mathrm{d}\varepsilon_v^p\frac{v}{\lambda-\kappa}=p'_o\frac{v}{\lambda-\kappa}\Lambda\frac{\partial P(\{\boldsymbol{\sigma}'\},\{\boldsymbol{m}\})}{\partial p'} \tag{VII. 48}$$

及

$$\frac{\partial F(\{\boldsymbol{\sigma}'\},\{\boldsymbol{k}\})}{\partial p'_o}=-\frac{1}{p'}$$

于是

$$A=\frac{v}{\lambda-\kappa}\frac{p'_o}{p'^2}\left\{1-\left\{\frac{J}{p'g[\theta(\sigma')]}\right\}^2\right\} \tag{VII. 49}$$

附录 VII.4　临界状态模型不排水强度计算

本附录给出剑桥模型和修正剑桥模型中不排水强度 S_u 的表达式。对这两个模型，S_u 的推导过程是一样的，因此下面仅对修正剑桥模型作详细介绍。

1. 修正剑桥模型

该模型的屈服面见式(VII.43)。不排水强度 S_u 与破坏时偏应力 J_f 的关系

(见式(7.8))表示为

$$S_u = J_f \cos\theta \tag{VII.50}$$

三轴压缩时，$\theta = -30°$，于是有以下关系：

$$J = \frac{\sigma_1' - \sigma_3'}{\sqrt{3}} \tag{VII.51}$$

且由图 VII.1，有

$$\frac{p_o'}{p'} = \left(\frac{p_o'}{p_u'}\right)^{\frac{\lambda}{\kappa}} \tag{VII.52}$$

式中，p'是当前平均有效应力值。

如果地基中土体单元的初始竖向有效应力为 σ_{vi}'，超固结比为 $OCR(=\sigma_{vm}'/\sigma_{vi}'$，$\sigma_{vm}'$是该土体单元经受的最大竖向有效应力)，则水平有效应力为

$$\sigma_{hi}' = K_o^{OC} \sigma_{vi}' \tag{VII.53}$$

式中，K_o^{OC} 为当前静止土压力系数。土体经受的最大竖向和水平向有效应力为

$$\sigma_{vm}' = OCR\sigma_{vi}', \quad \sigma_{hm}' = K_o^{NC} \sigma_{vm}' \tag{VII.54}$$

式中，K_o^{NC} 为正常固结土的静止土压力系数。

现在用式(VII.54)计算应力不变量 J_m 和 p_m'

$$J_m = \frac{\sigma_{vm}' - \sigma_{hm}'}{\sqrt{3}} = \frac{1 - K_o^{NC}}{\sqrt{3}} OCR\sigma_{vi}' \tag{VII.55}$$

$$p_m' = \frac{\sigma_{vm}' + 2\sigma_{hm}'}{3} = \frac{1 + 2K_o^{NC}}{3} OCR\sigma_{vi}' \tag{VII.56}$$

式中与 σ_{vm}'、σ_{hm}'、J_m 和 p_m'对应的应力为正常固结应力，必然位于屈服面上。于是由式(VII.43)得到

$$\left[\frac{J_m}{p_m' g(-30)}\right]^2 = \frac{p_o'}{p_m'} - 1 \tag{VII.57}$$

将式(VII.55)和式(VII.56)代入式(VII.57)，并整理得到当前硬化参数 p_o'的表达式

$$p_o' = \sigma_{vi}' OCR \frac{(1 + 2K_o^{NC})}{3}(1 + B^2) \tag{VII.58}$$

式中

$$B = \frac{\sqrt{3}(1 - K_o^{NC})}{g(-30)(1 + 2K_o^{NC})} \tag{VII.59}$$

通过式(VII.52)可以计算出

$$p'_u = p'_o\left(\frac{p'_i}{p'_o}\right)^{\frac{\kappa}{\lambda}} = \sigma'_{vi}OCR\,\frac{(1+2K_o^{NC})}{3}(1+B^2)\left[\frac{(1+2K_o^{OC})}{(1+2K_o^{NC})OCR(1+B^2)}\right]^{\frac{\kappa}{\lambda}} \tag{VII. 60}$$

当不排水强度充分发挥时，土体处于临界状态，对应的应力为 J_{cs}、p'_{cs}。两个应力间的关系为

$$J_{cs} = p'_{cs}g(\theta) \tag{VII. 61}$$

代入式(VII. 43)得到

$$p'_{cs} = p'_{o,cs}/2 \tag{VII. 62}$$

联立式(VII. 52)和式(VII. 62)，可得

$$\frac{p'_{o,cs}}{p'_{cs}} = \left(\frac{p'_{o,cs}}{p'_u}\right)^{\frac{\lambda}{\kappa}} = 2 \tag{VII. 63}$$

因此

$$p'_{o,cs} = p'_u(2)^{\frac{\kappa}{\lambda}} \tag{VII. 64}$$

综合式(VII. 50)、式(VII. 60)、式(VII. 61)、式(VII. 62)和式(VII. 64)，便得到需要的 S_u 表达式

$$S_u = J_{cs}\cos\theta = OCR\sigma'_{vi}g(\theta)\cos\theta\,\frac{(1+2K_o^{NC})}{6}(1+B^2)\left[\frac{2(1+2K_o^{OC})}{(1+2K_o^{NC})OCR(1+B^2)}\right]^{\frac{\kappa}{\lambda}} \tag{VII. 65}$$

如果是正常固结土，则 $K_o^{OC}=K_o^{NC}$ 且 $OCR=1$。于是式(VII. 65)简化为

$$S_u = \sigma'_{vi}g(\theta)\cos\theta\,\frac{(1+2K_o^{NC})}{3}\left(\frac{1+B^2}{2}\right)^{1-\frac{\kappa}{\lambda}} \tag{VII. 66}$$

注意，对偏应力平面上的圆形屈服面，有 $g(\theta)=M_J$。另外，也可以用 7.9.2 小节中介绍的其他形式表达 $g(\theta)$。

一般用 Jaky(1948)公式计算 K_o^{NC}

$$K_o^{NC} = 1-\sin\varphi'_{cs} \tag{VII. 67}$$

K_o^{OC} 用 Mayne 等(1982)公式计算

$$K_o^{OC} = K_o^{NC}OCR^{\sin\varphi'_{cs}} \tag{VII. 68}$$

2. 剑桥模型

剑桥模型屈服面由式(7.43)给出

$$F(\{\boldsymbol{\sigma}'\},\{\boldsymbol{k}\}) = \frac{J}{p'g(\theta)} + \ln\left(\frac{p'}{p'_o}\right) = 0 \tag{VII. 69}$$

采用与修正剑桥模型同样的推导方法，可以得到如下不排水强度：

$$S_u = OCR\sigma'_{vi}g(\theta)\cos\theta\frac{(1+2K_o^{NC})}{3}\left[\frac{(1+2K_o^{OC})}{(1+2K_o^{NC})OCR}\right]^{\frac{\kappa}{\lambda}}e^{\left(1-\frac{\kappa}{\lambda}\right)(B-1)} \tag{VII. 70}$$

对正常固结土，式(VII. 70)可简化为

$$S_u = \sigma'_{vi}g(\theta)\cos\theta\frac{(1+2K_o^{NC})}{3}e^{\left(1-\frac{\kappa}{\lambda}\right)(B-1)} \tag{VII. 71}$$

第8章　高等本构模型

8.1　引　　言

第7章介绍了简单的弹塑性本构模型，尽管这些模型描述土体力学性质有一定的局限性，但它们奠定了经典土力学理论的基础。例如，大多数地基基础及土压力不是用 Tresca 准则就是用莫尔-库仑破坏准则计算的。本章将介绍现有的一些高等本构模型，这些模型非常复杂，用它们研究边界值问题必须结合数值分析的方法。首先模拟土体的有限抗拉强度，并基于弹塑性框架提出相应的本构模型，为了使模型能够与其他的弹塑性本构模型结合，并用于有限元分析，对第6章介绍的弹塑性理论进行了拓展。Lade 双屈服面硬化模型作为多重屈服面和多重塑性势面模型的代表，书中也作了介绍。最后介绍了多重屈服面的运动"球泡"模型和塑性边界面模型的基本概念，简单介绍了塑性边界面模型中的各向异性 MIT-E3 模型。本章的主要目的不是对复杂的高等模型进行深入研究，而是侧重于全面论述，这将有助于读者了解目前本构模型的发展现状及未来的发展趋势。

8.2　概　　述

第4章中讲到，岩土材料常表现出不可逆的变形、屈服及剪胀现象，这些特征表明，用塑性理论描述土体的力学性质是合理的，第6章中介绍了该理论的基本架构，第7章给出了一些简单的弹塑性模型。尽管这些简单模型改进了线性和非线性弹性模型，但它们还不能完全再现土体的重要力学性质。为了进一步加以改进，需要采用更复杂的弹塑性本构模型，本章将介绍其中的一部分。

大多数岩土材料不能承受较大的拉应力，因此实际应用中如何对这种抗拉强度有限的材料进行模拟是一个问题。例如，用 Tresca 或修正剑桥模型模拟土体时，会产生不切实际的拉应力，目前有一些方法可以克服这个缺点。本章将介绍其中一些方法，并给出了一个以弹塑性为基础的模型，该模型可与其他任何模型结合使用，确保土体仅承受规定的拉应力，但需要两个屈服面和两个塑性势面同时作用。为此，第6章中的理论应进行拓展，使有限元计算能反映这种受力特征。

Lade 双屈服面硬化模型是一种多重屈服面模型，《岩土工程有限元分析：应用》中指出，该模型能较好地描述填筑材料的受力特征。最后本章介绍了多屈服面的运动“球泡”模型和塑性边界面模型，后者以灵活、通用的 MIT-E3 模型为例进行了简单介绍，该模型相当复杂，可以同时反映土体的原生及次生各向异性。目前该模型仅用于理论研究，但这并不意味着将来的发展仅限于此。

本章和第 7 章中介绍的所有模型均包括在 ICFEP 程序中（伦敦帝国理工学院有限元计算程序），本书后面以及《岩土工程有限元分析：应用》中也用了这些模型。

8.3　土体有限抗拉强度模拟

8.3.1　引言

土体的结构特征表明，与抗压能力相比，土体只能承受很小的或几乎不能承受拉应力，不同风化程度的裂隙岩或节理岩也有类似的现象。对这一类材料，合适的本构模型不应使土体承受的拉应力超过其抗拉强度，并能够控制拉裂缝的出现及发展模式。

目前，数值计算中有一些方法可以处理材料抗拉强度有限的问题，其中包括刚度各向异性法（Zienkiewicz et al.，1967）和应力转换法（Zienkiewicz et al.，1968），这两种方法各有不足（Nyaoro，1989）。

处理拉裂缝形成时应力状态的旋转有三种基本方法：①改变各向异性材料的坐标轴（Cope et al.，1980）；②当拉应力的主轴旋转超过临界角度时，如 30°～45°，允许更多的裂缝形成（de Borst et al.，1984，1985）；③假定当第二条裂缝出现时该点处的所有刚度都将丧失（Nilson，1982）。但这三种方法都有严重的缺陷（Nyaoro，1989）。

因此，模拟材料的张拉破坏还有很大的改进空间。从这个角度讲，真实反映张拉开裂的模型应该包括：

(1) 允许裂缝方向自由旋转。

(2) 区分闭合的已开裂缝和张开裂缝。

(3) 对张拉裂缝及完整材料采用不同的应变计算模式。

(4) 单元材料应能同时承受张拉破坏和剪切破坏。

据作者所知，目前还没有满足上述所有要求的本构模型。伦敦帝国理工学院 Nyaoro(1989) 提出的模型可以满足除上述第(2)条外的所有条件，与其他方法相比取得了很大进展。这种基于弹塑性理论的本构模型允许材料开裂及随后主应力产生旋转，它可以与其他反映土体剪切特性的模型结合。例如，可以与简单弹性、弹塑性（如莫尔-库仑）或临界状态模型（如修正剑桥模型）联合使用，这种有限张拉模型的主要特征介绍如下。

8.3.2　基本公式

第 6 章中介绍过，如果土体为弹塑性材料，则增量形式的本构关系为：$\{\Delta\boldsymbol{\sigma}\}=[\boldsymbol{D}^{ep}]\{\Delta\boldsymbol{\varepsilon}\}$。弹塑性本构矩阵$[\boldsymbol{D}^{ep}]$由弹性矩阵$[\boldsymbol{D}]$、屈服函数和塑性势函数的应力偏导数，以及硬化/软化法则计算，见式(6.16)。

张拉模型也建立在这个理论框架上。现有模型假定材料为理想塑性，因此没有硬化/软化法则。其实没有理由不采用这样的假设，实际上模拟抗拉强度有限的土体需要这一假设，因为一旦出现裂缝，土体的抗拉强度将迅速（或瞬时）降为零。后面几节先讨论屈服函数和塑性势函数，然后再讨论如何建立模型。

1. 屈服面函数

当土体最小主应力 σ_3'等于抗拉强度 T_0（为负值）时，土体中将产生张拉裂缝，即式(5.4)等于

$$\sigma_3' = p' + \frac{2J}{\sqrt{3}}\sin\left(\theta - \frac{2\pi}{3}\right) = T_0 \tag{8.1}$$

因此屈服函数可以写为

$$F(\{\boldsymbol{\sigma}'\},\{\boldsymbol{k}\}) = T_0 - p' - \frac{2J}{\sqrt{3}}\sin\left(\theta - \frac{2\pi}{3}\right) = 0 \tag{8.2}$$

式(8.2)中用的是有效应力，因此要用有效主应力与抗拉强度进行比较，模型同样也可以用总应力表达。

方程式(8.2)定义了一个屈服面，张拉破坏过程中应力状态可以沿这个屈服面移动。如果需要的话，该方法可以使张拉裂缝连续旋转，因此克服了张拉裂缝临界转角问题。有效主应力空间中该屈服面为三角锥体，如图 8.1(a)所示。

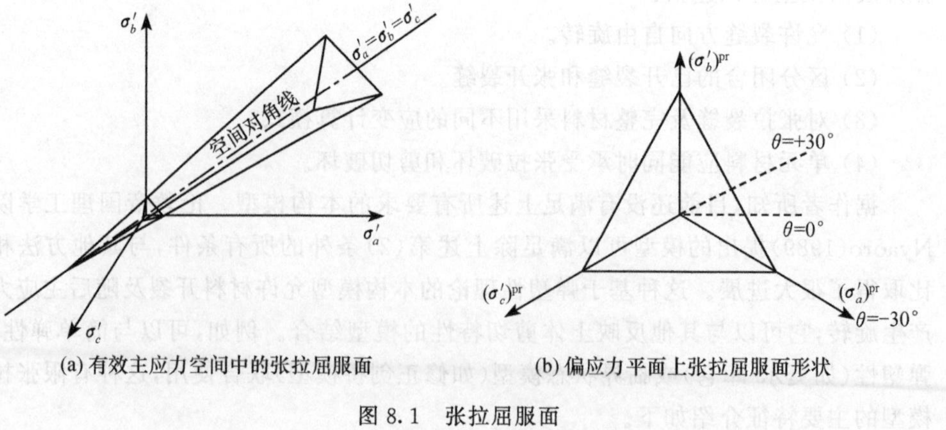

(a) 有效主应力空间中的张拉屈服面　　(b) 偏应力平面上张拉屈服面形状

图 8.1　张拉屈服面

该锥体与偏应力平面的交面为三角形，如图 8.1(b)所示。与 Tresca 或莫尔-库仑屈服面一样，要注意屈服面的角点，因为它们是奇异点，见文献(Nyaoro, 1989)。

为了建立弹塑性本构矩阵，需要求屈服函数的应力偏导数，可用式(7.21)和式(8.3)计算

$$\frac{\partial F}{\partial p'}=-1,\quad \frac{\partial F}{\partial J}=-\frac{2}{\sqrt{3}}\sin\left(\theta-\frac{2\pi}{3}\right),\quad \frac{\partial F}{\partial \theta}=-\frac{2}{\sqrt{3}}\cos\left(\theta-\frac{2\pi}{3}\right) \tag{8.3}$$

2. 塑性势函数

模型中假设塑性张拉应变，因此可用式(8.4)计算(见式(6.9))

$$\{\Delta\boldsymbol{\varepsilon}^{\text{crack}}\}=\{\Delta\boldsymbol{\varepsilon}^{p}\}=\Lambda\left\{\frac{\partial P(\{\boldsymbol{\sigma}'\},\{\boldsymbol{m}\})}{\partial\boldsymbol{\sigma}'}\right\} \tag{8.4}$$

式中，Λ 为标量因子；$P(\{\boldsymbol{\sigma}'\},\{\boldsymbol{m}\})$为与张拉屈服有关的塑性势函数。用式(8.4)计算塑性应变要用到塑性势函数的应力偏导数，它们可写为

$$\left\{\frac{\partial P(\{\boldsymbol{\sigma}'\},\{\boldsymbol{m}\})}{\partial\boldsymbol{\sigma}'}\right\}=\frac{\partial P(\{\boldsymbol{\sigma}'\},\{\boldsymbol{m}\})}{\partial p'}\left\{\frac{\partial p'}{\partial\boldsymbol{\sigma}'}\right\}+\frac{\partial P(\{\boldsymbol{\sigma}'\},\{\boldsymbol{m}\})}{\partial J}\left\{\frac{\partial J}{\partial\boldsymbol{\sigma}'}\right\}$$
$$+\frac{P(\{\boldsymbol{\sigma}'\},\{\boldsymbol{m}\})}{\partial\theta}\left\{\frac{\partial\theta}{\partial\boldsymbol{\sigma}'}\right\} \tag{8.5}$$

如果给出 $P(\{\boldsymbol{\sigma}'\},\{\boldsymbol{m}\})$的表达式或它对 p'、J 和 θ 的求导结果，式(8.5)中的偏导数就可以算出。Nyaoro(1989)通过后一种方法，得到了一个或两个裂缝时的偏导数值，如图 8.2 所示，它们对应着土体中一个或两个主应力达到抗拉强度的情况。

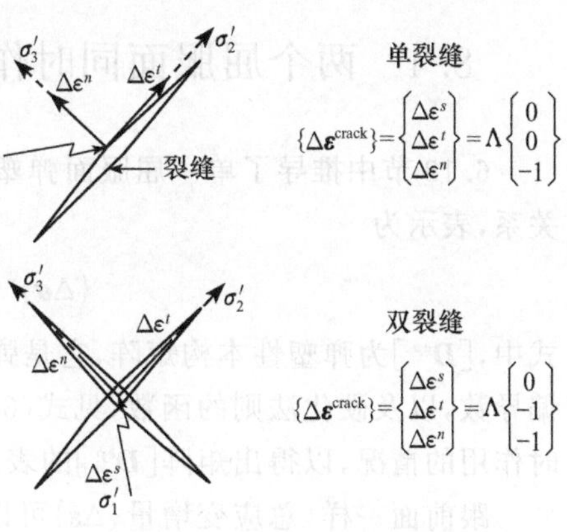

图 8.2　张拉裂缝的位置

Nyaoro(1989)的方法虽然很好，实际上却没有必要采用。一个更简单并可以得到同样拉应变的方法是假设相关联的流动法则，用式(8.2)中的屈服函数作为塑性势函数，然后用式(8.3)、式(8.4)、式(8.5)，与附录 VII.1 中给出的应力偏导数，就可以计算出拉应变。

3. 有限元的实现

上述张拉模型可以与其他任何本构模型相结合。例如，它可与莫尔-库仑模型或修正剑桥模型一起使用。这时，有限张拉模型的屈服面仅是弹性区域的部分边

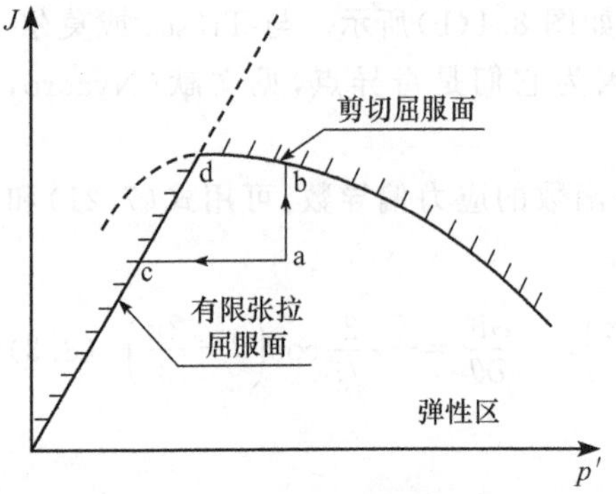

图 8.3　土体有限张拉模型和塑性剪切模型结合

界面。图 8.3 中同时给出了塑性剪切屈服面和有限张拉屈服面。如果一个土体单元的应力状态在 a 点,则表示处于弹性状态,因为它同时位于两个屈服面下方。如果应力沿 ab 方向增加到剪切屈服面,则土体的弹塑性变形由该屈服面、对应的塑性势函数以及硬化法则决定。或者应力路径沿 ac 方向发展到达有限张拉屈服面,那么土体的变形就由张拉模型控制。应变继续发展时,应力路径会沿有限张拉屈服面运动到两个屈服面的交点处(即沿路径 cd 移动)。一旦到达交点,将出现两种可能:一是应力路径沿 db 运动到剪切屈服面上,这时土体的变形由剪切模型决定;二是受边界条件和材料性质的限制,应力状态继续保持在两个屈服面的交点处,这种情况下剪切模型和有限张拉模型同时作用。对第二种情况,6.13 节中相关理论就必须进行拓展,使其能考虑两个屈服面和塑性势面同时作用的情况,8.4 节将具体介绍。同样,应力路径也可以先到达剪切屈服面,然后保持在该屈服面上,或者向两个屈服面的交点处移动;位于交点处后,或者移动到有限张拉屈服面上,或者就一直位于交点处。至于会发生哪一种情况,取决于两个屈服面的特性和问题的边界条件。

8.4　两个屈服面同时作用时弹塑性本构矩阵表达式

6.13 节中推导了单一屈服面弹塑性本构模型中土体应力增量与应变增量的关系,表示为

$$\{\Delta\boldsymbol{\sigma}\} = [\boldsymbol{D}^{ep}]\{\Delta\boldsymbol{\varepsilon}\} \tag{8.6}$$

式中,$[\boldsymbol{D}^{ep}]$为弹塑性本构矩阵,它是弹性矩阵$[\boldsymbol{D}]$、屈服函数和塑性势函数的应力偏导数,以及硬化法则的函数,见式(6.16)。本节中将该理论推广到两个屈服面同时作用的情况,以得出矩阵$[\boldsymbol{D}^{ep}]$的表达式。

跟前面一样,总应变增量$\{\Delta\boldsymbol{\varepsilon}\}$可以分为弹性部分$\{\Delta\boldsymbol{\varepsilon}^{e}\}$和塑性部分$\{\Delta\boldsymbol{\varepsilon}^{p}\}$。此外塑性部分又继续分为两个屈服面分别引起的应变分量,即$\{\Delta\boldsymbol{\varepsilon}^{p1}\}$和$\{\Delta\boldsymbol{\varepsilon}^{p2}\}$。于是

$$\{\Delta\boldsymbol{\varepsilon}\} = \{\Delta\boldsymbol{\varepsilon}^{e}\} + \{\Delta\boldsymbol{\varepsilon}^{p1}\} + \{\Delta\boldsymbol{\varepsilon}^{p2}\} \tag{8.7}$$

由弹性矩阵$[\boldsymbol{D}]$与弹性应变增量$\{\Delta\boldsymbol{\varepsilon}^{e}\}$得到相应的应力增量

$$\{\Delta\boldsymbol{\sigma}\} = [\boldsymbol{D}]\{\Delta\boldsymbol{\varepsilon}^{e}\} \tag{8.8}$$

或表示为

$$\{\Delta\boldsymbol{\varepsilon}^{e}\} = [\boldsymbol{D}]^{-1}\{\Delta\boldsymbol{\sigma}\} \tag{8.9}$$

联立式(8.7)和式(8.8),得到

$$\{\Delta\boldsymbol{\sigma}\} = [\boldsymbol{D}](\{\Delta\boldsymbol{\varepsilon}\} - \{\Delta\boldsymbol{\varepsilon}^{p1}\} - \{\Delta\boldsymbol{\varepsilon}^{p2}\}) \tag{8.10}$$

塑性应变增量$\{\Delta\boldsymbol{\varepsilon}^{p1}\}$和$\{\Delta\boldsymbol{\varepsilon}^{p2}\}$与塑性势函数$P_1(\{\boldsymbol{\sigma}\},\{\boldsymbol{m}_1\})$和$P_2(\{\boldsymbol{\sigma}\},\{\boldsymbol{m}_2\})$相关,而塑性势函数通过各自的流动法则与对应的屈服面相关联。因此塑性应变增量为

$$\{\Delta\boldsymbol{\varepsilon}^{p1}\} = \Lambda_1\left\{\frac{\partial P_1(\{\boldsymbol{\sigma}\},\{\boldsymbol{m}_1\})}{\partial\boldsymbol{\sigma}}\right\} \tag{8.11}$$

$$\{\Delta\boldsymbol{\varepsilon}^{p2}\} = \Lambda_2\left\{\frac{\partial P_2(\{\boldsymbol{\sigma}\},\{\boldsymbol{m}_2\})}{\partial\boldsymbol{\sigma}}\right\} \tag{8.12}$$

式中,Λ_1 和 Λ_2 为标量。为便于表示,后面将塑性势函数简写为 P_1 和 P_2。将式(8.11)和式(8.12)代入式(8.10)中,得到

$$\{\Delta\boldsymbol{\sigma}\} = [\boldsymbol{D}]\{\Delta\boldsymbol{\varepsilon}\} - \Lambda_1[\boldsymbol{D}]\left\{\frac{\partial P_1}{\partial\boldsymbol{\sigma}}\right\} - \Lambda_2[\boldsymbol{D}]\left\{\frac{\partial P_2}{\partial\boldsymbol{\sigma}}\right\} \tag{8.13}$$

当土体处于塑性状态且两个屈服面同时作用时,应力状态必须同时满足两个屈服函数,即 $F_1(\{\boldsymbol{\sigma}\},\{\boldsymbol{k}_1\})=0$ 及 $F_2(\{\boldsymbol{\sigma}\},\{\boldsymbol{k}_2\})=0$。于是由一致性条件得到 $\Delta F_1(\{\boldsymbol{\sigma}\},\{\boldsymbol{k}_1\})=\Delta F_2(\{\boldsymbol{\sigma}\},\{\boldsymbol{k}_2\})=0$,对此采用连续求导法则,得到(注意,下面的屈服函数简写为 F_1 和 F_2)

$$\Delta F_1 = \left\{\frac{\partial F_1}{\partial\boldsymbol{\sigma}}\right\}^{\mathrm{T}}\{\Delta\boldsymbol{\sigma}\} + \left\{\frac{\partial F_1}{\partial\boldsymbol{k}_1}\right\}^{\mathrm{T}}\{\Delta\boldsymbol{k}_1\} \tag{8.14}$$

$$\Delta F_2 = \left\{\frac{\partial F_2}{\partial\boldsymbol{\sigma}}\right\}^{\mathrm{T}}\{\Delta\boldsymbol{\sigma}\} + \left\{\frac{\partial F_2}{\partial\boldsymbol{k}_2}\right\}^{\mathrm{T}}\{\Delta\boldsymbol{k}_2\} \tag{8.15}$$

把式(8.13)代入式(8.14)和式(8.15),有

$$\begin{aligned}\Delta F_1 =& \left\{\frac{\partial F_1}{\partial\boldsymbol{\sigma}}\right\}^{\mathrm{T}}[\boldsymbol{D}]\{\Delta\boldsymbol{\varepsilon}\} - \Lambda_1\left\{\frac{\partial F_1}{\partial\boldsymbol{\sigma}}\right\}^{\mathrm{T}}[\boldsymbol{D}]\left\{\frac{\partial P_1}{\partial\boldsymbol{\sigma}}\right\}\\ &- \Lambda_2\left\{\frac{\partial F_1}{\partial\boldsymbol{\sigma}}\right\}^{\mathrm{T}}[\boldsymbol{D}]\left\{\frac{\partial P_2}{\partial\boldsymbol{\sigma}}\right\} - \Lambda_1 A_1 = 0\end{aligned} \tag{8.16}$$

$$\begin{aligned}\Delta F_2 =& \left\{\frac{\partial F_2}{\partial\boldsymbol{\sigma}}\right\}^{\mathrm{T}}[\boldsymbol{D}]\{\Delta\boldsymbol{\varepsilon}\} - \Lambda_1\left\{\frac{\partial F_2}{\partial\boldsymbol{\sigma}}\right\}^{\mathrm{T}}[\boldsymbol{D}]\left\{\frac{\partial P_1}{\partial\boldsymbol{\sigma}}\right\}\\ &- \Lambda_2\left\{\frac{\partial F_2}{\partial\boldsymbol{\sigma}}\right\}^{\mathrm{T}}[\boldsymbol{D}]\left\{\frac{\partial P_2}{\partial\boldsymbol{\sigma}}\right\} - \Lambda_2 A_2 = 0\end{aligned} \tag{8.17}$$

式中

$$A_1 = -\frac{1}{\Lambda_1}\left\{\frac{\partial F_1}{\partial\boldsymbol{k}_1}\right\}\{\Delta\boldsymbol{k}_1\}$$

$$A_2 = -\frac{1}{\Lambda_2}\left\{\frac{\partial F_2}{\partial \boldsymbol{k}_2}\right\}\{\Delta \boldsymbol{k}_2\} \tag{8.18}$$

式(8.16)和式(8.17)改写为

$$\Lambda_1 L_{11} + \Lambda_2 L_{12} = T_1 \tag{8.19}$$

$$\Lambda_1 L_{21} + \Lambda_2 L_{22} = T_2 \tag{8.20}$$

式中

$$L_{11} = \left\{\frac{\partial F_1}{\partial \boldsymbol{\sigma}}\right\}^{\mathrm{T}}[\boldsymbol{D}]\left\{\frac{\partial P_1}{\partial \boldsymbol{\sigma}}\right\} + A_1 \tag{8.21}$$

$$L_{22} = \left\{\frac{\partial F_2}{\partial \boldsymbol{\sigma}}\right\}^{\mathrm{T}}[\boldsymbol{D}]\left\{\frac{\partial P_2}{\partial \boldsymbol{\sigma}}\right\} + A_2 \tag{8.22}$$

$$L_{12} = \left\{\frac{\partial F_1}{\partial \boldsymbol{\sigma}}\right\}^{\mathrm{T}}[\boldsymbol{D}]\left\{\frac{\partial P_2}{\partial \boldsymbol{\sigma}}\right\} \tag{8.23}$$

$$L_{21} = \left\{\frac{\partial F_2}{\partial \boldsymbol{\sigma}}\right\}^{\mathrm{T}}[\boldsymbol{D}]\left\{\frac{\partial P_1}{\partial \boldsymbol{\sigma}}\right\} \tag{8.24}$$

$$T_1 = \left\{\frac{\partial F_1}{\partial \boldsymbol{\sigma}}\right\}^{\mathrm{T}}[\boldsymbol{D}]\{\Delta \boldsymbol{\varepsilon}\} \tag{8.25}$$

$$T_2 = \left\{\frac{\partial F_2}{\partial \boldsymbol{\sigma}}\right\}^{\mathrm{T}}[\boldsymbol{D}]\{\Delta \boldsymbol{\varepsilon}\} \tag{8.26}$$

这样式(8.19)和式(8.20)同时为两个未知量 Λ_1 和 Λ_2 的方程。求解方程得到 Λ_1 和 Λ_2

$$\Lambda_1 = (L_{22}T_1 - L_{12}T_2)/(L_{11}L_{22} - L_{12}L_{21}) \tag{8.27}$$

$$\Lambda_2 = (L_{11}T_2 - L_{21}T_1)/(L_{11}L_{22} - L_{12}L_{21}) \tag{8.28}$$

将式(8.27)和式(8.28)代入式(8.13)中，得到

$$[\boldsymbol{D}^{ep}] = [\boldsymbol{D}] - \frac{[\boldsymbol{D}]}{\Omega}\left[\left\{\frac{\partial P_1}{\partial \boldsymbol{\sigma}}\right\}\{\boldsymbol{b}_1\}^{\mathrm{T}} + \left\{\frac{\partial P_2}{\partial \boldsymbol{\sigma}}\right\}\{\boldsymbol{b}_2\}^{\mathrm{T}}\right][\boldsymbol{D}] \tag{8.29}$$

式中

$$\Omega = L_{11}L_{22} - L_{12}L_{21}$$

$$\{\boldsymbol{b}_1\} = L_{22}\left\{\frac{\partial F_1}{\partial \boldsymbol{\sigma}}\right\} - L_{12}\left\{\frac{\partial F_2}{\partial \boldsymbol{\sigma}}\right\}$$

$$\{\boldsymbol{b}_2\} = L_{11}\left\{\frac{\partial F_2}{\partial \boldsymbol{\sigma}}\right\} - L_{21}\left\{\frac{\partial F_1}{\partial \boldsymbol{\sigma}}\right\}$$

同样 A_1 和 A_2 由土体的塑性类型决定，即理想塑性、应变硬化/软化塑性或加工硬化/软化塑性，见 6.13 节。如果两个屈服面中有一个采用了不相关联的流动法则，则式(8.29)得到的本构矩阵为非对称阵。用上面类似的方法，可以很简单地将该理论推广到两个以上屈服面同时作用的情况。

8.5　Lade 双屈服面硬化模型

8.5.1　引言

这里简单介绍双屈服面本构模型中的 Lade 双屈服面硬化模型(Lade,1977)。该模型主要依据非线性弹性和等向加工硬化/软化塑性理论,可以用于广义三维应力情况,而且模型参数都可以由标准室内试验获得。该模型适用于模拟粗粒土情况。

在伦敦帝国理工学院,Lade 双屈服面硬化模型已广泛用于堤坝工程中填土材料的力学性质模拟,但该模型不能直接应用于有限元计算,详细说明参见文献(Kovačević,1994)。本章仅对该模型作一简要介绍,模型的应用实例将在《岩土工程有限元分析:应用》中给出。

8.5.2　模型概述

Lade 双屈服面硬化模型包含两个加工硬化/软化屈服面,分别叫做圆锥屈服面和帽子屈服面,如图 8.4 所示。两个屈服面中间为弹性变形区。如果土体正常固结,且处于塑性状态,则其应力状态同时位于两个屈服面上,如图 8.4(a)中 a 点处。如果继续剪切,土体的变形将由应力路径方向决定。如果应力路径朝向两屈服面内侧(即进入图 8.4(b)中 1 区),土体表现为非线性弹性。如果朝向 2 区,则为弹塑性,仅有帽子屈服面发挥作用,这时屈服面为加工硬化屈服面,因此它将向外扩张;此时圆锥屈服面处于静止状态,不产生任何移动。如果应力路径朝向 3 区,两个屈服面同时被激活,都向外扩张。如果应力路径朝向 4 区,则圆锥屈服面开始作用并发生扩张/收缩,此时帽子屈服面处于静止状态,其空间位置保持不变。

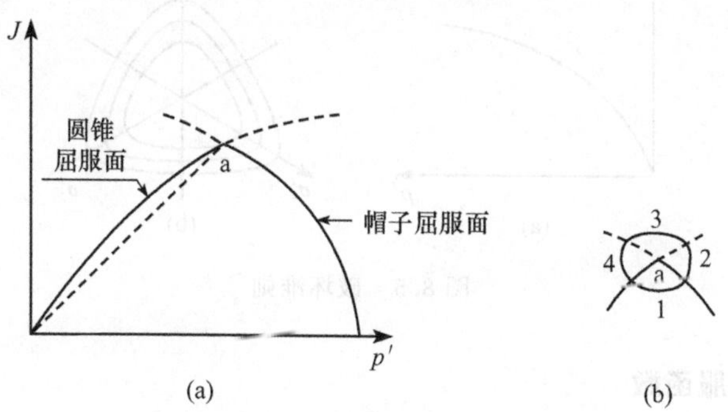

图 8.4　Lade 双屈服面硬化模型的屈服面

8.5.3　弹性特性

土体的纯弹性（即1区）变形可以用横观各向同性描述，因此需要两个独立的弹性参数，这里采用与应力状态相关的杨氏模量 E 和泊松比 μ。该模型的一些早期版本中，选用的 E 表达式导致弹性能量不守恒，即在一些加载循环中有能量释放（Zytinski et al.，1978）。尽管事实上这个问题并不重要，但 Lade 和 Nelson（1987）还是根据能量守恒原理，通过理论分析，得到了一个新的杨氏模量表达式，形式如下：

$$E = Np_a\left[\left(\frac{3p'}{p_a}\right)^2 + \frac{6(1+\mu)}{(1-2\mu)}\left(\frac{J}{p_a}\right)^2\right]^{\omega} \tag{8.30}$$

式中，μ 为泊松比；p_a 为大气压力；N 和 ω 为材料常数。

8.5.4　破坏准则

模型采用的破坏准则在 J-p' 空间中为一条曲线，如图 8.5(a)所示；在偏应力平面上为圆角三角形，如图 8.5(b)所示，它可以用式(8.31)表示

$$27\left(\frac{p'^3}{I_3} - 1\right)\left(\frac{3p'}{p_a}\right)^m = \eta_1 \tag{8.31}$$

式中，m 和 η_1 为材料常数。破坏面的顶角和曲率分别随 η_1 和 m 增加。$m=0$ 时，破坏面在 J-p' 空间中是一条直线。应力不变量 I_3 为

$$\begin{aligned} I_3 &= \sigma_1'\sigma_2'\sigma_3' \\ &= \sigma_x'\sigma_y'\sigma_z' + 2\tau_{xy}\tau_{yz}\tau_{zx} - (\sigma_x'\tau_{yz}^2 + \sigma_y'\tau_{zx}^2 + \sigma_z'\tau_{xy}^2) \\ &= p'^3 - p'^2J^2 - \frac{4}{3\sqrt{3}}J^3\left(\frac{1}{2} + \cos 2\theta\right)\sin\theta \end{aligned}$$

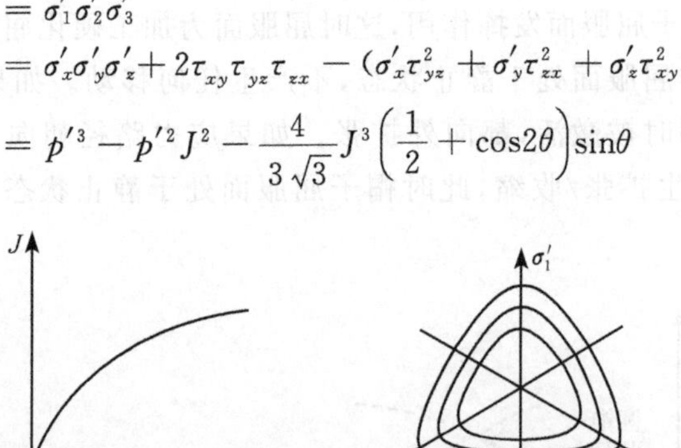

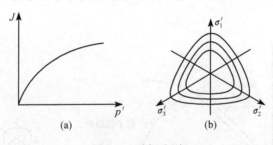

图 8.5　破坏准则

8.5.5　圆锥屈服函数

前面讲过，塑性剪胀应变 $\{\Delta\varepsilon^{p1}\}$ 由圆锥屈服面控制。与破坏面类似，它在 J-p'

空间中是一条曲线，在偏应力平面上也是一个圆角三角形，如图 8.5 所示。其表达式与式(8.31)非常相似

$$F_1(\{\boldsymbol{\sigma}'\},\{\boldsymbol{k}_1\}) = 27\left(\frac{p'^3}{I_3}-1\right)\left(\frac{3p'}{p_a}\right)^m - H_1 = 0 \tag{8.32}$$

式中，H_1 为加工硬化/软化参数，它决定了圆锥屈服面的大小，破坏时 $H_1=\eta_1$。

8.5.6　圆锥塑性势函数

与圆锥屈服面对应的塑性势函数(图 8.6)用式(9.33)表达

$$P_1(\{\boldsymbol{\sigma}'\},\{\boldsymbol{m}_1\}) = 27p' - \left[27+\eta_2\left(\frac{p_a}{3p'}\right)^m\right]I_3 \tag{8.33}$$

式中

$$\eta_2 = \rho H_1 + R\left(\frac{\sigma_3'}{p_a}\right)^{\frac{1}{2}} + t$$

式中，ρ、R 和 t 都是无量纲参数，这一部分采用不相关联的流动法则。

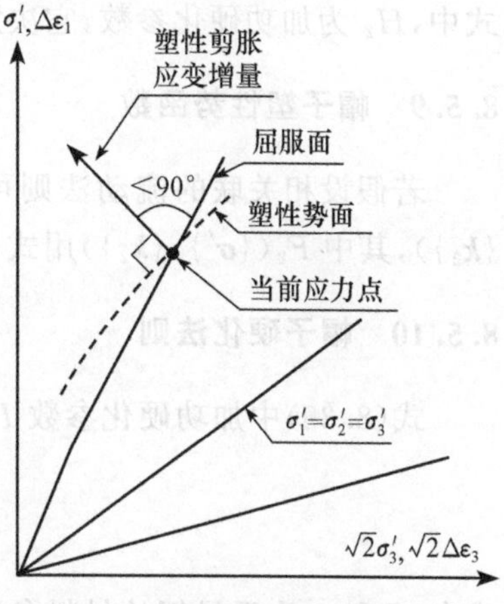

图 8.6　塑性剪胀应变情况下的屈服面和塑性势面

8.5.7　圆锥硬化法则

式(8.32)中加工硬化参数 H_1 表示为

$$H_1 = \eta_1\left[\xi e^{(1-\xi)}\right]^{\frac{1}{q}}, \quad q \geqslant 1 \tag{8.34}$$

式中

$$\xi = \sum(\Delta W_{p1}/W_{p1p})$$

$$\Delta W_{p1} = \{\boldsymbol{\sigma}\}^{\mathrm{T}}\{\Delta\boldsymbol{\varepsilon}^{p1}\}$$

$$W_{p1p} = Cp_a(\sigma_3'/p_a)^l$$

$$q = \alpha + \beta(\sigma_3'/p_a), \quad q \geqslant 1$$

式中，α、β、C 和 l 为材料参数；$\{\Delta\boldsymbol{\varepsilon}^{p1}\}$ 为与圆锥屈服面相关的塑性应变增量；ΔW_{p1} 为塑性剪胀功增量；W_{p1p} 为峰值强度处与圆锥屈服面有关的总塑性功。

8.5.8　帽子屈服函数

对应于塑性"坍塌"应变$\{\Delta\boldsymbol{\varepsilon}^{p2}\}$的屈服面在圆锥屈服面末端开口处形成了一个

屈服帽,如图 8.4 所示。这个帽子屈服面是球形的,球心位于主应力空间原点处,用式(8.35)定义

$$F_2(\{\boldsymbol{\sigma}'\},\{\boldsymbol{k}_2\}) = 9p'^2 + 2I_2 - H_2 = 0 \tag{8.35}$$

式中

$$I_2 = -(\sigma_1'\sigma_2' + \sigma_2'\sigma_3' + \sigma_3'\sigma_1') = J^2 - 3p'^2$$

式中,H_2 为加功硬化参数,它决定着屈服面的大小。

8.5.9 帽子塑性势函数

若假设相关联的流动法则可以得到塑性势函数 $P_2(\{\boldsymbol{\sigma}'\},\{\boldsymbol{m}_2\}) = F_2(\{\boldsymbol{\sigma}'\},\{\boldsymbol{k}_2\})$,其中 $F_2(\{\boldsymbol{\sigma}'\},\{\boldsymbol{k}_2\})$用式(8.35)表示。

8.5.10 帽子硬化法则

式(8.35)中加功硬化参数 H_2 表示为

$$H_2 = p_a^2\left(\frac{W_{p2}}{Cp_a}\right)^{\frac{1}{p}} \tag{8.36}$$

式中,C 和 p 为无量纲的材料参数;W_{p2} 为与帽子屈服面相关的总塑性功,表示为

$$W_{p2} = \sum(\Delta W_{p2}) = \sum(\{\boldsymbol{\sigma}'\}^{\mathrm{T}}\{\Delta\boldsymbol{\varepsilon}^{p2}\})$$

8.5.11 讨论

图 8.7 是三轴平面中两个屈服面同时作用时的示意图,并在应力平面中增加了塑性应变增量。总塑性应变增量分别由两个分向量迭加计算($=\{\Delta\boldsymbol{\varepsilon}^{p1}\}+\{\Delta\boldsymbol{\varepsilon}^{p2}\}$)。为了计算 A 点到 B 点应力变化引起的总应变增量,还应加上弹性应变分量(见式(8.7))。注意,由帽子屈服面向外移动引起的屈服不会导致土体最终破坏,土体破坏完全由圆锥屈服面决定。

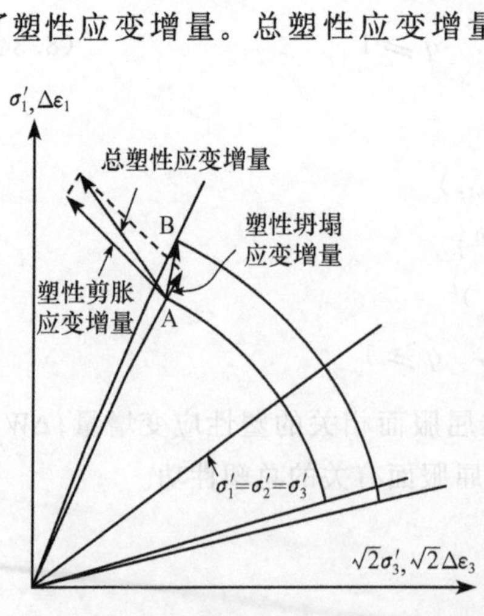

图 8.7　双屈服面同时作用的情况

模型一共需要 14 个参数,其中 3 个与弹性变形有关的参数(N,ω,μ),2 个计算塑性坍塌应变的参数(C 和 p),9 个计算塑性剪胀应变的参数($\eta_1,m,\rho,R,t,\alpha,\beta,P,l$)。附录 VIII.1 中给出了用式(8.29)计算弹塑性本构矩阵需要的屈服函数和塑性势函数的偏导数。

8.6　塑性边界面方程

8.6.1　引言

前面第 6 章和第 7 章中介绍过，通常屈服面可以区分弹性变形(应力状态位于屈服面内)和弹塑性变形(应力状态位于屈服面上)，因此当应力路径一直位于屈服面内时，土体只产生可恢复的弹性应变。但实际上，卸载和再加载过程中土体经常表现出不可恢复的变形特性。例如，在排水和不排水的循环偏应力加载过程中，将分别出现体积应变和孔隙水压力积累的现象，这种加载方式下应力路径只在屈服面内移动，因此大多数传统的弹塑性模型不能反映这一特征。为了克服这个缺点，有必要进一步发展弹塑性理论。

发展之一是引入塑性边界面(Dafalias，1975；Krieg，1975；Dafalias et al.，1976)，即定义一个边界面，这个边界面在许多方面代表着传统的屈服面，但如果加载，即使应力状态位于边界面内，土体也允许产生塑性应变，塑性应变大小由边界面上的应力及当前应力状态与边界面的距离决定。

8.6.2　塑性边界面

边界面(图 8.8)的定义与传统屈服面类似

$$F(\{\boldsymbol{\sigma}'\},\{\boldsymbol{k}\}) = 0 \tag{8.37}$$

与该边界面有关的还有一个塑性势面和硬化/软化法则。对一个应力状态位于边界面上(即图 8.8 中 $\bar{\sigma}'$)的土体单元，边界面的作用方式与传统屈服面相同。例如，如果土体单元卸载，其应力状态向边界面内移动，土体产生纯弹性变形。如果加载的话，应力仍然位于边界面上，且土体的弹塑性变形由边界面(起传统屈服面的作用)、塑性势函数、硬化/软化法则和弹性参数控制。

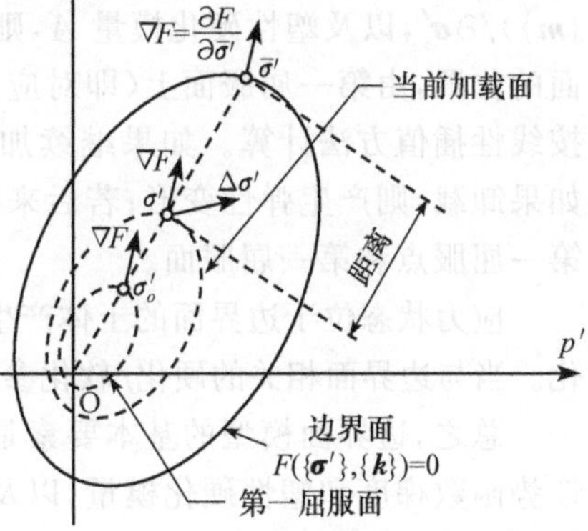

图 8.8　边界面示意图

另外，受前期加-卸载应力历史影响，如果土体单元的应力状态位于边界面内，如图 8.8 中点 σ_o'，接下来单元的应变发展情况将与传统弹塑性理论得到的不同，传统弹塑性理论认为此时无论加、卸载条件下土体都表现为纯弹性变形。边界面内卸载时，土体单元表现为弹性，但加载时却表现为弹塑性。为了定量计算加载时产生的弹塑性变形，需要计算屈服函数的偏导数($\partial F(\{\boldsymbol{\sigma}'\},\{\boldsymbol{k}\})/\partial\boldsymbol{\sigma}'$)和塑性势函数的偏导数($\partial P(\{\boldsymbol{\sigma}'\},\{\boldsymbol{m}\})/\partial\boldsymbol{\sigma}'$)，及硬化模量 A(见式(6.16))，一般根据当前应力状态与边界面的距离，由映射法则可以得到。

下面考虑土样加、卸载后当前应力状态位于图 8.8 中点 σ_o'的情况。这时如果对土体加载，则它表现为弹塑性。因此，点 σ_o'处土体从弹性变化到弹塑性，将其定义为最近的“第一屈服点”，同时也可以得到相应的一个“第一屈服面”，它与边界面形状相似，但按比例缩小了，而且通过当前应力状态点 σ_o'。实际上这个面与传统屈服面的作用相同，主要是区分该点加、卸载后不同的应变特性。第一屈服面与边界面是关于应力空间原点的同心环面，因此第一屈服面在 σ_o'点的梯度与边界面在镜像点 $\bar{\sigma}'$的梯度相同，如图 8.8 所示。如果镜像点 $\bar{\sigma}'$是边界面与应力点 σ_o'和应力空间原点 O 间直线的交点，如图 8.8 所示，则它满足简单射线法则。由此可以推论，根据该法则通过应力点和原点的射线，可以得到边界面内任一应力在边界面上的镜像点(即在原点处作一条射线，使它通过应力点)，镜像点即为射线与边界面的交点。文献中也采用了一些其他法则，但简单射线法则适用于很多情况。第一屈服点 σ_o'处的塑性势函数，或塑性势梯度 $\partial P_o(\{\boldsymbol{\sigma}_o'\},\{\boldsymbol{m}_o\})/\partial\boldsymbol{\sigma}'$和塑性硬化模量 A_o 是确定的，而且为点 σ_o'处初次加载产生的弹塑性变形计算提供了足够的信息。如果继续向图 8.8 中镜像点 $\bar{\sigma}'$方向加载，则弹塑性变形将继续发展。为了得到这时的应力-应变响应，仍需要计算屈服函数、塑性势函数梯度及塑性硬化模量 A。对图 8.8 中应力从 σ_o'向 σ'移动的情况，可以定义一个过点 σ'的当前加载面。这个面也是边界面关于坐标原点的同心环面，与一般屈服面一样可以用来确定接下来的应力变化是加载还是卸载。如果加载，则用作屈服面计算 $\partial F(\{\boldsymbol{\sigma}'\},\{\boldsymbol{k}\})/\partial\boldsymbol{\sigma}'$，但要注意，这些值与边界面上镜像点 $\bar{\sigma}'$处的值相等；但塑性势函数的偏导数 $\partial P(\{\boldsymbol{\sigma}'\},\{\boldsymbol{m}\})/\partial\boldsymbol{\sigma}'$，以及塑性硬化模量 A，则要根据当前加载面相对于第一屈服面和边界面的位置，由第一屈服面上(即对应点 σ_o')和边界面上(即对应镜像点 $\bar{\sigma}'$)的对应值按线性插值方法计算。如果继续加载，重复上述计算步骤直到应力到达边界面。如果卸载，则产生弹性变形；若后来再重新加载，则在新的应力反转点处确定新的第一屈服点和第一屈服面。

应力状态位于边界面的土体产生弹塑性变形时，边界面的大小和位置都可以变化。当与边界面相关的硬化/软化参数$\{\boldsymbol{k}\}$随塑性应变变化，就会发生这种情况。

总之，边界面模型的基本要素是边界面本身的定义、边界面及第一屈服面上塑性势函数梯度和塑性硬化模量，以及加载过程中塑性势函数梯度和塑性硬化模量如何从第一屈服面向边界面变化的映射函数。

8.7 MIT 模型

8.7.1 引言

Whittle(1987)提出的 MIT 模型(麻省理工模型)以塑性边界面为基础，命名为 MIT-E3 模型，主要用于描述超固结黏土的力学特性，该模型是在 Kavvadas(1982)提出的正常固结黏土 MIT-E1 模型基础上发展得到的。这两个模型都以修正剑桥模型(Roscoe et al.,1968)为基础，但对其中的临界状态理论进行了拓展，使其能够反映修正剑桥模型不能描述的土体特有性质。MIT-E1 的主要特征是模型采用了各向异性屈服面，可以反映运动塑性和不排水条件下显著的应变软化特性。MIT-E3 模型还包括另外两个特征：①用一个闭合的应力-应变滞回圈描述小应变非线性弹性；②采用塑性边界面理论，即传统屈服内有塑性应变产生。Whittle(1993)证明了在各种加载路径下，MIT-E3 模型可以准确反映三种不同土体的力学性质。

Whittle(1987)首次发表了 MIT-E3 本构关系，其后在 Whittle(1991,1993)及 Hashash(1992)文章中也相继作了介绍。这些文章给出的公式有一些不同，Ganendra(1993)及 Ganendra 等(1995)对这些公式进行了讨论，并给出了每个表达式的正确形式。上述文献中对 MIT-E3 的描述都有不清楚或不正确的地方，这些在 Ganendra(1993)及 Ganendra 等(1995)的文章中已强调指出，有的进行了更正，有的作了清楚、明确的解释。

8.7.2　转换变量

一个可以描述土体各向异性特征(即在不同方向加载时，土体产生不同的响应)的本构模型，以应力和应变不变量表示的方程都必须被摒弃，因为用不变量表示不可避免地会导出各向同性表达式，这也是目前大多数本构模型采用的假定。为了描述各向异性，必须用应力张量的所有六个分量和应变张量的所有六个分量表示，或是这些分量的组合形式。

MIT-E3 模型的本构关系用转换变量(表 8.1)表示。任何(如应力、应变)转换变量都由相应张量分量的线性组合构成，转换变量与张量分量类似，因为这两种表达形式完全可以相互转换。

表 8.1　MIT-E3 模型的转换变量

有效应力	应变	屈服面梯度	塑性流动方向	各向异性
$(p',\boldsymbol{s})$	$(\varepsilon,\boldsymbol{E})$	$(Q,\boldsymbol{Q})$	$(P,\boldsymbol{P})$	$(1,\boldsymbol{b})$
$p'=\dfrac{\sigma'_x+\sigma'_y+\sigma'_z}{3}$	$\varepsilon=\varepsilon_x+\varepsilon_y+\varepsilon_z$	$Q=Q_x+Q_y+Q_z$	$P=P_x+P_y+P_z$	1
$s_1=\dfrac{2\sigma'_y-\sigma'_x-\sigma'_z}{\sqrt{6}}$	$E_1=\dfrac{2\varepsilon_y-\varepsilon_x-\varepsilon_z}{\sqrt{6}}$	$Q_1=\dfrac{2Q_y-Q_x-Q_z}{\sqrt{6}}$	$P_1=\dfrac{2P_y-P_x-P_z}{\sqrt{6}}$	$b_1=\dfrac{2b_y-b_x-b_z}{\sqrt{6}}$
$s_2=\dfrac{2\sigma'_z-\sigma'_x}{\sqrt{2}}$	$E_2=\dfrac{2\varepsilon_z-\varepsilon_x}{\sqrt{2}}$	$Q_2=\dfrac{2Q_z-Q_x}{\sqrt{2}}$	$P_2=\dfrac{2P_z-P_x}{\sqrt{2}}$	$b_2=\dfrac{2b_z-b_x}{\sqrt{2}}$
$s_3=\sqrt{2}\sigma_{xy}$	$E_3=\sqrt{2}\varepsilon_{xy}$	$Q_3=\sqrt{2}Q_{xy}$	$P_3=\sqrt{2}P_{xy}$	$b_3=\sqrt{2}b_{xy}$
$s_4=\sqrt{2}\sigma_{yz}$	$E_4=\sqrt{2}\varepsilon_{yz}$	$Q_4=\sqrt{2}Q_{yz}$	$P_4=\sqrt{2}P_{yz}$	$b_4=\sqrt{2}b_{yz}$
$s_5=\sqrt{2}\sigma_{zx}$	$E_5=\sqrt{2}\varepsilon_{zx}$	$Q_5=\sqrt{2}Q_{zx}$	$P_5=\sqrt{2}P_{zx}$	$b_5=\sqrt{2}b_{zx}$

8.7.3　滞回弹性

弹性滞回表达式反映超固结土在卸载—再加载循环中表现出的显著非线性特征。图 8.9 为一个闭合的对称滞回环,它表示土样从初始固结线(VCL)等向卸载(点 A 到 B),然后再加载回到 VCL(点 B 到 A)的过程,该过程中土体的重要特征如下:

(1) 初始刚度较大,随后刚度降低。

(2) 从 A 点到 B 点及从 B 点到 A 点刚度连续变化。

(3) B 点刚度发生突变,该点称为荷载转换点。

(4) 循环中不产生不可恢复的应变。

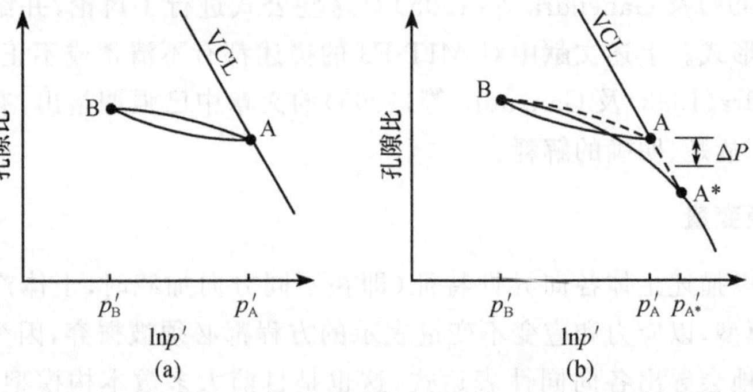

图 8.9　MIT-E3 模型中等向卸载—再加载时土体的响应

反映以上特点的弹性滞回表达式以 Hueckel 等(1979)理论为基础,它包括:①荷载转换点判断法则;②切线体积刚度表达式,它是当前应力状态和荷载转换点的函数。

对式(7.40)进行修正,可以得到 MIT-E3 中弹性体积模量 K 的表达式

$$K = \frac{vp'}{\kappa_0(1+\delta)} \tag{8.38}$$

式中,κ_0 为材料参数,表示 v-$\ln p'$ 上荷载变向后回弹线的初始斜率;δ 为一个状态变量,表示当前应力状态(p',$\boldsymbol{s}$)和荷载转换点处应力(p'^{rev},$\boldsymbol{s}^{\text{rev}}$)间的关系,即

$$\delta = Cn(\ln X + \omega X_s)^{n-1} \tag{8.39}$$

式中,C、n 和 ω 为材料参数。矢量 $\boldsymbol{s}=\{s_i\}(i=1,\cdots,5)$是用转换变量表示的偏应力矢量(表 8.1)。$X$ 和 X_s 为如下状态变量:

$$X = \begin{cases} \dfrac{p'}{p'^{\text{rev}}} & (p' > p'^{\text{rev}}) \\ \dfrac{p'^{\text{rev}}}{p'} & (p' < p'^{\text{rev}}) \end{cases} \tag{8.40a}$$

$$X_s = \sqrt{\sum_{i=1}^{5}(\eta_i - \eta_i^{\text{rev}})^2} \tag{8.40b}$$

式中，$\eta_i = s_i / p'$，$\eta_i^{\text{rev}} = s_i^{\text{rev}} / p'^{\text{rev}}$。

弹性剪切模量 G 用泊松比（K/G 为常数）描述，因此滞回表达式中不包括体积应变与剪应变的耦合关系。表达式的另一个重要特征是滞回特性仅是最后一个荷载转变点的函数，而且不保留对前期加载历史的记忆。由于只用到两个独立的弹性参数 K 和 G，该模型的弹性部分是各向同性的，土体的各向异性仅在模型的塑性部分考虑。

用上述公式计算需要重点强调的是，MIT-E3 模型中 κ 是一个变量，应该与材料参数 κ_0 区别开

$$\kappa = \kappa_0(1+\delta) \tag{8.41}$$

式中，δ 用最后一个荷载转换点处的应力计算。

Whittle(1987)用应变幅值标量参数 χ 判别荷载转换点，参数 χ 表示最新荷载转换点处的应变变化情况。χ 有两种定义，取决于试样是排水或是不排水

$$\chi = \begin{cases} |\varepsilon_v - \varepsilon_v^{\text{rev}}| & (\varepsilon_v \neq 0) \\ \sqrt{\sum_{i=1}^{5}(E_i - E_i^{\text{rev}})^2} & (\varepsilon_v = 0) \end{cases} \tag{8.42}$$

式中，ε_v 为体积应变；$\boldsymbol{E} = \{E_i\}(i=1,\cdots,5)$ 是偏应力矢量（表 8.1）。当 χ 减小时，即 $\Delta\chi < 0$ 时，出现荷载转换点。

确定荷载转换点时，上述 χ 定义着重强调了土体体积变化。如果模型用于有限元分析，则很难在不排水条件下采用零体积应变准则，因为常用的两种方法，即液体体积压缩法和耦合固结法，都会引起少量的体积应变。为此，Ganendra (1993)采用了一个更合理的 χ 表达式

$$\chi = \sqrt{(\varepsilon_v - \varepsilon_v^{\text{rev}})^2 + \sum_{i=1}^{5}(E_i - E_i^{\text{rev}})^2} \tag{8.43}$$

式(8.43)没有像 Whittle 那样强调体积应变，但两者结果相差很小。

8.7.4　边界面上土体的特性

MIT-E3 模型的边界面是修正剑桥椭圆形屈服面的各向异性形式，在广义应力空间中用转换变量（图 8.10）定义如下：

$$F = \sum_{i=1}^{5}(s_i - p'b_i)^2 - c^2 p'(2\alpha - p') = 0 \tag{8.44}$$

式中，c 为椭圆的半轴比，是材料参数；α 为定义边界面大小的一个标量；$\boldsymbol{b}=\{b_i\}$ $(i=1,\cdots,5)$ 描述边界面位置的矢量，见表 8.1；$\boldsymbol{s}=\{s_i\}$ $(i=1,\cdots,5)$ 为用转换变量表示的偏应力矢量，见表 8.1。

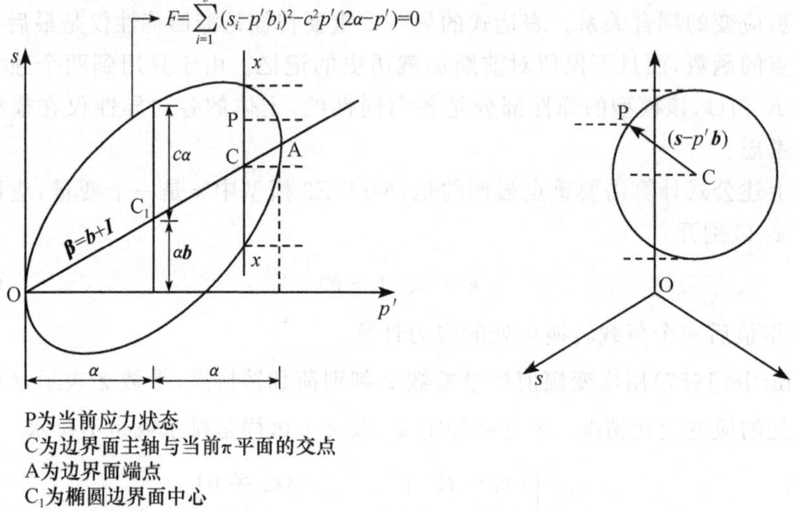

图 8.10　MIT-E3 边界面的几何形状

六维应力空间中边界面是一个变了形的椭圆，它的长轴沿方向 $\boldsymbol{\beta}$，如图 8.10 所示。$\boldsymbol{\beta}$ 是表示各向异性主方向的矢量，$\boldsymbol{\beta}=\boldsymbol{b}+\boldsymbol{I}$，其中 $\{\boldsymbol{I}\}^{\mathrm{T}}=\{1\ 0\ 0\ 0\ 0\ 0\}$。$\boldsymbol{\beta}$ 的初始方向为固结方向，后续加载中会产生旋转，旋转方式由模型的硬化法则决定。

初始正常固结土体将位于边界面端部，对应的应力为

$$p'=2\alpha$$

$$s_i=2\alpha b_i$$

边界面函数的梯度用 Q 和 $\boldsymbol{Q}=\{Q_i\}$ $(i=1,\cdots,5)$ 表示（分别为球应力分量和偏应力分量），即

$$\frac{\partial F(\{\boldsymbol{\sigma}'\},\{\boldsymbol{k}\})}{\partial p'}=Q=2c^2(p'-\alpha)-2\sum_{i=1}^{5}(s_i-p'b_i)b_i \tag{8.45a}$$

$$\frac{\partial F(\{\boldsymbol{\sigma}'\},\{\boldsymbol{k}\})}{\partial s_i}=Q_i=2(s_i-p'b_i) \tag{8.45b}$$

于是加载和卸载准则为

$$KQ\Delta\varepsilon_v+2G\sum_{i=1}^{5}Q_i\Delta E_i\begin{cases}\geqslant 0 & (\text{加载})\\ <0 & (\text{卸载})\end{cases} \tag{8.46}$$

1. 破坏准则

破坏准则描述土体在临界状态时的特性，在广义应力空间中用一个顶点在原点、主轴沿$(\boldsymbol{I}+\boldsymbol{\xi})$方向的各向异性圆锥面表示，这个面称为临界状态锥面，如图 8.11 所示。$\boldsymbol{\xi}=\{\xi_i\}(i=1,\cdots,5)$是确定各向异性破坏准则的矢量，为材料参数。临界状态锥面用以下方程表示：

$$h=\sum_{i=1}^{5}(s_i-p'\xi_i)^2-k^2p'^2=0 \tag{8.47}$$

式中，k 是定义圆锥大小的标量，材料参数。

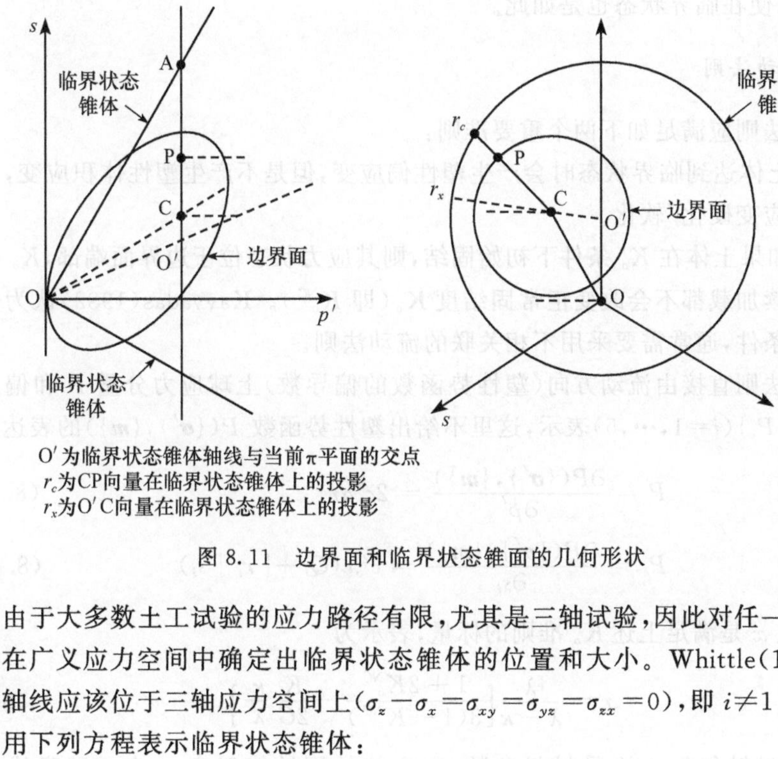

图 8.11　边界面和临界状态锥面的几何形状

由于大多数土工试验的应力路径有限，尤其是三轴试验，因此对任一特定土体很难在广义应力空间中确定出临界状态锥体的位置和大小。Whittle(1987)建议锥体轴线应该位于三轴应力空间上$(\sigma_z-\sigma_x=\sigma_{xy}=\sigma_{yz}=\sigma_{zx}=0)$，即 $i\neq1$ 时，$\xi_i=0$。现在用下列方程表示临界状态锥体：

$$h=\sum_{i=1}^{5}s_i^2-2s_1p'\xi_1+p'^2(\xi_1^2-k^2)=0 \tag{8.48}$$

参数 ξ_1 和 k 用三轴压缩和三轴拉伸时临界状态剪切摩擦角 φ'_{TC}和 φ'_{TE}计算

$$\xi_1=\frac{1}{2}(C_c-C_e)$$

$$k=\frac{1}{2}(C_c+C_e)$$

式中

$$C_c = \sqrt{\frac{2}{3}}\frac{6\sin\varphi'_{TC}}{3-\sin\varphi'_{TC}}$$

$$C_e = \sqrt{\frac{2}{3}}\frac{6\sin\varphi'_{TE}}{3+\sin\varphi'_{TE}}$$

临界状态锥体有如下两个重要特征：

(1) 如果临界状态剪切摩擦角在三轴压缩和三轴拉伸时的值相等，即 $\varphi'_{TC}=\varphi'_{TE}$，则对应的是各向同性德鲁克-布拉格破坏面。

(2) 一般情况下，边界面各向异性方向 $\boldsymbol{b}$ 与临界状态锥体的各向异性方向 $\boldsymbol{\xi}$ 不一致，即使在临界状态也是如此。

2. 流动法则

流动法则应满足如下两个重要准则：

(1) 土体达到临界状态时会产生塑性偏应变，但是不产生塑性体积应变，也不发生任何应变硬化/软化。

(2) 如果土体在 K_o 条件下初始固结，则其应力状态位于边界面端部，K_o 条件下任何后续加载都不会改变正常固结度 K_o（即 K_o^{NC}）。Kavvadas(1982)认为为了满足这个条件，通常需要采用不相关联的流动法则。

流动法则直接由流动方向（塑性势函数的偏导数）上球应力分量 P 和偏应力分量 $\boldsymbol{P}=\{P_i\}(i=1,\cdots,5)$ 表示，这里不给出塑性势函数 $P(\{\boldsymbol{\sigma}'\},\{\boldsymbol{m}\})$ 的表达式。

$$P = \frac{\partial P(\{\boldsymbol{\sigma}'\},\{\boldsymbol{m}\})}{\partial p'} = 2c^2\alpha r_c \tag{8.49a}$$

$$P_i = \frac{\partial P(\{\boldsymbol{\sigma}'\},\{\boldsymbol{m}\})}{\partial s_i} = c^2 x(Q_i + |r_c| s_i) \tag{8.49b}$$

式中，参数 x 是满足上述 K_o 准则的标量，表示为

$$x = \frac{\lambda}{\lambda-\kappa}\left[\frac{1+2K_o^{NC}}{3(1-K_o^{NC})} - \frac{K}{2G}\frac{\kappa}{\lambda}\right] \tag{8.50}$$

且 K_o^{NC} 是材料参数；λ 也是材料参数，表示初始固结线斜率；κ 表示回弹线的斜率（见式(8.41)）；r_c 为一个标量变量，表示当前应力状态与临界状态锥体的距离，如图 8.11 所示。$|r_c|$ 是 r_c 的绝对值，r_c 定义为

$$r_c = \frac{\overline{PR_c}}{\overline{CR_c}} = \frac{A+B-D}{B-D}$$

式中，$\overline{PR_c}$ 是连接 P 和 R_c 的矢量；$\overline{CR_c}$ 是连接 C 和 R_c 的矢量；$r_c=1$ 表示当前应力状态位于边界面主轴上，$0<r_c<1$ 表示当前应力状态位于临界状态锥体内部，$r_c=$

0 表示当前应力状态位于临界状态锥上，$r_c<0$ 表示当前应力状态在临界状态锥外

$$A=c^2(2\alpha-p')$$

$$B=\sum_{i=1}^{5}(b_i-\xi_i)(s_i-p'b_i)$$

$$C=p'\left[k^2-\sum_{i=1}^{5}(b_i-\xi_i)(b_i-\xi_i)\right]$$

$$D=(B^2+AC)^{1/2}$$

塑性体积应变和偏应变增量（分别为 $\Delta\varepsilon_v^p$ 和 ΔE_i^p）用式(8.51)计算

$$\Delta\varepsilon_v^p=\Lambda P \qquad \Delta E_i^p=\Lambda P_i \tag{8.51}$$

式中，Λ 是从标准塑性方程（见式(6.13)）得到的塑性标量因子。此时

$$\Lambda=\frac{KQ\Delta\varepsilon_v+2G\sum_{i=1}^{5}Q_i\Delta E_i}{A+KQP+2G\sum_{i=1}^{5}Q_iP_i} \tag{8.52}$$

式中，A 是弹塑性模量，表示为

$$A=2c^2\frac{\kappa}{\lambda-\kappa}K\left(\alpha P-S_t2c^2\alpha\langle r_c\rangle x\sum_{i=1}^{5}Q_ib_i\right) \tag{8.53}$$

其中，S_t 为材料参数，对模型的应变软化有很大影响。如果 $r_c>0$，则 $\langle r_c\rangle=r_c$；如果 $r_c<0$，则 $\langle r_c\rangle=0$。

3. 硬化法则

硬化法则包括两个方程：一个控制边界面大小的变化，$\Delta\alpha$；另一个控制边界面位置变化，Δb_i。

$$\Delta\alpha=\alpha\zeta\Delta\varepsilon_v^p \tag{8.54a}$$

$$\Delta b_i=\psi_0\langle r_x\rangle\frac{1}{\alpha}(s_i-p'b_i)\Delta\varepsilon_v^p \tag{8.54b}$$

式中，ζ 为影响屈服面大小变化速率的变量；ψ_0 为一个无量纲的材料参数，控制屈服面的旋转速率；r_x 为一个标量变量，表示屈服面位置与临界状态锥体的相对距离，如果 $r_x>0$，则 $\langle r_x\rangle=r_x$，如果 $r_x\leqslant 0$，则 $\langle r_x\rangle=0$。

由一致性条件可以推导出 ζ 表达式，见文献(Ganendra，1993)，具体表示为

$$\zeta = \frac{1}{\alpha}\left[\frac{1}{2c^2 p'}\frac{A}{P} - \psi_0 \langle r_x \rangle \frac{p'}{\alpha}(2\alpha - p')\right] \tag{8.55}$$

图 8.11 中给出了标量 r_x 的图示，其定义为

$$r_x = \frac{\overline{\mathrm{CR}_x}}{\overline{\mathrm{O'R}_x}} = \frac{k - \sqrt{\sum_{i=1}^{5}(b_i - \xi_i)^2}}{k} \tag{8.56}$$

r_x 的取值包括以下几种情况：

边界面主轴和临界状态锥体轴线重合($\xi_i = b_i$)，$r_x = 1$。

边界面主轴位于临界状态锥体内部，$0 < r_x < 1$。

边界面主轴位于临界状态锥体上，$r_x = 0$。

边界面主轴位于临界状态锥体外部，$r_x < 0$。

式(8.54b)控制着屈服面的旋转速率，它有三个重要特点：

(1) 当应力主轴 $\boldsymbol{s}$ 和各向异性主轴 $\boldsymbol{b}$ 一致时，屈服面不产生旋转。

(2) 一般产生塑性变形时，各向异性轴向主应力轴方向旋转。

(3) 在临界状态锥体以外，各向异性主轴不产生旋转。

8.7.5 边界面内的特性

应力位于边界面内表示土体为超固结。边界面内任何一个超固结点 R 的塑性特性，与它在边界面(图 8.12)上的镜像点 I 有关。这个镜像点可以用映射法则描述。产生塑性应变时的加载条件，即式(8.46)可以重写为

$$KQ^{\mathrm{I}}\Delta\varepsilon_v + 2G\sum_{i=1}^{5}Q_i^{\mathrm{I}}\Delta E_i \begin{cases}\geqslant 0 & (加载)\\ < 0 & (卸载)\end{cases} \tag{8.57}$$

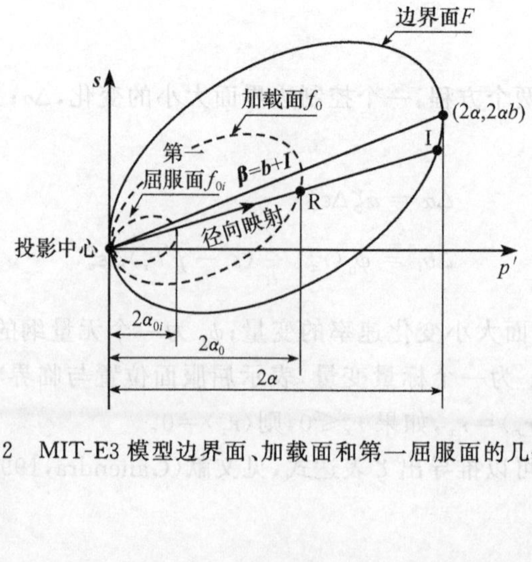

图 8.12　MIT-E3 模型边界面、加载面和第一屈服面的几何形状

式中，$\boldsymbol{Q}^{\mathrm{I}}$ 为镜像点处边界面梯度的球应力分量

$$\boldsymbol{Q}^{\mathrm{I}}=\{Q_i^{\mathrm{I}}\}\quad(i=1,\cdots,5)$$

为镜像点处边界面梯度的偏应力分量。

纯弹性变形时，边界面的大小(用参数 α 表示)是体积应变 ε_v 的函数

$$\Delta\alpha=\frac{(1+e)\alpha}{\lambda}\Delta\varepsilon_v \tag{8.58}$$

如果体积应变在时间增量 Δt 上的变化量为 $\Delta\varepsilon_v$，且 t 和 $t+\Delta t$ 时刻的 α 分别是 α^t 和 $\alpha^{t+\Delta t}$，式(8.58)积分后得到

$$\alpha^{t+\Delta t}=\alpha^t\mathrm{e}^{\left(\frac{v}{\lambda}\Delta\varepsilon_v\right)} \tag{8.59}$$

根据式(8.57)，应力路径上某一点初次发生塑性屈服时，该点称为"第一屈服点"。通过该点且形状与边界面相似的面称为"第一屈服面"，它的大小由 α_{0i} 确定。无论后面产生连续塑性应变的应力路径如何变化，该面不变。为了计算屈服土体的力学性状，将通过当前应力状态点，且形状与边界面类似的曲面称为"加载面"，它的大小为 α_0，如图 8.12 所示。弹塑性模量 A，流动方向 P 和 $\boldsymbol{P}$ 用式(8.60)定义

$$\begin{cases}P=P^{\mathrm{I}}+g_1P^0\\ \boldsymbol{P}=\boldsymbol{P}^{\mathrm{I}}\\ A=A^{\mathrm{I}}+g_2A^0\end{cases} \tag{8.60}$$

式中，P^{I} 和 $\boldsymbol{P}^{\mathrm{I}}=\{P_i^{\mathrm{I}}\}(i=1,\cdots,5)$ 分别表示镜像点处流动方向的球应力分量和偏应力分量；A^{I} 为镜像点处弹塑性模量值；P^0 和 A^0 均为变量，是当前应力状态和镜像点的函数，定义在后面给出；g_1 和 g_2 标量的定义见式(8.63)和式(8.64)，是表示第一屈服面、加载面和边界面相对位置的映射函数。

$$P^0=-\left(2c^2\alpha r_c+\sum_{i=1}^{5}\eta_i^{\mathrm{I}}Q_i^{\mathrm{I}}\right) \tag{8.61}$$

$$A^0=\frac{1+e}{\kappa_0}(\alpha-\alpha_0)h\parallel\boldsymbol{Q}^{\mathrm{I}}\parallel\parallel\boldsymbol{P}^{\mathrm{I}}\parallel \tag{8.62}$$

$$g_1=\left(\frac{\alpha-\alpha_0}{\alpha}\right)^{\gamma} \tag{8.63}$$

$$g_2=\frac{\alpha-\alpha_{0i}}{\alpha_0-\alpha_{0i}} \tag{8.64}$$

式中，h 和 γ 为材料参数

$$\parallel\boldsymbol{Q}^{\mathrm{I}}\parallel=\sqrt{\sum_{i=1}^{5}Q_i^{\mathrm{I}}Q_i^{\mathrm{I}}}$$

$$\parallel\boldsymbol{P}^{\mathrm{I}}\parallel=\sqrt{\sum_{i=1}^{5}P_i^{\mathrm{I}}P_i^{\mathrm{I}}}$$

由 A、P、$\boldsymbol{P}$、Q 和 $\boldsymbol{Q}$ 以及当前弹性模量(K 和 G)，分别用式(8.52)和式(8.51)

计算塑性标量因子和塑性应变,然后再计算对应的应力变化。

当边界面内产生塑性应变时,边界面要发生硬化。为了计算产生的硬化量,需要计算第二类塑性应变,称为准塑性应变。这些应变用镜像点处的应力计算,即将 A^{I}、P^{I}、$\boldsymbol{P}^{I}$、Q^{I} 和 $\boldsymbol{Q}^{I}$ 代入式(8.52)和式(8.51)中,分别计算准塑性标量因子和准塑性应变。上述计算中所用的弹性模量与镜像点处的模量相同,这意味着式(8.38)中的 p' 应该为镜像点处的值(δ 不变)。将这些准应变值代入式(8.54)计算硬化参数 α 和 $\boldsymbol{b}$ 的变化。注意,式(8.54)也要全部用镜像点处的应力计算。

该方法的两个重要特征在于:

(1) 初次屈服时 $\alpha_0=\alpha_{0i}$,这样 A 趋于无穷大,于是没有塑性应变产生。

(2) 当应力状态达到边界面时,$\alpha_0=\alpha$,与塑性边界有关的其他项都趋于零,土体的塑性变形回复到正常固结情况,即边界面上土体的变形情况。

因此,塑性边界面方程可以在初次屈服时的理想滞回弹性和正常固结特性应力到达边界面上之间平稳过渡。

8.7.6 讨论

表 8.2 中列出了 MIT-E3 模型需要的 15 个材料参数,用常规土工试验确定这些参数不是一件容易的事。因此目前该模型主要用于研究。不过,将来这种类型的其他本构模型会有很大发展,可以更真实地模拟土体的实际力学性质。MIT-E3 模型对边界值问题进行有限元分析的算例见《岩土工程有限元分析:应用》。

表 8.2 MIT-E3 材料参数

参数	描述	参数	描述
v_{100}	K_o 正常固结土在 $p'=100\text{kPa}$ 时的比体积	μ	泊松比
K_o^{NC}	正常固结土静止土压力系数	S_t	应变软化度参数
φ'_{TC}	三轴压缩试验中临界状态抗剪摩擦角	C	滞回弹性参数
φ'_{TE}	三轴拉伸试验中临界状态抗剪摩擦角	n	滞回弹性参数
c	椭圆边界面的半轴比	ω	滞回弹性参数
ψ	边界面旋转参数	γ	边界面塑性参数
λ	v-$\ln p'$ 上初始固结线(VCL)斜率	h	边界面塑性参数
κ_0	v-$\ln p'$ 上回弹线的初始斜率		

8.8 球泡模型

8.8.1 引言

8.6 节中指出,传统的弹塑性模型一般假定屈服面内土体为弹性,因此模拟卸载和再加载循环作用下土体的力学性质时有困难。为了改进模型，引入了塑性边界面概念，8.7 节中介绍了一个这样的模型(即 MIT-E3 模型)。这种模型与传统弹塑性模型相比有了较大改进，但仍有不足。例如，卸载过程中，模型假定土体为弹性变形，这限制了土体体积变形和剪切变形的耦合程度。

模型的进一步改进是引入一个小的运动屈服面(球泡)，它在外边界面内移动。球泡内土体产生弹性变形，球泡外则产生弹塑性变形。当应力在边界面内变化时，球泡也相应移动，因此称之为“运动屈服面”。Al-Tabbaa(1987)、Al-Tabbaa 等(1989)提出了屈服单运动屈服面模型，该模型以传统的修正剑桥屈服面为边界面。Stallebrass 等(1997)对模型进行了推广，采用了两个嵌套的运动屈服面，模型中将附加的屈服面叫做“历史”面，加入这个面可以反映小应变时土体的屈服和近期应力历史的影响。

8.8.2　运动屈服面的特性

本节从单运动屈服面模型入手，介绍球泡模型的基本概念，这些概念可以很方便地推广到多运动屈服面模型中。

该模型主要由一个外边界面和一个在外边界面内移动的运动屈服面(球泡)组成，如图 8.13(a)所示。球泡的作用与传统屈服面一样，即应力位于球泡内时，土体仅表现为纯弹性变形。如果应力试图穿过球泡边界，就会引发弹塑性变形，并且会拖动球泡沿着应力路径移动。土体的弹塑性特性受控于球泡屈服面及对应的塑性势函数、塑性硬化/软化法则。球泡可以在外边界面内移动，但不会穿过边界面。当应力状态到达边界面时，球泡完全位于边界面内，这时边界面实质上发挥着屈服面的作用，土体的特性由边界面及对应的塑性势函数和塑性硬化/软化法则决定。实际上，如果应力状态位于边界面上，模型得到的弹塑性特性与传统的弹塑性模型得到的结果一样，此时的边界面就是屈服面。

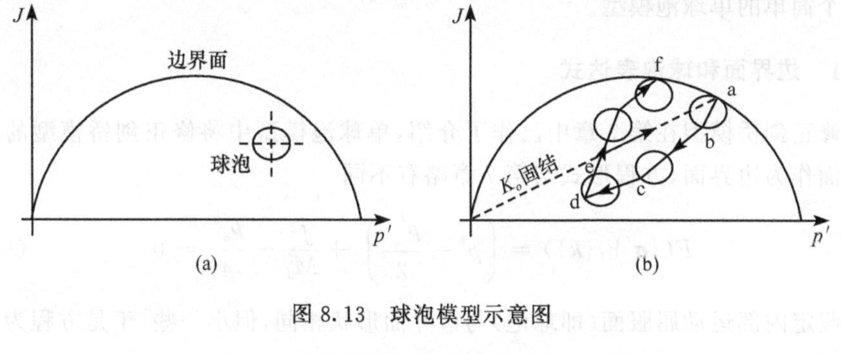

图 8.13　球泡模型示意图

图 8.13(b)中的例子可以更好地解释该模型。这个例子中假定土体单元在图 8.13(b)中 a 处 K_o 初始固结，由于土体为正常固结，力学性质由边界面控制，固

结终点处边界面和球泡的相对位置如图 8.13(b)所示。如果此时土体单元沿应力路径 abcd 卸载,则相应的变化如下:从 a 点初次卸载时,应力路径移入球泡内,土体表现为弹性,此时应力空间中球泡和边界面都保持不变。继续卸载,应力路径穿过球泡内部,弹性变形进一步发展,直到到达球泡的另一侧 b 点。再卸载,土体开始表现为弹塑性。这时球泡沿应力路径移动,如果球泡和边界面的硬化/软化准则与塑性应变和/或塑性功有关,那么由于塑性应变的发展,球泡和边界面大小都会变化(图 8.13 中没有表示出)。卸载到 d 点后,球泡和边界面与应力状态的相对位置如图 8.13(b)所示。如果土体沿着应力路径 def 重新加载,由于应力路径又回到了球泡内部,土体又开始表现为弹性,同样,弹性变形期间,球泡和边界面保持不变。加载使应力状态到达球泡的另一侧,即图 8.13(b)中的 e 点时,土体开始表现为弹塑性。再加载应力状态到达 f 点时,球泡碰到了边界面,这以后再加载球泡将和边界面一起运动。

为了把模型完全确定下来,必须确定边界面形状、相应的塑性势函数和硬化/软化规律。球泡也需要确定类似的信息。还需要一个移动法则控制球泡的运动和相对位置,确定这个法则时必须非常小心,当应力状态接近边界面时,应确保球泡与边界面相切,并完全位于边界面内。另外还需要给出映射函数,反映塑性模量随球泡移动的变化情况,从这个角度讲,当球泡接近边界面时,保证塑性模量接近边界面上对应的值非常重要。

为了定性说明上述模型,下面简要介绍 Al-Tabbaa 和 Wood(1989)提出的单球泡模型。

8.9 Al-Tabbaa & Wood 模型

Al-Tabbaa(1987)及 Al-Tabbaa 和 Wood(1989)对模型进行了完整的描述,这是一个简单的单球泡模型。

8.9.1 边界面和球泡表达式

修正剑桥模型在第 7 章中已作了介绍,单球泡模型中将修正剑桥模型的椭圆屈服面作为边界面,方程形式与第 7 章略有不同

$$F(\{\boldsymbol{\sigma}'\},\{\boldsymbol{k}\}) = \left(p' - \frac{p'_o}{2}\right)^2 + \frac{J^2}{M_J^2} - \frac{p'^2_o}{4} = 0 \tag{8.65}$$

假定内部运动屈服面(即球泡)与边界面形状相同,但小一些,于是方程为

$$F_1(\{\boldsymbol{\sigma}'\},\{\boldsymbol{k}\}) = (p' - p'_\alpha)^2 + \left(\frac{J - J_\alpha}{M_J}\right)^2 - R^2\frac{p'^2_o}{4} = 0 \tag{8.66}$$

式中，p_a' 和 J_a 表示球泡中心点处的应力；R 表示球泡与边界面大小的比值(图 8.14)。

土体屈服时，一致性条件(即 $dF_1=0$)要求

$$(p'-p_a')(dp'-dp_a')+\frac{J-J_a}{M_J^2}(dJ-dJ_a)-\frac{R^2}{4}p_o'dp_o'=0 \tag{8.67}$$

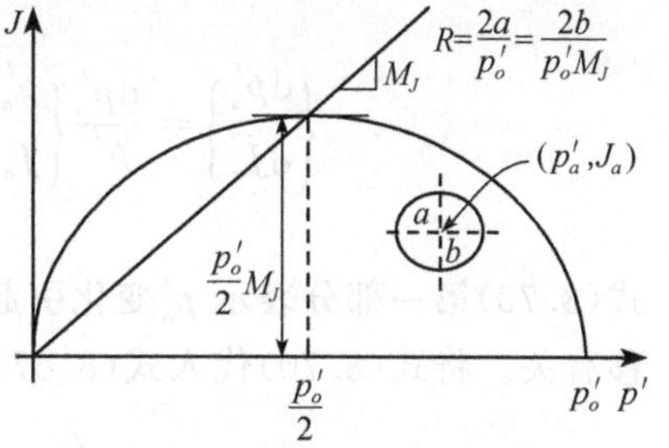

图 8.14　单球泡模型

如果应力状态在球泡之内，则土体变形由各向同性弹性本构方程决定，见第 5 章，方程中包括泊松比 μ 和体积刚度变量

$$K=\frac{p'}{\kappa^*} \tag{8.68}$$

否则土体产生弹塑性变形，假定塑性势函数和屈服函数相同，用式(8.66)表示(即相关联塑性)，且有以下硬化/软化规律：

$$\frac{dp_o'}{p_o'}=\frac{d\varepsilon_v^p}{\lambda^*-\kappa^*} \tag{8.69}$$

式(8.68)和式(8.69)与第 7 章给出的相关表达式(即式(7.40)和式(7.38))略有差别，因为 Al-Tabbaa 和 Wood 假定初始固结线和回弹线是 $\ln v$-$\ln p'$ 坐标系中的直线，而修正剑桥模型的传统表达式中假定它们在 v-$\ln p'$ 空间上是直线。因此，λ^* 和 κ^* 不同于 λ 和 κ。

8.9.2　球泡移动

球泡在修正剑桥边界面内移动，移动法则要确保球泡和边界面可以在公切点处接触，但不能相交，图 8.15 是该法则示意图，它表明球泡中心始终沿向量 $\boldsymbol{r}$ 移动，向量 $\boldsymbol{r}$ 连接着当前应力状态点 C 和它在边界面上的共轭点 D。

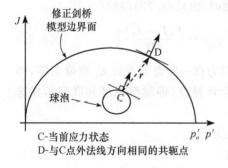

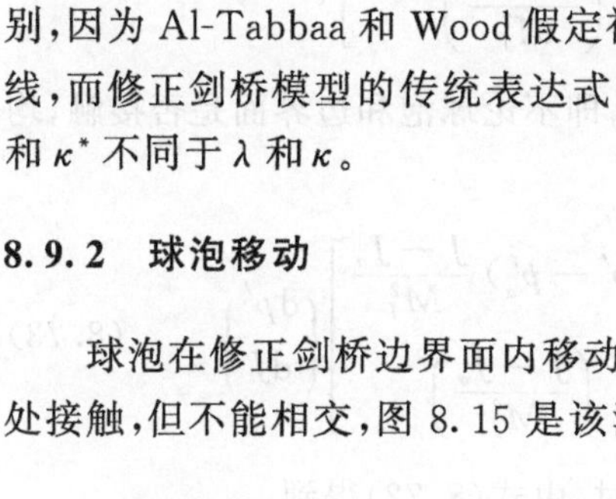

图 8.15　球泡的移动

塑性应变产生时，球泡位置的变化包括两部分：一部分与球泡沿向量 $\boldsymbol{r}$ 的平移有关，另一部分与等向硬化/软化引起的球泡大小变化有关。这意味着球泡和边界面在当前应力处接触时，向量 $\boldsymbol{r}=\boldsymbol{0}$，此时球泡位置的变化完全由扩张/收缩决定。因此，球泡位置变化的一般表达式为

$$\begin{Bmatrix} \mathrm{d}p'_\alpha \\ \mathrm{d}J_\alpha \end{Bmatrix} = \frac{\mathrm{d}p'_o}{p'_o}\begin{Bmatrix} p'_\alpha \\ J_\alpha \end{Bmatrix} + T\begin{Bmatrix} \dfrac{p'-p'_\alpha}{R} - \left(p' - \dfrac{p'_o}{2}\right) \\ \dfrac{J-J_\alpha}{R} - J \end{Bmatrix} \tag{8.70}$$

式(8.70)第一部分表示 p'_o变化引起的(p'_α, J_α)改变，第二部分与球泡沿向量 $\boldsymbol{r}$ 的平移有关。将式(8.70)代入式(8.67)中，并由式(8.66)可以得到 T 的大小

$$T = \frac{(p'-p'_\alpha)\left(\mathrm{d}p' - \dfrac{\mathrm{d}p'_o}{p'_o}p'\right) + \dfrac{J-J_\alpha}{M_J^2}\left(\mathrm{d}J - \dfrac{\mathrm{d}p'_o}{p'_o}J\right)}{(p'-p'_\alpha)\left[\dfrac{p'-p'_\alpha}{R} - \left(p' - \dfrac{p'_o}{2}\right)\right] + \dfrac{J-J_\alpha}{M_J^2}\left(\dfrac{J-J_\alpha}{R} - J\right)} \tag{8.71}$$

8.9.3　弹塑性变形

当球泡和边界面接触时，由式(6.9)可以得到塑性应变增量

$$\begin{Bmatrix} \mathrm{d}\varepsilon_v^p \\ \mathrm{d}E_d^p \end{Bmatrix} = \frac{\lambda^* - \kappa^*}{(p'-p'_\alpha)\left[p'(p'-p'_\alpha) + \dfrac{J(J-J_\alpha)}{M_J^2}\right]} \cdot \begin{bmatrix} (p'-p'_\alpha)^2 & (p'-p'_\alpha)\dfrac{J-J_\alpha}{M_J^2} \\ (p'-p'_\alpha)\dfrac{J-J_\alpha}{M_J^2} & \left(\dfrac{J-J_\alpha}{M_J^2}\right)^2 \end{bmatrix} \begin{Bmatrix} \mathrm{d}p' \\ \mathrm{d}J \end{Bmatrix} \tag{8.72}$$

式(8.72)可以推广到任何条件下塑性应变计算，即不论球泡和边界面是否接触，均有

$$\begin{Bmatrix} \mathrm{d}\varepsilon_v^p \\ \mathrm{d}E_d^p \end{Bmatrix} = \frac{1}{h}\begin{bmatrix} (p'-p'_\alpha)^2 & (p'-p'_\alpha)\dfrac{J-J_\alpha}{M_J^2} \\ (p'-p'_\alpha)\dfrac{J-J_\alpha}{M_J^2} & \left(\dfrac{J-J_\alpha}{M_J^2}\right)^2 \end{bmatrix} \begin{Bmatrix} \mathrm{d}p' \\ \mathrm{d}J \end{Bmatrix} \tag{8.73}$$

式中，h 为硬化参数标量，当球泡和边界面接触时，由式(8.72)得到

$$h = h_0 = \frac{p'-p'_\alpha}{\lambda^* - \kappa^*}\left[p'(p'-p'_\alpha) + \frac{J(J-J_\alpha)}{M_J^2}\right] \tag{8.74}$$

式(8.74)给出的 h_0 表达式不完全合理，因为在一些奇异点处 h_0 将降为零，即塑性应变无限发展。例如，在 $p'=p'_\alpha$处有两个奇异点(即球泡顶部和底部)，在这些点处将得到无限大的塑性剪应变。

为了克服这个缺点，硬化函数可重新表达为

$$h = h_o + H \tag{8.75}$$

式中，H 应该大于零。

根据 Speswhite 高岭土的室内试验结果，Al-Tabbaa 和 Wood(1989)建议 H 采用以下形式：

$$H=\frac{1}{\lambda^{*}-\kappa^{*}}\left(\frac{B}{B_{\max}}\right)^{\psi}p_{o}^{\prime 3} \tag{8.76}$$

式中，B 为当前应力点处向量 $\boldsymbol{r}$ 在球泡法线方向的分量；ψ 是由试验确定的正指数。需要强调的是，H 函数的选择并不唯一，它取决于模拟的土体类型。

8.9.4　评论

球泡模型只需要 7 个材料参数：v_1、λ^*、κ^*、M_J、R、ψ 以及泊松比 μ。最初该模型在三轴应力空间中提出，后来 Stallebrass 等(1997)将其推广到广义应力空间中，并且发展到两个球泡。模型已用于边界值问题的有限元计算中，但成功的几率还很小。

8.10　小　结

(1) 一些本构模型可以处理土体抗拉能力有限的问题。本章介绍的模型以弹塑性理论为基础，这个模型非常灵活，允许裂缝形成并旋转。模型的一个显著特点是能够与其他反映土体压缩特性的弹塑性模型结合使用。

(2) 本章介绍了两个屈服面同时作用的相关理论。如果需要的话，该理论可以方便地推广到多屈服面情况。

(3) 作为双屈服面模型的一个例子，本章介绍了 Lade 双屈服面硬化模型，该模型尤其适用于粗粒土。它有两个屈服面，一个控制剪胀应变，另一个控制坍塌应变。两个面都是各向同性屈服面，且遵循加功硬化/软化规律。模型中的弹性部分为各向同性非线性弹性。模型需要 14 个参数，而且都可以由常规室内试验获得。该模型已在实际中应用。

(4) 介绍了塑性边界面理论体系，简要介绍了代表当前模型发展趋势的 MIT-E3 模型。该模型以各向异性弹塑性理论为基础，包括塑性边界面和滞回弹性两部分。模型很复杂，也很难确定所需的 15 个参数，因此目前还未得到具体应用，但它指明了未来本构模型的发展方向。

(5) 为模拟主边界面内土体的滞回特性，提出了运动屈服面的概念。以这个概念为基础，介绍了球泡模型，并给出了一个例子。

附录 VIII.1　Lade 双屈服面硬化模型偏导数计算

式(8.14)～式(8.29)表明，为了得到双屈服面弹塑性刚度矩阵，需要计算屈服

函数和塑性势函数的偏导数

$$\frac{\partial F_1}{\partial \boldsymbol{\sigma}'},\quad \frac{\partial P_1}{\partial \boldsymbol{\sigma}'},\quad \frac{\partial F_2}{\partial \boldsymbol{\sigma}'},\quad \frac{\partial P_2}{\partial \boldsymbol{\sigma}'},\quad \frac{\partial F_1}{\partial \boldsymbol{k}_1},\quad \frac{\partial F_2}{\partial \boldsymbol{k}_2}$$

Lade 双屈服面硬化模型中，硬化参数 H_1 和 H_2 分别由塑性功增量 ΔW_{p1} 和 ΔW_{p2} 决定，因此 $\{\boldsymbol{k}_1\}=\{\Delta \boldsymbol{W}_{p1}\}$，$\{\boldsymbol{k}_2\}=\{\Delta \boldsymbol{W}_{p2}\}$。这样 F_1 和 F_2 对 $\boldsymbol{k}_1$ 和 $\boldsymbol{k}_2$ 的偏导数可写为

$$\begin{cases}\left\{\dfrac{\partial F_1}{\partial \boldsymbol{k}_1}\right\}\{\Delta \boldsymbol{k}_1\}=\left\{\dfrac{\partial F_1}{\partial H_1}\right\}\left\{\dfrac{\partial H_1}{\partial W_{p1}}\right\}\{\Delta \boldsymbol{W}_{p1}\}=-\left\{\dfrac{\partial H_1}{\partial W_{p1}}\right\}\{\Delta \boldsymbol{W}_{p1}\}\\[2ex] \left\{\dfrac{\partial F_2}{\partial \boldsymbol{k}_2}\right\}\{\Delta \boldsymbol{k}_2\}=\left\{\dfrac{\partial F_2}{\partial H_2}\right\}\left\{\dfrac{\partial H_2}{\partial W_{p2}}\right\}\{\Delta \boldsymbol{W}_{p2}\}=-\left\{\dfrac{\partial H_2}{\partial W_{p2}}\right\}\{\Delta \boldsymbol{W}_{p2}\}\end{cases} \tag{VIII. 1}$$

注意，$\Delta W_{p1}=\{\boldsymbol{\sigma}\}^{\mathrm{T}}\{\Delta \boldsymbol{\varepsilon}^{p1}\}$（式(8.34)）和 $\Delta W_{p2}=\{\boldsymbol{\sigma}\}^{\mathrm{T}}\{\Delta \boldsymbol{\varepsilon}^{p2}\}$（式(8.36)），把式(VIII.1)代入式(8.18)中，得到

$$\begin{cases}A_1=\left\{\dfrac{\partial H_1}{\partial W_{p1}}\right\}\{\boldsymbol{\sigma}'\}^{\mathrm{T}}\left\{\dfrac{\partial P_1}{\partial \boldsymbol{\sigma}'}\right\}\\[2ex] A_2=\left\{\dfrac{\partial H_2}{\partial W_{p2}}\right\}\{\boldsymbol{\sigma}'\}^{\mathrm{T}}\left\{\dfrac{\partial P_2}{\partial \boldsymbol{\sigma}'}\right\}\end{cases} \tag{VIII. 2}$$

这样需要计算的不是上面的 $\{\partial F_1/\partial \boldsymbol{k}_1\}$ 和 $\{\partial F_2/\partial \boldsymbol{k}_2\}$，而是偏导数 $\{\partial H_1/\partial W_{p1}\}$、$\{\partial H_2/\partial W_{p2}\}$、$\{\partial P_1/\partial \boldsymbol{\sigma}'\}$ 和 $\{\partial P_2/\partial \boldsymbol{\sigma}'\}$。

Lade 等(1984)推导了式(8.29)中弹塑性矩阵 $[\boldsymbol{D}^{ep}]$ 计算需要的部分偏导数。

圆锥屈服面和塑性势面

$$\frac{\partial F_1}{\partial \boldsymbol{\sigma}'}=\left(\frac{I_1^3}{I_3}-27\right)\frac{m}{p_a}\left(\frac{I_1}{p_a}\right)^{m-1}\begin{Bmatrix}1\\1\\1\\0\\0\\0\end{Bmatrix}+\left(\frac{I_1}{p_a}\right)^m\frac{I_1^2}{I_3^2}\begin{Bmatrix}3I_3-(\sigma'_y\sigma'_z-\tau_{yz}^2)I_1\\3I_3-(\sigma'_z\sigma'_x-\tau_{zx}^2)I_1\\3I_3-(\sigma'_x\sigma'_y-\tau_{xy}^2)I_1\\2(\sigma'_x\tau_{yz}-\tau_{xy}\tau_{zx})I_1\\2(\sigma'_y\tau_{zx}-\tau_{yz}\tau_{xy})I_1\\2(\sigma'_z\tau_{xy}-\tau_{zx}\tau_{yz})I_1\end{Bmatrix} \tag{VIII. 3}$$

$$\frac{\partial P_1}{\partial \boldsymbol{\sigma}'}=\left[3I_1^2+\frac{I_3}{I_1}m\eta_2\left(\frac{p_a}{I_1}\right)^m\right]\begin{Bmatrix}1\\1\\1\\0\\0\\0\end{Bmatrix}+\left[27+\eta_2\left(\frac{p_a}{I_1}\right)^m\right]\begin{Bmatrix}-(\sigma'_y\sigma'_z-\tau_{yz}^2)\\-(\sigma'_z\sigma'_x-\tau_{zx}^2)\\-(\sigma'_x\sigma'_y-\tau_{xy}^2)\\2(\sigma'_x\tau_{yz}-\tau_{xy}\tau_{zx})\\2(\sigma'_y\tau_{zx}-\tau_{yz}\tau_{xy})\\2(\sigma'_z\tau_{xy}-\tau_{zx}\tau_{yz})\end{Bmatrix} \tag{VIII. 4}$$

$$\frac{\partial H_1}{\partial W_{p1}}=\frac{\partial H_1}{\partial \xi}\frac{\partial \xi}{\partial W_{p1}}=\frac{H_1}{q}\left(\frac{1}{\xi}-1\right)\frac{1}{W_{p1p}} \tag{VIII. 5}$$

$$\{\boldsymbol{\sigma}'\}^{\mathrm{T}}\left\{\frac{\partial P_1}{\partial \boldsymbol{\sigma}'}\right\}=3P_1+m\eta_2\left(\frac{p_a}{I_1}\right)^m I_3 \tag{VIII. 6}$$

1. 帽子屈服面和塑性势面

$$\frac{\partial F_2}{\partial \boldsymbol{\sigma}'}=\frac{\partial P_2}{\partial \boldsymbol{\sigma}'}=2\{\sigma'_x\ \ \sigma'_y\ \ \sigma'_z\ \ 2\tau_{yz}\ \ 2\tau_{zx}\ \ 2\tau_{xy}\}^{\mathrm{T}} \tag{VIII. 7}$$

$$\frac{\partial H_2}{\partial W_{p2}}=\frac{p_a}{Cp}\left(\frac{H_2}{p_a^2}\right)^{1-p} \tag{VIII. 8}$$

$$\{\boldsymbol{\sigma}'\}^{\mathrm{T}}\left\{\frac{\partial P_2}{\partial \boldsymbol{\sigma}'}\right\}=2P_2 \tag{VIII. 9}$$

但是 Kovačević(1994)发现当圆锥屈服面 F_1 起作用时，上述导数不满足一致性条件：$\Delta F_1=\Delta F_2=0$。检查圆锥屈服面加工硬化规律，即式(8.34)时发现，硬化参数不仅取决于塑性功，也取决于应力。换句话说，参数 q 依赖于最小主应力 σ'_3。

2. $\{\partial F_1/\partial \boldsymbol{\sigma}'\}$的修正

由于上述原因，圆锥屈服面的偏导数应该写为以下形式：

$$\left\{\frac{\partial F_1}{\partial \boldsymbol{\sigma}'}\right\}=\text{方程式(VIII. 3)}-\left\{\frac{\partial H_1}{\partial q}\right\}\left\{\frac{\partial q}{\partial \boldsymbol{\sigma}'}\right\} \tag{VIII. 10}$$

由连续求导法则，得到

$$-\left\{\frac{\partial H_1}{\partial q}\right\}\left\{\frac{\partial q}{\partial \boldsymbol{\sigma}'}\right\}=\frac{H_1}{q^2}\frac{\beta}{p_a}\ln\left[\xi \mathrm{e}^{(1-\xi)}\right]\left\{\frac{\partial \sigma'_3}{\partial \boldsymbol{\sigma}'}\right\} \tag{VIII. 11}$$

如果 σ'_3 用应力不变量表示，见式(5.4)

$$\sigma'_3=p'+\frac{2}{\sqrt{3}}J\sin\left(\theta-\frac{2\pi}{3}\right)$$

则

$$\left\{\frac{\partial \sigma'_3}{\partial \boldsymbol{\sigma}'}\right\}=\left\{\frac{\partial \sigma'_3}{\partial p'}\right\}\left\{\frac{\partial p'}{\partial \boldsymbol{\sigma}'}\right\}+\left\{\frac{\partial \sigma'_3}{\partial J}\right\}\left\{\frac{\partial J}{\partial \boldsymbol{\sigma}'}\right\}+\left\{\frac{\partial \sigma'_3}{\partial \theta}\right\}\left\{\frac{\partial \theta}{\partial \boldsymbol{\sigma}'}\right\} \tag{VIII. 12}$$

应力不变量 p'、J 和 θ 的偏导数已在 VII.1 中给出，而

$$\left\{\begin{aligned}&\frac{\partial \sigma'_3}{\partial p'}-1\\&\frac{\partial \sigma'_3}{\partial J}=\frac{2}{\sqrt{3}}\sin\left(\theta-\frac{2\pi}{3}\right)\\&\frac{\partial \sigma'_3}{\partial \theta}=\frac{2}{\sqrt{3}}J\cos\left(\theta-\frac{2\pi}{3}\right)\end{aligned}\right. \tag{VIII. 13}$$

3. $\{\partial P_1/\partial \boldsymbol{\sigma}'\}$的修正

同样推导塑性势函数 P_1 的偏导数时,Lade 等(1984)假定参数 η_2 为常数。但由式(8.33)发现,它也依赖于 σ_3',因此

$$\left\{\frac{\partial P_1}{\partial \boldsymbol{\sigma}'}\right\}=\text{方程式(VIII. 4)}+\left\{\frac{\partial P_1}{\partial \eta_2}\right\}\left\{\frac{\partial \eta_2}{\partial \boldsymbol{\sigma}'}\right\} \tag{VIII. 14}$$

式中

$$\left\{\frac{\partial P_1}{\partial \eta_2}\right\}\left\{\frac{\partial \eta_2}{\partial \boldsymbol{\sigma}'}\right\}=\left\{\frac{\partial P_1}{\partial \eta_2}\right\}\left[\left\{\frac{\partial \eta_2}{\partial H_1}\right\}\left\{\frac{\partial H_1}{\partial q}\right\}\left\{\frac{\partial q}{\partial \sigma_3'}\right\}+\left\{\frac{\partial \eta_2}{\partial \sigma_3'}\right\}\right]\left\{\frac{\partial \sigma_3'}{\partial \boldsymbol{\sigma}'}\right\} \tag{VIII. 15}$$

$$\begin{cases}\left\{\dfrac{\partial P_1}{\partial \eta_2}\right\}=-\left(\dfrac{p_a}{3p'}\right)^m I_3\\ \left\{\dfrac{\partial \eta_2}{\partial H_1}\right\}=\rho\\ \left\{\dfrac{\partial H_1}{\partial q}\right\}=-\dfrac{H_1}{q^2}\ln[\xi e^{(1-\xi)}]\\ \left\{\dfrac{\partial q}{\partial \sigma_3'}\right\}=\dfrac{\beta}{p_a}\\ \left\{\dfrac{\partial \eta_2}{\partial \sigma_3'}\right\}=\dfrac{1}{2}R(p_a\sigma_3')^{-\frac{1}{2}}\\ \left\{\dfrac{\partial \sigma_3'}{\partial \boldsymbol{\sigma}'}\right\}=\left\{\dfrac{\partial \sigma_3'}{\partial p'}\right\}\left\{\dfrac{\partial p'}{\partial \boldsymbol{\sigma}'}\right\}+\left\{\dfrac{\partial \sigma_3'}{\partial J}\right\}\left\{\dfrac{\partial J}{\partial \boldsymbol{\sigma}'}\right\}+\left\{\dfrac{\partial \sigma_3'}{\partial \theta}\right\}\left\{\dfrac{\partial \theta}{\partial \boldsymbol{\sigma}'}\right\}\end{cases} \tag{VIII. 16}$$

Kovačević(1994)发现,经过上述修正后一致性条件总能够满足。具体应用时发现,确定硬化参数 ξ 时有困难。如果 ξ 取很小,模型基本上为弹性剪切,但圆锥屈服面迅速扩大了。为了克服数值计算中的困难,McCarron 等(1988)建议 ξ 的最小初始值应该取 0.001。Kovačević(1994)发现,大多数情况下这样取值比较合适,但在有些问题中,也不得不提高这个最小值。

第 9 章　材料非线性有限元理论

9.1　引　　言

在前面的第 5、7、8 章里讨论了土的非线性本构模型，本章主要介绍有限元中如何考虑土体的非线性。目前有几种方法可以实现土体非线性有限元分析，但这些方法都要涉及边界增量条件。理论上讲，如果每步求解增量足够小的话，那么各种方法应该得到相近的计算结果。然而随着增量步长的增加，有些求解方法却得到很不准确的结果。切线刚度法、黏弹性法和修正牛顿-拉弗森法是目前流行的三种方法。通过对一系列岩土边界值问题的比较分析可以得知：切线刚度法和黏弹性法对步长比较敏感，除非采用小的步长，否则可能会带来不准确的计算结果；MNR 法一直被认为是实用而且经济的方法。修正牛顿-拉弗森法主要得益于显式应力点算法和隐式应力点算法，也就是"次阶算法"和"回归算法"，本章将分析其基本假定并进行相关误差的比较分析。这里介绍的内容会使读者对非线性有限元分析有个基本的了解。

9.2　概　　述

为了能够将第 5、7、8 章中介绍的弹塑性本构模型应用于有限元分析中，需要对第 2 章介绍的线性理论进一步扩展。在第 2 章中，假定土体为弹性并且刚度矩阵[$\boldsymbol{D}$]是常量。如果土体是非线性弹性或者弹塑性，那么相应的刚度矩阵就随着应力/应变变化，不再是常量，在有限元分析中也要考虑刚度矩阵的变化。因此，需要有一种能够考虑材料性质变化的求解方法，此方法将在很大程度上影响非线性有限元计算精度及计算过程中的资源耗费，这也是非线性有限元分析的核心内容。文献中已经介绍了几种求解方法，由于没有作对比研究，尚不能确定它们在岩土工程分析中是否有优势。介绍了三种常用的求解方法以后，将在本章后面介绍它们的对比研究结果。

下面将介绍切线刚度法、黏弹性法和修正牛顿-拉弗森法。修正牛顿-拉弗森法先假定采用显式次阶应力点算法，然后再用隐式回归算法，并与次阶算法进行比较。这三种方法将用来分析三轴排水与不排水压缩试验问题、基础问题、开挖问题和桩基问题。土体采用考虑应变硬化/软化的修正剑桥本构模型，此模型在第 7 章已经讨论过。这个模型及变量可以真实地描述土体性状并且广泛应用于岩土工程边界问题中(Gens et al.,1988)。

9.3　非线性有限元分析

在第1章分析中,我们知道任何一个边界值问题需要满足四个条件:平衡方程、相容方程、本构模型和边界条件。由于是非线性本构模型,有限元控制方程需以下面的增量形式表示,见方程式(2.30)。

$$[\boldsymbol{K}_G]^i\{\Delta \boldsymbol{d}\}^i_{nG}=\{\Delta \boldsymbol{R}_G\}^i \tag{9.1}$$

式中,$[\boldsymbol{K}_G]^i$ 为增量整体刚度矩阵;$\{\Delta \boldsymbol{d}\}^i_{nG}$ 为节点位移向量增量;$\{\Delta \boldsymbol{R}_G\}^i$ 为节点力向量增量;i 为增量序号。为了求解边界值问题,需要考虑每一级增量下边界条件的变化,并在此条件下求解方程式(9.1),最后将每级增量的解叠加得到最终解。由于本构模型的非线性,每级增量下的整体刚度矩阵$[\boldsymbol{K}_G]^i$ 不再是常量,而随应力、应变水平变化。除非采用很多、很小的增量计算,否则需要考虑每级增量中$[\boldsymbol{K}_G]^i$ 的变化,因而方程式(9.1)不能直接求解,由此产生了不同的求解方法,但是所有方法都必须满足上面所说的四个条件。下面介绍三类不同的求解方法。

9.4　切线刚度法

9.4.1　引言

切线刚度法又称变刚度法,是一种最简单的求解方法,也是岩土工程中广泛应用的计算软件CRISP使用的方法(Britto et al.,1987)。

切线刚度法假定方程式(9.1)中的增量刚度矩阵$[\boldsymbol{K}_G]^i$ 在每一级增量中都是常量,并由每一级增量的初始应力计算得到,即用分段线性近似描述非线性本构关系。现用一例子说明该方法的应用,图9.1是一受单向荷载作用的非线性杆,加载后材料呈现应变硬化特征,初始弹性区很小,荷载作用下真实的荷载位移曲线如图9.2所示。

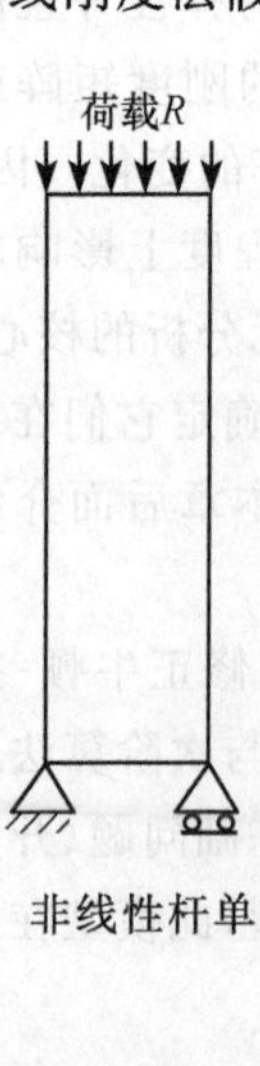

图9.1　非线性杆单向加载

9.4.2　有限元应用

切线刚度法中荷载分为一系列很小的荷载增量。如图9.2所示,$\Delta \boldsymbol{R}_1$、$\Delta \boldsymbol{R}_2$、$\Delta \boldsymbol{R}_3$ 为三级荷载增量。第一级荷载增量$\Delta \boldsymbol{R}_1$ 对应的增量整体刚度矩阵$[\boldsymbol{K}_G]^1$ 由图中a点对应的未受力状态计算,如果是弹塑性材料,用弹性刚度矩阵[$\boldsymbol{D}$]计算，然后解方程式(9.1)得到节点位移$\{\Delta \boldsymbol{d}\}_{nG}^{1}$。由于假定每一级增量下刚度矩阵是常量，荷载位移曲线为图 9.2 中的直线 ab′，实际上加荷过程中，材料刚度矩阵不是常量，真正的位移应是图中的 ab，b′b 是计算值与实际值之间的误差，但在切线刚度法中这一误差被忽略了。施加第二级荷载增量 $\Delta \boldsymbol{R}_2$ 时，增量整体刚度矩阵$[\boldsymbol{K}_G]^2$ 由第一级增量结束时(即图 9.2 中 b′点)的应力、应变计算，再由方程式(9.1)计算节点位移$\{\Delta \boldsymbol{d}\}_{nG}^{2}$，位移曲线是图 9.2 中直线路径 b′c′，与真实解相比差得更远了，两者误差等于 cc′。施加第三级荷载增量 $\Delta \boldsymbol{R}_3$ 时，与前面相似，用第二级增量结束时(即图 9.2 中 c′点)的应力和应变计算刚度矩阵$[\boldsymbol{K}_G]^3$，荷载位移曲线移到 d′点，离真实解就更远了。显然计算精度与增量大小有关，相同的荷载条件下，荷载增量减小，增量级数增加，切线刚度法的计算结果就更接近真解。

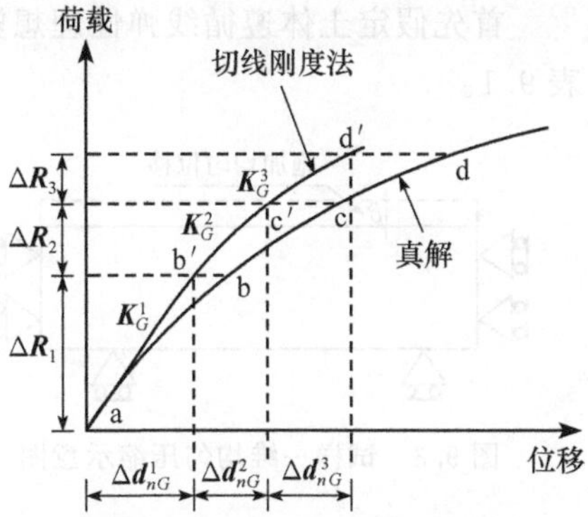

图 9.2　用切线刚度法计算非线性单向杆加载情况

从上面简单的例子可以看出，对于非线性很强的问题，要得到精确解，需要很多、很小的增量。这种方法得到的解往往与真实解相差很大，而且可能不满足本构关系，导致最基本的求解条件都难以满足。正如本章后面指出，这种误差的程度与所分析的问题有关，还受材料非线性程度、问题的几何特征以及计算步长大小的影响。一般来说，不可能预知容许误差所需的步长大小。

当土体由弹性转为塑性或者从塑性转向弹性时，切线刚度法得到的解可能极不准确。例如，增量计算开始时单元位于弹性阶段，于是假定整个增量过程中土体都是弹性的，如果这个过程中土体变为塑性，则会得到与本构模型冲突的不合理应力状态。如果塑性状态土体的计算步长过大，也会产生这种不合理的应力。例如，不能承受拉应力的本构模型却计算出拉应力，这也是临界状态模型存在的主要问题，如基于 v-$\log_e p'$(v 为比体积，p'为平均有效应力，见第 7 章)关系的修正剑桥模型，p'不允许为拉应力，当计算中出现拉应力时，要么停止计算，要么对应力作一些修正，这样会使求解结果与平衡方程和本构方程矛盾。

9.4.3　用莫尔-库仑模型分析土体等向压缩

下面以一维受压排水土体单元(即理想固结试验)为例说明上述问题，如图 9.3 所示。土体侧向固定，顶面以位移形式施加竖向荷载。不考虑土体两侧的摩擦，则土体产生均匀的应力与应变，用有限元法模拟这个问题只需要一个单元，因此不存在单元离散误差。有限元的主要任务是沿加载路径对本构方程进行积分。

首先假定土体遵循线弹性理想塑性莫尔-库仑模型(详见 7.5 节),有关参数见表 9.1。

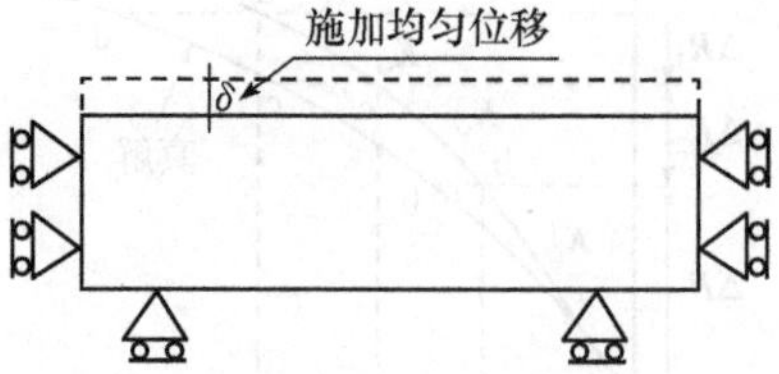

图 9.3 试样一维均匀压缩示意图

表 9.1 莫尔-库仑模型计算参数

杨氏模量 E'	10000kN/m^2
泊松比 μ	0.2
凝聚力 c'	0.0
内摩擦角 φ'	30°
剪胀角 ν	30°

由于内摩擦角 φ' 与剪胀角 ν 相等,模型服从相关联流动法则,即 $P(\{\boldsymbol{\sigma}'\},\{\boldsymbol{k}\})=F(\{\boldsymbol{\sigma}'\},\{\boldsymbol{k}\})$。方程式(7.13)中屈服函数用以下无量纲形式表示:

$$F(\{\boldsymbol{\sigma}'\},\{\boldsymbol{k}\})=\frac{J}{\left(\dfrac{c'}{\tan\varphi'}+p'\right)g(\theta)}-1=0 \tag{9.2}$$

并假定土体等向初始应力为 $\sigma_v'=\sigma_h'=50\text{kN/m}^2$,荷载缓慢施加以确保土体处于排水状态。

切线刚度法计算中,试样顶面施加的每级位移增量大小相等,即每级轴向应变增量 $\Delta\varepsilon_a$ 为 3%,图 9.4 为该方法得到的 J-p' 坐标中的应力路径,真实应力路径也一并画在图中。注意,计算中土体开始处于弹性状态,当应力达到莫尔-库仑屈服面时才进入弹塑性状态。J-p' 坐标中弹性应力路径表示为

$$J=\frac{3(1-2\mu)}{\sqrt{3}(1+\mu)}(p'-p_i)=0.866(p'-50) \tag{9.3}$$

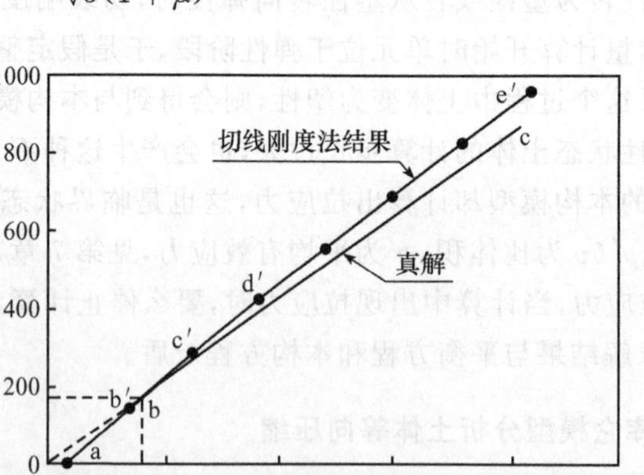

图 9.4 切线刚度法得到的固结试验应力路径

莫尔-库仑屈服曲线可由方程式(9.2)得到,结合表 9.1 给出的参数,有

$$J = 0.693p' \tag{9.4}$$

令式(9.3)等于式(9.4),得到应力路径到达屈服面时的应力值:$J=173\text{kN/m}^2$,$p'=250\text{kN/m}^2$。由方程式(5.8)可知,此时轴向应变为 3.6%,图 9.4 中真解路径为 abc,ab 为方程式(9.3)的解,bc 为方程式(9.4)的解。

仔细观察图 9.4 中切线刚度解与真解之间的误差发现,切线刚度解大于真解,这表明土体的内摩擦角 φ'较大,具体解释如下。

第一级荷载增量下,由材料假设的弹性刚度矩阵得到的应力路径为 ab,由于每级轴向应变增量 $\Delta\varepsilon_a=3\%$,小于屈服时 b 点处的应变值 3.6%,且假定土体为线弹性,因此这一级的解是正确的。第二级增量计算时,采用第一级增量结束时(b′点处)的应力计算增量整体刚度矩阵$[\boldsymbol{K}_G]^2$,由于土体处于弹性状态,所以仍用弹性刚度矩阵$[\boldsymbol{D}]$计算,结果是应力路径到达 c′点。第二级增量施加的轴向应变 $\varepsilon_a=(\Delta\varepsilon_a^1+\Delta\varepsilon_a^2)=6\%$,远大于土体屈服时 b 点的应变 3.6%,此时应力点位于莫尔-库仑屈服面之上,即切线刚度法得到的应力大于屈服应力。第三级增量下,计算方法判断出 c′处土体已处于塑性状态,于是用 c′点的应力,计算弹塑性刚度矩阵$[\boldsymbol{D}^{ep}]$和增量整体刚度矩阵$[\boldsymbol{K}_G]^3$,结果是应力路径到达 d′点。以后各级增量中均用弹塑性本构刚度矩阵$[\boldsymbol{D}^{ep}]$计算增量整体刚度矩阵,最后得到相应的应力路径 d′e′。

切线刚度法得到的应力路径为直线,而且位于真解 bc 路径之上,其原因可用方程式(6.16)确定的弹塑性本构矩阵$[\boldsymbol{D}^{ep}]$解释。现模型中弹性刚度矩阵$[\boldsymbol{D}]$是常量,屈服函数和塑性势函数都假定用方程式(9.2)表示,弹塑性刚度矩阵$[\boldsymbol{D}^{ep}]$的变化与屈服函数对各应力分量的偏微分有关,于是 J-p'坐标中应力路径的梯度为

$$\frac{\dfrac{\partial F(\{\boldsymbol{\sigma}'\},\{\boldsymbol{k}\})}{\partial p'}}{\dfrac{\partial F(\{\boldsymbol{\sigma}'\},\{\boldsymbol{k}\})}{\partial J}} = \frac{J}{p'} \tag{9.5}$$

该比值最先用 c′点的应力计算,而 c′位于莫尔-库仑屈服线之上,所以从第三级增量开始,应力路径梯度就出现误差,此后一直影响后面的各级计算。

可见切线刚度法的误差与第二级增量应力超过屈服应力有关。若每一级的增量大小能使该级增量结束后应力刚好位于屈服面上,即应力路径到达 b′点,那么切线刚度法将得到正确的解答。图 9.5 中计算 A 的第一个应变增量 $\Delta\varepsilon_a=3.6\%$,这个增量结束后,土体应力刚好到达 b 点,因此这一步的解是正确的。第二级增量及以后各级增量中都用正确的弹塑性刚度矩阵$[\boldsymbol{D}^{ep}]$计算增量刚度矩阵$[\boldsymbol{K}_G]^i$,由于矩阵$[\boldsymbol{D}^{ep}]$在应力路径 bc 中为常量,因此解答与 b 点以后的增量大小无关。图 9.5 中计算 B 采用了较大的初始应变增量 $\Delta\varepsilon_a=10\%$,于是第一级增量结束后结果就远远偏离了真解。如上所述,一旦应力超过屈服应力,即使以后各级计算中

增量取得很小，也不会得到正确的计算结果。

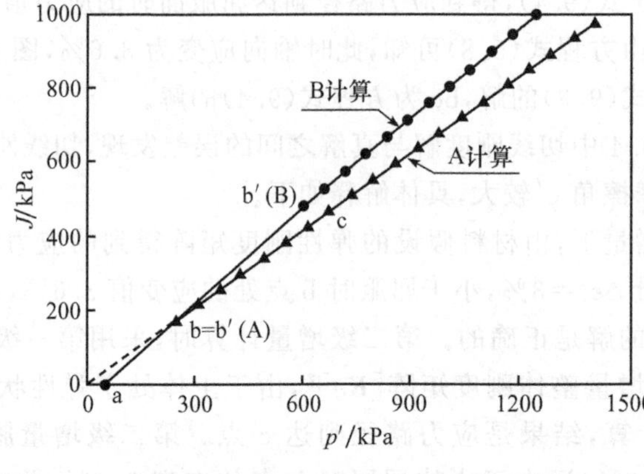

图 9.5　第一级增量对切线刚度法预测固结试验应力路径的影响

从以上分析可知，一般情况下切线刚度法得到的结果总是有误差的，除非步长小到使第一级增量结束时应力刚好到达 b 点。上述一维简单问题的解答可以求出，因此对图 9.5 中计算 A 而言，可以事先确定每级增量的大小，如果是一般的多维边界值问题，解答无法预先知晓，也就无法选择正确的增量大小，刚好不产生应力过大的情况，这时得到最优结果的唯一方法是将荷载分为许多很小的荷载增量。

切线刚度法存在误差的另一个原因与屈服函数的选取有关。从数学角度看，屈服函数写成方程式(7.13)或方程式(9.2)的形式都是可以的，但通常情况下如果应力大于屈服值，则切线刚度法得到的解是不同的。对简单的一维固结问题，如果用式(7.13)中的屈服函数计算方程式(9.5)中的偏导数，则有

$$\frac{\dfrac{\partial F(\{\boldsymbol{\sigma}'\},\{\boldsymbol{k}\})}{\partial p'}}{\dfrac{\partial F(\{\boldsymbol{\sigma}'\},\{\boldsymbol{k}\})}{\partial J}} = g(\theta) \tag{9.6}$$

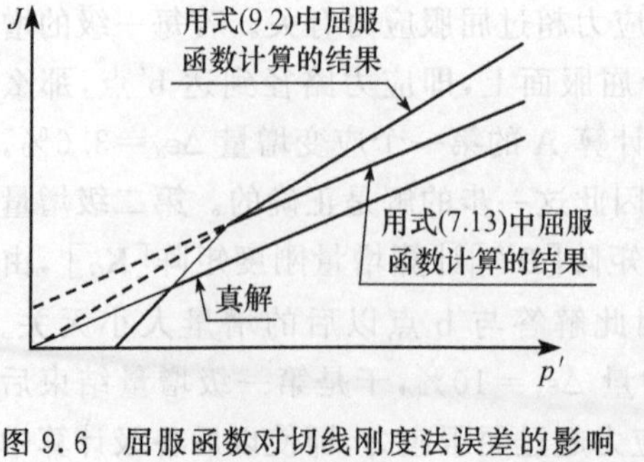

图 9.6　屈服函数对切线刚度法误差的影响

如上所述，方程式(9.6)计算的是 J-p' 坐标中的应力路径斜率，方程式(9.5)表明这个斜率与应力估计过大的程度有关，而方程式(9.6)表明此斜率是常量，且与莫尔-库仑屈服面斜率一致，图 9.6 是两种结果的对比。用方程式(9.2)中屈服函数得到的应力路径经过坐标原点，但斜率不准确，φ' 过大，c' 却是正确的。与之相

反，由方程式(7.13)中屈服函数计算的应力路径与真解路径平行，它不经过坐标原点，φ'正确，但 c'不对。如果没有产生应力估计过大的情况，两个方程得到的解相同，并与这个问题的真解一致。理论上讲，只有当应力状态位于屈服面上，即 $F(\{\boldsymbol{\sigma}'\},\{\boldsymbol{k}\})=0$ 时，屈服函数的导数才正确，否则用这样的导数计算理论上就不正确，结果必然不一致。这对实际应用的意义是不言而喻的。两种不同的软件虽然采用相同的莫尔-库仑模型，结果却相差很大，原因就在具体应用时对一些细节的处理不同。显然切线刚度法也不适用于非线性分析。

如果图 9.5A 计算中第一级轴向应变增量 $\Delta\varepsilon_a=3.6\%$，以后增量为 $\Delta\varepsilon_a=1\%$，由于第一级增量结束时应力路径刚好达到屈服面上，所以计算值与真解相同。下面考虑另一种情况，当加载到图 9.5 中 c 点后，土体二次卸载，每次增量 $\Delta\varepsilon_a=-1\%$，结果如图 9.7 所示，卸载路径为 cde。由图 9.7 可见，卸载过程中土体仍为塑性，且应力路径还位于屈服面上，这显然是错误的，与第 6 章中弹塑性的基本理论相悖。卸载后，土体应表现为纯弹性特性，正确的应力路径应为图 9.7 中 cf。因为土体弹性参数为常数，该路径应与初始路径 ab 平行。切线刚度法出现这种错误的主要原因在于，第一次卸载时土体还位于塑性应力状态，即 c 点处，但该计算方法此时并没考虑将要发生卸载，形成刚度矩阵时仍用弹塑性刚度矩阵$[\boldsymbol{D}^{ep}]$计算，于是导致卸载后应力路径还在屈服面上，第二次卸载仍出现同样的情况。

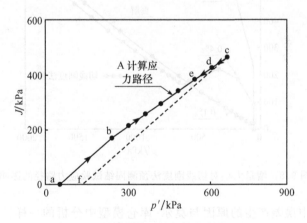

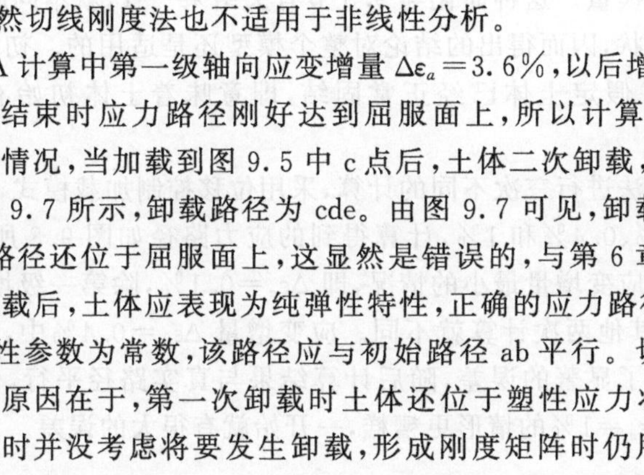

图 9.7　用切线刚度法得到的卸载路径

9.4.4　用修正剑桥模型分析土体等向压缩

下面用第 7 章介绍的修正剑桥模型简化形式分析上述一维等向固结问题，土体参数见表 9.2。

表 9.2　修正剑桥模型土体参数

初始固结线上单位压力比体积 v_1	1.788	v-$\log_e p'$中回弹线斜率 κ	0.0077
v-$\log_e p'$中初始固结线斜率 λ	0.066	J-p'中临界状态线斜率 M_J	0.693

由于 M_J 为常数,屈服面和塑性势面在偏平面上的迹线是一个圆,此外计算中还作了进一步简化,即用弹性常数 $E'=5000\text{kN/m}^2$ 和 $\mu=0.26$,而不是用回弹线斜率计算弹性体积模量。这种简化与 9.5 节有关结果一致,就本问题而言,它不会显著影响土体的性状,因而得出的结论对整个模型还是适用的。初始应力仍为 $\sigma_v'=\sigma_h'=50\text{kN/m}^2$,并假定土体已经正常固结,即意味着土体初始有效应力在屈服面上。

用切线刚度法进行三次不同的计算,采用位移控制加载模式,对应的应变增量 $\Delta\varepsilon_a$ 分别为 0.1%、0.4%和 1%,计算得到的应力路径如图 9.8 所示,真解也示于图中。首先分析应变增量最小的情况,即 $\Delta\varepsilon_a=0.1\%$,除第一级增量外,计算结果与真解一致,但其他两次计算就不同。应变增量 $\Delta\varepsilon_a=0.4\%$中,应力路径在前三级增量中就出现了显著的误差,随后计算结果与真实路径平行,但仍有很大的误差。应变增量 $\Delta\varepsilon_a=1\%$的情形更糟糕,一开始就有很大的误差。

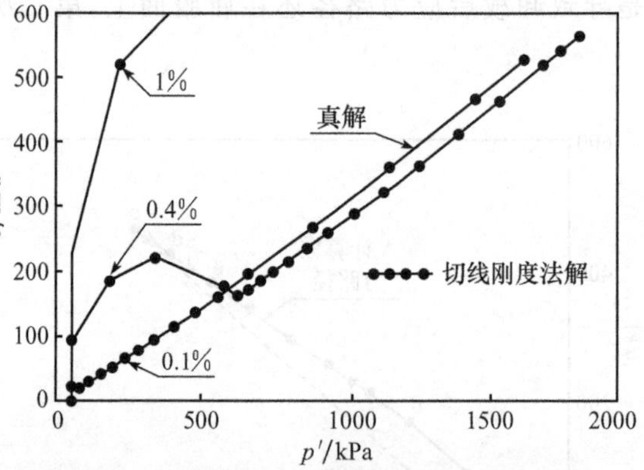

图 9.8　增量大小对切线刚度法预测固结试验应力路径的影响

这些计算中误差产生的原因与莫尔-库仑模型中分析的一样。屈服函数和塑性势函数导数是在非法的应力状态下计算得到的,即此时的应力不满足屈服(或塑性势)函数,由于数学上的错误产生了不正确的弹塑性本构矩阵。其误差比莫尔-库仑模型大的原因是,与莫尔-库仑模型一样,屈服(和塑性势函数)的导数在屈服(或塑性势)面上不是常数,而是变化的。即便用应变硬化/软化模型也无济于事,因为一旦计算出现错误,得到的塑性应变和硬化/软化参数也是不正确的。

而且前面用莫尔-库仑模型计算卸载时出现的情况,在这里也同样会出现。实际上任何本构模型都产生这些问题，这是切线刚度法自身的缺陷。

9.5　黏塑性方法

9.5.1　引言

该方法用黏塑性及时间相结合的手段分析非线性、弹塑性及与时间无关的材料性质(Owen et al.，1980；Zienkiewicz et al.，1974)。

黏塑性方法起初用于线弹性黏弹塑性(时间相关)的材料。这种模型可以用图 9.9 中简单的流变单元结构表示，每个单元由弹性元件和黏塑性元件串联组成。弹簧代表弹性单元，黏塑性元件由一个黏壶和一个滑块并联组成。荷载施加时，每个元件会产生下列两种情形之一。若荷载引起单元上的应力未达到屈服应力，那么滑块保持刚性，所有的变形由弹簧承担，这种情况代表弹性情况；若应力引起土体屈服，滑块松开，黏壶开始运动，运动速率与承担的应力和黏壶内液体性质有关。由于黏壶运动需要时间，于是开始时弹簧先产生变形，其后黏壶开始运动。随着时间的推移，黏壶移动速率减小，因为作用在单元上的应力转移到相邻单元上，其结果是各单元产生更大的位移，上述情况代表了黏塑性行为。当所有的黏壶不再运动，也不再承担应力时，就达到最终稳定状态，此时每个单元中的应力都在屈服面以下，滑块又变成刚性，外部荷载全部由元件中的弹簧承担，特别要注意的是，此时系统总应变包括弹簧的压缩或拉伸以及黏壶移动所产生的变形。若卸载，只有弹簧产生的位移(应变)可以恢复，黏壶位移(应变)是不可恢复的。

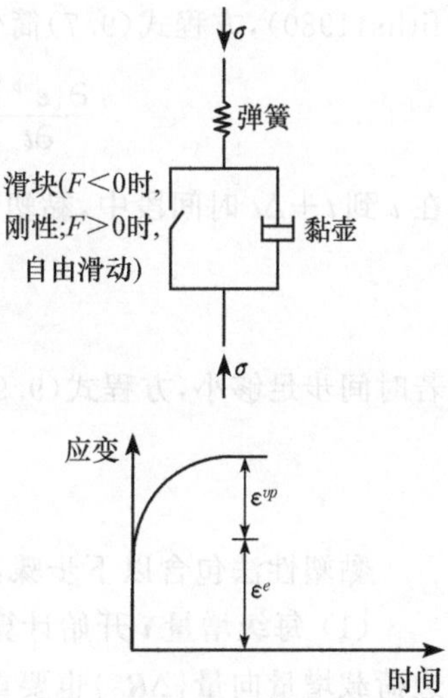

图 9.9　黏塑性材料的流变模型

9.5.2　有限元应用

用有限元计算弹塑性材料可以总结如下。假设每级增量材料是瞬时线弹性的，若计算得到的应力在屈服面内，则这级增量土体为弹性，得到的计算位移是准确的。若计算得到的应力违反了屈服条件，应力只能瞬时维持，于是产生黏塑性变形。黏塑性应变率的大小由屈服函数值确定，即衡量当前应力超过屈服应力的程度。黏塑性应变随时间增加，使得材料松弛，屈服函数降低，应变速率也逐渐降低，可以用时间逐步逼近法计算，直到应变速率很小为止。此时总黏塑性应变和相应

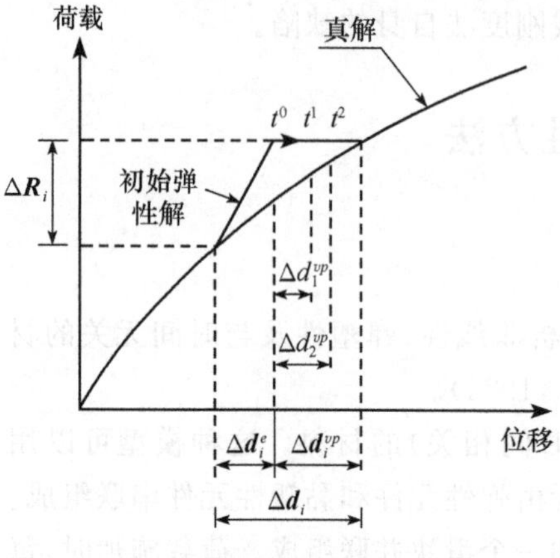

图 9.10　用黏塑性法分析非线性单向加载杆件

的应力变化等于塑性应变增量及对应的应力变化。图 9.10 是该方法对简单单向加载下非线性杆件的计算过程。

对于真正的黏塑性材料，其黏塑性应变率为

$$\frac{\partial\{\boldsymbol{\varepsilon}^{vp}\}}{\partial t}=\gamma f\left[\frac{F(\{\boldsymbol{\sigma}\},\{\boldsymbol{k}\})}{F_o}\right]\frac{P(\{\boldsymbol{\sigma}\},\{\boldsymbol{m}\})}{\partial\{\boldsymbol{\sigma}\}}\tag{9.7}$$

式中，γ 为黏壶液体参数；F_o 为 $F(\{\boldsymbol{\sigma}\},\{\boldsymbol{k}\})$ 无量纲化的应力因子(Zienkiewicz et al.,1974)。若用该方法研究与时间无关的黏塑性材料，γ 和 F_o 可以设为 1(Griffiths,1980)，方程式(9.7)简化为

$$\frac{\partial\{\boldsymbol{\varepsilon}^{vp}\}}{\partial t}=F(\{\boldsymbol{\sigma}\},\{\boldsymbol{k}\})\frac{P(\{\boldsymbol{\sigma}\},\{\boldsymbol{m}\})}{\partial\{\boldsymbol{\sigma}\}}\tag{9.8}$$

在 t 到 $t+\Delta t$ 时间段中，黏塑性应变为

$$\{\Delta\boldsymbol{\varepsilon}^{vp}\}=\int_t^{t+\Delta t}\frac{\partial\{\boldsymbol{\varepsilon}^{vp}\}}{\partial t}\mathrm{d}t\tag{9.9}$$

若时间步足够小，方程式(9.9)可以近似为

$$\{\Delta\boldsymbol{\varepsilon}^{vp}\}=\Delta t\frac{\partial\{\boldsymbol{\varepsilon}^{vp}\}}{\partial t}\tag{9.10}$$

黏塑性法包含以下步骤：

(1) 每级增量 i 开始计算时，都要设定该级对应的边界条件，尤其注意方程右边荷载增量向量$\{\Delta\boldsymbol{R}_G\}$也要重新计算。所有网格单元的增量整体刚度矩阵$[\boldsymbol{K}_G]$用线弹性本构矩阵$[\boldsymbol{D}]$计算，该级的黏塑性应变增量初始值置零，时间 t 设为 t_o。

(2) 解方程得到节点位移的第一次计算值，即

$$\{\Delta\boldsymbol{d}\}_{nG}^t=[\boldsymbol{K}_G]^{-1}\{\Delta\boldsymbol{R}_G\}^t\tag{9.11}$$

对网格中所有积分点进行以下循环(第(3)～(8)步)。

(3) 由节点位移增量计算总应变增量

$$\{\Delta\boldsymbol{\varepsilon}\}^t=[\boldsymbol{B}]\{\Delta\boldsymbol{d}\}_{nG}^t\tag{9.12}$$

(4) 弹性应变等于方程式(9.12)计算得到的总应变与黏塑性应变之差，第一次迭代($t=t_o$)，黏塑性应变为零。用弹性应变和弹性本构矩阵$[\boldsymbol{D}]$计算得到相应的应力增量

$$\{\Delta\boldsymbol{\sigma}\}^t=[\boldsymbol{D}](\{\Delta\boldsymbol{\varepsilon}\}^t-\{\Delta\boldsymbol{\varepsilon}^{vp}\}) \tag{9.13}$$

(5) 将应力增量累加到该级计算开始时的总应力$\{\boldsymbol{\sigma}\}^{i-1}$上，即

$$\{\boldsymbol{\sigma}\}^t=\{\boldsymbol{\sigma}\}^{i-1}+\{\Delta\boldsymbol{\sigma}\}^t \tag{9.14}$$

(6) 用上面得到的总应力计算屈服函数 $F(\{\boldsymbol{\sigma}\}^t,\{\boldsymbol{k}\})$，若屈服函数 $F(\{\boldsymbol{\sigma}\}^t,\{\boldsymbol{k}\})<0$，则当前积分点处土体仍处于弹性状态，于是继续计算下一个积分点(返回第(3)步)；若 $F(\{\boldsymbol{\sigma}\}^t,\{\boldsymbol{k}\})\geqslant 0$，则需要计算黏塑性应变。

(7) 计算黏塑性应变率

$$\left(\frac{\partial\{\boldsymbol{\varepsilon}^{vp}\}}{\partial t}\right)^t=F(\{\boldsymbol{\sigma}\}^t,\{\boldsymbol{k}\})\frac{P(\{\boldsymbol{\sigma}\}^t,\{\boldsymbol{m}\})}{\partial\{\boldsymbol{\sigma}\}} \tag{9.15}$$

(8) 总黏塑性应变增量

$$\{\Delta\boldsymbol{\varepsilon}^{vp}\}^{t+\Delta t}=\{\Delta\boldsymbol{\varepsilon}^{vp}\}^t+\Delta t\left(\frac{\partial\{\boldsymbol{\varepsilon}^{vp}\}}{\partial t}\right)^t \tag{9.16}$$

继续计算下一个积分点(返回到第(3)步)，直到积分点循环结束。

(9) 计算黏塑性应变增量引起的等效节点力，并将节点力迭加到方程右边的总荷载增量$\{\Delta\boldsymbol{R}_G\}$中。与黏塑性应变变化对应的弹性应力增量用以下方程计算：

$$\{\Delta\boldsymbol{\sigma}^{vp}\}=[\boldsymbol{D}]\Delta t\left(\frac{\partial\{\boldsymbol{\varepsilon}^{vp}\}}{\partial t}\right)^t \tag{9.17}$$

则方程右边的总荷载向量增量为

$$\{\Delta\boldsymbol{R}_G\}^{t+\Delta t}=\{\Delta\boldsymbol{R}_G\}^t+\sum_{\text{所有单元}}\int_{Vol}[\boldsymbol{B}]^{\mathrm{T}}[\boldsymbol{D}]\Delta t\left(\frac{\partial\{\boldsymbol{\varepsilon}^{vp}\}}{\partial t}\right)^t \mathrm{d}Vol \tag{9.18}$$

(10) 令 $t=t+\Delta t$，返回第(2)步计算，一直重复以上步骤直到计算收敛。若在连续两个时间步内方程式(9.11)计算的位移值几乎不变，则计算收敛。此时，第(6)步中的屈服函数值和第(7)步中的黏塑性应变率很小，第(4)步中应力增量及第(3)、(8)步中应变增量几乎不随时间变化。

(11) 一旦计算收敛，则修正位移、应力、应变，准备进入下一个荷载增量步。

$$\{\boldsymbol{d}\}^i_{nG}=\{\boldsymbol{d}\}^{i-1}_{nG}+\{\Delta\boldsymbol{d}\}^t_{nG} \tag{9.19}$$

$$\{\boldsymbol{\varepsilon}\}^i=\{\boldsymbol{\varepsilon}\}^{i-1}+\{\Delta\boldsymbol{\varepsilon}\}^t \tag{9.20}$$

$$\{\boldsymbol{\varepsilon}^p\}^i=\{\boldsymbol{\varepsilon}^p\}^{i-1}+\{\Delta\boldsymbol{\varepsilon}^{vp}\}^{t+\Delta t} \tag{9.21}$$

$$\{\boldsymbol{\sigma}\}^i=\{\boldsymbol{\sigma}\}^{i-1}+\{\Delta\boldsymbol{\sigma}\}^t \tag{9.22}$$

9.5.3 时间步长选择

为了使上述各步计算顺利进行，选择合适的时间步长 Δt 至关重要，若时间步长 Δt 过小，则要多次迭代才能获得精确解。若时间步长 Δt 过大，将使计算不稳

定,最经济的选择是计算稳定时所允许的最大 Δt。Stolle 等(1989)建议用式(9.23)估算临界时间步长

$$\Delta t_c = \frac{1}{\dfrac{\partial F(\{\boldsymbol{\sigma}\},\{\boldsymbol{k}\})^{\mathrm{T}}}{\partial\{\boldsymbol{\sigma}\}}[\boldsymbol{D}]\dfrac{\partial P(\{\boldsymbol{\sigma}\},\{\boldsymbol{m}\})^{\mathrm{T}}}{\partial\{\boldsymbol{\sigma}\}}+A} \tag{9.23}$$

式中,A 用方程式(6.14)表示。对于简单的本构模型,如 Tresca 和莫尔-库仑模型,给出屈服函数与塑性势函数后,由方程式(9.23)计算得到临界时间步长常数,该常数仅仅取决于弹性刚度和强度参数。由于这些参数是常数,一次计算中临界时间步长只需要计算一次。但是对一些复杂的本构模型,临界时间步长 Δt 与当前应力和应变状态有关,不再是常数,因此每个积分点每次迭代都必须计算 Δt。还要注意,用此方法求解弹塑性问题(塑性变形与时间无关)时,任何一次迭代中,所有积分点的时间步长可以不同。

为了验证黏塑性方法的计算能力,作者将该方法应用于帝国理工有限元程序(ICFEP)中。对弹塑性本构模型,时间步长用式(9.24)计算

$$\Delta t_c = \frac{\alpha}{\dfrac{\partial F(\{\boldsymbol{\sigma}\},\{\boldsymbol{k}\})^{\mathrm{T}}}{\partial\{\boldsymbol{\sigma}\}}[\boldsymbol{D}]\dfrac{\partial P(\{\boldsymbol{\sigma}\},\{\boldsymbol{m}\})^{\mathrm{T}}}{\partial\{\boldsymbol{\sigma}\}}+A} \tag{9.24}$$

式中,α 是用户输入的比例因子。若 $\alpha=1$,方程式(9.24)退化为方程式(9.23),此时可用临界时间步长求解。

9.5.4 算法中的潜在误差

黏塑性方法由于简单易行已广为使用,但作者认为它在岩土工程分析中仍存在严重的局限性。首先,该方法建立在每级增量中弹性参数都是常量的基础之上,即这个简单的算法不允许弹性参数在增量中变化,这种情况下无法计算弹性应变增量引起的实际弹性应力变化,见方程式(9.13)。最好是用每级增量开始前的总应变、应力计算弹性刚度矩阵$[\boldsymbol{D}]$,再假定在这级增量中$[\boldsymbol{D}]$保持不变,这样做在增量很小或者非线性弹性不是很强的情况下,能得到准确解。另一种较复杂的方法将在本章后面介绍,即用分离算法处理非线性弹性问题。

用黏塑性方法处理无黏性材料时(如弹塑性材料)还会有更大的缺陷。如前所述,黏塑性应变用方程式(9.15)和式(9.16)计算,在方程式(9.15)中塑性势函数的偏导数用非法的应力$\{\boldsymbol{\sigma}\}^t$ 计算,$\{\boldsymbol{\sigma}\}^t$ 处于屈服面之外,即 $F(\{\boldsymbol{\sigma}'\},\{\boldsymbol{k}\})>0$。正如切线刚度法中所述,这在理论上是不正确的,不能满足本构方程。误差的大小与土体的本构方程,特别与偏导数对应力的敏感度有关。接下来用黏塑性方法分析前面已用切线刚度法分析过的一维加载问题(即理想固结试验)。

9.5.5　用莫尔-库仑模型分析土体等向压缩

与切线刚度法一样，问题描述如图 9.3 所示，土体参数见表 9.1。试样顶面施加等增量的竖向位移，每级增量施加的轴向应变 $\Delta\varepsilon_a=3\%$，图 9.11 是用黏塑性方法计算得到的 J-p' 坐标中的应力路径，可直接与图 9.4 中切线刚度法结果进行比较。图 9.11 中临界状态时间步长由方程式(9.24)计算，其中 $\alpha=1$。从图 9.11 可知，黏塑性法计算结果与真解非常吻合，即使轴向应变增量双倍增加到 $\Delta\varepsilon_a=6\%$，结果变化也不大。在非法应力空间计算塑性势函数导数，结果还是有一些误差，但这仅仅引起应力和塑性应变第四位有效数字的变化，此外计算值对时间步长也不敏感(方程式(9.24)中，$0<\alpha\leqslant1$)。

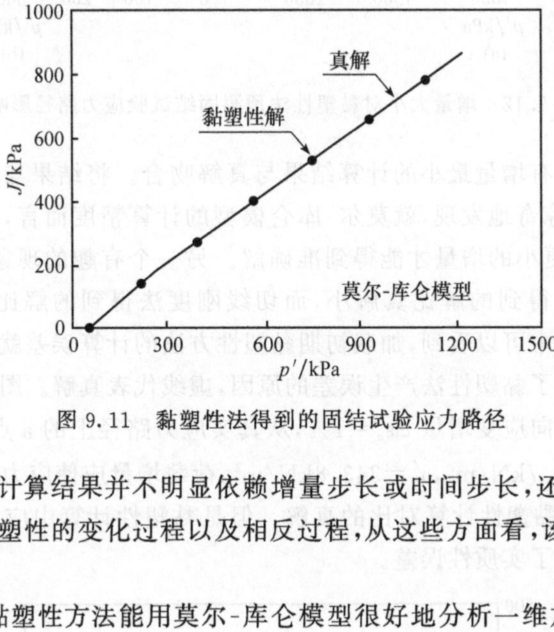

图 9.11　黏塑性法得到的固结试验应力路径

可见该方法计算结果并不明显依赖增量步长或时间步长，还能准确处理土体从完全弹性到弹塑性的变化过程以及相反过程，从这些方面看，该方法比切线刚度法好。

综上所述，黏塑性方法能用莫尔-库仑模型很好地分析一维加载问题，同时作者还发现该方法也能用 Tresca 模型或莫尔-库仑模型很好地处理其他边界值问题。

9.5.6　用修正剑桥模型分析土体等向压缩

这里仍用简化的修正剑桥模型分析 9.4.4 小节中的一维加载问题。模型中含有线弹性变形，因此不涉及非线性弹性问题的处理。实际上，正是因为黏塑性对非线性问题的处理不足，模型才被简化。土体参数见表 9.2，初始条件见 9.4.4 小节。

图 9.12 是黏塑性方法的四次计算结果，每级施加的荷载增量由位移控制，四

次计算的轴向应变增量 $\Delta\varepsilon_a$ 分别为 0.01%、0.1%、0.4%和 1%，真解也一并表示在图中。四次计算中临界时间步长用方程式(9.24)计算，其中 $\alpha=1$。计算收敛准则是，当应力增量与塑性应变增量第四位有效数字不再变化时，停止迭代。

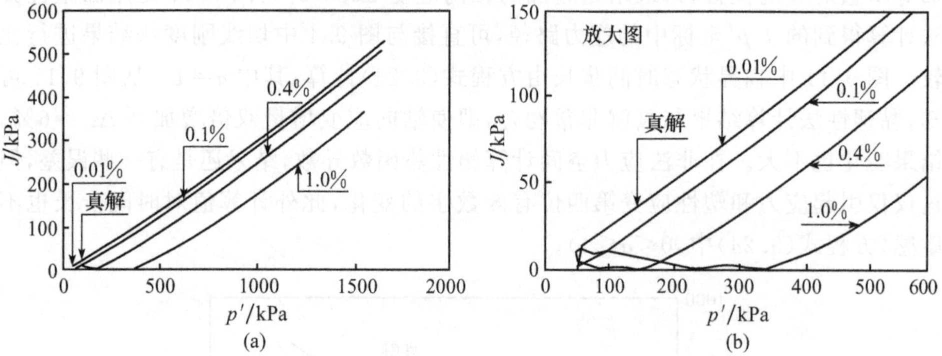

图 9.12　增量大小对黏塑性法预测固结试验应力路径影响

计算发现，只有增量最小的计算结果与真解吻合。将结果与图 9.8 中切线刚度法结果比较后惊奇地发现，就莫尔-库仑模型的计算精度而言，黏塑性方法需要用比切线刚度法更小的增量才能得到准确解。另一个有趣的现象是，当每级增量很大时，黏塑性法得到的解比真解小，而切线刚度法得到的解比真解大，另外从图 9.12 的放大图中可以看到，加载初期黏塑性方法的计算误差就很大。

图 9.13 解释了黏塑性法产生误差的原因，虚线代表真解。图中黏塑性计算只含一级增量，即轴向应变增量 $\Delta\varepsilon_a=1\%$，从真实应力路径上的 a 点开始，计算 a 点初始应力 $\sigma_v'=535.7\text{kN/m}^2$，$\sigma_h'=343.8\text{kN/m}^2$，荷载增量应使应力路径从 a 点移到 e 点，ae 段表示与黏塑性计算对比的真解。但是黏塑性计算中应力路径却从 a 点运动到 d 点，产生了实质性误差。

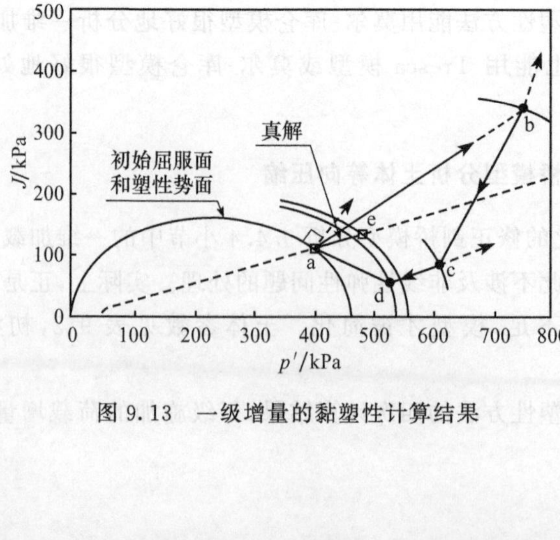

图 9.13　一级增量的黏塑性计算结果

为了说明误差的来源，图 9.13 中将黏塑性方法的一些步骤也表示了出来，具体解释如下。第一次迭代开始时，黏塑性应变为零，土体只产生弹性应力变化，见方程式(9.13)，图中用 b 点表示，然后由该点处的应力用方程式(9.15)与式(9.16)计算第一次黏塑性应变增量，这些应变沿着 b 点塑性势函数的法线方向，如图 9.13 所示，这一方向其实与真解 a 点处的法线方向相差极大，由此得到的黏塑性应变结果就有很大误差(注意，真解 ae 路径上的塑性势函数法线方向变化很小，都与 a 点的方向非常接近)。然后用依据法线方向确定的黏塑性应变修正应力增量，并叠加到荷载增量中，见方程式(9.17)和式(9.18)；这些黏塑性应变还用来修正本构模型中的硬化/软化参数。根据修正后的荷载增量，计算位移增量(方程式(9.11))和总应变增量(方程式(9.12))，进行第二次迭代。由于应力增量用第一次迭代得到的新总应变增量和黏塑性应变增量(方程式(9.13))计算，得到的结果与真解不同，此时的应力状态用图中 c 点表示。第二次黏塑性应变用 c 点的塑性势函数及法线方向计算，由于不是真实的应力，再次产生误差，误差大小跟 a 点和 c 点塑性势面的法线方向差异有关，再由第二次得到的塑性应变增量修正应力增量，计算方程式(9.18)中该级荷载增量。第三次迭代结果将应力调整到图 9.13 中 d 点。后面迭代得到的黏塑性应变和应力增量变化很小，于是应力状态仍保持在 d 点。迭代结束时，塑性应变增量等于黏塑性应变，见方程式(9.21)。因为黏塑性应变是每次迭代计算值的和，见式(9.16)，而每次计算都用不正确的塑性势导数计算(即错误的法线方向)，这样得到的塑性应变增量也是错误的。比较图 9.14 中塑性应变增量计算值与真解，可以清楚地看到这点。模型硬化参数也用塑性应变计算，因此也不正确。由上述分析可知，图 9.13 中该方法得到 d 点处错误的应力不足为奇。

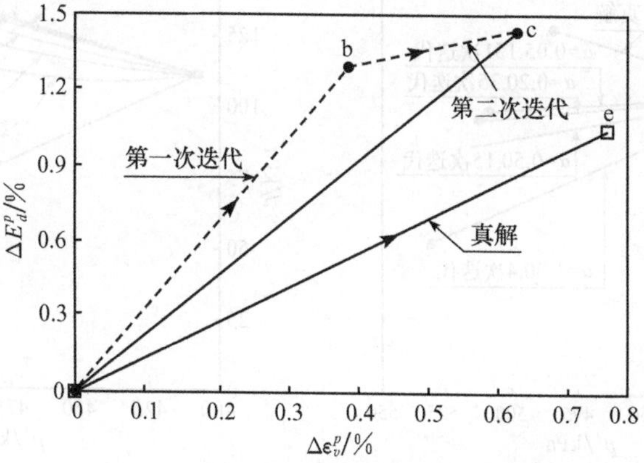

图 9.14 一级增量黏塑性法塑性应变增量与真解对比结果

下面分析 d 点处应力比 J/p' 小于真解的原因。b 点黏塑性应变向量(垂直于塑性势面)的梯度比真解大，这表明偏应变与黏塑性体积应变的比值比较大。于是第一次迭代后得到，并用于第二次迭代的应力对偏应力修正过大，对平均有效应力修正不足，于是得到c点。c点黏塑性应变向量梯度比真实应变向量小，这时出现相反的情况，第二次修正应力弥补了一些误差。然而，由于b点屈服函数远大于c点(即应力状态距离屈服面太远)，第一次迭代得到的黏塑性应变控制了整个迭代过程，甚至一直到计算收敛，如图9.14中虚线所示，这可以从图9.14中第二次迭代后仅产生很小的塑性应变得到证明。

上面的讨论表明，如果控制第一次迭代的主导地位，也许会得到比较好的结果。一种方法是减小方程式(9.24)中的α，缩短时间步长。方程式(9.16)说明这样可以有效地减小每次迭代产生的黏塑性应变，缺点是计算收敛需要更多的迭代次数。为了检验这种方法的可行性和有效性，下面分别对$\alpha=0.5$，$\alpha=0.2$，$\alpha=0.05$三种情况进行计算，结果如图9.15所示，原来$\alpha=1$的结果和真解也在图中表示出来，图中还给出每种情况下收敛需要的迭代次数。由图可见，α越小，计算结果越准确，这与上面的分析一致，但同时也看到即使时间步长取得很小，误差还是很大，而且时间步长减小，迭代次数迅速增加。

进一步改善结果的唯一方法是用更小的增量计算。随着每级增量的减小，计算黏塑性应变的应力更接近真解，误差也随之变小。重复图9.13中的单级增量计算，但这时分很多增量级数，将原来的轴向应变增量$\Delta\varepsilon_a=1\%$分别细分成5、10、20、50、100个增量步，所有计算取$\alpha=1$，图9.16为这5组计算结果与原来结果的对比情况，可见获得准确解需要用非常小的增量计算。任何阶段卸载，都得到土体的弹性响应，因此是正确的。

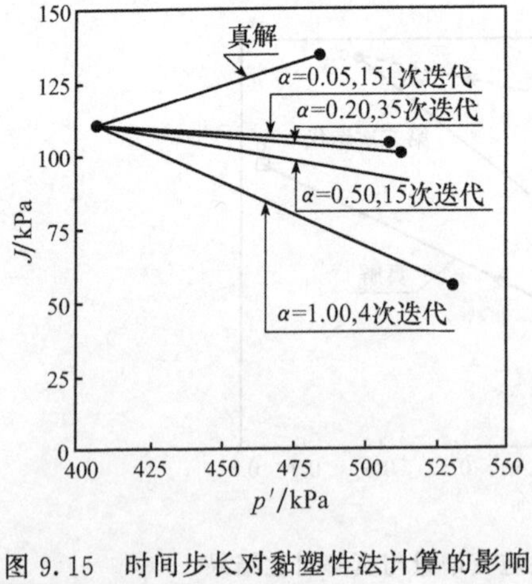

图9.15　时间步长对黏塑性法计算的影响

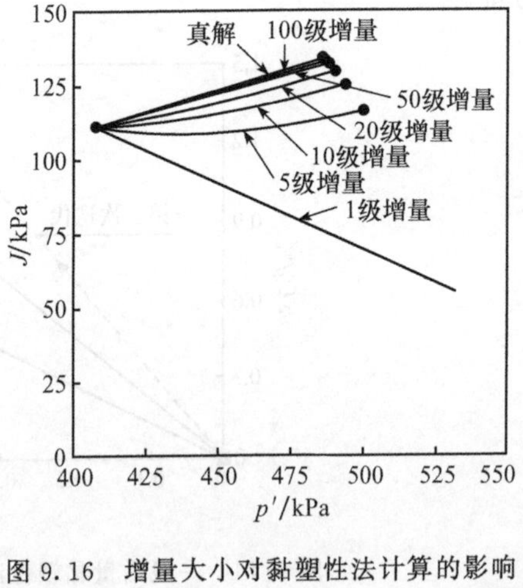

图9.16　增量大小对黏塑性法计算的影响

对复杂的临界状态模型，黏塑性方法会出现更严重的误差，误差大小与模型有关，尤其与塑性势函数导数随应力状态的变化快慢有关；误差还与时间步长和增量大小相关。正如前面切线刚度法讨论的那样，这些问题还受模型具体计算方法影响。由于塑性应变用非法应力处的塑性势函数导数计算，因此结果与软件中模型的具体计算细节有关。两个用同样方程计算的软件，会得到完全不同的结果。

黏塑性方法对简单模型的计算结果比较好，如 Tresca 和莫尔-库仑模型。正如前面所述，这是因为应力处于非法状态时，这些简单模型中的塑性势函数导数并不随之明显变化。

9.6　修正牛顿-拉弗森法

9.6.1　引言

前面讨论的切线刚度法和黏塑性方法都表明，产生误差的主要原因是用本构方程计算时采用了非法应力。这一节将讨论修正牛顿-拉弗森法，该方法试图用合理或接近合理的应力计算本构方程从而解决这个问题。

修正牛顿-拉弗森法用迭代法解方程式(9.1)，第一步迭代基本上与切线刚度法一样，但结果很可能不正确，用计算出的位移增量求得残余荷载，并根据残余荷载衡量计算误差。然后用残余荷载$\{\boldsymbol{\psi}\}$作为方程右边荷载增量重新解方程式(9.1)，于是方程式(9.1)改写为

$$[\boldsymbol{K}_G]^i(\{\Delta \boldsymbol{d}\}_{nG}^i)^j = \{\boldsymbol{\psi}\}^{j-1} \tag{9.25}$$

式中，上标"j"为迭代次数，$\{\boldsymbol{\psi}\}^0=\{\Delta \boldsymbol{R}_G\}^i$。重复迭代直至残余荷载很小为止，这样位移增量等于迭代位移之和。该方法可用图 9.17 所示的非线性单向加载杆具体说明。原则上，迭代法要求每一级增量计算都要满足所有的求解条件。

求解中，残余荷载的确定是关键的一步。每次迭代结束，用得到的位移增量计算每个积分点的应变增量，然后沿应变增量路径对本构方程积分，计算得到该级应力增量，将得到的应力增量与本级初始应力相加计算出等效节点力，等效节点力与(施加在边界上)外部荷载之差即为残余荷载。由于假设每级增量中增量整体刚度矩阵$[\boldsymbol{K}_G]^i$是常量，节点力与外部荷载会有所不同。对于非线性材料，$[\boldsymbol{K}_G]^i$实际上并不是常量，而是随应力和应变增量不断变化。

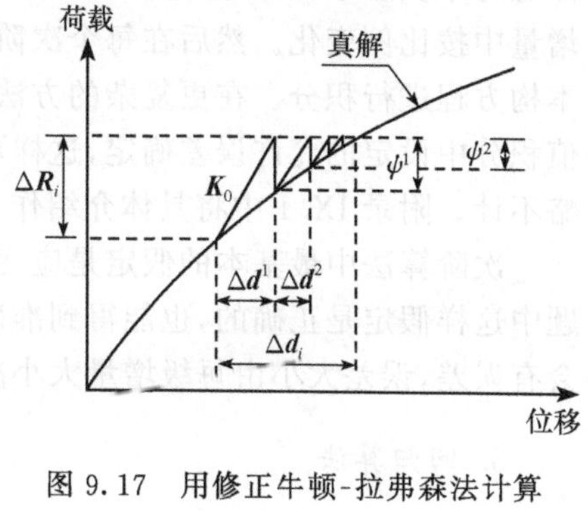

图 9.17　用修正牛顿-拉弗森法计算非线性单向加载杆件

每级增量中本构关系会发生变化，因此由本构方程积分得到应力增量时必须多加注意。这种通过本构方程积分计算应力增量的方法叫做应力积分法，它包括显式积分法和隐式积分法，文献中已有介绍。目前积分算法很多，最终解答的精度取决于计算算法，因此用户有必要对软件中的算法进行校核。后面将介绍两种精确的应力点算法。

若每次迭代均由前一次迭代得到的新应力和新应变，重新计算增量整体刚度矩阵$[\boldsymbol{K}_G]^i$并求逆，这样的方法称为牛顿-拉弗森法。为了减小计算量，修正牛顿-拉弗森法仅计算每级增量开始时的增量整体刚度矩阵并求逆，然后在这一级增量中刚度矩阵保持不变；有时增量整体刚度矩阵不用弹塑性刚度矩阵$[\boldsymbol{D}^{ep}]$，而用弹性刚度矩阵$[\boldsymbol{D}]$计算。这里有多种选择，许多软件可以让用户自行确定修正牛顿-拉弗森法究竟应如何计算，另外迭代过程中常用加速迭代技巧（Thomas，1984）。

9.6.2 应力点算法

1. 引言

本节考虑两类应力点算法，即显式次阶算法和隐式回归算法。不管是次阶算法还是回归算法，目的都是沿应变增量路径对本构方程进行积分。每一级的应变增量大小已知，但在该级增量中如何变化却不得而知，不作一定的假设难以对本构方程积分。每种应力点算法都有不同的假设，这些假设会影响计算精度。

2. 次阶算法

Wissman 等（1983）和 Sloan（1987）提出了次阶应力点算法。该算法中将应变增量细分成很多次阶，假设每个次阶中应变$\{\Delta\boldsymbol{\varepsilon}_{ss}\}$与该级的应变增量$\{\Delta\boldsymbol{\varepsilon}_{inc}\}$按比例变化，即

$$\{\Delta\boldsymbol{\varepsilon}_{ss}\} = \Delta T\{\Delta\boldsymbol{\varepsilon}_{inc}\} \tag{9.26}$$

注意每个次阶中，应变分量之比与应变增量之比相等，因此可以认为，应变在每级增量中按比例变化。然后在每个次阶中，用欧拉法、修正欧拉法或龙格-库塔法对本构方程进行积分。在更复杂的方法中，每个次阶（即ΔT）的大小可以变化，由数值积分中设定的允许误差确定，这样可以控制数值积分误差，确保误差小到可以忽略不计。附录 IX.1 中将具体介绍作者使用的次阶算法。

次阶算法中最基本的假定是应变在每级增量中按比例变化，在一些边界值问题中这样假定是正确的，也能得到准确的结果。但一般来说并不都是如此，有时也会有误差，误差大小由每级增量大小决定。

3. 回归算法

Borja 等（1990）和 Borja（1991）提出了一步隐式回归算法。该算法中，每级增

量中的塑性应变由该级增量结束时的应力计算。问题是每级增量结束时的应力是未知的,所以该算法称为隐式算法。大多数表达式中用弹性公式先初步估算第一次应力增量,并结合复杂的迭代子算法使应力状态返回到屈服面上。尽管假定每级增量中塑性应变由该级增步结束时的塑性势函数计算,迭代子算法的目的是确保计算收敛时土体的本构方程能够满足。目前文献中提出了许多不同的迭代子算法,作者研究认为,不论何种算法,重要的是最终的收敛结果不应依赖于非法应力空间中的应力大小,但早期的回归算法都不能满足这一要求,因此计算结果都不准确。为了简化这一算法,使之更好地用于修正剑桥模型计算,Borja 等(1990)假定每级增量中弹性模量为常数,后来 Borja(1991)提出了一个更严格的方法考虑弹性模量的实际变化。基于前一种假定的算法称为常弹性模量回归算法,那些准确考虑弹性模量变化的算法则称为变弹性模量回归算法。Borja 等(1990)的常弹性模量回归算法将在附录 IX.2 中详细介绍。

回归算法的基本假定是每级增量中的塑性应变用该级增量结束时的应力计算,如图 9.18 所示。理论上讲,对塑性应变,尤其是塑性流动方向作这样的假定并不正确,塑性应变实际上是当前应力的函数,而塑性流动方向应与增量开始时的初始应力一致,并且随应力变化而变化,在增量计算结束时也应与最终应力状态一致,这可以用图 9.19 中次阶算法解释。如果塑性流动方向在一级增量中不变,那么回归算法的解是准确的。但是情况并不总是如此,会有误差产生,且误差与增量大小有关。

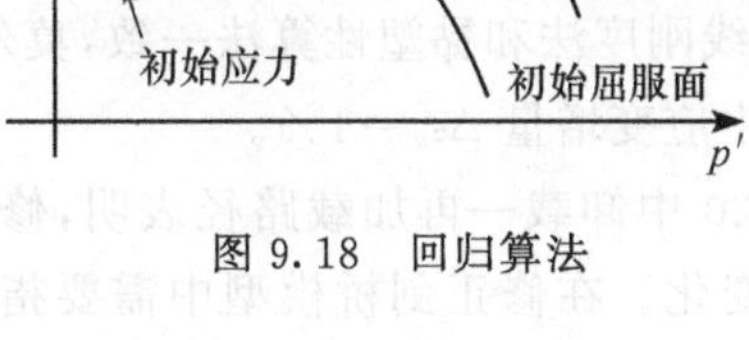

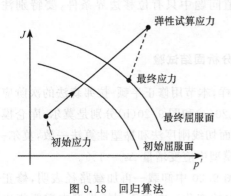

图 9.18 回归算法

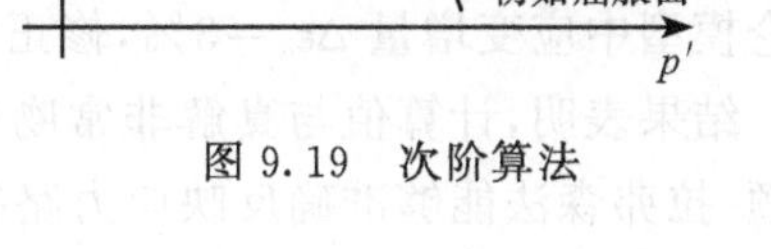

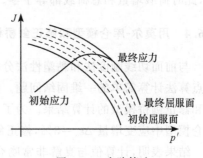

图 9.19 次阶算法

4. 两种算法对比

Potts 等(1994)对上述两种应力点算法作了比较,结果见附录 IX.3,他们研究认为,两种算法都能得到准确的结果,相比较而言,次阶算法更好一些。

次阶算法的一个优点是它有更强的适用性,可以方便地计算两个或多个屈服面,而且同时适用于弹性非线性很强的本构模型。实际上大部分软件都要求程序算法能适用于一般的本构模型。理论上回归算法通过复杂的数学计算能计算一些复杂的本构模型,事实上并非如此,程序中所用的算法还是与本构模型有关,这表明用新模型或修正模型计算时需要慎重考虑。

伦敦帝国理工学院的岩土工程数值研究小组倾向于采用次阶算法,本书和《岩土工程有限元分析:应用》中所有的算例都用 ICFEP 修正牛顿-拉弗森法中的修正欧拉次阶算法计算,详见附录 IX.1。

9.6.3 收敛准则

修正牛顿-拉弗森法中每级增量都要迭代计算,因此必须确定收敛准则。通常同时对迭代位移$(\{\Delta \boldsymbol{d}\}_{nG}^{i})^{j}$和残余荷载$\{\boldsymbol{\psi}\}^{j}$设定限值,它们都是矢量,因此一般用下列标量表示大小:

$$\|(\{\Delta \boldsymbol{d}\}_{nG}^{i})^{j}\| = \sqrt{[(\{\Delta \boldsymbol{d}\}_{nG}^{i})^{j}]^{\mathrm{T}}(\{\Delta \boldsymbol{d}\}_{nG}^{i})^{j}} \tag{9.27}$$

$$\|\{\boldsymbol{\psi}\}^{j}\| = \sqrt{(\{\boldsymbol{\psi}\}^{j})^{\mathrm{T}}\{\boldsymbol{\psi}\}^{j}} \tag{9.28}$$

一般迭代位移用位移增量$\|(\{\Delta \boldsymbol{d}\}_{nG}^{i})\|$表示,总位移用$\|\{\boldsymbol{d}\}_{nG}\|$表示。注意,位移增量是该级增量迭代位移之和。与之类似,残余荷载用$\|\{\Delta \boldsymbol{R}_G\}^{i}\|$表示,方程右边总荷载增量用$\|\{\boldsymbol{R}_G\}\|$表示。作者在有限元程序 ICFEP 中采用的收敛准则是,迭代位移同时小于总位移增量和总位移的 1%。残余荷载同时小于总荷载增量和总荷载的 1%～2%。如果边界值问题中只有位移边界条件,要特别注意,此时荷载增量和总荷载都等于零。

9.6.4 用莫尔-库仑模型和修正剑桥模型分析固结试验

与前面切线刚度法和黏塑性法分析一样,本节用修正牛顿-拉弗森法的次阶应力点算法计算简单的一维固结问题。图 9.20(a)和图 9.20(b)分别是莫尔-库仑模型和修正剑桥模型的计算结果。为了与前面切线刚度法和黏塑性算法一致,莫尔-库仑模型中应变增量 $\Delta\varepsilon_a=3\%$,修正剑桥模型中应变增量 $\Delta\varepsilon_a=1\%$。

结果表明,计算值与真解非常吻合。图 9.20 中卸载—再加载路径表明,修正牛顿-拉弗森法能够准确反映应力路径方向的变化。在修正剑桥模型中需要指出的是,开始时试样在 $p'=50\mathrm{kPa}$ 下等向正常固结,因此初始应力路径位于弹塑性而不是弹性路径上,而且卸载—再加载路径不平行。另外不同增量大小的计算结果表明,从应用角度讲,可以认为计算结果与增量大小无关。

上述结果说明,对简单问题,修正牛顿-拉弗森法不像切线刚度法和黏塑性法那样由于自身方法缺陷得到错误的结果。为了研究复杂边界问题中三种计算方法的区别,作者进行了简单的参数分析,下面介绍主要研究结果。

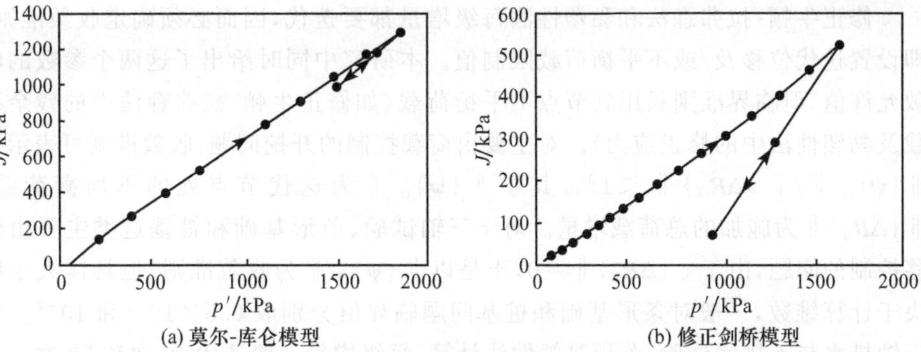

图 9.20　修正牛顿-拉弗森法得到的固结试验应力路径

9.7　各方法的对比分析

9.7.1　引言

比较上述三种方法后发现，切线刚度法最简单，但精度受增量大小的影响；黏塑性法如果用于计算复杂的本构模型，精度也受增量大小的影响；修正牛顿-拉弗森法最准确，且对增量大小最不敏感。但从计算资源耗费角度分析，修正牛顿-拉弗森法耗费最大，切线刚度法最少，黏塑性法介于两者之间，因此修正牛顿-拉弗森法中可以用每级增量较大但级数较少的方法计算得到精度差不多的结果。但对指定的计算精度用哪种方法计算最经济还难以确定。

三种计算方法 ICFEP 程序中都有，各方法计算程序大部分是一样的，这样结果的迥异可以归结于计算方法的不同，ICFEP 是经过大量解析解和其他应用程序测试和检验的程序。下面用此程序分析两个简单的理想室内试验和三个复杂的边界值问题说明三种方法的差别。室内试验仅用一个四节点等参单元模拟，并用单点积分法计算；边界值问题用八节点等参元、简化积分法计算。多年前在 Prime 小型机或 Sun 工作站上进行过这些计算，用 Prime 750 小型机的计算时间比较各方法计算资源耗费情况。需要指出的是，Sun IPX 的运算速度大概是 Prime 750 小型机的 23 倍，现在工作站的计算速度远远快于这些计算机。这里相对机时是研究的重要内容。

众所周知，计算时采用临界状态模型比简单的线性弹性理想塑性模型（即 Tresca 或臭尔-库仑模型）更容易产生误差，因此本节对比分析中，土体都采用修正剑桥本构模型计算。为了更好地考虑模型中的非线性弹性，对黏塑性法进行了修正，即类似于修正牛顿-拉弗森法中显式积分法在每个时间步上增加了应力修正。

修正牛顿-拉弗森法和黏塑性法每级增量都要迭代,因而必须确定收敛准则,即设置迭代位移及/或不平衡荷载限制值。本研究中同时给出了这两个参数的收敛允许值,但临界准则只用到节点不平衡荷载(如修正牛顿-拉弗森法中的残余荷载及黏塑性法中的修正应力)。对主要由荷载控制的开挖问题,收敛准则可表示为 $\|\{\boldsymbol{\psi}\}_{IT}\|/\|\{\Delta\boldsymbol{R}_G\}\|<1\%$,其中 $\|\{\boldsymbol{\psi}\}_{IT}\|$ 为迭代节点处的不均衡荷载,$\|\{\Delta\boldsymbol{R}_G\}\|$ 为施加的总荷载增量。对于三轴试验、条形基础和桩基这类主要由位移控制的问题,由于 $\|\{\Delta\boldsymbol{R}_G\}\|=0$,于是以 $\|\{\boldsymbol{\psi}\}_{IT}\|$ 为收敛准则,但具体大小取决于计算维数,一般对条形基础和桩基问题临界值分别取 0.5×10^{-3} 和 10^{-2}。对三轴排水与不排水试验,若用黏塑性法计算,每级增量一般迭代 10 次和 50 次。三轴排水试验若用修正牛顿-拉弗森法计算,每级增量一般迭代 10 次,但三轴不排水试验通常只要迭代一次就可以了。所有计算都必须满足 $\|\{\boldsymbol{\psi}\}_{IT}\|<10^{-10}$,而且迭代位移要小于总位移增量的 1%。

误差允许值不仅影响计算收敛的程度,也关系到计算资源的消耗。修正牛顿-拉弗森法和黏塑性法每级增量变化迭代次数的参数研究表明,上述临界值足以保证计算收敛,而且对计算资源耗费也不大。

9.7.2 理想三轴试验

理想三轴排水和不排水压缩试验中假设圆柱形试样等向正常固结,有效应力 $p'=200\text{kPa}$,孔隙水压力为零,土体计算参数见表 9.3。

表 9.3　修正剑桥模型土体计算参数

超固结比	1.0	v-$\ln p'$ 中回弹线斜率 κ	0.0077
初始固结线上单位压力时的比体积 v_1	1.788	J-p' 中临界状态线斜率 M_J	0.693
v-$\ln p'$ 中初始固结线斜率 λ	0.066	弹性剪切模量 G/先期固结压力 p'_o	100

三轴排水试验中保持径向应力不变且孔压为零,施加轴向应变增量直到 20%,结果用横坐标轴向应变、纵坐标体积应变和偏应力 q 表示。三轴试验中偏应力 q 定义为

$$q=\sqrt{3}J=\sqrt{\frac{1}{2}[(\sigma'_1-\sigma'_2)^2+(\sigma'_2-\sigma'_3)^2+(\sigma'_3-\sigma'_1)^2]}=\sigma'_1-\sigma'_3 \quad (9.29)$$

三轴不排水试验中径向应力不变,施加轴向应变增量直到 5%,为保证土体不排水,计算中水的体积压缩模量 K_f($=100K_{skel}$,其中 K_{skel} 为土体有效体积模量,见 3.4 节)取得较大。计算结果用纵坐标、横坐标孔隙水压力 p_f 和偏应力 q 轴向应变表示。图中每条线的标注表示计算中每级增量施加的轴向应变大小。这个试验是理想试验,试样底部与顶部没有端部效应,而且假定整个试样中应力、应变均匀

分布。三轴排水与不排水试验的解析解见附录 VII. 2。

图 9.21 给出了三轴排水试验修正牛顿-拉弗森法计算结果与解析解的对比情况，由图可见，计算结果对增量大小并不敏感，而且与解析解非常吻合，即便用每级 5%的轴向应变增量计算，修正牛顿-拉弗森法的三轴不排水试验结果（图 9.21 中没有表示出）也与解析解吻合得较好，误差可以忽略不计。三轴不排水试验的径向和环向应变一直等于轴向应变的一半，但符号相反。因此，试验中三个方向的应变一直按比例变化，这样的变化与前面次阶应力点算法的主要假设一致（见 9.6.2 小节），可见修正牛顿-拉弗森法的精度仅仅与控制次阶数量的允许误差有关（见附录 IX. 1）。上述计算中允许误差都设得很小（即 0.01%），这也是为何修正牛顿-拉弗森法结果不依赖于增量大小的原因。

图 9.22 为切线刚度法的三轴排水试验结果，图 9.23 为不排水试验计算结果。两次计算结果都对增量大小很敏感，增量大的计算误差也大。两次计算得到的破坏剪应力 q（排水和不排水试验的应变增量分别为 20%和 5%）都大于实际值。图 9.24 为三轴不排水试验的 p' 与 q 曲线图，图中每级轴向应变增量为 0.5%的计算得到了不切实际的结果，破坏时随着 p' 增大剪应力 q 超过解析解的两倍，相比之下，每级增量较小时得出的结果就比较好。

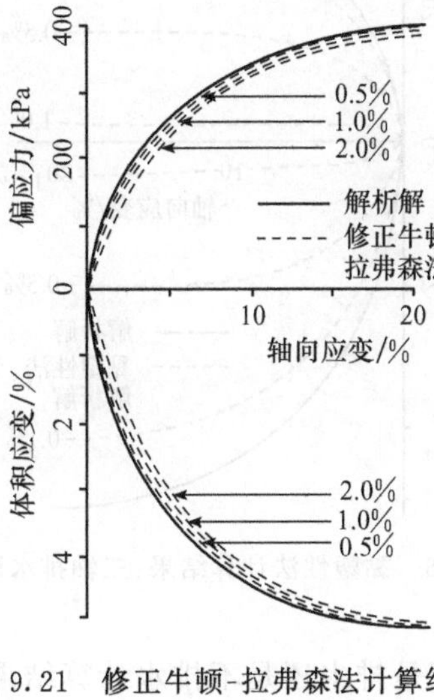

图 9.21　修正牛顿-拉弗森法计算结果：三轴排水试验

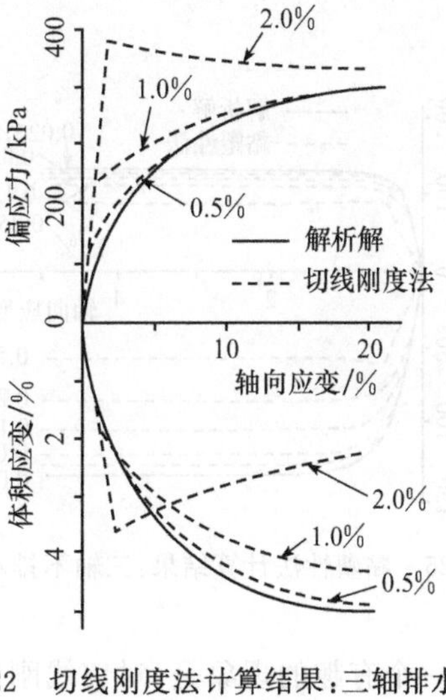

图 9.22　切线刚度法计算结果：三轴排水试验

图 9.25 和图 9.26 分别为黏塑性法三轴不排水和排水试验计算结果，同样可见，计算结果对增量大小也比较敏感，即使排水试验中用最小增量 0.1%、不排水试验中用最小增量 0.025%计算，误差也很显著。

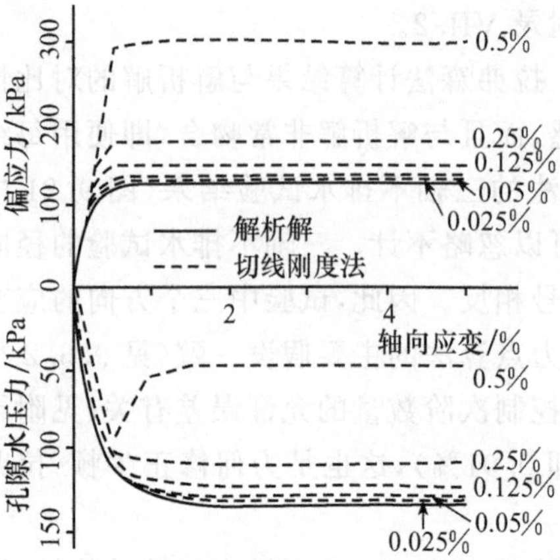

图 9.23　切线刚度法计算结果：三轴不排水试验

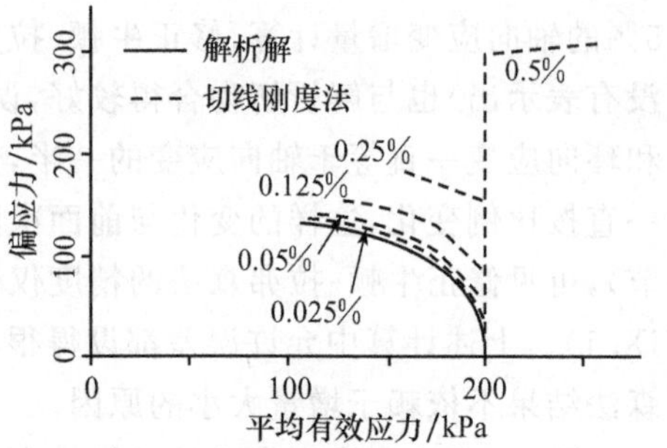

图 9.24　切线刚度法计算结果：三轴不排水应力路径

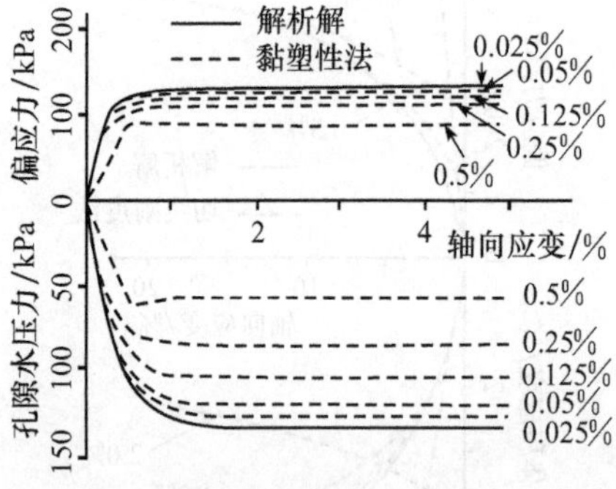

图 9.25　黏塑性法计算结果：三轴不排水试验

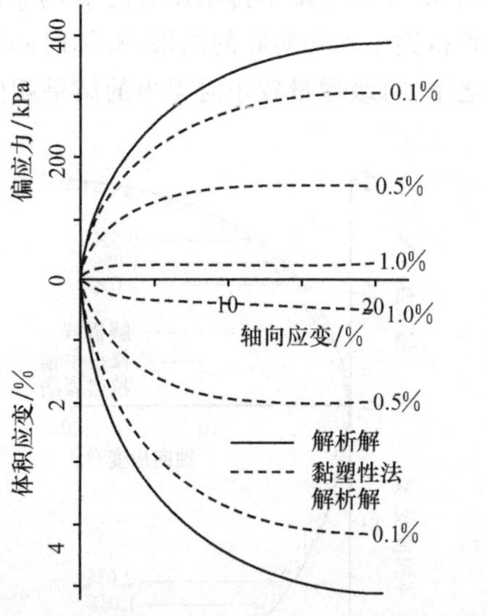

图 9.26　黏塑性法计算结果：三轴排水试验

一个有趣的现象是，对切线刚度法而言，不管是排水还是不排水计算结果，任何轴向应变增量下偏应力 q 的计算值都偏大；而黏塑性法则刚好相反，各种情况下 q 的计算值均偏小，这与前面简单固结试验计算中观察到的现象一致。

表 9.4 列出了部分三轴排水压缩试验破坏时(20%轴向应变)偏应力 q、体积应变和 CPU(中央处理器)时间。同样，表 9.5 给出了部分不排水试验破坏时(5%轴向应变)偏应力 q、孔隙水压力 p_f、平均有效应力 p' 计算结果以及 CPU 时间。

表 9.4 和表 9.5 中，圆括号里的数值是与解析解的误差百分比，计算方法后面的百分比表示计算中采用的每级轴向应变增量。

表 9.4　部分三轴排水试验计算结果与 CPU 时间

计算方法及每级增量大小	q/kPa	体积应变/%	CPU 时间/s
解析解	390.1	5.18	
修正牛顿-拉弗森法，2%	382.5(−2.0%)	5.08(−1.8%)	147
切线刚度法，0.5%	387.5(−0.6%)	5.00(−3.4%)	88
黏塑性法，0.5%	156.2(−60.0%)	2.05(−60.4%)	204
黏塑性法，0.1%	275.2(−29.4%)	3.76(−27.4%)	701

表 9.5　部分三轴不排水试验计算结果与 CPU 时间

计算方法及每级增量大小	q/kPa	p_f/kPa	p'/kPa	CPU 时间/s
解析解	130.1	134.8	108.6	
修正牛顿-拉弗森法，5%	130.3(0.1%)	134.82(0.0%)	108.6(0.0%)	85
切线刚度法，0.025%	133.9(2.9%)	133.08(−1.2%)	111.5(2.4%)	195
黏塑性法，0.025%	128.31(−1.4%)	123.22(−8.6%)	119.5(10.0%)	774
黏塑性法，0.05%	127.2(−2.2%)	113.35(−15.9%)	128.2(18.0%)	305

每级增量较小时，黏塑性法得到的结果比切线刚度法更不准确，耗费的计算资源却更多。仔细分析发现，黏塑性法计算结果差的原因在于它求解的是屈服面以外应力点处的弹塑性方程，正如本章前面的解释，这样的结果显然无法满足本构方程，见 9.5.6 小节。比较而言，修正牛顿-拉弗森法比其他方法更精确，也更少依赖于增量大小。

9.7.3　条形基础问题

下面分析图 9.27 中一刚性光滑条形基础受垂直荷载作用的情况。用前面理想三轴试验中土体本构模型及参数计算，见表 9.3，这里假设土体不排水。有限元网格如图 9.28 所示。由于问题关于基础中心线对称，因此有限元计算只取其中一半，并假定为平面应变问题。加载前，静止土压力系数 K_0 假定为常数，土体饱和重度为 20kN/m³，静止地下水位位于地表处，于是可以计算得到土体的竖向有效应力和孔压。基础加载由一系列等级竖向位移增量控制，直到总位移达到 25mm。

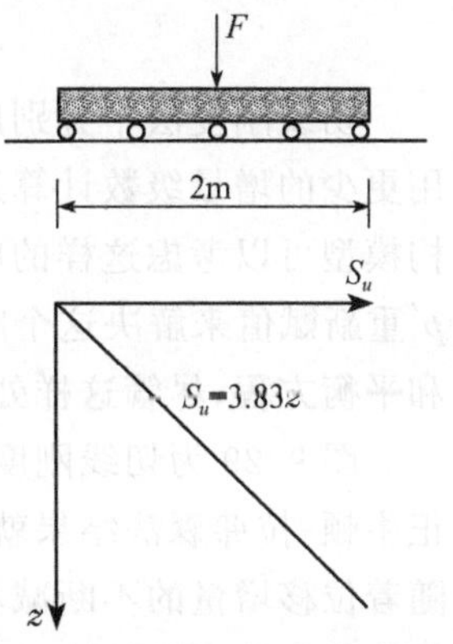

图 9.27　条形基础几何形状

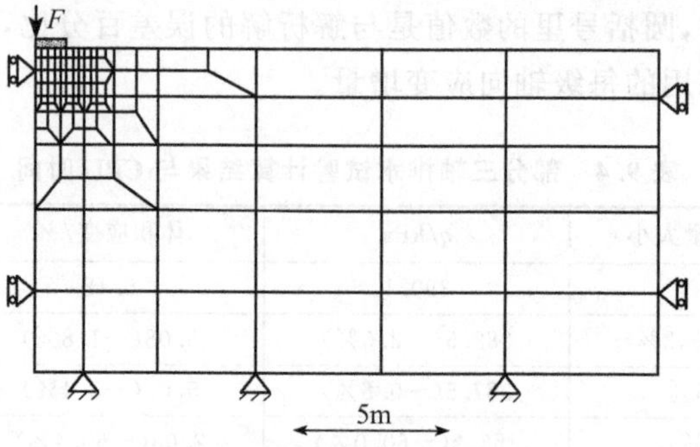

图 9.28 条形基础有限元网格

图 9.29 为切线刚度法、黏塑性法和修正牛顿-拉弗森法得到的荷载-位移曲线。修正牛顿-拉弗森法分别用 1、2、5、10、25、50、500 级增量计算,直至基础沉降为 25mm。除了 1 级增量外,其他多级增量计算结果非常接近,图中仅用一条曲线表示,并在旁边标注了修正牛顿-拉弗森。修正牛顿-拉弗森法的结果对增量大小不敏感,得到的破坏荷载 2.8kN/m 与理论解很吻合。

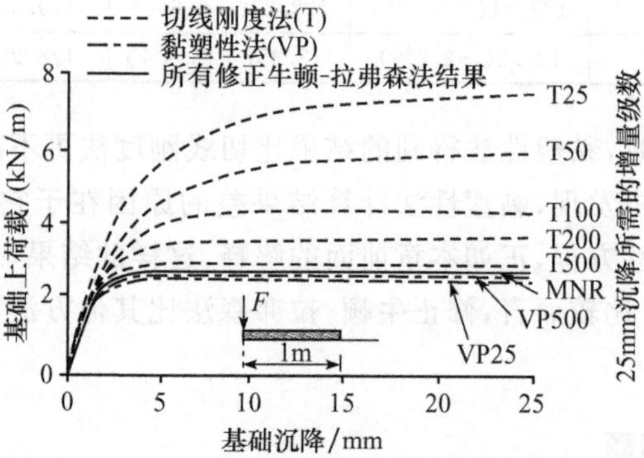

图 9.29 条形基础的荷载-位移曲线

切线刚度法中分别用 25、50、100、200、500 和 1000 级增量进行了计算,也试图用更少的增量级数计算过,但得到了非法应力(平均有效应力为负),没有相应的本构模型可以考虑这样的应力,于是计算中断了。有些有限元程序对负的有效应力 p' 重新赋值来解决这个问题,这样处理没有任何理论依据,而且也不满足本构方程和平衡方程,尽管这样处理后计算可以进行下去,但结果却是错误的。

图 9.29 为切线刚度法计算结果,如果把结果绘出的话,1000 级增量结果与修正牛顿-拉弗森法结果就没有什么区别。可见切线刚度法受增量大小的影响很大,随着位移增量的不断减小,基础极限荷载也从 7.5kN/m 降低到 2.8kN/m。当用较大的位移增量计算时,由图可见,荷载-位移曲线有继续上升的趋势,因此得不到

极限破坏荷载，这时计算结果不收敛，得到的极限荷载计算值偏大。由于切线刚度法得到的所有曲线形状相似，也无法从荷载-位移曲线的形状判断结果是否正确。

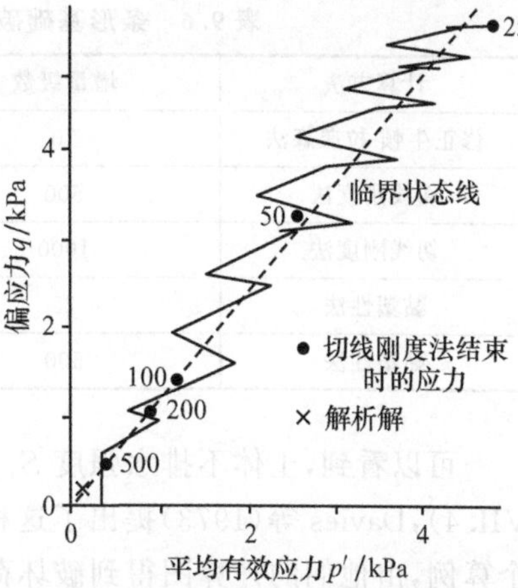

图 9.30　基础边界下应力路径

图 9.30 为最接近基础角点高斯积分点处的 p'-q 曲线，图中直线表示 25 级增量切线刚度法每级增量结束时的应力情况，图 9.30 中高斯屈服点处的解析解用“×”表示。所有修正牛顿-拉弗森法和 1000 级增量的切线刚度法得到的最后应力状态都与此点吻合，其他不同增量级数的切线刚度法得到的最终应力，以及与每点对应的增量级数也在图中标出。从图中看到，切线刚度法中当增量级数少于 1000 时，p'和 q 的计算值都偏大，25 级增量的切线刚度法计算结果是解析解的二十多倍。

黏塑性法中分别用 10、25、50、100 和 500 级增量计算，10 级增量计算在迭代中收敛困难，开始迭代时收敛，但是后面就发散了，若用更少的增量级数计算也会出现类似的情况。从图 9.29 中增量级数为 25 和 500 的情况看，计算结果对增量大小比较敏感，但敏感度要低于切线刚度法。

基础沉降为 25mm 时切线刚度法、黏塑性法和修正牛顿-拉弗森法得到的荷载与增量级数关系如图 9.31 所示。从图中可清楚地看到修正牛顿-拉弗森法的结果对增量级数不敏感。当增量级数从 2 增加到 500，基础极限荷载仅仅从 2.83kN/m 变化到 2.79kN/m，就是只有 1 级增量的修正牛顿-拉弗森法得到的极限荷载也只有 3.13kN/m，该值仍可以接受，而且比切线刚度法 200 级增量得到的极限荷载 3.67kN/m 还要准确。随着增量级数增加，切线刚度法和黏塑性法得到的极限破坏荷载也接近 2.79kN/m。但是切线刚度法结果从上面接近真解，计算值偏高；而黏塑性法从下面接近真解，计算值偏低。这种趋势与三轴不排水试验结果一致，在三轴不排水试验计算中，切线刚度法也高估了 q 的极限值，而黏塑性法却低估了 q。部分计算的 CPU 时间和结果见表 9.6。

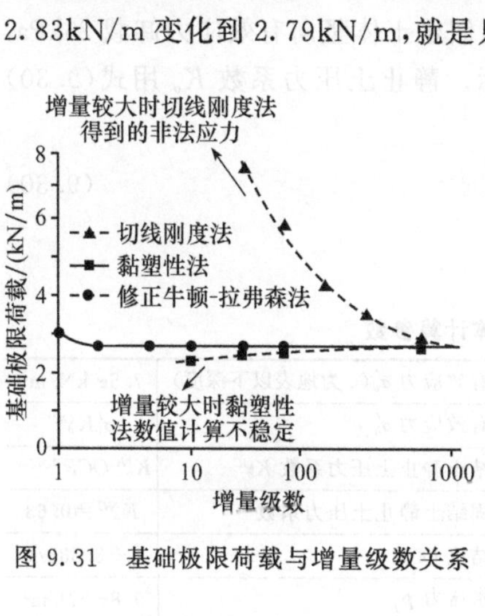

图 9.31　基础极限荷载与增量级数关系

表 9.6 条形基础破坏荷载计算值与花费的 CPU 时间

计算方法	增量级数	CPU 时间/s	破坏荷载/kN
修正牛顿-拉弗森法	10	15345	2.82
切线刚度法	500	52609	3.01
切线刚度法	1000	111780	2.82
黏塑性法	25	70957	2.60
黏塑性法	500	1404136	2.75

可以看到,土体不排水强度 S_u 在地表以下应随深度线性变化(图 9.27 和附录 VII.4),Davies 等(1973)提出了这种情况下基础极限承载力近似解。对于文中这个算例,由他们的计算图得到破坏荷载等于 1.91kN/m,但从图 9.31 看到,所有有限元计算结果都比这个值大。这是因为解析解中破坏区靠近土体表面。如果重新划分基础下面的网格,将单元厚度从 0.1m 减小到 0.03m,此时修正牛顿-拉弗森法的计算结果为 2.1kN/m,显然如果网格再加密的话,结果与 Davies 等的解更接近。重新划分网格后,用切线刚度法获得准确结果需要的位移增量会更小。如果用 0.125mm(相当于前面 200 级增量)或更大的位移增量计算,地基角点下单元中会出现负的 p',计算将中断。p' 出现负值是因为网格加密情况下,围绕临界状态线(图 9.30)的应力路径振动幅度过大。

9.7.4 开挖问题

本小节以一个 3m 深基坑的不排水开挖为例,土体采用修正剑桥模型,土体参数见表 9.7。假定基坑很长,因此可以视为平面应变问题。开挖断面形状如图 9.32 所示,有限元网格划分如图 9.33 所示,假定土体竖向有效应力卸载 25kPa,这样得到超固结比沿深度变化如图 9.32 所示。静止土压力系数 K_o 用式(9.30)计算

$$K_o^{OC} = K_o^{NC} OCR^{\sin\varphi'} \tag{9.30}$$

式中,φ' 为土体内摩擦角。

表 9.7 开挖问题土体计算参数

初始固结线上单位压力时的比体积 v_1	2.427	竖向有效应力 σ_v'(z 为地表以下深度)	$7.5z$ kN/m³
v-lnp' 中初始固结线斜率 λ	0.15	水平有效应力 σ_h'	$\sigma_v' K_o^{OC}$
v-lnp' 中回弹线斜率 κ	0.03	超固结土静止土压力系数 K_o^{OC}	$K_o^{NC} OCR^{0.5236}$
J-p' 中临界状态线斜率 M_J	0.5	正常固结土静止土压力系数	$K_o^{NC}=0.63$
泊松比 μ	0.3	超固结比 OCR	$1+3.333/z$
土体饱和重度 γ_{sat}	17.3kN/m³	孔隙水压力 p_f	$9.8z$ kN/m³

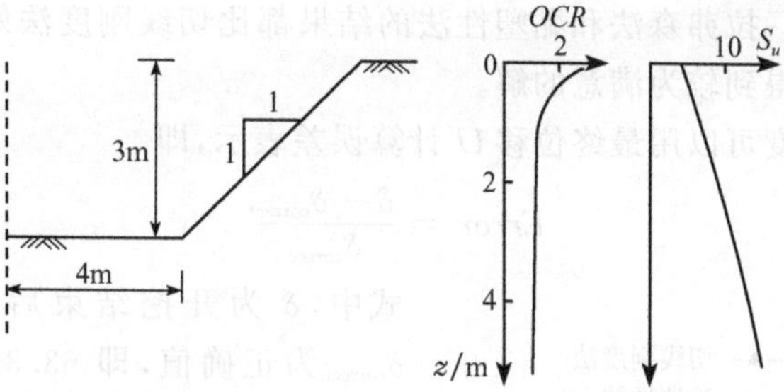

图 9.32　基坑开挖断面图

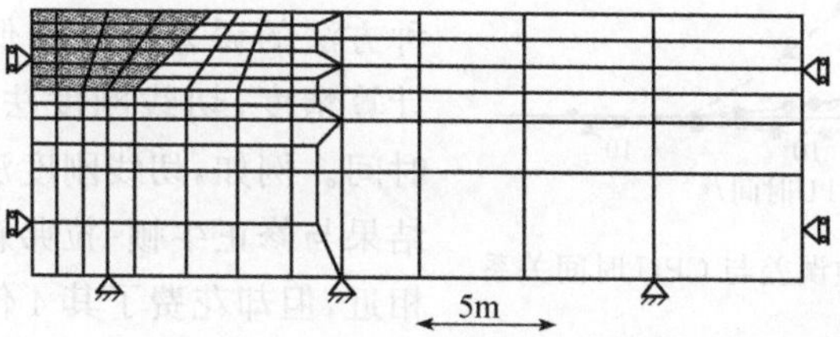

图 9.33　基坑开挖有限元网格

上述三种方法分别用 1、2、3、6、12、30、60、120、600 级增量计算 3m 深基坑的开挖情况，用切线刚度法还进行了 1200 级增量的计算。修正牛顿-拉弗森法中采用弹性刚度矩阵，有关内容参见 9.6 节，6 级及 6 级以上增量计算结果如图 9.34 所示，图中给出了基坑顶部竖向位移 U 随开挖深度 d 的变化情况。修正牛顿-拉弗森法和黏塑性法的结果表明，这两种方法对增量大小不敏感，两者结果非常接近，图中用实线表示。600 级和 1200 级增量的切线刚度法结果也与该实线很接近。切线刚度法受增量大小的影响很大，120 级增量的位移结果比 6 级增量的 2.5 倍还多。

图 9.35 为各方法得到的最终竖向位移 U（开挖结束时）与计算采用的增量级数关系。由图 9.35 可见，随着增量级数的增加，各方法得到的结果都接近于 63.3mm，因此该值可以认为是“正确”值。图 9.35 中还清楚地显示出，任何增量

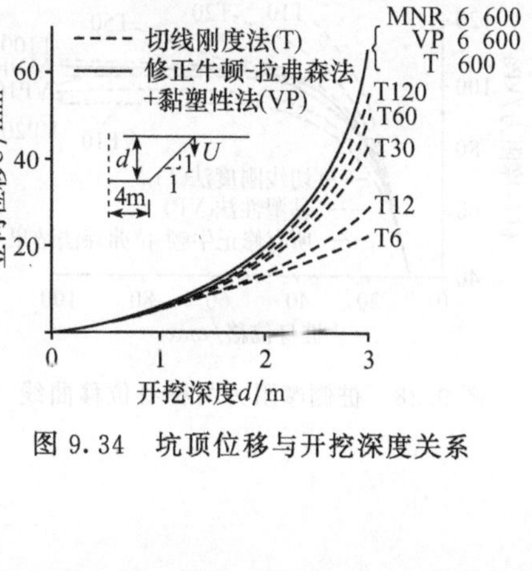

图 9.34　坑顶位移与开挖深度关系

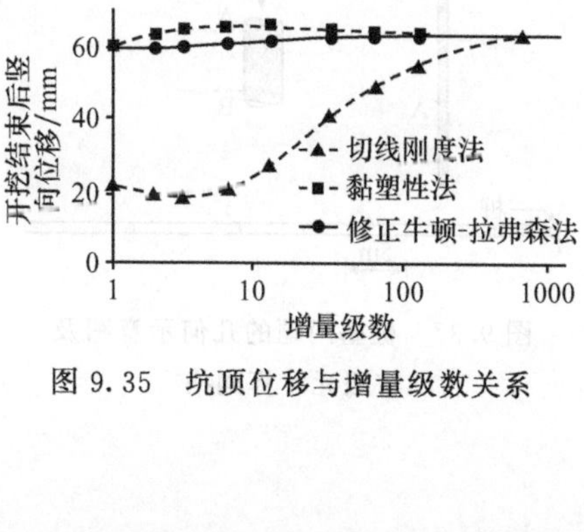

图 9.35　坑顶位移与增量级数关系

级数下,修正牛顿-拉弗森法和黏塑性法的结果都比切线刚度法好,后者要增量超过 100 级后才能得到较为满意的解。

每次计算精度可以用最终位移 U 计算误差表示,即

$$Error = \frac{\delta - \delta_{correct}}{\delta_{correct}} \tag{9.31}$$

式中,δ 为开挖结束后的计算位移 U;$\delta_{correct}$ 为正确值,即 63.3mm。图 9.36 给出了计算误差与 CPU 时间的关系。与预料的一样,随着 CPU 运算时间的增加,三种方法的误差随之降低。要获得同样的计算精度,切线刚度法需要更多的 CPU 时间。例如,切线刚度法 120 级增量计算结果与修正牛顿-拉弗森法 6 级增量结果相近,但却花费了其 4 倍时间。

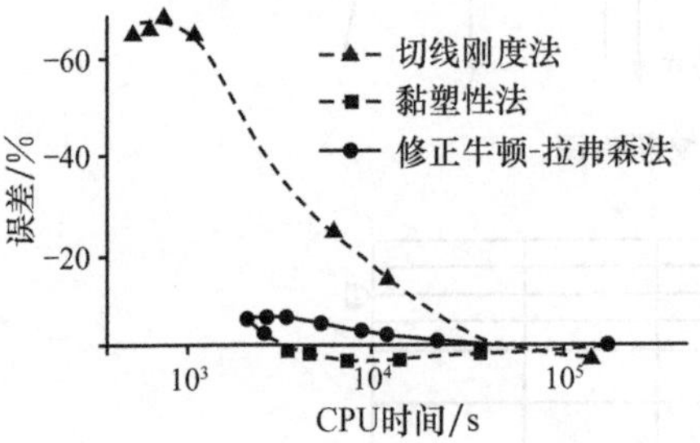

图 9.36　开挖计算中误差与 CPU 时间关系

9.7.5　桩基问题

这里分析排水情况下桩顶加载时桩周土体应力的变化。计算中考虑一截直径 2m 的桩段,桩段不可压缩,如图 9.37 所示。Potts 等(1982)详细分析了这个边界值问题,Gens 等(1984)探讨了该问题的另一种有限元计算方法。假设土体已经正常固结,初始应力 $\sigma'_v = \sigma'_h = 200\text{kPa}$,修正剑桥模型计算参数与前面三轴试验和条形基础问题相同,见表 9.3,采用轴对称计算方法,有限元网格如图 9.37 所示。有限元计算中,桩上荷载通过一系列等量竖向位移增量施加,施加的总位移为 100mm,假定整个加载过程中土体处于排水状态。

上述三种方法不同增量级数计算得到的桩侧摩阻力 τ 与桩身竖向位移的关系如图 9.38 所示。20 级或更多增量的修正牛顿-拉弗森法计算结果在图中用上面的一条实线表示。修正牛顿-拉弗森法增量较小时(即施加较大的位移增量)的结

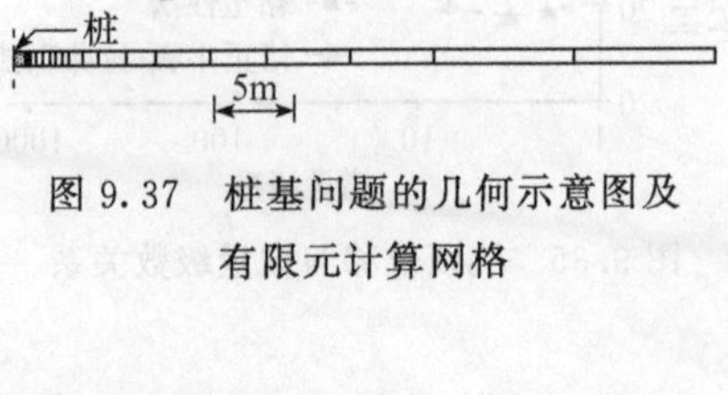

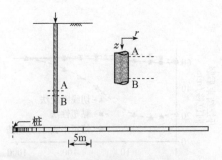

图 9.37　桩基问题的几何示意图及有限元计算网格

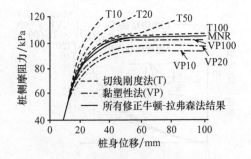

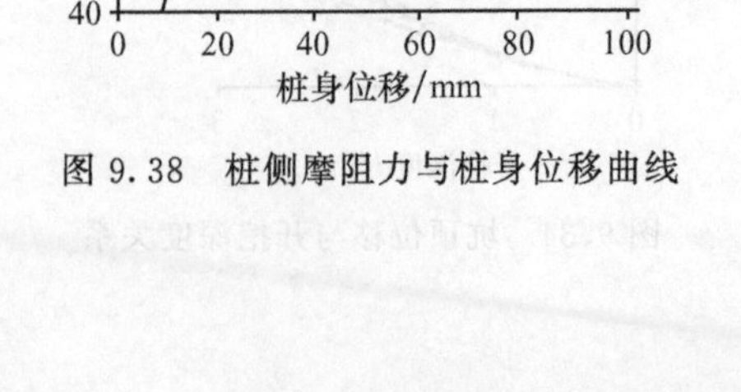

图 9.38　桩侧摩阻力与桩身位移曲线

果与上述结果相比,只在桩顶位移为 25～55mm 段有较小的偏差。5 级增量的修正牛顿-拉弗森法结果如图 9.38 中下面的一条实线所示,5～20 级增量的修正牛顿-拉弗森法计算结果见图中斜线部分。这个区域很小,可以认为与三轴试验、条形基础问题和开挖问题中一样,修正牛顿-拉弗森法对增量大小不敏感。

切线刚度法和黏塑性法的一部分结果也示于图 9.38 中。若施加的位移增量很小(增量级数很多),两种方法得到的结果近似于修正牛顿-拉弗森法结果。这两种方法都容易受增量大小的影响,若位移增量较大,计算结果就不准确。任何桩顶位移下切线刚度法得到的桩侧摩阻力偏高,而黏塑性法结果偏低。黏塑性法结果表明,桩侧摩阻力逐渐增加到峰值后又随着桩顶位移缓慢下降,这与修正牛顿-拉弗森法结果不同,修正牛顿-拉弗森法结果显示一旦桩侧摩阻力达到最大值后就保持不变。对于切线刚度法,当增量级数少于 100 时,桩侧摩阻力将持续上升,不会出现峰值。

当桩顶位移为 100mm 时(图 9.38 中各曲线的最后一点),桩侧摩阻力 τ_f 与位移增量级数的关系如图 9.39 所示。如上所述,修正牛顿-拉弗森法对位移增量大小不敏感,当增量级数从 1 增加到 500 时,τ_f 仅仅从 102.44kPa 上升到 103.57kPa。切线刚度法和黏塑性法结果很大程度上依赖于增量大小,切线刚度法需要 100 级增量、黏塑性法需要 500 级增量才能得到合理的结果。

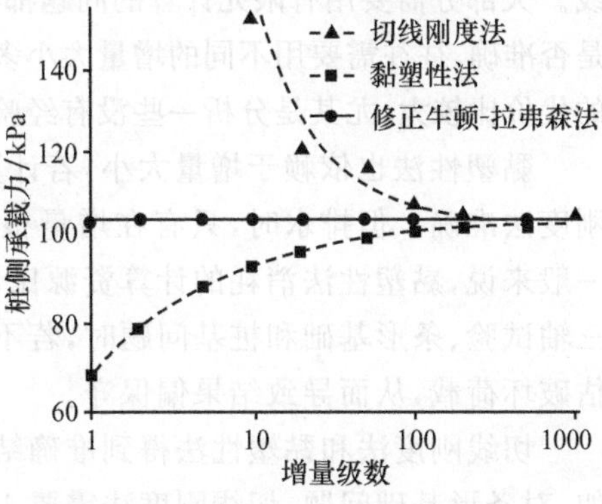

图 9.39　桩侧承载力与增量级数关系

随着位移增量的降低,切线刚度法和黏塑性法结果都接近于修正牛顿-拉弗森法结果,因此可以认为 500 级增量的修正牛顿-拉弗森法结果是“正确”的。计算误差可以表示为

$$Error = \frac{\tau_f - 103.6}{103.6} \tag{9.32}$$

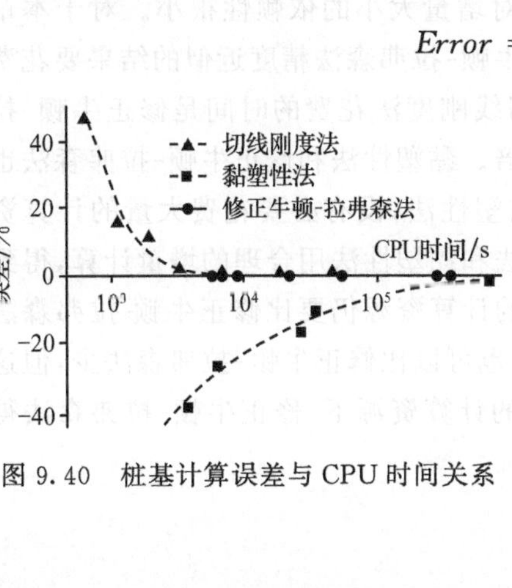

图 9.40　桩基计算误差与 CPU 时间关系

式中,τ_f 为 500 级增量的修正牛顿-拉弗森法结果,即等于 103.6kPa。三种方法的计算误差及花费的 CPU 时间如图 9.40所示。由图可见,黏塑性法最不准确而且耗费的 CPU 时间最长。修正牛顿-拉弗森法误差很小,一般小于 0.2%,结果几乎就位于 CPU 时间轴上,并与切线刚度法用的 CPU 时间差不多。

需要注意的是，这里与条形基础和开挖问题的结果不同，黏塑性法计算结果很差，因为条形基础和基坑开挖中土体不排水，而桩基问题中土体一直处于排水状态。三轴试验结果也表明，黏塑性法计算排水问题要比不排水问题差，如图 9.25、图 9.26 所示。由此可以得出这样的结论：土体用修正剑桥本构模型计算时，不排水条件下黏塑性法的结果及对增量大小的敏感性程度比排水条件下好。

9.7.6 评论

计算理想三轴试验及更复杂的边界值问题，切线刚度法结果受增量大小的影响很大。大多数岩土工程中，由于切线刚度法的误差常得到偏危险的破坏荷载和位移结果。条形基础问题中，除非增量级数很大（大于或等于 1000），否则得到的破坏荷载过大。错误的计算结果归咎于过大的增量导致貌似准确的荷载-位移曲线。大部分需要用有限元计算的问题都没有解析解，因此很难判断切线刚度法结果是否准确，往往需要用不同的增量大小多次计算才能得到比较准确的解答，这样花费的代价比较大，尤其是分析一些没有经验的问题，根本无法确定合适的增量大小。

黏塑性法也依赖于增量大小，若计算不排水边界问题，结果比相同增量的切线刚度法准确。但排水时，只有在增量很小的情况下黏塑性法才能得到准确结果。一般来说，黏塑性法消耗的计算资源比切线刚度法和修正牛顿-拉弗森法多。计算三轴试验、条形基础和桩基问题时，若不进行足够的增量计算，黏塑性法结果会低估破坏荷载，从而导致结果偏保守。

切线刚度法和黏塑性法得到准确结果所需的增量级数与研究的问题有关。例如，对条形基础问题，切线刚度法需要 1000 级增量，黏塑性法需要 500 级增量才能得到准确解；但是对开挖问题，切线刚度法需要 100 级增量，而黏塑性法只需要 10 级增量。经过仔细分析，切线刚度法和黏塑性法计算结果不佳的原因是它们没有满足本构方程。修正牛顿-拉弗森法能够避免这个问题，主要是由于修正牛顿-拉弗森法强制要求满足本构条件。

修正牛顿-拉弗森法的结果很准确而且对增量大小的依赖性很小。对于本章研究的边界值问题，切线刚度法得到与修正牛顿-拉弗森法精度近似的结果要花费更多的 CPU 时间。例如，条形基础问题中切线刚度法花费的时间是修正牛顿-拉弗森法的 7 倍，而基坑开挖问题中是其 3.5 倍。黏塑性法和修正牛顿-拉弗森法也可以进行类似的比较。对于切线刚度法和黏塑性法，没有必要花费大量的计算资源寻求一个合理的增量大小，即使切线刚度法和黏塑性法用合理的增量计算，得到与修正牛顿-拉弗森法精度相似的解所耗费的计算资源仍要比修正牛顿-拉弗森法多。切线刚度法和黏塑性法耗费的计算资源也可以比修正牛顿-拉弗森法少，但这通常以牺牲精度为代价。换句话说，在一定的计算资源下，修正牛顿-拉弗森法得到的结果比切线刚度法和黏塑性法准确得多。

研究表明,如果土体用临界状态本构模型模拟,修正牛顿-拉弗森法是获得准确结果最有效的计算方法。这里切线刚度法和黏塑性法出现的较大误差,强调说明了有限元计算中检查结果对增量大小敏感的重要性。

9.8 小　结

(1) 材料非线性有限元计算中,荷载必须分成多级小增量,每级增量求得一个增量解,最终解答为各级增量解之和。

(2) 即使计算分为多级增量进行,还需要注意每级增量中总体刚度增量矩阵不是常量,而是会变化的。目前解决这个问题尚没有普遍认可的方法,因此就有不同的计算方法。

(3) 本章中介绍了切线刚度法、黏塑性法和修正牛顿-拉弗森法。

(4) 研究表明,用切线刚度法计算材料非线性问题会出现较大的误差,除非用多级小增量计算。如果计算中有加载和卸载变化,要特别注意,这时用临界状态模型计算会产生很大的误差。

(5) 黏塑性法计算 Tresca 和莫尔-库仑这些简单的线弹性理想塑性模型较好。但计算复杂的硬化/软化临界状态模型会产生很大的误差,在排水问题中尤为严重。

(6) 切线刚度法和黏塑性法产生误差的原因是用非法应力计算塑性势函数导数,这在理论上是错误的。于是出现了这样一些情况,同一个本构模型用同样的方程计算,不同的软件得到的结果却大相径庭,因为这与程序中模型的具体计算细节有关。

(7) 修正牛顿-拉弗森法不会出现其他两种方法出现的误差,它计算结果准确且不依赖于增量大小。

(8) 修正牛顿-拉弗森法的成功很大程度上得益于应力点算法的正确性,重要的是这种算法不用任何非法应力计算。

(9) 本章介绍了两种应力点算法,即次阶算法和回归算法。比较而言,次阶算法实用性更强、使用更方便、结果更准确。

(10) 本书及《岩土工程有限元分析:应用》中所有的有限元计算都采用修正牛顿-拉弗森法的次阶算法。

附录 IX.1 次阶应力点算法

IX.1.1 引言

如 9.6 节所述,修正牛顿-拉弗森法中的关键步骤是确定每次迭代中的残余荷载。为此必须计算前次迭代结束时的总应力。根据前次迭代结束时确定的位移增量,计算每个积分点的应变增量,然后沿着应变路径对本构模型积分得到应力增量,将应力增量与增量开始时的总应力相加即得到增量结束后的总应力。9.6 节中介绍过沿应变增量路径对本构方程积分有好几种方法,本附录主要介绍次阶算法。为表述方便,假定材料的本构模型为线弹性应变硬化/软化塑性模型。如果是非线性弹性与/或功率硬化/软化塑性模型,计算步骤也是类似的。

IX.1.2　综述

得到了每个积分点的应变增量$\{\Delta\boldsymbol{\varepsilon}\}$后,应力积分的目的是计算与应变增量对应的应力增量。开始时假定材料为弹性,各个积分点沿应变增量对弹性矩阵$[\boldsymbol{D}]$积分计算出应力增量。假设材料为线弹性,弹性矩阵$[\boldsymbol{D}]$为常量,应力增量由式(IX.1)计算

$$\{\Delta\boldsymbol{\sigma}\} = [\boldsymbol{D}]\{\Delta\boldsymbol{\varepsilon}\} \tag{IX.1}$$

将这些应力增量与增量开始时的总应力$\{\boldsymbol{\sigma}_o\}$相加,得到该级增量结束时的总应力$\{\boldsymbol{\sigma}\}$,即

$$\{\boldsymbol{\sigma}\} = \{\boldsymbol{\sigma}_o\} + \{\Delta\boldsymbol{\sigma}\} \tag{IX.2}$$

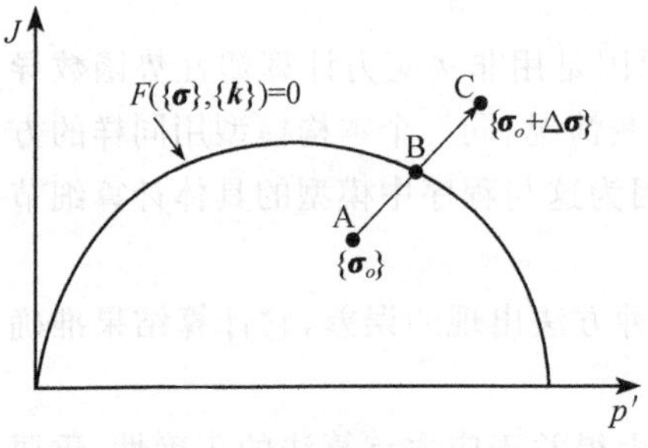

图 IX.1　弹性向弹塑性变化

检验该应力是否满足屈服函数,如果$F(\{\boldsymbol{\sigma}\},\{\boldsymbol{k}\})\leqslant 0$,则应力处于弹性状态,得到的应力增量$\{\Delta\boldsymbol{\sigma}\}$正确,可以接着计算下个积分点。如果$F(\{\boldsymbol{\sigma}\},\{\boldsymbol{k}\})>0$,材料发生塑性屈服,计算得到的$\{\Delta\boldsymbol{\sigma}\}$不正确。一个典型的情况是增量开始时应力处于弹性状态,即$F(\{\boldsymbol{\sigma}_o\},\{\boldsymbol{k}\})<0$,但该级增量结束后发生屈服,如图 IX.1 所示。因此有必要计算出位于屈服面内(即 AB 部分)的应力$\{\Delta\boldsymbol{\sigma}\}$(及对应的$\{\Delta\boldsymbol{\varepsilon}\}$部分)。数学上表示为找到满足式(IX.3)的$\alpha$。

$$F(\{\boldsymbol{\sigma}_o + \alpha\Delta\boldsymbol{\sigma}\},\{\boldsymbol{k}\}) = 0 \tag{IX.3}$$

式中,α为标量因子。对屈服函数$F(\{\boldsymbol{\sigma}\},\{\boldsymbol{k}\})$进行简单线性插值可以得到$\alpha$的初始值,即

$$\alpha = \frac{F(\{\boldsymbol{\sigma}_o + \alpha\Delta\boldsymbol{\sigma}\},\{\boldsymbol{k}\})}{F(\{\boldsymbol{\sigma}_o + \alpha\Delta\boldsymbol{\sigma}\},\{\boldsymbol{k}\}) - F(\{\boldsymbol{\sigma}_o\},\{\boldsymbol{k}\})} \tag{IX.4}$$

如果$F(\{\boldsymbol{\sigma}\},\{\boldsymbol{k}\})$是应力的线性函数,理论上式(IX.4)是正确的,但一般情况并非如此,见第 7、8 章。于是要重新计算α,一般会用迭代法计算,如牛顿-拉弗森

法或割线迭代法。如用割线迭代法计算，则

$$\alpha_{i+1}=\alpha_i-\frac{F(\{\boldsymbol{\sigma}_o+\alpha_i\Delta\boldsymbol{\sigma}\},\{\boldsymbol{k}\})}{F(\{\boldsymbol{\sigma}_o+\alpha_i\Delta\boldsymbol{\sigma}\},\{\boldsymbol{k}\})-F(\{\boldsymbol{\sigma}_o+\alpha_{i-1}\Delta\boldsymbol{\sigma}\},\{\boldsymbol{k}\})}(\alpha_i-\alpha_{i-1}) \tag{IX. 5}$$

式中，$\alpha_o=0,\alpha_1=1$。上述方法对原算法作了部分修改，作者发现修改后该算法更准确有效。

如果一级增量计算开始时应力已达到屈服值(即 $F(\{\boldsymbol{\sigma}_o\},\{\boldsymbol{k}\})=0$)，增量结束后最终应力超过屈服值(如 $F(\{\boldsymbol{\sigma}_o+\Delta\boldsymbol{\sigma}\},\{\boldsymbol{k}\})>0$)，这种情况下不确定性会增加，可能会出现图 IX. 2 和图 IX. 3 两种情况。图 IX. 2 第 1 种情况中，整个应力增量中土体为弹塑性，于是 $\alpha=0$。图 IX. 3 第 2 种情况中，开始时先卸载，应力状态变为弹性，即向屈服面内运动，随着应变的增大，应力又处于弹塑性状态，这时 α 不为零。为了区分这两种情况，需要计算 $\frac{\partial F(\{\boldsymbol{\sigma}_o\},\{\boldsymbol{k}\})}{\partial\boldsymbol{\sigma}}\Delta\boldsymbol{\sigma}$。如果该值为正，即属于图 IX. 2 表示的第 1 种情况，此时 $\alpha=0$；如果该值为负，属于图 IX. 3 表示的第 2 种情况，这时要注意应确保计算得到正确的 α，可以先确定屈服面内任一点的应力(即弹性路径 AB 上某一点)，用该点应力及增量结束时的应力作为割线迭代算法的初值条件，然后用式(IX. 5)计算。

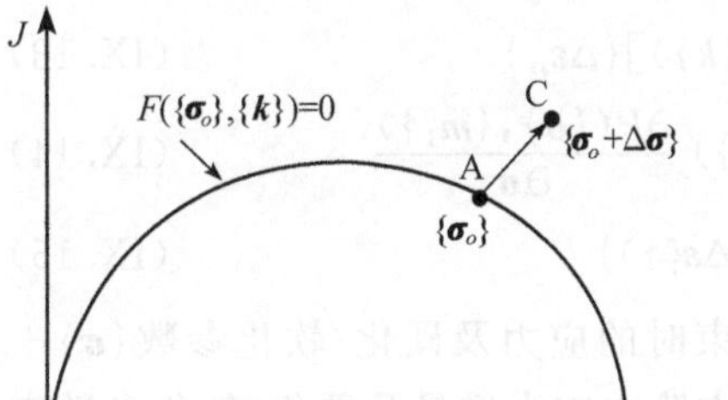

图 IX. 2　初始应力在屈服面上，$\alpha=0$

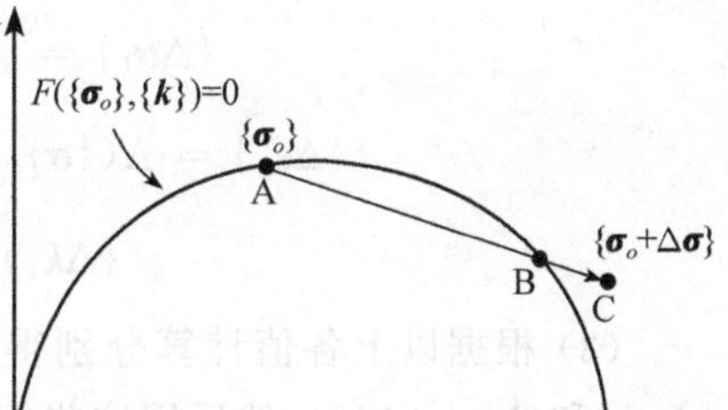

图 IX. 3　初始应力在屈服面上，$\alpha\neq0$

确定 α 后，应力和应变增量的弹性部分用式(IX. 6)和式(IX. 7)计算

$$\{\Delta\boldsymbol{\sigma}^e\}=\alpha\{\Delta\boldsymbol{\sigma}\} \tag{IX. 6}$$

$$\{\Delta\boldsymbol{\varepsilon}^e\}=\alpha\{\Delta\boldsymbol{\varepsilon}\} \tag{IX. 7}$$

应变增量的其余部分，即 $(1-\alpha)\{\Delta\boldsymbol{\varepsilon}\}$ 是弹塑性应变，因此要对该部分应变增量用对应的弹塑性矩阵 $[\boldsymbol{D}^{ep}]$ 积分。对大多数本构方程而言，理论积分相当困难，一般要进行适当的近似积分。次阶算法中将应变增量 $(1-\alpha)\{\Delta\boldsymbol{\varepsilon}\}$ 分为很小的次阶，然后对每一次阶进行简化积分，一般可用欧拉、修正欧拉或龙格-库塔方法，次阶的大小由简化计算误差确定。下面以误差控制的修正欧拉积分法为例进行介绍。

IX.1.3　误差控制的修正欧拉积分方法

修正欧拉积分法沿弹塑性应变$(1-\alpha)\{\Delta\boldsymbol{\varepsilon}\}$对弹塑性本构矩阵$[\boldsymbol{D}^{ep}]$进行积分。计算包括将弹塑性应变$(1-\alpha)\{\Delta\boldsymbol{\varepsilon}\}$分为一系列次阶$\Delta T(1-\alpha)\{\Delta\boldsymbol{\varepsilon}\}$(其中,$0<\Delta T\leqslant 1$),然后对每个次阶用修正欧拉法近似计算。估计应力增量中的误差,并与用户自定义的误差允许值 *SSTOL* 比较,确定各次阶大小。下面介绍 Sloan(1987)提出的方法,由下列步骤组成。

(1) 参数初始化。

$$\{\boldsymbol{\sigma}\}=\{\boldsymbol{\sigma}_o\}+\{\Delta\boldsymbol{\sigma}^e\} \tag{IX.8}$$

$$\{\Delta\boldsymbol{\varepsilon}_s\}=(1-\alpha)\{\Delta\boldsymbol{\varepsilon}\} \tag{IX.9}$$

$$T=0 \tag{IX.10}$$

$$\Delta T=1 \tag{IX.11}$$

计算开始时假设只有一个次阶,即$\Delta T=1$。

(2) 假设每一次阶的应变为

$$\{\Delta\boldsymbol{\varepsilon}_{ss}\}=\Delta T\{\Delta\boldsymbol{\varepsilon}_s\} \tag{IX.12}$$

用一阶欧拉近似计算得到应力增量值及硬化/软化参数变化的初始估算值,即

$$\{\Delta\boldsymbol{\sigma}_1\}=[\boldsymbol{D}^{ep}(\{\boldsymbol{\sigma}\},\{\boldsymbol{k}\})]\{\Delta\boldsymbol{\varepsilon}_{ss}\} \tag{IX.13}$$

$$\{\Delta\boldsymbol{\varepsilon}_1^p\}=\Lambda(\{\boldsymbol{\sigma}\},\{\boldsymbol{k}\},\{\Delta\boldsymbol{\varepsilon}_{ss}\})\frac{\partial P(\{\boldsymbol{\sigma}\},\{\boldsymbol{m}_1\})}{\partial\boldsymbol{\sigma}} \tag{IX.14}$$

$$\{\Delta\boldsymbol{k}_1\}=\{\Delta\boldsymbol{k}(\{\Delta\boldsymbol{\varepsilon}_1^p\})\} \tag{IX.15}$$

(3) 根据以上各值计算分别得到次阶结束时的应力及硬化/软化参数$\{\boldsymbol{\sigma}\}+\{\Delta\boldsymbol{\sigma}_1\}$和$\{\boldsymbol{k}\}+\{\Delta\boldsymbol{k}_1\}$,然后用这些值计算整个次阶中应力增量及硬化/软化参数变化的第二次估算值,即

$$\{\Delta\boldsymbol{\sigma}_2\}=[\boldsymbol{D}^{ep}(\{\boldsymbol{\sigma}+\Delta\boldsymbol{\sigma}_1\},\{\boldsymbol{k}+\Delta\boldsymbol{k}_1\})]\{\Delta\boldsymbol{\varepsilon}_{ss}\} \tag{IX.16}$$

$$\{\Delta\boldsymbol{\varepsilon}_2^p\}=\Lambda(\{\boldsymbol{\sigma}+\Delta\boldsymbol{\sigma}_1\},\{\boldsymbol{k}+\Delta\boldsymbol{k}_1\},\{\Delta\boldsymbol{\varepsilon}_{ss}\})\frac{\partial P(\{\boldsymbol{\sigma}+\Delta\boldsymbol{\sigma}_1\},\{\boldsymbol{m}_2\})}{\partial\boldsymbol{\sigma}} \tag{IX.17}$$

$$\{\Delta\boldsymbol{k}_2\}=\{\Delta\boldsymbol{k}(\{\Delta\boldsymbol{\varepsilon}_2^p\})\} \tag{IX.18}$$

(4) 这样就由式(IX.19)～式(IX.21)得到应力增量、应变增量及硬化/软化参数变化较准确的修正欧拉值。

$$\{\Delta\boldsymbol{\sigma}\}=1/2(\{\Delta\boldsymbol{\sigma}_1\}+\{\Delta\boldsymbol{\sigma}_2\}) \tag{IX.19}$$

$$\{\Delta\boldsymbol{\varepsilon}^p\}=1/2(\{\Delta\boldsymbol{\varepsilon}_1^p\}+\{\Delta\boldsymbol{\varepsilon}_2^p\}) \tag{IX.20}$$

$$\{\Delta\boldsymbol{k}\}=1/2(\{\Delta\boldsymbol{k}_1\}+\{\Delta\boldsymbol{k}_2\}) \tag{IX.21}$$

(5) 对于给定的次阶应变增量$\{\Delta\boldsymbol{\varepsilon}_{ss}\}$,欧拉估算值(即方程式(IX.13)～

式(IX.15))的局部截断误差阶数为 $O(\Delta T^2)$，而修正欧拉计算值(即方程式(IX.19)～式(IX.21))的局部误差阶数为 $O(\Delta T^3)$。因此方程式(IX.19)减去方程式(IX.13)得到应力局部误差的估计值

$$\boldsymbol{E} \approx 1/2(\{\Delta\boldsymbol{\sigma}_2\} - \{\Delta\boldsymbol{\sigma}_1\}) \tag{IX.22}$$

于是这个次阶的应力相对误差可表示为

$$R = \frac{\|\boldsymbol{E}\|}{\|\{\boldsymbol{\sigma} + \Delta\boldsymbol{\sigma}\}\|} \tag{IX.23}$$

比较该相对误差与用户自定义的误差允许值 $SSTOL$，一般 $SSTOL$ 的取值范围为 10^{-5}～10^{-2}，如果 $R > SSTOL$，则应力误差太大，由 ΔT 得到的次阶应减小。新的次阶大小用式(IX.24)计算

$$\Delta T_{\text{new}} = \beta\Delta T \tag{IX.24}$$

式中，β 为标量因子，局部误差估计值的阶数为 $O(\Delta T^2)$。与 ΔT_{new} 有关的误差估计值 $\boldsymbol{E}_{\text{new}}$ 可近似表示为

$$\|\boldsymbol{E}_{\text{new}}\| = \beta^2 \|\boldsymbol{E}\| \tag{IX.25}$$

因为要求

$$\frac{\|\boldsymbol{E}_{\text{new}}\|}{\|\{\boldsymbol{\sigma} + \Delta\boldsymbol{\sigma}_{\text{new}}\}\|} \leqslant SSTOL \tag{IX.26}$$

假定 $\{\Delta\boldsymbol{\sigma}_{\text{new}}\} \approx \{\Delta\boldsymbol{\sigma}\}$，可得到 β，即

$$\beta = \left[\frac{SSTOL}{R}\right]^{1/2} \tag{IX.27}$$

上面是近似计算，β 的保守取值为

$$\beta = 0.8\left[\frac{SSTOL}{R}\right]^{1/2} \tag{IX.28}$$

即用系数 0.8 减小了积分过程中被否决的次阶数量。此外最好用 β 大于 0.1 限制上述外推范围。定义了 β 后，新的次阶 ΔT_{new} 可由方程式(IX.24)计算，令 $\Delta T = \Delta T_{\text{new}}$，重复(2)以后各步骤。如果 $R \leqslant SSTOL$，则表示次阶的大小合适，可转入第(6)步计算。

(6) 修正总应力、塑性应变及硬化/软化参数

$$\{\boldsymbol{\sigma}\} = \{\boldsymbol{\sigma}\} + \{\Delta\boldsymbol{\sigma}\} \tag{IX.29}$$

$$\{\boldsymbol{\varepsilon}^p\} = \{\boldsymbol{\varepsilon}^p\} + \{\Delta\boldsymbol{\varepsilon}^p\} \tag{IX.30}$$

$$\{\boldsymbol{k}\} = \{\boldsymbol{k}\} + \{\Delta\boldsymbol{k}\} \tag{IX.31}$$

(7) 由于上述计算中的近似处理，式(IX.29)给出的应力及式(IX.31)给出的硬化/软化参数可能会违反屈服条件 $|F(\{\boldsymbol{\sigma}\},\{\boldsymbol{k}\})| \leqslant YTOL$，其中 $YTOL$ 也是用

户定义的误差允许值。是否会发生这样的情况取决于计算所用的本构模型及 *SSTOL* 和 *YTOL* 的大小。如果真的出现这种情况,则要调整应力、塑性应变及硬化/软化参数,使之满足屈服条件。附录将介绍一种正确的处理方法,也是作者采用的方法。另外,进一步减小次阶大小,重复计算(2)以后各步骤也可以避免这个问题,这样一直计算到屈服条件满足为止。

(8) 屈服条件满足后,修正 T,即

$$T = T + \Delta T \tag{IX. 32}$$

并开始下一个次阶计算,将式(IX. 28)计算的 β 代入方程式(IX. 24)中获得下一个次阶的大小。和前面一样,最好限制 β 大于 0.1,且不超过 2.0,即 $0.1 \leqslant \beta \leqslant 2.0$。检查 $T + \Delta T_{\text{new}}$ 是否超过 1.0 也很重要,如果超过,重新设定 ΔT_{new} 使得 $T + \Delta T_{\text{new}} = 1.0$,于是 ΔT 变为

$$\Delta T = \Delta T_{\text{new}} \tag{IX. 33}$$

重复(2)以后的计算步骤。

(9) 当 $T = 1.0$ 时,计算结束。

IX. 1. 4 龙格-库塔积分法

IX. 1. 3 小节中介绍了用修正欧拉法对弹塑性本构矩阵进行积分,其中只用了一、二阶欧拉近似方程计算,通过改变各次阶大小控制积分中产生的误差。也可以用高阶方程替代修正欧拉法,Sloan(1987)在龙格-库塔积分法中采用了四阶和五阶近似方程。该方法在固定大小的次阶上的积分结果比修正欧拉法更准确。但对每个次阶,该方法需要对弹塑性矩阵$[\boldsymbol{D}^{ep}]$和硬化/软化关系进行六次计算,而修正欧拉法只需计算两次。所以龙格-库塔积分法中每一次阶的计算量比修正欧拉法大,如果给定次阶误差允许值 *SSTOL*,龙格-库塔法可以用较大的次阶计算,因此需要的次阶数较少。

作者编写的程序中同时有修正欧拉法和龙格-库塔法,计算发现,在适当的次阶误差 $SSTOL = 10^{-4}$ 下,修正欧拉法更有效,计算所占内存更少;但对某些边界值问题及非线性很强的本构模型,龙格-库塔方法效果更好。如果次阶误差允许值要求很高(如 $SSTOL < 10^{-4}$),用龙格-库塔方法计算更适合些。

IX. 1. 5 弹塑性有限元计算中屈服面偏移修正

IX. 1. 3 小节步骤(7)中提到,与屈服函数允许误差 *YTOL* 相比,如果控制次阶大小的误差允许值 *SSTOL* 较大,各次阶结束时,方程式(IX. 29)中的应力和方程式(IX. 31)中硬化/软化参数可能无法满足屈服条件 $|F(\{\boldsymbol{\sigma}\},\{\boldsymbol{k}\})| \leqslant YTOL$,该现象常称为屈服面偏移。它会引起累积误差,需要校正。文献中介绍了好几种不同

的修正方法，Potts 等(1985)对这些方法进行了讨论和比较，指出有些方法会引起实质性误差，于是提出了一种既满足一致性方程结果又准确的修正方法，下面将详细介绍。

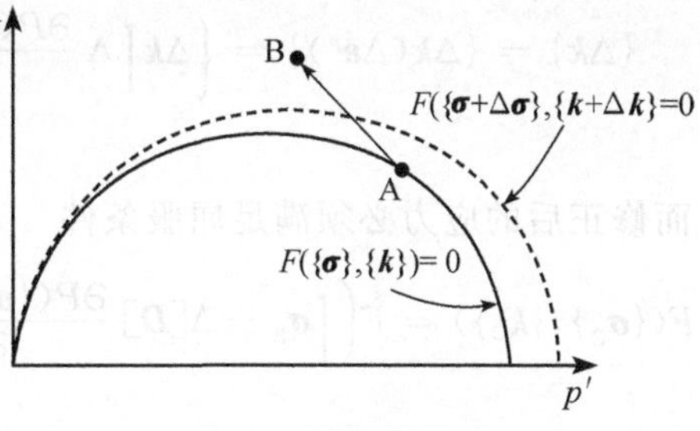

图 IX.4　屈服面偏移

这里考虑图 IX.4 中应变硬化/软化弹塑性试样加载后的塑性变形问题。积分点处应力用$\{\boldsymbol{\sigma}\}$表示，相应的硬化/软化参数为$\{\boldsymbol{k}\}$。次阶开始时应力用图 IX.4 中屈服面 $F(\{\boldsymbol{\sigma}\},\{\boldsymbol{k}\})=0$ 上的 A 点表示。次阶结束后应力变为$\{\boldsymbol{\sigma}+\Delta\boldsymbol{\sigma}\}$，即图 IX.4 中点 B，由于硬化/软化参数变化了$\{\Delta\boldsymbol{k}\}$，屈服面从 $F(\{\boldsymbol{\sigma}\},\{\boldsymbol{k}\})=0$ 移动到$F(\{\boldsymbol{\sigma}+\Delta\boldsymbol{\sigma}\},\{\boldsymbol{k}+\Delta\boldsymbol{k}\})=0$。由于屈服面偏移，次阶结束后 B 点应力$\{\boldsymbol{\sigma}+\Delta\boldsymbol{\sigma}\}$未必位于新屈服面上，如图 IX.4 所示。现在的问题是如何对次阶结束时的 B 点应力及硬化/软化参数进行修正，使它们满足屈服条件。

下面，次阶开始时(A 点)和结束时(B 点)的应力、塑性应变和硬化/软化参数分别用$\{\boldsymbol{\sigma}_{\mathrm{A}}\}$、$\{\boldsymbol{\varepsilon}_{\mathrm{A}}^{p}\}$、$\{\boldsymbol{k}_{\mathrm{A}}\}$和$\{\boldsymbol{\sigma}_{\mathrm{B}}\}$、$\{\boldsymbol{\varepsilon}_{\mathrm{B}}^{p}\}$、$\{\boldsymbol{k}_{\mathrm{B}}\}$表示。另外用$\{\boldsymbol{\sigma}_{\mathrm{C}}\}$、$\{\boldsymbol{\varepsilon}_{\mathrm{C}}^{p}\}$和$\{\boldsymbol{k}_{\mathrm{C}}\}$表示修正后的应力、塑性应变和硬化/软化参数。

如果应力由$\{\boldsymbol{\sigma}_{\mathrm{B}}\}$修正到$\{\boldsymbol{\sigma}_{\mathrm{C}}\}$，则应力修正量$\{\boldsymbol{\sigma}_{\mathrm{B}}\}-\{\boldsymbol{\sigma}_{\mathrm{C}}\}$引起的弹性应变为

$$\{\Delta\boldsymbol{\varepsilon}^{e}\}=[\boldsymbol{D}]^{-1}(\{\boldsymbol{\sigma}_{\mathrm{C}}\}-\{\boldsymbol{\sigma}_{\mathrm{B}}\}) \tag{IX.34}$$

假定校正过程中次阶总应变不变，即意味着弹性应变的改变值与塑性应变改变值大小相等但符号相反，即

$$\{\Delta\boldsymbol{\varepsilon}^{p}\}=-\{\Delta\boldsymbol{\varepsilon}^{e}\}=-[\boldsymbol{D}]^{-1}(\{\boldsymbol{\sigma}_{\mathrm{C}}\}-\{\boldsymbol{\sigma}_{\mathrm{B}}\}) \tag{IX.35}$$

塑性应变增量与塑性势函数 $P(\{\boldsymbol{\sigma}\},\{\boldsymbol{m}\})=0$ 的梯度成正比，因此有

$$\{\Delta\boldsymbol{\varepsilon}^{p}\}=\Lambda\left\{\frac{\partial P(\{\boldsymbol{\sigma}\},\{\boldsymbol{m}\})}{\partial\boldsymbol{\sigma}}\right\} \tag{IX.36}$$

式中，Λ 为塑性乘子。联立方程式(IX.35)和式(IX.36)，有

$$\{\boldsymbol{\sigma}_{\mathrm{C}}\}=\{\boldsymbol{\sigma}_{\mathrm{B}}\}-\Lambda[\boldsymbol{D}]\left\{\frac{\partial P(\{\boldsymbol{\sigma}\},\{\boldsymbol{m}\})}{\partial\boldsymbol{\sigma}}\right\} \tag{IX.37}$$

随着塑性应变的改变，应变硬化/软化参数$\{\boldsymbol{k}\}$也产生相应变化

$$\{\boldsymbol{\varepsilon}_{\mathrm{C}}^{p}\}=\{\boldsymbol{\varepsilon}_{\mathrm{B}}^{p}\}+\Lambda\left\{\frac{\partial P(\{\boldsymbol{\sigma}\},\{\boldsymbol{m}\})}{\partial\boldsymbol{\sigma}}\right\} \tag{IX.38}$$

$$\{\boldsymbol{k}_{\mathrm{C}}\}=\{\boldsymbol{k}_{\mathrm{B}}\}+\{\Delta\boldsymbol{k}\} \tag{IX.39}$$

式中

$$\{\Delta \boldsymbol{k}\} = \{\Delta \boldsymbol{k}(\Delta \boldsymbol{\varepsilon}^p)\} = \left\{\Delta \boldsymbol{k}\left[\Lambda \frac{\partial P(\{\boldsymbol{\sigma}\},\{\boldsymbol{m}\})}{\partial \boldsymbol{\sigma}}\right]\right\} = \Lambda\left\{\Delta \boldsymbol{k}\left[\frac{\partial P(\{\boldsymbol{\sigma}\},\{\boldsymbol{m}\})}{\partial \boldsymbol{\sigma}}\right]\right\} \tag{IX.40}$$

而修正后的应力必须满足屈服条件

$$F(\{\boldsymbol{\sigma}_\mathrm{C}\},\{\boldsymbol{k}_\mathrm{C}\}) = F\left(\left[\boldsymbol{\sigma}_\mathrm{B} - \Lambda[\boldsymbol{D}]\frac{\partial P(\{\boldsymbol{\sigma}\},\{\boldsymbol{m}\})}{\partial \boldsymbol{\sigma}}\right],\left\{\boldsymbol{k}_\mathrm{B} + \Lambda \Delta \boldsymbol{k}\left[\frac{\partial P(\{\boldsymbol{\sigma}\},\{\boldsymbol{m}\})}{\partial \boldsymbol{\sigma}}\right]\right\}\right) = 0 \tag{IX.41}$$

对式(IX.41)进行泰勒展开并忽略 Λ^2 项，次阶项整理后得到

$$\Lambda = \frac{F(\{\boldsymbol{\sigma}_\mathrm{B}\},\{\boldsymbol{k}_\mathrm{B}\})}{\left\{\dfrac{\partial F(\{\boldsymbol{\sigma}\},\{\boldsymbol{k}\})}{\partial \boldsymbol{\sigma}}\right\}^\mathrm{T}[\boldsymbol{D}]\left\{\dfrac{\partial P(\{\boldsymbol{\sigma}\},\{\boldsymbol{m}\})}{\partial \boldsymbol{\sigma}}\right\} - \left\{\dfrac{\partial F(\{\boldsymbol{\sigma}\},\{\boldsymbol{k}\})}{\partial \boldsymbol{k}}\right\}^\mathrm{T}\left\{\Delta \boldsymbol{k}\left[\dfrac{\partial P(\{\boldsymbol{\sigma}\},\{\boldsymbol{m}\})}{\partial \boldsymbol{\sigma}}\right]\right\}} \tag{IX.42}$$

计算 Λ，必须知道 $\partial F(\{\boldsymbol{\sigma}\},\{\boldsymbol{k}\})/\partial \boldsymbol{\sigma}$、$\partial P(\{\boldsymbol{\sigma}\},\{\boldsymbol{m}\})/\partial \boldsymbol{\sigma}$ 和 $\partial F(\{\boldsymbol{\sigma}\},\{\boldsymbol{k}\})/\partial \boldsymbol{k}$ 的大小。严格说来这些值应该用修正后的应力 $\{\boldsymbol{\sigma}_\mathrm{C}\}$、$\{\boldsymbol{k}_\mathrm{C}\}$ 计算。但是只有 Λ 确定后才能计算出修正后的应力，这与 9.6.2 小节 3 和附录 IX.2 节中应力积分回归算法类似，属于隐式情况，隐式问题有办法求解。该问题中，用次阶开始时(A 点)或结束时(B 点)的应力计算 $\partial F(\{\boldsymbol{\sigma}\},\{\boldsymbol{k}\})/\partial \boldsymbol{\sigma}$、$\partial P(\{\boldsymbol{\sigma}\},\{\boldsymbol{m}\})/\partial \boldsymbol{\sigma}$ 和 $F(\{\boldsymbol{\sigma}\},\{\boldsymbol{k}\})/\partial \boldsymbol{k}$ 就可以了，或者用两点处的加权平均值计算。大部分有限元计算中，将次阶误差允许值(*SSTOL*)设得很小，以避免大部分积分点在大多数次阶计算中出现屈服面偏移情况。如果屈服面发生偏移，由于偏移量(如 B 点处)一般很小，作者经验表明上述不同选择对结果影响较小。要注意的是如果次阶误差允许值 *SSTOL* 赋值不当，次阶结束时屈服面偏移较大，则此时的应力就在非法应力空间中。这时如果用次阶结束时(如 B 点)的应力计算 $\partial F(\{\boldsymbol{\sigma}\},\{\boldsymbol{k}\})/\partial \boldsymbol{\sigma}$、$\partial P(\{\boldsymbol{\sigma}\},\{\boldsymbol{m}\})/\partial \boldsymbol{\sigma}$ 和 $\partial F(\{\boldsymbol{\sigma}\},\{\boldsymbol{k}\})/\partial \boldsymbol{k}$，会产生巨大误差，并出现 9.4 节～9.6 节中介绍的各种问题，因此最好用次阶开始时(如 A 点)的应力计算。

得到 Λ 后，用方程式(IX.37)～式(IX.39)计算修正后的应力 $\{\boldsymbol{\sigma}_\mathrm{C}\}$、塑性应变 $\{\boldsymbol{\varepsilon}_\mathrm{C}^p\}$ 及硬化/软化参数 $\{\boldsymbol{k}_\mathrm{C}\}$。注意，$\Lambda$ 计算中忽略了泰勒展开式中的 Λ^2 项及高阶项，如果修正量较小，这样计算是可以的，但一般情况下要检查修正后的应力 $\{\boldsymbol{\sigma}_\mathrm{C}\}$ 和硬化/软化参数 $\{\boldsymbol{k}_\mathrm{C}\}$ 在误差允许 *YTOL* 范围内是否满足屈服条件 $F(\{\boldsymbol{\sigma}_\mathrm{C}\},\{\boldsymbol{k}_\mathrm{C}\})=0$。如果不满足，调整 Λ 后重复修正，可以用 $F(\{\boldsymbol{\sigma}_\mathrm{A}\},\{\boldsymbol{k}_\mathrm{A}\})$、$F(\{\boldsymbol{\sigma}_\mathrm{B}\},\{\boldsymbol{k}_\mathrm{B}\})$ 和 $F(\{\boldsymbol{\sigma}_\mathrm{C}\},\{\boldsymbol{k}_\mathrm{C}\})$ 简单线性插值的方法调整 Λ，不断调整 Λ 重新修正应力，直到修正后的应力 $\{\boldsymbol{\sigma}_\mathrm{C}\}$、$\{\boldsymbol{\varepsilon}_\mathrm{C}^p\}$ 和 $\{\boldsymbol{k}_\mathrm{C}\}$ 满足屈服条件 $|F(\{\boldsymbol{\sigma}_\mathrm{C}\},\{\boldsymbol{k}_\mathrm{C}\})| \leqslant YTOL$ 为止。

IX.1.6　非线性弹性性质

以上讨论中假设完全线性弹性，因此弹性矩阵 $[\boldsymbol{D}]$ 为常数。如果情况不是这

样，如非线性弹性，或者是第 5、7 和 8 章中介绍的其他弹性情况，IX. 1. 2 小节中介绍的计算方法要修改，特别是开始时沿应变增量对弹性矩阵积分应改为对非线性弹性矩阵$[\boldsymbol{D}]$积分，可以用 IX. 1. 3 小节中修正欧拉次阶算法计算，其中用非线性弹性矩阵$[\boldsymbol{D}]$代替弹塑性矩阵$[\boldsymbol{D}^{ep}]$。每一次阶计算结束后都要检查应力是否达到屈服值，如果达到屈服应力，用方程式(IX. 5)中割线算法(或其等价形式)计算次阶中的纯弹性部分，这样用前一次阶对应的值及次阶大小计算出 α。与弹塑性有关的应变增量剩余部分$(1-\alpha)\{\Delta\boldsymbol{\varepsilon}\}$可用类似于 IX. 1. 3 小节中介绍的方法计算，但计算$[\boldsymbol{D}^{ep}]$时要采用正确的非线性弹性矩阵$[\boldsymbol{D}]$。

附录 IX. 2　应力积分回归算法

IX. 2. 1　引言

9. 6 节及附录 IX. 1 节中讲到，修正牛顿-拉弗森法的关键步骤是沿应变增量对本构方程进行积分，计算出相应的应力增量。9. 6 节中提到应力积分有好几种方法，其中最准确的两种方法是次阶算法和回归算法。次阶算法已在附录 IX. 1 节中介绍了，这里介绍回归算法。

IX. 2. 2　综述

回归算法中，每级增量产生的塑性应变用该级增量结束时的应力计算，见 9. 6 节。问题就复杂在增量结束时的应力未知，因此这种方法有隐含性质。大多数方法要先进行弹性估算，然后用复杂的子迭代算法将应力调整到屈服面上，回归算法的基本步骤如下。

(1) 先作完全弹性假设，计算出与应变增量$\{\Delta\boldsymbol{\varepsilon}\}$对应的应力增量试算值$\{\Delta\boldsymbol{\sigma}\}^{\mathrm{tr}}$

$$\{\boldsymbol{\sigma}_1\}^{\mathrm{tr}}=\{\boldsymbol{\sigma}_o\}+[\boldsymbol{D}]\{\Delta\boldsymbol{\varepsilon}\} \tag{IX. 43}$$

式中，$[\boldsymbol{D}]$为弹性本构矩阵；$\{\boldsymbol{\sigma}_o\}$为该级增量开始时的总应力。正如上标 tr 表示的，$\{\boldsymbol{\sigma}\}^{\mathrm{tr}}$为试算值。

(2) 如果试算值没有超过屈服应力，即 $F(\{\boldsymbol{\sigma}_1\}^{\mathrm{tr}},\{\boldsymbol{k}\})\leqslant 0$，说明该值正确，既不会产生塑性应变增量(即$\{\Delta\boldsymbol{\varepsilon}^p\}=0$)，硬化参数也没有变化(即$\{\Delta\boldsymbol{k}\}=0$)。

(3) 如果该试算值大于屈服应力，即 $F(\{\boldsymbol{\sigma}_1\}^{\mathrm{tr}},\{\boldsymbol{k}\})>0$，则产生塑性应变。用塑性应变增量$\{\Delta\boldsymbol{\varepsilon}^p\}$引起的应力增量，计算总应力$\{\boldsymbol{\sigma}_f\}=\{\boldsymbol{\sigma}_o\}+\{\Delta\boldsymbol{\sigma}_f\}$和硬化参数$\{\boldsymbol{k}_f\}=\{\boldsymbol{k}_o\}+\{\Delta\boldsymbol{k}_f\}$要满足屈服条件 $F(\{\boldsymbol{\sigma}_f\},\{\boldsymbol{k}_f\})=0$。总应力和硬化参数用式(IX. 44)和式(IX. 45)计算

$$\{\boldsymbol{\sigma}_f\}=\{\boldsymbol{\sigma}_o\}+[\boldsymbol{D}](\{\Delta\boldsymbol{\varepsilon}\}-\{\Delta\boldsymbol{\varepsilon}^p\}) \tag{IX. 44}$$

$$\{\boldsymbol{k}_f\}=\{\boldsymbol{k}_o\}+\{\Delta\boldsymbol{k}\}(\{\boldsymbol{\sigma}_f\},\{\Delta\boldsymbol{\varepsilon}^p\}) \quad (\text{IX. }45)$$

第(3)步的关键是用应力$\{\boldsymbol{\sigma}_f\}$计算塑性应变增量$\{\Delta\boldsymbol{\varepsilon}^p\}$，由于$\{\boldsymbol{\sigma}_f\}$也取决于$\{\Delta\boldsymbol{\varepsilon}^p\}$(见方程式(IX. 45))，因此必须迭代求解。子迭代算法的目的是在收敛的前提下保证本构方程得到满足，但假定整个增量内的塑性应变取决于增量结束时的塑性势函数梯度。文献中有很多子迭代算法。作者研究认为(见 9.4 节、9.5 节及 9.7 节)，无论什么方法，重要的是最终结果不应依赖于非法应力的大小。早期的一些回归算法违反了这个原则，因而不正确。IX. 2.3 节介绍的 Ortiz 等(1986)算法就是其中一例，误差与非法应力大小有关。另外还将介绍 Borja 等(1990)提出的修正剑桥模型简化形式积分法，该方法中非法应力不会影响计算误差。

IX. 2.3　Ortiz & Simo 回归算法

为了得到满足屈服条件的塑性应变和应力修正量，Ortiz 和 Simo(1986)分级计算屈服后的塑性势函数 $P(\{\boldsymbol{\sigma}\},\{\boldsymbol{m}\})$、屈服函数 $F(\{\boldsymbol{\sigma}\},\{\boldsymbol{k}\})$及任意应力试算点$\{\boldsymbol{\sigma}_i\}^{\text{tr}}$($\{\boldsymbol{\sigma}_i\}^{\text{tr}}$为第 i 次试算应力)处的塑性势函数梯度，从而得到下次试算的塑性应变增量$\{\Delta\boldsymbol{\varepsilon}^p_{i+1}\}$及应力增量$\{\Delta\boldsymbol{\sigma}_{i+1}\}^{\text{tr}}$，这样一直计算直到应力回到屈服面上，如图 IX. 5 所示。

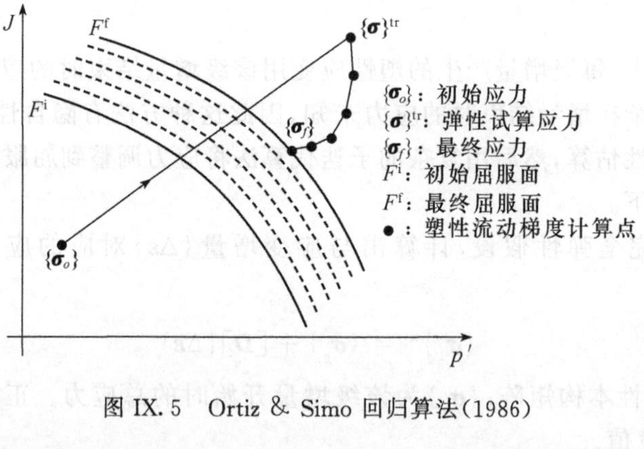

图 IX. 5　Ortiz & Simo 回归算法(1986)

为计算塑性应变，定义塑性乘子 Λ

$$\{\Delta\boldsymbol{\varepsilon}^p_{i+1}\}=\{\boldsymbol{\varepsilon}^p_{i+1}\}-\{\boldsymbol{\varepsilon}^p_i\}=\Lambda\left\{\frac{\partial P_i(\{\boldsymbol{\sigma}_i\}^{\text{tr}},\{\boldsymbol{m}_i\})}{\partial\boldsymbol{\sigma}}\right\} \quad (\text{IX. }46)$$

由方程式(IX. 44)得到对应的应力增量

$$\{\Delta\boldsymbol{\sigma}_{i+1}\}^{\text{tr}}=\{\boldsymbol{\sigma}_{i+1}\}^{\text{tr}}-\{\boldsymbol{\sigma}_i\}^{\text{tr}}=-[\boldsymbol{D}]\{\Delta\boldsymbol{\varepsilon}^p_{i+1}\}=-[\boldsymbol{D}]\Lambda\left\{\frac{\partial P_i(\{\boldsymbol{\sigma}_i\}^{\text{tr}},\{\boldsymbol{m}_i\})}{\partial\boldsymbol{\sigma}}\right\} \quad (\text{IX. }47)$$

在第 i 次试算应力、应变处将硬化/软化条件对 Λ 求导，得到硬化/软化参数变化值

$$\{\Delta \boldsymbol{k}_{i+1}\} = \{\boldsymbol{k}_{i+1}\} - \{\boldsymbol{k}_i\} = \Lambda\left\{\frac{\partial \boldsymbol{k}(\{\boldsymbol{\sigma}_i\}^{\mathrm{tr}}, \{\boldsymbol{\varepsilon}_i^p\})}{\partial \Lambda}\right\} \tag{IX. 48}$$

由方程式(IX. 47)和式(IX. 48)求出第 $i+1$ 次计算时的屈服函数 $F(\{\boldsymbol{\sigma}_{i+1}\}^{\mathrm{tr}}, \{\boldsymbol{k}_{i+1}\})$

$$\begin{aligned} & F(\{\boldsymbol{\sigma}_{i+1}\}^{\mathrm{tr}}, \{\boldsymbol{k}_{i+1}\}) \\ & = F(\{\boldsymbol{\sigma}_i\}^{\mathrm{tr}}, \{\boldsymbol{k}_i\}) + \frac{\partial F(\{\boldsymbol{\sigma}_i\}^{\mathrm{tr}}, \{\boldsymbol{k}_i\})}{\partial \boldsymbol{\sigma}}\{\Delta \boldsymbol{\sigma}_{i+1}\} + \frac{\partial F(\{\boldsymbol{\sigma}_i\}^{\mathrm{tr}}, \{\boldsymbol{k}_i\})}{\partial \boldsymbol{k}}\{\Delta \boldsymbol{k}_{i+1}\} \\ & = F(\{\boldsymbol{\sigma}_i\}^{\mathrm{tr}}, \{\boldsymbol{k}_i\}) - \frac{\partial F(\{\boldsymbol{\sigma}_i\}^{\mathrm{tr}}, \{\boldsymbol{k}_i\})}{\partial \boldsymbol{\sigma}}[\boldsymbol{D}]\Lambda\frac{\partial P(\{\boldsymbol{\sigma}_i\}^{\mathrm{tr}}, \{\boldsymbol{k}_i\})}{\partial \boldsymbol{\sigma}} \\ & \quad + \frac{\partial F(\{\boldsymbol{\sigma}_i\}^{\mathrm{tr}}, \{\boldsymbol{k}_i\})}{\partial \boldsymbol{k}}\Lambda\frac{\partial \boldsymbol{k}(\{\boldsymbol{\sigma}_i\}^{\mathrm{tr}}, \{\boldsymbol{\varepsilon}_i^p\})}{\partial \Lambda} \end{aligned} \tag{IX. 49}$$

为满足屈服条件 $F(\{\boldsymbol{\sigma}_{i+1}\}^{\mathrm{tr}}, \{\boldsymbol{k}_{i+1}\}) = 0$，令方程式(IX. 49)等于零，整理后得到

$$\Lambda = \frac{F(\{\boldsymbol{\sigma}_i\}^{\mathrm{tr}}, \{\boldsymbol{k}_i\})}{\dfrac{\partial F(\{\boldsymbol{\sigma}_i\}^{\mathrm{tr}}, \{\boldsymbol{k}_i\})}{\partial \boldsymbol{\sigma}}[\boldsymbol{D}]\dfrac{\partial P(\{\boldsymbol{\sigma}_i\}^{\mathrm{tr}}, \{\boldsymbol{k}_i\})}{\partial \boldsymbol{\sigma}} - \dfrac{\partial F(\{\boldsymbol{\sigma}_i\}^{\mathrm{tr}}, \{\boldsymbol{k}_i\})}{\partial \boldsymbol{k}}\dfrac{\partial \boldsymbol{k}(\{\boldsymbol{\sigma}_i\}^{\mathrm{tr}}, \{\boldsymbol{\varepsilon}_i^p\})}{\partial \Lambda}} \tag{IX. 50}$$

由方程式(IX. 47)、式(IX. 48)和式(IX. 50)得到下一次(第 $i+1$ 次)计算的应力 $\{\boldsymbol{\sigma}_{i+1}\}^{\mathrm{tr}}$ 和硬化参数 $\{\boldsymbol{k}_{i+1}\}$，并重新计算相应的屈服函数 $F(\{\boldsymbol{\sigma}_{i+1}\}^{\mathrm{tr}}, \{\boldsymbol{k}_{i+1}\})$。鉴于非线性本构方程，$F(\{\boldsymbol{\sigma}_{i+1}\}^{\mathrm{tr}}, \{\boldsymbol{k}_{i+1}\})$ 的值一般无须为零，只要在误差允许范围内 $F(\{\boldsymbol{\sigma}_{i+1}\}^{\mathrm{tr}}, \{\boldsymbol{k}_{i+1}\})$ 等于零就可以了。如果该值不等于零，用上述方法由该次计算值得到下一次计算值，重复计算直到应力满足屈服条件。

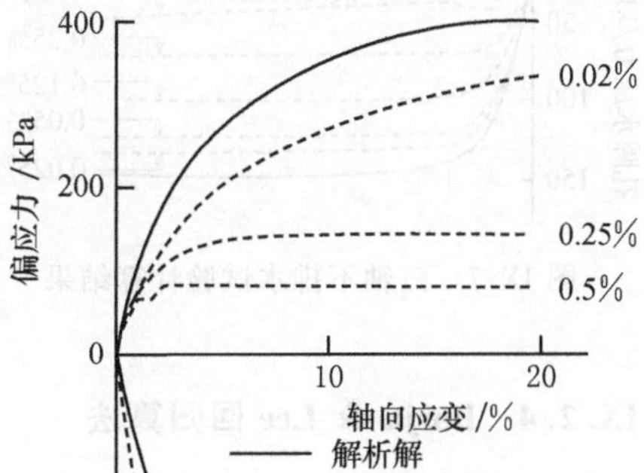

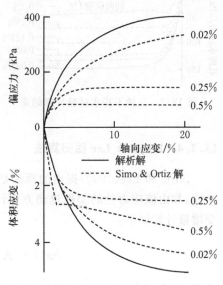

图 IX. 6　三轴排水试验计算结果

注意用该算法得到的最终结果包含非法应力空间中对屈服函数和塑性势函数导数的一系列估算，下面用修正牛顿-拉弗森法的回归算法计算 9.7.2 小节中介绍的三轴不排水和排水试验，进一步说明该过程中产生的误差。图 IX. 6 是排水试验的偏

应力、体积应变与轴向应变计算结果，图中每条线的标注表示每级增量施加的轴向应变大小，为对比起见，图中还给出了解析解。

表 IX.1 中列出了偏应力 q、破坏体积应变（对应于 20%轴向应变）及计算（CPU）时间。表中括号内的数字是用解析解百分比表示的计算误差。计算中采用的轴应变增量大小在各计算方法后面注明。这些结果可以与图 9.21、图 9.22 及图 9.26 的修正牛顿-拉弗森法次阶算法、切线刚度法和黏塑性法结果对比。结果对比显示，上述结果与黏塑性法结果相似，如果每级增量较大，得到的体积应变和偏应力偏低。同样增量情况下，计算结果不如切线刚度法准确。在满足精度前提下比较 CPU 耗时发现，该方法效率不高。这里的误差大小与 Ortiz 和 Simo (1986)计算其他问题得到的 34%误差差不多。

表 IX.1 Ortiz 和 Simo(1986)回归算法得到的三轴排水试验结果与 CPU 时间

计算方法及每级增量大小	q/kPa	体积应变/%	CPU 时间/s
解析解	390.1	5.18	
修正牛顿-拉弗森法（Ortiz 和 Simo 算法），0.25%	141.6(−67.3%)	2.67(−48.3%)	317
修正牛顿-拉弗森法（Ortiz 和 Simo 算法），0.02%	339.8(−12.9%)	4.69(−9.5%)	2697

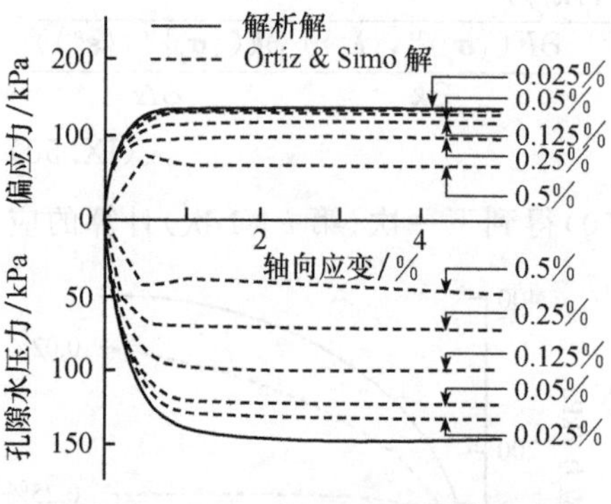

图 IX.7 三轴不排水试验计算结果

三轴不排水试验的孔压、偏应力与轴向应变关系如图 IX.7 所示，图中清楚地表明，每级增量大小对结果的准确性影响很大，这些结果可以与图 9.23 中的切线刚度法结果和图 9.25 中的黏塑性法结果进行比较。

Ortiz 和 Simo(1986)回归算法的误差原因与非法应力处的屈服函数和塑性势函数梯度有关。可以认为，分析像修正剑桥模型这样复杂的土体模型不宜用这种回归算法计算。

IX.2.4 Borja & Lee 回归算法

Borja 和 Lee(1990)提出的算法是通过迭代计算应力增量$\{\boldsymbol{\sigma}_f\}$，使之满足屈服条件，并由该应力处的塑性流动方向计算塑性应变增量，如图 9.18 所示。塑性应变增量计算如下：

$$\{\Delta\boldsymbol{\varepsilon}^p\} = \Lambda\left\{\frac{\partial P(\{\boldsymbol{\sigma}_f\},\{\boldsymbol{k}_f\})}{\partial\boldsymbol{\sigma}}\right\} \tag{IX.51}$$

式中，$P(\{\boldsymbol{\sigma}_f\},\{\boldsymbol{k}_f\})$为应力$\{\boldsymbol{\sigma}_f\}$处的塑性势函数。将塑性应变增量代入方程

式(IX.44)、式(IX.45)计算出$\{\boldsymbol{\sigma}_f\}$和$\{\boldsymbol{k}_f\}$。$\{\boldsymbol{\sigma}_f\}$大小应与方程式(IX.51)中一致，且$\{\boldsymbol{\sigma}_f\}$和$\{\boldsymbol{k}_f\}$应满足以下屈服条件：

$$F(\{\boldsymbol{\sigma}_f\},\{\boldsymbol{k}_f\}) = 0 \tag{IX.52}$$

对复杂本构模型，不容易得到同时满足方程式(IX.44)、式(IX.45)和式(IX.51)的$\{\boldsymbol{\sigma}_f\}$及$\{\boldsymbol{k}_f\}$，用该回归算法计算双屈服面模型尤其困难(Borja et al.，1990)。Borja 和 Lee(1990)提出了简化修正剑桥模型的迭代方法，即模型中 J-p'中的临界状态线斜率M_J 是常数。该方法用塑性乘子 Λ 表示$\{\boldsymbol{\sigma}_f\}$和$\{\boldsymbol{k}_f\}$，然后迭代求出满足屈服条件的 Λ。

屈服函数和塑性势函数方程可写为

$$F(\{\boldsymbol{\sigma}'\},\{\boldsymbol{k}\}) = P(\{\boldsymbol{\sigma}'\},\{\boldsymbol{m}\}) = \frac{J^2}{M_J^2} + p'(p' - p_o') = 0 \tag{IX.53}$$

屈服函数导数和塑性流动方向表示为

$$\begin{cases} \dfrac{\partial F(\{\boldsymbol{\sigma}\},\{\boldsymbol{k}\})}{\partial p'} = \dfrac{\partial P(\{\boldsymbol{\sigma}\},\{\boldsymbol{m}\})}{\partial p'} = 2p' - p_o' \\ \dfrac{\partial F(\{\boldsymbol{\sigma}\},\{\boldsymbol{k}\})}{\partial J} = \dfrac{\partial P(\{\boldsymbol{\sigma}\},\{\boldsymbol{m}\})}{\partial J} = \dfrac{2J}{M_J^2} \\ \dfrac{\partial F(\{\boldsymbol{\sigma}\},\{\boldsymbol{k}\})}{\partial p_o} = \dfrac{\partial P(\{\boldsymbol{\sigma}\},\{\boldsymbol{m}\})}{\partial p_o} = -p' \end{cases} \tag{IX.54}$$

将方程式(IX.54)代入方程式(IX.51)，并将其分为塑性体积应变 ε_v^p 和塑性偏应变 E_d^p 两部分

$$\begin{cases} \Delta\varepsilon_v^p = \Lambda \dfrac{\partial P(\{\boldsymbol{\sigma}'\},\{\boldsymbol{m}\})}{\partial p'} = \Lambda(2p' - p_o') \\ \Delta E_d^p = \Lambda \dfrac{\partial P(\{\boldsymbol{\sigma}'\},\{\boldsymbol{m}\})}{\partial J} = \Lambda \dfrac{2J}{M_J^2} \end{cases} \tag{IX.55}$$

把方程式(IX.55)代入方程式(IX.44)，得到球应力分量和偏应力分量两部分

$$p' = p'^{\text{tr}} - K\Delta\varepsilon_v^p = p'^{\text{tr}} - K\Lambda(2p' - p_o') = \frac{p'^{\text{tr}} + K\Lambda p_o'}{1 + 2K\Lambda} \tag{IX.56}$$

$$J = J^{\text{tr}} - \sqrt{3}G\Delta E_d^p = J^{\text{tr}} - \sqrt{3}G\Lambda\frac{2J}{M_J^2} = \frac{J^{\text{tr}}}{1 + \dfrac{2\sqrt{3}G\Lambda}{M_J^2}} \tag{IX.57}$$

式中，p'^{tr}、J^{tr}分别为弹性试算值$\{\boldsymbol{\sigma}\}^{\text{tr}}$的球应力和偏应力部分；$K$、$G$ 分别为弹性体积模量和剪切模量。注意方程式(IX.56)及式(IX.57)中用于求解 p'和 J 的流动方向就是 p'和 J 处的流动方向。

该方法假定所有应变路径上 K、G 为常数，这样可以用于简化控制方程，p'和

J 可直接表示为 Λ、试算应力 p'^{tr} 和 J^{tr} 的函数。其中 K 和 G 由初始应力计算

$$K = \frac{v}{\kappa} p'^{i} \quad 及 \quad G = g p_o'^{i} \tag{IX. 58}$$

式中，p'^{i} 和 J^{i} 分别为初始应力 $\{\boldsymbol{\sigma}_o\}$ 的球应力和偏应力分量，$p_o'^{i}$ 为初始硬化参数。

弹性试算值 p'^{tr} 和 J^{tr} 也用 K 和 G 计算。硬化法则为

$$\Delta p_o' = \xi p_o' \Delta\varepsilon_v^p \quad \left(其中\ \xi = \frac{v}{\lambda - \kappa}\right) \tag{IX. 59}$$

对方程式(IX. 59)积分，并代入方程式(IX. 55)和式(IX. 56)得到

$$p_o' = p_o'^{i} \mathrm{e}^{\xi \Delta \varepsilon_v^p} = p_o'^{i} \mathrm{e}^{\xi \Lambda (2p' - p_o')} = p_o'^{i} \mathrm{e}^{\xi \Lambda \frac{2p'^{tr} - p_o'}{1 + 2\Lambda K}} \tag{IX. 60}$$

这样 p'、p_o' 和 J 都用 Λ 表示。Λ 可以用牛顿迭代法计算，第 $i+1$ 次迭代时满足屈服条件的 p'、p_o' 和 J 所对应的 Λ 为

$$\Lambda_{i+1} = \Lambda_i - F_i(\{\boldsymbol{\sigma}'\},\{\boldsymbol{k}\}) \left\{ \frac{\partial F_i(\{\boldsymbol{\sigma}'\},\{\boldsymbol{k}\})}{\partial \Lambda} \right\}^{-1} \tag{IX. 61}$$

式中，Λ_i、Λ_{i+1} 分别为第 i 和第 $i+1$ 次迭代对应的 Λ；$F_i(\{\boldsymbol{\sigma}'\},\{\boldsymbol{k}\})$ 为第 i 次迭代的屈服函数值。

与此 Λ 对应的 p'、p_o' 和 J 可分别由方程式(IX. 56)、式(IX. 60)和式(IX. 57)计算，代入方程式(IX. 53)后如果屈服函数 F_{i+1}（在误差允许值范围 $YTOL$ 内）等于零，则这些值是正确的，否则重复上述步骤直至满足屈服准则。牛顿迭代法的计算步骤见表 IX. 2。

表 IX. 2　计算屈服函数 $F=0$ 的局部牛顿算法

步　骤	内　容
1	初始化 $i=0$，$\Lambda_i=0$
2	分别由方程式(IX. 56)、式(IX. 60)和式(IX. 57)求出与 Λ 对应的 p'、p_o' 和 J，用表 IX. 3 中方法解方程式(IX. 60)
3	由方程式(IX. 53)计算 $F_i(\{\boldsymbol{\sigma}'\},\{\boldsymbol{k}\})$
4	如果 $\lvert F_i(\{\boldsymbol{\sigma}'\},\{\boldsymbol{k}\})\rvert < YTOL$，计算结束；否则继续
5	由方程式(IX. 61)计算 Λ_{i+1}
6	$i=i+1$，回到步骤 2

方程式(IX. 61)中屈服函数导数用第 i 次迭代应力计算，可由以下方程导出：

$$\frac{\partial F(\{\boldsymbol{\sigma}'\},\{\boldsymbol{k}\})}{\partial \Lambda} = \frac{\partial F(\{\boldsymbol{\sigma}'\},\{\boldsymbol{k}\})}{\partial p'} \frac{\partial p'}{\partial \Lambda} + \frac{\partial F(\{\boldsymbol{\sigma}'\},\{\boldsymbol{k}\})}{\partial J} \frac{\partial J}{\partial \Lambda} + \frac{\partial F(\{\boldsymbol{\sigma}'\},\{\boldsymbol{k}\})}{\partial p_o'} \frac{\partial p_o'}{\partial \Lambda} \tag{IX. 62}$$

方程式(IX. 56)

$$p' = p'^{\mathrm{tr}} - K\Lambda(2p' - p'_o)$$

对 Λ 求导数，得到

$$\frac{\partial p'}{\partial \Lambda} = -K(2p' - p'_o) - 2K\Lambda\frac{\partial p'}{\partial \Lambda} + K\Lambda\frac{\partial p'_o}{\partial \Lambda} \tag{IX. 63}$$

整理后有

$$\frac{\partial p'}{\partial \Lambda}\left(\frac{1}{K} + 2\Lambda\right) - \Lambda\frac{\partial p'_o}{\partial \Lambda} = -(2p' - p'_o) \tag{IX. 64}$$

方程式(IX. 60)

$$p'_o = p'^{i}_o \mathrm{e}^{\xi\Lambda(2p' - p'_o)}$$

对 Λ 求导数，有

$$\frac{\partial p'_o}{\partial \Lambda} = p'_o\xi\left(2p' - p'_o + 2\Lambda\frac{\partial p'}{\partial \Lambda} - \Lambda\frac{\partial p'_o}{\partial \Lambda}\right) \tag{IX. 65}$$

整理得到

$$\frac{\partial p'_o}{\partial \Lambda}\left(\frac{1}{\xi p'_o} + \Lambda\right) - 2\Lambda\frac{\partial p'}{\partial \Lambda} = 2p' - p'_o \tag{IX. 66}$$

联立方程式(IX. 64)和式(IX. 66)

$$\frac{\partial p'}{\partial \Lambda}\left(\frac{1}{K} + 2\Lambda\right) - \Lambda\frac{\partial p'_o}{\partial \Lambda} = -\frac{\partial p'_o}{\partial \Lambda}\left(\frac{1}{\xi p'_o} + \Lambda\right) + 2\Lambda\frac{\partial p'}{\partial \Lambda} \tag{IX. 67}$$

简化后，得到

$$\frac{\partial p'_o}{\partial \Lambda} = -\frac{\xi p'_o}{K}\frac{\partial p'}{\partial \Lambda} \tag{IX. 68}$$

将方程式(IX. 68)代入方程式(IX. 64)后，有

$$\frac{\partial p'}{\partial \Lambda} = -\frac{K(2p' - p'_o)}{1 + \Lambda(2K + \xi p'_o)} \tag{IX. 69}$$

将上述方程代入方程式(IX. 68)，得到

$$\frac{\partial p'_o}{\partial \Lambda} = \xi p'_o\frac{2p' - p'_o}{1 + \Lambda(2K + \xi p'_o)} \tag{IX. 70}$$

方程式(IX. 57)

$$J = \frac{J^{\mathrm{tr}}}{1 + \dfrac{2\sqrt{3}G\Lambda}{M_J^2}}$$

对 Λ 求导数

$$\frac{\partial J}{\partial \Lambda}=-\frac{2\sqrt{3}G}{M_J^2}\frac{J^{\mathrm{tr}}}{\left(1+\frac{2\sqrt{3}G\Lambda}{M_J^2}\right)^2}=-\frac{J}{\frac{M_J^2}{2\sqrt{3}G}+\Lambda} \tag{IX. 71}$$

将方程式(IX. 54)、式(IX. 69)、式(IX. 70)和式(IX. 71)代入方程式(IX. 62)中

$$\frac{\partial F(\{\boldsymbol{\sigma}'\},\{\boldsymbol{k}\})}{\partial \Lambda}=-(2p'-p'_o)\frac{K(2p'-p'_o)+\xi p'p'_o}{1+\Lambda(2K+\xi p'_o)}-\frac{2J^2}{M_J^2\left(\frac{M_J^2}{2\sqrt{3}G}+\Lambda\right)} \tag{IX. 72}$$

可以用式(IX. 72)计算方程式(IX. 61)。

解方程式(IX. 60)得到 p'_o 并非易事，因为方程两侧均含有 p'_o。Borja 和 Lee (1990)用牛顿迭代法求解此方程。定义函数 H

$$H=p'^{\mathrm{i}}_o \mathrm{e}^{\xi\Lambda\frac{2p'^{\mathrm{tr}}-p'_o}{1+2K\Lambda}}-p'_o \tag{IX. 73}$$

对任意 Λ，用正确的 p'_o 计算均得到 H 等于零。与求解满足屈服条件的 Λ 相似，要用迭代法解。这意味着对第 $j+1$ 次迭代，有

$$p'_{o(j+1)}=p'_{o(j)}-H_j\left(\frac{\partial H_j}{\partial p'_o}\right)^{-1} \tag{IX. 74}$$

式中，$p'_{o(j)}$、$p'_{o(j+1)}$ 分别为第 j 和第 $j+1$ 次迭代的 p'_o；H_j 为第 j 次迭代的 H。

对方程式(IX. 73)求导可获得方程式(IX. 74)中的偏导数

$$\frac{\partial H}{\partial p'_o}=-\frac{\xi\Lambda}{1+2K\Lambda}p'^{\mathrm{i}}_o \mathrm{e}^{\xi\Lambda\frac{2p'^{\mathrm{tr}}-p'_o}{1+2K\Lambda}}-1 \tag{IX. 75}$$

如果方程式(IX. 74)求出的 $p'_{o(j+1)}$ 在允许误差 $HTOL$ 内使 H_{j+1} 等于零，则该值正确；否则重复以上步骤直至条件满足。该迭代过程是主循环内的嵌套循环，主循环是计算满足屈服方程的 p'、p'_o 和 J 对应的 Λ。嵌套迭代用表 IX. 3 中的步骤表示。

表 IX. 3　计算 $H=0$ 的局部牛顿算法子程序

步　骤	内　容	步　骤	内　容
1	初始化 $j=0$，$p'_{o(j)}=p'^{\mathrm{i}}_o$	4	由方程式(IX. 74)计算 $p'_{o(j+1)}$
2	由方程式(IX. 73)计算 H_j	5	$j=j+1$，回到步骤 2
3	如果 $\lvert H_j\rvert < HTOL$，转到步骤 6，否则继续	6	$p'_{o(j)}$ 即为表 IX. 2 中步骤 2 所需的值，返回

上面提到，该算法假定每级增量中弹性参数为常数，并由每级增量开始时的初始应力计算。修正剑桥模型中弹性体积模量和剪切刚度在增量中均会变化，因此上述方法只是近似计算。鉴于此，Borja(1991)进一步拓展了以前的算法，使之可

以处理非线性弹性问题中的一种限定形式。在修正牛顿-拉弗森法中，用这样的方法计算比 Otize & Simo 算法更准确，附录 IX. 3 节中将结果与附录 IX. 1 节中次阶算法结果作了比较。Borja 和 Lee(1990)及 Borja(1991)算法的缺点是，假设屈服面和塑性势面的临界状态线斜率 M_J 不变，并据此形成以平均有效应力为对称轴的旋转面。正如 7.9.2 小节所述，这严重限制了模型的应用。原则上回归算法可以计算随应力洛德角 θ 变化的修正剑桥模型，因此需要对算法进行重大修正。实际上回归算法的一个主要缺陷是计算中要对每个本构模型分别进行处理，不可能有一个通用的算法计算所有形式的非线性本构模型。而且对多重屈服面、非线性弹性和边界面塑性模型，虽然不是不可能，但很难用回归算法计算，该方面的研究工作正在进行，希望将来取得新的进展。需要指出的是，次阶算法不存在上述缺陷。

附录 IX. 3　次阶算法与回归算法比较

IX. 3. 1　概要

修正牛顿-拉弗森非线性算法的关键是本构方程对有限的应变步长积分，进行这种积分的算法称为应力点算法，附录 IX. 1 节和附录 IX. 2 节中介绍了这两种算法，即次阶算法和回归算法。本节中采用 9.7.2 小节理想三轴不排水和排水试验结果以及 9.7.5 小节中桩基问题计算结果，对这两种算法进行比较。

IX. 3. 2　基本比较

本节对比分析理想三轴(即不考虑端部效应)不排水和排水试验的次阶算法、常弹性模量回归算法和变弹性模量回归算法结果，试验情况在 9.7.2 小节中已经介绍过，计算采用修正剑桥模型，计算参数和初始应力条件也已经在 9.7.2 小节中给出。

1. 三轴不排水试验

三轴不排水试验的正确解析解在附录 VII. 2 节中已给出，相关方程为式(VII. 29)、式(VII. 30)、式(VII. 31)、式(VII. 33)和式(VII. 39)。另外也可以得到回归算法常弹性模量和变弹性模量的解析解。

1) 常弹性模量回归算法

计算任意 p'^{f} 处的 E_d^p、J^{f} 和 $p_o'^{\mathrm{f}}$ 就可以求得解答，这里上标“f”表示增量结束。于是弹性模量 K 和 G 用式(IX. 76)计算

$$K=\frac{v}{\kappa}p'^{\mathrm{i}},\quad G=gp_o'^{\mathrm{i}} \tag{IX. 76}$$

式中，上标“i”表示增量开始。

不排水加载增量中,弹性体积应变 ε_v^e 与塑性体积应变 ε_v^p 大小相等,符号相反。它们都可由 K 计算得到

$$\varepsilon_v^e = \frac{p'^{\mathrm{f}} - p'^{\mathrm{i}}}{K} = -\varepsilon_v^p \tag{IX.77}$$

于是 $p_o'^{\mathrm{f}}$ 计算如下:

$$p_o'^{\mathrm{f}} = p_o'^{\mathrm{i}} e^{\varepsilon_v^p \frac{v}{\lambda-\kappa}} \tag{IX.78}$$

整理方程式(VII.9),则 J^{f} 表示为

$$J^{\mathrm{f}} = M_J \sqrt{p'^{\mathrm{f}}(p_o'^{\mathrm{f}} - p'^{\mathrm{f}})} \tag{IX.79}$$

由方程式(VII.10),塑性偏应变 E_d^p 定义为

$$E_d^p = \frac{\partial P(\{\boldsymbol{\sigma}'\},\{\boldsymbol{m}\})}{\partial J}\left(\frac{\partial P(\{\boldsymbol{\sigma}'\},\{\boldsymbol{m}\})}{\partial p'}\right)^{-1}\varepsilon_v^p = \frac{2J^{\mathrm{f}}}{M_J^2(p_o'^{\mathrm{f}} - 2p'^{\mathrm{f}})}\varepsilon_v^p \tag{IX.80}$$

由 G 得到弹性偏应变 E_d^p

$$E_d^p = \frac{J^{\mathrm{f}} - J^{\mathrm{i}}}{\sqrt{3}G} \tag{IX.81}$$

总偏应变表示为

$$E_d = E_d^e + E_d^p = \frac{J^{\mathrm{f}} - J^{\mathrm{i}}}{\sqrt{3}G} + \frac{2J^{\mathrm{f}}}{M_J^2(p_o'^{\mathrm{f}} - 2p'^{\mathrm{f}})}\varepsilon_v^p \tag{IX.82}$$

2) 变弹性模量回归算法

除了方程式(IX.77)和式(IX.81)需要替换外,可以用上述方程得到变弹性模量解答。对于非线性弹性刚度而言,计算弹性应变 ε_v^e 和弹性偏应变 E_d^e 的这两个方程,是显式线性近似计算。变弹性模量的应变计算方程由以下理论推导得到。

方程式(IX.77)替代为(见方程式(VII.16))

$$\varepsilon_v^e = \frac{\kappa}{\lambda}\ln\frac{p'^{\mathrm{f}}}{p'^{\mathrm{i}}} = -\varepsilon_v^p \tag{IX.83}$$

方程式(IX.81)用方程式(VII.33)代替。

图 IX.8(a)和图 IX.9(a)是不同应力点算法得到的结果与真解对比图。图中给出了孔隙水压力及偏应力 q 随轴向应变的变化。每种应力点算法都进行了多次计算,每次均用单级轴向应变增量计算,不同计算中采用的增量大小不同。

不排水(体积不变)试验中径向应变和轴向应变的比值是常数,由于应变按比例变化,次阶算法的结果是正确的,且不依赖于施加的应变增量大小。从图 IX.8(a)和图 IX.9(a)中也可以看出这一点,次阶算法和解析解结果并无差异且在同一曲线上。

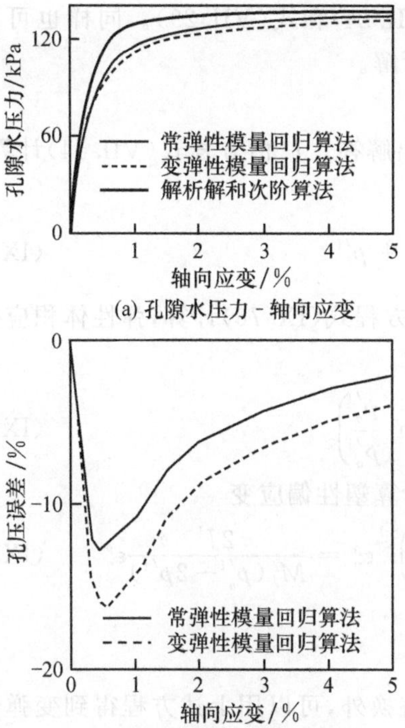

(a) 孔隙水压力-轴向应变

(b) 孔隙水压力计算误差

图 IX.8　三轴不排水试验计算结果

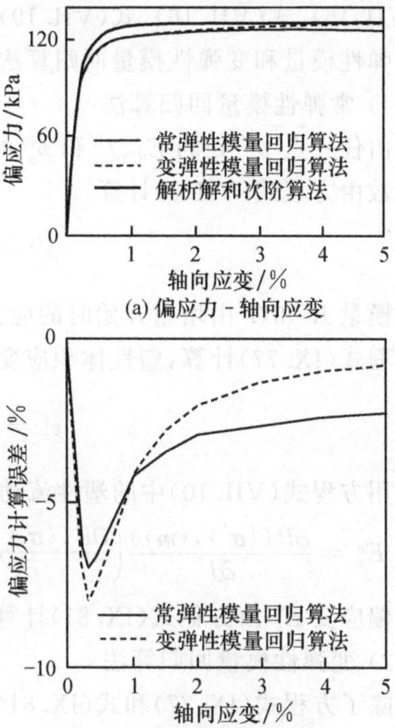

(a) 偏应力-轴向应变

(b) 偏应力计算误差

图 IX.9　三轴不排水试验计算结果

上述常弹性模量及变弹性模量回归算法计算公式得到的结果也在图 IX.8(a)和图 IX.9(a)中示出。这些结果与真解差别很大，孔隙水压力和偏应力都被低估了，随着应变增量的增加，误差先增加后减小，如图 IX.8(b)和图 IX.9(b)所示。孔隙水压力和偏应力与真解的误差百分比随轴向应变的变化也表示在图 IX.8(b)和图 IX.9(b)中，由图可见，结果与真解相差很大。常弹性模量计算中孔隙水压力的误差最大达到 13%，偏应力误差为 7%；变弹性模量计算中误差更大，分别为 16%和 8%。

首先，令人感到奇怪的是应变增量较大时误差反而降低。仔细研究发现，应变增量较大时，增量结束时产生的塑性应变也较大，此时应力状态接近于临界应力状态，这时隐式回归算法中的假定比较合理，于是误差也会降低。

另一个反常就是不太严格的常弹性模量计算结果却较准确。仔细分析后发现，这是误差补偿的结果。常弹性模量法用增量开始时的应力计算，导致材料刚度增量中弹性刚度较大，这在一定程度上弥补了隐式回归算法假定引起的塑性应变较小的影响。

2. 三轴排水试验

三轴排水试验解析解已在附录 VII.2 节中给出，相关方程是式(VII.14)、式(VII. 15)、式(VII. 16)、式(VII. 19)、式(VII. 24)和式(VII. 29)。同样也可以得到常弹性模量和变弹性模量回归算法的解析解。

1) 常弹性模量回归算法

由任一点 p'^{f} 处的 E_d、J^{f} 和 $p_o'^{\mathrm{f}}$可以求出解答。J^{f} 由方程式(VII. 14)计算,硬化参数由方程式(VII. 9)计算

$$p_o'^{\mathrm{f}} = \frac{(J^{\mathrm{f}})^2}{M_J^2 p'^{\mathrm{f}}} + p'^{\mathrm{f}} \tag{IX. 84}$$

弹性模量 K 和 G 由增量开始时的应力值用方程式(IX. 76)计算,弹性体积应变 ε_v^e 用方程式(IX. 77)计算,塑性体积应变 ε_v^p 为

$$\varepsilon_v^p = \frac{v}{\lambda - \kappa}\ln\left(\frac{p_o'^{\mathrm{f}}}{p_o'^{\mathrm{i}}}\right) \tag{IX. 85}$$

用方程式(VII. 10)中的塑性流动方向计算塑性偏应变

$$E_d^p = \frac{\partial P(\{\boldsymbol{\sigma}'\},\{\boldsymbol{m}\})}{\partial J}\left(\frac{\partial P(\{\boldsymbol{\sigma}'\},\{\boldsymbol{m}\})}{\partial p'}\right)^{-1}\varepsilon_v^p = \frac{2J^{\mathrm{f}}}{M_J^2(p_o'^{\mathrm{f}} - 2p'^{\mathrm{f}})}\varepsilon_v^p \tag{IX. 86}$$

弹性偏应变 E_d^e 由方程式(IX. 81)计算。

2) 变弹性模量回归算法

除了方程式(IX. 77)和式(IX. 81)需要替换外,可以用上述方程得到变弹性模量解答。计算弹性应变 ε_v^e 和弹性偏应变 E_d^e 的这两个方程对非线性弹性刚度而言,是显式线性近似计算。变弹性模量方程由理论推导得到,即用方程式(IX. 83)代替式(IX. 77),用式(VII. 19)代替式(IX. 81)。

图 IX. 10 和图 IX. 11 是不同应力点算法结果与真解对比图,图中反映了偏应力和体积应变随轴向应变的变化。用单级轴向应变增量对每种方法进行了多次计算,每次计算时变化轴向应变增量大小,所有计算中径向总应力和孔隙水压力保持不变。

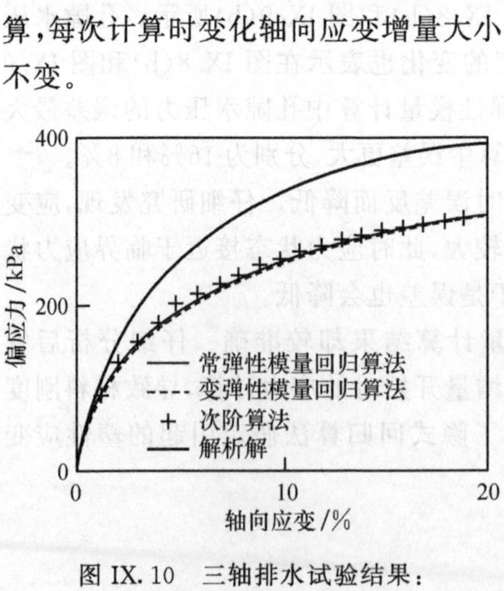

图 IX. 10　三轴排水试验结果:偏应力与轴向应变关系

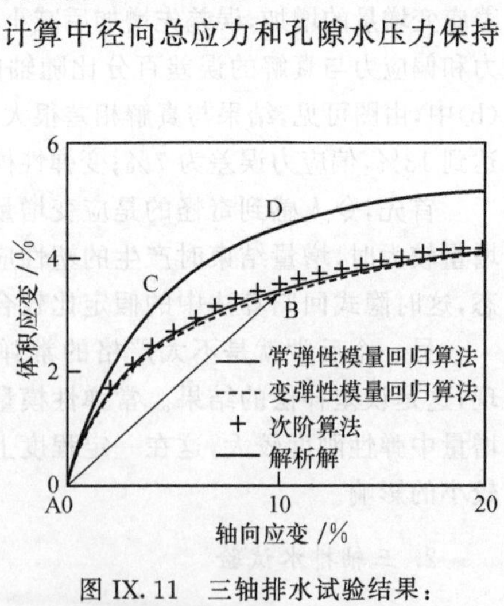

图 IX. 11　三轴排水试验结果:体积应变与轴向应变关系

四节点单元、单点积分有限元的次阶算法结果如图 IX.10 和图 IX.11 所示，图中不同符号表示不同的算法结果。与三轴不排水试验结果不同，次阶算法结果与理论解之间有较大差别。从图IX.11中的理论解可以看到，整个试验过程中轴向应变和径向应变按比例变化，但次阶算法中二者没有按比例变化。例如，轴向应变增量 10％的计算中次阶算法假设“按比例的应变”路径是图 IX.11 中 AB 段，它与正确的路径 ACD 有着巨大的差别。误差是本构方程沿“按比例的应变”路径 AB，而不是沿正确路径 ACD 积分造成的，如图IX.12 所示，图中可看出径向总应力随轴向应变的变化，这也说明尽管径向应力在增量开始和结束时与加荷边界条件 200kPa 一致，但增量计算过程中却有很大偏差，而本构方程沿应变路径 ACD 积分得到的径向总应力一直为 200kPa。

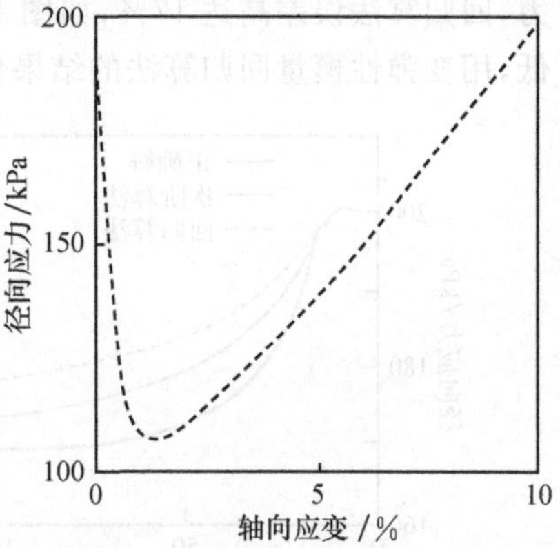

图 IX.12 径向应力与轴向应变关系

上述常弹性模量及变弹性模量回归算法的解析解计算结果也在图 IX.10 和图 IX.11 中示出，它们与次阶算法得到的结果相似，与理论解相差很大。

IX.3.3 桩基问题

该问题考虑排水条件下，单桩加载时桩周土体应力的变化，计算时以直径 7.5mm 的一截不可压缩桩段为例。9.7.5 小节中介绍了类似的问题。计算采用修正剑桥模型，土体参数和初始条件列于表 IX.4 中。

表 IX.4 桩基问题中的土体计算参数

初始固结线上单位压力比体积 v_1	3.765	弹性剪切模量 G	18000kPa
v-lnp'中初始固结线斜率 λ	0.25	初始超固结比 p'_o/p'	1.1136
v-lnp'中回弹线斜率 κ	0.05	初始径向与环向有效应力 σ'_r和 σ'_θ	200kPa
J-p'中临界状态线斜率 M_J	0.52	初始竖向有效应力 σ'_a	286kPa

作者用自己编写的有限元程序 ICFEP 对这个问题进行了计算，程序中可以选择不同的应力点算法。对于本问题，可以用附录 IX.1 节介绍的次阶算法，也可以用附录 IX.2 节中 Borja 和 Lee(1990)提出的常弹性模量回归算法计算。程序中不含修正剑桥模型的变弹性模量回归算法，但可以用常弹性算法结果定性估计。

每一种算法都进行了一系列计算，每次计算中荷载以单级竖向位移增量施加，不同计算中竖向位移增量大小不同，计算结果与多级小增量得到的正确解进行对比，不论哪种应力点算法，用很小的增量计算得到的结果均相似。

径向有效应力σ_r'、桩周剪应力τ随桩身位移的变化如图 IX. 13(a)和图 IX. 14(a)所示。与真解相比,不同应力点算法结果都有误差,且误差随增量大小先增加后减小,如图 IX. 13(b)和图 IX. 14(b)所示,图中给出了径向有效应力σ_r'和剪应力τ与真解的误差百分比随桩身位移的变化。回归算法误差比次阶算法大,特别是剪应力,回归算法误差高达 17%,如图 IX. 14 所示。加荷后桩体平均有效应力逐渐降低,用变弹性模量回归算法的结果偏低,误差也就更大。

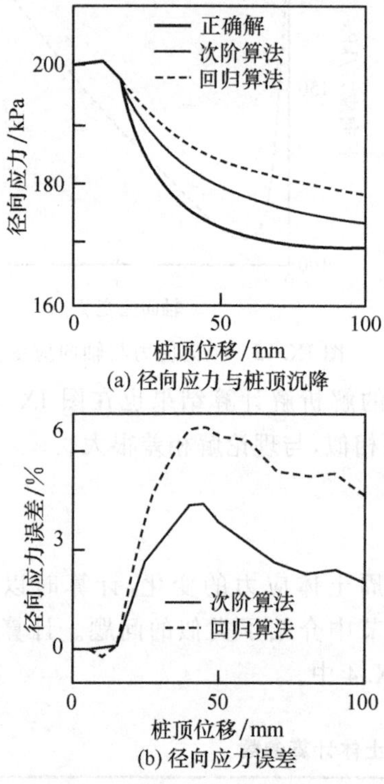

图 IX. 13

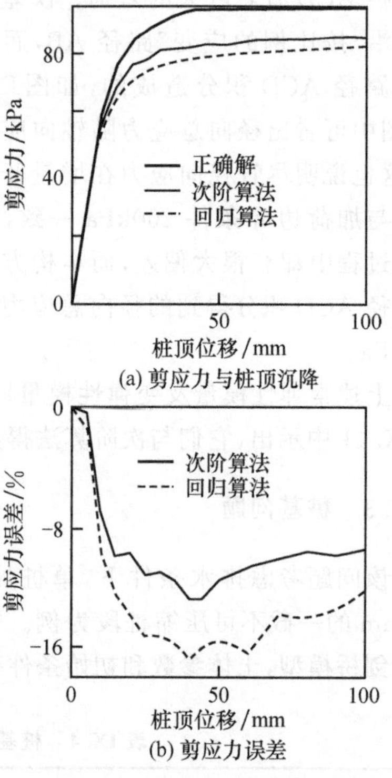

图 IX. 14

本问题的计算结果和三轴不排水试验结果的一个重要特征是,两种应力点算法的误差不随增量大小的增加而单调增加,这个特点意味着研究增量大小的影响时要高度警惕,要在很大的增量范围内进行检查。

IX. 3. 4　一致切线算子

Borja 和 Lee(1990)及 Borja(1991)建议在牛顿-拉弗森法中采用一致切线算子$[\boldsymbol{D}]^{con}$可以使收敛呈二次方快速逼近。这需要在牛顿-拉弗森法每级增量的每一次迭代中用一致切线算子$[\boldsymbol{D}]^{con}$重新计算刚度矩阵,第i级增量中第$j+1$次迭代$[\boldsymbol{D}]^{con}$表示为

$$[\boldsymbol{D}]^{\text{con}} = \frac{\delta \sigma_i^j}{\delta \varepsilon_i^j} \tag{IX.87}$$

式中，σ_i^j 为第 i 级增量中第 j 次迭代结束时回归算法得到的应力；ε_i^j 为第 i 级增量第 j 次迭代施加的应变增量。$[\boldsymbol{D}]^{\text{con}}$ 是回归算法中的一个函数矩阵，一般来说是不对称的，但增量开始时(即 $j=0, \varepsilon_i^0=0$)，$[\boldsymbol{D}]^{\text{con}}$ 等于材料的弹塑性矩阵 $[\boldsymbol{D}^{ep}]$。如果用相关联的本构模型计算，则弹塑性矩阵为对称阵，容易引起混淆的是为何 $[\boldsymbol{D}]^{\text{con}}$ 要与 $[\boldsymbol{D}^{ep}]$ 不同，为何对于相关联材料的 $[\boldsymbol{D}]^{\text{con}}$ 一般是不对称的。Zienkiewicz 等(1991)指出 $[\boldsymbol{D}]^{\text{con}}$ 与 $[\boldsymbol{D}^{ep}]$ 不同颇令人费解，计算中无法决定是用 $[\boldsymbol{D}]^{\text{con}}$ 还是 $[\boldsymbol{D}^{ep}]$。

$[\boldsymbol{D}]^{\text{con}}$ 与 $[\boldsymbol{D}^{ep}]$ 的区别归结于与 $[\boldsymbol{D}]^{\text{con}}$ 相关的回归算法所作假定带来的误差，在图 IX.8(a)和图 IX.9(a)所示的应力-应变图中，$[\boldsymbol{D}]^{\text{con}}$ 与回归算法结果的切向梯度有关，而 $[\boldsymbol{D}^{ep}]$ 与图中理论解的切向梯度有关。显然，如果回归算法能够对材料本构方程进行准确积分，而且得到正确的理论解，那么 $[\boldsymbol{D}]^{\text{con}}$ 和 $[\boldsymbol{D}^{ep}]$ 就没有区别了。

IX.3.5　结论

次阶算法和回归算法都试图沿修正牛顿-拉弗森法得到的应变增量对本构方程进行积分。为了能正确积分，必须知道每级增量中应变分量的变化。很遗憾，修正牛顿-拉弗森法无法得到增量过程中应变的变化，于是需要作进一步假设。应力点算法与这个假定有本质不同。

次阶算法中假设每级增量中应变按比例变化(即各应变分量比例固定不变)，本构方程沿这样的应变路径积分。若这样的假设成立，那么该积分法的结果是准确的，如果假定不成立，就会产生误差。

回归算法每级增量中的塑性应变由增量结束时的塑性势函数和应力来计算。如果塑性流动方向在增量过程中不变，这样近似计算才有效，这个条件比次阶算法中"应变按比例变化"更严格。

附录中介绍了两种回归算法，一种假设每级增量中弹性模量为常数，另一种假设弹性模量为变量，两种算法的误差差不多，通常情况下不是很严格的常弹性模量回归算法结果更准确，这是误差补偿的结果。

附录中还分析比较了简单理想三轴试验的理论解及桩基问题的有限元计算结果，对于这些问题的研究结论是，同样的增量大小，次阶算法比回归算法更准确；随着增量减小，两种算法的结果相近并与理论解或正确解一致。

第10章 渗流和固结

10.1 引　言

前面几章的分析都限于土体完全排水或不排水的情况。虽然很多问题用这两个极端条件或其中之一能够得到解决，但土体的真实性状往往与时间相关，土中孔隙水压力的响应也依赖于土体的渗透性、加荷速率和水力边界条件，所以渗流方程必须与平衡方程和本构方程结合。本章简要介绍了这种耦合方法的原理，并给出了有限元方程，接着展示了如何从一般的固结方程得到稳态渗流方程，然后讨论了与岩土工程有关的水力边界条件。本章还给出了一些非线性渗透系数模型，并对自由渗流的数值计算进行了简短讨论，最后介绍了一个耦合有限元分析算例。

10.2 概　述

目前为止本书介绍的理论仍限于完全排水或不排水情况下土体性状研究。虽然许多岩土工程问题可以通过这两种极端条件得到解决，但土体的实际性状往往与时间相关，土中孔隙水压力的响应依赖于土体的渗透性、加荷速率和水力边界条件等。考虑到土体的这种特点，有必要将土体骨架中孔隙水流动控制方程和加载引起的土体变形控制方程结合起来，这样的理论称为耦合理论，因为它耦合了孔隙水的变化和土体应力-应变性状。

本章一开始提出了耦合有限元理论，其中单元的每个节点处既有位移自由度，也有孔隙水压力自由度。如果土体骨架假设是刚性的，土体不能变形，则耦合方程退化为稳态渗流方程。这种情况下，只有每个节点处的孔隙水压力自由度与渗流分析有关，因此可以用一种简单的方法由一般耦合方程建立有限元控制方程。

由于要考虑土体骨架内水的流动，因此必须引入水力边界控制条件，这些边界条件分为流量已知和孔压变化已知两类，本章将介绍岩土工程中常用的一些边界条件，尤其是源、汇、入渗和降水边界条件，最后一种条件说明了土体吸收孔隙水能力的大小。

人们常假设土体的渗透系数是常量，但是室内和现场试验结果都表明事实并非如此。从根本上说，渗透系数取决于土固体颗粒间孔隙的大小，即孔隙比（或比

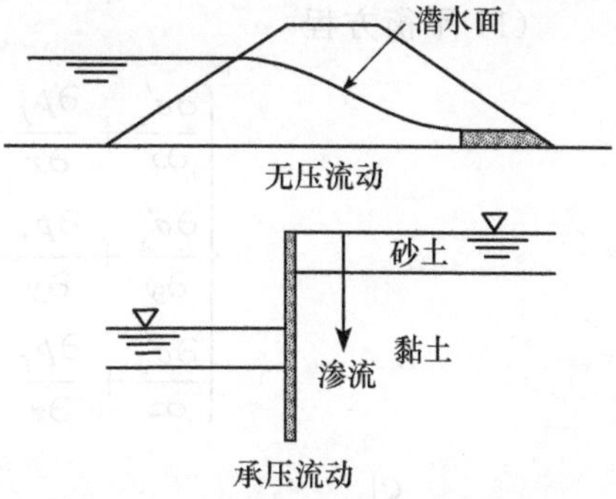

图 10.1　承压流动与无压流动示意图

体积)。本章将介绍三个非线性渗透系数模型,其中一个渗透系数随孔隙比变化,另外两个随平均有效压力变化。

孔隙水运动分为两类,即不含潜水面的承压流动和含潜水面的无压流动,如图 10.1 所示。无压流动需要确定潜水面的位置,在数值分析中要特别注意,潜水面的位置很难直接确定,后面将讨论这个问题。

本章最后介绍了一个耦合分析算例。

10.3　耦合问题有限元方程

第 2 章中推导有限元方程时,为了计算式(2.19)中的应变能增量,假定土体的本构关系用总应力和应变增量关系表示

$$\{\Delta\boldsymbol{\sigma}\} = [\boldsymbol{D}]\{\Delta\boldsymbol{\varepsilon}\} \tag{10.1}$$

如果土体用总应力表示,如用 Tresca 模型计算,就可以直接得到本构矩阵$[\boldsymbol{D}]$。如果用有效应力表示,这也是土力学首选的方式,并服从有效应力原理,情况就比较复杂,第 3 章介绍了完全排水和不排水条件下如何从有效应力矩阵$[\boldsymbol{D}']$得到总应力矩阵$[\boldsymbol{D}]$。如果土体介于排水、不排水之间,就必须考虑孔隙水压力(简称孔压)和有效应力随时间的变化,下面具体介绍如何计算。

由有效应力原理,式(10.1)写为

$$\{\Delta\boldsymbol{\sigma}\} = [\boldsymbol{D}']\{\Delta\boldsymbol{\varepsilon}\} + \{\Delta\boldsymbol{\sigma}_f\} \tag{10.2}$$

式中,$\{\Delta\boldsymbol{\sigma}_f\}=\{\Delta p_f\ \Delta p_f\ \Delta p_f\ \ 0\ 0\ 0\}^{\mathrm{T}}$,$\Delta p_f$ 为孔压的变化。

有限元方法中通常假定节点位移和节点孔压为未知量。前面介绍过,位移增量可以通过方程式(2.9)用节点处的数值表示,因此假定孔压增量 $\Delta\boldsymbol{p}_f$ 也由类似方程用节点处的值表示

$$\{\Delta\boldsymbol{p}_f\} = [\boldsymbol{N}_p]\{\Delta\boldsymbol{p}_f\}_n \tag{10.3}$$

式中,$[\boldsymbol{N}_p]$为类似于$[\boldsymbol{N}]$的孔压插值函数。后面将讨论如何选择$[\boldsymbol{N}_p]$,不过一般假设$[\boldsymbol{N}_p]$与$[\boldsymbol{N}]$相同。

与时间有关的固结计算需要联合求解 Biot 固结方程(Biot,1941)、材料本构方程及平衡方程。对孔隙水不可压缩的饱和土体,需要满足以下几个基本方程:

(1) 平衡方程

$$\begin{cases}\dfrac{\partial\sigma'_x}{\partial x}+\dfrac{\partial p_f}{\partial x}+\dfrac{\partial\tau_{xy}}{\partial y}+\dfrac{\partial\tau_{xz}}{\partial z}+\gamma_x=0\\ \dfrac{\partial\sigma'_y}{\partial y}+\dfrac{\partial p_f}{\partial y}+\dfrac{\partial\tau_{xy}}{\partial x}+\dfrac{\partial\tau_{yz}}{\partial z}+\gamma_y=0\\ \dfrac{\partial\sigma'_z}{\partial z}+\dfrac{\partial p_f}{\partial z}+\dfrac{\partial\tau_{xz}}{\partial x}+\dfrac{\partial\tau_{yz}}{\partial y}+\gamma_z=0\end{cases} \tag{10.4}$$

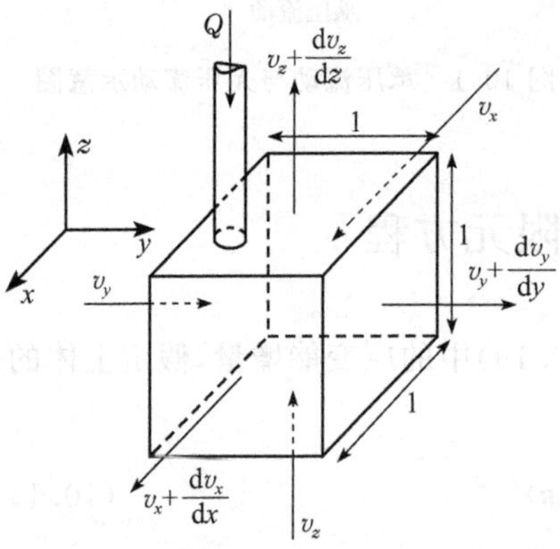

图 10.2　连续条件

式中，γ_x、γ_y 和 γ_z 分别为 x、y 和 z 方向上土体的重度。

(2) 用有效应力表示的本构关系

$$\{\Delta\boldsymbol{\sigma}'\}=[\boldsymbol{D}']\{\Delta\boldsymbol{\varepsilon}\} \tag{10.5}$$

(3) 连续性方程，由图 10.2 可以得到

$$\frac{\partial v_x}{\partial x}+\frac{\partial v_y}{\partial y}+\frac{\partial v_z}{\partial z}-Q=\frac{\partial\varepsilon_v}{\partial t} \tag{10.6}$$

式中，v_x、v_y 和 v_z 分别为孔隙水在坐标轴各方向上的表面流速分量；Q 代表源和/或汇。

(4) 广义达西定律

$$\begin{Bmatrix}v_x\\v_y\\v_z\end{Bmatrix}=-\begin{bmatrix}k_{xx}&k_{xy}&k_{xz}\\k_{xy}&k_{yy}&k_{yz}\\k_{xz}&k_{yz}&k_{zz}\end{bmatrix}\begin{Bmatrix}\dfrac{\partial h}{\partial x}\\ \dfrac{\partial h}{\partial y}\\ \dfrac{\partial h}{\partial z}\end{Bmatrix} \tag{10.7}$$

或者

$$\{\boldsymbol{v}\}=-[\boldsymbol{k}]\{\nabla\boldsymbol{h}\}$$

式中，h 为水头，定义为

$$h=\frac{p_f}{\gamma_f}+(xi_{Gx}+yi_{Gy}+zi_{Gz}) \tag{10.8}$$

向量$\{\boldsymbol{i}_G\}=\{i_{Gx}\ \ i_{Gy}\ \ i_{Gz}\}^{\mathrm{T}}$ 为单位平行向量，方向与重力方向相反；k_{ij} 为土体渗透系数矩阵$[\boldsymbol{k}]$中的元素。如果土体为各向同性且渗透系数为 k，则有 $k_{xx}=k_{yy}=k_{zz}=k$ 及 $k_{xy}=k_{xz}=k_{yz}=0$。

正如第 2 章中介绍的，利用最小势能原理(见式(2.18))，式(10.4)表示的平衡方程有一个更简单的形式。最小势能原理表示如下：

$$\delta\Delta E=\delta\Delta W-\delta\Delta L=0 \tag{10.9}$$

式中，ΔE 为总势能增量；ΔW 为应变能增量；ΔL 为外部荷载所做的功。应变能增量 ΔW 定义为

$$\Delta W = \frac{1}{2}\int_{Vol}\{\Delta\boldsymbol{\varepsilon}\}^{\mathrm{T}}\{\Delta\boldsymbol{\sigma}\}\mathrm{d}Vol \tag{10.10}$$

利用方程式(10.2)，式(10.10)写为

$$\Delta W = \frac{1}{2}\int_{Vol}[\{\Delta\boldsymbol{\varepsilon}\}^{\mathrm{T}}[\boldsymbol{D}']\{\Delta\boldsymbol{\varepsilon}\} + \{\Delta\boldsymbol{\sigma}_f\}\{\Delta\boldsymbol{\varepsilon}\}]\mathrm{d}Vol \tag{10.11}$$

注意到方程中第二项等于 $\Delta p_f \cdot \Delta\varepsilon_v$，于是有

$$\Delta W = \frac{1}{2}\int_{Vol}[\{\Delta\boldsymbol{\varepsilon}\}^{\mathrm{T}}[\boldsymbol{D}']\{\Delta\boldsymbol{\varepsilon}\} + \Delta p_f\Delta\varepsilon_v]\mathrm{d}Vol \tag{10.12}$$

外荷做的功 ΔL 可以分为两部分：体积力做的功和面力做的功，因此，ΔL 表示为(见方程式(2.20))

$$\Delta L = \int_{Vol}\{\Delta\boldsymbol{d}\}^{\mathrm{T}}\{\Delta\boldsymbol{F}\}\mathrm{d}Vol + \int_{Srf}\{\Delta\boldsymbol{d}\}^{\mathrm{T}}\{\Delta\boldsymbol{T}\}\mathrm{d}Srf \tag{10.13}$$

将方程式(10.12)和式(10.13)代入方程式(10.9)，并用第 2 章介绍的类似方法(即方程式(2.21)～式(2.25))，得到有限元平衡方程

$$[\boldsymbol{K}_G]\{\Delta\boldsymbol{d}\}_{nG} + [\boldsymbol{L}_G]\{\Delta\boldsymbol{p}_f\}_{nG} = \{\Delta\boldsymbol{R}_G\} \tag{10.14}$$

式中

$$[\boldsymbol{K}_G] = \sum_{i=1}^{N}[\boldsymbol{K}_E]_i = \sum_{i=1}^{N}\left(\int_{Vol}[\boldsymbol{B}]^{\mathrm{T}}[\boldsymbol{D}'][\boldsymbol{B}]\mathrm{d}Vol\right)_i \tag{10.15}$$

$$[\boldsymbol{L}_G] = \sum_{i=1}^{N}[\boldsymbol{L}_E]_i = \sum_{i=1}^{N}\left(\int_{Vol}\{\boldsymbol{m}\}[\boldsymbol{B}]^{\mathrm{T}}[\boldsymbol{N}_p]\mathrm{d}Vol\right)_i \tag{10.16}$$

$$\{\Delta\boldsymbol{R}_G\} = \sum_{i=1}^{N}[\Delta\boldsymbol{R}_E]_i = \sum_{i=1}^{N}\left[\left(\int_{Vol}[\boldsymbol{N}]^{\mathrm{T}}\{\Delta\boldsymbol{F}\}\mathrm{d}Vol\right)_i + \left(\int_{Srf}[\boldsymbol{N}]^{\mathrm{T}}\{\Delta\boldsymbol{T}\}\mathrm{d}Srf\right)_i\right] \tag{10.17}$$

$$\{\boldsymbol{m}\} = \{1\ 1\ 1\ 0\ 0\ 0\}^{\mathrm{T}} \tag{10.18}$$

利用虚功原理，连续方程式(10.6)可写为

$$\int_{Vol}\left[\{\boldsymbol{v}\}^{\mathrm{T}}\{\nabla(\Delta p_f)\} + \frac{\partial\varepsilon_v}{\partial t}\Delta p_f\right]\mathrm{d}Vol - Q\Delta p_f = 0 \tag{10.19}$$

用方程式(10.7)表示的达西定律表示式(10.19)中的$\{\boldsymbol{v}\}$，得到

$$\int_{Vol}\left[-\{\nabla\boldsymbol{h}\}^{\mathrm{T}}[\boldsymbol{k}]\{\nabla(\Delta p_f)\} + \frac{\partial\varepsilon_v}{\partial t}\Delta p_f\right]\mathrm{d}Vol = Q\Delta p_f \tag{10.20}$$

由于$\{\nabla \boldsymbol{h}\}=(1/\gamma_f)\nabla \boldsymbol{p}_f+\{\boldsymbol{i}_G\}$,并将$\partial\epsilon_v/\partial t$近似为$\Delta\epsilon_v/\Delta t$,于是方程式(10.20)可写成以下有限元形式:

$$[\boldsymbol{L}_G]^{\mathrm{T}}\left(\frac{\{\Delta \boldsymbol{d}\}_{nG}}{\Delta t}\right)-[\boldsymbol{\Phi}_G]\{\boldsymbol{p}_f\}_{nG}=[\boldsymbol{n}_G]+Q \tag{10.21}$$

式中

$$[\boldsymbol{\Phi}_G]=\sum_{i=1}^{N}[\boldsymbol{\Phi}_E]_i=\sum_{i=1}^{N}\left(\int_{Vol}\frac{[\boldsymbol{E}]^{\mathrm{T}}[\boldsymbol{k}][\boldsymbol{E}]}{\gamma_f}\mathrm{d}Vol\right)_i \tag{10.22}$$

$$[\boldsymbol{n}_G]=\sum_{i=1}^{N}[\boldsymbol{n}_E]_i=\sum_{i=1}^{N}\left(\int_{Vol}[\boldsymbol{E}]^{\mathrm{T}}[\boldsymbol{k}]\{\boldsymbol{i}_G\}\mathrm{d}Vol\right)_i \tag{10.23}$$

$$[\boldsymbol{E}]=\left[\frac{\partial N_p}{\partial x},\frac{\partial N_p}{\partial y},\frac{\partial N_p}{\partial z}\right]^{\mathrm{T}} \tag{10.24}$$

这里要用时间增量法解方程式(10.14)和式(10.21)。如果t_1时刻的解$(\{\Delta \boldsymbol{d}\}_{nG},\{\boldsymbol{p}_f\}_{nG})_1$已知,那么$t_2=t_1+\Delta t$时的解$(\{\Delta \boldsymbol{d}\}_{nG},\{\boldsymbol{p}_f\}_{nG})_2$就可以得到。求解时需要假定

$$\int_{t_1}^{t_2}[\boldsymbol{\Phi}_G]\{\boldsymbol{p}_f\}_{nG}\mathrm{d}t=[\boldsymbol{\Phi}_G][\beta(\{\boldsymbol{p}_f\}_{nG})_2+(1-\beta)(\{\boldsymbol{p}_f\}_{nG})_1]\Delta t \tag{10.25}$$

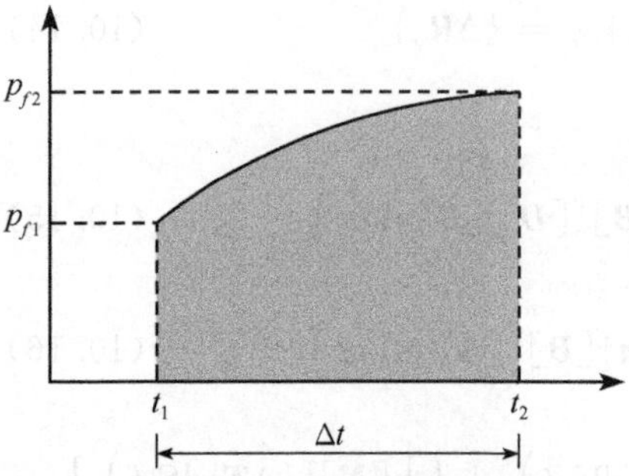

图 10.3　孔压积分近似解

这个近似假定可用图 10.3 表示。$\{\boldsymbol{p}_f\}_{nG}$在整个时间步长$\Delta t$内变化,方程式(10.25)左侧的积分代表了图 10.3 中t_1和t_2间曲线下的面积。$\{\boldsymbol{p}_f\}_{nG}$的变化(即曲线的形状)未知,但求解$(\{\boldsymbol{p}_f\}_{nG})_2$时,已知$(\{\boldsymbol{p}_f\}_{nG})_1$。这样方程式(10.25)就是曲线下面积的一种近似表示。例如,如果$\beta=1$,该面积假设为$(\{\boldsymbol{p}_f\}_{nG})_2\Delta t$;如果$\beta=0.5$,该面积就近似等于$0.5\Delta t[(\{\boldsymbol{p}_f\}_{nG})_1+(\{\boldsymbol{p}_f\}_{nG})_2]$。为了保证增量计算中的稳定性,应选择$\beta\geqslant 0.5$(Booker et al.,1975)。将方程式(10.25)代入式(10.21)得到

$$[\boldsymbol{L}_G]^{\mathrm{T}}\{\Delta \boldsymbol{d}\}_{nG}-\beta\Delta t[\boldsymbol{\Phi}_G]\{\Delta \boldsymbol{p}_f\}_{nG}=[\boldsymbol{n}_G]\Delta t+Q\Delta t+[\boldsymbol{\Phi}_G](\{\boldsymbol{p}_f\}_{nG})_1\Delta t \tag{10.26}$$

方程式(10.14)和式(10.26)可写为下列增量形式:

$$\begin{bmatrix}[\boldsymbol{K}_G] & [\boldsymbol{L}_G]\\ [\boldsymbol{L}_G]^{\mathrm{T}} & -\beta\Delta t[\boldsymbol{\Phi}_G]\end{bmatrix}\begin{Bmatrix}\{\Delta \boldsymbol{d}\}_{nG}\\ \{\Delta \boldsymbol{p}_f\}_{nG}\end{Bmatrix}=\begin{Bmatrix}\{\Delta \boldsymbol{R}_G\}\\ [[\boldsymbol{n}_G]+Q+[\boldsymbol{\Phi}_G](\{\boldsymbol{p}_f\}_{nG})_1]\Delta t\end{Bmatrix} \tag{10.27}$$

10.4　有限元计算

式(10.27)同时给出了节点位移增量$\{\Delta \boldsymbol{d}\}_{nG}$和节点孔压增量$\{\boldsymbol{p}_f\}_{nG}$的一组方程。一旦已知刚度矩阵和方程右侧的向量，就可以用 2.9 节中介绍的方法解方程。

与时间有关的计算要用增量法求解，因此必须一步步计算。即使是线弹性本构关系、渗透系数是常量时也要这样计算。如果本构关系为非线性，要根据加载情况的变化确定时间步长，这样可以模拟整个施工过程，而且计算中要用到第 9 章介绍的算法。

前面公式中渗透系数用矩阵$[\boldsymbol{k}]$表示。如果这些渗透系数不是常量，而是随应力或应变变化的变量，则矩阵$[\boldsymbol{k}]$（也包括$[\boldsymbol{\Phi}_G]$和$[\boldsymbol{n}_G]$）在整个增量分析（和/或时间步）中就不是常量，这时解方程式(10.27)时要多加注意。这个问题与非线性应力-应变中$[\boldsymbol{K}_G]$在整个增量计算中都不是常量的情形十分相似。第 9 章讲到，可以用不同的数值方法计算非线性$[\boldsymbol{K}_G]$，其中一些方法比另外一些更有效。第 9 章中介绍的所有方法（如切线刚度法、黏塑性法和牛顿-拉弗森法）修正后都可以求解非线性渗透系数问题。不过作者的经验是，基于次阶应力点算法的修正牛顿-拉弗森方法最为精确。

在方程式(10.3)中，单元内的孔压增量通过孔压形函数$[\boldsymbol{N}_p]$用节点孔压表示。如果假设每个固结单元中孔压自由度都位于节点处，则$[\boldsymbol{N}_p]$等价于位移形函数$[\boldsymbol{N}]$，这样单元内孔压变化与位移的变化方式相同。例如，八节点四边形单元中，位移和孔压都以二次形式变化。但如果位移以二次形式变化，应变和有效应力（至少对线性材料而言）将线性变化，这样单元内有效应力和孔压变化之间有矛盾，理论上讲两者变化方式不同是可以的，但一些用户还是希望有效应力和孔压的变化阶数相同，八节点单元中只有四个角节点上有孔压自由度才能做到这一点，如图 10.4 所示。这样只有角节点对矩阵$[\boldsymbol{N}_p]$有贡献，于是$[\boldsymbol{N}_p]$与$[\boldsymbol{N}]$不同。类似的情形还有：六节点三角形单元只在三个顶点节点处有孔压自由度、二十节点六面体单元只在八个角节点处有孔压自由度。有些软件允许用户在上述两种方法中任选一种。

● 位移自由度
○ 位移和孔压自由度

图 10.4　八节点单元的自由度

有限元网格中很有可能会出现一些单元发生固结而另外一些不发生固结的情况。例如，黏土上覆盖砂土层时，黏土要用固结单元（即节点上有孔压自由度）计算，而砂土层只要用普通单元（节点上没有孔压自由度）就可以了，如图 10.5 所示。通常用假设孔隙水的体积压缩系数为零（见 3.4 节）的方法模拟砂土排水情况，这时黏土和砂土接触面上节点的水力边界条件一定要正确。有些程序要求用户在网

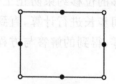

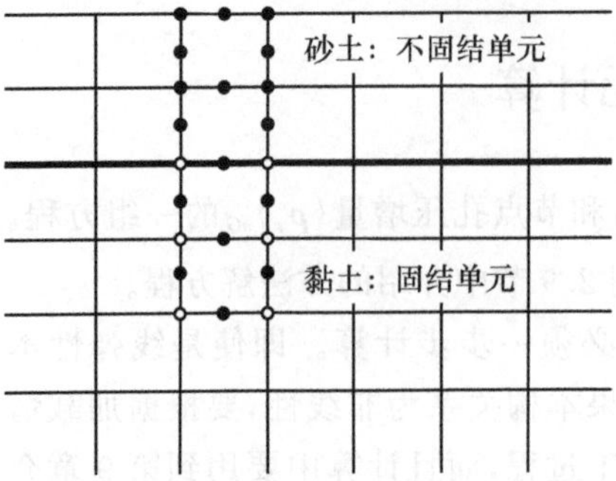

图 10.5　固结单元和不固结单元的选择

格划分阶段就确定哪些为固结单元,哪些不是固结单元。另外一些程序则灵活一些,允许用户在计算分析阶段再作判断。

上述耦合理论中已经把孔压表示在有限元方程中了,当然也可以把水头或者超静孔隙水压力表示在方程中,如果这样就需要将节点处的水头或超静孔压作为节点自由度。重要的是,用户必须非常熟悉软件中使用的方法,因为这将会影响水力边界条件的确定。

10.5　稳定渗流

如果土体骨架假设为刚性,土体不会产生变形,土体中只存在孔隙水的流动,这时方程式(10.14)不再适用,方程式(10.21)退化为

$$-[\boldsymbol{\Phi}_G]\{\boldsymbol{p}_f\}_{nG} = [\boldsymbol{n}_G] + \boldsymbol{Q} \tag{10.28}$$

这是稳定渗流有限元方程,此时方程的自由度只有节点孔压。如果渗透系数是常量,又是承压流动的情况,由矩阵$[\boldsymbol{\Phi}_G]$的逆矩阵就可以求出方程式(10.28)的解。由于仅计算孔压,因此只考虑渗透系数随孔压变化的情况。如果是这样,而且/或考虑无压流动,就必须用迭代法解方程式(10.28)。

如果有限元程序的某些部分可以求解耦合方程式(10.27),而不是稳定渗流方程式(10.28),这时仍可以获得稳定渗流解答。先虚构线弹性土体本构关系,用足够的位移约束防止土体产生刚体运动,然后施加正确的水力边界条件,用足够的时间步长进行计算,直到达到稳定渗流状态。一旦达到稳定渗流状态,令土体变形为零,得到的解答与方程式(10.28)的解答一致。

10.6　水力边界条件

10.6.1　引言

不论是耦合计算还是稳定渗流分析,节点上都有孔压自由度,这时需要确定网格(或含固结单元的部分网格)边界上每个节点处的孔压或节点流量,如果有一个或数个边界节点处没有确定,大多数程序会采用默认假定,即假定这时节点流量为零。显然,用户必须非常清楚程序中采用的默认假定,计算中确定边界条件时要予以说明。当然有限元网格中内节点处也可以设定边界条件。

已知节点孔压增量只会影响系统方程的左边部分(即$\{\Delta \boldsymbol{p}_f\}_{nG}$),其处理方式类

似于已知节点位移。已知节点流量将影响方程右边的向量(即 $\boldsymbol{Q}$),处理方式与已知节点力类似,已知节点流量可以用源、汇、入渗和降水边界条件确定;也可以用类似于第 3 章中约束位移方式约束节点孔压,这种边界条件会影响整个方程的结构。下面介绍岩土工程中水力边界条件的选用方法。

10.6.2 已知孔压

这种情况下用户要确定节点孔压增量 $\{\Delta \boldsymbol{p}_f\}_{nG}$,孔压是一个标量,与局部坐标无关。已知孔压增量的处理与 3.7.3 小节中已知位移处理方式类似。

尽管解方程式(10.27)时需要知道的是孔压增量的变化,但对用户来讲,给出增量结束后的累计值更方便些。由用户给出的最终累计值及计算机中增量开始时的孔压初始值,程序将自动计算出每一步增量的变化。但不是所有的程序都有这样的功能。还要指出的是,一些程序不是用孔压,而是用水头或超静孔压作为节点的自由度,这时边界条件也要一致。

下面以图 10.6 中开挖问题为例,说明已知孔压条件的应用。假定整个过程中右边网格中的孔隙水压力保持初值不变,这样每一步增量计算中边界 AB 上所有节点处的孔压增量都等于零(即 $\Delta p_f=0$)。计算时第一步模拟挡墙前土体开挖情况,假设开挖面不透水,于是开挖面不是孔压边界,而是一个默认节点流量为零的边界。但是一旦开挖完成后,如图 10.6 所示,地面就假设为透水面,孔隙水压力为零,这样确定出开挖完成后 CD 面上最终孔压积累值(即 $p_f=0$)。程序已知开挖完成后该边界上节点处的孔压累计值,于是可以计算出孔压增量值 Δp_f。随后的增量计算中,CD 面上孔压增量一直为零,于是采用 $\Delta p_f=0$ 条件。

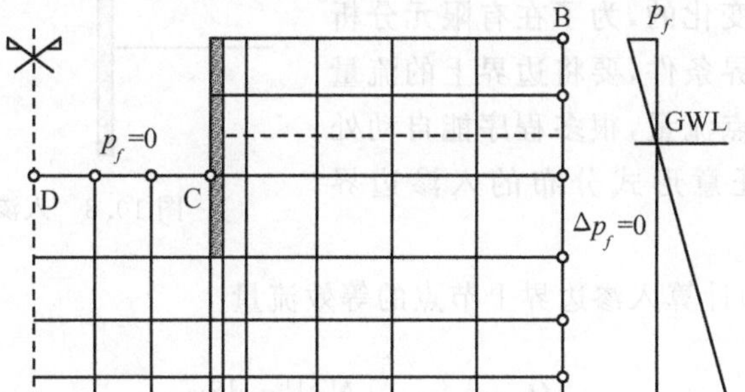

图 10.6 已知孔压边界

10.6.3 约束自由度

这个边界条件允许在两个或多个节点上施加相同的未知孔压增量,3.7.4 小节约束位移部分已对这种情况作了详细解释,这里不再重复。孔压是个标量,不同

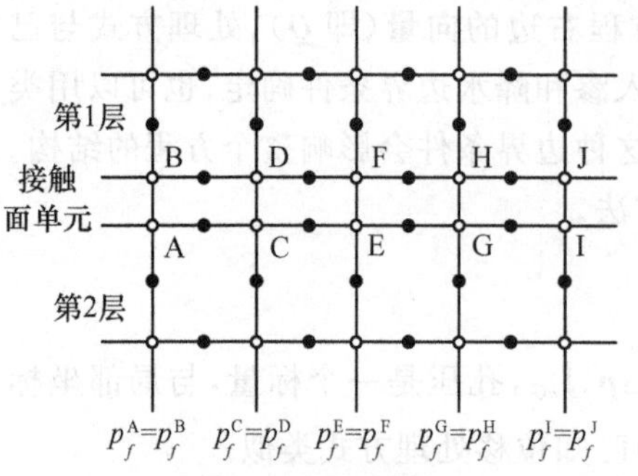

图 10.7　约束孔压自由度

于位移矢量的约束可以有多种表示方式(图3.20),它只有一种约束方式。

下面以中间含接触面单元的两层固结土体为例,如图 10.7 所示,说明约束孔压条件的应用。接触面单元厚度为零,所以通常不考虑固结。图 10.7 中第 1 层土体下表面的一组节点和第 2 层土体上表面的一组节点,分别对应于接触面单元的上、下两侧。由于接触面单元不发生固结,除非对这些节点设定边界条件,否则上、下两排节点之间不会发生渗流联系。大多数程序会把接触面的每一边作为不透水边界处理(即节点流量增量等于零)。如果接触面为透水边界,处理办法是在接触面单元相邻节点上施加孔压增量。例如,在节点 AB、CD 上施加一定的孔压增量。

10.6.4　入渗

如果要描述计算过程中通过有限元网格边界上孔隙水量大小,需要采用入渗边界条件。流量的处理方式类似于 3.7.6 小节中应力边界的处理方式。

图 10.8 为一个入渗边界例子。假定附近开挖地面上的降雨强度为 q_n,一般情况下边界面上流速是变化的,为了在有限元分析中施加这样的边界条件,要将边界上的流量转换成等效的节点流量,很多程序能自动处理均匀分布和任意形式分布的入渗边界条件。

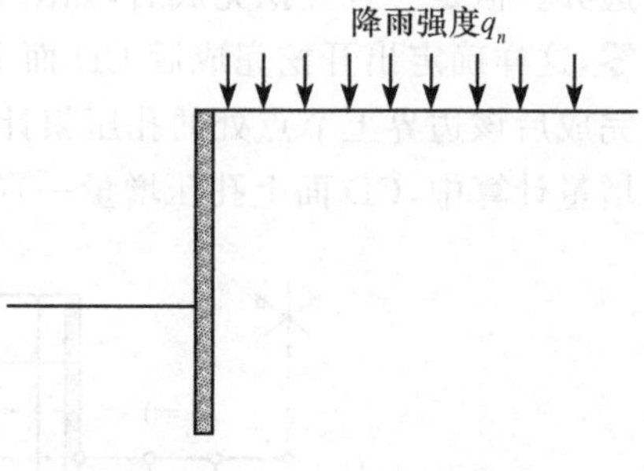

图 10.8　入渗边界示意图

用式(10.29)计算入渗边界上节点的等效流量

$$\{\boldsymbol{Q}_{infil}\} = \int_{Srf} [\boldsymbol{N}_p]^{\mathrm{T}} q_n \mathrm{d}Srf \tag{10.29}$$

式中,Srf 为入渗边界。与应力边界一样,可以沿该边界内每个单元边界对式(10.29)积分,见 3.7.6 小节。

10.6.5　源和汇

另一种流量边界条件是在独立节点上,用已知节点流量的方法施加源(流入)

或汇(流出)条件,对平面应变和轴对称分析而言,这是最基本的垂直于网格平面的线性流动情况。

用图 10.9 中一个简单的降水方案具体说明源和汇边界条件,其中包括开挖处的一排抽水井(汇),及为防止挡土墙后土体产生过量位移而开挖的一排注水井(源)。可以通过在节点 A 处施加与抽水速率相等的流速模拟抽水井情况;模拟注水井时,则在节点 B 处施加与注水速率相等的流速。

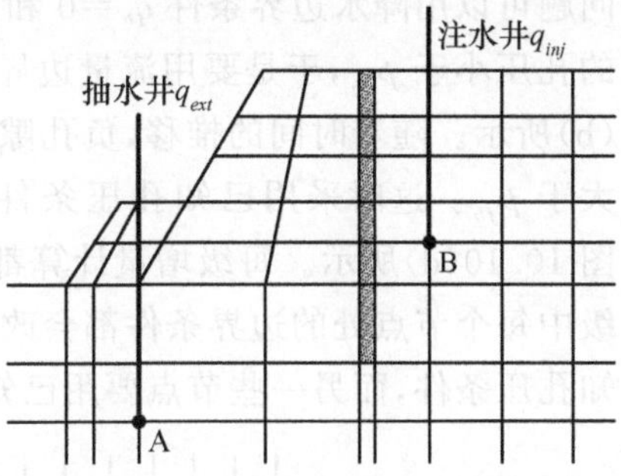

图 10.9 源和汇边界示意图

10.6.6 降水

降水边界允许用户在网格部分边界上施加双重边界条件,即降水入渗强度 q_n 和孔压 p_{fb}。增量计算前对边界上每个节点进行检查,确定其孔压值是不是比 p_{fb} 大。如果是,该节点就采用已知的孔压增量 Δp_f 条件,其累积孔压等于增量计算结束时的孔压 p_{fb}。如果孔压比 p_{fb} 小,或者当前该节点的流量大于 q_n,就采用已知入渗强度条件,由 q_n 确定节点流量。下面用两个例子说明如何使用这一边界条件。

隧道开挖后,假定隧道边界不透水,邻近隧道的土体内孔压为负值,参见《岩土工程有限元分析:应用》。如果随后的增量计算中(隧道边界现在为透水边界),在隧道边界节点上采用累积孔压为零的边界条件,将导致水从隧道流入周边土体中,如图 10.10(a)所示。这与实际情况不符,因为隧道内不可能有充足的水源。这个

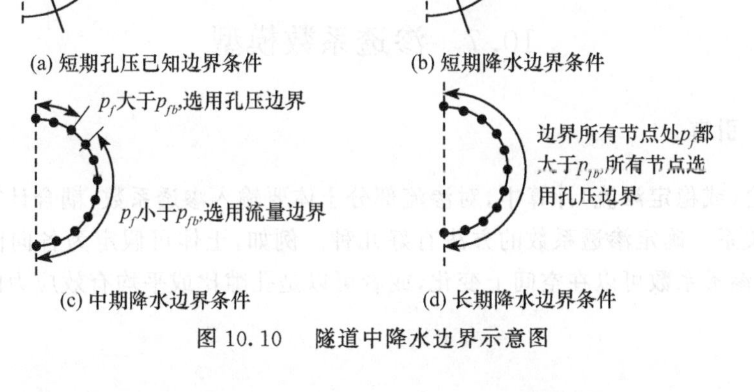

(a) 短期孔压已知边界条件 (b) 短期降水边界条件

(c) 中期降水边界条件 (d) 长期降水边界条件

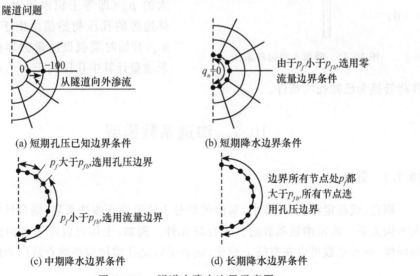

图 10.10 隧道中降水边界示意图

问题可以用降水边界条件 $q_n=0$ 和 $p_{fb}=0$ 解决。起初(开挖后)，隧道边界节点上的孔压小于 p_{fb}，于是要用流量边界条件 $q_n=0$(即边界上没有水流动)，如图 10.10(b)所示。随着时间的推移，负孔隙水压力由于土体发生膨胀而逐渐减小，并最终大于 p_{fb}。这时采用已知孔压条件，增量计算结束后其累计孔压应等于 p_{fb}，如图 10.10(d)所示。每级增量计算都要检查隧道边界上所有节点的孔压，因为每一级中每个节点处的边界条件都会改变。任何一级中都有可能有一些节点需要用已知孔压条件，而另一些节点要用已知流量条件，如图 10.10(c)所示。

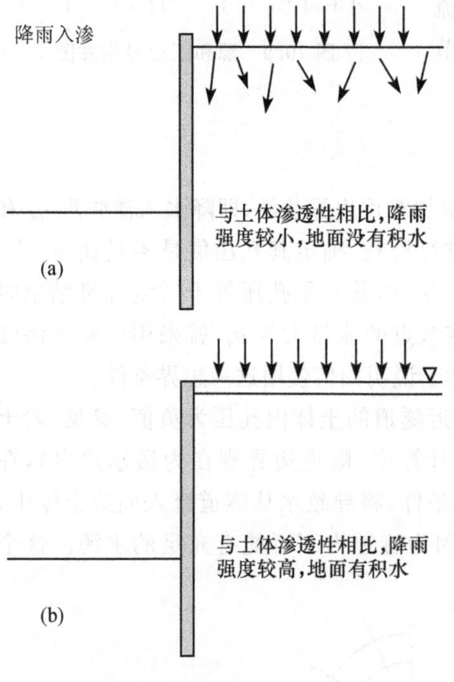

图 10.11　降雨入渗边界条件

这种情况下边界条件受降雨强度的影响。如果土体渗透性较大，且/或降雨强度较小，土体可以吸收全部降水，这时用流量边界条件比较合适，如图 10.11(a)所示。如果土体渗透性较差，且/或降雨强度很大，土体无法吸收全部的雨水，这时地面会有积水，如图 10.11 所示，积水深度与具体问题有关，这时应该选用孔压边界条件。不过计算前，不是总能确定出应该选用的边界条件，因为这与土体的成层性、渗透性和几何分布有关。若采用降水边界条件，则可以克服这一困难。将 q_n 设为降雨强度，选择一个比 p_{fi} 更大的 p_{fb}(即等于积水压力)，p_{fi} 是土体边界的孔压初始值。由于 p_{fi} 小于 p_{fb}，开始时要假设流量边界条件。如果增量计算中孔压大于 p_{fb}，则边界条件将转换为已知孔压条件。

10.7　渗透系数模型

10.7.1　引言

耦合(或稳定渗流)计算中，对渗流部分土体要输入渗透系数，耦合计算还要输入本构关系。确定渗透系数的方法有好几种。例如，土体可假定为各向同性或各向异性、渗透系数可以在空间上变化，或者可以是孔隙比或平均有效应力的函数而且呈非线性变化。作者发现有些模型很有用,介绍如下。

10.7.2　线性变化的各向同性渗透系数

模型假设各向同性渗透系数,即任意点处渗透系数由一个 k 确定,但是大多数土体的渗透系数随孔隙比、平均有效应力或深度变化。这样的话,认为 k 在空间上变化要方便得多。例如,有限元网格中常采用渗透系数 k 分段线性变化模式,这样可以模拟渗透系数随深度变化的情况,如图 10.12 所示(注意,图中渗透系数用对数坐标表示)。整个计算过程中,该模型每个积分点上的渗透系数都是常数。

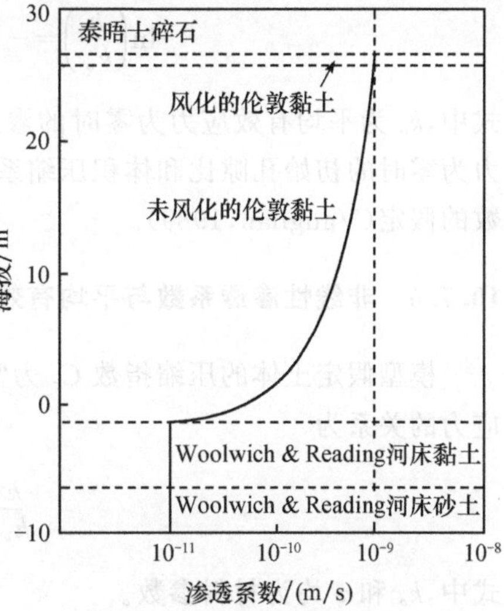

图 10.12　伦敦黏土渗透系数分布图

10.7.3　线性变化的各向异性渗透系数

模型假设渗透系数与方向有关,即定义一组渗透系数坐标轴(x_m,y_m,z_m),每个方向上的渗透系数分别为 k_{xm}、k_{ym}、k_{zm},这就得到了式(10.7)中的渗透系数矩阵,注意,该矩阵对应于整体坐标,如果材料的局部坐标与整体坐标不同,渗透系数矩阵要进行转换,一般可以由程序自行转换。同样,描述各向异性渗透系数在空间上变化也是很有用的一种模型。

10.7.4　与孔隙比有关的非线性渗透系数

模型假定各向同性渗透系数,但渗透系数将随孔隙比变化。假设渗透系数 k 和孔隙比 e 之间存在以下关系:

$$\ln k = a + be, \quad k = e^{(a+be)} \tag{10.30}$$

式中,a 和 b 为材料参数。这个模型需要知道每个阶段的孔隙比值,这表明计算开始时要输入孔隙比初值。

本质上讲,渗透系数确实要随孔隙比变化。不过,很少有室内或现场试验数据可以确定参数 a 和 b。因此,假设渗透系数 k 随平均有效应力变化要方便得多,下面介绍其中的两个模型。

10.7.5　非线性渗透系数与平均有效应力呈对数关系

再次假设各向同性渗透系数,但它随平均有效应力 p' 变化,表示为

$$\ln\left(\frac{k}{k_o}\right)=-ap', \quad k=k_o e^{(-ap')} \tag{10.31}$$

式中，k_o 为平均有效应力为零时的渗透系数；a 为一个常数，其中含有平均有效应力为零时的初始孔隙比和体积压缩系数 m_v。由于对数关系，式中隐含了 m_v 是常数的假定(Vaughan，1989)。

10.7.6　非线性渗透系数与平均有效应力呈幂函数关系

模型假定土体的压缩指数 C_c 为常数(Vaughan，1989)。渗透系数和平均有效应力的关系为

$$\frac{k}{k_o}=(p')^{-a} \tag{10.32}$$

式中，k_o 和 a 均为材料参数。

10.8　自由渗流

自由渗流问题需要程序确定出潜水面位置，这比较麻烦，因为还没有一种有效的方法能够计算并调整潜水面。目前有几种不同的算法，有些算法需要调整有限元网格，使潜水面沿着网格边界面，但这些方法不适用于固结耦合计算。

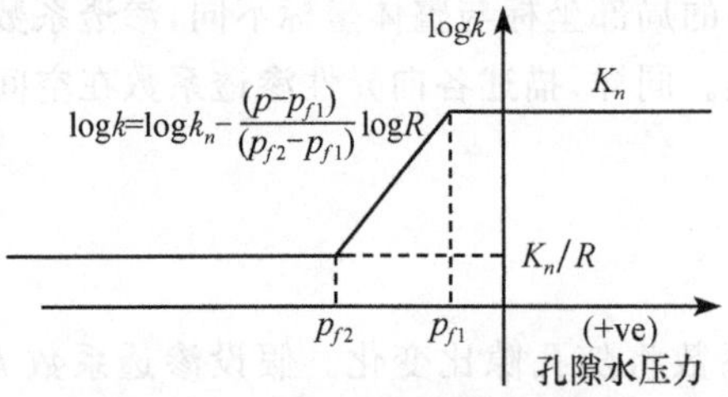

图 10.13　渗透系数随孔压变化

一般的处理办法是当潜水面以上土体中孔压为负时，降低渗透系数。图 10.13 给出了一个典型的渗透系数随孔压变化的例子。如果孔压累积值大于 p_{f1}，则采用正常的渗透系数(如用上述任一模型得到的渗透系数)。如果孔压累积值比 p_{f2} 小，则假设土体位于潜水面以上，此时渗透系数要将正常渗透系数乘以一个较大的折减因子 R，R 通常介于 100～1000。如果孔压累积值介于 p_{f1} 和 p_{f2}，渗透系数要在两个极值(对应于 p_{f1} 和 p_{f2} 的渗透系数)之间进行线性插值计算，需要用迭代算法计算，这时用修正牛顿-拉弗森算法中的非线性算法非常合适。

含潜水面的计算也要用到降水边界，这样边界节点可以自动从已知孔压条件转换为已知流量。

作者的经验是，这种方法有时会导致数值计算不稳定，需要进一步研究获得更可靠的算法。

10.9 算例验证

固结问题的解析解很难获得，尤其对弹塑性材料而言。对线性弹性材料，当问题的几何形状和边界条件都很简单时，才可能得到解析解。

下面分析弹性半空间中的多孔介质，在宽度 $2a$ 范围内作用荷载 q 时的固结问题。这也是作者第一次验证 ICFEP 程序耦合计算结果选用的算例之一。下面给出一些计算结果。

最初有限元网格如图 10.14 所示，边界条件也已在图中给出，假设地下水位于地表处。计算结果用下列修正时间因子 T 表示：

$$T = \frac{\bar{c}t}{a^2} \tag{10.33}$$

式中，修正固结系数 $\bar{c}$ 为

$$\bar{c} = \frac{2Gk}{\gamma_f} \tag{10.34}$$

式中，G 为弹性剪切模量；k 为渗透系数；γ_f 为孔隙水重度；t 为时间。

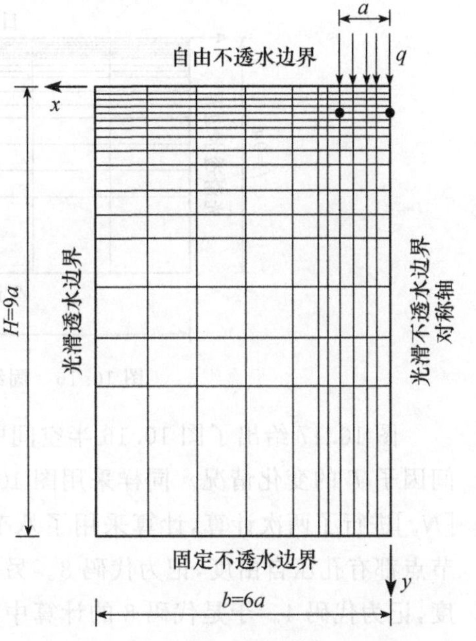

图 10.14　固结计算有限元网格-1

在一个很小的时间步（以修正时间因子 ΔT 表示，其值为 1.15×10^{-5}）内施加荷载 q，土体将产生不排水响应。随后在每个“对数”周期（用对数表示）中取 5 个对数时间增量进行计算。第一个“对数”周期内土体基本上属于不排水情况，因此没有给出该周期的计算结果。

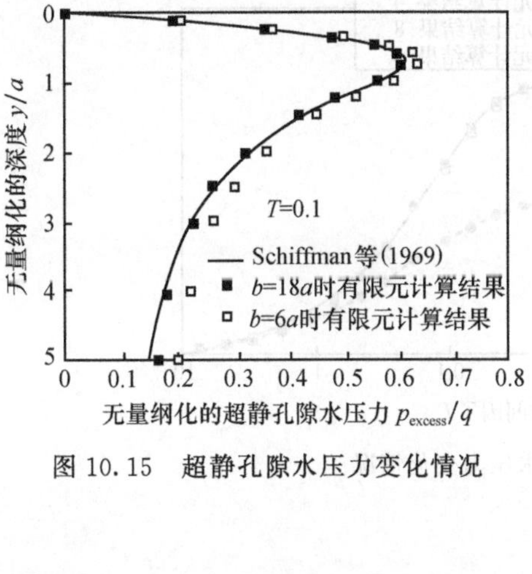

图 10.15　超静孔隙水压力变化情况

$T=0.1$，泊松比 $\mu=0$ 时，加载区中心线下无量纲化后的超静孔隙水压力 p_{excess}/q 结果如图 10.15 所示。由图可见，有限元计算结果（用空心方块表示）大于实际的超静孔压值，尤其在加载区下面较深处。图 10.15 中实线表示的解析解（Schiffman et al.，1969）是半无限空间中的解答，因此误差可能由网格底部与/或侧面边界范围过小引起。于是

对两个边界的影响进行研究,结果发现,侧面边界的位置对结果影响最大。图 10.16 中计算网格的深度类似于图 10.14,但宽度为原来的 3 倍,计算结果如图 10.15 中实心方块所示。除了网格底部略有差异外,计算结果与解析解吻合得非常好。

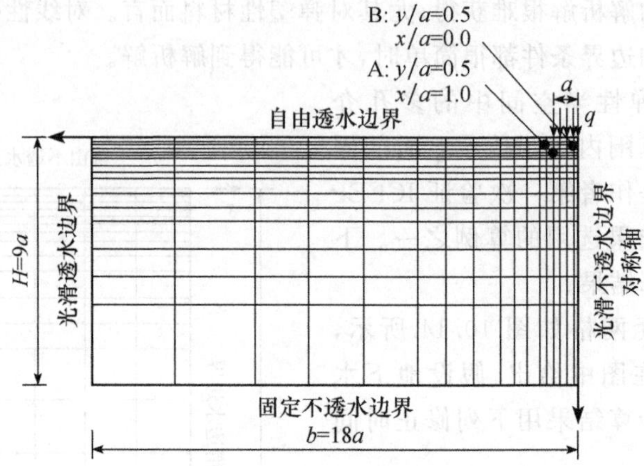

图 10.16　固结计算有限元网格-2

图 10.17 给出了图 10.16 半空间中两个指定点处超静孔压 p_{excess}/q 随修正时间因子 T 的变化情况。同样采用图 10.16 中的计算网格,但用不同的孔压形函数 $[\boldsymbol{N}_p]$进行了两次计算,计算采用了八节点等参单元。一次计算中,单元所有八个节点都有孔压自由度,记为代码 8。另一次计算中,只有四个角节点处有孔压自由度,记为代码 4。于是代码 8 的计算中每个单元上孔压为二次变化,而代码 4 的计算中孔压呈线性变化,图 10.17 中也给出了解析解。由图可见,两次计算结果和解析解吻合得非常好,而且两次结果之间的差别也很小。

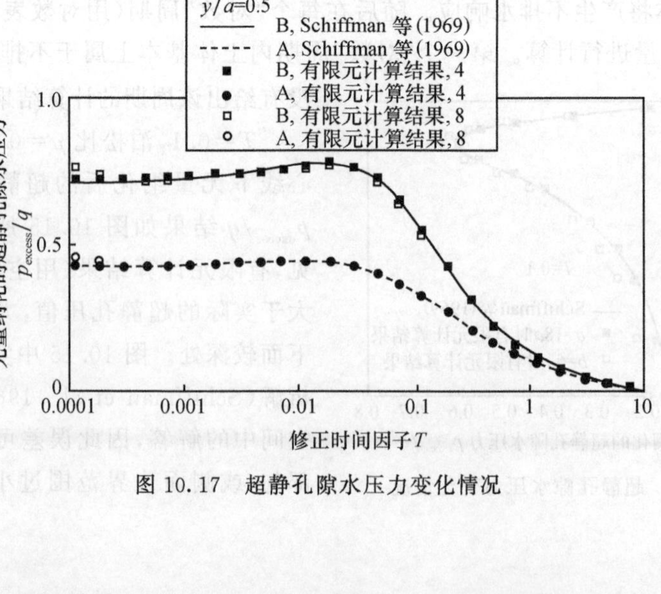

图 10.17　超静孔隙水压力变化情况

10.10 小　　结

(1) 本章通过土体骨架中孔隙水的流动控制方程和加载变形控制方程相结合的方法,对有限元理论进行了改进,使之能模拟与时间有关的土体性状。

(2) 本章得到的有限元方程中单元节点既有位移自由度,也有孔压自由度,为了求解方程,需要采用时间增量法,这需要假定每一时间步内平均孔压的大小,一般假设每个节点处时间步长内的平均孔压由初始孔压和终值孔压线性计算,计算要用到参数 β,为保证数值计算的稳定性,应选择 $\beta \geqslant 0.5$。

(3) 即使计算线性材料,也必须分级计算,与时间增量法协调。

(4) 有限元网格内可能出现一些单元发生固结,而另一些不发生固结的情况。

(5) 如果土体骨架是刚性的,土体不会产生变形,于是土体中只有孔隙水流动。这将大大降低有限元方程的复杂性,计算时只要考虑孔压自由度即可。

(6) 耦合计算中必须考虑水力边界条件,包括已知节点孔压、约束孔压自由度、入渗、源、汇及降水条件。

(7) 有限元网格边界上的所有节点都必须确定相应的孔压或流量边界条件。如果边界上节点没有确定边界条件,大部分程序采用不透水边界假定(即该节点处流量为零)。

(8) 计算时要输入土体的渗透系数。渗透系数可以采用下列不同的形式:各向同性或各向异性渗透系数、渗透系数在空间内变化,或者随孔隙比或平均有效应力变化。对最后一种情况,计算过程中每个积分点处的渗透系数都会变化,程序应有合适的算法能够处理这个问题。

(9) 自由渗流问题要计算潜水面位置,但是现有的算法不够健全,可能会出现数值不稳定现象。对此还需作进一步研究。

(10) 本章介绍的耦合计算理论中假定土体是完全饱和的。如果土体是非饱和的,那么问题将更加复杂。

第11章 三维有限元计算

11.1 引 言

目前许多岩土工程问题可以近似为平面应变或轴对称问题,但仍有一些是真正的三维问题,一定要进行三维计算。本章介绍如何拓展已有理论,使之能进行三维计算,但这类计算对计算资源要求较高,一般可通过两种途径降低资源消耗:一是采用迭代法,而不用目前常用的直接法计算总刚度矩阵的逆矩阵,尽管很多文献中推荐使用该方法,但下文中将指出,该方法能有效计算线弹性问题,但是对非线性问题帮助不大;二是充分利用已有的几何对称性,尤其是几何轴对称,但荷载或者材料性质不对称时,可以用傅里叶级数有限元计算,第12章中将介绍该方法及节约计算资源情况。

11.2 概 述

前几章介绍有限元理论时主要考虑平面应变及轴对称情况。在这两种情况中对称意味着某一方向的位移等于零,若选择坐标系时使一个坐标轴与零位移方向一致,就可以简化计算问题,这样有限元计算中每个节点只要考虑两个位移自由度,更重要的是可以用典型的二维剖面来分析。

实际上绝大多数工程问题是三维的,虽然许多情况下可以近似为平面应变或轴对称问题,但有一些问题必须进行三维计算,这表示必须考虑三个方向的位移分量及完整的三维几何形状,理论上讲这不是很难解决的问题,因为前面章节中介绍的基本理论仍然适用,但数据量、计算向量及矩阵大小却大大增加,这样计算资源将面临着严峻考验。例如,条形基础(平面应变)弹塑性有限元分析在高速工作站上只需要几分钟计算时间,但计算一个类似的方形基础(三维问题)就需要好几个小时,增加的时间大部分用于求解总刚度矩阵的逆矩阵。为此数学家们研究了一些改进的求逆方法,方法之一是求解总刚度矩阵时用迭代法代替直接求逆法。本章将介绍迭代法中的一种,并与第2章中介绍的直接法进行比较。

另一种简化方法是充分利用问题中已有的几何对称性,傅里叶级数有限元法就是其中之一。第12章中将要介绍此方法,并通过与一般三维计算结果对比定量说明其经济性。

本章先介绍一般的三维有限元计算。

11.3　一般三维有限元计算

一般三维有限元计算可以完全按照第 2、9 和 10 章介绍的步骤进行，唯一不同的是这时研究的不是二维边界值问题，而是整个三维区域，要用三维有限单元对几何问题进行空间离散。最常用的三维单元是四面体单元和六面体单元，如图 11.1 所示，它们的几何形状由单元节点坐标表示。对于各个面都是平面的三维单元，节点通常位于单元角点上；如果单元体含有曲面则要引入额外的节点，一般取每条边的中点。

如果是等参单元，见 2.5.1 小节，总坐标下的单元可以由节点数相同的母单元推导出，母单元用自然坐标表示。图 11.2 是 20 个节点六面体母单元，为了从这个母单元得到总坐标下的单元，母单元中任一点的总坐标可以通过坐标插值得到

$$\begin{cases} x = \sum_{i=1}^{20} N_i x_i \\ y = \sum_{i=1}^{20} N_i y_i \\ z = \sum_{i=1}^{20} N_i z_i \end{cases} \tag{11.1}$$

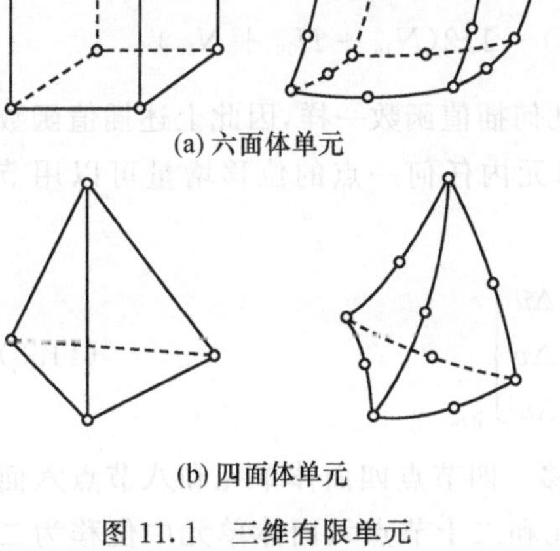

(a) 六面体单元

(b) 四面体单元

图 11.1　三维有限单元

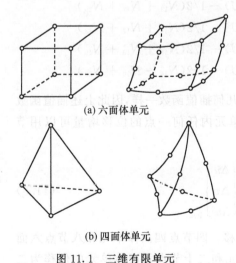

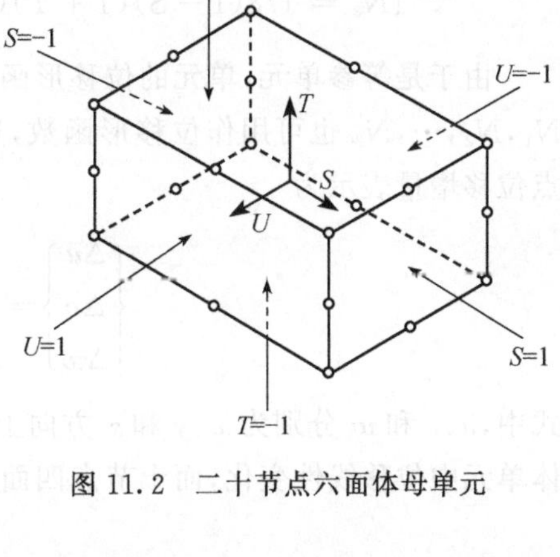

图 11.2　二十节点六面体母单元

式中，x_i、y_i、z_i 对应着单元中 20 个节点的总坐标；$N_i(i=1,\cdots,20)$为插值函数。这些插值函数用−1 到+1 的自然坐标 S、T、U 表示，形式如下所述。

中节点

$$\left\{\begin{aligned}
N_9 &= 1/4(1-S^2)(1-T)(1-U)\\
N_{10} &= 1/4(1-T^2)(1+S)(1-U)\\
N_{11} &= 1/4(1-S^2)(1+T)(1-U)\\
N_{12} &= 1/4(1-T^2)(1-S)(1-U)\\
N_{13} &= 1/4(1-U^2)(1-S)(1-T)\\
N_{14} &= 1/4(1-U^2)(1+S)(1-T)\\
N_{15} &= 1/4(1-U^2)(1+S)(1+T)\\
N_{16} &= 1/4(1-U^2)(1-S)(1+T)\\
N_{17} &= 1/4(1-S^2)(1-T)(1+U)\\
N_{18} &= 1/4(1-T^2)(1+S)(1+U)\\
N_{19} &= 1/4(1-S^2)(1+T)(1+U)\\
N_{20} &= 1/4(1-T^2)(1-S)(1+U)
\end{aligned}\right. \tag{11.2a}$$

角节点

$$\left\{\begin{aligned}
N_1 &= 1/8(1-S)(1-T)(1-U)-1/2(N_9+N_{12}+N_{13})\\
N_2 &= 1/8(1+S)(1-T)(1-U)-1/2(N_9+N_{10}+N_{14})\\
N_3 &= 1/8(1+S)(1+T)(1-U)-1/2(N_{10}+N_{11}+N_{15})\\
N_4 &= 1/8(1-S)(1+T)(1-U)-1/2(N_{11}+N_{12}+N_{16})\\
N_5 &= 1/8(1-S)(1-T)(1+U)-1/2(N_{13}+N_{17}+N_{20})\\
N_6 &= 1/8(1+S)(1-T)(1+U)-1/2(N_{14}+N_{17}+N_{18})\\
N_7 &= 1/8(1+S)(1+T)(1+U)-1/2(N_{15}+N_{18}+N_{19})\\
N_8 &= 1/8(1-S)(1+T)(1+U)-1/2(N_{16}+N_{19}+N_{20})
\end{aligned}\right. \tag{11.2b}$$

由于是等参单元，单元的位移形函数与几何插值函数一样，因此上述插值函数 $N_1,N_2,\cdots,N_{20}$ 也可用作位移形函数，这样单元内任何一点的位移增量可以用节点位移增量表示为

$$\begin{Bmatrix}\Delta u\\ \Delta v\\ \Delta w\end{Bmatrix} = [\boldsymbol{N}]\begin{Bmatrix}\Delta u\\ \Delta v\\ \Delta w\end{Bmatrix}_{节点} \tag{11.3}$$

式中，u、v 和 w 分别为 x、y 和 z 方向上的位移。四节点四面体单元和八节点六面体单元中位移线性变化，而十节点四面体单元和二十节点六面体单元中位移为二

次变化。

有限元方程的建立按 2.6 节中同样的步骤进行，只是这时的应力、应变有 6 个非零分量。数值积分得到有限元刚度矩阵（见 2.6.1 小节）时要进行完全三维积分，因此需要更多的积分点。例如，二十节点六面体单元需要进行 2×2×2（约化积分）或 3×3×3（完全积分）积分。

由上述讨论可以清楚地看到，三维计算与二维平面应变或轴对称计算相比需要更多的单元、节点及积分点，因此三维计算需要用更多的计算资源并不奇怪。例如，计算竖向荷载作用下的条形、圆形及方形光滑、刚性基础时，条形基础和圆形基础分别为平面应变和轴对称问题，可以用图 11.3 所示的二维有限元网格计算，网格中共有 145 个八节点单元，482 个节点，946 个自由度（每个节点有 2 个自由度），由于基础关于中心线对称，只要计算一半区域即可。方形基础不能近似为二维问题，因此要进行完全的三维计算。由于基础有两个垂直对称面，只要取问题的四分之一进行单元离散，计算网格如图 11.4 所示，该网格比图 11.3 中的二维网格粗糙，即便如此共有 416 个二十节点六面体单元，2201 个节点，6603 个自由度（每个节点有 3 个自由度）。

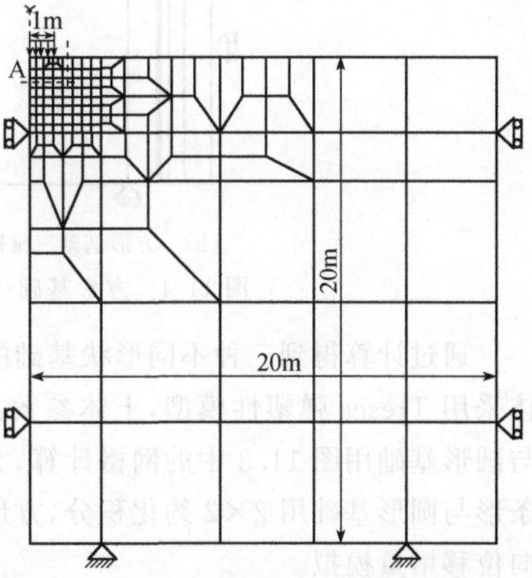

图 11.3　条形与圆形基础的有限元网格

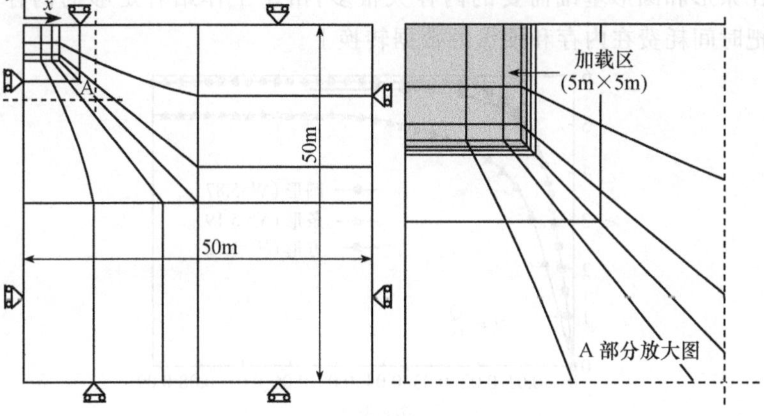

(a)　方形基础三维网格平面图（二十节点单元）

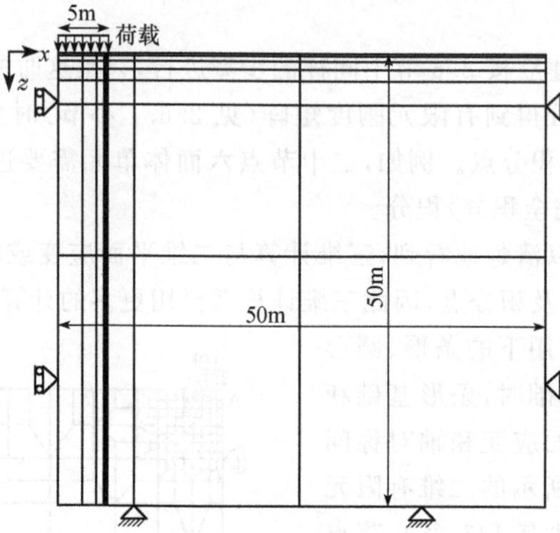

(b)　方形基础三维网格剖面图(二十节点单元)

图 11.4　方形基础三维网格图(二十节点单元)

通过计算得到三种不同形状基础的不排水荷载-位移曲线，所有计算中假设土体采用 Tresca 弹塑性模型，土体参数：$E=10000\text{kPa}$，$\mu=0.45$，$S_u=100\text{kPa}$；条形与圆形基础用图 11.3 中的网格计算，方形基础用图 11.4 中的网格计算。积分时条形与圆形基础用 2×2 约化积分，方形基础用 2×2×2 积分。基础上的荷载用竖向位移增量模拟。

计算所得的荷载-位移曲线如图 11.5 所示，《岩土工程有限元分析：应用》中会详细讨论计算结果，这里重点要讨论的是每次计算所需的计算资源，为此先要说明的是，所有计算都在同一工作站上进行。条形、圆形和方形基础的计算时间分别是 10min、60min 和 18h。条形和圆形基础需要的内存都是 0.5MB，方形基础需要 38MB，比条形和圆形基础需要的内存大很多，由于工作站有足够的内存，所以计算没有把时间耗费在内存和硬盘的数据转换上。

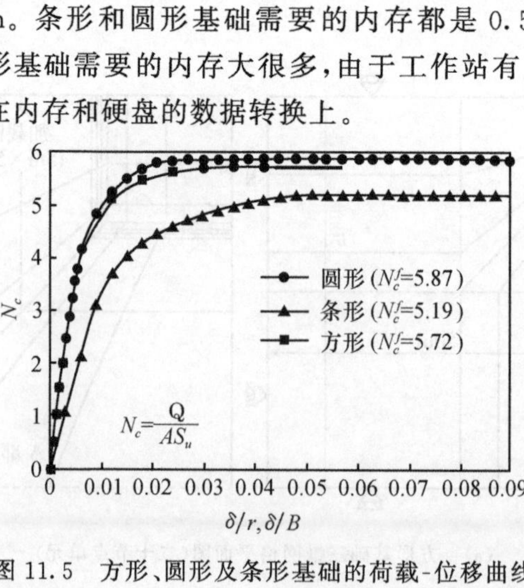

图 11.5　方形、圆形及条形基础的荷载-位移曲线

计算结果清楚地表明，三维有限元计算对计算资源的需求很大。与条形基础相比，方形基础需要 76 倍的内存和 108 倍的运行时间。大部分三维岩土问题的几何形状和地质情况远比上面简单基础问题复杂，因此需要的单元数更多，除非用超级计算机计算，否则根据资源需求情况，根本无法完成计算。三维计算成本太高，因此只能计算少数问题。

降低计算资源的一个办法是用八节点单元代替二十节点六面体单元，用这种单元划分的方形基础网格如图 11.6 所示，图中共含 1740 个单元、2236 个节点、

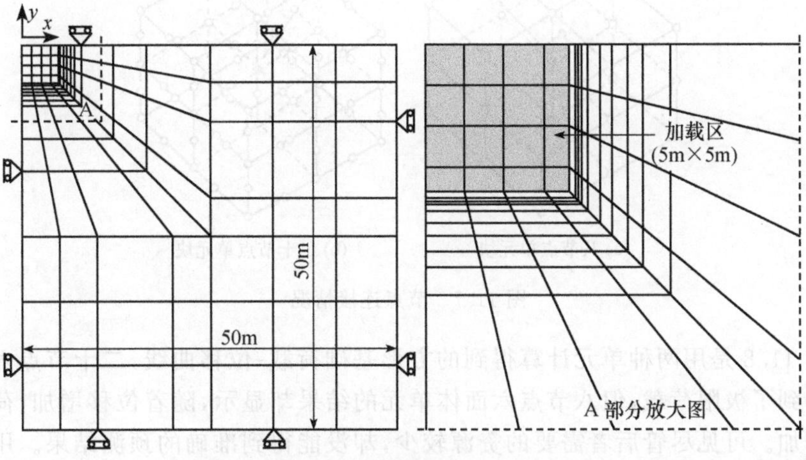

(a)　方形基础三维网格平面图(八节点单元)

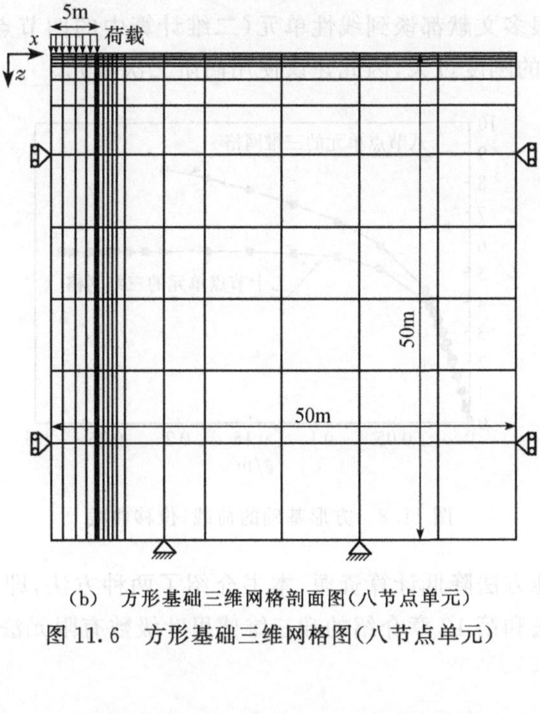

(b)　方形基础三维网格剖面图(八节点单元)

图 11.6　方形基础三维网格图(八节点单元)

6708 个自由度,自由度数比图 11.4 中网格的稍多一些。用这样的网格计算需要 28MB 内存,耗时 14.5h。跟二十节点单元的计算情况相比,内存降低的原因是八节点单元的总刚度矩阵带宽减小了,比较图 11.7 中八节点单元和二十节点单元与中心节点相连的节点数就非常清楚了。八节点单元的中心节点通过旁边的 8 个单元与 26 个节点连接,而二十节点单元的中心节点与周围 80 个节点连接。

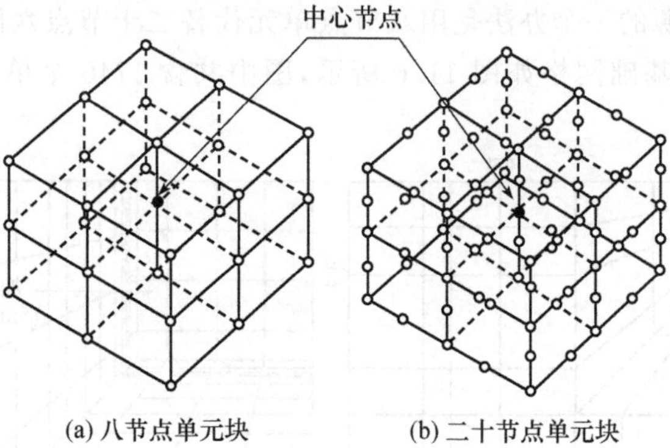

图 11.7　节点连接情况

图 11.8 是用两种单元计算得到的方形基础荷载-位移曲线,二十节点六面体单元得到了极限荷载,但八节点六面体单元的结果却显示,随着位移增加,荷载也不断增加。可见尽管后者需要的资源较少,却没能得到准确的预测结果。用四节点和八节点四边形单元进行平面应变计算也会出现类似情况,四节点单元计算得不到破坏荷载。很多文献都谈到线性单元(二维计算中的四节点单元及三维计算中的八节点单元)的刚度过大,因此建议使用高阶二次单元。

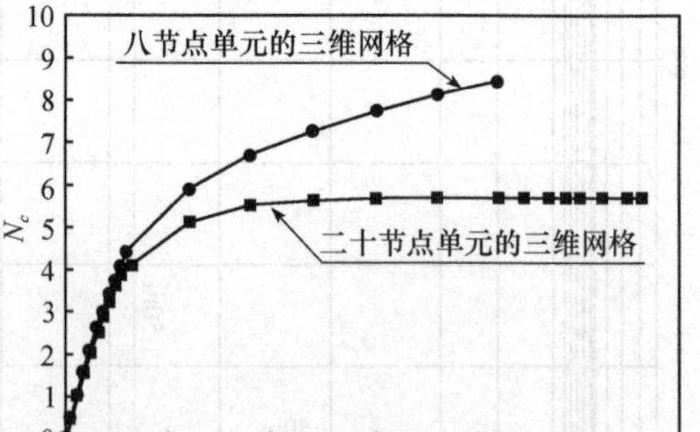

图 11.8　方形基础的荷载-位移曲线

因此要用其他方法降低计算资源,本书介绍了两种方法,即 11.4 节中将要介绍的总方程迭代法和第 12 章介绍的准三维傅里叶级数有限元法。

11.4 迭 代 法

11.4.1 引言

三维有限元计算表明,大部分计算资源消耗在求解总刚度矩阵的逆矩阵上,因此人们努力寻找简化计算方法,迭代法就是最近文献中经常推荐的一种方法,它不同于第 2 章中介绍的高斯消去法。

这里介绍用迭代法计算刚度矩阵逆矩阵的一般步骤,然后介绍目前最常用的迭代法——共轭梯度法,最后对迭代法与高斯消去法进行比较。

11.4.2 一般迭代法

第 2 章中给出了下列总方程:

$$[\boldsymbol{K}_G]\{\Delta \boldsymbol{d}\}_{nG} = \{\Delta \boldsymbol{R}_G\} \tag{11.4}$$

式中,$[\boldsymbol{K}_G]$为总刚度矩阵;$\{\Delta \boldsymbol{d}\}_{nG}$为节点位移增量;$\{\Delta \boldsymbol{R}_G\}$为方程右侧含等效节点力增量的总荷载。有限元计算需要求解此方程,得到未知的节点位移增量。第 2 章中介绍了直接求解法,它要求刚度矩阵元素沿主对角线的带宽较小,如图 2.19 所示。这个带宽中有一些不能忽略的零元素,因为在消元过程中它们会变为非零。随着计算单元的增加,特别是三维问题(因为节点的连接情况,如图 11.7 所示),带宽中会有大量的零元素,这样自动增加了计算内存。迭代法的优势在于计算时只用到非零元素,因此不需要存储零元素。

将式(11.4)展开,得到下列的联合方程组:

$$\begin{cases} K_G^{11}\Delta d_{nG}^1 + K_G^{12}\Delta d_{nG}^2 + \cdots + K_G^{1n}\Delta d_{nG}^n = \Delta R_G^1 \\ K_G^{21}\Delta d_{nG}^1 + K_G^{22}\Delta d_{nG}^2 + \cdots + K_G^{2n}\Delta d_{nG}^n = \Delta R_G^2 \\ \cdots \\ K_G^{n1}\Delta d_{nG}^1 + K_G^{n2}\Delta d_{nG}^2 + \cdots + K_G^{nn}\Delta d_{nG}^n = \Delta R_G^n \end{cases} \tag{11.5}$$

于是未知位移可以表示为

$$\begin{cases} \Delta d_{nG}^1 = -\dfrac{K_G^{12}}{K_G^{11}}\Delta d_{nG}^2 - \cdots - \dfrac{K_G^{1n}}{K_G^{11}}\Delta d_{nG}^n + \dfrac{\Delta R_G^1}{K_G^{11}} \\ \Delta d_{nG}^2 = -\dfrac{K_G^{21}}{K_G^{22}}\Delta d_{nG}^1 - \cdots - \dfrac{K_G^{2n}}{K_G^{22}}\Delta d_{nG}^n + \dfrac{\Delta R_G^2}{K_G^{22}} \\ \cdots \\ \Delta d_{nG}^n = -\dfrac{K_G^{n1}}{K_G^{nn}}\Delta d_{nG}^1 - \dfrac{K_G^{n2}}{K_G^{nn}}\Delta d_{nG}^2 - \cdots + \dfrac{\Delta R_G^n}{K_G^{nn}} \end{cases} \tag{11.6}$$

迭代法先假设方程式(11.6)的初解为

$$\{\Delta \boldsymbol{d}\}_{nG}^{0} = \{\Delta d_{nG}^{1}(0)\ \Delta d_{nG}^{2}(0)\ \cdots\ \Delta d_{nG}^{n}(0)\} \tag{11.7}$$

然后进行迭代,直到获得正确解

$$\Delta d_{nG}^{i}(k+1) = \frac{-\sum_{\substack{j=1 \\ i \neq j}}^{n} K_{G}^{ij} \Delta d_{nG}^{j}(k) + \Delta R_{G}^{i}}{K_{G}^{ii}} \quad (i = 1, \cdots, n) \tag{11.8}$$

式中,Δd_{nG}^{i}为未知位移增量;k 为迭代次数。

显然该方法成功与否取决于初解的假定以及后面迭代中如何对解答进行修正。式(11.8)通常被称为雅可比迭代法,或者"即时位移法",因为用一组新解迭代前,该解中的每个位移元素都发生了变化。这是最简单的计算方法,但结果经常发散,为保证并加速迭代收敛,可以用其他处理方法。

在式(11.8)右边加上并减去 $\Delta d_{nG}^{i}(k)$,得到

$$\Delta d_{nG}^{i}(k+1) = \Delta d_{nG}^{i}(k) + \frac{-\sum_{j=1}^{n} K_{G}^{ij} \Delta d_{nG}^{j}(k) + \Delta R_{G}^{i}}{K_{G}^{ii}} \tag{11.9}$$

于是对总位移矢量$\{\Delta \boldsymbol{d}\}_{nG}$,式(11.9)表示的一般迭代形式可写为

$$\{\Delta \boldsymbol{d}\}_{nG}^{k+1} = \{\Delta \boldsymbol{d}\}_{nG}^{k} - [\boldsymbol{K}_{G}^{ii}]^{-1}\{\boldsymbol{g}\}^{k} \tag{11.10}$$

式中,$\{\boldsymbol{g}\}^{k}$为每次迭代的残余荷载或不均衡荷载

$$\{\boldsymbol{g}\}^{k} = [\boldsymbol{K}_{G}]\{\Delta \boldsymbol{d}\}_{nG}^{k} - \{\Delta \boldsymbol{R}_{G}\} \tag{11.11}$$

为了使迭代中荷载均衡,即有正确解,$\{\boldsymbol{g}\}^{k}$应该等于零。

式(11.10)右边第 2 项常用迭代矢量$\{\boldsymbol{\delta}\}^{k}$表示,这样式(11.10)变为

$$\{\Delta \boldsymbol{d}\}_{nG}^{k+1} = \{\Delta \boldsymbol{d}\}_{nG}^{k} + \{\boldsymbol{\delta}\}^{k} \tag{11.12}$$

一般式中

$$\{\boldsymbol{\delta}\}^{k} = -[\boldsymbol{K}_{a}]^{-1}\{\boldsymbol{g}\}^{k} \tag{11.13}$$

迭代矢量$\{\boldsymbol{\delta}\}^{k}$ 中的矩阵$[\boldsymbol{K}_{a}]$应该是很容易求逆的矩阵,这样才能加速迭代进程。式(11.10)还表明,$[\boldsymbol{K}_{a}]$应当是刚度矩阵的对角阵,但有时候也会用另外的矩阵加速收敛过程。最简单的迭代形式是取$[\boldsymbol{K}_{a}]=[\boldsymbol{I}]$(即单位矩阵),如果$[\boldsymbol{K}_{a}] \neq [\boldsymbol{I}]$,则该方法被称为缩放法或者预设法。

11.4.3 梯度法

这类迭代法建立在求下列二次泛函数(Ralston,1965)最小值基础上:

$$O(\{\Delta \boldsymbol{d}\}_{nG}^{k}) = \frac{1}{2}(\{\Delta \boldsymbol{d}\}_{nG}^{k})^{\mathrm{T}}[\boldsymbol{K}_{G}]\{\Delta \boldsymbol{d}\}_{nG}^{k} - (\{\Delta \boldsymbol{d}\}_{nG}^{k})^{\mathrm{T}}\{\Delta \boldsymbol{R}_{G}\} \tag{11.14}$$

为求式(11.14)的最小值,对$\{\Delta \boldsymbol{d}\}_{nG}$求导

$$\frac{\partial Q}{\partial \{\Delta \boldsymbol{d}\}_{nG}^{k}} = [\boldsymbol{K}_{G}]\{\Delta \boldsymbol{d}\}_{nG}^{k} - \{\Delta \boldsymbol{R}_{G}\} = \{\boldsymbol{g}\}^{k} = 0 \tag{11.15}$$

式(11.15)表明,Q 的最小值即为方程式(11.4)的解。

一般求 Q 最小值的方法是先选择初始向量$\{\Delta \boldsymbol{d}\}_{nG}^{0}$、最小化方向 v^0 和步长 η^0 求出$\{\Delta \boldsymbol{d}\}_{nG}^{1}$,后面的迭代步骤可表示为

$$\{\Delta \boldsymbol{d}\}_{nG}^{k+1} = \{\Delta \boldsymbol{d}\}_{nG}^{k} + \eta^k \{\boldsymbol{v}\}^k \tag{11.16}$$

该方法的核心是选择 Q 变化最快的方向,即梯度方向为$\{\boldsymbol{v}\}^k$。由于梯度反映的是 Q 增加的方向,这里需要的是相反方向(求 Q 的最小值),因此设$\{\boldsymbol{v}\}^k$ 为梯度的反方向。式(11.15)中说明 Q 的梯度就是残余向量$\{\boldsymbol{g}\}^k$,因此$\{\boldsymbol{v}\}^k=-\{\boldsymbol{g}\}^k$。一般地

$$\{\Delta \boldsymbol{d}\}_{nG}^{k+1} = \{\Delta \boldsymbol{d}\}_{nG}^{k} + \eta^k \{\boldsymbol{\delta}\}^k \tag{11.17}$$

式中

$$\{\boldsymbol{\delta}\}^k = -\{\boldsymbol{g}\}^k$$

为得到 η^k,将 Q 表示为 η^k 的函数

$$\begin{aligned} Q(\{\Delta \boldsymbol{d}\}_{nG}^{k+1}) &= Q(\{\Delta \boldsymbol{d}\}_{nG}^{k} + \eta^k \{\boldsymbol{\delta}\}^k) \\ &= \frac{1}{2}(\{\Delta \boldsymbol{d}\}_{nG}^{k} + \eta^k \{\boldsymbol{\delta}\}^k)^{\mathrm{T}}[\boldsymbol{K}_G](\{\Delta \boldsymbol{d}\}_{nG}^{k} + \eta^k \{\boldsymbol{\delta}\}^k) \\ &\quad - (\{\Delta \boldsymbol{d}\}_{nG}^{k} + \eta^k \{\boldsymbol{\delta}\}^k)^{\mathrm{T}}\{\Delta \boldsymbol{R}_G\}^k \\ &= \frac{1}{2}(\{\Delta \boldsymbol{d}\}_{nG}^{k})^{\mathrm{T}}\{\boldsymbol{g}\}^k - \frac{1}{2}(\{\Delta \boldsymbol{d}\}_{nG}^{k})^{\mathrm{T}}\{\Delta \boldsymbol{R}_G\}^k \\ &\quad + \eta^k(\{\boldsymbol{\delta}\}^k)^{\mathrm{T}}\{\boldsymbol{g}\}^k + \frac{1}{2}(\eta^k)^2(\{\boldsymbol{\delta}\}^k)^{\mathrm{T}}[\boldsymbol{K}_G]\{\boldsymbol{\delta}\}^k \end{aligned} \tag{11.18}$$

假如前次迭代得到了$\{\Delta \boldsymbol{d}\}_{nG}^{k}$和$\{\boldsymbol{\delta}\}^k$,那么 Q 的最小值由 η^k 确定

$$\frac{\partial Q}{\partial \eta^k} = (\{\boldsymbol{\delta}\}^k)^{\mathrm{T}}\{\boldsymbol{g}\}^k + \eta^k(\{\boldsymbol{\delta}\}^k)^{\mathrm{T}}[\boldsymbol{K}_G]\{\boldsymbol{\delta}\}^k = 0 \tag{11.19}$$

于是

$$\eta^k = -\frac{(\{\boldsymbol{\delta}\}^k)^{\mathrm{T}}\{\boldsymbol{g}\}^k}{(\{\boldsymbol{\delta}\}^k)^{\mathrm{T}}[\boldsymbol{K}_G]\{\boldsymbol{\delta}\}^k} \tag{11.20}$$

有时候要把式(11.20)表示为另外一种形式,即假设不均衡荷载$\{\boldsymbol{g}\}^{k+1}$用步长 $\eta=1$ 的第一次试算值$\{\Delta \boldsymbol{d}\}_{nG}^{k+1}$计算,这样有

$$\{\boldsymbol{g}\}_{(\eta=1)}^{k+1} = [\boldsymbol{K}_G](\{\Delta \boldsymbol{d}\}_{nG}^{k} + \{\boldsymbol{\delta}\}^k) - \{\Delta \boldsymbol{R}_G\} \tag{11.21}$$

式(11.21)中减去式(11.11)有

$$\{\boldsymbol{g}\}_{(\eta=1)}^{k+1} - \{\boldsymbol{g}\}^k = [\boldsymbol{K}_G]\{\boldsymbol{\delta}\}^k \tag{11.22}$$

于是得到 η^k 的新表达式

$$\eta^k = -\frac{(\{\boldsymbol{\delta}\}^k)^{\mathrm{T}}\{\boldsymbol{g}\}^k}{(\{\boldsymbol{\delta}\}^k)^{\mathrm{T}}(\{\boldsymbol{g}\}^{k+1}_{(\eta=1)} - \{\boldsymbol{g}\}^k)} \tag{11.23}$$

用下列线性关系对$\{\boldsymbol{g}\}^{k+1}(\eta=1)$进行修正,得到$\{\boldsymbol{g}\}^{k+1}_{(\eta^k)}$

$$\{\boldsymbol{g}\}^{k+1}_{(\eta^k)} = \eta^k\{\boldsymbol{g}\}^{k+1}_{(\eta=1)} + (1-\eta^k)\{\boldsymbol{g}\}^k \tag{11.24}$$

这样就不需要求解资源耗费较大的方程式(11.11)。

这里介绍的梯度法建立在迭代矢量$\{\boldsymbol{\delta}\}$等于残余矢量$-\{\boldsymbol{g}\}$的基础上(见式(11.17))。也可以用缩放法或预设法计算迭代矢量,即

$$\{\boldsymbol{\delta}\}^k = -[\boldsymbol{K}_a]^{-1}\{\boldsymbol{g}\}^k \tag{11.25}$$

11.4.4 共轭梯度法

共轭梯度法是扩展的双参数梯度法,迭代矢量$\{\boldsymbol{\delta}\}$表示为

$$\{\boldsymbol{\delta}\}^k = -[\boldsymbol{K}_a]^{-1}\{\boldsymbol{g}\}^k + \beta^k\{\boldsymbol{\delta}\}^{k-1} \tag{11.26}$$

或者

$$\{\boldsymbol{\delta}\}^k = \{\boldsymbol{\delta}\}^{k^*} + \beta^k\{\boldsymbol{\delta}\}^{k-1} \tag{11.27}$$

由下列条件得到参数β^k:

$$(\{\boldsymbol{\delta}\}^k)^{\mathrm{T}}[\boldsymbol{K}_G]\{\boldsymbol{\delta}\}^l = 0 \quad (l < k) \tag{11.28}$$

这实际上是要求解一组与$[\boldsymbol{K}_G]$正交的(即$[\boldsymbol{K}_G]$共轭)矢量,然后沿每个矢量方向求最小值,直到得到最终解。由式(11.28)给出的条件(Crisfield,1986)可以得到残余矢量的正交矢量,即

$$(\{\boldsymbol{g}\}^{k+1})^{\mathrm{T}}\{\boldsymbol{g}\}^m = 0 \quad (m = 0,\cdots,k) \tag{11.29}$$

这就是所谓的“共轭梯度”。式(11.27)两边同时乘以$[\boldsymbol{K}_G]$ $\{\boldsymbol{\delta}\}^{k-1}$,得到

$$(\{\boldsymbol{\delta}\}^k)^{\mathrm{T}}[\boldsymbol{K}_G]\{\boldsymbol{\delta}\}^{k-1} = (\{\boldsymbol{\delta}\}^{k^*})^{\mathrm{T}}[\boldsymbol{K}_G]\{\boldsymbol{\delta}\}^{k-1} + \beta^k(\{\boldsymbol{\delta}\}^{k-1})^{\mathrm{T}}[\boldsymbol{K}_G]\{\boldsymbol{\delta}\}^{k-1} \tag{11.30}$$

由式(11.28)给出的条件得到

$$\beta^k = -\frac{(\{\boldsymbol{\delta}\}^{k^*})^{\mathrm{T}}[\boldsymbol{K}_G]\{\boldsymbol{\delta}\}^{k-1}}{(\{\boldsymbol{\delta}\}^{k-1})^{\mathrm{T}}[\boldsymbol{K}_G]\{\boldsymbol{\delta}\}^{k-1}} \tag{11.31}$$

与参数η^k一样,为了避免计算耗资源的矩阵$[\boldsymbol{K}_G]$,式(11.31)可以简化为

$$\beta^k = \frac{(\{\boldsymbol{\delta}\}^{k^*})^{\mathrm{T}}(\{\boldsymbol{g}\}^k - \{\boldsymbol{g}\}^{k-1})}{(\{\boldsymbol{\delta}\}^{k-1^*})^{\mathrm{T}}\{\boldsymbol{g}\}^{k-1}} \tag{11.32}$$

共轭梯度法的流程图如图 11.9 所示。$[\boldsymbol{K}_a]=[\boldsymbol{I}]$时称为基本共轭梯度法,其他情况称为“缩放”共轭梯度法或“预设”共轭梯度法。

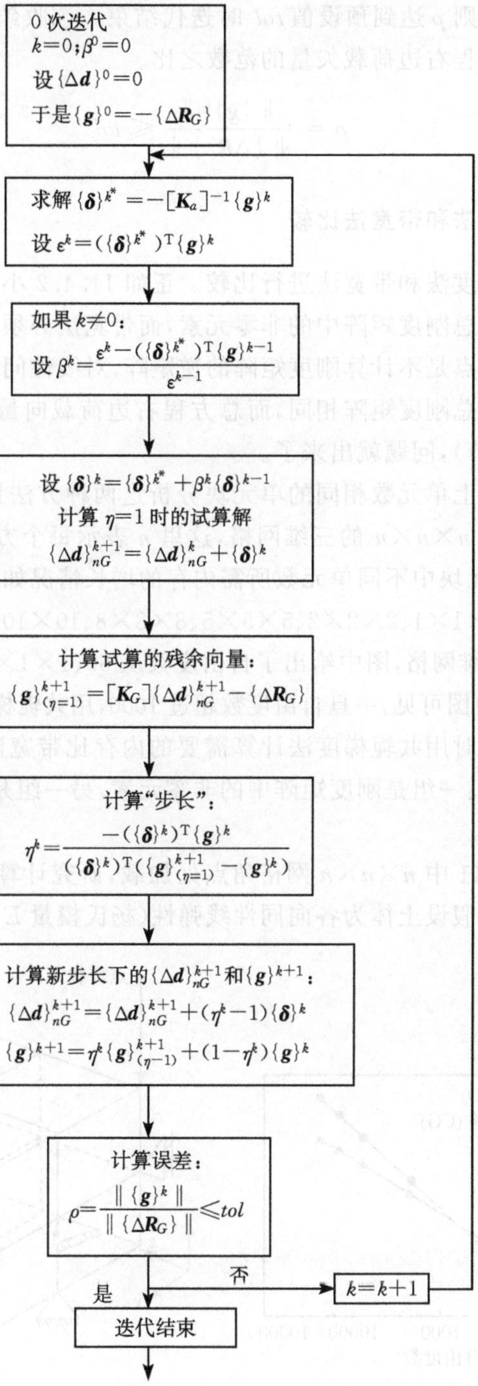

图 11.9　共轭梯度法流程图

一般当收敛准则 ρ 达到预设值 tol 时迭代结束。该收敛准则通常表示为残余矢量的范数与总方程右边荷载矢量的范数之比。

$$\rho=\frac{\|\{\boldsymbol{g}\}^k\|}{\|\{\Delta \boldsymbol{R}_G\}\|}\leqslant tol \tag{11.33}$$

11.4.5 共轭梯度法和带宽法比较

这里对共轭梯度法和带宽法进行比较。正如 11.4.2 小节所述,共轭梯度法的优点在于只要存储总刚度矩阵中的非零元素,而带宽法必须存储带宽中的零元素。但共轭梯度法的缺点是不计算刚度矩阵的逆矩阵,对线性问题而言这不是缺点;但非线性问题中如果总刚度矩阵相同,而总方程右边荷载向量不同时(即修正牛顿-拉弗森法,见 9.6 节),问题就出来了。

先通过每个面上单元数相同的单元块分析这两种方法计算内存的需求情况。这些单元块划分为 $n\times n\times n$ 的三维网格,这里 n 表示每个方向的单元数。随着自由度数的增加,单元块中不同单元数所需内存的增长情况如图 11.10 所示,其中单元块分别划分为 1×1×1、2×2×2、5×5×5、8×8×8、10×10×10 和 12×12×12 的二十节点六面体三维网格,图中给出了自由度数从 60(1×1×1)到 24843(12×12×12)的内存情况。由图可见,一旦自由度数超过 1000,用共轭梯度法计算就比较好。

但自由度较少时用共轭梯度法计算需要的内存比带宽法大,因为共轭梯度法需要存储两组向量:一组是刚度矩阵中的非零元素,另一组是这些非零元素在刚度矩阵中的位置。

下面在图 11.11 中 $n\times n\times n$ 网格角点处加载,研究计算一次总刚度矩阵的逆矩阵需要的时间。假设土体为各向同性线弹性(杨氏模量 $E=1000\text{kPa}$),因此所有

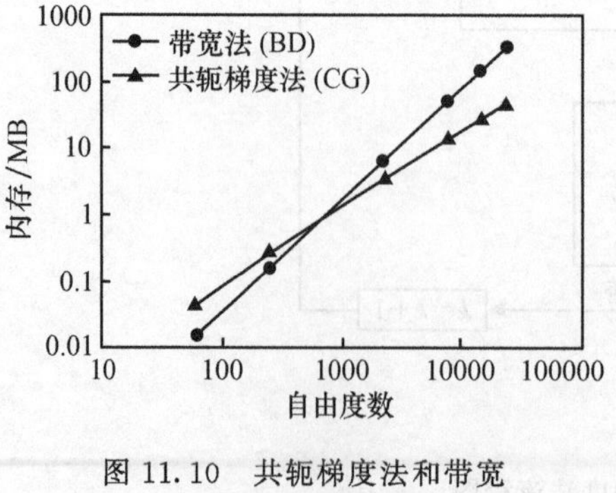

图 11.10 共轭梯度法和带宽法的内存需求情况

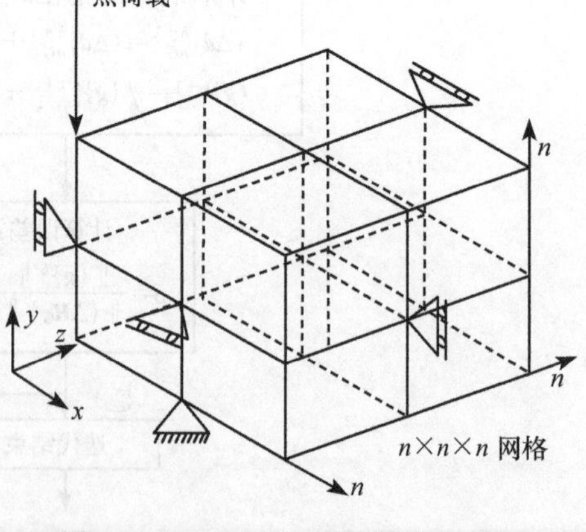

图 11.11 $n\times n\times n$ 网格的边界条件

计算都是线性计算。计算考虑两种情况：一种假设土体排水，泊松比 $\mu=0.3$；另一种则假设土体不排水，泊松比 $\mu=0.4998$。预设共轭梯度法计算中令矩阵[$\boldsymbol{K}_a$]等于总刚度矩阵[$\boldsymbol{K}_G$]的对角阵[$\boldsymbol{DM}$]，收敛误差设为 0.001%。共轭梯度法与带宽法的结果如图 11.12 所示，这里需要指出的是，带宽法所需的计算时间与泊松比无关，但共轭梯度法的迭代次数即计算时间，与泊松比有关。从图 11.12 可以看出，不排水条件下共轭梯度法只有在自由度很大的时候(超过 10000)，即大于 1000 个二十节点三维单元时，才比较有利；排水条件下($\mu=0.3$)共轭梯度法总比带宽法好。

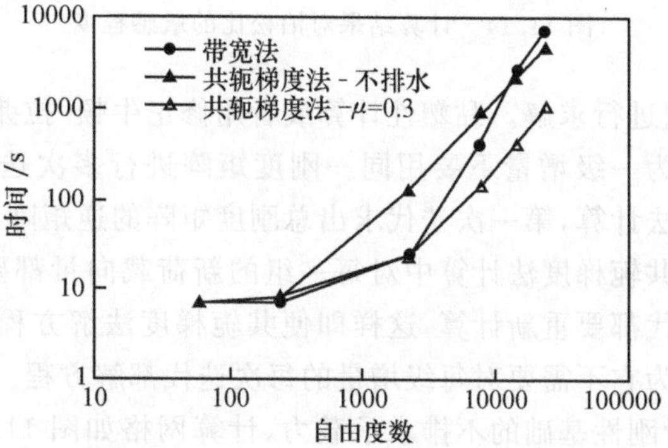

图 11.12　刚度矩阵逆矩阵的计算时间

排水条件下($\mu=0.3$)不同自由度数所需的迭代次数如图 11.13 所示。图中也给出了[$\boldsymbol{K}_a$]=[$\boldsymbol{I}$]的结果，对比结果显示，[$\boldsymbol{K}_a$]=[$\boldsymbol{DM}$]时迭代次数减少了约 20%。

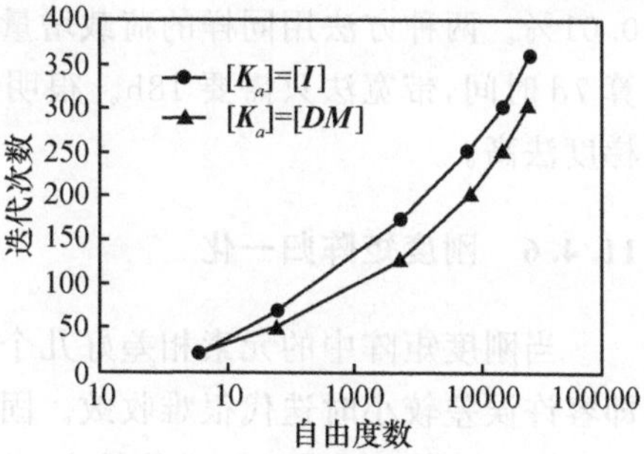

图 11.13　预设条件对共轭梯度法迭代次数的影响

图 11.12 中的结果清楚地表明，共轭梯度法很大程度上依赖土体的压缩性(即泊松比)。为了深入研究，在 8×8×8 网格中用不同泊松比数值(即 μ 为 0.3、0.4、0.45、0.48、0.49、0.495 和 0.499)进行了一系列计算，结果如图 11.14 所示。由图可见，μ 的变化对带宽法没有影响；但共轭梯度法在[$\boldsymbol{K}_a$]=[$\boldsymbol{DM}$]，[$\boldsymbol{K}_a$]=[$\boldsymbol{I}$]，且收敛误差均为 0.001%情况下，$\mu>0.48$ 时的迭代次数，即计算时间，都随 μ 增加而迅速增长。

上面讲到，共轭梯度法(或其他迭代法)的缺点是不计算总刚度矩阵的逆矩阵。线性计算中刚度矩阵的逆矩阵只需要计算一次，共轭梯度法在线性计算中不是缺点。但对非线性计算而言这是一个严重的缺陷，因为要用同样的总刚度矩阵对多

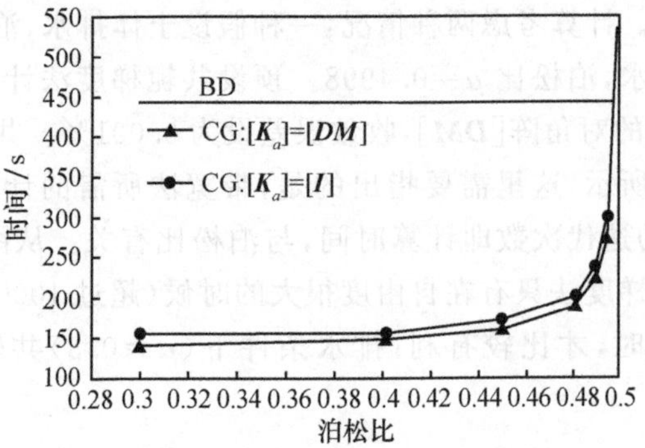

图 11.14　计算结果对泊松比的敏感程度

组不同的荷载向量进行求解。黏塑性计算或者用修正牛顿-拉弗森法计算时，就会发生这种情况，因为一级增量下要用同一刚度矩阵进行多次迭代（见 9.5 节、9.6 节）。如果用带宽法计算，第一次迭代求出总刚度矩阵的逆矩阵后可以存储下来供下次迭代使用，但共轭梯度法计算中对每一组的新荷载向量都要重新计算总刚度矩阵，于是每次迭代都要重新计算，这样即便共轭梯度法解方程的速度更快，但带宽法仍会更优，因为它不需要对每级增量的每次迭代都解方程。例如，用上述两种方法计算方形光滑刚性基础的不排水承载力，计算网格如图 11.4 所示，网格中共有 416 个二十节点六面体单元，6603 个自由度。土体采用 Tresca 模型，材料参数见 11.3 节（$E=10000$kPa，$\mu=0.45$，$S_u=100$kPa），共轭梯度法的收敛误差为 0.01%。两种方法用同样的荷载增量计算得到的结果相同，但共轭梯度法需要计算 7d 时间，带宽法只需要 18h。很明显，这种情况下带宽法的求解效率远比共轭梯度法高。

11.4.6　刚度矩阵归一化

当刚度矩阵中的元素相差好几个数量级时，用迭代法计算会产生另一个问题，即容许误差较小时迭代很难收敛。固结计算中会出现这样的情况，因为一部分刚度矩阵由土体刚度[$\boldsymbol{K}_G$]（数值较大）组成，但其他部分为渗透系数[$\boldsymbol{\Phi}_G$]的函数（数值较小），见式(10.27)。解决这个问题的一种途径是通过一些方法对刚度矩阵进行归一化，这样刚度矩阵中所有元素的数量级差不多。Naylor(1997)提出了一个非常好的矩阵归一化方法，该方法可以保持矩阵的对称性，而且不需要耗费大量的计算资源。其步骤如下所述。

(1) 单元集合后形成的总方程式(11.5)为

$$\sum_{j=1}^{n} K_G^{ij}\Delta d_{nG}^{j} = \Delta R_G^{i} \quad (i=1,\cdots,n) \tag{11.34}$$

(2) 归一化包括以下的替换步骤：

$$
\begin{cases}
\text{用 } \overline{\overline{K}}_G^{ij} = \dfrac{K_G^{ij}}{\sqrt{K_G^{ii} K_G^{jj}}} \text{ 代替 } K_G^{ij} \\
\text{用 } \overline{\Delta d}_{nG}^{j} = \Delta d_{nG}^{j} \sqrt{K_G^{jj}} \text{ 代替 } \Delta d_{nG}^{j} \\
\text{用 } \overline{\Delta R}_G^{i} = \dfrac{\Delta R_G^{i}}{\sqrt{K_G^{ii}}} \text{ 代替 } \Delta R_G^{i}
\end{cases}
\tag{11.35}
$$

于是得到新的方程形式

$$
\sum_{j=1}^{n} \overline{\overline{K}}_G^{ij} \, \overline{\Delta d}_{nG}^{j} = \overline{\Delta R}_G^{i} \quad (i = 1, \cdots, n) \tag{11.36}
$$

归一化完成后，用归一化后刚度矩阵对角阵得到矩阵$[\boldsymbol{K}_a]$，由于归一化后对角元素等于 1，于是$[\boldsymbol{K}_a]=[\boldsymbol{I}]$。用这种方法计算上面 $n\times n\times n$ 的简单三维情况，排水条件下计算一次刚度矩阵逆矩阵需要的迭代次数，如图 11.15 所示，用原刚度矩阵(未归一化)计算需要的迭代次数也表示在图 11.13 中。对比后发现，矩阵归一化后迭代次数下降，计算效率提高了。但与用预设法$[\boldsymbol{K}_a]=[\boldsymbol{DM}]$的原刚度矩阵计算相比，效果并不明显。不排水条件下，对同一问题计算也得到了类似结论。

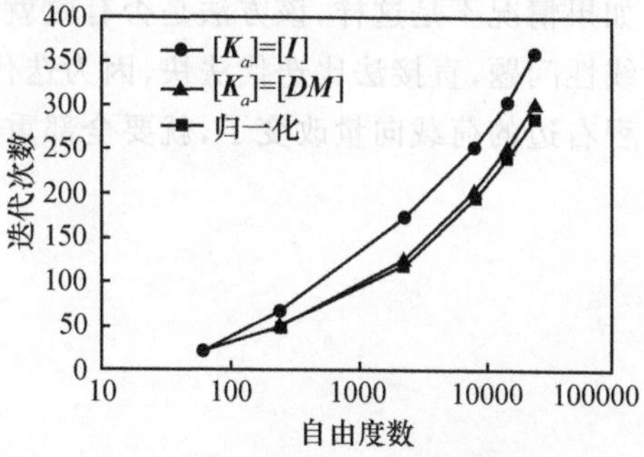

图 11.15　归一化对共轭梯度法迭代次数的影响

作者用归一化矩阵方法计算其他问题时得到的结论也不确定。有些情况下，归一化方法比非归一化方法有效，但有些情况下并非如此，而且它不是总能解决上面指出的固结计算中的问题。

11.4.7　评论

从上述比较中可以看到，自由度增加或者土体可以压缩情况下，用共轭梯度法计算比带宽法效率高，但共轭梯度法不计算总刚度矩阵的逆矩阵，因此共轭梯度法不适合于非线性有限元计算。作者的经验是，对合理时间(即运行时间不超过 7d)内可求解的非线性问题，一般带宽法比共轭梯度法的效率高。当然计算机配置提高时，情况可能会有所改观，可以计算单元更多的三维问题，这时共轭梯度法可能更有效些。

11.5　小　　结

(1) 完全三维有限元计算不需要对二维平面应变和轴对称计算理论作任何重大改进,主要的区别在于三维计算要对整个三维区域进行单元离散,而且每个节点有 3 个位移自由度,而不是两个。

(2) 完全三维计算需要消耗大量的计算资源,包括内存和计算时间,目前的计算机只能计算很简单的非线性三维问题。

(3) 不建议用线性位移单元减少所需的计算资源,因为这些单元不能准确计算极限荷载。计算岩土工程问题要用高阶(至少是二阶)的位移单元。

(4) 文献中指出用迭代法求解总刚度矩阵方程能减少三维计算所需的计算资源。如果计算的是线性问题,自由度数很大,而且材料可压缩时,这是正确的。但如果情况不是这样,该方法是否有效就值得商榷了。对能在合理时间内求解的非线性问题,直接法比迭代法快,因为迭代法不计算总刚度矩阵的逆矩阵,一旦总方程右边的荷载向量改变了,就要全部重新计算一次。

第 12 章　傅里叶级数有限元法

12.1 引　言

第 11 章中提到用一般三维有限元法计算典型非线性岩土问题时情况非常复杂，需要耗费大量的计算资源。对于某一个方向上(平面外方向)几何形状不改变，但材料性质/边界条件却产生变化的这类特殊三维问题，用傅里叶级数有限元法(FSAFEM)计算能提高计算效率，即假设几何平面外方向上的位移可以用傅里叶级数及其正交性质表示。傅里叶级数有限元法有两类，即连续 FSAFEM 法(即 CFSAFEM)和离散 FSAFEM 法(即 DFSAFEM)，它们都将在本章中介绍。

12.2 概　述

一般非线性岩土边界值问题的三维计算需要耗费大量的计算资源(Brown et al.，1990)，其中很大一部分资源用于求解总刚度矩阵的逆矩阵，因此采用有效的矩阵求逆法是降低资源消耗的一种途径，如用第 11 章中介绍的迭代法计算。需要指出的是，就目前计算机硬件技术而言，这样的迭代方法能提高线性问题的计算效率，但对非线性问题却无能为力。当然，这个情况随着未来计算机硬件的发展会得到改善。

简化三维计算的另一种途径是充分利用已有的几何对称性，FSAFEM 就是其中的一种，本章主要讨论该方法的理论基础及其使用方法。一般情况下，FSAFEM 法主要计算几何轴对称问题(荷载/材料性质不对称)，这里就考虑这类问题，该方法也能解决笛卡儿几何问题。

目前所有 FSAFEM 计算公式都建立在线弹性材料基础上，非线性问题计算也取得了一些进展(Winnicki et al.，1979；Griffiths et al.，1990)，在这些非线性有限元计算中，总刚度矩阵用材料的线弹性参数表示，通过修正有限元控制方程的右端项来考虑非线性问题。而且过去大多数 FSAFEM 法应用中假设系统的力和位移关于 $\theta=0°$ 方向对称(这里 θ 表示角坐标)，这种假设大大降低了计算资源的消耗，同时也大大简化了公式，但这样的假设有局限性。最近新提出的非线性公式(Ganendra，1993；Ganendra et al.，1995)中，允许计算时用非线性材料参数更新刚度矩阵，而且对系统荷载和位移也没有对称要求限制，对称性只是其中的一种特殊情况。本章从介绍 FSAFEM 的基础理论开始，然后阐述其应用情况。

12.3 CFSAFEM

12.3.1 线性公式

几何轴对称问题可以用柱坐标(r-z-θ)表示，如图 12.1 所示，这样 r-z 平面可以离散为二维有限元网格。r-z 平面中的变量可以用节点处数值与一般二维有限元形函数描述，θ 方向的变量用傅里叶级数表示。例如，径向位移增量 Δu 可以表示为

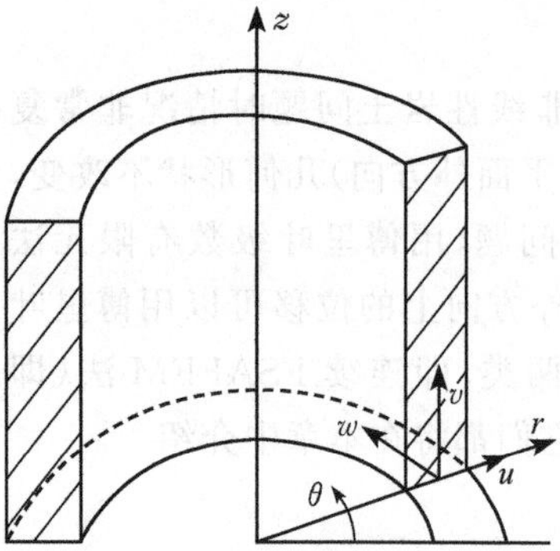

图 12.1　柱坐标示意图

$$\begin{aligned}\Delta u = &\ \Delta u^0 + \Delta \overline{u^1}\cos\theta + \Delta \overline{\overline{u^1}}\sin\theta \\ &+ \Delta \overline{u^2}\cos 2\theta + \Delta \overline{\overline{u^2}}\sin 2\theta + \cdots \\ &+ \Delta \overline{u^l}\cos l\theta + \Delta \overline{\overline{u^l}}\sin l\theta + \cdots \end{aligned} \tag{12.1}$$

式中，Δu^0、$\Delta \overline{u^l}$ 和 $\Delta \overline{\overline{u^l}}$ 分别为变量 Δu 的 0 阶调和项、第 l 阶余弦和第 l 阶正弦调和系数。

节点位移 $\Delta \boldsymbol{u}$ 由 r、z 和 θ 方向的位移分量 Δu、Δv、Δw 组成。于是位移 $\Delta \boldsymbol{u}$ 可以用二维有限元网格中对应的单元形函数与单元节点位移傅里叶级数的矢量形式表示

$$\{\Delta \boldsymbol{u}\} = \begin{Bmatrix} \Delta u \\ \Delta v \\ \Delta w \end{Bmatrix} = \sum_{i=1}^{n} \begin{Bmatrix} \vdots \\ N_i\left(\sum\limits_{l=0}^{L} \overline{U_i^l}\cos l\theta + \overline{\overline{U_i^l}}\sin l\theta\right) \\ N_i\left(\sum\limits_{l=0}^{L} \overline{V_i^l}\cos l\theta + \overline{\overline{V_i^l}}\sin l\theta\right) \\ N_i\left(\sum\limits_{l=0}^{L} \overline{W_i^l}\cos l\theta + \overline{\overline{W_i^l}}\sin l\theta\right) \\ \vdots \end{Bmatrix} \tag{12.2}$$

式中，N_i 为单元 i 节点的形函数；$\overline{U_i^l}$、$\overline{V_i^l}$ 和 $\overline{W_i^l}$ 分别为 i 节点第 l 阶径向、竖向和环向位移增量的余弦调和系数；$\overline{\overline{U_i^l}}$、$\overline{\overline{V_i^l}}$ 和 $\overline{\overline{W_i^l}}$ 分别为 i 节点第 l 阶径向、竖向和环向位移增量的正弦调和系数；n 为单元节点数；L 为位移调和级数的最高阶数。

CFSAFEM 刚度矩阵形成过程与真三维计算分析方法类似。但为了清楚起见，CFSAFEM 将式(12.3)表示的真三维刚度矩阵分解为式(12.4)所示的一系列独立子刚度矩阵，这样 CFSAFEM 需要求解的变量为二维网格中每个节点位移增量的调和系数，即 $\overline{U_i^l}$、$\overline{V_i^l}$、$\overline{W_i^l}$、$\overline{\overline{U_i^l}}$、$\overline{\overline{V_i^l}}$ 和 $\overline{\overline{W_i^l}}$。

$$
[\boldsymbol{K}_G]\begin{Bmatrix}\Delta\boldsymbol{d}_0\\ \Delta\boldsymbol{d}_1\\ \vdots\\ \Delta\boldsymbol{d}_i\\ \vdots\\ \Delta\boldsymbol{d}_{N-2}\\ \Delta\boldsymbol{d}_{N-1}\end{Bmatrix}=\begin{Bmatrix}\Delta\boldsymbol{R}_0\\ \Delta\boldsymbol{R}_1\\ \vdots\\ \Delta\boldsymbol{R}_i\\ \vdots\\ \Delta\boldsymbol{R}_{N-2}\\ \Delta\boldsymbol{R}_{N-1}\end{Bmatrix} \tag{12.3}
$$

$$
\begin{bmatrix}
[\boldsymbol{K}^0] & 0 & 0 & 0 & 0 & 0 & 0 & 0 & 0\\
0 & [\boldsymbol{K}^1] & 0 & 0 & 0 & 0 & 0 & 0 & 0\\
0 & 0 & \cdots & 0 & 0 & 0 & 0 & 0 & 0\\
0 & 0 & 0 & \cdots & 0 & 0 & 0 & 0 & 0\\
0 & 0 & 0 & 0 & [\boldsymbol{K}^l] & 0 & 0 & 0 & 0\\
0 & 0 & 0 & 0 & 0 & \cdots & 0 & 0 & 0\\
0 & 0 & 0 & 0 & 0 & 0 & \cdots & 0 & 0\\
0 & 0 & 0 & 0 & 0 & 0 & 0 & [\boldsymbol{K}^{L-1}] & 0\\
0 & 0 & 0 & 0 & 0 & 0 & 0 & 0 & [\boldsymbol{K}^L]
\end{bmatrix}
\begin{Bmatrix}\Delta\boldsymbol{d}^0\\ \Delta\boldsymbol{d}^{1^*},\Delta\boldsymbol{d}^{1^{**}}\\ \vdots\\ \Delta\boldsymbol{d}^{l^*},\Delta\boldsymbol{d}^{l^{**}}\\ \vdots\\ \Delta\boldsymbol{d}^{L-1^*},\Delta\boldsymbol{d}^{L-1^{**}}\\ \Delta\boldsymbol{d}^{L^*},\Delta\boldsymbol{d}^{L^{**}}\end{Bmatrix}
$$

$$
=\begin{Bmatrix}\Delta\boldsymbol{R}^0\\ \Delta\boldsymbol{R}^{1^*},\Delta\boldsymbol{R}^{1^{**}}\\ \vdots\\ \Delta\boldsymbol{R}^{l^*},\Delta\boldsymbol{R}^{l^{**}}\\ \vdots\\ \Delta\boldsymbol{R}^{L-1^*},\Delta\boldsymbol{R}^{L-1^{**}}\\ \Delta\boldsymbol{R}^{L^*},\Delta\boldsymbol{R}^{L^{**}}\end{Bmatrix} \tag{12.4}
$$

假设以压为正，节点应变增量用柱坐标表示为

$$
\{\Delta\boldsymbol{\varepsilon}\}=\begin{Bmatrix}\Delta\varepsilon_r\\ \Delta\varepsilon_z\\ \Delta\varepsilon_\theta\\ \Delta\varepsilon_{rz}\\ \Delta\varepsilon_{r\theta}\\ \Delta\varepsilon_{z\theta}\end{Bmatrix}=-\begin{Bmatrix}\dfrac{\partial(\Delta u)}{\partial r}\\ \dfrac{\partial(\Delta v)}{\partial z}\\ \dfrac{\Delta u}{r}+\dfrac{1}{r}\dfrac{\partial(\Delta w)}{\partial\theta}\\ \dfrac{\partial(\Delta u)}{\partial z}+\dfrac{\partial(\Delta v)}{\partial r}\\ \dfrac{1}{r}\dfrac{\partial(\Delta u)}{\partial\theta}+\dfrac{\partial(\Delta w)}{\partial r}-\dfrac{\Delta w}{r}\\ \dfrac{1}{r}\dfrac{\partial(\Delta v)}{\partial\theta}+\dfrac{\partial(\Delta w)}{\partial z}\end{Bmatrix} \tag{12.5}
$$

这样上述问题中节点应变增量可以用节点位移增量的傅里叶级数调和系数和单元形函数表示

$$\{\Delta\boldsymbol{\varepsilon}\}=\sum_{i=1}^{n}\sum_{l=0}^{L}$$

$$-\begin{bmatrix}\dfrac{\partial N_i}{\partial r}(\overline{U_i^l}\cos l\theta+\overline{\overline{U_i^l}}\sin l\theta) & 0 & 0\\ 0 & \dfrac{\partial N_i}{\partial z}(\overline{V_i^l}\cos l\theta+\overline{\overline{V_i^l}}\sin l\theta) & 0\\ \dfrac{N_i}{r}(\overline{U_i^l}\cos l\theta+\overline{\overline{U_i^l}}\sin l\theta) & 0 & \dfrac{lN_i}{r}(-\overline{W_i^l}\sin l\theta+\overline{\overline{W_i^l}}\cos l\theta)\\ \dfrac{\partial N_i}{\partial z}(\overline{U_i^l}\cos l\theta+\overline{\overline{U_i^l}}\sin l\theta) & \dfrac{\partial N_i}{\partial r}(\overline{V_i^l}\cos l\theta+\overline{\overline{V_i^l}}\sin l\theta) & 0\\ \dfrac{lN_i}{r}(-\overline{U_i^l}\sin l\theta+\overline{\overline{U_i^l}}\cos l\theta) & 0 & \left(\dfrac{\partial N_i}{\partial r}-\dfrac{N_i}{r}\right)(\overline{W_i^l}\cos l\theta+\overline{\overline{W_i^l}}\sin l\theta)\\ 0 & \dfrac{lN_i}{r}(-\overline{V_i^l}\sin l\theta+\overline{\overline{V_i^l}}\cos l\theta) & \dfrac{\partial N_i}{\partial z}(\overline{W_i^l}\cos l\theta+\overline{\overline{W_i^l}}\sin l\theta)\end{bmatrix} \tag{12.6}$$

这些应变增量可以重新表示为应变矩阵[$\boldsymbol{B}$]与位移增量调和系数矢量积之和,这样的表达式可分为两部分:平行对称项和正交对称项。平行对称项包括径向与竖向位移增量的余弦调和系数和环向位移增量的正弦调和系数。对应地,正交对称项包括径向与竖向位移增量的正弦调和系数和环向位移增量的余弦调和系数。于是式(12.6)重新整理为

$$\{\Delta\boldsymbol{\varepsilon}\}=\begin{Bmatrix}\Delta\varepsilon_r\\ \Delta\varepsilon_z\\ \Delta\varepsilon_\theta\\ \Delta\varepsilon_{rz}\\ \vdots\\ \Delta\varepsilon_{r\theta}\\ \Delta\varepsilon_{z\theta}\end{Bmatrix}=-\sum_{i=1}^{n}\sum_{l=0}^{L}\begin{bmatrix}\dfrac{\partial N_i}{\partial r}\cos l\theta & 0 & 0\\ 0 & \dfrac{\partial N_i}{\partial z}\cos l\theta & 0\\ \dfrac{N_i}{r}\cos l\theta & 0 & \dfrac{lN_i}{r}\cos l\theta\\ \dfrac{\partial N_i}{\partial z}\cos l\theta & \dfrac{\partial N_i}{\partial r}\cos l\theta & 0\\ \vdots & \vdots & \vdots\\ -\dfrac{lN_i}{r}\sin l\theta & 0 & \left(\dfrac{\partial N_i}{\partial r}-\dfrac{N_i}{r}\right)\sin l\theta\\ 0 & -\dfrac{lN_i}{r}\sin l\theta & \dfrac{\partial N_i}{\partial z}\sin l\theta\end{bmatrix}\begin{Bmatrix}\overline{U_i^l}\\ \overline{V_i^l}\\ \overline{\overline{W_i^l}}\end{Bmatrix}$$

$$
-\sum_{i=1}^{n}\sum_{l=0}^{L}\begin{bmatrix}\dfrac{\partial N_i}{\partial r}\sin l\theta & 0 & 0\\ 0 & \dfrac{\partial N_i}{\partial z}\sin l\theta & 0\\ \dfrac{N_i}{r}\sin l\theta & 0 & \dfrac{lN_i}{r}\sin l\theta\\ \dfrac{\partial N_i}{\partial z}\sin l\theta & \dfrac{\partial N_i}{\partial r}\sin l\theta & 0\\ \vdots & \vdots & \vdots\\ \dfrac{lN_i}{r}\cos l\theta & 0 & -\left(\dfrac{\partial N_i}{\partial r}-\dfrac{N_i}{r}\right)\cos l\theta\\ 0 & \dfrac{lN_i}{r}\cos l\theta & -\dfrac{\partial N_i}{\partial z}\cos l\theta\end{bmatrix}\begin{Bmatrix}\overline{\overline{U_i^l}}\\ \overline{\overline{V_i^l}}\\ -\overline{W_i^l}\end{Bmatrix} \tag{12.7}
$$

方程按这种方式分解成两部分后，每部分[$\boldsymbol{B}$]矩阵的形式相同。矩阵中的虚线为正弦项和余弦项的分界线，这样就把[$\boldsymbol{B}$]矩阵分成了上半部分和下半部分。注意环向位移增量的余弦系数符号改变了，这样应变表示为

$$
\{\Delta\boldsymbol{\varepsilon}\}=\sum_{i=1}^{n}\sum_{l=0}^{L}\begin{bmatrix}[\boldsymbol{B}1_i^l]\cos l\theta\\ [\boldsymbol{B}2_i^l]\sin l\theta\end{bmatrix}\{\Delta\boldsymbol{d}_i^{l^*}\}+\begin{bmatrix}[\boldsymbol{B}1_i^l]\sin l\theta\\ -[\boldsymbol{B}2_i^l]\cos l\theta\end{bmatrix}\{\Delta\boldsymbol{d}_i^{l^{**}}\} \tag{12.8}
$$

式中

$$
[\boldsymbol{B}1_i^l]=-\begin{bmatrix}\dfrac{\partial N_i}{\partial r} & 0 & 0\\ 0 & \dfrac{\partial N_i}{\partial z} & 0\\ \dfrac{N_i}{r} & 0 & l\dfrac{N_i}{r}\\ \dfrac{\partial N_i}{\partial z} & \dfrac{\partial N_i}{\partial r} & 0\end{bmatrix},\quad \{\Delta\boldsymbol{d}_i^{l^*}\}=\begin{Bmatrix}\overline{U_i^l}\\ \overline{V_i^l}\\ \overline{\overline{W_i^l}}\end{Bmatrix}
$$

$$
[\boldsymbol{B}2_i^l]=-\begin{bmatrix}-\dfrac{lN_i}{r} & 0 & \left(\dfrac{\partial N_i}{\partial r}-\dfrac{N_i}{r}\right)\\ 0 & -\dfrac{lN_i}{r} & \dfrac{\partial N_i}{\partial z}\end{bmatrix},\quad \{\Delta\boldsymbol{d}_i^{l^{**}}\}=\begin{Bmatrix}\overline{\overline{U_i^l}}\\ \overline{\overline{V_i^l}}\\ -\overline{W_i^l}\end{Bmatrix} \tag{12.9}
$$

式中，$\{\Delta\boldsymbol{d}_i^{l^*}\}$和$\{\Delta\boldsymbol{d}_i^{l^{**}}\}$分别表示 i 节点第 l 阶位移增量的平行与正交调和系数；[$\boldsymbol{B}1_i^l$]和[$\boldsymbol{B}2_i^l$]表示 i 节点第 l 阶调和矩阵[$\boldsymbol{B}$]的上半部分和下半部分。

内部虚功增量可以表示为

$$\Delta W=\iint_{-\pi}^{\pi}\{\Delta\boldsymbol{\varepsilon}\}^{\mathrm{T}}\{\Delta\boldsymbol{\sigma}\}\,\mathrm{d}\theta r\,\mathrm{d}area$$

$$=\iint_{-\pi}^{\pi}\{\Delta\boldsymbol{u}\}^{\mathrm{T}}[\boldsymbol{B}]^{\mathrm{T}}[\boldsymbol{D}][\boldsymbol{B}]\{\Delta\boldsymbol{u}\}\,\mathrm{d}\theta r\,\mathrm{d}area$$

$$=\iint_{-\pi}^{\pi}\sum_{i=1}^{n}\left\{\sum_{k=0}^{L}\begin{bmatrix}[\boldsymbol{B}1_i^k]\cos k\theta\\ [\boldsymbol{B}2_i^k]\sin k\theta\end{bmatrix}\{\Delta\boldsymbol{d}_i^{k^*}\}+\begin{bmatrix}[\boldsymbol{B}1_i^k]\sin k\theta\\ -[\boldsymbol{B}2_i^k]\cos k\theta\end{bmatrix}\{\Delta\boldsymbol{d}_i^{k^{**}}\}\right\}^{\mathrm{T}}[\boldsymbol{D}]$$

$$\cdot\sum_{j=1}^{n}\left\{\sum_{l=0}^{L}\begin{bmatrix}[\boldsymbol{B}1_j^l]\cos l\theta\\ [\boldsymbol{B}2_j^l]\sin l\theta\end{bmatrix}\{\Delta\boldsymbol{d}_j^{l^*}\}+\begin{bmatrix}[\boldsymbol{B}1_j^l]\sin l\theta\\ -[\boldsymbol{B}2_j^l]\cos l\theta\end{bmatrix}\{\Delta\boldsymbol{d}_j^{l^{**}}\}\right\}r\mathrm{d}\theta\mathrm{d}area$$

(12.10)

材料$[\boldsymbol{D}]$矩阵将应力增量$\{\Delta\boldsymbol{\sigma}\}$与应变增量$\{\Delta\boldsymbol{\varepsilon}\}$联系起来,即

$$\{\Delta\boldsymbol{\sigma}\}=[\boldsymbol{D}]\{\Delta\boldsymbol{\varepsilon}\} \tag{12.11}$$

对应于$[\boldsymbol{B}]$矩阵分为$[\boldsymbol{B}1]$和$[\boldsymbol{B}2]$两个子矩阵,$[\boldsymbol{D}]$矩阵可以分为四个子矩阵,即 $[\boldsymbol{D}_{11}]$、$[\boldsymbol{D}_{12}]$、$[\boldsymbol{D}_{21}]$和$[\boldsymbol{D}_{22}]$。于是式(12.11)可写为

$$\begin{Bmatrix}\Delta\sigma_r\\ \Delta\sigma_z\\ \Delta\sigma_\theta\\ \Delta\sigma_{rz}\\ \vdots\\ \Delta\sigma_{r\theta}\\ \Delta\sigma_{z\theta}\end{Bmatrix}=\left[\begin{array}{c|c}[\boldsymbol{D}_{11}] & [\boldsymbol{D}_{12}]\\ \hline [\boldsymbol{D}_{21}] & [\boldsymbol{D}_{22}]\end{array}\right]\begin{Bmatrix}\Delta\varepsilon_r\\ \Delta\varepsilon_z\\ \Delta\varepsilon_\theta\\ \Delta\varepsilon_{rz}\\ \vdots\\ \Delta\varepsilon_{r\theta}\\ \Delta\varepsilon_{z\theta}\end{Bmatrix} \tag{12.12}$$

内部虚功增量方程重新表示为

$$\Delta W=\iint_{-\pi}^{\pi}\sum_{i=1}^{n}\sum_{j=1}^{n}\sum_{k=0}^{L}\{\Delta\boldsymbol{d}_i^{k^*}\}^{\mathrm{T}}\begin{bmatrix}[\boldsymbol{B}1_i^k]\cos k\theta\\ [\boldsymbol{B}2_i^k]\sin k\theta\end{bmatrix}^{\mathrm{T}}\begin{bmatrix}[\boldsymbol{D}_{11}] & [\boldsymbol{D}_{12}]\\ [\boldsymbol{D}_{21}] & [\boldsymbol{D}_{22}]\end{bmatrix}\sum_{l=0}^{L}\begin{bmatrix}[\boldsymbol{B}1_j^l]\cos l\theta\\ [\boldsymbol{B}2_j^l]\sin l\theta\end{bmatrix}\{\Delta\boldsymbol{d}_j^{l^*}\}$$

$$+\sum_{k=0}^{L}\{\Delta\boldsymbol{d}_i^{k^{**}}\}^{\mathrm{T}}\begin{bmatrix}[\boldsymbol{B}1_i^k]\sin k\theta\\ -[\boldsymbol{B}2_i^k]\cos k\theta\end{bmatrix}^{\mathrm{T}}\begin{bmatrix}[\boldsymbol{D}_{11}] & [\boldsymbol{D}_{12}]\\ [\boldsymbol{D}_{21}] & [\boldsymbol{D}_{22}]\end{bmatrix}\sum_{l=0}^{L}\begin{bmatrix}[\boldsymbol{B}1_j^l]\cos l\theta\\ [\boldsymbol{B}2_j^l]\sin l\theta\end{bmatrix}\{\Delta\boldsymbol{d}_j^{l^*}\}$$

$$+\sum_{k=0}^{L}\{\Delta\boldsymbol{d}_i^{k^*}\}^{\mathrm{T}}\begin{bmatrix}[\boldsymbol{B}1_i^k]\cos k\theta\\ [\boldsymbol{B}2_i^k]\sin k\theta\end{bmatrix}^{\mathrm{T}}\begin{bmatrix}[\boldsymbol{D}_{11}] & [\boldsymbol{D}_{12}]\\ [\boldsymbol{D}_{21}] & [\boldsymbol{D}_{22}]\end{bmatrix}\sum_{l=0}^{L}\begin{bmatrix}[\boldsymbol{B}1_j^l]\sin l\theta\\ -[\boldsymbol{B}2_j^l]\cos l\theta\end{bmatrix}\{\Delta\boldsymbol{d}_j^{l^{**}}\}$$

$$+\sum_{k=0}^{L}\{\Delta\boldsymbol{d}_i^{k^{**}}\}^{\mathrm{T}}\begin{bmatrix}[\boldsymbol{B}1_i^k]\cos k\theta\\ -[\boldsymbol{B}2_i^k]\sin k\theta\end{bmatrix}^{\mathrm{T}}\begin{bmatrix}[\boldsymbol{D}_{11}] & [\boldsymbol{D}_{12}]\\ [\boldsymbol{D}_{21}] & [\boldsymbol{D}_{22}]\end{bmatrix}\sum_{l=0}^{L}\begin{bmatrix}[\boldsymbol{B}1_j^l]\sin l\theta\\ -[\boldsymbol{B}2_j^l]\cos l\theta\end{bmatrix}\{\Delta\boldsymbol{d}_j^{l^{**}}\}$$

$$r\,\mathrm{d}\theta\mathrm{d}area$$

(12.13)

由于傅里叶级数的正交性,对 θ 积分时刚度矩阵中大量元素都变成了零

$$
\begin{cases}
\int_{-\pi}^{\pi}\sin k\theta\cos l\theta \mathrm{d}\theta = 0 & (\text{对所有 } k \text{ 和 } l) \\
\int_{-\pi}^{\pi}\sin k\theta\sin l\theta \mathrm{d}\theta = 0 & (k \neq l, k = l = 0) \\
\int_{-\pi}^{\pi}\sin k\theta\sin l\theta \mathrm{d}\theta = \pi & (k = l \neq 0) \\
\int_{-\pi}^{\pi}\cos k\theta\cos l\theta \mathrm{d}\theta = 0 & (k \neq l) \\
\int_{-\pi}^{\pi}\cos k\theta\cos l\theta \mathrm{d}\theta = \pi & (k = l \neq 0) \\
\int_{-\pi}^{\pi}\cos k\theta\cos l\theta \mathrm{d}\theta = 2\pi & (k = l = 0)
\end{cases}
\tag{12.14}
$$

于是内部虚功增量简化为

$$
\begin{aligned}
\Delta W = \pi\int \sum_{i=1}^{n}\sum_{j=1}^{n} & 2\{\Delta \boldsymbol{d}_i^{0^*}\}^{\mathrm{T}}[\boldsymbol{B}1_i^0]^{\mathrm{T}}[\boldsymbol{D}_{11}][\boldsymbol{B}1_j^0]\{\Delta \boldsymbol{d}_j^{0^*}\} \\
& + 2\{\Delta \boldsymbol{d}_i^{0^{**}}\}^{\mathrm{T}}[\boldsymbol{B}2_i^0]^{\mathrm{T}}[\boldsymbol{D}_{22}][\boldsymbol{B}2_j^0]\{\Delta \boldsymbol{d}_j^{0^{**}}\} \\
& + \sum_{l=1}^{L}\{\Delta \boldsymbol{d}_i^{l^*}\}^{\mathrm{T}}[\boldsymbol{B}1_i^l]^{\mathrm{T}}[\boldsymbol{D}_{11}][\boldsymbol{B}1_j^l]\{\Delta \boldsymbol{d}_j^{l^*}\} \\
& + \{\Delta \boldsymbol{d}_i^{l^*}\}^{\mathrm{T}}[\boldsymbol{B}2_i^l]^{\mathrm{T}}[\boldsymbol{D}_{22}][\boldsymbol{B}2_j^l]\{\Delta \boldsymbol{d}_j^{l^*}\} \\
& + \{\Delta \boldsymbol{d}_i^{l^{**}}\}^{\mathrm{T}}[\boldsymbol{B}1_i^l]^{\mathrm{T}}[\boldsymbol{D}_{11}][\boldsymbol{B}1_j^l]\{\Delta \boldsymbol{d}_j^{l^{**}}\} \\
& + \{\Delta \boldsymbol{d}_i^{l^{**}}\}^{\mathrm{T}}[\boldsymbol{B}2_i^l]^{\mathrm{T}}[\boldsymbol{D}_{22}][\boldsymbol{B}2_j^l]\{\Delta \boldsymbol{d}_j^{l^{**}}\} r\,\mathrm{d}area \\
+ \pi\int \sum_{i=1}^{n}\sum_{j=1}^{n} & -2\{\Delta \boldsymbol{d}_i^{0^*}\}^{\mathrm{T}}[\boldsymbol{B}1_i^0]^{\mathrm{T}}[\boldsymbol{D}_{12}][\boldsymbol{B}2_j^0]\{\Delta \boldsymbol{d}_j^{0^{**}}\} \\
& - 2\{\Delta \boldsymbol{d}_i^{0^{**}}\}^{\mathrm{T}}[\boldsymbol{B}2_i^0]^{\mathrm{T}}[\boldsymbol{D}_{21}][\boldsymbol{B}1_j^0]\{\Delta \boldsymbol{d}_j^{0^{**}}\} \\
& + \sum_{l=1}^{L} -\{\Delta \boldsymbol{d}_i^{l^*}\}^{\mathrm{T}}[\boldsymbol{B}1_i^l]^{\mathrm{T}}[\boldsymbol{D}_{12}][\boldsymbol{B}2_j^l]\{\Delta \boldsymbol{d}_j^{l^{**}}\} \\
& + \{\Delta \boldsymbol{d}_i^{l^*}\}^{\mathrm{T}}[\boldsymbol{B}2_i^l]^{\mathrm{T}}[\boldsymbol{D}_{21}][\boldsymbol{B}1_j^l]\{\Delta \boldsymbol{d}_j^{l^{**}}\} \\
& + \{\Delta \boldsymbol{d}_i^{l^{**}}\}^{\mathrm{T}}[\boldsymbol{B}1_i^l]^{\mathrm{T}}[\boldsymbol{D}_{12}][\boldsymbol{B}2_j^l]\{\Delta \boldsymbol{d}_j^{l^*}\} \\
& - \{\Delta \boldsymbol{d}_i^{l^{**}}\}^{\mathrm{T}}[\boldsymbol{B}2_i^l]^{\mathrm{T}}[\boldsymbol{D}_{21}][\boldsymbol{B}1_j^l]\{\Delta \boldsymbol{d}_j^{l^*}\} r\,\mathrm{d}area
\end{aligned}
\tag{12.15}
$$

刚度矩阵被分解为式(12.4)中的 $L+1$ 个子刚度矩阵，每级调和阶数都有一组独立的方程，这种分解形式称为"调和分解"。每一调和阶数对应的方程组中平行对称位移 $\{\Delta \boldsymbol{d}_i^{l^*}\}$ 和正交对称位移 $\{\Delta \boldsymbol{d}_i^{l^{**}}\}$ 有如下耦合关系：

$$
\begin{Bmatrix} \{\Delta \boldsymbol{R}^{l^*}\} \\ \{\Delta \boldsymbol{R}^{l^{**}}\} \end{Bmatrix} = \begin{bmatrix} [\boldsymbol{K}^l]^{p} & [\boldsymbol{K}^l]^{po} \\ [\boldsymbol{K}^l]^{op} & [\boldsymbol{K}^l]^{o} \end{bmatrix} \begin{Bmatrix} \{\Delta \boldsymbol{d}^{l^*}\} \\ \{\Delta \boldsymbol{d}^{l^{**}}\} \end{Bmatrix}
\tag{12.16}
$$

式(12.15)虚线上面为独立对角元素$[\boldsymbol{K}^l]^p$和$[\boldsymbol{K}^l]^o$，虚线下面为交叉耦合项$[\boldsymbol{K}^l]^{op}$和$[\boldsymbol{K}^l]^{po}$。需要指出的是，矩阵$[\boldsymbol{D}]$中非对角子矩阵$[\boldsymbol{D}_{12}]$和$[\boldsymbol{D}_{21}]$都为零的材料，交叉耦合项为零，于是刚度矩阵可简化为下列形式：

$$\begin{Bmatrix} \{\Delta \boldsymbol{R}^{l^*}\} \\ \{\Delta \boldsymbol{R}^{l^{**}}\} \end{Bmatrix} = \begin{bmatrix} [\boldsymbol{K}^l]^p & 0 \\ 0 & [\boldsymbol{K}^l]^o \end{bmatrix} \begin{Bmatrix} \{\Delta \boldsymbol{d}^{l^*}\} \\ \{\Delta \boldsymbol{d}^{l^{**}}\} \end{Bmatrix} \tag{12.17}$$

而且$[\boldsymbol{K}^l]^p=[\boldsymbol{K}^l]^o$。这种情况下，每级调和阶数的$\{\Delta \boldsymbol{d}_i^{l^*}\}$和$\{\Delta \boldsymbol{d}_i^{l^{**}}\}$可以用同样的刚度矩阵独立求解。这种分解形式称为“对称解耦”。l阶调和阶数的对称不耦合刚度矩阵为

$$[\boldsymbol{K}_{ij}^l]^o = [\boldsymbol{K}_{ij}^l]^p = \Delta\pi \sum_{i=1}^{n}\sum_{j=1}^{n}\int [\boldsymbol{B}1_i^l]^{\mathrm{T}}[\boldsymbol{D}_{11}][\boldsymbol{B}1_j^l] + [\boldsymbol{B}2_i^l]^{\mathrm{T}}[\boldsymbol{D}_{22}][\boldsymbol{B}2_j^l]\, r\mathrm{d}area \tag{12.18}$$

式中，$l=0$时，$\Delta=2$；$l\neq 0$时，$\Delta=1$。

外荷载增量用附录XII.1～XII.4节中的公式由节点力增量的调和系数表示。这些节点力的调和系数可以用矢量$\{\Delta \boldsymbol{R}^{l^*}\}$和$\{\Delta \boldsymbol{R}^{l^{**}}\}$表示：

$\{\Delta \boldsymbol{R}^{l^*}\}=\{\overline{R_r^l}\ \overline{R_z^l}\ \overline{\overline{R_\theta^l}}\}^{\mathrm{T}}$（是荷载增量第$l$阶平行调和系数矢量）

$\{\Delta \boldsymbol{R}^{l^{**}}\}=\{\overline{\overline{R_r^l}}\ \overline{\overline{R_z^l}}\ -\overline{R_\theta^l}\}^{\mathrm{T}}$（是荷载增量第$l$阶正交调和系数矢量）

式中，$\overline{R_r^l}$、$\overline{R_z^l}$和$\overline{R_\theta^l}$分别为径向、竖向和环向荷载增量的第l阶余弦调和系数；$\overline{\overline{R_r^l}}$、$\overline{\overline{R_z^l}}$和$\overline{\overline{R_\theta^l}}$分别为径向、竖向和环向荷载增量的第$l$阶正弦调和系数。这样对于每级调和阶数，有两组系统方程

$$\begin{cases} \{\Delta \boldsymbol{R}^{l^*}\} = [\boldsymbol{K}^l]^p\{\Delta \boldsymbol{d}^{l^*}\} \\ \{\Delta \boldsymbol{R}^{l^{**}}\} = [\boldsymbol{K}^l]^o\{\Delta \boldsymbol{d}^{l^{**}}\} \end{cases} \tag{12.19}$$

与一般有限元方法类似，对刚度矩阵求逆就可以解出位移。这种线弹性方法的一个重要特性是“调和解耦”。这样分解的结果是，对于任何调和阶数，只有当同阶的外荷载调和系数非零时，要求的位移调和系数才为非零，于是计算需要的位移调和系数数量等于表示边界条件所需的调和系数数量。

12.3.2　对称荷载情况

关于θ对称的函数$f_s(\theta)$有如下性质：

$$f_s(\theta) = f_s(-\theta) \tag{12.20}$$

用这样的函数表示傅里叶级数仅含零阶项与余弦调和项。关于θ反对称的函数$f_s(\theta)$有如下性质：

$$f_{ns}(\theta) = -f_{ns}(-\theta) \tag{12.21}$$

用这样的函数表示傅里叶级数仅含有正弦调和项。

线性 CFSAFEM 方程把位移解$\{\Delta \boldsymbol{d}\}$分为两个部分：平行对称位移$\{\Delta \boldsymbol{d}_i^{l*}\}$和正交对称位移$\{\Delta \boldsymbol{d}_i^{l**}\}$。平行对称位移包含 r、z 方向的对称位移及 θ 方向的反对称位移。相反，正交对称位移包含 r、z 方向的反对称位移及 θ 方向的对称位移。荷载项$\{\Delta \boldsymbol{R}\}$也用类似的方法分解为平行荷载$\{\Delta \boldsymbol{R}^{*}\}$与正交荷载$\{\Delta \boldsymbol{R}^{**}\}$。

许多边界值问题都关于 $\theta=0°$方向对称，这样就包括了纯平行对称项或纯正交对称项。例如，桩上荷载可能包括轴向荷载、侧向荷载以及垂直于侧向荷载方向的弯矩。如果侧向荷载方向与 $\theta=0°$方向平行，这些边界条件就可以用平行对称性表示，如图 12.2(a)～(c)所示。因此，以前所有的 CFSAFEM 应用都局限于平行对称情况(Winnicki et al.,1979)或者正交对称情况(Griffiths et al.,1990)。如果外荷载不满足 $\theta=0°$方向的对称条件，就需要采用既含平行对称项又含正交对称项的不对称计算公式。只含平行对称项或正交对称项的计算中，由于要求解的位移调和系数数量减少，计算所需的资源大大降低，从而有效简化了求解运算。

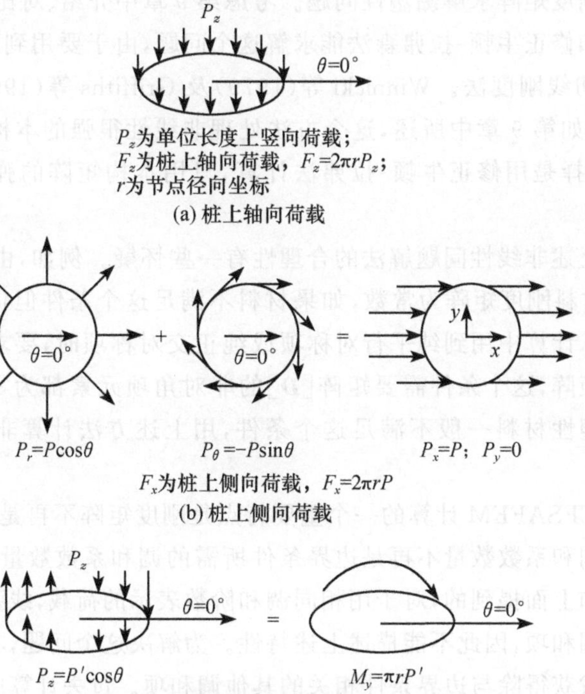

图 12.2　桩上荷载分量

早期用 CFSAFEM 计算时如果假设外荷载能用平行对称或正交对称表示,则位移求解结果也会满足平行或正交对称条件,该假设只适用于特殊情况,一般情况下并不适用。上面提到的线弹性公式中,只有当材料矩阵[$\boldsymbol{D}$]的非对角矩阵[$\boldsymbol{D}_{12}$]和[$\boldsymbol{D}_{21}$]为零时(即各向同性线弹性材料),该假设才正确。各向异性弹性材料的矩阵[$\boldsymbol{D}_{12}$]和[$\boldsymbol{D}_{21}$]不等于零,由于平行对称项和正交对称项耦合,即使外荷载有对称性,仍需要用完全不对称的公式计算。

平行对称项的命名来源于它可以表示与 $\theta=0°$方向平行的荷载(图 12.2(b))。类似地,正交对称项表示与 $\theta=0°$方向垂直的荷载。

12.3.3　现有非线性计算公式

过去所有 CFSAFEM 法中都用上面线弹性材料 θ 方向为常数的刚度矩阵计算,目前还没有 θ 方向变刚度矩阵的非线性材料计算公式,但可以通过线弹性公式与不断调整有限元控制方程右侧荷载向量相结合的方法考虑材料的非线性,这类似于用弹性刚度矩阵求解黏塑性问题。考虑第 9 章中介绍、对比过的三种解法,只有黏塑性法和修正牛顿-拉弗森法能求解这个问题,由于要用到弹塑性刚度矩阵,因此不能用切线刚度法。Winnicki 等(1979)及 Griffiths 等(1990)曾用黏塑性法计算过,但正如第 9 章中所述,这个方法处理非线性很强的本构模型时会出现问题,较好的选择是用修正牛顿-拉弗法计算,只用本构矩阵的弹性部分计算刚度矩阵。

人们对上述非线性问题解法的合理性有一些怀疑。例如,由于 CFSAFEM 假设 θ 方向的材料刚度矩阵为常数,如果材料不满足这个条件但仍用此方法求解就是不合理的。计算中用到纯平行对称项或纯正交对称项时,要求系统总刚度矩阵是对称解耦矩阵,这个条件需要矩阵[$\boldsymbol{D}$]的非对角项元素都为零,如 12.3.1 小节中所述。弹塑性材料一般不满足这个条件,用上述方法计算非线性问题是有问题的。

非线性 CFSAFEM 计算的一个重要特点是刚度矩阵不再是调和解耦的,表示位移解答的调和系数数量不再是边界条件所需的调和系数数量,而与材料的非线性相关。正如上面提到的,对于用相同调和阶数表示的荷载,线弹性公式只能得到非零的位移调和项,因此不能描述上述特性。为解决这个问题,非线性有限元计算中用修正荷载获得除与边界条件相关的其他调和项。过去计算中还允许位移调和系数比边界条件所需的还要多,虽然这样做能得到合理的计算结果,但没有任何理论依据。计算中增加调和系数,将使计算资源耗费增加,但计算结果的精度也会提高,因此计算中使用的调和系数数量是一个重要参数,它通过耗费资源获得更高的计算精度。

12.3.4 非线性计算新公式

CFSAFEM 线性计算公式中假设矩阵[$\boldsymbol{D}$]在 θ 方向是常量矩阵，总的来说，对非线性材料这个假设并不正确，因为此时矩阵[$\boldsymbol{D}$]与应力历史相关，而应力在 θ 方向是变化的。这里提出新的 CFSAFEM 非线性计算公式，其中矩阵[$\boldsymbol{D}$]可以在 θ 方向变化。

线弹性 CFSAFEM 法的应变公式用一系列位移调和系数和调和矩阵[$\boldsymbol{B}$]表示，主要用于形成式(12.13)所示的系统刚度矩阵。但是矩阵[$\boldsymbol{D}$]不再是一个常量，而是随 θ 变化。这个变化可以用矩阵[$\boldsymbol{D}$]每个分量的傅里叶级数表示

$$\begin{aligned}[\boldsymbol{D}] = {} & [\boldsymbol{D}^0] + \overline{[\boldsymbol{D}^1]}\cos\theta + \overline{\overline{[\boldsymbol{D}^1]}}\sin\theta + \overline{[\boldsymbol{D}^2]}\cos 2\theta + \overline{\overline{[\boldsymbol{D}^2]}}\sin 2\theta + \cdots \\ & + \overline{[\boldsymbol{D}^l]}\cos l\theta + \overline{\overline{[\boldsymbol{D}^l]}}\sin l\theta + \cdots \end{aligned} \tag{12.22}$$

式中，[$\boldsymbol{D}^0$]、$\overline{[\boldsymbol{D}^l]}$和$\overline{\overline{[\boldsymbol{D}^l]}}$分别为含第 0 阶调和项、第 l 阶余弦调和系数和第 l 阶正弦调和系数的[$\boldsymbol{D}$]矩阵分量。[$\boldsymbol{D}$]矩阵的调和系数数量 M，不需要与表示位移所用的调和系数数量 L 相同。这些调和矩阵[$\boldsymbol{D}$]也可以分为[$\boldsymbol{D}_{11}$]、[$\boldsymbol{D}_{12}$]、[$\boldsymbol{D}_{21}$] 和[$\boldsymbol{D}_{22}$]四部分。将[$\boldsymbol{D}$]矩阵中余弦调和项与正弦调和项分离，式(12.13)可以表示为

$$\begin{aligned}
\Delta W = \iint_{-\pi}^{\pi} \sum_{i=1}^{n}\sum_{j=1}^{n} & \sum_{k=0}^{L}\{\Delta \boldsymbol{d}_i^{k*}\}^{\mathrm{T}} \begin{bmatrix}[\boldsymbol{B}1_i^k]\cos k\theta \\ [\boldsymbol{B}2_i^k]\sin k\theta\end{bmatrix} \sum_{m=0}^{M} \begin{bmatrix}\overline{[\boldsymbol{D}_{11}^m]}\cos m\theta & \overline{[\boldsymbol{D}_{12}^m]}\cos m\theta \\ \overline{[\boldsymbol{D}_{21}^m]}\cos m\theta & \overline{[\boldsymbol{D}_{22}^m]}\cos m\theta\end{bmatrix} \sum_{l=0}^{L} \begin{bmatrix}[\boldsymbol{B}1_j^l]\cos l\theta \\ [\boldsymbol{B}2_j^l]\sin l\theta\end{bmatrix}\{\Delta \boldsymbol{d}_j^{l*}\} \\
& + \sum_{k=0}^{L}\{\Delta \boldsymbol{d}_i^{k**}\}^{\mathrm{T}} \begin{bmatrix}[\boldsymbol{B}1_i^k]\sin k\theta \\ -[\boldsymbol{B}2_i^k]\cos k\theta\end{bmatrix} \sum_{m=0}^{M} \begin{bmatrix}\overline{[\boldsymbol{D}_{11}^m]}\cos m\theta & \overline{[\boldsymbol{D}_{12}^m]}\cos m\theta \\ \overline{[\boldsymbol{D}_{21}^m]}\cos m\theta & \overline{[\boldsymbol{D}_{22}^m]}\cos m\theta\end{bmatrix} \sum_{l=0}^{L} \begin{bmatrix}[\boldsymbol{B}1_j^l]\cos l\theta \\ [\boldsymbol{B}2_j^l]\sin l\theta\end{bmatrix}\{\Delta \boldsymbol{d}_j^{l*}\} \\
& + \sum_{k=0}^{L}\{\Delta \boldsymbol{d}_i^{k*}\}^{\mathrm{T}} \begin{bmatrix}[\boldsymbol{B}1_i^k]\cos k\theta \\ [\boldsymbol{B}2_i^k]\sin k\theta\end{bmatrix} \sum_{m=0}^{M} \begin{bmatrix}\overline{[\boldsymbol{D}_{11}^m]}\cos m\theta & \overline{[\boldsymbol{D}_{12}^m]}\cos m\theta \\ \overline{[\boldsymbol{D}_{21}^m]}\cos m\theta & \overline{[\boldsymbol{D}_{22}^m]}\cos m\theta\end{bmatrix} \sum_{l=0}^{L} \begin{bmatrix}[\boldsymbol{B}1_j^l]\sin l\theta \\ -[\boldsymbol{B}2_j^l]\cos l\theta\end{bmatrix}\{\Delta \boldsymbol{d}_j^{l**}\} \\
& + \sum_{k=0}^{L}\{\Delta \boldsymbol{d}_i^{k**}\}^{\mathrm{T}} \begin{bmatrix}[\boldsymbol{B}1_i^k]\sin k\theta \\ -[\boldsymbol{B}2_i^k]\cos k\theta\end{bmatrix} \sum_{m=0}^{M} \begin{bmatrix}\overline{[\boldsymbol{D}_{11}^m]}\cos m\theta & \overline{[\boldsymbol{D}_{12}^m]}\cos m\theta \\ \overline{[\boldsymbol{D}_{21}^m]}\cos m\theta & \overline{[\boldsymbol{D}_{22}^m]}\cos m\theta\end{bmatrix} \sum_{l=0}^{L} \begin{bmatrix}[\boldsymbol{B}1_j^l]\sin l\theta \\ -[\boldsymbol{B}2_j^l]\cos l\theta\end{bmatrix}\{\Delta \boldsymbol{d}_j^{l**}\} \\
& + \sum_{k=0}^{L}\{\Delta \boldsymbol{d}_i^{k*}\}^{\mathrm{T}} \begin{bmatrix}[\boldsymbol{B}1_i^k]\cos k\theta \\ [\boldsymbol{B}2_i^k]\sin k\theta\end{bmatrix} \sum_{m=0}^{M} \begin{bmatrix}\overline{\overline{[\boldsymbol{D}_{11}^m]}}\sin m\theta & \overline{\overline{[\boldsymbol{D}_{12}^m]}}\sin m\theta \\ \overline{\overline{[\boldsymbol{D}_{21}^m]}}\sin m\theta & \overline{\overline{[\boldsymbol{D}_{22}^m]}}\sin m\theta\end{bmatrix} \sum_{l=0}^{L} \begin{bmatrix}[\boldsymbol{B}1_j^l]\cos l\theta \\ [\boldsymbol{B}2_j^l]\sin l\theta\end{bmatrix}\{\Delta \boldsymbol{d}_j^{l*}\} \\
& + \sum_{k=0}^{L}\{\Delta \boldsymbol{d}_i^{k**}\}^{\mathrm{T}} \begin{bmatrix}[\boldsymbol{B}1_i^k]\sin k\theta \\ -[\boldsymbol{B}2_i^k]\cos k\theta\end{bmatrix} \sum_{m=0}^{M} \begin{bmatrix}\overline{\overline{[\boldsymbol{D}_{11}^m]}}\sin m\theta & \overline{\overline{[\boldsymbol{D}_{12}^m]}}\sin m\theta \\ \overline{\overline{[\boldsymbol{D}_{21}^m]}}\sin m\theta & \overline{\overline{[\boldsymbol{D}_{22}^m]}}\sin m\theta\end{bmatrix} \sum_{l=0}^{L} \begin{bmatrix}[\boldsymbol{B}1_j^l]\cos l\theta \\ [\boldsymbol{B}2_j^l]\sin l\theta\end{bmatrix}\{\Delta \boldsymbol{d}_j^{l*}\} \\
& + \sum_{k=0}^{L}\{\Delta \boldsymbol{d}_i^{k*}\}^{\mathrm{T}} \begin{bmatrix}[\boldsymbol{B}1_i^k]\cos k\theta \\ [\boldsymbol{B}2_i^k]\sin k\theta\end{bmatrix} \sum_{m=0}^{M} \begin{bmatrix}\overline{\overline{[\boldsymbol{D}_{11}^m]}}\sin m\theta & \overline{\overline{[\boldsymbol{D}_{12}^m]}}\sin m\theta \\ \overline{\overline{[\boldsymbol{D}_{21}^m]}}\sin m\theta & \overline{\overline{[\boldsymbol{D}_{22}^m]}}\sin m\theta\end{bmatrix} \sum_{l=0}^{L} \begin{bmatrix}[\boldsymbol{B}1_j^l]\sin l\theta \\ -[\boldsymbol{B}2_j^l]\cos l\theta\end{bmatrix}\{\Delta \boldsymbol{d}_j^{l**}\} \\
& + \sum_{k=0}^{L}\{\Delta \boldsymbol{d}_i^{k**}\}^{\mathrm{T}} \begin{bmatrix}[\boldsymbol{B}1_i^k]\sin k\theta \\ -[\boldsymbol{B}2_i^k]\cos k\theta\end{bmatrix} \sum_{m=0}^{M} \begin{bmatrix}\overline{\overline{[\boldsymbol{D}_{11}^m]}}\sin m\theta & \overline{\overline{[\boldsymbol{D}_{12}^m]}}\sin m\theta \\ \overline{\overline{[\boldsymbol{D}_{21}^m]}}\sin m\theta & \overline{\overline{[\boldsymbol{D}_{22}^m]}}\sin m\theta\end{bmatrix} \sum_{l=0}^{L} \begin{bmatrix}[\boldsymbol{B}1_j^l]\sin l\theta \\ -[\boldsymbol{B}2_j^l]\cos l\theta\end{bmatrix}\{\Delta \boldsymbol{d}_j^{l**}\} \\
& r\,\mathrm{d}\theta\,\mathrm{d}area
\end{aligned} \tag{12.23}$$

线性公式中由于傅里叶级数的正交性，$d\theta$ 积分后得到的刚度矩阵中大部分元素都是零。线性公式中用两个傅里叶级数相乘后进行积分求解，但非线性公式中是三个傅里叶级数相乘后进行积分，于是得到一组新解，见附录 XII. 5 节。这样系统内部虚功增量可以表示为

$$
\begin{aligned}
\Delta W = \pi\int & \sum_{i=1}^{n}\sum_{j=1}^{n}\sum_{k=0}^{L}\{\Delta \boldsymbol{d}_i^{k^*}\}^{\mathrm{T}}\begin{bmatrix}[\boldsymbol{B}1_i^k]\\ [\boldsymbol{B}2_i^k]\end{bmatrix}^{\mathrm{T}}\sum_{l=0}^{L}\begin{bmatrix}[\boldsymbol{D}_{11}^{k,l}]^p & [\boldsymbol{D}_{12}^{k,l}]^p\\ [\boldsymbol{D}_{21}^{k,l}]^p & [\boldsymbol{D}_{22}^{k,l}]^p\end{bmatrix}\begin{bmatrix}[\boldsymbol{B}1_j^l]\\ [\boldsymbol{B}2_j^l]\end{bmatrix}\{\Delta \boldsymbol{d}_j^{l^*}\}\\
& +\sum_{k=0}^{L}\{\Delta \boldsymbol{d}_i^{k^{**}}\}^{\mathrm{T}}\begin{bmatrix}[\boldsymbol{B}1_i^k]\\ [\boldsymbol{B}2_i^k]\end{bmatrix}^{\mathrm{T}}\sum_{l=0}^{L}\begin{bmatrix}[\boldsymbol{D}_{11}^{k,l}]^{op} & [\boldsymbol{D}_{12}^{k,l}]^{op}\\ [\boldsymbol{D}_{21}^{k,l}]^{op} & [\boldsymbol{D}_{22}^{k,l}]^{op}\end{bmatrix}\begin{bmatrix}[\boldsymbol{B}1_j^l]\\ [\boldsymbol{B}2_j^l]\end{bmatrix}\{\Delta \boldsymbol{d}_j^{l^*}\}\\
& +\sum_{k=0}^{L}\{\Delta \boldsymbol{d}_i^{k^*}\}^{\mathrm{T}}\begin{bmatrix}[\boldsymbol{B}1_i^k]\\ [\boldsymbol{B}2_i^k]\end{bmatrix}^{\mathrm{T}}\sum_{l=0}^{L}\begin{bmatrix}[\boldsymbol{D}_{11}^{k,l}]^{po} & [\boldsymbol{D}_{12}^{k,l}]^{po}\\ [\boldsymbol{D}_{21}^{k,l}]^{po} & [\boldsymbol{D}_{22}^{k,l}]^{po}\end{bmatrix}\begin{bmatrix}[\boldsymbol{B}1_j^l]\\ [\boldsymbol{B}2_j^l]\end{bmatrix}\{\Delta \boldsymbol{d}_j^{l^{**}}\}\\
& +\sum_{k=0}^{L}\{\Delta \boldsymbol{d}_i^{k^{**}}\}^{\mathrm{T}}\begin{bmatrix}[\boldsymbol{B}1_i^k]\\ [\boldsymbol{B}2_i^k]\end{bmatrix}^{\mathrm{T}}\sum_{l=0}^{L}\begin{bmatrix}[\boldsymbol{D}_{11}^{k,l}]^{o} & [\boldsymbol{D}_{12}^{k,l}]^{o}\\ [\boldsymbol{D}_{21}^{k,l}]^{o} & [\boldsymbol{D}_{22}^{k,l}]^{o}\end{bmatrix}\begin{bmatrix}[\boldsymbol{B}1_j^l]\\ [\boldsymbol{B}2_j^l]\end{bmatrix}\{\Delta \boldsymbol{d}_j^{l^{**}}\}\, r\,darea
\end{aligned}
\tag{12.24}
$$

式中，$[\boldsymbol{D}^{k,l}]^p$、$[\boldsymbol{D}^{k,l}]^{op}$、$[\boldsymbol{D}^{k,l}]^{po}$ 和 $[\boldsymbol{D}^{k,l}]^o$ 由 $[\boldsymbol{D}]$ 矩阵对 θ 积分得到，它们用于形成表示荷载第 k 阶调和系数与位移第 l 阶调和系数关系的刚度矩阵；$[\boldsymbol{D}^{k,l}]^p$ 表示平行荷载与平行位移关系的 $[\boldsymbol{D}]$ 矩阵；$[\boldsymbol{D}^{k,l}]^{op}$ 表示正交荷载与平行位移关系的 $[\boldsymbol{D}]$ 矩阵；$[\boldsymbol{D}^{k,l}]^{po}$ 表示平行荷载与正交位移关系的 $[\boldsymbol{D}]$ 矩阵；$[\boldsymbol{D}^{k,l}]^o$ 表示正交荷载与正交位移之间的 $[\boldsymbol{D}]$ 矩阵。

上述这些矩阵 $[\boldsymbol{D}]$ 可以分为 $[\boldsymbol{D}_{11}]$、$[\boldsymbol{D}_{12}]$、$[\boldsymbol{D}_{21}]$ 和 $[\boldsymbol{D}_{22}]$ 四部分，这些矩阵分量可由以下方程得到：

$$
\begin{aligned}
[\boldsymbol{D}^{k,l}]^p &= \begin{bmatrix}[\boldsymbol{D}_{11}^{k,l}]^p & [\boldsymbol{D}_{12}^{k,l}]^p\\ [\boldsymbol{D}_{21}^{k,l}]^p & [\boldsymbol{D}_{22}^{k,l}]^p\end{bmatrix} = \begin{bmatrix}\alpha\,\overline{[\boldsymbol{D}_{11}^{k-l}]}+\beta\,\overline{[\boldsymbol{D}_{11}^{k+l}]} & \mp\alpha\,\overline{\overline{[\boldsymbol{D}_{12}^{k-l}]}}+\beta\,\overline{\overline{[\boldsymbol{D}_{12}^{k+l}]}}\\ \pm\alpha\,\overline{\overline{[\boldsymbol{D}_{21}^{k-l}]}}+\beta\,\overline{\overline{[\boldsymbol{D}_{21}^{k+l}]}} & \alpha\,\overline{[\boldsymbol{D}_{22}^{k-l}]}-\beta\,\overline{[\boldsymbol{D}_{22}^{k+l}]}\end{bmatrix}\\
[\boldsymbol{D}^{k,l}]^o &= \begin{bmatrix}[\boldsymbol{D}_{11}^{k,l}]^o & [\boldsymbol{D}_{12}^{k,l}]^o\\ [\boldsymbol{D}_{21}^{k,l}]^o & [\boldsymbol{D}_{22}^{k,l}]^o\end{bmatrix} = \begin{bmatrix}\alpha\,\overline{[\boldsymbol{D}_{11}^{k-l}]}-\beta\,\overline{[\boldsymbol{D}_{11}^{k+l}]} & \mp\alpha\,\overline{\overline{[\boldsymbol{D}_{12}^{k-l}]}}-\beta\,\overline{\overline{[\boldsymbol{D}_{12}^{k+l}]}}\\ \pm\alpha\,\overline{\overline{[\boldsymbol{D}_{21}^{k-l}]}}-\beta\,\overline{\overline{[\boldsymbol{D}_{21}^{k+l}]}} & \alpha\,\overline{[\boldsymbol{D}_{22}^{k-l}]}+\beta\,\overline{[\boldsymbol{D}_{22}^{k+l}]}\end{bmatrix}\\
[\boldsymbol{D}^{k,l}]^{op} &= \begin{bmatrix}[\boldsymbol{D}_{11}^{k,l}]^{op} & [\boldsymbol{D}_{12}^{k,l}]^{op}\\ [\boldsymbol{D}_{21}^{k,l}]^{op} & [\boldsymbol{D}_{22}^{k,l}]^{op}\end{bmatrix} = \begin{bmatrix}\pm\alpha\,\overline{\overline{[\boldsymbol{D}_{11}^{k-l}]}}+\beta\,\overline{\overline{[\boldsymbol{D}_{11}^{k+l}]}} & \alpha\,\overline{[\boldsymbol{D}_{12}^{k-l}]}-\beta\,\overline{[\boldsymbol{D}_{12}^{k+l}]}\\ -\alpha\,\overline{[\boldsymbol{D}_{21}^{k-l}]}-\beta\,\overline{[\boldsymbol{D}_{21}^{k+l}]} & \pm\alpha\,\overline{\overline{[\boldsymbol{D}_{22}^{k-l}]}}-\beta\,\overline{\overline{[\boldsymbol{D}_{22}^{k+l}]}}\end{bmatrix}\\
[\boldsymbol{D}^{k,l}]^{po} &= \begin{bmatrix}[\boldsymbol{D}_{11}^{k,l}]^{po} & [\boldsymbol{D}_{12}^{k,l}]^{po}\\ [\boldsymbol{D}_{21}^{k,l}]^{po} & [\boldsymbol{D}_{22}^{k,l}]^{po}\end{bmatrix} = \begin{bmatrix}\mp\alpha\,\overline{\overline{[\boldsymbol{D}_{11}^{k-l}]}}+\beta\,\overline{\overline{[\boldsymbol{D}_{11}^{k+1}]}} & -\alpha\,\overline{[\boldsymbol{D}_{12}^{k-l}]}-\beta\,\overline{[\boldsymbol{D}_{12}^{k+1}]}\\ \alpha\,\overline{[\boldsymbol{D}_{21}^{k-l}]}-\beta\,\overline{[\boldsymbol{D}_{21}^{k+l}]} & \mp\alpha\,\overline{\overline{[\boldsymbol{D}_{22}^{k-l}]}}-\beta\,\overline{\overline{[\boldsymbol{D}_{22}^{k+l}]}}\end{bmatrix}
\end{aligned}
\tag{12.25}
$$

式中，如果 $k=l$，则 $\alpha=1$；否则 $\alpha=1/2$。如果 $k=l=0$，则 $\beta=1$；否则 $\beta=1/2$。如果 $k-$

$l \geqslant 0$，$\pm$取$+$；如果$k-l<1$，$\pm$取$-$。如果$k-l \geqslant 0$，$\mp$取$-$；如果$k-l<1$，$\mp$取$+$。

非线性 CFSAFEM 刚度矩阵并不是调和耦合刚度矩阵，也就是说式(12.4)中的零项现在为非零。这就解释了非线性问题中的一个重要特性，即位移与外荷载有不同阶数的调和项。从式(12.25)得到的调和耦合刚度矩阵非常庞大，求逆时需要用大量的计算资源，与真三维计算类似。线性 CFSAFEM 公式计算非线性很强的问题也要消耗大量的计算资源，因为公式中采用的弹性矩阵$[\boldsymbol{D}]$与实际弹塑性矩阵$[\boldsymbol{D}^{ep}]$相差很大，使迭代修正这个误差需要消耗大量的资源。一个折中的方法就是采用非线性公式，但忽略调和耦合项，即式(12.24)中的$k \neq l$项。这样每级调和阶数下系统方程能够独立求解。与用线性公式求解非线性问题的误差处理方法相似，忽略调和耦合项引起的误差用非线性求解方法修正。由于每组调和系统方程中用正确的弹塑性刚度矩阵计算，与修正简单线弹性公式相比，对局部非线性公式进行修正需要的计算资源更少。

这样非线性公式现在可以为对称解耦刚度矩阵提供更合理的判别标准。要使刚度矩阵为对称解耦矩阵，$[\boldsymbol{D}]^{op}$和$[\boldsymbol{D}]^{po}$矩阵必须为零，与这两个矩阵相关的四个子矩阵只能由 0 阶调和项与余弦调和项构成或只由正弦调和项构成。这样$[\boldsymbol{D}]$矩阵满足对称解耦的条件是，$[\boldsymbol{D}_{11}]$和$[\boldsymbol{D}_{22}]$关于θ对称，而$[\boldsymbol{D}_{12}]$和$[\boldsymbol{D}_{21}]$关于θ反对称，这样得到的$[\boldsymbol{D}]^{op}$和$[\boldsymbol{D}]^{po}$将为零。平行对称计算中，由$[\boldsymbol{B}]$矩阵上部子矩阵$[\boldsymbol{B}1]$得到的应力σ_r、σ_z、σ_θ和σ_{rz}是θ的对称函数；由下部子矩阵$[\boldsymbol{B}2]$得到的应力$\sigma_{r\theta}$和$\sigma_{z\theta}$为θ的反对称函数，应变也满足相同的对称条件。这样只有当$[\boldsymbol{D}]$矩阵满足以上条件，而且材料所受的应力、应变也是平行对称时，用纯平行对称项计算才合理。同样，纯正交对称分析中，$[\boldsymbol{D}]$矩阵必须满足正交对称的应力、应变。当与$[\boldsymbol{B}1]$相关的应力和应变为θ的反对称函数，与$[\boldsymbol{B}2]$相关的应力、应变为θ的对称函数时，应力、应变就是正交对称的。

用完全非线性 CFSAFEM 公式计算时可采用切线刚度法，但是计算精度很大程度上受计算增量大小(如第 9 章所述)和表示外荷载、位移解答及$[\boldsymbol{D}]$矩阵的调和系数数量这两个因素影响。

注意，线性 CFSAFEM 公式是非线性 CFSAFEM 公式中$[\boldsymbol{D}]$矩阵不随θ变化，即$[\boldsymbol{D}]$矩阵中只含 0 阶调和项的一种特殊情况。

12.3.5　接触面单元公式

CFSAFEM 法中零厚度等参接触面单元公式在 Day 等(1994)(见 3.6 节)提出的二维公式基础上发展而来。等参六节点与四节点单元的坐标系如图 12.3 所示。接触面总位移与实体单元一样，用u、v与w位移分量表示。接触面单元的局部位移定义如下：

Δu_l为r-z平面内局部切向位移增量；

Δv_l 为 r-z 平面内局部法向位移增量;

Δw_l 为切向位移局部环向增量。

总位移增量与局部位移增量的关系可以用矩阵形式表示

$$\begin{Bmatrix}\Delta u_l\\ \Delta v_l\\ \Delta w_l\end{Bmatrix}=\begin{bmatrix}\cos\alpha & \sin\alpha & 0\\ -\sin\alpha & \cos\alpha & 0\\ 0 & 0 & 1\end{bmatrix}\begin{Bmatrix}\Delta u\\ \Delta v\\ \Delta w\end{Bmatrix} \tag{12.26}$$

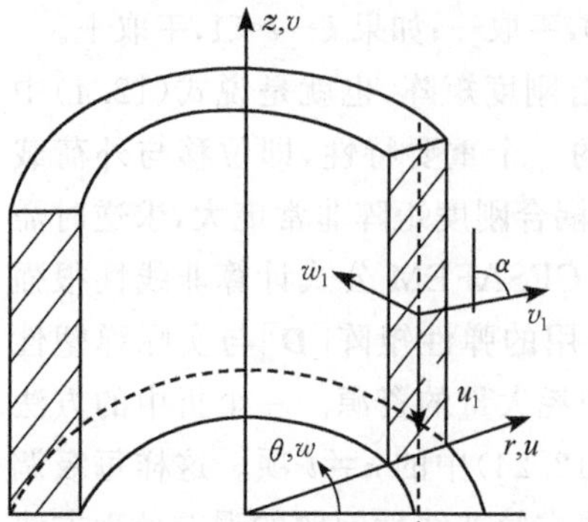

图 12.3 接触面单元坐标示意图

接触面上任意一点有两组位移:上部位移与下部位移,每一组描述接触面一侧的位移情况,见 3.6 节。接触面单元每侧的总位移增量可以用等参形函数和 θ 方向傅里叶级数表示,即类似于实体单元公式

$$\Delta u=\sum_{i=1}^{n}N_i\left[\sum_{l=0}^{L}(\overline{U_i^l}\cos l\theta+\overline{\overline{U_i^l}}\sin l\theta)\right] \tag{12.27}$$

式中,N_i为单元 i 节点的形函数;$\overline{U_i^l}$为第 i 节点径向位移的第 l 项余弦调和系数;$\overline{\overline{U_i^l}}$为第 i 节点径向位移的第 l 项正弦调和系数;n 为接触面每侧的节点数;L 为表示位移的调和级数阶数。

接触面单元有三个应变增量分量:$\Delta\gamma_p$ 为平面内剪应变,$\Delta\varepsilon$ 为平面内正应变,$\Delta\gamma_\theta$ 为环向剪应变。它们可以用总位移增量和局部位移增量表示

$$\begin{Bmatrix}\Delta\gamma_p\\ \Delta\varepsilon\\ \Delta\gamma_\theta\end{Bmatrix}=\begin{Bmatrix}\Delta u_l^{\text{bot}}-\Delta u_l^{\text{top}}\\ \Delta v_l^{\text{bot}}-\Delta v_l^{\text{top}}\\ \Delta w_l^{\text{bot}}-\Delta w_l^{\text{top}}\end{Bmatrix}=\begin{bmatrix}\cos\alpha & \sin\alpha & 0\\ -\sin\alpha & \cos\alpha & 0\\ 0 & 0 & 1\end{bmatrix}\begin{Bmatrix}\Delta u^{\text{bot}}-\Delta u^{\text{top}}\\ \Delta v^{\text{bot}}-\Delta v^{\text{top}}\\ \Delta w^{\text{bot}}-\Delta w^{\text{top}}\end{Bmatrix} \tag{12.28}$$

由式(12.27)表示的总位移增量为

$$\begin{Bmatrix}\Delta\gamma_p\\ \Delta\varepsilon\\ \Delta\gamma_\theta\end{Bmatrix}=\sum_{i=1}^{2n}\begin{bmatrix}\mp\cos\alpha & \mp\sin\alpha & 0\\ \pm\sin\alpha & \mp\cos\alpha & 0\\ 0 & 0 & \mp 1\end{bmatrix}\sum_{l=0}^{L}N_i\begin{Bmatrix}\overline{U_i^l}\cos l\theta+\overline{\overline{U_i^l}}\sin l\theta\\ \overline{V_i^l}\cos l\theta+\overline{\overline{V_i^l}}\sin l\theta\\ \overline{W_i^l}\cos l\theta+\overline{\overline{W_i^l}}\sin l\theta\end{Bmatrix} \tag{12.29}$$

式中,对上部节点∓取−,对下部节点∓取+;对上部节点±取+,对下部节点±取−。

于是

$$\{\Delta\boldsymbol{\varepsilon}\}=\sum_{i=1}^{2n}\sum_{l=0}^{L}\begin{bmatrix}[\boldsymbol{B}1_i]\cos l\theta\\ [\boldsymbol{B}2_i]\sin l\theta\end{bmatrix}\{\Delta\boldsymbol{d}_i^{l^*}\}+\begin{bmatrix}[\boldsymbol{B}1_i]\sin l\theta\\ -[\boldsymbol{B}2_i]\cos l\theta\end{bmatrix}\{\Delta\boldsymbol{d}_i^{l^{**}}\} \tag{12.30}$$

式中,$\{\Delta\boldsymbol{d}_i^{l^*}\}$和$\{\Delta\boldsymbol{d}_i^{l^{**}}\}$分别为第 i 节点位移增量的第 l 阶平行与正交调和系数;

$[\boldsymbol{B}1_i]$为第 i 节点应变矩阵的上半部分；$[\boldsymbol{B}2_i]$为第 i 节点应变矩阵的下半部分。于是

$$[\boldsymbol{B}1_i]=N_i\begin{bmatrix}\mp\cos\alpha & \mp\sin\alpha & 0\\ \pm\sin\alpha & \mp\cos\alpha & 0\end{bmatrix}\quad [\boldsymbol{B}2_i]=N_i\{0\ 0\mp 1\} \tag{12.31}$$

与实体单元相似，接触面单元的弹性矩阵$[\boldsymbol{D}]$可以分为四部分

$$\begin{Bmatrix}\Delta\tau_p\\ \Delta\sigma\\ \vdots\\ \Delta\tau_\theta\end{Bmatrix}=\begin{bmatrix}[\boldsymbol{D}_{11}] & \| & [\boldsymbol{D}_{12}]\\ —— \quad —— & \| & ——\\ [\boldsymbol{D}_{21}] & \| & [\boldsymbol{D}_{22}]\end{bmatrix}\begin{Bmatrix}\Delta\gamma_p\\ \Delta\varepsilon\\ \vdots\\ \Delta\gamma_\theta\end{Bmatrix} \tag{12.32}$$

式中，$\Delta\tau_p$ 为平面内剪应力增量；$\Delta\sigma$ 为平面内正应力增量；$\Delta\tau_\theta$ 为环向剪应力增量。

由接触面单元的应力和应变得到与实体单元类似的内部虚功增量方程

$$\Delta W=\iint_{-\pi}^{\pi}\sum_{i=1}^{2n}\left[\sum_{k=0}^{L}\begin{bmatrix}[\boldsymbol{B}1_i]\cos k\theta\\ [\boldsymbol{B}2_i]\sin k\theta\end{bmatrix}\{\Delta\boldsymbol{d}_i^{k^*}\}+\begin{bmatrix}[\boldsymbol{B}1_i]\sin k\theta\\ -[\boldsymbol{B}2_i]\cos k\theta\end{bmatrix}\{\Delta\boldsymbol{d}_i^{k^{**}}\}\right]^{\mathrm{T}}$$
$$\cdot[\boldsymbol{D}]\sum_{j=1}^{2n}\left[\sum_{l=0}^{L}\begin{bmatrix}[\boldsymbol{B}1_j]\cos l\theta\\ [\boldsymbol{B}2_j]\sin l\theta\end{bmatrix}\{\Delta\boldsymbol{d}_j^{l^*}\}+\begin{bmatrix}[\boldsymbol{B}1_j]\sin l\theta\\ -[\boldsymbol{B}2_j]\cos l\theta\end{bmatrix}\{\Delta\boldsymbol{d}_j^{l^{**}}\}\right]r\mathrm{d}\theta\mathrm{d}area \tag{12.33}$$

式(12.33)可以简化为

$$\begin{aligned}\Delta W=\pi\int\sum_{i=1}^{n}\sum_{j=1}^{n}&2\{\Delta\boldsymbol{d}_i^{0^*}\}^{\mathrm{T}}[\boldsymbol{B}1_i]^{\mathrm{T}}[\boldsymbol{D}_{11}][\boldsymbol{B}1_j]\{\Delta\boldsymbol{d}_j^{0^*}\}\\ &+2\{\Delta\boldsymbol{d}_i^{0^{**}}\}^{\mathrm{T}}[\boldsymbol{B}2_i]^{\mathrm{T}}[\boldsymbol{D}_{22}][\boldsymbol{B}2_j]\{\Delta\boldsymbol{d}_j^{0^{**}}\}\\ &+\sum_{l=1}^{L}\{\Delta\boldsymbol{d}_i^{l^*}\}^{\mathrm{T}}[\boldsymbol{B}1_i]^{\mathrm{T}}[\boldsymbol{D}_{11}][\boldsymbol{B}1_j]\{\Delta\boldsymbol{d}_j^{l^*}\}+\{\Delta\boldsymbol{d}_i^{l^*}\}^{\mathrm{T}}[\boldsymbol{B}2_i]^{\mathrm{T}}[\boldsymbol{D}_{22}][\boldsymbol{B}2_j]\{\Delta\boldsymbol{d}_j^{l^*}\}\\ &+\{\Delta\boldsymbol{d}_i^{l^{**}}\}^{\mathrm{T}}[\boldsymbol{B}1_i]^{\mathrm{T}}[\boldsymbol{D}_{11}][\boldsymbol{B}1_j]\{\Delta\boldsymbol{d}_j^{l^{**}}\}\\ &+\{\Delta\boldsymbol{d}_i^{l^{**}}\}^{\mathrm{T}}[\boldsymbol{B}2_i]^{\mathrm{T}}[\boldsymbol{D}_{22}][\boldsymbol{B}2_j]\{\Delta\boldsymbol{d}_j^{l^{**}}\}r\mathrm{d}area\end{aligned}$$

$$\begin{aligned}\pi\int\sum_{i=1}^{n}\sum_{j=1}^{n}&-2\{\Delta\boldsymbol{d}_i^{0^*}\}^{\mathrm{T}}[\boldsymbol{B}1_i]^{\mathrm{T}}[\boldsymbol{D}_{12}][\boldsymbol{B}2_j]\{\Delta\boldsymbol{d}_j^{0^{**}}\}\\ &-2\{\Delta\boldsymbol{d}_i^{0^{**}}\}^{\mathrm{T}}[\boldsymbol{B}2_i]^{\mathrm{T}}[\boldsymbol{D}_{21}][\boldsymbol{B}1_j]\{\Delta\boldsymbol{d}_j^{0^*}\}\\ &+\sum_{l=1}^{L}-\{\Delta\boldsymbol{d}_i^{l^*}\}^{\mathrm{T}}[\boldsymbol{B}1_i]^{\mathrm{T}}[\boldsymbol{D}_{12}][\boldsymbol{B}2_j]\{\Delta\boldsymbol{d}_j^{l^{**}}\}\\ &+\{\Delta\boldsymbol{d}_i^{l^*}\}^{\mathrm{T}}[\boldsymbol{B}2_i]^{\mathrm{T}}[\boldsymbol{D}_{21}][\boldsymbol{B}1_j]\{\Delta\boldsymbol{d}_j^{l^{**}}\}\\ &+\{\Delta\boldsymbol{d}_i^{l^{**}}\}^{\mathrm{T}}[\boldsymbol{B}1_i]^{\mathrm{T}}[\boldsymbol{D}_{12}][\boldsymbol{B}2_j]\{\Delta\boldsymbol{d}_j^{l^*}\}\\ &-\{\Delta\boldsymbol{d}_i^{l^{**}}\}^{\mathrm{T}}[\boldsymbol{B}2_i]^{\mathrm{T}}[\boldsymbol{D}_{21}][\boldsymbol{B}1_j]\{\Delta\boldsymbol{d}_j^{l^*}\}r\mathrm{d}area\end{aligned} \tag{12.34}$$

由于接触面单元与实体单元的公式都是调和解耦的,即使计算中两种单元都存在,每一阶的系统方程都能独立求解。同样地,假如实体单元和接触面单元中的$[\boldsymbol{D}_{12}]$和$[\boldsymbol{D}_{21}]$都为零,对称解耦情况适用。

用与实体单元相同的方法,线弹性接触面单元公式可以扩展到非线性情况。$[\boldsymbol{D}]$矩阵可以用傅里叶级数表示,此时由虚功方程得到调和耦合的系统方程组。每一阶调和耦合方程的$[\boldsymbol{D}]$矩阵与12.3.4小节中介绍的实体单元相同。

12.3.6 孔隙水压缩

饱和土是两相材料,由固相可压缩的土颗粒骨架与液相极难压缩的孔隙水组成。如果在黏土上快速加载则假设土体处于不排水状态,超静孔隙水压力基本上不消散,这种情况在一般有限元计算中用设定孔隙水体积压缩系数(见3.4节)模拟。现在把这个公式扩展应用到CFSAFEM计算中。

线弹性材料的有效应力原理用式(3.2)和式(3.5)表示

$$\{\Delta\boldsymbol{\sigma}\} = [\boldsymbol{D}]\{\Delta\boldsymbol{\varepsilon}\} + [\boldsymbol{D}_f]\{\Delta\boldsymbol{\varepsilon}\} \tag{12.35}$$

考虑到式(3.6),上述方程中的第二项可以表示为

$$[\boldsymbol{D}_f]\{\Delta\boldsymbol{\varepsilon}\} = \{\boldsymbol{\eta}\}K_e\Delta\varepsilon_v \tag{12.36}$$

式中,$\{\boldsymbol{\eta}\}=\{1\ 1\ 1\ 0\ 0\ 0\}^{\mathrm{T}}$;$K_e$为孔隙水等效体积模量;$\Delta\varepsilon_v$为体积应变增量。联立方程式(12.35)与式(12.36),有

$$\{\Delta\boldsymbol{\sigma}\} = [\boldsymbol{D}]\{\Delta\boldsymbol{\varepsilon}\} + \{\boldsymbol{\eta}\}K_e\Delta\varepsilon_v \tag{12.37}$$

相应地,内部虚功增量ΔW可以表示为

$$\Delta W = \int\{\Delta\boldsymbol{\varepsilon}\}^{\mathrm{T}}\{\Delta\boldsymbol{\sigma}\}\mathrm{d}Vol = \int\{\Delta\boldsymbol{\varepsilon}\}^{\mathrm{T}}[\boldsymbol{D}]\{\Delta\boldsymbol{\varepsilon}\}\mathrm{d}Vol + \int\{\Delta\boldsymbol{\varepsilon}\}^{\mathrm{T}}\{\boldsymbol{\eta}\}K_e\Delta\varepsilon_v\mathrm{d}Vol \tag{12.38}$$

第一项积分是土颗粒骨架做的功(用12.3.1小节和12.3.4小节中公式计算),这里只要计算第二项积分,即孔隙水做的功(ΔW_f)。

根据方程式(12.8),$\Delta\varepsilon_v$表示为

$$\Delta\varepsilon_v = \sum_{i=1}^{n}\sum_{l=0}^{L}\{\boldsymbol{\eta}1\}^{\mathrm{T}}[\boldsymbol{B}1_i^l](\cos l\theta\{\Delta\boldsymbol{d}_i^{l^*}\} + \sin l\theta\{\Delta\boldsymbol{d}_i^{l^{**}}\}) \tag{12.39}$$

式中,$\{\boldsymbol{\eta}1\}^{\mathrm{T}}=\{1\ 1\ 1\ 0\}$。因此$\Delta W_f$可以表示为

$$\begin{aligned}\Delta W_f = &\iint_{-\pi}^{\pi}\sum_{i=1}^{n}\sum_{l=1}^{L}(\cos l\theta\{\Delta\boldsymbol{d}_i^{l^*}\} + \sin l\theta\{\Delta\boldsymbol{d}_i^{l^{**}}\})^{\mathrm{T}}[\boldsymbol{B}1_i^l]^{\mathrm{T}}\{\boldsymbol{\eta}1\}K_e \\ &\cdot\sum_{j=1}^{n}\sum_{k=0}^{L}\{\boldsymbol{\eta}1\}^{\mathrm{T}}[\boldsymbol{B}1_j^k](\cos k\theta\{\Delta\boldsymbol{d}_j^{k^*}\} + \sin k\theta\{\Delta\boldsymbol{d}_j^{k^{**}}\})r\mathrm{d}\theta\mathrm{d}area\end{aligned} \tag{12.40}$$

对 $d\theta$ 积分得到

$$\Delta W_f = \sum_{i=1}^{n}\sum_{j=1}^{n}\int 2\pi\{\Delta \boldsymbol{d}_i^{0^*}\}^{\mathrm{T}}[\boldsymbol{B}1_i^0]^{\mathrm{T}}\{\boldsymbol{\eta}1\}K_e\{\boldsymbol{\eta}1\}^{\mathrm{T}}[\boldsymbol{B}1_j^0]\{\Delta \boldsymbol{d}_j^{0^*}\}$$
$$+\pi\sum_{l=1}^{L}(\{\Delta \boldsymbol{d}_i^{l^*}\}^{\mathrm{T}}[\boldsymbol{B}1_i^l]^{\mathrm{T}}\{\boldsymbol{\eta}1\}K_e\{\boldsymbol{\eta}1\}^{\mathrm{T}}[\boldsymbol{B}1_j^l]\{\Delta \boldsymbol{d}_j^{l^*}\}$$
$$+\{\Delta \boldsymbol{d}_i^{l^{**}}\}^{\mathrm{T}}[\boldsymbol{B}1_i^l]^{\mathrm{T}}\{\boldsymbol{\eta}1\}K_e\{\boldsymbol{\eta}1\}^{\mathrm{T}}[\boldsymbol{B}1_j^l]\{\Delta \boldsymbol{d}_j^{l^{**}}\})r\mathrm{d}area \quad (12.41)$$

式(12.41)表示孔隙水压缩对总刚度矩阵的贡献。将孔隙水刚度与12.3.1小节和12.3.4小节得到的土颗粒骨架刚度相加，得到总刚度矩阵。孔隙水刚度矩阵是调和对称解耦矩阵，它对平行和正交刚度矩阵的贡献相同。对第 l 阶调和项有

$$\sum_{i=1}^{n}\sum_{j=1}^{n}\int[\boldsymbol{B}1_i^l]^{\mathrm{T}}\{\boldsymbol{\eta}1\}K_e\{\boldsymbol{\eta}1\}^{\mathrm{T}}[\boldsymbol{B}1_j^l]r\mathrm{d}area \quad (12.42)$$

以上 K_e 为常量的公式中，孔隙水压力在平行分析中是对称函数，在正交分析中是反对称函数。

不排水材料的 K_e 非常大，这种情况下产生的体积应变非常小，见3.4节。确定 K_e 有两种方法：给定一个常数，或取土颗粒骨架体积刚度的倍数。第一种方法选择 K_e 时必须谨慎，该值必须大到可以限制体积应变产生，但又要避免因数目太大而引起刚度矩阵病态。当土颗粒骨架体积模量在计算中变化较大时，找到合适的 K_e 非常困难。因此将 K_e 取为土颗粒骨架体积模量的倍数更合适些，可以避免上述问题。K_e 的典型取值范围为土颗粒骨架体积模量的100～1000倍。

然而就傅里叶级数表达式而言，现在 K_e 也要随 θ 变化，且必须用傅里叶级数表示

$$K_e = K_e^0 + \sum_{l=1}^{M}\overline{K_e^l}\cos l\theta + \overline{\overline{K_e^l}}\sin l\theta \quad (12.43)$$

式中，K_e^0、$\overline{K_e^l}$ 和 $\overline{\overline{K_e^l}}$ 为 K_e 的0阶调和项、第 l 阶余弦调和系数和第 l 阶正弦调和系数；M 表示 K_e 的调和系数数量，它不需要与表示位移的调和系数数量 L 相同。

将 K_e 表达式代入 ΔW_f 方程得到

$$\Delta W_f = \iint_{-\pi}^{\pi}\sum_{i=1}^{n}\sum_{l=0}^{L}(\cos l\theta\{\Delta \boldsymbol{d}_i^{l^*}\}+\sin l\theta\{\Delta \boldsymbol{d}_i^{l^{**}}\})[\boldsymbol{B}1_i^l]^{\mathrm{T}}\{\boldsymbol{\eta}1\}$$
$$\cdot(K_e^0+\sum_{l=1}^{M}\overline{K_e^l}\cos l\theta+\overline{\overline{K_e^l}}\sin l\theta)$$
$$\cdot\sum_{j=1}^{n}\sum_{k=0}^{L}\{\boldsymbol{\eta}1\}^{\mathrm{T}}[\boldsymbol{B}1_j^k](\cos k\theta\{\Delta \boldsymbol{d}_j^{k^*}\}+\sin k\theta\{\Delta \boldsymbol{d}_j^{k^{**}}\})r\mathrm{d}\theta\mathrm{d}area$$
$$(12.44)$$

用附录 XII.5 节中三个傅里叶级数相乘的积分解对 $d\theta$ 积分,得到

$$\begin{aligned}\Delta W_f = & \sum_{i=1}^{n}\sum_{j=1}^{n}\int\sum_{l=0}^{L}\{\Delta \boldsymbol{d}_i^{l^*}\}^{\mathrm{T}}[\boldsymbol{B}1_i^l]^{\mathrm{T}}\{\boldsymbol{\eta}1\}\sum_{k=0}^{L}(\alpha\overline{K_e^{l-k}}+\beta\overline{K_e^{l+k}})\{\boldsymbol{\eta}1\}^{\mathrm{T}}[\boldsymbol{B}1_j^k]\{\boldsymbol{d}_j^{k^*}\} \\ & + \sum_{l=0}^{L}\{\Delta \boldsymbol{d}_i^{l^{**}}\}^{\mathrm{T}}[\boldsymbol{B}1_i^l]^{\mathrm{T}}\{\boldsymbol{\eta}1\}\sum_{k=0}^{L}(\alpha\overline{K_e^{l-k}}-\beta\overline{K_e^{l+k}})\{\boldsymbol{\eta}1\}^{\mathrm{T}}[\boldsymbol{B}1_j^k]\{\boldsymbol{d}_j^{k^{**}}\} \\ & + \sum_{l=0}^{L}\{\Delta \boldsymbol{d}_i^{l^{**}}\}^{\mathrm{T}}[\boldsymbol{B}1_i^l]^{\mathrm{T}}\{\boldsymbol{\eta}1\}\sum_{k=0}^{L}(\pm\alpha\overline{\overline{K_e^{l-k}}}+\beta\overline{\overline{K_e^{l+k}}})\{\boldsymbol{\eta}1\}^{\mathrm{T}}[\boldsymbol{B}1_j^k]\{\boldsymbol{d}_j^{k^*}\} \\ & + \sum_{l=0}^{L}\{\Delta \boldsymbol{d}_i^{l^*}\}^{\mathrm{T}}[\boldsymbol{B}1_i^l]^{\mathrm{T}}\{\boldsymbol{\eta}1\}\sum_{k=0}^{L}(\mp\alpha\overline{\overline{K_e^{l-k}}}+\beta\overline{\overline{K_e^{l+k}}})\{\boldsymbol{\eta}1\}^{\mathrm{T}}[\boldsymbol{B}1_j^k]\{\boldsymbol{d}_j^{k^{**}}\}r\mathrm{d}area\end{aligned} \quad (12.45)$$

式中,如果 $k=l$, $\alpha=1$;否则 $\alpha=1/2$。如果 $k=l=0$,$\beta=1$;否则 $\beta=1/2$。如果 $l-k\geqslant0$,$\pm$取$+$;如果 $l-k<1$,$\pm$取$-$。如果 $l-k\geqslant0$,$\mp$取$-$;如果 $l-k<1$,$\mp$取$+$。

总的来说,方程式(12.45)既不调和解耦也不对称解耦,对称解耦的条件是 K_e 为对称函数。

12.3.7 固结耦合计算公式

加载条件下饱和土的性状受到土体中孔压消散速率的强烈影响。第 3 章中讲到,第 2 章介绍的一般有限元理论既能模拟孔压完全消散的排水情况,也能模拟孔压不发生消散的不排水情况,后者通过引入孔隙水有效体积压缩系数实现,如 3.4 节所述,前面章节(见 12.3.6 小节)中已经介绍了如何在 CFSAFEM 中考虑这种情况。通常土体不能简单地简化为完全排水,或完全不排水情况。例如,加载过程中土体发生部分排水,之后进行长时间的固结。为了考虑这种情况,孔隙水流动控制方程必须与土体力学方程结合起来,第 10 章中介绍了这种耦合计算的有限元理论,本节中将该理论扩展应用到 CFSAFEM 中,起初只考虑常渗透系数情况,之后扩展到变渗透系数情况。

研究区域中的孔隙水压力可以用单元孔隙水形函数和单元节点孔隙水压力的傅里叶级数表示

$$p_f = \sum_{i=1}^{m} N_{pi}\left(\sum_{l=0}^{L}\overline{p_{fi}^l}\cos l\theta + \overline{\overline{p_{fi}^l}}\sin l\theta\right) \quad (12.46)$$

式中,N_{pi} 为第 i 节点的单元孔隙水形函数;$\overline{p_{fi}^l}$ 和 $\overline{\overline{p_{fi}^l}}$ 分别为 i 节点孔隙水压力的 l 阶余弦调和系数和正弦调和系数;m 为单元中孔压节点数,不一定与单元位移节点数 n 相同。

水力坡度$\{\nabla \boldsymbol{h}\}$可以表示为

$$\{\nabla \boldsymbol{h}\}=\frac{1}{\gamma_f}\{\nabla \boldsymbol{p}_f\}+\{\boldsymbol{i}_G\}=\frac{1}{\gamma_f}\begin{Bmatrix}\dfrac{\partial p_f}{\partial r}\\ \dfrac{\partial p_f}{\partial z}\\ \dfrac{\partial p_f}{r\partial\theta}\end{Bmatrix}+\{\boldsymbol{i}_G\}=\frac{1}{\gamma_f}\sum_{i=1}^{m}\sum_{l=0}^{L}\begin{Bmatrix}\dfrac{\partial N_{pi}}{\partial r}\cos l\theta\\ \dfrac{\partial N_{pi}}{\partial z}\cos l\theta\\ \dfrac{-lN_{pi}}{r}\sin l\theta\end{Bmatrix}\overline{p_{fi}^{l}}$$

$$+\begin{Bmatrix}\dfrac{\partial N_{pi}}{\partial r}\sin l\theta\\ \dfrac{\partial N_{pi}}{\partial z}\sin l\theta\\ \dfrac{lN_{pi}}{r}\cos l\theta\end{Bmatrix}\overline{\overline{p_{fi}^{l}}}+\{\boldsymbol{i}_G\}$$

$$=\frac{1}{\gamma_f}\sum_{i=1}^{m}\sum_{l=0}^{L}\begin{bmatrix}[\boldsymbol{E}1_i^l]\cos l\theta\\ -[\boldsymbol{E}2_i^l]\sin l\theta\end{bmatrix}\overline{p_{fi}^{l}}+\begin{bmatrix}[\boldsymbol{E}1_i^l]\sin l\theta\\ [\boldsymbol{E}2_i^l]\cos l\theta\end{bmatrix}\overline{\overline{p_{fi}^{l}}}+\{\boldsymbol{i}_G\} \tag{12.47}$$

式中，γ_f 为孔隙水单位体积重度；$\{i_G\}$为与重力平行的矢量，有

$$\{\boldsymbol{i}_G\}=\begin{Bmatrix}\dfrac{\partial h}{\partial r}\\ \dfrac{\partial h}{\partial z}\\ \text{---}\\ \dfrac{\partial h}{\partial\theta}\end{Bmatrix}=\begin{Bmatrix}\{\boldsymbol{i}_{G1}\}\\ \{\boldsymbol{i}_{G2}\}\end{Bmatrix},\quad \{\boldsymbol{i}_{G1}\}=\begin{Bmatrix}\dfrac{\partial h}{\partial r}\\ \dfrac{\partial h}{\partial z}\end{Bmatrix},\quad \{\boldsymbol{i}_{G2}\}=\begin{Bmatrix}\dfrac{\partial h}{\partial\theta}\end{Bmatrix}$$

$$[\boldsymbol{E}1_i^l]=\begin{Bmatrix}\dfrac{\partial N_{pi}}{\partial r} & \dfrac{\partial N_{pi}}{\partial z}\end{Bmatrix}^{\mathrm{T}},\quad [\boldsymbol{E}2_i^l]=\begin{bmatrix}\dfrac{lN_{pi}}{r}\end{bmatrix}$$

任一点的体积应变增量可以表示为

$$\Delta\boldsymbol{\varepsilon}_v=\{\boldsymbol{\eta}\}^{\mathrm{T}}\{\Delta\boldsymbol{\varepsilon}\} \tag{12.48}$$

应变矢量增量$\{\Delta\varepsilon\}$可以像方程式(12.8)一样，用位移增量的傅里叶级数系数表示

$$\{\Delta\boldsymbol{\varepsilon}\}=\sum_{i=1}^{n}\sum_{l=0}^{L}\begin{bmatrix}[\boldsymbol{B}1_i^l]\cos l\theta\\ [\boldsymbol{B}2_i^l]\sin l\theta\end{bmatrix}\{\Delta\boldsymbol{d}_i^{l^*}\}+\begin{bmatrix}[\boldsymbol{B}1_i^l]\sin l\theta\\ -[\boldsymbol{B}2_i^l]\cos l\theta\end{bmatrix}\{\Delta\boldsymbol{d}_i^{l^{**}}\} \tag{12.49}$$

这样体积应变增量可以表示为

$$\Delta\varepsilon_v=\sum_{i=1}^{n}\sum_{l=0}^{L}\{\boldsymbol{\eta}1\}^{\mathrm{T}}[\boldsymbol{B}1_i^l](\cos l\theta\{\Delta\boldsymbol{d}_i^{l^*}\}+\sin l\theta\{\Delta\boldsymbol{d}_i^{l^{**}}\}) \tag{12.50}$$

两个控制方程为平衡方程

$$\int\{\Delta\boldsymbol{\varepsilon}\}^{\mathrm{T}}\{\Delta\boldsymbol{\sigma}\}\mathrm{d}Vol+\int\Delta\varepsilon_v\Delta p_f\mathrm{d}Vol=\text{外力所做的功} \tag{12.51}$$

和连续方程

$$\int \Delta p_f \frac{\partial(\Delta\varepsilon_v)}{\partial t} \mathrm{d}Vol - \int \nabla(\Delta p_f)^{\mathrm{T}}[\boldsymbol{k}]\{\nabla \boldsymbol{h}\}\mathrm{d}Vol = Q(\Delta p_f) \tag{12.52}$$

式中，$[\boldsymbol{k}]$为渗透系数矩阵；Q 表示源或汇，见第 10 章，它可以用傅里叶级数表示，其中平行分量和正交分量分别为 $Q^{l^*}=\overline{Q^l}$ 和 $Q^{l^{**}}=\overline{\overline{Q^l}}$。

方程式(12.51)中的第一项积分与方程式(12.38)不考虑固结时实体单元内部虚功增量积分相同。第二项积分可以用节点孔压增量和位移傅里叶级数表示为

$$\begin{aligned}\int \Delta\varepsilon_v \Delta p_f \mathrm{d}Vol = & \iint_{-\pi}^{\pi} \sum_{i=1}^{n}\sum_{l=0}^{L}(\cos l\theta\{\Delta \boldsymbol{d}_i^{l^*}\} + \sin l\theta\{\Delta \boldsymbol{d}_i^{l^{**}}\})^{\mathrm{T}}[\boldsymbol{B}1_i^l]^{\mathrm{T}}\{\boldsymbol{\eta}1\} \\ & \cdot \sum_{j=1}^{m} N_{pj}\Big(\sum_{k=0}^{L}\Delta\,\overline{p_{fj}^k}\cos k\theta + \Delta\,\overline{\overline{p_{fj}^k}}\sin k\theta\Big) r\,\mathrm{d}\theta \mathrm{d}area\end{aligned} \tag{12.53}$$

式中

$$\Delta p_f = \sum_{i=1}^{m} N_{pi}\Big(\sum_{l=0}^{L}\Delta\,\overline{p_{fi}^l}\cos l\theta + \Delta\,\overline{\overline{p_{fi}^l}}\sin l\theta\Big)$$

式中，$\overline{p_{fi}^l}$ 和 $\overline{\overline{p_{fi}^l}}$ 分别为第 i 节点孔压增量的第 l 阶余弦和正弦调和系数。

对 $\mathrm{d}\theta$ 积分，利用傅里叶级数的正交性可得

$$\begin{aligned}&\int \Delta\varepsilon_v \Delta p_f \mathrm{d}Vol \\ &= \pi\int \sum_{i=1}^{n}\sum_{j=1}^{m} 2\{\Delta \boldsymbol{d}_i^{0^*}\}^{\mathrm{T}}[\boldsymbol{B}1_i^0]^{\mathrm{T}}\{\boldsymbol{\eta}1\}N_{pj}\Delta p_{fj}^0 + \sum_{l=1}^{L}\{\Delta \boldsymbol{d}_i^{l^*}\}^{\mathrm{T}}[\boldsymbol{B}1_i^l]^{\mathrm{T}}\{\boldsymbol{\eta}1\}N_{pj}\Delta\,\overline{p_{fj}^l} \\ &\quad + \{\Delta \boldsymbol{d}_i^{l^{**}}\}^{\mathrm{T}}[\boldsymbol{B}1_i^l]^{\mathrm{T}}\{\boldsymbol{\eta}1\}N_{pj}\Delta\,\overline{\overline{p_{fj}^l}} r\,\mathrm{d}area \\ &= \sum_{i=1}^{n}\sum_{j=1}^{m}\{\Delta \boldsymbol{d}_i^{0^*}\}^{\mathrm{T}}[\boldsymbol{L}_{ij}^0]^{\mathrm{T}}\Delta p_{fj}^0 + \sum_{l=1}^{L}\{\Delta \boldsymbol{d}_i^{l^*}\}^{\mathrm{T}}[\boldsymbol{L}_{ij}^l]^{\mathrm{T}}\Delta\,\overline{p_{fj}^l} + \{\Delta \boldsymbol{d}_i^{l^{**}}\}^{\mathrm{T}}[\boldsymbol{L}_{ij}^l]^{\mathrm{T}}\Delta\,\overline{\overline{p_{fj}^l}}\end{aligned} \tag{12.54}$$

式中，当 $l=0$ 时，$[\boldsymbol{L}_{ij}^l]^{\mathrm{T}} = 2\pi\int r[\boldsymbol{B}1_i^l]^{\mathrm{T}}\{\boldsymbol{\eta}1\}N_{pj}\,\mathrm{d}area$；否则，$[\boldsymbol{L}_{ij}^l]^{\mathrm{T}} = \pi\int r[\boldsymbol{B}1_i^l]^{\mathrm{T}}\{\boldsymbol{\eta}1\}N_{pj}\,\mathrm{d}area$。

方程式(12.54)建立了外荷载增量与孔压增量之间的关系，既对称解耦也调和解耦。孔压增量的余弦调和系数只与平行荷载相关，因此它们又称为孔压增量的平行分量；类似地，正弦系数称为孔压增量的正交分量

$$\Delta\,\overline{p_f^l} = \Delta p_f^{l^*}, \quad \Delta\,\overline{\overline{p_f^l}} = \Delta p_f^{l^{**}} \tag{12.55}$$

式(12.52)中的第一项积分可由同样的方法得到下列方程：

$$\int \Delta p_f \Delta \varepsilon_v \mathrm{d}Vol = \sum_{i=1}^{n}\sum_{j=1}^{m}(\Delta p_{fj}^{0^*})^{\mathrm{T}}[\boldsymbol{L}_{ij}^{0}]\{\Delta \boldsymbol{d}_i^{0^*}\}$$
$$+\sum_{l=1}^{L}(\Delta p_{fj}^{l^*})^{\mathrm{T}}[\boldsymbol{L}_{ij}^{l}]\{\Delta \boldsymbol{d}_i^{l^*}\}+(\Delta p_{fj}^{l^{**}})^{\mathrm{T}}[\boldsymbol{L}_{ij}^{l}]\{\Delta \boldsymbol{d}_i^{l^{**}}\} \tag{12.56}$$

式(12.52)中的第二项积分重新表示为以下形式:

$$\int \nabla(\Delta p_f)^{\mathrm{T}}[\boldsymbol{k}]\{\nabla \boldsymbol{h}\}\mathrm{d}Vol$$
$$=\iint_{-\pi}^{\pi}\left\{\sum_{i=1}^{m}\sum_{l=0}^{L}(\Delta p_{fi}^{l^*})^{\mathrm{T}}\begin{bmatrix}[\boldsymbol{E}1_i^l]\cos l\theta\\ -[\boldsymbol{E}2_i^l]\sin l\theta\end{bmatrix}^{\mathrm{T}}+(\Delta p_{fi}^{l^{**}})^{\mathrm{T}}\begin{bmatrix}[\boldsymbol{E}1_i^l]\sin l\theta\\ [\boldsymbol{E}2_i^l]\cos l\theta\end{bmatrix}^{\mathrm{T}}\right\}\cdot[\boldsymbol{k}]$$
$$\cdot\left\{\frac{1}{\gamma_f}\sum_{j=1}^{m}\sum_{k=0}^{L}\begin{bmatrix}[\boldsymbol{E}1_j^k]\cos k\theta\\ -[\boldsymbol{E}2_j^k]\sin k\theta\end{bmatrix}\Delta p_{fj}^{k^*}+\begin{bmatrix}[\boldsymbol{E}1_j^k]\sin k\theta\\ [\boldsymbol{E}2_j^k]\cos k\theta\end{bmatrix}\Delta p_{fj}^{k^{**}}+\{\boldsymbol{i}_G\}\right\}r\mathrm{d}\theta \mathrm{d}area \tag{12.57}$$

为与$[\boldsymbol{E}]$矩阵两部分对应,$[\boldsymbol{k}]$矩阵分为四部分,然后对 $\mathrm{d}\theta$ 积分。水力坡度分为两部分,即孔压分量与重力分量。相应地,方程式(12.57)可以写为两个部分

$$\int \nabla(\Delta \boldsymbol{p}_f)^{\mathrm{T}}[\boldsymbol{k}]\nabla \boldsymbol{p}_f \mathrm{d}Vol$$
$$=\frac{\pi}{\gamma_f}\int\sum_{i=1}^{m}\sum_{j=1}^{m}2(\Delta \boldsymbol{p}_{fi}^{0^*})^{\mathrm{T}}[\boldsymbol{E}1_i^0]^{\mathrm{T}}[\boldsymbol{k}_{11}][\boldsymbol{E}1_j^0]p_{fj}^{0^*}$$
$$+\sum_{l=1}^{L}(\Delta \boldsymbol{p}_{fi}^{l^*})^{\mathrm{T}}[\boldsymbol{E}1_i^l]^{\mathrm{T}}[\boldsymbol{k}_{11}][\boldsymbol{E}1_j^l]\boldsymbol{p}_{fj}^{l^*}+(\Delta \boldsymbol{p}_{fi}^{l^*})^{\mathrm{T}}[\boldsymbol{E}2_i^l]^{\mathrm{T}}[\boldsymbol{k}_{22}][\boldsymbol{E}2_j^l]\boldsymbol{p}_{fj}^{l^*}$$
$$+(\Delta \boldsymbol{p}_{fi}^{l^{**}})^{\mathrm{T}}[\boldsymbol{E}1_i^l]^{\mathrm{T}}[\boldsymbol{k}_{11}][\boldsymbol{E}1_j^l]p_{fj}^{l^{**}}+(\Delta \boldsymbol{p}_{fi}^{l^{**}})^{\mathrm{T}}[\boldsymbol{E}2_i^l]^{\mathrm{T}}[\boldsymbol{k}_{22}][\boldsymbol{E}2_j^l]\boldsymbol{p}_{fj}^{l^{**}}r\mathrm{d}area$$

$$\frac{\pi}{\gamma_f}\int\sum_{i=1}^{m}\sum_{j=1}^{m}\sum_{l=1}^{L}(\Delta \boldsymbol{p}_{fi}^{l^*})^{\mathrm{T}}[\boldsymbol{E}1_i^l]^{\mathrm{T}}[\boldsymbol{k}_{12}][\boldsymbol{E}2_j^l]\boldsymbol{p}_{fj}^{l^{**}}-(\Delta \boldsymbol{p}_{fi}^{l^*})^{\mathrm{T}}[\boldsymbol{E}2_i^l]^{\mathrm{T}}[\boldsymbol{k}_{21}][\boldsymbol{E}1_j^l]\boldsymbol{p}_{fj}^{l^{**}}$$
$$-(\Delta \boldsymbol{p}_{fi}^{l^{**}})^{\mathrm{T}}[\boldsymbol{E}1_i^l]^{\mathrm{T}}[\boldsymbol{k}_{12}][\boldsymbol{E}2_j^l]p_{fj}^{l^*}+(\Delta \boldsymbol{p}_{fi}^{l^{**}})^{\mathrm{T}}[\boldsymbol{E}2_i^l]^{\mathrm{T}}[\boldsymbol{k}_{21}][\boldsymbol{E}1_j^l]\boldsymbol{p}_{fj}^{l^*}r\mathrm{d}area \tag{12.58}$$

和

$$\int \nabla(\Delta \boldsymbol{p}_f)^{\mathrm{T}}[\boldsymbol{k}]\{\boldsymbol{i}_G\}\mathrm{d}Vol = 2\pi\int\sum_{i=1}^{m}(\Delta \boldsymbol{p}_{fi}^{0^*})^{\mathrm{T}}[\boldsymbol{E}1_i^0]^{\mathrm{T}}([\boldsymbol{k}_{11}]\{\boldsymbol{i}_{G1}\}+[\boldsymbol{k}_{12}]\{\boldsymbol{i}_{G2}\})r\mathrm{d}area$$
$$=\sum_{i=1}^{m}(\Delta \boldsymbol{p}_{fi}^{0^*})^{\mathrm{T}}\{\boldsymbol{n}_i\} \tag{12.59}$$

式中

$$\{\boldsymbol{n}_i\}=2\pi\int[\boldsymbol{E}1_i^0]^{\mathrm{T}}([\boldsymbol{k}_{11}]\{\boldsymbol{i}_{G1}\}+[\boldsymbol{k}_{12}]\{\boldsymbol{i}_{G2}\})r\mathrm{d}area$$

方程式(12.58)和式(12.59)都是调和解耦的,且重力分量只影响 0 阶调和项,如果重力作用在 r-z 平面的固定方向(即 z 轴方向),这两个方程是正确的;如果重力作用在这个平面外,且与 r、θ 有关,公式会变得更加复杂。方程式(12.58)中虚线为对称解耦分量与耦合分量的分界线,观察这些部分可以看到,对称解耦的条件是$[\boldsymbol{k}]$矩阵的分量$[\boldsymbol{k}_{12}]$和$[\boldsymbol{k}_{21}]$都为零。方程式(12.58)可以写为

$$\int \nabla(\Delta p_f)^{\mathrm{T}}[\boldsymbol{k}]\,\nabla \boldsymbol{p}_f \mathrm{d}Vol = \sum_{i=1}^{m}\sum_{j=1}^{m}(\Delta \boldsymbol{p}_{fi}^{0})^{\mathrm{T}}[\boldsymbol{\Phi}_{ij}^{0}]\boldsymbol{p}_{fj}^{0} + \sum_{l=1}^{L}(\Delta \boldsymbol{p}_{fi}^{l^*})^{\mathrm{T}}[\boldsymbol{\Phi}_{ij}^{l}]^{p}\boldsymbol{p}_{fj}^{l^*} + (\Delta \boldsymbol{p}_{fi}^{l^{**}})^{\mathrm{T}}[\boldsymbol{\Phi}_{ij}^{l}]^{o}\boldsymbol{p}_{fj}^{l^{**}} + (\Delta \boldsymbol{p}_{fi}^{l^*})^{\mathrm{T}}[\boldsymbol{\Phi}_{ij}^{l}]^{po}\boldsymbol{p}_{fj}^{l^{**}} + (\Delta \boldsymbol{p}_{fi}^{l^{**}})^{\mathrm{T}}[\boldsymbol{\Phi}_{ij}^{l}]^{op}\boldsymbol{p}_{fj}^{l^*} \tag{12.60}$$

式中

$$[\boldsymbol{\Phi}_{ij}^{0}] = 2\frac{\pi}{\gamma_f}\int[\boldsymbol{E}1_i^0]^{\mathrm{T}}[\boldsymbol{k}_{11}][\boldsymbol{E}1_j^0]r\mathrm{d}area$$

$$[\boldsymbol{\Phi}_{ij}^{l}]^{p} = [\boldsymbol{\Phi}_{ij}^{l}]^{o} = \frac{\pi}{\gamma_f}\int\begin{Bmatrix}[\boldsymbol{E}1_i^l]\\ [\boldsymbol{E}2_i^l]\end{Bmatrix}^{\mathrm{T}}\begin{bmatrix}[\boldsymbol{k}_{11}] & 0\\ 0 & [\boldsymbol{k}_{22}]\end{bmatrix}\begin{Bmatrix}[\boldsymbol{E}1_j^l]\\ [\boldsymbol{E}2_j^l]\end{Bmatrix}r\mathrm{d}area$$

$$[\boldsymbol{\Phi}_{ij}^{l}]^{po} = \frac{\pi}{\gamma_f}\int\begin{Bmatrix}[\boldsymbol{E}1_i^l]\\ [\boldsymbol{E}2_i^l]\end{Bmatrix}^{\mathrm{T}}\begin{bmatrix}0 & [\boldsymbol{k}_{12}]\\ -[\boldsymbol{k}_{21}] & 0\end{bmatrix}\begin{Bmatrix}[\boldsymbol{E}1_j^l]\\ [\boldsymbol{E}2_j^l]\end{Bmatrix}r\mathrm{d}area$$

$$[\boldsymbol{\Phi}_{ij}^{l}]^{op} = \frac{\pi}{\gamma_f}\int\begin{Bmatrix}[\boldsymbol{E}1_i^l]\\ [\boldsymbol{E}2_i^l]\end{Bmatrix}^{\mathrm{T}}\begin{bmatrix}0 & -[\boldsymbol{k}_{12}]\\ [\boldsymbol{k}_{21}] & 0\end{bmatrix}\begin{Bmatrix}[\boldsymbol{E}1_j^l]\\ [\boldsymbol{E}2_j^l]\end{Bmatrix}r\mathrm{d}area$$

t_0 到 $t=t_0+\Delta t$ 的积分用简单时间步长法计算,见第 10 章

$$\int_{t_0}^{t}[\boldsymbol{\Phi}]p_f\mathrm{d}t = [\boldsymbol{\Phi}](p_{f0}+\beta\Delta p_f)\Delta t \tag{12.61}$$

式中,p_{f0}为 $t=t_0$时的 p_f;Δp_f 是 Δt 时间内 p_f 的变化量;β 是时间步长内平均孔压计算参数,即 $p_f^{av}=p_{f0}+\beta\Delta p_f$。

对于常量矩阵$[\boldsymbol{D}]$和$[\boldsymbol{k}]$,方程式(12.51)和式(12.52)中的分量都是调和解耦的。如果矩阵$[\boldsymbol{D}]$、$[\boldsymbol{k}]$都满足对称解耦条件,则最终方程也是对称解耦的,正交和平行方程对刚度矩阵的贡献相同。这样对于任何调和阶数,可以把方程式(12.51)和式(12.52)结合起来,用矩阵形式表示。对第 l 阶平行调和系数,有

$$\begin{bmatrix}[\boldsymbol{K}_G^l]^p & [\boldsymbol{L}_G^l]^{\mathrm{T}}\\ [\boldsymbol{L}_G^l] & -\beta\Delta t[\boldsymbol{\Phi}_G^l]^p\end{bmatrix}\begin{Bmatrix}\{\Delta \boldsymbol{d}^{l^*}\}_{nG}\\ \{\Delta \boldsymbol{p}_f^{l^*}\}_{nG}\end{Bmatrix} = \begin{Bmatrix}\{\Delta \boldsymbol{R}_G^{l^*}\}\\ (\langle\langle\{\boldsymbol{n}_G\}\rangle\rangle + [\boldsymbol{\Phi}_G^l]^p\{\boldsymbol{p}_{f0}^{l^*}\}_{nG} + Q)\Delta t\end{Bmatrix} \tag{12.62}$$

式中,如果 $l=0$,则$\langle\langle \boldsymbol{n}_G\rangle\rangle=\boldsymbol{n}_G$;否则,$\langle\langle \boldsymbol{n}_G\rangle\rangle=\boldsymbol{0}$。

可以用同样的方程表示第 l 阶正交调和系数,但是假如矩阵$[\boldsymbol{D}]$或矩阵$[\boldsymbol{k}]$不

满足对称条件，正交系数和平行系数必须同时求解

$$\begin{bmatrix} [\boldsymbol{K}_G^l]^p & [\boldsymbol{L}_G^l]^{\mathrm{T}} & [\boldsymbol{K}_G^l]^{op} & 0 \\ [\boldsymbol{L}_G^l] & -\beta\Delta t[\boldsymbol{\Phi}_G^l]^p & 0 & -\beta\Delta t[\boldsymbol{\Phi}_G^l]^{op} \\ [\boldsymbol{K}_G^l]^{po} & 0 & [\boldsymbol{K}_G^l]^o & [\boldsymbol{L}_G^l]^{\mathrm{T}} \\ 0 & -\beta\Delta t[\boldsymbol{\Phi}_G^l]^{po} & [\boldsymbol{L}_G^l] & -\beta\Delta t[\boldsymbol{\Phi}_G^l]^o \end{bmatrix} \begin{Bmatrix} \{\Delta \boldsymbol{d}^{l*}\}_{nG} \\ \{\Delta \boldsymbol{p}_f^{l^*}\}_{nG} \\ \{\Delta \boldsymbol{d}^{l^{**}}\}_{nG} \\ \{\Delta \boldsymbol{p}_f^{l^{**}}\}_{nG} \end{Bmatrix}$$

$$= \begin{Bmatrix} \{\Delta \boldsymbol{R}_G^{l^*}\} \\ (\langle\langle\langle\{\boldsymbol{n}_G\}\rangle\rangle\rangle + [\boldsymbol{\Phi}_G^l]^p \boldsymbol{p}_{f0}^{l^*} + [\boldsymbol{\Phi}_G^l]^{op} \boldsymbol{p}_{f0}^{l^{**}} + Q^{l^*})\Delta t \\ \{\Delta \boldsymbol{R}_G^{l^{**}}\} \\ ([\boldsymbol{\Phi}_G^l]^{po} \boldsymbol{p}_{f0}^{l^*} + [\boldsymbol{\Phi}_G^l]^o \boldsymbol{p}_{f0}^{l^{**}} + Q^{l^{**}})\Delta t \end{Bmatrix} \tag{12.63}$$

材料渗透系数可能不是常数，而随应力/应变水平变化，同样，$[\boldsymbol{k}]$也可能在环向上变化。这种情况下$[\boldsymbol{k}]$矩阵可以用傅里叶级数表示。

$$[\boldsymbol{k}] = [\boldsymbol{k}^0] + \overline{[\boldsymbol{k}^1]}\cos\theta + \overline{\overline{[\boldsymbol{k}^1]}}\sin\theta + \overline{[\boldsymbol{k}^2]}\cos 2\theta + \overline{\overline{[\boldsymbol{k}^2]}}\sin 2\theta + \cdots + \overline{[\boldsymbol{k}^l]}\cos l\theta + \overline{\overline{[\boldsymbol{k}^l]}}\sin l\theta + \cdots \tag{12.64}$$

式中，$[\boldsymbol{k}^0]$、$\overline{[\boldsymbol{k}^l]}$和$\overline{\overline{[\boldsymbol{k}^l]}}$分别为$[\boldsymbol{k}]$矩阵中含 0 阶调和系数、第 l 阶余弦调和系数和第 l 阶正弦调和系数分量。

方程式(12.52)的解现在包括三个傅里叶级数相乘后的积分，该解答是调和耦合的，与变量刚度矩阵$[\boldsymbol{D}]$类似

$$\int \nabla(\Delta p_f)^{\mathrm{T}}[\boldsymbol{k}]\,\nabla \boldsymbol{p}_f \mathrm{d}Vol$$

$$= \sum_{i=1}^{m}\sum_{j=1}^{m}\sum_{l=0}^{L}\Big\{(\Delta p_{fi}^{l^*})^{\mathrm{T}}\sum_{k=0}^{L}[\boldsymbol{\Phi}_{ij}^{lk}]^p(p_{fj}^{k^*}) + \sum_{l=1}^{L}(\Delta p_{fi}^{l^{**}})^{\mathrm{T}}\sum_{k=1}^{L}[\boldsymbol{\Phi}_{ij}^{lk}]^o(p_{fj}^{k^{**}})$$
$$+ \sum_{l=0}^{L}(\Delta p_{fi}^{l^*})^{\mathrm{T}}\sum_{k=1}^{L}[\boldsymbol{\Phi}_{ij}^{lk}]^{po}(p_{fj}^{k^{**}}) + \sum_{l=1}^{L}(\Delta p_{fi}^{l^{**}})^{\mathrm{T}}\sum_{k=0}^{L}[\boldsymbol{\Phi}_{ij}^{lk}]^{op}(p_{fj}^{k^*})\Big\} \tag{12.65}$$

式中

$$[\boldsymbol{\Phi}_{ij}^{lk}]^p = \frac{\pi}{\gamma_f}\int\begin{Bmatrix}[\boldsymbol{E}1_i^l]\\ [\boldsymbol{E}2_i^l]\end{Bmatrix}^{\mathrm{T}}\begin{bmatrix}\alpha\overline{[\boldsymbol{k}_{11}^{k-l}]}+\beta\overline{[\boldsymbol{k}_{11}^{k+l}]} & \pm\alpha\overline{\overline{[\boldsymbol{k}_{12}^{k-l}]}}-\beta\overline{\overline{[\boldsymbol{k}_{12}^{k+l}]}}\\ \mp\alpha\overline{\overline{[\boldsymbol{k}_{21}^{k-l}]}}-\beta\overline{\overline{[\boldsymbol{k}_{21}^{k+l}]}} & \alpha\overline{[\boldsymbol{k}_{22}^{k-l}]}-\beta\overline{[\boldsymbol{k}_{22}^{k+l}]}\end{bmatrix}\begin{Bmatrix}[\boldsymbol{E}1_j^k]\\ [\boldsymbol{E}2_j^k]\end{Bmatrix} r\mathrm{d}area$$

$$[\boldsymbol{\Phi}_{ij}^{lk}]^o = \frac{\pi}{\gamma_f}\int\begin{Bmatrix}[\boldsymbol{E}1_i^l]\\ [\boldsymbol{E}2_i^l]\end{Bmatrix}^{\mathrm{T}}\begin{bmatrix}\alpha\overline{[\boldsymbol{k}_{11}^{k-l}]}-\beta\overline{[\boldsymbol{k}_{11}^{k+l}]} & \pm\alpha\overline{\overline{[\boldsymbol{k}_{12}^{k-l}]}}+\beta\overline{\overline{[\boldsymbol{k}_{12}^{k+l}]}}\\ \mp\alpha\overline{\overline{[\boldsymbol{k}_{21}^{k-l}]}}+\beta\overline{\overline{[\boldsymbol{k}_{21}^{k+l}]}} & \alpha\overline{[\boldsymbol{k}_{22}^{k-l}]}+\beta\overline{[\boldsymbol{k}_{22}^{k+l}]}\end{bmatrix}\begin{Bmatrix}[\boldsymbol{E}1_j^k]\\ [\boldsymbol{E}2_j^k]\end{Bmatrix} r\mathrm{d}area$$

$$[\boldsymbol{\Phi}_{ij}^{lk}]^{op} = \frac{\pi}{\gamma_f}\int\begin{Bmatrix}[\boldsymbol{E}1_i^l]\\ [\boldsymbol{E}2_i^l]\end{Bmatrix}^{\mathrm{T}}\begin{bmatrix}\pm\alpha\overline{\overline{[\boldsymbol{k}_{11}^{k-l}]}}+\beta\overline{\overline{[\boldsymbol{k}_{11}^{k+l}]}} & -\alpha\overline{[\boldsymbol{k}_{12}^{k-l}]}+\beta\overline{[\boldsymbol{k}_{12}^{k+l}]}\\ \alpha\overline{[\boldsymbol{k}_{21}^{k-l}]}+\beta\overline{[\boldsymbol{k}_{21}^{k+l}]} & \pm\alpha\overline{\overline{[\boldsymbol{k}_{22}^{k-l}]}}-\beta\overline{\overline{[\boldsymbol{k}_{22}^{k+l}]}}\end{bmatrix}\begin{Bmatrix}[\boldsymbol{E}1_j^k]\\ [\boldsymbol{E}2_j^k]\end{Bmatrix} r\mathrm{d}area$$

$$[\boldsymbol{\Phi}_{ij}^{lk}]^{po}=\frac{\pi}{\gamma_f}\int\begin{Bmatrix}[\boldsymbol{E}1_i^l]\\ [\boldsymbol{E}2_i^l]\end{Bmatrix}^{\mathrm{T}}\begin{bmatrix}\mp\alpha\overline{\overline{[\boldsymbol{k}_{11}^{k-l}]}}+\beta\overline{\overline{[\boldsymbol{k}_{11}^{k+l}]}} & \alpha\overline{\overline{[\boldsymbol{k}_{12}^{k-l}]}}+\beta\overline{\overline{[\boldsymbol{k}_{12}^{k+l}]}}\\ -\alpha\overline{\overline{[\boldsymbol{k}_{21}^{k-l}]}}+\beta\overline{\overline{[\boldsymbol{k}_{21}^{k+l}]}} & \mp\alpha\overline{\overline{[\boldsymbol{k}_{22}^{k-l}]}}-\beta\overline{\overline{[\boldsymbol{k}_{22}^{k+l}]}}\end{bmatrix}\begin{Bmatrix}[\boldsymbol{E}1_j^k]\\ [\boldsymbol{E}2_j^k]\end{Bmatrix}r\mathrm{d}area$$

式中，如果 $k=l,\alpha=1$；否则 $\alpha=1/2$。如果 $k=l=0,\beta=1$；否则 $\beta=1/2$。如果 $k-l\geqslant0$，$\pm$取$+$；如果 $k-l<1$，$\pm$取$-$。如果 $k-l\geqslant0$，$\mp$取$-$；如果 $k-l<1$，$\mp$取$+$。

同样，方程式(12.59)的解现在包括两个傅里叶级数相乘后的积分，这样重力项影响了所有调和系数

$$\begin{aligned}\int\nabla(\Delta\boldsymbol{p}_f)^{\mathrm{T}}[\boldsymbol{k}]\{\boldsymbol{i}_G\}\mathrm{d}Vol=&\ \pi\sum_{i=1}^{m}\int2(\Delta\boldsymbol{p}_{fi}^{0})^{\mathrm{T}}[\boldsymbol{E}1_i^0]^{\mathrm{T}}([\boldsymbol{k}_{11}^0]\{\boldsymbol{i}_{G1}\}+[\boldsymbol{k}_{12}^0]\{\boldsymbol{i}_{G2}\})\\&+\sum_{l=1}^{L}(\Delta\boldsymbol{p}_{fi}^{l^*})^{\mathrm{T}}[([\boldsymbol{E}1_i^l]^{\mathrm{T}}\overline{[\boldsymbol{k}_{11}^l]}-[\boldsymbol{E}2_i^l]^{\mathrm{T}}\overline{\overline{[\boldsymbol{k}_{21}^l]}})\{\boldsymbol{i}_{G1}\}\\&+([\boldsymbol{E}1_i^l]^{\mathrm{T}}\overline{[\boldsymbol{k}_{12}^l]}-[\boldsymbol{E}2_i^l]^{\mathrm{T}}\overline{\overline{[\boldsymbol{k}_{22}^l]}})\{\boldsymbol{i}_{G2}\}]\\&+(\Delta\boldsymbol{p}_{fi}^{l^{**}})^{\mathrm{T}}[([\boldsymbol{E}1_i^l]^{\mathrm{T}}\overline{\overline{[\boldsymbol{k}_{11}^l]}}+[\boldsymbol{E}2_i^l]^{\mathrm{T}}\overline{[\boldsymbol{k}_{21}^l]})\{\boldsymbol{i}_{G1}\}\\&+([\boldsymbol{E}1_i^l]^{\mathrm{T}}\overline{\overline{[\boldsymbol{k}_{12}^l]}}+[\boldsymbol{E}2_i^l]^{\mathrm{T}}\overline{[\boldsymbol{k}_{22}^l]})\{\boldsymbol{i}_{G2}\}]r\mathrm{d}area\\=&\sum_{i=1}^{m}(\Delta\boldsymbol{p}_{fi}^{0})^{\mathrm{T}}\{\boldsymbol{n}_i^0\}+\sum_{l=1}^{L}(\Delta\boldsymbol{p}_{fi}^{l^*})^{\mathrm{T}}\{\boldsymbol{n}_i^{l^*}\}+(\Delta\boldsymbol{p}_{fi}^{l^{**}})^{\mathrm{T}}\{\boldsymbol{n}_i^{l^{**}}\}\end{aligned}\tag{12.66}$$

式(12.63)中，$[\boldsymbol{L}_G]$项是不变的，因为它们不受$[\boldsymbol{k}]$或$[\boldsymbol{D}]$的影响。但是现在要将 p_{f0} 乘以所有的调和耦合矩阵$[\boldsymbol{\Phi}_G]$。由于目前方程都是调和耦合的，可以用与方程式(12.63)类似的方程表示右端任意 l 阶调和项与左端 k 阶调和项的关系

$$\begin{bmatrix}[\boldsymbol{K}_G^{lk}]^{p} & \langle\langle\langle[\boldsymbol{L}_G^l]^{\mathrm{T}}\rangle\rangle\rangle & [\boldsymbol{K}_G^{lk}]^{op} & 0\\ \langle\langle\langle[\boldsymbol{L}_G^l]\rangle\rangle\rangle & -\beta\Delta t[\boldsymbol{\Phi}_G^{lk}]^{p} & 0 & -\beta\Delta t[\boldsymbol{\Phi}_G^{lk}]^{op}\\ [\boldsymbol{K}_G^{lk}]^{po} & 0 & [\boldsymbol{K}_G^{lk}]^{o} & \langle\langle\langle[\boldsymbol{L}_G^l]^{\mathrm{T}}\rangle\rangle\rangle\\ 0 & -\beta\Delta t[\boldsymbol{\Phi}_G^{lk}]^{po} & \langle\langle\langle[\boldsymbol{L}_G^l]\rangle\rangle\rangle & -\beta\Delta t[\boldsymbol{\Phi}_G^{lk}]^{o}\end{bmatrix}\begin{Bmatrix}\{\Delta\boldsymbol{d}^{k^*}\}_{nG}\\ \{\Delta\boldsymbol{p}_f^{k^*}\}_{nG}\\ \{\Delta\boldsymbol{d}^{k^{**}}\}_{nG}\\ \{\Delta\boldsymbol{p}_f^{k^{**}}\}_{nG}\end{Bmatrix}$$

$$=\begin{Bmatrix}\{\Delta\boldsymbol{R}_G^{l^*}\}\\ \left(\{\boldsymbol{n}_G^{l^*}\}+\sum_{j=0}^{L}[\boldsymbol{\Phi}_G^{lk}]^{p}\Delta p_{f0}^{j^*}+[\boldsymbol{\Phi}_G^{lk}]^{op}\Delta p_{f0}^{j^{**}}+Q^{l^*}\right)\Delta t\\ \{\Delta\boldsymbol{R}_G^{l^{**}}\}\\ \left(\{\boldsymbol{n}_G^{l^{**}}\}+\sum_{j=0}^{L}[\boldsymbol{\Phi}_G^{lk}]^{po}\Delta p_{f0}^{j^*}+[\boldsymbol{\Phi}_G^{lk}]^{o}\Delta p_{f0}^{j^{**}}+Q^{l^{**}}\right)\Delta t\end{Bmatrix}\tag{12.67}$$

式中，如果 $l=k$，则$\langle\langle\langle[\boldsymbol{L}_G^l]\rangle\rangle\rangle=[\boldsymbol{L}_G^l]$；否则为零。

这种情况下对称解耦的条件是，矩阵$[\boldsymbol{k}]$中的$[\boldsymbol{k}_{11}]$和$[\boldsymbol{k}_{22}]$部分是 θ 的对称函数，$[\boldsymbol{k}_{12}]$和$[\boldsymbol{k}_{21}]$是 θ 的反对称函数。如前所述，考虑材料的非线性性质（即弹塑性）时，耦合问题的 CFSAFEM 计算既能用常$[\boldsymbol{k}]$公式，又能用变$[\boldsymbol{k}]$公式，但公式中要忽略调和耦合项。两种情况下如果$[\boldsymbol{k}]$是变化的，需要对有限元公式右侧荷载作适当的修正。

12.4　CFSAFEM 的应用

12.4.1　引言

从前面几节中的公式可以看到，CFSAFEM 法包括了许多第 2 章、第 10 章和第 11 章中一般有限元理论的扩展与增强内容，尤其是 CFSAFEM 公式用傅里叶级数系数表示，一般有限元公式用实际数值表示，这意味着计算程序、边界条件和结果输出形式都会不同。

在现有有限元程序中，包括 FSAFEM 法需要做很多工作。与一般二维有限元计算相比，它对数据储存量的要求高了很多，这归结于坐标方向增加了，因为 CFSAFEM 计算中要增加两个额外的应力与应变分量，此外还要用到一系列调和系数。但是由于调和解耦特性，储存量需求比一般三维计算小很多。

计算中要用高效数据管理程序进行数据储存，并使其在调和系数与实数值之间转化。输入边界条件的方法也需要改进，这样可以在有限元程序中提供用户友好界面。非线性计算方法要作很大修改，使其能够对有限元方程的右侧荷载项进行正确修正。下面根据作者将 CFSAFEM 法应用到 ICFEP 程序中的经验具体介绍这些内容。

12.4.2　傅里叶级数调和系数计算

CFSAFEM 计算中所有变量必须用傅里叶级数表示，因为 CFSAFEM 公式全部用傅里叶级数调和系数表示。修正牛顿-拉弗森法是非线性计算中的关键内容，因为要用该方法计算方程右端的修正荷载，如 12.4.3 小节所述；另外也要用该方法描述复杂的边界条件，并形成部分非线性刚度矩阵，见 12.3.4 小节。这样必须提出一种用傅里叶级数表示 θ 方向变量分布情况的通用方法。

假设变量 x 是 θ 的函数，于是要计算相应的调和系数使 x 表示为

$$x= X^0+\overline{X^1}\cos\theta+\overline{\overline{X^1}}\sin\theta+\overline{X^2}\cos2\theta+\overline{\overline{X^2}}\sin2\theta+\cdots+\overline{X^l}\cos l\theta+\overline{\overline{X^l}}\sin l\theta+\cdots \tag{12.68}$$

如果 x 有显式表达式,即 $x=f(\theta)$,则调和系数可以用式(12.69)计算

$$\begin{cases} X^0 = \dfrac{1}{2\pi}\displaystyle\int_{-\pi}^{\pi} f(\theta)\,\mathrm{d}\theta \\ \overline{X^l} = \dfrac{1}{\pi}\displaystyle\int_{-\pi}^{\pi} f(\theta)\cos l\theta\,\mathrm{d}\theta \\ \overline{\overline{X^l}} = \dfrac{1}{\pi}\displaystyle\int_{-\pi}^{\pi} f(\theta)\sin l\theta\,\mathrm{d}\theta \end{cases} \tag{12.69}$$

通常 x 没有显式表达式,而是某些 θ 下的 x 已知,如 x_1(θ_1时),x_2(θ_2时),x_3(θ_3时),…,x_i(θ_i时),…,x_n(θ_n时)已知,其中 n 是已知 x 的个数。由于要假定两个定值间的 x 取值,所以该问题没有唯一解。这里推荐两种 x 的计算方法:①逐步线性法;②拟合法。

1. 逐步线性法

该方法建立在 Winnicki 等(1979)方法基础上。利用已知 x,假设 x 随 θ 逐步线性分布,如图 12.4 所示。这样任意 θ 时的 x 为

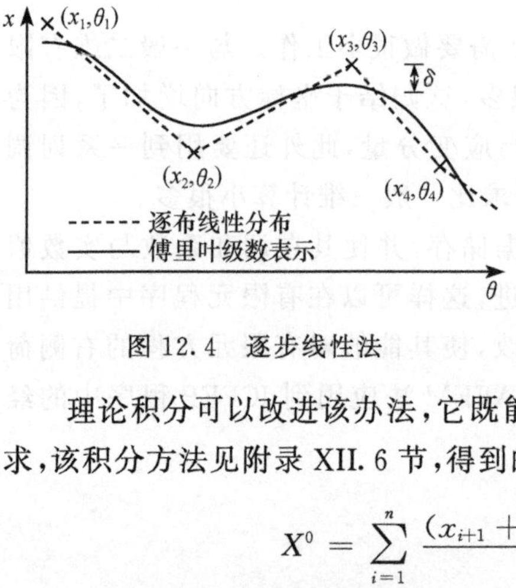

图 12.4　逐步线性法

$$x = x_i + \frac{(x_{i+1} - x_i)(\theta - \theta_i)}{\theta_{i+1} - \theta_i},\quad \theta_i < \theta < \theta_{i+1} \tag{12.70}$$

然后用 Bode 积分法对方程式(12.69)进行数值积分得到调和系数,数值积分误差与计算所需资源密切相关。

理论积分可以改进该办法,它既能消除积分误差,又能降低对计算资源的需求,该积分方法见附录 XII.6 节,得到的解如下:

$$\begin{aligned} X^0 &= \sum_{i=1}^{n} \frac{(x_{i+1} + x_i)(\theta_{i+1} - \theta_i)}{4\pi} \\ \overline{X^k} &= \sum_{i=1}^{n} \frac{(x_{i+1} - x_i)(\cos k\theta_{i+1} - \cos k\theta_i)}{k^2\pi(\theta_{i+1} - \theta_i)} \\ \overline{\overline{X^k}} &= \sum_{i=1}^{n} \frac{(x_{i+1} - x_i)(\sin k\theta_{i+1} - \sin k\theta_i)}{k^2\pi(\theta_{i+1} - \theta_i)} \end{aligned} \tag{12.71}$$

式中,$x_{n+1}=x_1$,$\theta_{n+1}=\theta_1+2\pi$。

如果方程式(12.68)中调和系数个数无限多,则方程式(12.69)得到的调和系数能准确拟合任何连续函数,但这不切实际,因为实际数值计算中总是采用有限个调和系数。通常计算中采用截断的傅里叶级数,即忽略高阶项,在采用足够多的项

数后，忽略高阶项带来的误差很小。而且，即便傅里叶级数结果不能与逐步线性分布法精确吻合，仍能得到较理想的 x 表达式，该表达式甚至比逐步线性分布法更好。

2. 拟合法

该方法假设 x 可以用通过所有 x 已知值的傅里叶级数表示，如图 12.5 所示。傅里叶级数表示中，调和系数数量是一个重要参数，如果调和系数数量比 x 已知值个数多，则可能有多解；如果调和系数数量比 x 已知值个数少，则无解；如果调和系数数量和 x 已知值个数相同，则有唯一解，用截断傅里叶级数可以求解，即将已知 x、θ 代入方程式(12.68)便得到调和系数的唯一解。这样 n 个未知数共有 n 个方程(n 是未知量个数)，可以用矩阵形式表示

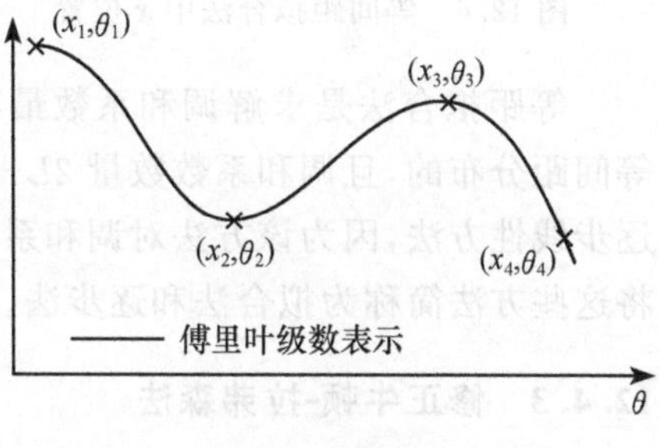

图 12.5　拟合法

$$\begin{Bmatrix} x_1 \\ x_2 \\ x_3 \\ \vdots \\ x_{n-1} \\ x_n \end{Bmatrix} = \begin{bmatrix} 1 & \cos\theta_1 & \sin\theta_1 & \cdots & \cos L\theta_1 & \sin L\theta_1 \\ 1 & \cos\theta_2 & \sin\theta_2 & \cdots & \cos L\theta_2 & \sin L\theta_2 \\ 1 & \cos\theta_3 & \sin\theta_3 & \cdots & \cos L\theta_3 & \sin L\theta_3 \\ \vdots & \vdots & \vdots & & \vdots & \vdots \\ 1 & \cos\theta_{n-1} & \sin\theta_{n-1} & \cdots & \cos L\theta_{n-1} & \sin L\theta_{n-1} \\ 1 & \cos\theta_n & \sin\theta_n & \cdots & \cos L\theta_n & \sin L\theta_n \end{bmatrix} \begin{Bmatrix} X^0 \\ \overline{X^1} \\ \overline{\overline{X^1}} \\ \vdots \\ \overline{X^{\frac{n-1}{2}}} \\ \overline{\overline{X^{\frac{n-1}{2}}}} \end{Bmatrix} \tag{12.72}$$

式中，L 为截断傅里叶级数的阶数$\left(\text{等于}\frac{1}{2}(n-1)\right)$。式(12.72)可以重新表示为

$$\boldsymbol{x} = [\boldsymbol{H}]\boldsymbol{X} \tag{12.73}$$

式中，$\boldsymbol{x}$ 为 x 已知值矢量；$\boldsymbol{X}$ 为未知调和系数矢量；$[\boldsymbol{H}]$为调和转换矩阵，它是 x 已知值处 θ 的函数。

对矩阵$[\boldsymbol{H}]$求逆，并将 $\boldsymbol{x}$ 左乘$[\boldsymbol{H}]^{-1}$便可求出调和系数 $\boldsymbol{X}$。如果 $\boldsymbol{x}$ 已知值处的 θ 不变，则$[\boldsymbol{H}]$也不变。这样与一系列 $\boldsymbol{x}$ 对应的 $\boldsymbol{X}$ 矢量可以很简单地用 $\boldsymbol{x}$ 左乘同样的$[\boldsymbol{H}]^{-1}$得到。

特殊情况下，如等间隔 θ 处的 $\boldsymbol{x}$ 已知时，可以用附录Ⅻ.7 节中的方法计算调和系数。若假设已知值数量 n 是奇数，则得到的截断傅里叶级数正弦调和项和余弦调和项相同。如果第一个 $\boldsymbol{x}$ 的 x_1 位于 $\theta=0°$ 处，后面 $\boldsymbol{x}$ 已知值 $\boldsymbol{x}_i$ 位于 $\theta=(i-1)\alpha$ 处，如图 12.6 所示。

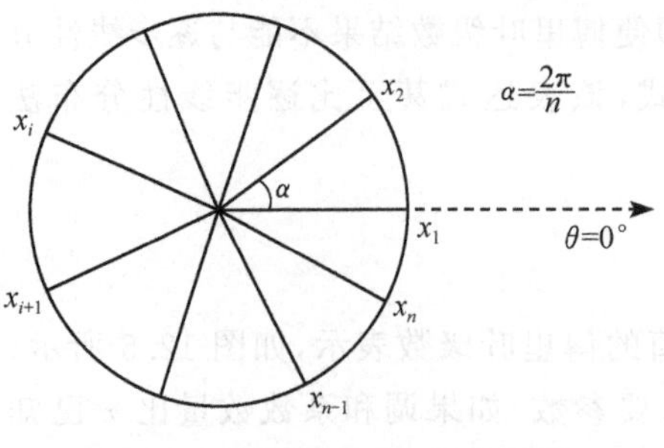

图 12.6　等间距拟合法中 x 位置

于是调和系数可用式(12.74)计算

$$\begin{cases} X^0 = \dfrac{1}{n}\sum_{i=1}^{n} x_i \\ \overline{X^k} = \dfrac{2}{n}\sum_{i=1}^{n} x_i \cos k(i-1)\alpha \\ \overline{\overline{X^k}} = \dfrac{2}{n}\sum_{i=1}^{n} x_i \sin k(i-1)\alpha \end{cases} \tag{12.74}$$

等距拟合法是求解调和系数最有效的方法，但它只适用于特殊情况，即 x 是等间距分布的，且调和系数数量 $2L+1$ 等于 n。如果这些条件不满足，则建议使用逐步线性方法，因为该方法对调和系数数量和 x 的位置没有限制。本章后面部分将这些方法简称为拟合法和逐步法。

12.4.3　修正牛顿-拉弗森法

1. 引言

对非线性 CFSAFEM 而言，修正牛顿-拉弗森法是一个迭代计算过程。如前所述，任意外加边界条件可以由当前总刚度矩阵解方程得到试算解，众所周知，这个试算解有误差，于是要计算方程右端的修正荷载；并由这个修正荷载计算下一个试算解，这样一直重复计算到修正荷载足够小为止。这个过程与一般非线性有限元的修正牛顿-拉弗森法计算过程非常相似，见第 9 章，但这里 CFSAFEM 公式中用的是傅里叶级数系数，于是右端修正荷载必须用傅里叶级数表示，并由傅里叶级数表示的试算解计算出。计算修正荷载过程中用到了材料本构关系，这些本构关系不是用调和系数而是用实数表示，因此必须有相应的程序通过材料的本构关系由调和试算解计算出调和修正荷载。

2. 右端修正荷载

方程右端修正荷载可以用节点荷载的傅里叶级数系数表示，这些系数由外边界条件得到的节点荷载系数与试算位移得到的节点荷载系数对比得到。用研究区域内计算点处的应力与位移解答计算后一种荷载，即先将调和位移解代入方程式(12.8)中得到计算点处的实际应变增量，然后用 9.6.2 小节中的应力点算法沿应变路径对材料的本构方程积分得到应力增量。得到研究区域中与应力状态相对应的节点荷载调和系数必须进行体积积分，可以用计算点处的应力计算该积分，结果见附录Ⅻ.3节，该积分可以分为两部分，即对 $d\theta$ 积分和对 $darea$ 积分，"$area$"是指 r-z 平面上的区域。

积分时可以用高斯积分法对 $darea$ 积分，这样计算点正好位于 r-z 平面上的高斯积分点。对 $d\theta$ 积分时必须知道计算点的 θ 坐标，如果计算点位于常 θ 平面(剖面)会很方便。每个剖面上计算点的位置由高斯积分阶数和有限元网格决定。可以对 $d\theta$ 进行理论积分，但需要将应力表示为 θ 方向的傅里叶级数，目前还没有确定的方法由计算点的应力得到应力的傅里叶级数表达式，同样 θ 方向上的剖面数和位置选择也没有明确的方法。下面推导一种合理的方法。

计算中需要的剖面数与表示应力的傅里叶级数阶数有关。如果剖面数与应力的调和系数数量相同，就能得到应力的傅里叶级数表达式，继而得到每个剖面上的合适应力。理论上讲，调和系数增加不会提高傅里叶级数的精度，因为剖面上的应力已经精确表示出了。相反，增加剖面数量意味着傅里叶级数不能准确地表示所有剖面上的应力，于是增加剖面的作用不能充分体现。CFSAFEM 中表示应力的傅里叶级数应该与力和位移的傅里叶级数阶数相同。高阶应力调和系数不会影响 CFSAFEM 计算，见附录 XII. 3 节。因此建议剖面数应与 CFSAFEM 中力和位移的调和系数数量相同，并且建议剖面在圆周上等间距选取，这样可以用 12. 4. 2 小节介绍的拟合法计算调和系数。

12. 4. 4　数据储存

CFSAFEM 中数据存储与一般有限元数据存储不同，主要表现在两个重要方面。第一，每个节点变量，如节点位移，CFSAFEM 中需要储存的是大量的调和系数，而不是单个数值；第二，每个积分点的每个变量，如应力分量，不论是以调和系数形式，还是以每个剖面的实数形式，都需要储存许多数据。不同计算阶段的每个变量(如节点位移或节点力，应力或应变分量)也要以调和系数形式或实数形式存储。用两种形式存储数据既十分低效，又非常烦琐，因此需要用有效的数据管理程序将数据以一种形式进行存储，然后可以在调和系数与实数值之间相互转换，如 12. 4. 2 小节所述，这样只需要确定每个变量应该以哪种形式(实数或调和系数)存储。CFSAFEM 计算中节点变量全部用傅里叶级数系数表示，将这些变量用调和系数形式储存，当有输出需要时转化为实数，似乎更加合理。确定积分点上诸如应力、应变和硬化参数等状态变量的储存形式要困难一些。应力点算法要求这些变量用实数表示，但求解与计算点应力相对应的节点荷载调和系数时，要将这些变量表示为傅里叶级数形式，数据输出时这些变量也可能需要用傅里叶级数表示，这样任意 θ 时的变量可以准确计算出。据此为了与节点变量的存储一致，状态变量用调和系数形式存储更合理些。

用拟合法计算调和系数有一个重要特点，即由调和系数计算得到的数值严格等于计算调和系数所用的实数值，如图 12. 5 所示。这样调和系数与实数值的互换免除了同时将任意变量储存为调和系数与实数值的需要。但用逐步法计算调和系数就没有这个特点,计算推导实数时会存在小的误差 δ,如图 12.4 所示。这个转换误差随着调和系数数量的增加而降低,在实际计算中应尽可能小。

存储给定剖面上计算点处土体状态变量时,转换误差十分重要。非线性计算中,应力点算法及投影回代子算法应保证状态变量与指定应变路径一致,见第 9 章和附录 IX.1 节,然后状态变量的实数值用调和系数形式表示及储存,为 CFSAFEM 计算和数据输出作准备。当下一次应力点算法需要这些变量时,得到这些变量准确的实数值非常关键,因为一个很小的误差都会导致非法应力状态,如压力大于屈服值。这种情况下应力点算法和其他方法计算都无效,必须对应力采取强制修正,否则会导致更大的误差。基于此,计算有限元方程右侧修正荷载时,建议使用拟合法,而不用逐步法。

12.4.5 边界条件

CFSAFEM 公式用傅里叶级数系数表示,所有边界条件也必须用这个形式表示。但大多数实际边界值问题中边界条件可能还要用实数形式表示(如特定方向上的位移或力),这样计算前这些实数必须转换成相应的傅里叶级数形式。输入边界条件有下列三种方法可以选择:

(1) 用户确定等于(或十分接近)真实边界条件的傅里叶级数,并直接输入调和系数。

(2) 用户输入表示等间隔 θ 边界条件的一组数据,这些数据的个数必须等于所需的傅里叶调和系数数量,然后计算程序用拟合法(见 12.4.2 小节)计算所需的调和系数。

(3) 用户输入两组数据,第一组包含一系列 θ 对应的边界条件值,第二组包含这些 θ 的大小,然后程序用逐步法(见 12.4.2 小节)计算调和系数。

以作者的经验看,上述三种方法都应该包含在计算程序中供用户选用,具体的应用实例见《岩土工程有限元分析:应用》。

12.4.6 刚度矩阵

12.3.4 小节和 12.3.7 小节介绍的部分非线性公式需要将本构矩阵[$\boldsymbol{D}$]和渗流矩阵[$\boldsymbol{k}$]表示为傅里叶级数,即 r-z 平面上每个积分点处都要计算这些调和矩阵。为此每个积分点处要计算一系列环向计算点(即每个剖面)上的[$\boldsymbol{D}$]矩阵和[$\boldsymbol{k}$]矩阵实数值,然后用拟合法计算这些矩阵的调和系数。

当平行对称荷载引起正交对称位移的刚度与正交对称荷载引起平行对称位移的刚度不同时,部分非线性不对称 CFSAFEM 公式将产生非对称刚度矩阵,这种情况一般是允许的,这时总刚度矩阵必须用非对称计算方法求逆。

其他情况下用部分非线性 CFSAFEM 时,总刚度矩阵的对称性取决于本构矩阵[$\boldsymbol{D}$]和渗流矩阵[$\boldsymbol{k}$]。例如，若采用不相关联的弹塑性本构模型，总刚度矩阵就是不对称的。

12.4.7　对称边界条件带来的简化

1. 引言

12.3.2 小节中提到许多边界值问题在 $\theta=0°$ 方向对称，这样外边界条件由纯平行对称项或纯正交对称项组成。平行对称情况下，边界条件中 r、z 方向上的所有分量都是 θ 的对称变量，而边界条件中 θ 方向的分量为 θ 的反对称变量。因此边界条件中所有 r、z 分量傅里叶级数中的正弦项系数为零，θ 分量傅里叶级数中的零阶调和项和余弦项系数为零。相反，正交对称问题中，r 和 z 方向边界条件分量为 θ 的反对称变量，θ 方向边界条件分量为 θ 的对称变量，这导致边界条件中 r、z 分量中零阶项和余弦项系数为零，θ 方向分量中的正弦项系数也为零。

因此，平行对称问题或正交对称问题中几乎一半调和系数都为零。前面绝大部分 CFSAFEM 应用都基于上述结果，即采取忽略零系数调和项的方法，计算程序中只处理平行对称（如 Winnicki et al.，1979）或正交对称情况（Griffiths et al.，1990）。虽然这样限制了可以计算的边界值问题类型，但大大降低了所需资源，还能很好地简化运算，因为计算时只考虑了一半的傅里叶级数项。然而正如 12.3.2 小节、12.3.4 小节和 12.3.7 小节中提到的，只考虑平行项或正交项的方法仅在以下两个条件都满足的情况下，在理论上才正确：①边界条件满足相应的对称性；②系统方程是对称解耦的。第二个条件涉及本构矩阵[$\boldsymbol{D}$]和渗透系数矩阵[$\boldsymbol{k}$]的性质，见 12.3.2 小节、12.3.4 小节和 12.3.7 小节。如果第二个条件不满足，即使边界条件满足对称要求，只用平行或正交对称项进行计算也不正确，这种情况下，必须进行含所有调和系数的傅里叶级数完全不对称计算。下节中通过实例进一步说明这个问题。

平行和正交对称分析中，初始应力也会引发一些问题。以土中初始应力在 θ 方向不变为例，除零阶调和项外，其他调和系数都为零时，所有应力分量都可以用傅里叶级数表示。但从附录 XII.3 节可知，$\{\Delta\boldsymbol{\sigma}1\}$ 的零阶调和分量（即 $\Delta\sigma_r$、$\Delta\sigma_z$、$\Delta\tau_{rz}$ 和 $\Delta\sigma_\theta$）产生平行荷载，$\{\Delta\boldsymbol{\sigma}2\}$ 的零阶调和分量（即 $\Delta\tau_{r\theta}$ 和 $\Delta\tau_{z\theta}$）产生正交荷载。这样对正交分析中初始应力$\{\boldsymbol{\sigma}1\}$是否合理和平行分析中初始应力$\{\boldsymbol{\sigma}2\}$是否合理提出了质疑。如果像分析非线性问题那样在 CFSAFEM 计算中采用增量形式，这个问题只能得到部分解决。开始计算时，假设初始应力可以与自身及初始边界应力平衡，然后用 CFSAFEM 增量形式计算节点荷载引起的应力变化，这样不论应力的实际值为多少，只要应力变化没有产生正交荷载，那么平行分析就是有效的；类似地，如果应力变化不产生平行荷载，那么正交分析也是有效的。假如这些条件不能满足，就需要采用不对称分析法。如果在初始应力下开始加载，由于本构矩阵[$\boldsymbol{D}$]

取决于初始应力状态,也需要进行不对称计算,见 12.4.7 小节中的例子。

线性 CFSAFEM 固结分析中,重力矢量$\{\boldsymbol{i}_G\}$在有限元方程右侧产生一个零阶调和流动项(见 12.3.7 小节),这与对称流动项的平行对称条件一致。但是,重力零阶调和项与反对称流动项的正交对称准则冲突,这个问题可以通过确定初始静孔压解决,由初始静孔压产生的流动项与重力流动项平衡,这样就不存在右端净流动对称项。一般来说,线性或非线性固结 CFSAFEM 计算要求初始孔隙水压力和重力矢量$\{\boldsymbol{i}_G\}$与问题的对称性一致。如果不能满足对称要求,就需要进行不对称计算。

作者经验认为,三种方法,即平行、正交和不对称计算都非常有用,一般有限元程序中都应该包括。虽然不对称计算与平行计算和正交计算相比资源消耗大大增加,但许多问题必须用不对称方法计算,因为它们既不满足平行计算,又不满足正交计算的所有条件。另外,考虑到本构矩阵$[\boldsymbol{D}]$并不确定是否满足这些条件,通常也需要对比不对称计算与相应的平行或正交对称计算结果,来确定是否满足这些要求。需要指出的是,用平行或正交对称计算问题时,只需要考虑几何尺寸的一半(即 $0°\leqslant\theta\leqslant180°$),但不对称计算中必须对整个几何区域进行分析(即 $0°\leqslant\theta\leqslant360°$)。

2. 平行和正交计算实例

为了阐明如何应用 CFSAFEM 公式计算纯平行或正交对称问题,突出不对称计算的重要性,这里给出两个例子。

第一个例子为 Gens 等(1984)介绍的空心圆柱问题,该问题在空心圆柱试样内、外压力相等并等于常量情况下,对扭剪位移作用下的试样进行分析,计算中保持轴向应变为零,并假设没有端部效应。基于后一种假设,应力和应变应与坐标 z、θ 无关,这样就可以只计算试样的一个截面,如图 12.7 所示,图中也给出了这个问题的有限元计算网格,它代表一截空心圆柱壁,空心圆柱内半径为 100mm、外半

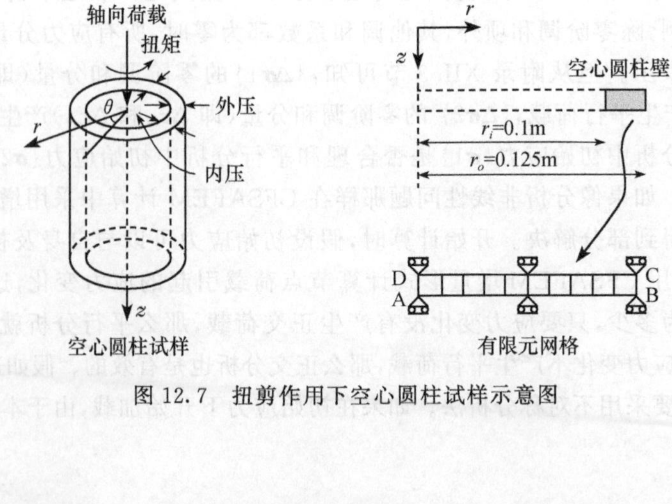

图 12.7 扭剪作用下空心圆柱试样示意图

径为 125mm。圆柱壁分为径向尺寸相同的 10 个八节点等参单元。为模拟试验条件,沿 CD 边界施加一个环向位移,但 AB 界面上环向位移分量保持为零。计算中径向位移没有约束,但 AB 和 CD 上的竖向位移必须等于零。为了保证应变协调,CD 上施加的位移必须与 r 坐标成正比。由于内、外压力保持不变,计算中 AD 和 BC 边界上的正压力变化等于零。

Gens 等(1984)用特殊的准轴对称有限元方法计算了这个问题。但上述边界条件可以用正交对称性表示,且只含零阶调和项。于是用正交对称和不对称 CFSAFEM 公式对该问题进行了计算,并与 Gens 等(1984)的计算结果进行对比。计算中土体采用修正剑桥模型,材料参数和初始应力见表 12.1。最初,假设孔隙水等效体积模量(K_e)为土颗粒骨架体积模量的 100 倍进行不排水计算,见 3.4 节。两种 CFSAFEM 计算(即正交对称和不对称)得到的结果相同,与 Gens 等(1984)的计算结果也一致,这可以从图 12.8 中看到,该图表示了试样顶部施加的扭矩与转角之间的关系。

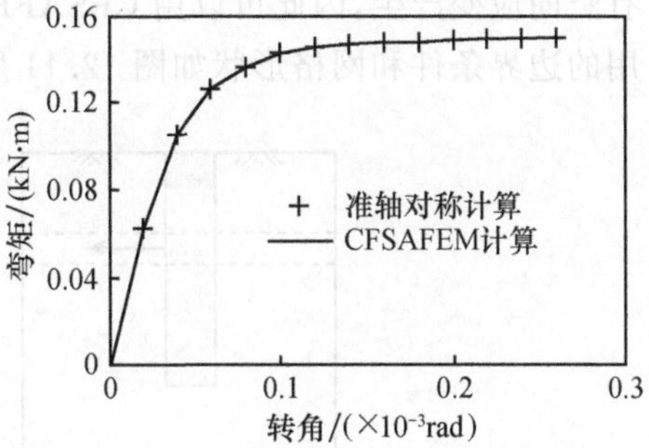

图 12.8　空心圆柱试验不排水计算结果

表 12.1　空心圆柱问题中的材料参数

超固结比	1.0
初始固结线上单位压力下的比体积 v_1	1.788
v-lnp'平面上初始固结线斜率 λ	0.066
v-lnp'平面上回弹线斜率 κ	0.0077
J-p' 中临界状态线斜率 M_J	0.693
等向初始应力	200kPa
弹性剪切模量 G	18675kPa

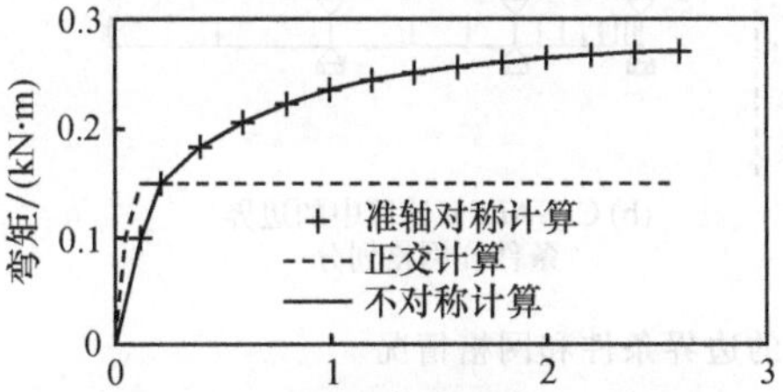

图 12.9　空心圆柱试验排水计算结果

假设排水条件再进行计算,即除了孔隙水有效体积模量(K_e)为零外,其他所有参数和边界条件都与不排水条件相同。两种 CFSAFEM 计算结果与准轴对称计算结果的对比情况如图 12.9 所示,同样图中给出了弯矩与转角之间的关系。

从图 12.9 可以看到,准轴对称和不对称 CFSAFEM 计算结果相同。该结果说明与图 12.8 中不排水结果相比,试样的荷载响应弱一些,极限荷载更大。但正交 CFSAFEM 计算得到了完全不同的结果，却与不排水条件下结果类似。结果不同的原因是排水条件下径向位移的零阶调和系数是非零的，但在正交 CFSAFEM 公式中却都确定为零。于是即使边界条件可以用正交对称性表示，排水条件下的正确解答也无法得到，最后的结果趋向于材料不可压缩（即 K_e很大）、没有径向位移的不排水结果，排水极限荷载低估了40%多。这是边界条件能用正交对称性表示，但由于材料性质不对称必须进行不对称计算的一个例子。

第二个例子考虑一个刚性水平圆盘在圆形边界土体中侧向被推的情况，如图 12.10 所示，图中几何形状代表桩侧向加载时的水平横截面。假设该情况下没有竖向应变产生，因此可以用 CFSAFEM 法和平面应变方法计算。两种方法中所用的边界条件和网格形状如图 12.11 所示。

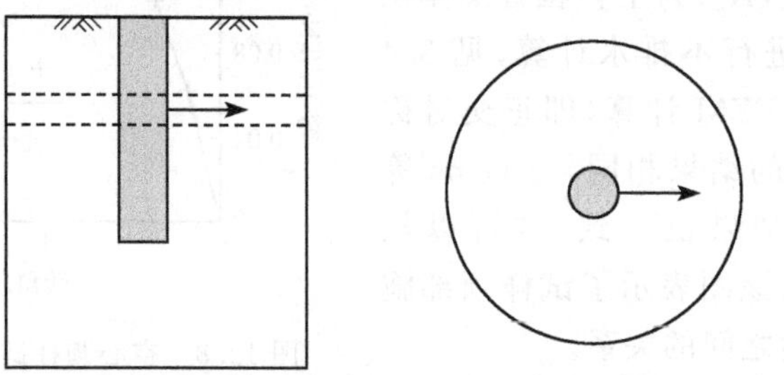

垂直剖面　　　　平面图

图 12.10　水平荷载作用下桩截面示意图

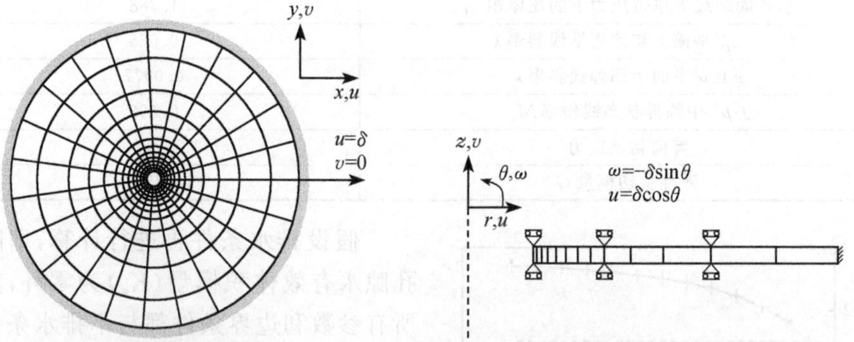

(a) 平面应变计算中的边界条件和网格划分　　(b) CFSAFEM计算中的边界条件和网格划分

图 12.11　桩水平加载计算中的边界条件和网格情况

接触面单元设置在盘-土边界上，计算时可以考虑接触面粗糙、光滑、粗糙脱开、光滑脱开等不同情况。

圆盘直径 D 为 2m，计算土体的边界直径为 40m。CFSAFEM 计算中边界条件只用傅里叶级数的第一阶调和系数表示。但非线性计算中位移解必须用更多的调和项表达，见 12.3.4 小节，本例中用了 10 个调和项。如果荷载作用在 $\theta=0°$ 方向，边界条件有平行对称性；如果荷载作用在 $\theta=\pi/2$ 方向，边界条件有正交对称性；若作用在其他方向，则不具有对称性。该问题是位移控制问题，在刚性圆盘 $\theta=0°$ 方向上施加均匀位移，用位移 δ 表示盘-土接触面上的节点位移。

径向位移：$u=\delta\cos\theta$；

环向位移：$\omega=-\delta\sin\theta$。

于是可以计算出与位移平衡的圆盘反力。$\theta=0°$ 方向上的净反力由径向节点反力的第一阶余弦调和系数减去环向节点的第一阶正弦调和系数计算得到，见附录 XII.4 节。

计算时考虑了三种不同的工况，工况 1 中土体采用修正剑桥模型，材料参数见表 9.3，等向初始应力为 $\sigma_r'=\sigma_z'=\sigma_\theta'=200$kPa。与第一个例子一样，用很大的孔隙水体积模量（K_e）模拟不排水加载情况。平面应变情况下土体破坏，由于采用相关联流动法则，破坏时的洛德角为 0°，见 7.12 节。由表 9.3 给出的土体参数及 200kPa 初始应力得到土体的不排水抗剪强度为 75.12kPa，见附录 VII.4 节。接触面单元的抗剪强度也设为 75.12kPa。这样该问题的极限荷载理论计算公式为 $11.94S_uD$（Randolph et al.，1984），得到的极限荷载等于 1794.07kN。计算结果显示，平行对称和不对称 CFSAFEM 计算得到的结果完全一致，与平面应变结果的误差在 0.5%以内，如图 12.12 所示，得到的极限荷载与理论解的误差在 1%以内。

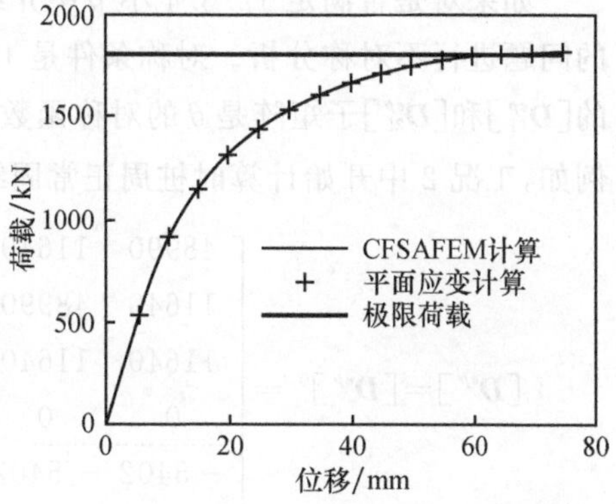

图 12.12　工况 1 下桩水平荷载-位移曲线

为了说明过去 CFSAFEM 应用中计算公式只含平行对称项可能产生的问题，这里对工况 2 作了进一步分析。工况 2 中土体参数与工况 1 相同，但初始应力条件不同：$\sigma_r'=\sigma_z'=\sigma_\theta'=138.22$kPa，$\tau_{r\theta}=-69.0/r$ kPa，其中，r 为径向坐标，θ 以逆时针为正。

平面应变计算要在总坐标 x_G 和 y_G 中表示初始应力，因此上面每一点的应力必须与它们的位置对应进行相应的旋转。为了保证不排水抗剪强度和极限荷载与工况 1 中相同，取先期固结压力 p_o' 为 210kPa，这样桩周土为正常固结土。平行对称和不对称 CFSAFEM 计算得到的荷载-位移曲线如图 12.13 所示。不对称计算结果与平面应变结果一致，平行对称结果误差较大，一开始桩体的荷载响应就较强，得到的极限荷载也较大。不对称计算和平面应变计算得到的极限荷载与理论解极限荷载一致。

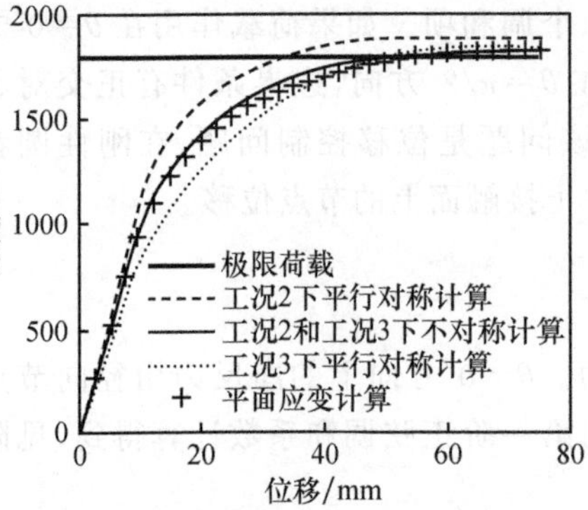

图 12.13　工况 2 和工况 3 下桩水平荷载-位移曲线

工况 3 与工况 2 情况类似,只是剪应力作用方向相反,即 $\tau_{\gamma\theta}=69.0/r$ kPa。不对称计算得到的荷载-位移曲线与工况 2 一样,平行对称计算结果仍有误差,但现在桩的荷载响应比不对称计算中弱一些,最终达到同样的极限荷载,如图 12.13 所示。工况 2 和工况 3 中平行对称计算误差由土体的耦合对称性引起。这是边界条件可以用平行对称性表示,但由于材料性质不对称而需要进行不对称计算的例子。这些计算结果进一步强调了不对称 CFSAFEM 计算的重要性,只有用不对称 CFSAFEM 方法才能准确计算工况 2 和工况 3 的情况。

如果对是否满足 12.3.4 小节中介绍的对称条件有任何怀疑,就应该对所研究的问题进行不对称分析。对称条件是 12.3.1 小节中定义的材料弹塑性矩阵$[\boldsymbol{D}^{ep}]$的$[\boldsymbol{D}_{11}^{ep}]$和$[\boldsymbol{D}_{22}^{ep}]$子矩阵是 θ 的对称函数,$[\boldsymbol{D}_{12}^{ep}]$和$[\boldsymbol{D}_{21}^{ep}]$子矩阵是 θ 的反对称函数。例如,工况 2 中开始计算时桩周正常固结土的矩阵$[\boldsymbol{D}^{ep}]$为

$$[\boldsymbol{D}^{ep}]=[\boldsymbol{D}^{ep}]^0=\left[\begin{array}{cccc|cc} 48990 & 11640 & 11640 & 0 & -5402 & 0\\ 11640 & 48990 & 11640 & 0 & -5402 & 0\\ 11640 & 11640 & 48990 & 0 & -5402 & 0\\ 0 & 0 & 0 & 18680 & -5402 & 0\\ \hline -5402 & -5402 & -5402 & 0 & 1770 & 0\\ 0 & 0 & 0 & 0 & 0 & 18680 \end{array}\right]$$

$$=\left[\begin{array}{c|c} \boldsymbol{D}_{11} & \boldsymbol{D}_{12}\\ \hline \boldsymbol{D}_{21} & \boldsymbol{D}_{22} \end{array}\right]$$

材料的弹塑性矩阵$[\boldsymbol{D}^{ep}]$在 θ 方向为常量,因此等于零阶调和矩阵$[\boldsymbol{D}^{ep}]^0$。这样$[\boldsymbol{D}_{12}^{ep}]$和$[\boldsymbol{D}_{21}^{ep}]$为 θ 反对称函数的条件不能满足,需要进行不对称 CFSAFEM 计算。类似地,工况 3 中桩周土的矩阵$[\boldsymbol{D}^{ep}]$为

$$[\boldsymbol{D}^{ep}]=[\boldsymbol{D}^{ep}]^0=\left[\begin{array}{cccc|cc} 48990 & 11640 & 11640 & 0 & 5402 & 0\\ 11640 & 48990 & 11640 & 0 & 5402 & 0\\ 11640 & 11640 & 48990 & 0 & 5402 & 0\\ 0 & 0 & 0 & 18680 & 5402 & 0\\ \hline 5402 & 5402 & 5402 & 0 & 1770 & 0\\ 0 & 0 & 0 & 0 & 0 & 18680 \end{array}\right]$$

可见，$[\boldsymbol{D}_{12}^{ep}]$和$[\boldsymbol{D}_{21}^{ep}]$也不满足$\theta$反对称函数的条件，也需要进行不对称 CF-SAFEM 计算。

工况 1 中计算开始的矩阵$[\boldsymbol{D}^{ep}]$为

$$[\boldsymbol{D}^{ep}]=[\boldsymbol{D}^{ep}]^0=\left[\begin{array}{cccc|cc}29260 & -8091 & -8091 & 0 & 0 & 0\\ -8091 & 29260 & -8091 & 0 & 0 & 0\\ -8091 & -8091 & 29260 & 0 & 0 & 0\\ 0 & 0 & 0 & 18670 & 0 & 0\\ \hline 0 & 0 & 0 & 0 & 18670 & 0\\ 0 & 0 & 0 & 0 & 0 & 18670\end{array}\right]$$

于是加载前对称解耦条件能够满足，因此可以按平行对称计算。工况 2 和工况 3 中的矩阵$[\boldsymbol{D}^{ep}]$也说明，在工况 1 加载过程中，对称条件仍然满足。如果工况 1 中加载引起点(r,θ)处应力变化，使其应力状态与工况 2 中正常固结土的应力状态相同，则点$(r,-\theta)$处应力状态将是工况 3 中正常固结应力状态。这样该例中对称解耦条件仍然满足，因为$[\boldsymbol{D}_{11}^{ep}]$和$[\boldsymbol{D}_{22}^{ep}]$是$\theta$的对称函数，$[\boldsymbol{D}_{12}^{ep}]$和$[\boldsymbol{D}_{21}^{ep}]$是$\theta$的反对称函数。要注意的是，虽然$[\boldsymbol{D}_{12}^{ep}]$和$[\boldsymbol{D}_{21}^{ep}]$在任意$\theta$坐标处可能是非零，但由于$[\boldsymbol{D}_{12}^{ep}]$和$[\boldsymbol{D}_{21}^{ep}]$的零阶和余弦调和系数为零，所以对称条件仍然满足。

12.5 DFSAFEM

12.5.1 引言

离散傅里叶级数有限元法（DFSAFEM）与连续傅里叶级数有限元（CF-SAFEM）方法类似，都是把大型三维整体刚度矩阵分为一系列小的解耦子矩阵，但离散方法中考虑了整个三维有限元网格，并用离散型傅里叶级数表示每个圆周上与二维轴对称节点对应的连续节点的节点力和节点位移。相反，连续 FSAFEM 方法只计算二维轴对称网格，并用连续傅里叶级数表示每个二维轴对称节点圆周方向上的力和位移变量。

第一次将离散 FSAFEM 方法应用到岩土工程中的是 Moore 等（1982），他们用边界元计算了深埋隧道问题。之后，Lai 等（1991）用这个方法分析了侧向荷载作用下的沉井基础，Runesson 等（1982，1983）用它研究了土体的固结效应及成层土性质。

12.5.2 DFSAFEM 方法介绍

本节介绍的 DFSAFEM 方法主要用于八节点常应变块体单元计算，Lai 等

(a) 典型剖面图

(b) 典型横截面平面图

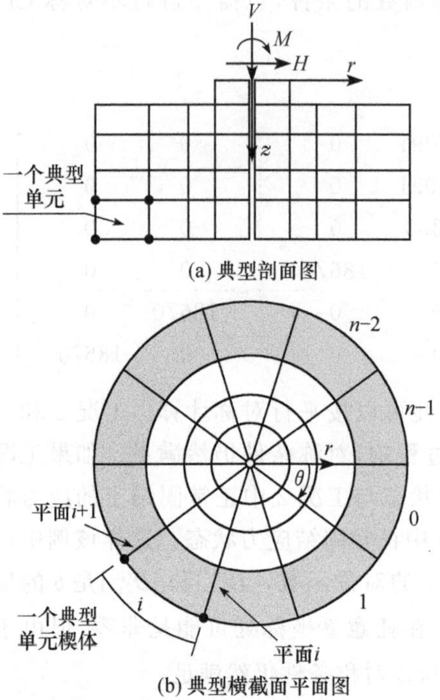

图 12.14　DFSAFEM 方法的有限元离散

(1991)介绍了如何将该方法延伸到二十节点常应变块体单元中。为简化起见,避免在公式中用复杂的表达式,这里只介绍简单的情况。

用六面体有限单元将研究区域在 θ 方向沿圆周均匀离散为 n 个楔体,如图 12.14 所示,这与真正三维计算中有限元网格离散类似。以阴影部分含 n 个单元的圆环为例,将这些单元沿逆时针方向从 $0\sim n-1$ 编号,这样垂直平面的编号从 $0\sim n-1$,于是含单元 i 的两个垂直平面分别为平面 i 和平面 $i+1$,如图 12.14 所示。单元 i 中的位移增量可以用单元形函数及平面 i 上的位移增量(即 $\{\Delta u_i\}$)和平面 $i+1$ 上的位移增量(即 $\{\Delta u_{i+1}\}$)计算。标准线弹性有限元公式中将单元 i 内做的虚功增量 ΔW_i 用单元节点位移增量 $\{\Delta u_i\}$ 和 $\{\Delta u_{i+1}\}$ 及单元刚度矩阵 $[K_i]$ 表示,见第 2 章。

$$\Delta W_i = \{\{\Delta u_i\}^{\mathrm{T}} \{\Delta u_{i+1}\}^{\mathrm{T}}\}[K_i]\begin{Bmatrix} \{\Delta u_i\} \\ \{\Delta u_{i+1}\} \end{Bmatrix} \tag{12.75}$$

由于假设材料性质在 θ 方向不变,因此每个单元的刚度矩阵都相同,即 $[K_i]=[K_{i+1}]$。这样整个圆环上所做的内部虚功增量为

$$\Delta W = \sum_{i=0}^{n-1} \{\{\Delta u_i\}^{\mathrm{T}} \{\Delta u_{i+1}\}^{\mathrm{T}}\}[K]\begin{Bmatrix} \{\Delta u_i\} \\ \{\Delta u_{i+1}\} \end{Bmatrix} \tag{12.76}$$

为对应于两部分单元位移 $\{\Delta u_i\}$ 和 $\{\Delta u_{i+1}\}$,刚度矩阵 $[K]$ 可以分为 4 个子矩阵 $[X]$、$[Y]$、$[Y]^{\mathrm{T}}$ 和 $[Z]$,于是式(12.76)重新表示为

$$\Delta W = \sum_{i=0}^{n-1} \{\{\Delta u_i\}^{\mathrm{T}} \{\Delta u_{i+1}\}^{\mathrm{T}}\}\begin{bmatrix} [X] & [Y] \\ [Y]^{\mathrm{T}} & [Z] \end{bmatrix}\begin{Bmatrix} \{\Delta u_i\} \\ \{\Delta u_{i+1}\} \end{Bmatrix} \tag{12.77}$$

展开式(12.77),并利用几何轴对称的周期性 $\{\Delta u_i\}=\{\Delta u_{n+i}\}$,得到

$$\Delta W = \sum_{i=0}^{n-1} \{\Delta u_i\}^{\mathrm{T}}[X]\{\Delta u_i\} + \{\Delta u_{i-1}\}^{\mathrm{T}}[Y]\{\Delta u_i\}$$
$$+ \{\Delta u_{i+1}\}^{\mathrm{T}}[Y]^{\mathrm{T}}\{\Delta u_i\} + \{\Delta u_i\}^{\mathrm{T}}[Z]\{\Delta u_i\} \tag{12.78}$$

式(12.78)是真三维计算中要直接求解的方程。这种形式的有限元方程只有一个很大的整体刚度矩阵$[\boldsymbol{K}_G]$,它建立了所有节点荷载增量矢量$\{\Delta\boldsymbol{R}\}$与所有节点位移增量$\{\Delta\boldsymbol{d}\}$的关系,见式(12.3)。

离散傅里叶级数有限元方法中,假设平面 i 上节点位移增量$\{\Delta\boldsymbol{u}_i\}$可以用拟二维节点的节点位移离散傅里叶级数计算

$$\{\Delta\boldsymbol{u}_i\}=\frac{1}{\sqrt{n}}\sum_{k=0}^{n-1}\{\overline{U_k}\}\cos ika+\{\overline{\overline{U_k}}\}\sin ika \tag{12.79}$$

式中,$\{\overline{U_k}\}$和$\{\overline{\overline{U_k}}\}$分别为$\{\Delta\boldsymbol{u}\}$离散傅里叶级数函数表达式中第 k 阶余弦调和系数和正弦调和系数,$\alpha=2\pi/n$。式(12.79)能计算节点位移增量,不能计算 θ 间的位移增量,即只能计算整数 i 的情况。正因为这个原因,该方法称为 DFSAFEM 法。

将式(12.79)代入式(12.78)中,则将确定未知节点位移增量问题转化为计算傅里叶系数的问题

$$\begin{aligned}\Delta W=\sum_{i=0}^{n-1}&\left(\frac{1}{\sqrt{n}}\sum_{k=0}^{n-1}\{\overline{\boldsymbol{U}_k}\}\cos ika+\{\overline{\overline{\boldsymbol{U}_k}}\}\sin ika\right)^{\mathrm{T}}[\boldsymbol{X}]\left(\frac{1}{\sqrt{n}}\sum_{l=0}^{n-1}\{\overline{\boldsymbol{U}_l}\}\cos ila+\{\overline{\overline{\boldsymbol{U}_l}}\}\sin ila\right)\\&+\left(\frac{1}{\sqrt{n}}\sum_{k=0}^{n-1}\{\overline{\boldsymbol{U}_k}\}\cos(i-1)ka+\{\overline{\overline{\boldsymbol{U}_k}}\}\sin(i-1)ka\right)^{\mathrm{T}}[\boldsymbol{Y}]\left(\frac{1}{\sqrt{n}}\sum_{l=0}^{n-1}\{\overline{\boldsymbol{U}_l}\}\cos ila+\{\overline{\overline{\boldsymbol{U}_l}}\}\sin ila\right)\\&+\left(\frac{1}{\sqrt{n}}\sum_{k=0}^{n-1}\{\overline{\boldsymbol{U}_k}\}\cos(i+1)ka+\{\overline{\overline{\boldsymbol{U}_k}}\}\sin(i+1)ka\right)^{\mathrm{T}}[\boldsymbol{Y}]^{\mathrm{T}}\left(\frac{1}{\sqrt{n}}\sum_{l=0}^{n-1}\{\overline{\boldsymbol{U}_l}\}\cos ila+\{\overline{\overline{\boldsymbol{U}_l}}\}\sin ila\right)\\&+\left(\frac{1}{\sqrt{n}}\sum_{k=0}^{n-1}\{\overline{\boldsymbol{U}_k}\}\cos ika+\{\overline{\overline{\boldsymbol{U}_k}}\}\sin ika\right)^{\mathrm{T}}[\boldsymbol{Z}]\left(\frac{1}{\sqrt{n}}\sum_{l=0}^{n-1}\{\overline{\boldsymbol{U}_l}\}\cos ila+\{\overline{\overline{\boldsymbol{U}_l}}\}\sin ila\right)\end{aligned} \tag{12.80}$$

离散傅里叶级数的正交性为

$$\begin{cases}\displaystyle\sum_{i=0}^{n-1}\cos ika\sin ila=0\\ \displaystyle\sum_{i=0}^{n-1}\cos ika\cos ila=0\quad(l\neq k),\quad\sum_{i=0}^{n-1}\cos ika\cos ila=n\quad(l=k)\\ \displaystyle\sum_{i=0}^{n-1}\sin ika\sin ila=0\quad(l\neq k),\quad\sum_{i=0}^{n-1}\sin ika\sin ila=n\quad(l=k)\end{cases} \tag{12.81}$$

用式(12.81)简化式(12.80),有

$$\begin{aligned}\Delta W=\sum_{l=0}^{n-1}&\{\overline{\boldsymbol{U}_l}\}^{\mathrm{T}}[\boldsymbol{X}]\{\overline{\boldsymbol{U}_l}\}+\{\overline{\overline{\boldsymbol{U}_l}}\}^{\mathrm{T}}[\boldsymbol{X}]\{\overline{\overline{\boldsymbol{U}_l}}\}\\&+\{\overline{\boldsymbol{U}_l}\}^{\mathrm{T}}[\boldsymbol{Y}]\{\overline{\boldsymbol{U}_l}\}\cos l\alpha+\{\overline{\overline{\boldsymbol{U}_l}}\}^{\mathrm{T}}[\boldsymbol{Y}]\{\overline{\overline{\boldsymbol{U}_l}}\}\cos l\alpha\end{aligned}$$

$$
\begin{aligned}
&-\{\overline{U_l}\}^{\mathrm{T}}[\boldsymbol{Y}]\{\overline{\overline{U_l}}\}\sin l\alpha+\{\overline{\overline{U_l}}\}^{\mathrm{T}}[\boldsymbol{Y}]\{\overline{U_l}\}\sin l\alpha\\
&+\{\overline{U_l}\}^{\mathrm{T}}[\boldsymbol{Y}]^{\mathrm{T}}\{\overline{U_l}\}\cos l\alpha+\{\overline{\overline{U_l}}\}^{\mathrm{T}}[\boldsymbol{Y}]^{\mathrm{T}}\{\overline{\overline{U_l}}\}\cos l\alpha\\
&+\{\overline{U_l}\}^{\mathrm{T}}[\boldsymbol{Y}]^{\mathrm{T}}\{\overline{\overline{U_l}}\}\sin l\alpha-\{\overline{\overline{U_l}}\}^{\mathrm{T}}[\boldsymbol{Y}]^{\mathrm{T}}\{\overline{U_l}\}\sin l\alpha\\
&+\{\overline{U_l}\}^{\mathrm{T}}[\boldsymbol{Z}]\{\overline{U_l}\}+\{\overline{\overline{U_l}}\}^{\mathrm{T}}[\boldsymbol{Z}]\{\overline{\overline{U_l}}\}
\end{aligned}
\tag{12.82}
$$

内部虚功增量方程分解为 n 个独立的子方程，每个子方程对应一级调和阶数，这样很大的整体刚度矩阵解耦为 n 个子矩阵，如式(12.4)所示，即该方程为调和解耦方程。对任意调和阶数 i，将 $l=i$ 代入式(12.82)中便可计算相应的刚度矩阵$[\boldsymbol{K}_i]$。但对每级调和阶数，荷载和位移的正弦调和系数和余弦调和系数必须同时求解，这与对称耦合的 CFSAFEM 法类似，如式(12.16)所示。

各向同性线弹性材料的离散虚功增量方程可以是对称解耦的，将式(12.82)中的各项重组后便可以得到

$$
\begin{aligned}
\Delta W=\sum_{l=0}^{n-1}&\{\overline{U_l}\}^{\mathrm{T}}([\boldsymbol{X}]+[\boldsymbol{Y}]\cos l\alpha+[\boldsymbol{Y}]^{\mathrm{T}}\cos l\alpha+[\boldsymbol{Z}])\{\overline{U_l}\}\\
&+\{\overline{\overline{U_l}}\}^{\mathrm{T}}([\boldsymbol{X}]+[\boldsymbol{Y}]\cos l\alpha+[\boldsymbol{Y}]^{\mathrm{T}}\cos l\alpha+[\boldsymbol{Z}])\{\overline{\overline{U_l}}\}\\
&-\{\overline{U_l}\}^{\mathrm{T}}([\boldsymbol{Y}]\sin l\alpha-[\boldsymbol{Y}]^{\mathrm{T}}\sin l\alpha)\{\overline{\overline{U_l}}\}\\
&+\{\overline{\overline{U_l}}\}^{\mathrm{T}}([\boldsymbol{Y}]\sin l\alpha-[\boldsymbol{Y}]^{\mathrm{T}}\sin l\alpha)\{\overline{U_l}\}
\end{aligned}
\tag{12.83}
$$

节点位移增量与位移增量的调和系数有 3 个分量，即径向、环向和竖向分量。这样节点调和位移的两个矢量$\{\overline{U_k}\}$和$\{\overline{\overline{U_k}}\}$可以再分为两个子矢量：一个径向和竖向子矢量及一个环向子矢量。

$$
\{\overline{U_k}\}=\begin{Bmatrix}\{\overline{U_k^{rz}}\}\\\{\overline{U_k^{\theta}}\}\end{Bmatrix},\quad \{\overline{\overline{U_k}}\}=\begin{Bmatrix}\{\overline{\overline{U_k^{rz}}}\}\\\{\overline{\overline{U_k^{\theta}}}\}\end{Bmatrix}
\tag{12.84}
$$

分别展开矩阵$[\boldsymbol{X}]$、$[\boldsymbol{Y}]$和$[\boldsymbol{Z}]$，式(12.83)可以写成以下形式：

$$
\begin{aligned}
\Delta W=\sum_{l=0}^{n-1}&\begin{Bmatrix}\{\overline{U_l^{rz}}\}\\\{\overline{U_l^{\theta}}\}\end{Bmatrix}^{\mathrm{T}}\left(\begin{bmatrix}[\boldsymbol{X}_{11}]&[\boldsymbol{X}_{12}]\\{[\boldsymbol{X}_{21}]}&[\boldsymbol{X}_{22}]\end{bmatrix}+\begin{bmatrix}[\boldsymbol{Y}_{11}]&[\boldsymbol{Y}_{12}]\\{[\boldsymbol{Y}_{21}]}&[\boldsymbol{Y}_{22}]\end{bmatrix}\cos l\alpha\right.\\
&\left.+\begin{bmatrix}[\boldsymbol{Y}_{11}]&[\boldsymbol{Y}_{12}]\\{[\boldsymbol{Y}_{21}]}&[\boldsymbol{Y}_{22}]\end{bmatrix}^{\mathrm{T}}\cos l\alpha+\begin{bmatrix}[\boldsymbol{Z}_{11}]&[\boldsymbol{Z}_{12}]\\{[\boldsymbol{Z}_{21}]}&[\boldsymbol{Z}_{22}]\end{bmatrix}\right)\begin{Bmatrix}\{\overline{U_l^{rz}}\}\\\{\overline{U_l^{\theta}}\}\end{Bmatrix}\\
&+\begin{Bmatrix}\{\overline{\overline{U_l^{rz}}}\}\\\{\overline{\overline{U_l^{\theta}}}\}\end{Bmatrix}^{\mathrm{T}}\left(\begin{bmatrix}[\boldsymbol{X}_{11}]&[\boldsymbol{X}_{12}]\\{[\boldsymbol{X}_{21}]}&[\boldsymbol{X}_{22}]\end{bmatrix}+\begin{bmatrix}[\boldsymbol{Y}_{11}]&[\boldsymbol{Y}_{12}]\\{[\boldsymbol{Y}_{21}]}&[\boldsymbol{Y}_{22}]\end{bmatrix}\cos l\alpha\right.\\
&\left.+\begin{bmatrix}[\boldsymbol{Y}_{11}]&[\boldsymbol{Y}_{12}]\\{[\boldsymbol{Y}_{21}]}&[\boldsymbol{Y}_{22}]\end{bmatrix}^{\mathrm{T}}\cos l\alpha+\begin{bmatrix}[\boldsymbol{Z}_{11}]&[\boldsymbol{Z}_{12}]\\{[\boldsymbol{Z}_{21}]}&[\boldsymbol{Z}_{22}]\end{bmatrix}\right)\begin{Bmatrix}\{\overline{\overline{U_l^{rz}}}\}\\\{\overline{\overline{U_l^{\theta}}}\}\end{Bmatrix}
\end{aligned}
$$

$$
-\begin{Bmatrix}\{\overline{\boldsymbol{U}_l^{rz}}\}\\\{\overline{\boldsymbol{U}_l^{\theta}}\}\end{Bmatrix}^{\mathrm{T}}\left(\begin{bmatrix}[\boldsymbol{Y}_{11}] & [\boldsymbol{Y}_{12}]\\ [\boldsymbol{Y}_{21}] & [\boldsymbol{Y}_{22}]\end{bmatrix}\sin l\alpha-\begin{bmatrix}[\boldsymbol{Y}_{11}] & [\boldsymbol{Y}_{12}]\\ [\boldsymbol{Y}_{21}] & [\boldsymbol{Y}_{22}]\end{bmatrix}^{\mathrm{T}}\sin l\alpha\right)\begin{Bmatrix}\{\overline{\overline{\boldsymbol{U}_l^{rz}}}\}\\\{\overline{\overline{\boldsymbol{U}_l^{\theta}}}\}\end{Bmatrix}
$$

$$
+\begin{Bmatrix}\{\overline{\overline{\boldsymbol{U}_l^{rz}}}\}\\\{\overline{\overline{\boldsymbol{U}_l^{\theta}}}\}\end{Bmatrix}^{\mathrm{T}}\left(\begin{bmatrix}[\boldsymbol{Y}_{11}] & [\boldsymbol{Y}_{12}]\\ [\boldsymbol{Y}_{21}] & [\boldsymbol{Y}_{22}]\end{bmatrix}\sin l\alpha-\begin{bmatrix}[\boldsymbol{Y}_{11}] & [\boldsymbol{Y}_{12}]\\ [\boldsymbol{Y}_{21}] & [\boldsymbol{Y}_{22}]\end{bmatrix}^{\mathrm{T}}\sin l\alpha\right)\begin{Bmatrix}\{\overline{\boldsymbol{U}_l^{rz}}\}\\\{\overline{\boldsymbol{U}_l^{\theta}}\}\end{Bmatrix}\quad(12.85)
$$

网格中每个单元楔体都关于常 θ 平面几何中心对称。对各向同性弹性材料，这意味着单元刚度矩阵有这样的对称性

$$
\begin{cases}[\boldsymbol{X}]+[\boldsymbol{Z}]=2\begin{bmatrix}[\boldsymbol{X}_{11}] & 0\\ 0 & [\boldsymbol{X}_{22}]\end{bmatrix}\\[2ex] [\boldsymbol{Y}]+[\boldsymbol{Y}]^{\mathrm{T}}=2\begin{bmatrix}[\boldsymbol{Y}_{11}] & 0\\ 0 & [\boldsymbol{Y}_{22}]\end{bmatrix}\\[2ex] [\boldsymbol{Y}]-[\boldsymbol{Y}]^{\mathrm{T}}=2\begin{bmatrix}0 & -[\boldsymbol{Y}_{21}]^{\mathrm{T}}\\ [\boldsymbol{Y}_{21}] & 0\end{bmatrix}\end{cases}\quad(12.86)
$$

用式(12.86)化简式(12.85)，得到

$$
\Delta W=2\sum_{l=0}^{n-1}\begin{Bmatrix}\{\overline{\boldsymbol{U}_l^{rz}}\}\\\{\overline{\boldsymbol{U}_l^{\theta}}\}\end{Bmatrix}^{\mathrm{T}}\left(\begin{bmatrix}[\boldsymbol{X}_{11}] & 0\\ 0 & [\boldsymbol{X}_{22}]\end{bmatrix}+\begin{bmatrix}[\boldsymbol{Y}_{11}] & 0\\ 0 & [\boldsymbol{Y}_{22}]\end{bmatrix}\cos l\alpha\right)\begin{Bmatrix}\{\overline{\boldsymbol{U}_l^{rz}}\}\\\{\overline{\boldsymbol{U}_l^{\theta}}\}\end{Bmatrix}
$$

$$
+\begin{Bmatrix}\{\overline{\overline{\boldsymbol{U}_l^{rz}}}\}\\\{\overline{\overline{\boldsymbol{U}_l^{\theta}}}\}\end{Bmatrix}^{\mathrm{T}}\left(\begin{bmatrix}[\boldsymbol{X}_{11}] & 0\\ 0 & [\boldsymbol{X}_{22}]\end{bmatrix}+\begin{bmatrix}[\boldsymbol{Y}_{11}] & 0\\ 0 & [\boldsymbol{Y}_{22}]\end{bmatrix}\cos l\alpha\right)\begin{Bmatrix}\{\overline{\overline{\boldsymbol{U}_l^{rz}}}\}\\\{\overline{\overline{\boldsymbol{U}_l^{\theta}}}\}\end{Bmatrix}
$$

$$
+\begin{Bmatrix}\{\overline{\boldsymbol{U}_l^{rz}}\}\\\{\overline{\boldsymbol{U}_l^{\theta}}\}\end{Bmatrix}^{\mathrm{T}}\left(\begin{bmatrix}0 & [\boldsymbol{Y}_{21}]^{\mathrm{T}}\\ -[\boldsymbol{Y}_{21}] & 0\end{bmatrix}\sin l\theta\right)\begin{Bmatrix}\{\overline{\overline{\boldsymbol{U}_l^{rz}}}\}\\\{\overline{\overline{\boldsymbol{U}_l^{\theta}}}\}\end{Bmatrix}
$$

$$
+\begin{Bmatrix}\{\overline{\overline{\boldsymbol{U}_l^{rz}}}\}\\\{\overline{\overline{\boldsymbol{U}_l^{\theta}}}\}\end{Bmatrix}^{\mathrm{T}}\left(\begin{bmatrix}0 & -[\boldsymbol{Y}_{21}]^{\mathrm{T}}\\ [\boldsymbol{Y}_{21}] & 0\end{bmatrix}\sin l\theta\right)\begin{Bmatrix}\{\overline{\boldsymbol{U}_l^{rz}}\}\\\{\overline{\boldsymbol{U}_l^{\theta}}\}\end{Bmatrix}\quad(12.87)
$$

由径向和竖向位移的余弦系数与环向位移的正弦系数可以计算出平行位移。同样，由径向和竖向位移的正弦系数与环向位移的余弦系数可以计算得到正交位移。利用这些位移项，式(12.87)可写为

$$
\Delta W=2\sum_{l=0}^{n-1}\begin{Bmatrix}\{\overline{\boldsymbol{U}_l^{rz}}\}\\\{\overline{\overline{\boldsymbol{U}_l^{\theta}}}\}\end{Bmatrix}^{\mathrm{T}}\begin{bmatrix}[\boldsymbol{X}_{11}]+[\boldsymbol{Y}_{11}]\cos l\alpha & [\boldsymbol{Y}_{21}]^{\mathrm{T}}\sin l\alpha\\ [\boldsymbol{Y}_{21}]\sin l\alpha & [\boldsymbol{X}_{22}]+[\boldsymbol{Y}_{22}]\cos l\alpha\end{bmatrix}\begin{Bmatrix}\{\overline{\boldsymbol{U}_l^{rz}}\}\\\{\overline{\overline{\boldsymbol{U}_l^{\theta}}}\}\end{Bmatrix}
$$

$$
+\begin{Bmatrix}\{\overline{\overline{\boldsymbol{U}_l^{rz}}}\}\\-\{\overline{\boldsymbol{U}_l^{\theta}}\}\end{Bmatrix}^{\mathrm{T}}\begin{bmatrix}[\boldsymbol{X}_{11}]+[\boldsymbol{Y}_{11}]\cos l\alpha & [\boldsymbol{Y}_{21}]^{\mathrm{T}}\sin l\alpha\\ [\boldsymbol{Y}_{21}]\sin l\alpha & [\boldsymbol{X}_{22}]+[\boldsymbol{Y}_{22}]\cos l\alpha\end{bmatrix}\begin{Bmatrix}\{\overline{\overline{\boldsymbol{U}_l^{rz}}}\}\\-\{\overline{\boldsymbol{U}_l^{\theta}}\}\end{Bmatrix}\quad(12.88)
$$

平行位移项与正交位移项解耦，它们的刚度矩阵也是如此。这与式(12.17)中对称解耦的连续 FSAFEM 刚度矩阵类似。这样内部虚功增量方程现在包括调和

位移增量系数的 $2n$ 个解耦矢量,及 n 个刚度矩阵。每级调和阶数有两个矢量和一个刚度矩阵。用 i 代替方程式(12.88)中的 l 就能得到 i 阶调和刚度矩阵。

外荷载增量也可以用离散傅里叶级数表示,由径向和竖向荷载的余弦系数及环向荷载的正弦系数可以计算平行荷载。类似地,正交荷载也能求出,如对第 k 阶调和项,有

$$\begin{Bmatrix} \{\Delta \overline{\boldsymbol{R}_k^{rz}}\} \\ \{\Delta \overline{\overline{\boldsymbol{R}_k^{\theta}}}\} \end{Bmatrix} \quad 和 \quad \begin{Bmatrix} \{\Delta \overline{\overline{\boldsymbol{R}_k^{rz}}}\} \\ -\{\Delta \overline{\boldsymbol{R}_k^{\theta}}\} \end{Bmatrix}$$

利用虚功原理可以得到系统方程,该方程包括 $2n$ 个独立方程(每级调和阶数对应两个方程),如第 k 阶调和项,有

$$\left\{\begin{aligned} \begin{Bmatrix} \{\Delta \overline{\boldsymbol{R}_k^{rz}}\} \\ \{\Delta \overline{\overline{\boldsymbol{R}_k^{\theta}}}\} \end{Bmatrix} &= 2\begin{bmatrix} [\boldsymbol{X}_{11}]+[\boldsymbol{Y}_{11}]\cos k\alpha & [\boldsymbol{Y}_{21}]^{\mathrm{T}}\sin k\alpha \\ [\boldsymbol{Y}_{21}]\sin k\alpha & [\boldsymbol{X}_{22}]+[\boldsymbol{Y}_{22}]\cos k\alpha \end{bmatrix} \begin{Bmatrix} \{\overline{\boldsymbol{U}_k^{rz}}\} \\ \{\overline{\overline{\boldsymbol{U}_k^{\theta}}}\} \end{Bmatrix} \\ \begin{Bmatrix} \{\Delta \overline{\overline{\boldsymbol{R}_k^{rz}}}\} \\ -\{\Delta \overline{\boldsymbol{R}_k^{\theta}}\} \end{Bmatrix} &= 2\begin{bmatrix} [\boldsymbol{X}_{11}]+[\boldsymbol{Y}_{11}]\cos k\alpha & [\boldsymbol{Y}_{21}]^{\mathrm{T}}\sin k\alpha \\ [\boldsymbol{Y}_{21}]\sin k\alpha & [\boldsymbol{X}_{22}]+[\boldsymbol{Y}_{22}]\cos k\alpha \end{bmatrix} \begin{Bmatrix} \{\overline{\overline{\boldsymbol{U}_k^{rz}}}\} \\ -\{\overline{\boldsymbol{U}_k^{\theta}}\} \end{Bmatrix} \end{aligned}\right. \tag{12.89}$$

这样,很大的整体刚度矩阵可以进行调和、对称分解。这里介绍的是线弹性材料计算方法,如果将线弹性公式与不断调整有限元控制方程右端荷载的求解方法,如黏弹性法或修正牛顿-拉弗森法相结合,该方法可以扩展计算非线性问题。

12.6 DFSAFEM 法与 CFSAFEM 法比较

DFSAFEM 法和 CFSAFEM 法最主要的区别是环形方向上力和位移变化的表述方式不同。

从概念上讲,离散法考虑的是圆柱坐标中定义的真三维有限元网格,这样环向力和位移分布用标准有限元近似表达式,即单元形函数表示。Lai 等(1991)认为"离散法在有限项后能表示准确的(位移)结果"。这句话有很大的误导性,因为它错误地暗示了能用有限项傅里叶级数表示正确的位移场。离散法用离散傅里叶级数表示节点位移,能准确表示圆周方向上任意节点位移的变化情况。但总体来说,由于有限元近似处理,这些位移不能准确地代表真正的位移场,但计算精度会随节点数的增加而提高。

CFSAFEM 中采用二维轴对称网格,用连续傅里叶级数表示环向节点位移和荷载的变化情况,计算精度取决于采用的调和系数数量。就 CFSAFEM 法分析线弹性材料问题这个特例而言,计算需要的调和系数数量等于表示边界条件需要的调和系数数量。DFSAFEM 中,θ 方向节点变量的分布用三维块体单元组成的近似圆环上的节点变量和形函数表示。这些节点变量用傅里叶级数表示,调和系数

数量与节点数相同，因此非线性 DFSAFEM 分析中，增加调和系数就表示 θ 方向节点数增加，计算精度提高。可见非线性 CFSAFEM 和非线性 DFSAFEM 计算中，采用的调和系数数量要在计算精度和所需资源间平衡。

下面以桩周径向应力计算为例，评价两种 FSAFEM 方法的计算精度，尤其要考察计算中所用的调和系数数量或块体单元数与已知应力分布计算精度间的关系。

Williams 等(1984)通过模型桩测试了侧向荷载作用下桩周应力分布情况。计算中只考虑了径向应力沿桩周(θ 方向)的变化，不考虑应力在桩径向或竖向的变化，于是简化为一维问题。计算比较了 CFSAFEM、八节点常应变块体单元 DFSAFEM 及二十节点线性应变块体单元 DFSAFEM 的结果。

如 12.4.3 小节所述，CFSAFEM 中 θ 方向上计算节点数等于 FSAFEM 计算中采用的调和系数个数，并且可以用拟合法由计算节点应力得到调和系数。计算节点在 θ 方向均匀分布，对应的 θ 坐标为 $i\alpha$，其中，$\alpha=2\pi/n_s$，i 为整数且 $0\leqslant i\leqslant n_s-1$，$n_s$ 为计算节点数。

假设计算节点上应力是正确的，即等于图 12.15 中的应力实测值，这样计算节点径向应力傅里叶级数表达式是正确的，但节点间的表达式可能会有误差。

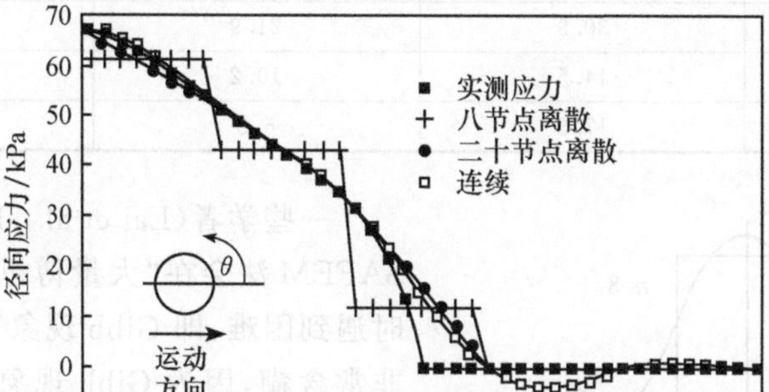

图 12.15　$n=10$ 时应力分布计算结果与实测情况

常应变单元 DFSAFEM 计算中，单元在 θ 方向的宽度为常量。如果调和系数数量等于 n，则节点数也等于 n，节点位于 θ 坐标等于 $i\alpha$ 处。由于位移的线性特征，单元内应力和应变都是常数，即假设这些应力就代表单元中心处的应力，这与 CFSAFEM 计算中对计算点应力所作的假设类似。

线性应变单元 DFSAFEM 计算中，单元宽度仍然为常数，节点也仍然在 θ 方向均匀分布。同样，如果 DFSAFEM 计算中调和系数数量等于 n，那么单元数也等于 n。然而由于这些单元有中间节点，现在的节点数为 $2n$。因为位移二次变化，所以单元内应力和应变为线性变化。假设角点的应力是正确的，而且它们之间的应力为线性分布，则中节点的应力只与角点的应力有关。

$n=10$ 时，三种方法计算得到的应力分布如图 12.15 所示。用应力实测值和计算值之差衡量误差情况。于是误差 Err 可以用式(12.90)定量表示

$$Err=\frac{\int_{-\pi}^{\pi}\sqrt{[F(\theta)-f(\theta)]^2}\,\mathrm{d}\theta}{\int_{-\pi}^{\pi}f(\theta)\,\mathrm{d}\theta}\times 100\% \tag{12.90}$$

式中，$f(\theta)$ 为应力分布实测值；$F(\theta)$ 为应力分布计算值。

每种方法的计算误差 Err 见表 12.2。任意 n 下，连续法和线性应变离散法的精度差不多，常应变离散法的精度较低。但是连续法中只有 n 个未知调和系数，而线性应变离散法中有 $2n$ 个未知节点值，因此线性应变离散法的刚度矩阵比相应的连续法刚度矩阵大得多，这将导致所需的计算资源增加。由此可以得出这样的结论，CFSAFEM 法可能是最有效的方法。

表 12.2　桩周径向应力误差情况

调和项数量	八节点单元 DFSAFEM 计算结果/%	二十节点单元体 DFSAFEM 计算结果/%	CFSAFEM 计算结果/%
2	100.0	48.5	47.7
5	30.9	21.9	19.4
8	14.5	10.2	17.8
10	17.5	6.8	7.8

一些学者(Lai et al.，1991)认为，CFSAFEM 法会在“大量傅里叶级数项求和时遇到困难，即 Gibb 现象”。这样的表述非常含糊，因为 Gibb 现象并不意味着会有这样的问题。Gibb 现象认为如果用傅里叶级数表示一个非连续函数，那么非连续区域傅里叶级数表达式的最大误差 Err 很大程度上与采用的傅里叶系数数量无关，如图 12.16 中方波所示。误差值 Err 大约等于不连续值大小的 0.09 倍。虽然增加傅里叶系数并不能减小误差 Err，但可以降低非连续区的总误差，即减少傅里叶级数表达式与方波之间的面积。只有在环向上有不连续位移存在时，有限元计算才会出现 Gibb 现象，一般有限元计算

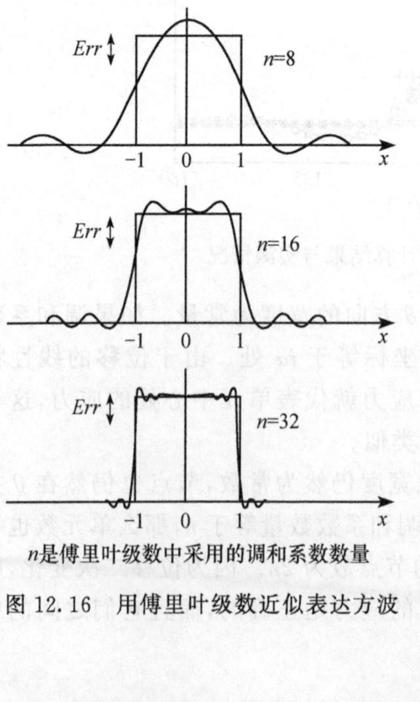

n是傅里叶级数中采用的调和系数数量

图 12.16　用傅里叶级数近似表达方波

中不太可能出现这样的情况。如果计算中有非轴对称接触面单元存在时，Gibb 现象也许会出现，但现在还不清楚 CFSAFEM 或 DFSAFEM 能否可以考虑这样的情况。可见这种对 CFSAFEM 的批评是不恰当的。

Lai 等(1991)还指出，“单元一致性问题可以用离散法而不是连续法解决”，这样表达不是很清楚，连续方法中应该没有单元一致性问题，因为如果用等参单元计算，由同一边界任意单元计算出的边界位移都相等。连续法和离散法都能考虑同时含真三维单元和准二维 FSAFEM 单元问题，如中间为真三维单元，外面包围着多层准二维 FSAFEM 单元情况。这时，边界上节点间位移，位于准二维离散傅里叶单元和真三维单元之间，可以用两种单元的有限元近似表达式表示，因此它们是一致的。CFSAFEM 计算中 θ 方向上的位移用连续傅里叶级数表示，这样准二维连续傅里叶单元和真三维单元间的边界上，三维网格节点处的位移相等，但 θ 中间值处的位移不相等。

用 12.4.7 小节中水平圆盘问题的计算结果能进一步比较连续和 DFSAFEM 方法，以及每种方法中傅里叶调和系数数量的影响。Ganendra(1993)用作者编写的有限元程序(ICFEP)对这个问题进行了 CFSAFEM 计算。计算中边界条件与 12.4.7 小节中一样，但土体采用 Tresca 模型，剪切模量 G 为 3000kPa，泊松比 μ 为 0.49，不排水抗剪强度 S_u 为 30kPa。计算中刚性盘和土的接触面分别假设为光滑和粗糙两种情况。每种情况中又包括用不同调和系数数目进行的一系列独立计算。计算结果用归一化的极限荷载 P_u/S_uD(其中，P_u 为极限荷载，D 为圆盘直径)与计算中所用调和系数数量表示，如图 12.17 所示。Lai (1989)也对同样的问题用 DFSAFEM 法进行了计算，计算结果也在图 12.17 中给出了。粗糙接触面和光滑接触面的极限荷载理论解分别是 11.945S_uD 和 9.14S_uD(Randolph et al.，1984)，其中粗糙接触解是精确解，光滑接触解是下限解。由图 12.17 可以看出，CFSAFEM 计算结果受调和系数数量影响不大，用 5

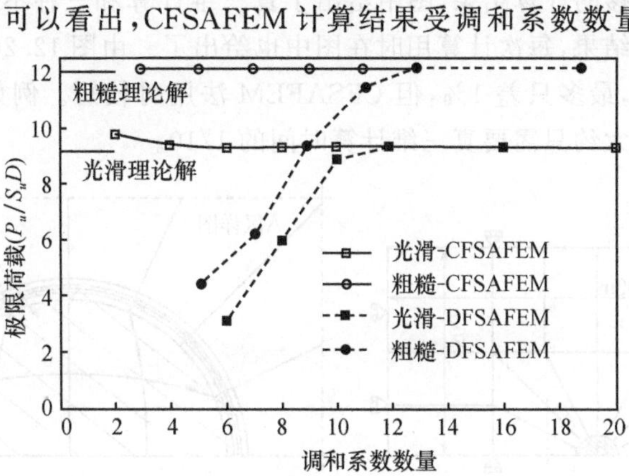

图 12.17 桩水平极限荷载与调和系数数量的关系

个以上的调和系数就能得到合理的计算精度。离散方法对调和系数数量非常敏感,如果用少于 10 个的调和系数计算,那么结果会有很大误差。例如,用 6 个调和系数的计算误差大于 65%。这些结果给出了准确计算侧向荷载作用下桩体响应所需的调和系数数量,并表明以下两点:①就计算所需的调和系数数量而言,连续法更经济;②如果使用的调和系数数量不足,离散法结果误差较大。

12.7　CFSAFEM 法和真三维计算比较

CFSAFEM 法比真三维计算优越,下面用这两种方法计算水平和倾斜荷载下粗糙刚性圆形基础问题(图 12.18)予以说明。土体假设服从 Tresca 屈服准则,$E=10000\text{kPa}$,$\mu=0.45$,$S_u=100\text{kPa}$,三维计算网格如图 12.19(a)及图 12.19(b)所示。由于该问题有垂直对称面,因此只要计算一半区域。为了计算结果的一致性,CFSAFEM 计算采用的二维有限元网格与三维网格的垂直剖面相同,如图 12.19(b)所示。由于上述对称性,用平行对称 CFSAFEM 进行计算。

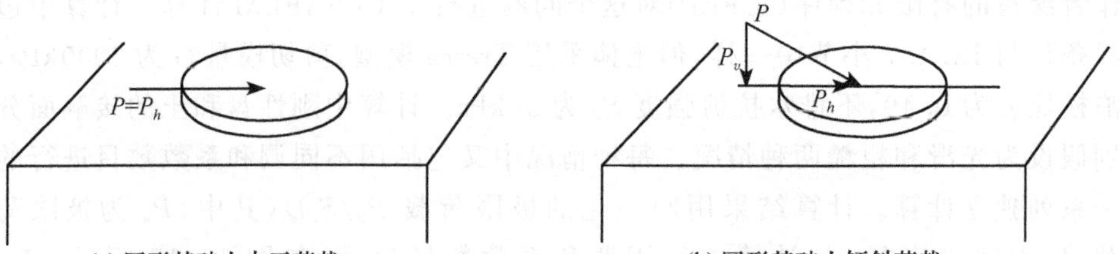

(a) 圆形基础上水平荷载　　(b) 圆形基础上倾斜荷载

图 12.18　圆形基础加载简图

下面考虑圆形基础的水平位移及基础上的水平反力情况。图 12.20 是基础上水平力及水平位移的计算结果,图中给出了真三维计算和三种不同调和系数数量 CFSAFEM 计算结果,每次计算用时在图中也给出了。由图 12.20 可见,所有的计算结果都差不多,最多只差 1%,但 CFSAFEM 法用时较短。例如,5 个调和系数 CFSAFEM 计算大约只需要真三维计算时间的 1/10。

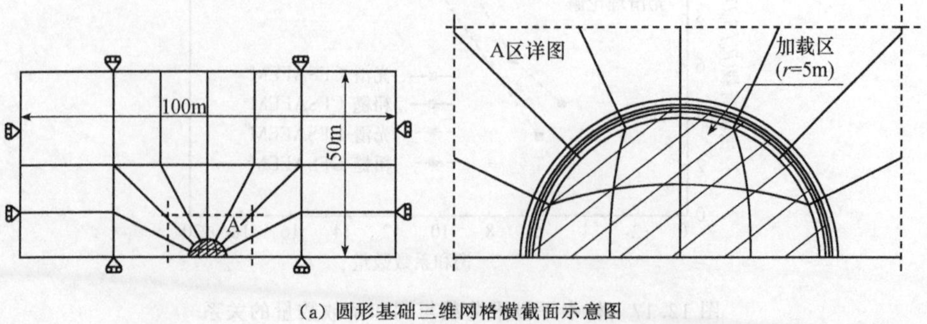

(a) 圆形基础三维网格横截面示意图

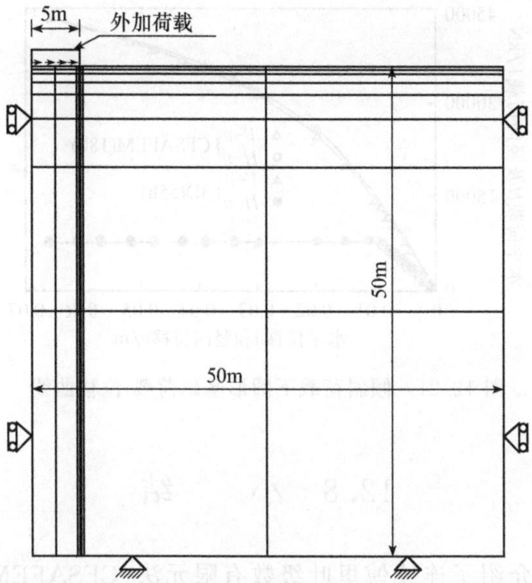

(b) 圆形基础三维网格纵截面示意图(也是 CFSAFEM 计算网格)

图 12.19　圆形基础三维网格图

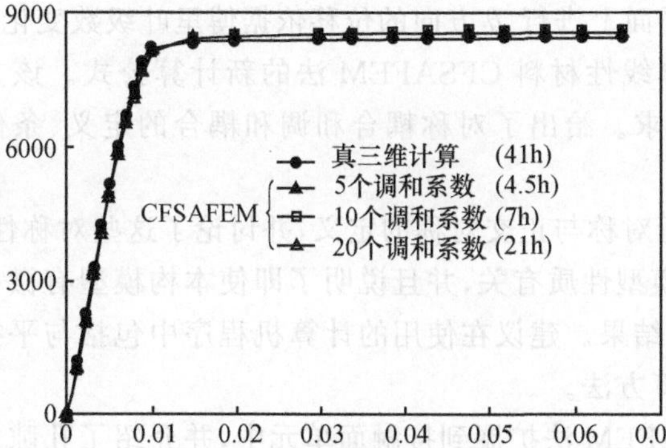

图 12.20　水平荷载作用下圆形基础荷载-位移曲线

再计算第二种情况，这时基础向下移动，与水平方向成 45°，考虑这种情况下基础水平荷载和垂直荷载随位移的变化情况。结果如图 12.21 所示，图中给出了水平荷载随水平位移及垂直荷载随垂直位移的变化。真三维计算结果和 10 个调和系数 CFSAFEM 计算结果及计算用时也在图中给出了。与水平加载情况一样，两种方法得到的结果差不多，而 CFSAFEM 计算快得多。这两个例子都非常清楚地说明 CFSAFEM 法比真三维计算更经济。

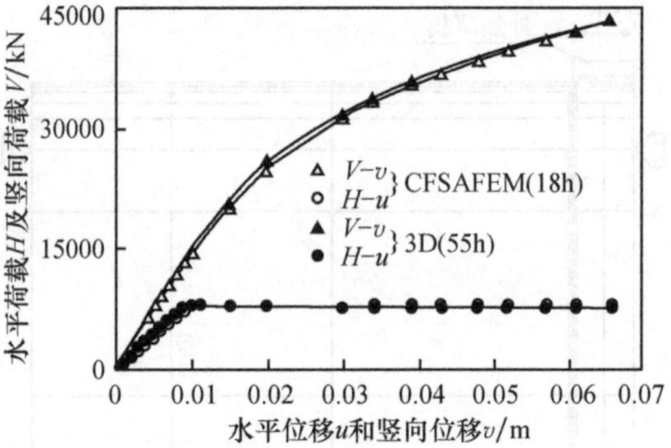

图 12.21　倾斜荷载下圆形基础荷载-位移曲线

12.8　小　　结

(1) 本章详细介绍了连续傅里叶级数有限元法(CFSAFEM)，它提供了降低三维计算所需资源的一种途径。该方法在两个方向上用标准有限元对研究区域进行离散，并假设位移在第三个方向上按连续傅里叶级数变化。本章介绍的这个方法可以计算几何轴对称问题，但不能计算土体性质或荷载不对称的情况。二维有限元离散在 r-z 平面上进行，θ 方向的位移依据傅里叶级数变化。

(2) 介绍了非线性材料 CFSAFEM 法的新计算公式。该方法是通用计算方法，没有对称性要求。给出了对称耦合和调和耦合的定义、条件及节省计算资源情况。

(3) 给出平行对称与正交对称的定义，并讨论了这些对称性的使用要求，其中一个要求与本构模型性质有关，并且说明了即使本构模型有微小变化都会不满足要求，得到错误的结果。建议在使用的计算机程序中包括与平行对称和正交对称对应的不对称计算方法。

(4) 将 CFSAFEM 法扩展到接触面单元中，并介绍了孔隙水压缩及固结耦合计算。

(5) 离散 FSAFEM 法可替代连续 FSAFEM 法。本章讨论了离散法的理论基础及这两种方法之间的区别。离散法要用圆柱坐标内的真三维有限元网格计算，θ 方向节点变量的分布用适当圆环上的三维块体单元节点变量和形函数表示，而这些节点变量用调和系数数量与节点数相同的离散型傅里叶级数描述。

(6) 连续 FSAFEM 和离散 FSAFEM 的比较结果可知，前者更经济，但各有优点。

(7) CFSAFEM 和真三维计算结果比较表明，前者需要较少的计算资源就可以得到同样精度的计算结果。在研究算例中，节省的计算时间取决于调和系数数量。

附录 XII.1 由调和点荷载计算外力的调和系数

任意 θ 处的外荷载增量 ΔF(单位圆周的力分量)用傅里叶级数形式表示为

$$\Delta F = \Delta F^0 + \sum_{k=1}^{L} \Delta \overline{F^k} \cos k\theta + \Delta \overline{\overline{F^k}} \sin k\theta \tag{XII.1}$$

对应的节点位移增量分量 Δd 也用傅里叶级数表示

$$\Delta d = \Delta d^0 + \sum_{k=1}^{L} \Delta \overline{d^k} \cos k\theta + \Delta \overline{\overline{d^k}} \sin k\theta \tag{XII.2}$$

这样外力所做的功为

$$\Delta W = \int_{-\pi}^{\pi} \Delta d \Delta F r \, \mathrm{d}\theta \tag{XII.3}$$

式中,r 为节点所在圆的半径。将傅里叶级数代入功的方程式得到

$$\Delta W = \int_{-\pi}^{\pi} \left(\Delta d^0 + \sum_{k=1}^{L} \Delta \overline{d^k} \cos k\theta + \Delta \overline{\overline{d^k}} \sin k\theta \right) \left(\Delta F^0 + \sum_{k=1}^{L} \Delta \overline{F^k} \cos k\theta + \Delta \overline{\overline{F^k}} \sin k\theta \right) r \, \mathrm{d}\theta \tag{XII.4}$$

对式(XII.4)积分,并利用傅里叶级数的正交性,有

$$\Delta W = 2\pi r \Delta d^0 \Delta F^0 + \pi r \sum_{k=1}^{L} \Delta \overline{d^k} \Delta \overline{F^k} + \Delta \overline{\overline{d^k}} \Delta \overline{\overline{F^k}} \tag{XII.5}$$

利用虚功原理,FSAFEM 方程右边节点荷载增量 ΔR 引起的调和系数分别为

$$\begin{cases} \Delta R^0 = 2\pi r \Delta F^0 & (\text{第 0 阶调和项}) \\ \Delta \overline{R^k} = \pi r \Delta \overline{F^k} & (\text{第 } k \text{ 阶余弦调和项}) \\ \Delta \overline{\overline{R^k}} = \pi r \Delta \overline{\overline{F^k}} & (\text{第 } k \text{ 阶正弦调和项}) \end{cases} \tag{XII.6}$$

附录 XII.2 由调和边界应力计算力的调和系数

边界应力是指由有限元网格边界确定的轴对称面上的应力。在总坐标 r、z、θ 中可以分解为 σ_r、σ_z、σ_θ、τ_{rz}、$\tau_{r\theta}$ 和 $\tau_{z\theta}$。这些应力可以傅里叶级数表示,并且边界上每个调和系数的变化都可以给出,如用三次样条函数表示。这样平面 r-z 上任一点应力增量分量 $\Delta\sigma$ 的傅里叶级数表达式可写为

$$\Delta\sigma = \Delta\sigma^0 + \sum_{k=1}^{L} \Delta\,\overline{\sigma^k}\cos k\theta + \Delta\,\overline{\overline{\sigma^k}}\sin k\theta \tag{XII. 7}$$

轴对称面上的位移可以用合适的有限元形函数以及单元节点位移的傅里叶级数表示。这样,与 $\Delta\sigma$ 对应的位移增量分量 Δd 表示为

$$\Delta d = \sum_{i=1}^{n} N_i \left(\Delta d_i^0 + \sum_{k=1}^{L} \Delta\,\overline{d_i^k}\cos k\theta + \Delta\,\overline{\overline{d_i^k}}\sin k\theta\right) \tag{XII. 8}$$

式中,N_i 为网格中第 i 个节点的形函数;Δd_i^0、$\Delta\,\overline{d_i^k}$和 $\Delta\,\overline{\overline{d_i^k}}$分别为 i 节点位移增量 0 阶、第 k 阶余弦和第 k 阶正弦系数;n 为单元节点数。

边界应力做的功可以表示为

$$\Delta W = \int \Delta d\Delta\sigma \mathrm{d}area = \iint_{-\pi}^{\pi} \Delta d\Delta\sigma r\,\mathrm{d}\theta\,\mathrm{d}l \tag{XII. 9}$$

式中,$\mathrm{d}l$ 是 r-z 平面边界上的长度增量。把傅里叶级数代入式(XII. 9)

$$\Delta W = \iint_{-\pi}^{\pi} \sum_{i=1}^{N} N_i \left(\Delta d_i^0 + \sum_{k=1}^{L} \Delta\,\overline{d_i^k}\cos k\theta + \Delta\,\overline{\overline{d_i^k}}\sin k\theta\right) \cdot \left(\Delta\sigma^0 + \sum_{l=1}^{L} \Delta\,\overline{\sigma^l}\cos l\theta + \Delta\,\overline{\overline{\sigma^l}}\sin l\theta\right) r\,\mathrm{d}\theta\,\mathrm{d}l \tag{XII. 10}$$

对 $\mathrm{d}\theta$ 积分得到

$$\Delta W = \int \sum_{i=1}^{n} N_i \left(2\pi r\Delta d_i^0 \Delta\sigma^0 + \pi r \sum_{k=1}^{L} \Delta\,\overline{d_i^k}\Delta\,\overline{\sigma^k} + \Delta\,\overline{\overline{d_i^k}}\Delta\,\overline{\overline{\sigma^k}}\right)\mathrm{d}l \tag{XII. 11}$$

用高斯积分法对 $\mathrm{d}l$ 进行数值积分。利用虚功原理,FSAFEM 方程右边第 i 节点荷载增量 ΔR_i 引起的调和系数为

$$\begin{cases} \Delta R_i^0 = 2\pi r\int N_i\Delta\sigma^0\,\mathrm{d}l & \text{(第 0 阶调和项)} \\ \Delta\overline{R_i^k} = \pi r\int N_i\Delta\,\overline{\sigma^k}\,\mathrm{d}l & \text{(第 } k \text{ 阶余弦调和项)} \\ \Delta\overline{\overline{R_i^k}} = \pi r\int N_i\Delta\,\overline{\overline{\sigma^k}}\,\mathrm{d}l & \text{(第 } k \text{ 阶正弦调和项)} \end{cases} \tag{XII. 12}$$

附录 XII. 3 由单元应力计算力的调和系数

研究区域内用应力点算法计算积分点处的应力增量。这些应力用傅里叶级数表示为

$$\{\Delta\boldsymbol{\sigma}\} = \{\Delta\boldsymbol{\sigma}^0\} + \sum_{k=1}^{L} \{\Delta\,\overline{\boldsymbol{\sigma}^k}\}\cos k\theta + \{\Delta\,\overline{\overline{\boldsymbol{\sigma}^k}}\}\sin k\theta \tag{XII. 13}$$

式中，$\{\Delta\boldsymbol{\sigma}\}$为应力分量增量；$\{\Delta\boldsymbol{\sigma}_i^0\}$、$\{\Delta\overline{\boldsymbol{\sigma}_i^k}\}$、$\{\Delta\overline{\overline{\boldsymbol{\sigma}_i^k}}\}$分别为应力第 0 阶、第 k 阶余弦和第 k 阶正弦系数矢量。矢量$\{\Delta\boldsymbol{\sigma}\}$可以分为两个子矢量($\{\Delta\boldsymbol{\sigma}1\}$和$\{\Delta\boldsymbol{\sigma}2\}$)，即

$$\{\Delta\boldsymbol{\sigma}\}=\{\Delta\sigma_r\ \ \Delta\sigma_z\ \ \Delta\sigma_\theta\ \ \Delta\sigma_{rz}\ \vdots\ \Delta\sigma_{r\theta}\ \ \Delta\sigma_{z\theta}\}^{\mathrm{T}}=\{\{\Delta\boldsymbol{\sigma}1\}\ \ \{\Delta\boldsymbol{\sigma}2\}\}^{\mathrm{T}} \tag{XII. 14}$$

式中

$$\{\Delta\boldsymbol{\sigma}1\}=\{\Delta\sigma_r\ \ \Delta\sigma_z\ \ \Delta\sigma_\theta\ \ \Delta\sigma_{rz}\}^{\mathrm{T}},\quad \{\Delta\boldsymbol{\sigma}2\}=\{\Delta\sigma_{r\theta}\ \ \Delta\sigma_{z\theta}\}^{\mathrm{T}}$$

相应地，傅里叶级数表达式也可以用这两个子矢量分解

$$\{\Delta\boldsymbol{\sigma}\}=\begin{Bmatrix}\{\Delta\boldsymbol{\sigma}1^0\}\\\{\Delta\boldsymbol{\sigma}2^0\}\end{Bmatrix}+\sum_{k=1}^{L}\begin{Bmatrix}\{\Delta\overline{\boldsymbol{\sigma}1^k}\}\cos k\theta\\\{\Delta\overline{\boldsymbol{\sigma}2^k}\}\cos k\theta\end{Bmatrix}+\begin{Bmatrix}\{\Delta\overline{\overline{\boldsymbol{\sigma}1^k}}\}\sin k\theta\\\{\Delta\overline{\overline{\boldsymbol{\sigma}2^k}}\}\sin k\theta\end{Bmatrix} \tag{XII. 15}$$

这些应力所做的内部虚功增量为

$$\int\{\Delta\boldsymbol{\varepsilon}\}^{\mathrm{T}}\{\Delta\boldsymbol{\sigma}\}\mathrm{d}Vol=\iint_{-\pi}^{\pi}\{\Delta\boldsymbol{d}\}^{\mathrm{T}}[\boldsymbol{B}]^{\mathrm{T}}\{\Delta\boldsymbol{\sigma}\}r\mathrm{d}\theta\,\mathrm{d}area \tag{XII. 16}$$

式中，$\{\Delta\boldsymbol{d}\}$为位移增量矢量；$[\boldsymbol{B}]$为应变矩阵。

式(XII. 16)可以用傅里叶级数形式表示

$$\Delta W=\iint_{-\pi}^{\pi}\sum_{l=0}^{L}\left(\{\Delta\boldsymbol{d}^{l^*}\}^{\mathrm{T}}\begin{bmatrix}[\boldsymbol{B}1^l]\cos l\theta\\ [\boldsymbol{B}2^l]\sin l\theta\end{bmatrix}^{\mathrm{T}}+\{\Delta\boldsymbol{d}^{l^{**}}\}^{\mathrm{T}}\begin{bmatrix}[\boldsymbol{B}1^l]\sin l\theta\\ -[\boldsymbol{B}2^l]\cos l\theta\end{bmatrix}^{\mathrm{T}}\right)$$

$$\cdot\left(\begin{Bmatrix}\{\Delta\boldsymbol{\sigma}1^0\}\\\{\Delta\boldsymbol{\sigma}2^0\}\end{Bmatrix}+\sum_{k=1}^{L}\begin{Bmatrix}\{\Delta\overline{\boldsymbol{\sigma}1^k}\}\cos k\theta\\\{\Delta\overline{\boldsymbol{\sigma}2^k}\}\cos k\theta\end{Bmatrix}+\begin{Bmatrix}\{\Delta\overline{\overline{\boldsymbol{\sigma}1^k}}\}\sin k\theta\\\{\Delta\overline{\overline{\boldsymbol{\sigma}2^k}}\}\sin k\theta\end{Bmatrix}\right)r\,\mathrm{d}\theta\,\mathrm{d}area \tag{XII. 17}$$

利用傅里叶级数的正交性，对 θ 积分得到

$$\Delta W=\int 2\pi\{\Delta\boldsymbol{d}^{0^*}\}^{\mathrm{T}}[\boldsymbol{B}1^0]^{\mathrm{T}}\{\Delta\boldsymbol{\sigma}1^0\}+\pi\sum_{l=1}^{L}\{\Delta\boldsymbol{d}^{l^*}\}^{\mathrm{T}}\begin{Bmatrix}[\boldsymbol{B}1^l]\\ [\boldsymbol{B}2^l]\end{Bmatrix}^{\mathrm{T}}\begin{Bmatrix}\{\Delta\overline{\boldsymbol{\sigma}1^l}\}\\\{\Delta\overline{\overline{\boldsymbol{\sigma}2^l}}\}\end{Bmatrix}$$

$$\cdots\cdots + \cdots\cdots$$

$$-2\pi\{\Delta\boldsymbol{d}^{0^{**}}\}^{\mathrm{T}}[\boldsymbol{B}2^0]^{\mathrm{T}}\{\Delta\boldsymbol{\sigma}2^0\}+\pi\sum_{l=1}^{L}\{\Delta\boldsymbol{d}^{l^{**}}\}^{\mathrm{T}}\begin{Bmatrix}[\boldsymbol{B}1^l]\\ -[\boldsymbol{B}2^l]\end{Bmatrix}^{\mathrm{T}}\begin{Bmatrix}\{\Delta\overline{\overline{\boldsymbol{\sigma}1^l}}\}\\\{\Delta\overline{\boldsymbol{\sigma}2^l}\}\end{Bmatrix}r\mathrm{d}area \tag{XII. 18}$$

与该应力状态对应的节点力增量系数所做的功为

$$\Delta W=\{\Delta\boldsymbol{d}^{0^*}\}\{\Delta\boldsymbol{R}^{0^*}\}+\sum_{k=1}^{L}\{\Delta\boldsymbol{d}^{k^*}\}\{\Delta\boldsymbol{R}^{k^*}\}+\{\Delta\boldsymbol{d}^{k^{**}}\}\{\Delta\boldsymbol{R}^{k^{**}}\} \tag{XII. 19}$$

根据虚功原理，这两个方程所做的功相等，而且与同样位移系数相乘的项也相等。于是 FSAFEM 公式右边节点荷载增量引起的调和系数为

$$\begin{cases}\{\Delta\boldsymbol{R}^0\} = 2\pi\int\begin{Bmatrix}[\boldsymbol{B}1^0]\\-[\boldsymbol{B}2^0]\end{Bmatrix}^{\mathrm{T}}\begin{Bmatrix}\{\Delta\boldsymbol{\sigma}1^0\}\\\{\Delta\boldsymbol{\sigma}2^0\}\end{Bmatrix}rdarea \quad (\text{第 0 阶调和项})\\ \{\Delta\boldsymbol{R}^{l^*}\} = \pi\int\begin{Bmatrix}[\boldsymbol{B}1^l]\\ [\boldsymbol{B}2^l]\end{Bmatrix}^{\mathrm{T}}\begin{Bmatrix}\{\Delta\overline{\boldsymbol{\sigma}1^l}\}\\\{\Delta\overline{\overline{\boldsymbol{\sigma}2^l}}\}\end{Bmatrix}rdarea \quad (\text{第 } l \text{ 阶平行调和项})\\ \{\Delta\boldsymbol{R}^{l^{**}}\} = \pi\int\begin{Bmatrix}[\boldsymbol{B}1^l]\\-[\boldsymbol{B}2^l]\end{Bmatrix}^{\mathrm{T}}\begin{Bmatrix}\{\Delta\overline{\overline{\boldsymbol{\sigma}1^l}}\}\\\{\Delta\overline{\boldsymbol{\sigma}2^l}\}\end{Bmatrix}rdarea \quad (\text{第 } l \text{ 阶正交调和项})\end{cases} \tag{XII. 20}$$

附录 XII. 4　节点力调和系数求解

1. 水平荷载

令 Δf_r 表示节点单位圆周处径向荷载增量，它可以用傅里叶级数表示为

$$\Delta f_r = \Delta F_r^0 + \sum_{k=1}^{L}\Delta\overline{F_r^k}\cos k\theta + \Delta\overline{\overline{F_r^k}}\sin k\theta \tag{XII. 21}$$

于是 $\theta=0°$ 方向荷载增量 $\Delta T_r^{\theta=0}$ 为

$$\begin{aligned}\Delta T_r^{\theta=0} &= \int_{-\pi}^{\pi}\Delta f_r r\cos\theta\,\mathrm{d}\theta = \int_{-\pi}^{\pi}\Big(\Delta F_r^0 + \sum_{k=1}^{L}\Delta\overline{F_r^k}\cos k\theta + \Delta\overline{\overline{F_r^k}}\sin k\theta\Big)\cos\theta r\,\mathrm{d}\theta\\ &= \pi r\Delta\overline{F_r^1} = \Delta\overline{R_r^1}\end{aligned} \tag{XII. 22}$$

类似地，$\theta=\pi/2$ 方向荷载增量 $\Delta T_r^{\theta=\pi/2}$ 为

$$\begin{aligned}\Delta T_r^{\theta=\pi/2} &= \int_{-\pi}^{\pi}\Delta f_r r\sin\theta\,\mathrm{d}\theta = \int_{-\pi}^{\pi}\Big(\Delta F_r^0 + \sum_{k=1}^{L}\Delta\overline{F_r^k}\cos k\theta + \Delta\overline{\overline{F_r^k}}\sin k\theta\Big)\sin\theta r\,\mathrm{d}\theta\\ &= \pi r\Delta\overline{\overline{F_r^1}} = \Delta\overline{\overline{R_r^1}}\end{aligned} \tag{XII. 23}$$

如果用 Δf_θ 表示节点单位圆周上环向荷载增量，则 $\theta=0°$ 方向上的荷载增量为

$$\begin{aligned}\Delta T_r^{\theta=0} &= \int_{-\pi}^{\pi}-\Delta f_\theta r\sin\theta\,\mathrm{d}\theta = \int_{-\pi}^{\pi}-\Big(\Delta F_\theta^0 + \sum_{k=1}^{L}\Delta\overline{F_\theta^k}\cos k\theta + \Delta\overline{\overline{F_\theta^k}}\sin k\theta\Big)\sin\theta r\,\mathrm{d}\theta\\ &= -\pi r\Delta\overline{\overline{F_\theta^1}} = -\Delta\overline{\overline{R_\theta^1}}\end{aligned} \tag{XII. 24}$$

类似地，$\theta=\pi/2$ 方向荷载增量 $\Delta T_r^{\theta=\pi/2}$ 为

$$\begin{aligned}\Delta T_r^{\theta=\pi/2} &= \int_{-\pi}^{\pi}\Delta f_\theta r\cos\theta\,\mathrm{d}\theta = \int_{-\pi}^{\pi}\Big(\Delta F_\theta^0 + \sum_{k=1}^{L}\Delta\overline{F_\theta^k}\cos k\theta + \Delta\overline{\overline{F_\theta^k}}\sin k\theta\Big)\cos\theta r\,\mathrm{d}\theta\\ &= \pi r\Delta\overline{F_\theta^1} = \Delta\overline{R_\theta^1}\end{aligned} \tag{XII. 25}$$

这样 $\theta=0°$ 方向上总水平荷载增量为

$$\Delta T_r^{\theta=0} = \Delta\overline{R_r^1} - \Delta\overline{\overline{R_\theta^1}} \tag{XII. 26}$$

$\theta=\pi/2$ 方向上总水平荷载增量为

$$\Delta T_r^{\theta=\pi/2} = \Delta\overline{\overline{R_r^1}} + \Delta\overline{R_\theta^1} \tag{XII. 27}$$

2. 轴向荷载

令 Δf_z 表示节点单位圆周上竖向荷载增量，其傅里叶级数表达式为

$$\Delta f_z = \Delta F_z^0 + \sum_{k=1}^{L} \Delta \overline{F_z^k} \cos k\theta + \Delta \overline{\overline{F_z^k}} \sin k\theta \tag{XII. 28}$$

竖直方向上总荷载增量 ΔT_z 为

$$\begin{aligned}\Delta T_z &= \int_{-\pi}^{\pi} \Delta f_z r \mathrm{d}\theta = \int_{-\pi}^{\pi} \left(\Delta F_z^0 + \sum_{k=1}^{L} \Delta \overline{F_z^k} \cos k\theta + \Delta \overline{\overline{F_z^k}} \sin k\theta\right) r \mathrm{d}\theta \\ &= 2\pi r \Delta F_z^0 = \Delta R_z^0\end{aligned} \tag{XII. 29}$$

3. 转动弯矩

前面轴向荷载中，令 Δf_z 表示节点单位圆周上竖向荷载增量，它可以用傅里叶级数表示。于是关于 $\theta=\pi/2$ 轴的转动弯矩增量 $\Delta M^{\pi/2}$ 为

$$\begin{aligned}\Delta M^{\pi/2} &= \int_{-\pi}^{\pi} \Delta f_z r \cos\theta r \mathrm{d}\theta = \int_{-\pi}^{\pi} \left(\Delta F_z^0 + \sum_{k=1}^{L} \Delta \overline{F_z^k} \cos k\theta + \Delta \overline{\overline{F_z^k}} \sin k\theta\right) \cos\theta r^2 \mathrm{d}\theta \\ &= \pi r^2 \Delta \overline{F_z^1} = r \Delta \overline{R_z^1}\end{aligned} \tag{XII. 30}$$

类似地，关于 $\theta=0°$轴的转动弯矩增量 ΔM^0 为

$$\begin{aligned}\Delta M^0 &= \int_{-\pi}^{\pi} \Delta f_z r \sin\theta r \mathrm{d}\theta = \int_{-\pi}^{\pi} \left(\Delta F_z^0 + \sum_{k=1}^{L} \Delta \overline{F_z^k} \cos k\theta + \Delta \overline{\overline{F_z^k}} \sin k\theta\right) \sin\theta r^2 \mathrm{d}\theta \\ &= \pi r^2 \Delta \overline{\overline{F_z^1}} = r \Delta \overline{\overline{R_z^1}}\end{aligned} \tag{XII. 31}$$

附录 XII. 5　三个傅里叶级数相乘后的积分解

两个傅里叶级数相乘的积分解可以用三个标准积分计算

$$\begin{cases}\int_{-\pi}^{\pi} \sin k\theta \cos l\theta \,\mathrm{d}\theta = 0 & (\text{对所有的 } k \text{ 和 } l) \\ \int_{-\pi}^{\pi} \sin k\theta \sin l\theta \,\mathrm{d}\theta = 0 & (\text{当 } k \neq l) \\ \int_{-\pi}^{\pi} \sin k\theta \sin l\theta \,\mathrm{d}\theta = \pi & (\text{当 } k = l \neq 0) \\ \int_{-\pi}^{\pi} \sin k\theta \sin l\theta \,\mathrm{d}\theta = 0 & (\text{当 } k = l = 0) \\ \int_{-\pi}^{\pi} \cos k\theta \cos l\theta \,\mathrm{d}\theta = 0 & (\text{当 } k \neq l) \\ \int_{-\pi}^{\pi} \cos k\theta \cos l\theta \,\mathrm{d}\theta = \pi & (\text{当 } k = l \neq 0) \\ \int_{-\pi}^{\pi} \cos k\theta \cos l\theta \,\mathrm{d}\theta = 2\pi & (\text{当 } k = l = 0)\end{cases} \tag{XII. 32}$$

利用上述方程可以得到三个傅里叶级数相乘后的 6 个标准解

$$\int_{-\pi}^{\pi}\sin k\theta\sin l\theta\sin m\theta\,\mathrm{d}\theta=\int_{-\pi}^{\pi}\frac{1}{2}[\cos(k-l)\theta-\cos(k+l)\theta]\sin m\theta\,\mathrm{d}\theta=0$$

$$\int_{-\pi}^{\pi}\cos k\theta\cos l\theta\sin m\theta\,\mathrm{d}\theta=\int_{-\pi}^{\pi}\frac{1}{2}[\cos(k-l)\theta+\cos(k+l)\theta]\sin m\theta\,\mathrm{d}\theta=0$$

$$\int_{-\pi}^{\pi}\sin k\theta\cos l\theta\sin m\theta\,\mathrm{d}\theta=\int_{-\pi}^{\pi}\frac{1}{2}[\sin(k-l)\theta+\sin(k+l)\theta]\sin m\theta\,\mathrm{d}\theta=\pi(\pm\alpha+\beta)$$

$$\int_{-\pi}^{\pi}\sin k\theta\sin l\theta\cos m\theta\,\mathrm{d}\theta=\int_{-\pi}^{\pi}\frac{1}{2}[\cos(k-l)\theta-\cos(k+l)\theta]\cos m\theta\,\mathrm{d}\theta=\pi(\alpha-\beta)$$

$$\int_{-\pi}^{\pi}\cos k\theta\cos l\theta\cos m\theta\,\mathrm{d}\theta=\int_{-\pi}^{\pi}\frac{1}{2}[\cos(k-l)\theta+\cos(k+l)\theta]\cos m\theta\,\mathrm{d}\theta=\pi(\alpha+\beta)$$

$$\int_{-\pi}^{\pi}\sin k\theta\cos l\theta\cos m\theta\,\mathrm{d}\theta=\int_{-\pi}^{\pi}\frac{1}{2}[\sin(k-l)\theta+\sin(k+l)\theta]\cos m\theta\,\mathrm{d}\theta=0$$

(XII. 33)

其中,如果$|k-l|=m=0$,$\alpha=1$;如果$|k-l|=m\neq0$,$\alpha=1/2$;其他情况下,$\alpha=0$。如果$|k+l|=m=0$,$\beta=1$;如果$|k+l|=m\neq0$,$\beta=1/2$;其他情况下,$\beta=0$。如果$k-l\geqslant0$,$\pm$取$+$;如果$k-l<1$,$\pm$取$-$。$|x|$表示 x 的绝对值。

附录 XII. 6 逐步线性分布调和系数计算

如图 12.4 所示,变量 x 可以用逐步线性分布表示,即用 n 个 θ_i 处的离散值 x_i 表示,如 θ_1 处 x_1,θ_2 处 x_2,…,θ_i 处 x_i,…,θ_n 处 x_n。这样,任意 θ 处的 x 为

$$x=x_i+\frac{(x_{i+1}-x_i)(\theta-\theta_i)}{\theta_{i+1}-\theta_i},\quad \theta_i<\theta<\theta_{i+1} \tag{XII. 34}$$

由式(XII. 35)计算第 0 阶调和项

$$\begin{aligned}X^0&=\frac{1}{2\pi}\int_{-\pi}^{\pi}x\mathrm{d}\theta=\frac{1}{2\pi}\sum_{i=1}^{n}\int_{\theta_i}^{\theta_{i+1}}\left[x_i+\frac{(x_{i+1}-x_i)(\theta-\theta_i)}{\theta_{i+1}-\theta_i}\right]\mathrm{d}\theta\\&=\frac{1}{2\pi}\sum_{i=1}^{n}\int_{\theta_i}^{\theta_{i+1}}\left[\frac{(x_{i+1}-x_i)\theta+\theta_{i+1}x_i-\theta_ix_{i+1}}{\theta_{i+1}-\theta_i}\right]\mathrm{d}\theta\\&=\frac{1}{2\pi}\sum_{i=1}^{n}\frac{1}{\theta_{i+1}-\theta_i}\left[(x_{i+1}-x_i)\frac{\theta^2}{2}+\theta(\theta_{i+1}x_i-\theta_ix_{i+1})\right]_{\theta_i}^{\theta_{i+1}}\\&=\frac{1}{2\pi}\sum_{i=1}^{n}\frac{x_{i+1}+x_i}{\theta_{i+1}-\theta_i}\left(\frac{\theta_{i+1}^2}{2}+\frac{\theta_i^2}{2}-\theta_{i+1}\theta_i\right)\\&=\frac{1}{4\pi}\sum_{i=1}^{n}(x_{i+1}+x_i)(\theta_{i+1}-\theta_i)\end{aligned} \tag{XII. 35}$$

由式(XII. 36)计算第 k 阶余弦调和项

$$\overline{X^k}=\frac{1}{\pi}\int_{-\pi}^{\pi}x\cos k\theta\,\mathrm{d}\theta=\frac{1}{\pi}\sum_{i=1}^{n}\int_{\theta_i}^{\theta_{i+1}}\left[x_i+\frac{(x_{i+1}-x_i)(\theta-\theta_i)}{\theta_{i+1}-\theta_i}\right]\cos k\theta\,\mathrm{d}\theta$$

$$=\frac{1}{\pi}\sum_{i=1}^{n}\int_{\theta_i}^{\theta_{i+1}}\left[\frac{(x_{i+1}-x_i)\theta+\theta_{i+1}x_i-\theta_i x_{i+1}}{\theta_{i+1}-\theta_i}\right]\cos k\theta\,\mathrm{d}\theta$$

$$=\frac{1}{\pi}\sum_{i=1}^{n}\frac{1}{\theta_{i+1}-\theta_i}\left[(x_{i+1}-x_i)\left(\frac{\cos k\theta}{k^2}+\frac{\theta\sin k\theta}{k}\right)+\frac{\sin k\theta}{k}(\theta_{i+1}x_i-\theta_i x_{i+1})\right]_{\theta_i}^{\theta_{i+1}}$$

$$=\frac{1}{k\pi}\sum_{i=1}^{n}\frac{1}{\theta_{i+1}-\theta_i}\left\{x_{i+1}\left[\frac{\cos k\theta_{i+1}-\cos k\theta_i}{k}+\sin k\theta_{i+1}(\theta_{i+1}-\theta_i)\right]\right.$$

$$\left.-x_i\left[\frac{\cos k\theta_{i+1}-\cos k\theta_i}{k}+\sin k\theta_i(\theta_{i+1}-\theta_i)\right]\right\}$$

$$=\frac{1}{k\pi}\sum_{i=1}^{n}\left[\frac{(x_{i+1}-x_i)(\cos k\theta_{i+1}-\cos k\theta_i)}{k(\theta_{i+1}-\theta_i)}+x_{i+1}\sin k\theta_{i+1}-x_i\sin k\theta_i\right]\quad\text{(XII. 36)}$$

由于 $x_{n+1}=x_1$，$\theta_{n+1}=\theta_1$，这样式(XII. 36)中最后两项和等于零，于是

$$\overline{X^k}=\frac{1}{k^2\pi}\sum_{i=1}^{n}\left[\frac{(x_{i+1}-x_i)(\cos k\theta_{i+1}-\cos k\theta_i)}{k(\theta_{i+1}-\theta_i)}\right]\quad\text{(XII. 37)}$$

由式(XII. 38)计算第 k 阶正弦调和项

$$\overline{\overline{X^k}}=\frac{1}{\pi}\int_{-\pi}^{\pi}x\sin k\theta\,\mathrm{d}\theta=\frac{1}{\pi}\sum_{i=1}^{n}\int_{\theta_i}^{\theta_{i+1}}\left[x_i+\frac{(x_{i+1}-x_i)(\theta-\theta_i)}{\theta_{i+1}-\theta_i}\right]\sin k\theta\,\mathrm{d}\theta$$

$$=\frac{1}{\pi}\sum_{i=1}^{n}\int_{\theta_i}^{\theta_{i+1}}\left[\frac{(x_{i+1}-x_i)\theta+\theta_{i+1}x_i-\theta_i x_{i+1}}{\theta_{i+1}-\theta_i}\right]\sin k\theta\,\mathrm{d}\theta$$

$$=\frac{1}{\pi}\sum_{i=1}^{n}\frac{1}{\theta_{i+1}-\theta_i}\left[(x_{i+1}-x_i)\left(\frac{\sin k\theta}{k^2}+\frac{\theta\cos k\theta}{k}\right)-\frac{\cos k\theta}{k}(\theta_{i+1}x_i-\theta_i x_{i+1})\right]_{\theta_i}^{\theta_{i+1}}$$

$$=\frac{1}{k\pi}\sum_{i=1}^{n}\frac{1}{\theta_{i+1}-\theta_i}\left\{x_{i+1}\left[\frac{\sin k\theta_{i+1}-\sin k\theta_i}{k}-\cos k\theta_{i+1}(\theta_{i+1}-\theta_i)\right]\right.$$

$$\left.-x_i\left[\frac{\sin k\theta_{i+1}-\sin k\theta_i}{k}-\cos k\theta_i(\theta_{i+1}-\theta_i)\right]\right\}$$

$$=\frac{1}{k\pi}\sum_{i=1}^{n}\left[\frac{(x_{i+1}-x_i)(\sin k\theta_{i+1}-\sin k\theta_i)}{k(\theta_{i+1}-\theta_i)}-x_{i+1}\cos k\theta_{i+1}+x_i\cos k\theta_i\right]\quad\text{(XII. 38)}$$

由于表达式的最后两项和等于零，于是有

$$\overline{\overline{X^k}}=\frac{1}{k^2\pi}\sum_{i=1}^{n}\left[\frac{(x_{i+1}-x_i)(\sin k\theta_{i+1}-\sin k\theta_i)}{k(\theta_{i+1}-\theta_i)}\right]\quad\text{(XII. 39)}$$

无论 x 的变化是对称的还是反对称的，都能进行简化。如果为对称函数，则给定的 x 限定在 $0\leqslant\theta\leqslant\pi$ 半空间中。对于每个给定的 x，在另一个 $-\pi<\theta<0$ 半空间中假设有对称值，即对 θ_i 处的 x_i，假设在 $-\theta_i$ 处也有 x_i，如图 XII. 1 所示。于是由上述方程就能求出第 0 阶调和项和余弦调和系数。由于假设 x 对称分布，因此

正弦调和系数为零。

类似地,如果 x 的变化为反对称函数,给定的 x 限定在半空间 $0<\theta<\pi$ 中,对每个给定的 x,在另一个 $-\pi<\theta<0$ 半空间中假设有反对称值,即对 θ_i 处的 x_i,假设在 $-\theta_i$ 处有 $-x_i$,如图 XII. 2 所示,然后用上述方程计算正弦调和系数。由于假设是 x 反对称分布,因此第 0 阶调和项和余弦调和系数为零。

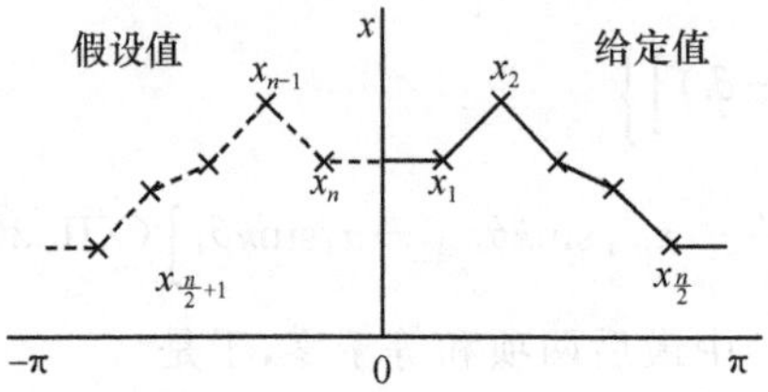

图 XII. 1　逐步线性对称分布

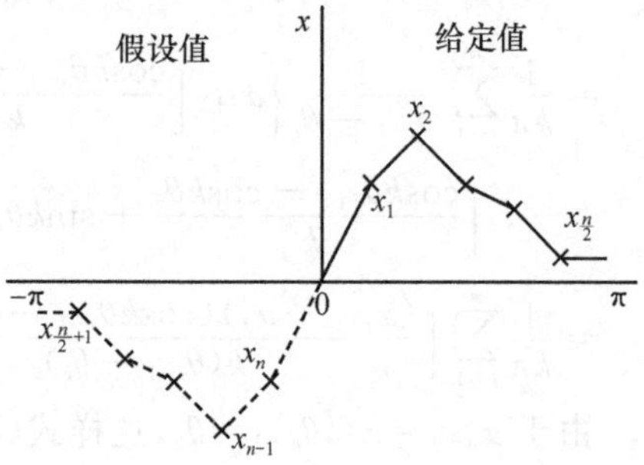

图 XII. 2　逐步线性反对称分布

附录 XII. 7　等间距拟合法调和系数计算

等间距拟合法必须求出通过 n 个离散 x(从 x_1 到 x_n)的傅里叶级数。为了使正弦调和项数与余弦调和项数同为 n,n 必须为奇数。这样所需的傅里叶级数阶次 L 等于$(n-1)/2$,于是

$$x = X^0 + \sum_{k=1}^{L} \overline{X^k}\cos k\theta + \overline{\overline{X^k}}\sin k\theta \tag{XII. 40}$$

$-\pi<\theta<\pi$ 区间上 x 等间距分布,即 x 位于 $\theta=(j-1)\alpha$ 处,如图 12. 6 所示。这样对任意整数 j,式(XII. 40)可以表示为

$$x_j = X^0 + \sum_{k=1}^{L} \overline{X^k}\cos k(j-1)\alpha + \overline{\overline{X^k}}\sin k(j-1)\alpha \tag{XII. 41}$$

该傅里叶级数的调和系数可以计算如下:

$$\left\{\begin{aligned} X^0 &= \frac{1}{n}\sum_{i=1}^{n} x_i \\ \overline{X^k} &= \frac{2}{n}\sum_{i=1}^{n} x_i\cos k(i-1)\alpha \\ \overline{\overline{X^k}} &= \frac{2}{n}\sum_{i=1}^{n} x_i\sin k(i-1)\alpha \end{aligned}\right. \tag{XII. 42}$$

将式(XII. 42)代入式(XII. 41)中即可得到

$$x_j = \frac{1}{n}\sum_{i=1}^{n} x_i + \sum_{k=1}^{L}\Big[\frac{2}{n}\sum_{i=1}^{n} x_i \cos k\alpha(i-1)\cos k\alpha(j-1)$$

$$+\frac{2}{n}\sum_{i=1}^{n} x_i \sin k\alpha(i-1)\sin k\alpha(j-1)\Big] \qquad \text{(XII. 43)}$$

注意，$\cos A\cos B+\sin A\sin B=\cos(A-B)$，于是式(XII. 43)可以化简为

$$x_j = \frac{1}{n}\sum_{i=1}^{n} x_i + \frac{2}{n}\sum_{k=1}^{L}\sum_{i=1}^{n} x_i \cos k\alpha(i-j) \qquad \text{(XII. 44)}$$

首先对 k 求和，则式(XII. 44)重新表示为

$$x_j = \frac{2}{n}\sum_{i=1}^{n} x_i\Big[\frac{1}{2}+\sum_{k=1}^{L}\cos k\alpha(i-j)\Big] \qquad \text{(XII. 45)}$$

定义参数 ψ_{ij}，于是式(XII. 45)变为

$$x_j = \frac{2}{n}\sum_{i=1}^{n} x_i \psi_{ij} \qquad \text{(XII. 46)}$$

式中

$$\psi_{ij} = \frac{1}{2}+\sum_{k=1}^{L}\cos k\alpha(i-j)$$

利用标准解

$$\frac{1}{2}+\sum_{k=1}^{L}\cos kx = \frac{\sin\left(L+\frac{1}{2}\right)x}{2\sin\frac{x}{2}}$$

如果 $i\neq j$，则

$$\psi_{ij} = \frac{\sin\left(L+\frac{1}{2}\right)\alpha(j-i)}{2\sin\frac{\alpha(j-i)}{2}} \qquad \text{(XII. 47)}$$

将 L 代入 $\alpha=2\pi/n_s$ 中，得到

$$\alpha = \frac{2\pi}{n} = \frac{2\pi}{2L+1}$$

再把 α 代入式(XII. 47)，得到

$$\psi_{ij} = \frac{\sin\pi(j-i)}{2\sin\frac{\pi(j-i)}{2L+1}} = 0 \qquad \text{(XII. 48)}$$

$i \neq j$ 时,式(XII.48)等于零,因为$(j-i)$是整数,任意整数倍 π 的正弦函数值都等于零,如果 $i=j$,由于零的余弦值为1,这样 $\psi_{ij}=(L+1/2)$。

于是式(XII.46)变为

$$x_j=\frac{2}{n}x_j\left(L+\frac{1}{2}\right)=x_j \tag{XII.49}$$

这样由式(XII.42)得到所有 j 都满足式(XII.41)的傅里叶级数调和系数。

如果 x 的变化是轴对称或反对称的,则又可以进行简化。假如 x 呈对称函数变化,那么只要确定半空间 $-\pi<\theta<0$ 中的 x,即给出 x_0 到 x_L 的值,x_{L+1} 到 x_n 的值由式 $x_i=x_{n-i}$ 计算,如图 XII.3 所示,式(XII.42)现在用来求解第0阶调和项和余弦调和系数。由于假定 x 对称变化,正弦调和系数为零。

同样,如果 x 的变化是反对称的,那么只要给出半空间 $0<\theta<\pi$ 中的 x,x 在半空间 $-\pi<\theta<0$ 中假定是反对称的,即根据给出的 x_1 到 x_L,x_{L+1} 到 x_n 的值由式 $x_i=-x_{n-i}$ 得到。反对称函数 x_0 为零,如图 XII.4 所示,此时用式(XII.42)可以计算正弦调和系数。由于假定反对称分布,第0阶调和项和余弦调和系数均为零。

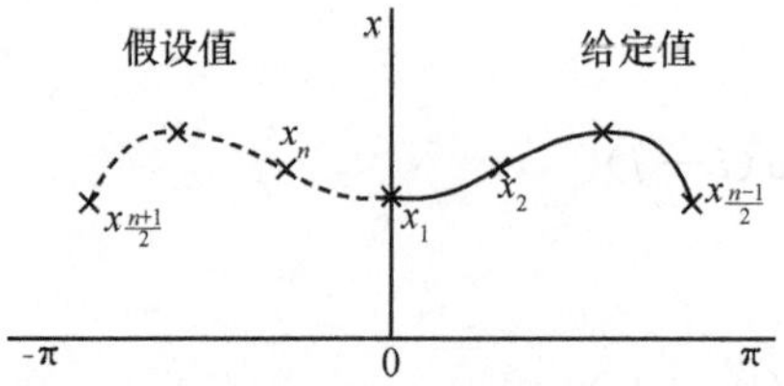

图 XII.3　对称分布

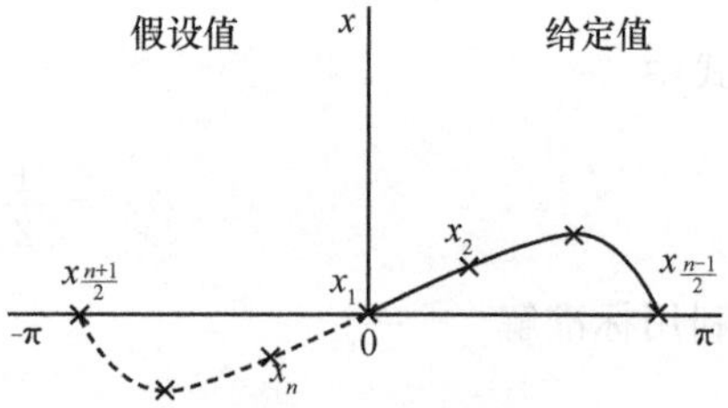

图 XII.4　反对称分布

参考文献

Addenbrooke T. I. Potts D. M. & Puzrin A. M. (1997), "The influence of pre-failure soil stiffness on numerical analysis of tunnel construction", Geotechnique, Vol. 47, No. 3, pp 693-712

Allman M. A. & Atkinson J. H. (1992), "Mechanical properties of reconstituted Bothkennar soil", Geotechnique, Vol. 42, No. 2, pp 289-301

Al-Tabbaa A. (1987), "Permeability and stress-strain response of speswhite kaolin", PhD thesis, Cambridge University

Al-Tabbaa A. & Wood D. M. (1989), "An experimentally based 'bubble' model for clay", Int. Conf. Num. Models Geomech., NUMOG III, Edt. Pietruszczak & Pande, Balkema, pp 91-99

Atkinson J. H. (1975), "Anisotropic elastic deformations in laboratory tests on undisturbed London clay", Geotechnique, Vol. 25, No. 2, pp 357-384

Atkinson J. H. & Potts D. M. (1975), "A note on associated field solutions for boundary value problems in a variable φ-variable v soil", Geotechnique, Vol. 25, No. 2, pp 379-384

Banerjee P. K., Stipho A. S. & Yousif N. B. A. (1985), "A theoretical and experimental investigation of the behaviour of anisotropically consolidated clay", Developments in soil mechanics and foundation engineering, Edt. Banerjee & Butterfield, Applied Science, Barking, pp 1-41

Bathe K. J. (1982), "Finite element procedures in engineering analysis", Prentice-Hall

Beer G. (1985), "An isoparametric joint/interface element for finite element analysis", Int. Jnl. Num. Meth. Eng., Vol. 21, pp 585-600

Biot M. A. (1941), "General theory of three-dimensional consolidation", Jnl. Appl. Phys., Vol. 12, pp 155-164

Bishop A. W., Green G. E., Garga V. K., Andersen A. & Brown J. D. (1971), "A new ring shear apparatus and its application to the measurement of residual strength", Geotechnique, Vol. 21, No. 4, pp 273-328

Bishop A. W. & Wesley L. D. (1975), "A hydraulic triaxial apparatus for controlled stress path testing", Geotechnique, Vol. 25, No. 4, pp 657-670

Booker J. R. & Small J. C. (1975), "An investigation of the stability of numerical solutions of Biot's equations of consolidation", Int. Jnl. Solids Struct., Vol. 11, pp 907-917

Borin D. L. (1989), WALLAP-computer program for the stability analysis of retaining walls; GEOSOLVE

Borja R. I. (1991), "Cam clay plasticity, part II: Implicit integration of constitutive equations based on nonlinear elastic stress prediction", Comput. Meth. Appl. Mech. Eng., Vol. 88, pp 225-240

Borja R. I. & Lee S. R. (1990), "Cam clay plasticity, part I: Implicit integration of constitutive relations", Comput. Meth. Appl. Mech. Eng., Vol. 78, pp49-72

Bressani L. A. (1990), "Experimental properties of bonded soils", PhD thesis, Imperial College, University of London

Britto A. M. & Gunn M. J. (1987), "Critical state soil mechanics via finite elements", Ellis Horwood Ltd., Chichester, U. K.

Brown D. A. & Shie C-F. (1990), "Three dimensional finite element model of laterally loaded piles", Computers and Geotechnics, Vol. 10, pp 59-79

Brown P. T. & Booker J. R. (1985), "Finite element analysis of excavation", Computers in Geotechnics, Vol. 1, pp 207-220

Calladine V. R. (1963), Correspondence, Geotechnique, Vol. 13, pp 250-255

Carol I. & Alonso E. E. (1983), "A new joint element for the analysis of fractured rock", 5th Int. Congr. Rock Mech., Melbourne, Vol. F, pp 147-151

Carter J. P., Booker J. R. & Wroth C. P. (1982), "A critical state model for cyclic loading", Soil mechanics-Transient and cyclic loads, Edt. Pande & Zinekiewicz, Wiley, Chichester, pp 219-252

Chen W. F. (1975), "Limit analysis and plasticity", Developments in geotechnical engineering. Vol. 7, Elsevier

Chen W. F. & Baladi G. Y. (1985), "Soil plasticity", Elsevier, Amsterdam

Clough G. W., Shirasuna T. & Finno R. J. (1985), "Finite element analysis of advanced shield tunnelling in soils", 5th Int. Conf. Num. Meth. Geomech., Nagoya, Vol. 2, pp 1167-1174

Clough G. W., Sweeney B. P. & Finno R. J. (1983), "Measured soil response to EPB shield tunnelling", ASCE, GT Div., Vol. 109, pp 131-149

Connolly T. M. M. (1999), "The geological and geotechnical properties of a glacial lacustrine clayey silt", PhD thesis in preparation, Imperial College, University of London

Coop M. R. (1990), "The mechanics of uncemented carbonate sands", Geotechnique, Vol. 40, No. 4, pp 607-626

Cope R. J., Rao P. V., Cark L. A. & Noris P. (1980), "Modelling of reinforced concrete behaviour for finite element analysis of bridge slabs", Num. Meth. for Nonlinear Problems, Edt. Taylor, Hinton & Owen, Pineridge Press, Swansea, Vol. 1, pp 457-470

Comfrorth D. H. (1961), "Plane strain failure characteristics of a saturated sand", PhD thesis, Imperial College, University of London

Cotecchia F. (1996), "The effects of structure on the properties of an Italian pleistocene clay", PhD thesis. Imperial College, University of London

Coulomb C. A. (1776), "Essai sur une application des regles de maxims et minims a quelques problemes de statique, relatifs a I'architecture", Mem. Acad. Royal Soc., Vol. 7, pp 343-382

Crisfield M. A. (1986), "Finite elements and solution procedures for structural analysis", Pineridge press, Swansea, UK

Cuthill E. & McKee J. (1969), "Reducing the bandwidth of sparse symmetric matrices", Proc.

ACM National Conf. ,Association for Computing Machinery,New York,pp 157-172

Daddazio R. P. ,Ettourney M. M. & Sandler I. S. (1987),"Nonlinear dynamic slope stability analysis",ASCE,GT Div. ,Vol. 113,pp 285-298

Dafalias Y. F. (1975),"On cyclic and anisotropic plasticity: (i) A general model including material behaviour under stress reversals, (ii) Anisotropi hardening for initially orthotropic materials",Ph D thesis. University of California,Berkeley

Dafalias Y. F. & Herrmann L. R. (1982),"Bounding surface formulation of soil plasticity",Soil mechanics-Transient and cyclic loads,Edt. Pande & Zienkiewicz,Wiley,Chichester,pp 253-282

Dafalias Y. F. & Popov E. P. (1976),"Plastic internal variables formalism of cyclic plasticity", Jnl. Appl. Mech. ,Vol. 98,No. 4,pp 645-650

Davies E. H. & Booker J. R. (1973),"The effect of increasing strength with depth on the bearing capacity of clays",Geotehcnique,Vol. 23,No. 4,pp 551-563

Day R. A. (1990),"Finite element analysis of sheet pile retaining walls",PhD thesis. Imperial College,University of London

Day R. A. & Potts D. M. (1990),"Curved Mindlin beam and axi-symmetric shell elements-A new approach". Int. Jnl. Num. Meth. Eng. ,Vol. 30,pp 1263-1274

Day R. A. & Potts D. M. (1994),"Zero thickness interface elements-numerical stability and application",Int. Jnl. Num. Anal. Meth. Geomech. ,Vol. 18,pp 689-708

de Borst T. & Nauta P. (1984),"Smeared crack analysis of reinforced concrete beams and slabs failing in shear". Int. Conf. Comp. Aided Analysis and Design of Concrete Structures,Edt. Damjanic *et at.* ,Pineridge Press,Swansea,Part 1,pp 261-273

de Borst T. & Nauta P. (1985),"Non-orthogonal cracks in a smeared finite element model",Eng. Comput,Vol. 2,pp 35-46

Desai C. S. (1980),"A general basis for yield,failure and potential functions in plasticity". Int. Jnl. Num. Anal. Meth. Geomech. ,Vol. 4,pp 361-375

Desai C. S. ,Zaman M. M. ,Lightner J. G. and Siriwardane H. J. (1984),"Thin-layer element for interfaces and joints",Int. Jnl. Num. Anal. Meth. Gemech. ,Vol. 8,pp 19-43

Di Maggio F. L. & Sandler I. S. (1971),"Material model for granular soils",ASCE,EM Div. , Vol. 97,pp 935-950

Drucker D. C. ,Gibson R. E. & Henkel D. J. (1957),"Soil mechanics and work hardening theories of plasticity",Trans. ASCE,Vol. 122,pp 338-346

Drucker D. C. & Prager W. (1952),"Soil mechanics and plastic analysis of limit design",Q. Appl. Math. ,Vol. 10,pp 157-164

Duncan J. M. & Chang Y. C. (1970),"Nonlinear analysis of stress and strain in soils",ASCE, SM5. Vol. 96,pp 1629-1653

Eekelen H. A. M. van(1980),"Isotropic yield surfaces in three dimensions for use in soil mechanics",Int. Jnl. Num. Anal. Meth. Geomech. ,Vol. 4,pp 89-101

Eekelen H. A. M. van & Potts D. M. (1978),"The behaviour of Drammen clay under cyclic loading",Geotechnique,Vol. 28,pp 173-196

Everstine G. (1979),"A comparison of three re-sequencing algorithms for the reduction of matrix profile and wavefront". Int. Jnl. Num. Meth. Eng. ,Vol. 14,pp 837-853

Francavilla A. & Zienkieviczs O. C. (1975),"A note on numerical computation of elastic contact problems". Int. Jnl. Num. Meth. Eng. ,Vol. 9,pp 913-924

Frank R. ,Guenot A. & Humbert P. (1982),"Numerical analysis of contacts in geomechanics", Proc. 4th Int. Conf. Num. Meth. Geomech. ,Rotterdam,pp 37-42

Franklin A. G. & Mattson P. A. (1972),"Directional variation of elastic wave velocities in oriented clay",Clays and clay minerals,Vol. 20,pp 285-293

Ganendra D. (1993),"Finite element analysis of laterally loaded piles",PhD thesis,Imperial College,University of London

Ganendra D. & Potts D. M. (1995),Discussion on "Evaluation of constitutive model for overconsolidated clays" by A. J. Whittle,Geotehcnique,Vol. 45,No. 1,pp 169-173

Ganendra D. & Potts D. M. (1995),"Application of the Fourier series aided finite element method to elasto-plastic problems". Computational plasticity fundamentals and applications,Edt. Owens & Onate,Pineridge press,(Proc. 41th Int. Conf. Computational Plasticity),pp 210-212

Gens A. (1982),"Stress-strain and strength of a low plasticity clay",PhD thesis,Imperial College,University of London

Gens A. & Potts D. M. (1984),"Formulation of quasi axi-symmetric boundary value problems for finite element analysis,Eng. Comput. ,Vol. 1,No. 2,pp 144-150

Gens A. & Potts D. M. (1988),"Critical state model in computational geomechanics",Eng. Comput,Vol. 5,pp 178-197

Georgiannou V. N. (1988),"The behaviour of clayey sands under monotonic and cyclic loading", PhD thesis. Imperial College,University of London

Ghaboussi J. , Wilson E. L. & Isenberg J. (1973),"Finite element for rock joint interfaces", ASCE,SM10,Vol. 99,pp 833-848

Gibbs N. E. ,Poole W. G. & Stockmeyer P. K. (1976),"An algorithm for reducing the bandwidth and profile of a sparse matrix",SIAM Jnl. Num. Anal. ,Vol. 13,No. 2,pp 236-250

Goodman R. E. ,Taylor R. L. & Brekke T. L. (1968),"A model for the mechanics of jointed rock",ASCE,SM3,Vol. 94,pp 637-659

Graham J. & Houlsby G. T. (1983),"Anisotropic elasticity of a natural clay",Geotechnique, Vol. 33,No. 2,pp 165-180

Green G. E. (1971),"Strength and deformation of sand measured in an independent stress control cell". Stress-strain behaviour of soils,Proc. Roscoe Memorial Symp. ,Cambridge,pp 285-373

Griffiths D. V. (1980),"Finite element analyses of walls,footings and slopes",PhD thesis,University of Manchester

Griffiths D. V. (1985), "Numerical modelling of interfaces using conventional finite elements", Proc. 5th Int. Conf. Num. Meth. Geomech., Nagoya, pp 837-844

Griffiths D. V. & Lane P. A. (1990), "Finite element analysis of the shear vane test". Computers and structures. Vol. 37, No. 6, pp 1105-1116

Hambly M. A. & Roscoe K. H. (1969), "Observations and predictions of stresses and strains during plane strain of 'wet' clays", 7th ICSMFE, Mexico, Vol. 1, pp 173-181

Hashash Y. M. A. (1992), "Analysis of deep excavations in clay", PhD thesis, Massachusetts Institute of Technology

Hashigushi K. (1977), "An expression of anisotropy in a plastic constitutive equation of soils", 9th ICSMFE, Tokyo, Spec. Session 9, pp 302-305

Hata S., Ohta H., Yoshida S., Kitamura H. & Honda H. A. (1985), "Deep excavation in soft clay. Performance of an anchored diaphragm wall", 5th Int. Conf. Num. Meth. Geomech., Nagoya, Vol. 2, pp 725-730

Henkel D. J. (1960), "The relationships between the effective stresses and water content in saturated clays", Geotechnique, Vol. 10, pp 41-54

Henkel D. J. & Wade N. H. (1966), "Plane strain tests on a saturated remoulded clay", ASCE, SM Div., Vol. 92, pp 67-80

Hermann L. R. (1978), "Finite element analysis of contact problems", ASCE. EM5, Vol. 104, pp 1043-1057

Hight D. W. (1998), "Soil characterisation: the importance of structure, anisotropy and natural variability", 38th Rankine lecture, Geotechnique, in preparation

Houlsby G. T. (1982), "A derivation of the small strain theory of plasticity from thermomechanics", Int. Conf. Deform, and Flow of Granular Mat., Delft, pp 109-118

Houlsby G. T. (1985), "The use of variable shear modulus in elastic-plastic models for clays", Comput. Geotechn., Vol. 1, pp 3-13

Houlsby G. T., Wroth C. P. & Wood D. M. (1982), "Predictions of the results of laboratory tests on a clay using a critical state model", Proc. Int. Workshop on Const. Beh. of Soils, Grenoble, pp 99-121

Hueckel T. & Nova R. (1979), "Some hysteresis effects of the behaviour of geological media". Int. Jnl. Solids Struct., Vol. 15, pp 625-642

Hvorslev M. J. (1937), "Über die Festigkeitseigenschaften Gestörter", Bindiger Böden, Copenhagen

ISSMFE (1985), Subcommittee on Constitutive laws of soils. Constitutive laws of soils, Edt. Muruyama

Jaky J. (1948), "Pressure in soils", 2nd ICSMFE, London, Vol. 1, pp 103-107

Jardine R. J. (1985), "Investigation of pile-soil behaviour, with special reference to the foundations of offshore structure", PhD thesis. Imperial College, University of London

Jardine R. J. (1992), "Some observations on the kinematic nature of soil stiffness", Soils and

Foundations,Vol. 32,No. 2,pp 111-124

Jardine R. J. ,Potts D. M. ,Fourie A. B. & Burland J. B. (1986),"Studies of the influence of non-linear stress-strain characteristics in soil-structure interaction",Geotechnique,Vol. 36,No. 3,pp 377-396

Jardine R. J. & Potts D. M. (1988),"Hutton tension leg platform foundations:An approach to the prediction of driven pile behaviour",Geotechnique,Vol. 38,No. 2,pp 231-252

Katona M. G. (1983),"A simple contact-friction interface element with application to buried culverts",Int. Jnl. Num. Anal. Meth. Geomech. ,Vol. 7,pp 371-384

Kavvadas M. (1982),"Nonlinear consolidation around driven piles in clays",PhD thesis,Massachusetts Institute of Technology

Kavvadas M. & Baligh M. M. (1982),"Nonlinear consolidation analyses around pile shafts",BOSS'92,Vol. 2,pp 338-347

Kirkgard M. M. & Lade P. V. (1991),"Anisotropy of normally consolidated San Francisco bay mud",Geotechnical testing journal,Vol. 14,No. 3,pp 231-246

Kirkpatric W. M. & Rennie I. A. (1972),"Directional properties of consolidated kaolin",Geotechnique,Vol. 22,No. 1,pp 166-169

Kohata Y. ,Tatsuoka F. ,Wang L. ,Jiang G. L. ,Hoque E. & Kodaka T. (1997),"Modelling of nonlinear deformation properties of stiff geomaterials",Geotechnique,Vol. 47,No. 3,pp 563-580

Kondner R. L. (1963),"Hyperbolic stress-strain response:cohesive soils",ASCE,SM1,Vol. 82,pp 115-143

Kovačević N. (1994),"Numerical analyses of rockfill dams,cut slopes and road embankments",PhD thesis,Imperial College,University of London

Krieg R. D. (1975),"A practical two-surface plasticity theory",Jnl. Appl. Mech. ,Vol. 42,pp 641-646

Kuwano R. (1998),"The stiffness and yielding anisotropy of sand",PhD thesis,Imperial College,University of London

Lade P. V. (1977),"Elasto-plastic stress-strain theory for cohesionless soil with curved yield surfaces",Int. Jnl. Solids Struct. ,Vol. 13,pp 1019-1035

Lade P. V. & Duncan J. M. (1975),"Elasto-plastic stress-strain theory for cohesionless soil",ASCE,GT Div. Vol. 101,pp 1037-1053

Lade P. V. & Nelson R. B. (1984),"Incrementalisation procedure for elasto-plastic constitutive model with multiple,intersecting yield surfaces". Int. Jnl. Num. Anal. Meth. Geomech. ,Vol. 8,pp 311-323

Lade P. V. & Nelson R. B. (1987),"Modelling the elastic behaviour of granular materials",Int. Jnl. Num. Anal. Meth. Geomech. ,Vol. 11,pp 521-542

Lagioia R. (1994),"Comportamento meccanico dei terreni cementati naturali:indagine sperimentale ed interpretazioni teoriche",PhD thesis,Politecnico di Milano

Lagioia R. & Nova R. (1995), "An experimental and theoretical study of the behaviour of a calcarenite in triaxial compression", Geotechnique, Vol. 45, No. 4, pp 633-648

Lagioia R. & Potts D. M. (1997), "Stress and strain non-uniformities in triaxial testing of structured soils". Int. Conf. Num. Models Geomech., NUMOG VI, Edt. Pietruszczak & Pande, Balkema, pp 147-152

Lagioia R., Puzrin A. M. & Potts D. M. (1996), "A new versatile expression for yield and plastic potential surfaces", Computers and Geotechnics, Vol. 19, No. 3, pp 171-191

Lai J. Y. (1989), "Stability and deformation analysis of caisson and block foundations", PhD thesis, University of Sidney

Lai J. Y. & Booker J. R. (1989), "A residual force finite element approach to soilstructure interaction analysis". Research Report No. 604, University of Sidney

Lai J. Y. & Booker J. R. (1991), "Application of discrete Fourier series to the finite element stress analysis of axi-symmetric solids", Int. Jnl. Num. Meth. Eng., Vol. 31, pp 619-647

Lo K. Y., Leonards G. A. & Yuen C. (1977), "Interpretation and significance of anisotropic deformation behaviour of soft clays", Norvegian Geotechnical Institute, Publication No. 117, Oslo

Love A. E. H (1927), "A treatise on the mathematical theory of elasticity", Dover Publications, New York

Lupini J. F., Skinner A. E. & Vaughan P. R. (1981), "The drained residual strength of cohesive soils", Geotechnique, Vol. 31, No. 2, pp 181-213

Maccarini M. (1987), "Laboratory studies of a weakly bonded artificial soil", PhD thesis. Imperial College, University of London

Magnan J. P. & Babchia M. Z. (1985), "Analyse numerique des massifs d'argiles molles", 11th ICSMFE, San Francisco, Vol. 2, pp 781-784

Magnan J. P., Belkeziz A., Humbert P. & Mouratidis A. (1982a), "Finite element analysis of soil consolidation with special reference to the case of strain hardening elasto-plastic stress-strain models", 4th Int. Conf. Num. Meth. Geomech., Edmonton, Vol. 1, pp 327-336

Magnan J. P., Humbert P. & Mouratidis A. (1982b), "Finite element analysis of soil deformations with time under an experimental embankment failure". Int. Symp. Num. Models Geomech., Zurich, pp 601-609

Matsui T. & Abe N. (1981), "Multi-dimensional elasto-plastic consolidation analysis by finite element method", Soils & Foundations, Vol. 21, pp 79-95

Matsui T. & Abe N. (1982), "Multi-dimensional consolidation analysis of soft clay", 4th Int. Conf. Num. Meth. Gemech., Edmonton, Vol. 1, pp 337-347

Matsuoka H. & Nakai T. (1974), "Stress-deformation and strength characteristics of soil under three different principal stresses", Proc. Jap. Soc. Civ. Eng., Vol. 232, pp 59-70

Mayne P. W. & Kulhawy F. H. (1982), "K_o-OCR relationship in soils" ASCE, GT6, Vol. 108, pp 851-872

McCarron W. F. & Chen W. F. (1988), "An elasto-plastic two surface model for non-cohesive soils", Constitutive equations for granular non-cohesive soils, Edt. Saada & Bianchini, Balkema, pp 427-445

Menkiti C. O. (1995), "Behaviour of clay and clayey sand, with particular reference to principal stress rotation", PhD thesis. Imperial College, University of London

Moore I. D. & Booker J. R. (1982), "A circular boundary element for the analysis of deep underground oppenings", 4th Int. Conf. Num. Meth. Geomech., Edmonton, Canada, pp 53-60

Mouratidis A. & Magnan J. P. (1983), "Un modele elastoplastique anisotrope avec ecrouissage pour les argilles molles naturelles: Melanie", Rev. Fr. Geotechn., Vol. 25, pp 55-62

Mroz Z., Norris V. A. & Zienkiewicz O. C. (1978), "An anisotropic hardening model for soils and its application to cyclic loading", Int. Jnl. Num. Anal. Meth. Geomech., Vol. 2, pp 203-221

Naylor D. J. (1974), "Stresses in nearly incompressible materials by finite elements with application to the calculation of excess pore water pressure". Int. Jnl. Num. Meth. Eng., Vol. 8, pp 443-460

Naylor D. J. (1975), "Nonlinear finite elements for soils", PhD thesis, University of Swansea

Naylor D. J. (1985), "A continuous plasticity version of the critical state model", Int. Jnl. Num. Meth. Eng., Vol. 21, pp 1187-1204

Naylor D. J. (1997), "How an iterative solver can affect the choice off. e. method", Int. Conf. Num. Models Geomech., NUMOG VI, Edt. Pietruszczak & Pande, Balkema, pp 445-451

Naylor D. J., Pande G. N., Simpson B. & Tabb R. (1981), "Finite elements in geotechnical engineering", Pineridge Press, Swansea, UK

Nilson A. H. (1982), "Finite element analysis of reinforced concrete", State of the Art report prepared by the Task Committee on finite element analysis of reinforced concrete structures", Chairman Nilson A. H., published by the ASCE

Nova R. (1991), "A note on sand liquefaction and soil stability", Conf. Constitutive Laws for Eng. Materials, ASME Press, Tucson, AZ

Nova R. & Hueckel T. (1981), "A unified approach to the modelling of liquefaction and cyclic mobility of sands". Soils & Foundations, Vol. 21, pp 13-28

Nyaoro D. L. (1989), "Analysis of soil-structure interaction by finite elements", PhD thesis. Imperial College, University of London

Ochiai H. & Lade P. V. (1983), "Three-dimensional behaviour of sand with anisotropic fabric", ASCE, GT Div., Vol. 109, No. 10, pp 1313-1328

Ohta H., Kitamura H., Itoh M. & Katsumata M. (1985), "Ground movement due to advance of two shield tunnels parallel in vertical plane", 5th Int. Conf. Num. Meth. Geomech., Nagoya, Vol. 2, pp 1161-1166

Ohta H. & Wroth C. P. (1976), "Anisotropy and stress reorientation in clay under load", 2nd Int. Conf. Num. Meth. Geomech., Blacksburg, Vol. 1, pp 319-328

Ortiz M. & Simo J. C. (1986), "An analysis of a new class of integration algorithms for elasto-plastic constitutive relations". Int. Jnl. Num. Meth. Eng. ,Vol. 23,pp 353-366

Ovando-Shelley E. (1986),"Stress-strain behaviour of granular soils tested in the triaxial cell", PhD thesis. Imperial College,University of London

Owen D. R. J. & Hinton E. (1980),"Finite elements in plasticity: Theory and practice", Peneridge Press,Swansea,UK

Pande G. N. & Pietruszczak S. (1982),"Reflecting surface model for soils". Int. Symp. Num. Mod. Geomech. ,Zurich,pp 50-64

Pande G. N. & Sharma K. G. (1979),"On joint/interface elements and associated problems of numerical ill-conditioning". Int. Jnl. Num. Anal. Meth. Geomech. ,Vol. 3,pp 293-300

Papin J. W. ,Simpson B. ,Felton P. J. & Raison C. (1985),"Numerical analysis of flexible retaining walls", Conf. Numerical methods in engineering theory and application, Swansea, pp 789-802

Parathiras A. N. (1994),"Displacement rate effects on the residual strength of soils",PhD thesis. Imperial College,University of London

Parry R. H. G. & Nadarajah V. A. (1973),"A volumetric yield locus for lightly overconsolidated clay",Geotechnique,Vol. 23,pp 450-453

Pastor M. ,Zienkiewicz O. C. & Leung K. H. (1985),"Simple model for transient soil loading in earthquake analysis. Ⅱ. Non-associative models for sands",Int. Jnl. Num. Anal. Meth. Geomech. ,Vol. 9,pp 477-498

Pestana J. M. (1994),"A unified constitutive model for clays and sands",PhD thesis,Massachusetts Institute of Technology,Cambridge,USA

Porovic E. & Jardine R. J. (1994),"Some observations on the static and dynamic shear stiffness of Ham River sand",Pre-failure deformation of geomaterials,Edt. Shibuya S. ,Mitachi T. and Miura S. ,Balkema,Vol. 1,pp 25-30

Potts D. M. (1985),"Behaviour of clay during cyclic loading". Developments in soil mechanics and foundation eng. ,Edt. Banerjee & Butterfield,Elsevier,pp 105-138

Potts D. M. & Day R. A. (1991),"Automatic mesh generation of zero thickness interface elements",Proc. 7th Int. Conf. Int. Assoc. Comp. Meth. Advanc. Geomech. ,Edt. Beer,Booker & Carter,Balkema,Vol. 1,pp 101-106

Potts D. M. ,Dounias G. T. & Vaughan P. R. (1990),"Finite element analysis of progressive failure ofCarsington embankment",Geotechnique,Vol. 40,No. 1,pp 79-101

Potts D. M. & Ganendra D. (1994),"An evaluation of substepping and implicit stress point algorithms",Comput. Meth. Appl. Mech. Eng. ,Vol. 119,pp 341-354

Potts D. M. & Gens A. (1984),"The effect of the plastic potential in boundary value problems involving plane strain deformation",Int. Jnl. Num. Anal. Meth. Geomech. ,Vol. 8,pp 259-286

Potts D. M. & Gens A. (1985),"A critical assessment of methods of correcting for drift from the yield surface in elasto-plastic finite element analysis",Int. Jnl. Num. Anal. Meth. Geomech. , Vol. 9,pp 149-159

Potts D. M. ,Kovačević N. & Vaughan P. R. (1997) ,"Delayed collapse of cut slopesin stiff clay", Geotechnique, Vol. 47, No. 5, pp 953-982

Potts D. M. & Martins J. P. (1982), "The shaft resistance ofaxially loaded piles in clay", Geotechnique, Vol. 32, No. 4, pp 369-386

Poulos H. G. (1967), "Stresses and displacements in an elastic layer underlain by a rough rigid base", Geotechnique, Vol. 17, pp 378-410

Prevost J. H. (1978), "Plasticity theory for soil stress-strain behaviour", ASCE, EM Div. , Vol. 104, pp 1177-1194

Puzrin A. M. & Burland J. B. (1996), "A logarithmic stress-strain function for rocks and soils", Geotechnique, Vol. 46, No. 1, pp 157-164

Puzrin A. M. & Burland J. B. (1998), "Nonlinear model of small strain behaviour of soils", Geotechnique, Vol. 48, No. 2, pp 217-233

Ralston A. (1965), "A first course in numerical analysis". International series in pure and applied mathematics, McGraw-Hill

Randolph M. F. & Houlsby G. T. (1984), "The limiting pressure on a circular pile loaded laterally in cohesive soil", Geotechnique, Vol. 34, No. 4, pp 613-623

Rankine W. J. M. (1857), "On the stability of loose earth", Phil. Trans. Royal Soc. , Vol. 147, pp 9-27

Rendulic L. (1936), "Relation between void ratio and effective principal stress for a remoulded silty clay", 1st ICSMFE, Harvard, Vol. 3, pp 48-51

Roscoe K. H. & Burland J. B. (1968), "On the generalised stress-strain behaviour of 'wet' clay", Eng. plasticity, Cambridge Univ. Press, pp 535-609

Roscoe K. H. , Schofield A. N. & Wroth C. P. (1958), "On the yielding of soils", Geotechnique, Vol. 8, pp 22-52

Roscoe K. H. & Schofield A. N. (1963), "Mechanical behaviour of an idealised 'wet' clay", 2nd ECSMFE, Wiesbaden, Vol. 1, pp 47-54

Rossato G. (1992), "Il comportamento tensioni-deformazioni nella prova di taglio semplice diretto", PhD thesis, University ofPadova(in Italian)

Runesson K. R. & Booker J. R. (1982), Efficient fine element analysis of consolidation", 4th Conf. Num. Meth. Geomech. , Edmonton, Canada, pp 359-364

Runesson K. R. & Booker J. R. (1983), "Finite element analysis of elasto-plastic layered soil using discrete Fourier series expansion". Int. Jnl. Num. Meth. Eng. , Vol. 19, pp 473-478

Saada A. S. , Bianchini G. F. & Palmer Shook L. (1978), "The dynamic response of anisotropic clay", Earthquake engineering and soil dynamics, Pasadena CA. Vol. l, pp 777-801

Sachdeva T. D. & Ramakrishnan C. V. (1981), "A finite element solution for the two dimensional elastic contact problem", Int. Jnl. Num. Meth. Eng. , Vol. 17, pp 1257-1271

Sandier I. S. , Di Maggio F. L. & Baladi G. Y. (1976), "Generalised cap model for geological materials", ASCE, GT Div. , Vol. 102, pp 683-697

Sandier I. S. & Rubin D. (1979), "An algorithm and a modular subroutine for the cap model". Int. Jnl. Num. Anal. Meth. Gemech., Vol. 3, pp 177-186

Schiffman R. L., Chen A. T. F. & Jordan J. C. (1969), "An analysis of consolidation theories", ASCE, SM1, Vol. 95, pp 285-312

Schofield A. N. & Wroth C. P. (1968), "Critical state soil mechanics", McGraw Hill, London

Seah T. H. (1990), "Anisotropy of normally consolidated Boston Blue clay", ScD thesis, Massachusetts Institute of Technology, Cambridge, USA

Seed H. B., Duncan J. M. & Idriss I. M. (1975), "Criteria and methods for static and dynamic analysis of earth dams". Int. Symp. Criteria and assumptions for numerical analysis of dams, Edt. Nay lor, Stagg & Zienkiewicz, pp 564-588

Sekiguchi H. & Ohta H. (1977), "Induced anisotropy and time dependency in clays", 9th IC-SMFE, Tokyo, Spec. Session 9, pp 163-175

Simpson B. (1973), "Finite element computations in soil mechanics", PhD thesis, University of Cambridge

Skinner A. E. (1975), "The effect of high pore water pressures on the mechanical behaviour of sediments", PhD thesis. Imperial College, University of London

Sloan S. W. (1987), "Substepping schemes for numerical integration of elasto-plastic stress-strain relations". Int. Jnl. Num. Meth. Eng., Vol. 24, pp 893-911

Small J. C., Booker J. R. & Davies E. H. (1976), "Elasto-plastic consolidation of soils". Int. Jnl. Solids Struct., Vol. 12, pp 431-448

Smith I. M. (1970), "Incremental numerical analysis of a simple deformation problem in soil mechanics", Geotechnique, Vol. 20, pp 357-372

Smith I. M. & Griffiths D. V. (1988), "Programming the finite element method", John Wiley and Sons, New York

Smith P. R. (1992), "The behaviour of natural high compressibility clay with special reference to construction on soft ground", PhD thesis, Imperial College, University of London

Soga K., Nakagawa K. & Mitchel J. K. (1995), "Measurement of stiffness degradation characteristics of clay using a torsional shear device", Earthquake geotechnical engineering, IS-Tokyo, Edt. K. Ishihara, Balkema, Vol. 1, pp 107-112

Sokolovski V. V. (1960), "Statics of soil media", Butterworth Scientific Publications, London, UK

Sokolovski V. V. (1965), "Statics of granular media", Pergamon Press, Oxford, UK Stallebrass S. E. & Taylor R. N. (1997), "The development and evaluation of a constitutive model for the prediction of ground movements in overconsolidated clay", Geotechnique, Vol. 47, No. 2, pp 235-254

Stolle D. F. & Higgins J. E. (1989), "Viscoplasticity and plasticity-numerical stability revisited". Int. Conf. Num. Models Gemech., NUMOG III, pp 431-438

Stroud M. A. (1971), "Sand at low stress levels in the SSA", PhD thesis, Cambridge University

Tanaka T., Yasunaka M. & Tani Y. S. (1986), "Seismic response and liquefaction of embankments-numerical solution and shaking table tests", 2nd Int. Symp. Num. Mod. in Geomech., Ghent, pp 679-686

Tanaka T., Shiomi T. & Hirose T. (1987), "Simulation ofgeotechnical centrifuge test by two-phase FE analysis", Proc. Int. Conf. Computational Plast, Barcelona, Vol. 2, pp 1593-1606

Tavenas F. (1981), "Some aspects of clay behaviour and their consequences on modelling techniques", ASTM STP No. 740, pp 667-677

Tavenas F. & Leroueil S. (1977), "Effects of stresses and time on yielding of clays", 9th ICSMFE, Tokyo, Vol. 1, pp 319-326

Thomas J. N. (1984), "An improved accelerated initial stress procedure for elastoplastic finite element analysis". Int. Jnl. Num. Meth. Geomech., Vol. 8, pp 359-379

Timoshenko S & Goodier J. N. (1951), "Theory of elasticity", McGraw Hill, New York

Vaid P. & CampanellaR. G. (1974), "Triaxial and plane strain behaviour of natural clay", ASCE, Jnl. Geotechnical Eng., Vol. 100, No. 3, pp 207

Vaughan P. R. (1989), "Nonlinearity in seepage problems-Theory and field observations", De Mello Volume, Edgard Blucher Ltd., Sao Paulo, pp 501-516

Ward W. H., Samuels S. G. & Gutler M. E. (1959), "Further studies of the properties of London clay", Geotechnique, Vol. 9, No. 2, pp 321-344

Westlake J. R. (1968), "A handbook of numerical matrix inversion and solution of linear equations", John Wiley & Sons

Whittle A. J. (1987), "A constitutive model for overconsolidated clays with application to the cyclic loading of friction piles", PhD thesis, Massachusetts Institute of Technology

Whittle A. J. (1991), "MIT-E3: A constitutive model for overconsolidated clays", Comp. Meth. and Advances Geomech., Balkema, Rotterdam

Whittle A. J. (1993), "Evaluation of a constitutive model for overconsolidated clays", Geotechnique, Vol. 43, No. 2, pp 289-313

Wilson E. L. (1977), "Finite elements for foundations, joints and fluids". Chapter 10 in Finite elements in Geomechanics, Edt. Gudehus, John Wiley & Sons

Winnicki L. A. & Zienkiewicz O. C. (1979), "Plastic(or visco-plastic) behaviour of axisymmetric bodies subjected to non-symmetric loading; semianalytical finite element solution". Int. Jnl. Num. Meth. Eng., Vol. 14, pp 1399-1412

Wissman J. W. & Hauck C. (1983), "Efficient elasto-plastic finite element analysis with higher order stress point algorithms", Comput. Struct., Vol. 17, pp 89-95

Wroth C. P. & Houlsby G. T. (1980), "A critical state model for predicting the behaviour of clays", Proc. Workshop on Limit Eq., Plasticity and Gen. Stress-strain in Geotech. Eng., Montreal, pp 592-627

Wroth C. P. & Houlsby G. T. (1985), "Soil mechanics-property characterisation and analysis procedures", 11th ICSMFE, San Francisco, Vol. 1, pp 1-55

Yong R. N. & Silvestri V. (1979), "Anisotropic behaviour of sensitive clay", Canadian geotechnical journal. Vol. 16, No. 2, pp 335-350

Zdravković L. (1996), "The stress-strain-strength anisotropy of a granular medium under general stress conditions", PhD thesis. Imperial College, University of London

Zienkiewicz O. C., Chan A. H. C., Paul D. K., Pastor M. & Shiomi T. (1987), "Computational model for soil-pore-fluid interaction in dynamic or static environment", Symp. Centrifuge dynamic model test data and the evaluation of numerical modelling, Cambridge

Zienkiewicz O. C., Chang C. T. & Hinton E. (1978), "Nonlinear sesmic response and liquefaction". Int. Jnl. Num. Anal. Meth. Geomech., Vol. 2, pp 381-404

Zienkiewicz O. C. & Cheng Y. (1967), "Application of the finite element method to problems in rock mechanics", 1st Cong. Int. Soc. Rock. Mech., Lisbon

Zienkiewicz O. C. & Cormeau I. C. (1974), "Visco-plasticity, plasticity and creep in elastic solids-a unified numerical solution approach". Int. Jnl. Num. Meth. Eng., Vol. 8, pp 821-845

Zienkiewicz O. C., Leung K. H. & Hinton E. (1982), "Earthquake response behaviour of soils with drainage", 4th Int. Conf. Num. Meth. Geomech., Edmonton, Vol. 3, pp 982-1002

Zienkiewicz O. C., Leung K. H., Hinton E. & Chang C. T. (1981), "Earth dam analysis for earthquakes: numerical solutions and constitutive relations for nonlinear (damage) analysis". Dams and earthquakes, T. Telford, London, pp 179-194

Zienkiewicz O. C., Leung K. H. & Pastor M. (1985), "Simple model for transient soil loading in earthquake analysis. I. Basic model and its application", Int. Jnl. Num. Anal. Meth. Geomech., Vol. 9, pp 453-476

Zienkiewicz O. C. & Naylor D. J. (1973), "Finite element studies of soils and porous media", Lect. Finite elements in continuum mechanics, Edt. Oden & de Arantes, UAH press, pp 459-493

Zytinski M., Randolph M. F., Nova R. & Wroth C. P. (1978), "On modelling the unloading-reloading behaviour of soils". Int. Jnl. Num. Anal. Meth. Geomech., Vol. 2, pp 87-93

Zienkiewicz O. C. & Taylor R. L. (1991), "The finite element method". Vol. 2, McGraw Hill, London

Zienkiewicz O. C., Valliapan S. & King I. P. (1968), "Stress analysis of rock as a no-tension material", Geotechnique, Vol. 18, pp 56-66

符 号 表

a,b :双曲线模型参数(5.7.4)

b:中主应力大小(4.4.3)

$\boldsymbol{b}$:用转换变量表示的边界面方向矢量(8.7)

c: MIT-E3 模型中椭圆形边界面的半轴比(8.7)

c': 土体黏聚力(1.9.1)

c'_p:峰值强度时土体黏聚力(4.3.6)

c'_r:残余强度时土体黏聚力(4.3.6)

$\bar{c}$:修正固结系数(10.9)

$\boldsymbol{d}_E$:单元节点位移矢量(2.3)

$\boldsymbol{d}_{nG}$:总节点位移矢量(2.3)

$\boldsymbol{d}_u$:未知位移矢量(3.7.3)

$\boldsymbol{d}_p$:已知位移矢量(3.7.3)

$\boldsymbol{d}^{vp}$:黏塑性位移分量(9.5.2)

$\boldsymbol{d}^{l*}$,$\boldsymbol{d}^{l**}$:平行和正交对称位移矢量(12.3.1)

e:孔隙比(4.3.1)

e_0:初始孔隙比(4.4.1)

$\vec{e}_1,\vec{e}_2$:局部坐标单位矢量(II.1.1)

$g(\theta)$:J-p'中屈服函数梯度,为洛德角的函数(7.5)

$g_{pp}(\theta)$: J-p' 中塑性势函数梯度,为洛德角的函数(7.5)

$\boldsymbol{g}$:迭代法中残余荷载或不均衡荷载(11.4)

h:MIT-E3 模型中边界面塑性参数(8.7)

h: 水头(10.3)

$\boldsymbol{i}_G$:与重力方向平行,但方向相反的矢量(10.3)

$\vec{i},\vec{j}$: 总坐标单位矢量(II. 1.1)

k_s:弹簧刚度(3.7.5)

$\boldsymbol{k}$:屈服函数状态参数矢量(6.8)

$\boldsymbol{k}$:渗透系数矩阵(10.3)

l:破坏面长度(1.9.1)

l:梁单元长度(3.5.2)

$\boldsymbol{m}$:塑性势函数状态参数矢量(6.8.3)

m：Lade 模型中塑性剪胀应变参数(8.5)

n：土体孔隙率(3.4)

n：MIT-E3 模型滞回弹性参数(8.7)

p：Lade 模型塑性坍塌应变参数(8.5)

p_a：大气压力(8.5)

p_f：孔隙水压力(3.4)

p'：平均有效应力(4.3.2)

p'_c：当前平均有效应力(7.5)

p'_o：临界状态模型硬化参数(7.9)

$\overline{p_{fi}^l}$，$\overline{\overline{p_{fi}^l}}$：$i$ 节点孔压的第 l 阶余弦调和系数和正弦调和系数(12.3.7)

q：偏应力(9.7.2)

q_n：入渗率(降雨强度)(10.6.4)

$\vec{r}$：位置矢量(II.1.1)

s：梁单元局部(自然)坐标(3.5.4)

$\boldsymbol{s}$：偏应力转换分量(8.7)

t：Lade 模型中塑性剪胀应变参数(8.5)

t_c：黏塑性计算临界时间步长(8.5.3)

v：比体积(7.9.1)

v_1：单位平均有效应力下土体比体积(临界状态模型参数)(7.9.1)

v_{100}：$p'=100$kPa 时的比体积(MIT-E3 模型参数)(8.7)

v_x，v_y，v_z：笛卡儿坐标方向上孔隙水流速分量(10.3)

u，v，w：x，y，z 方向位移分量(1.5.3)

u_l，w_l：梁单元切向位移和法向位移(3.5.2)

u_l，v_l：局部坐标位移分量(3.6.2)

u_l^{top}，v_l^{top}：接触面单元上界面位移分量(3.6.2)

u_l^{bot}，v_l^{bot}：接触面单元下界面位移分量(3.6.2)

x，y，z：笛卡儿坐标(1.5.3)

x_p，y_p：点荷载坐标轴(3.7.7)

z，r，θ：柱坐标(1.6.2)

A：梁单元横截面面积(3.5.3)

A：小应变刚度模型参数(5.7.5)

A：弹塑性模量(6.13)

$\boldsymbol{B}$：应变矩阵(2.6)

B：小应变刚度模型参数(5.7.5)

C:小应变刚度模型参数(5.7.5)

C:Lade 模型塑性剪胀应变参数(8.5)

C:MIT-E3 模型滞回弹性参数(8.7)

C_C:压缩指数,即 $e\text{-}\log_{10}\sigma'_v$内 VCL 倾角(4.3.1)

C_S:回弹指数,即 $e\text{-}\log_{10}\sigma'_v$内回弹线倾角(4.3.1)

CSL: 临界状态线(7.9.1)

$\boldsymbol{D}$:总应力刚度(本构)矩阵(1.5.5)

$\boldsymbol{D}'$:有效应力刚度(本构)矩阵(1.5.5)

$\boldsymbol{D}^{ep}$: 弹塑性刚度(本构)矩阵(6.13)

$\boldsymbol{D}_f$:孔压矩阵(1.5.5)

$\boldsymbol{DM}$:对角矩阵(2.9.2)

D:剪胀量(7.11.1)

E:杨氏模量(1.5.5)

E_u:不排水杨氏模量(4.3.2)

E'_h:水平方向杨氏模量(4.3.5)

E'_v:竖直方向杨氏模量(4.3.5)

E'_S: 土体沉积方向上的杨氏模量(5.6)

E'_P:沉积平面中的杨氏模量(5.6)

E:总势能(2.6)

$\boldsymbol{F}$:体积力矢量(2.6)

F:梁单元径向力(3.5.3)

F_Ψ:梁单元环向力(3.5.3)

$F(\{\boldsymbol{\sigma}\},\{\boldsymbol{k}\})$:屈服函数(6.8)

G: 弹性剪切模量(5.5)

G_{sec}: 割线剪切模量(5.7.5)

G_{tan}:切线剪切模量(4.3.3)

G_{vh}:垂直平面内剪切模量(4.5.1)

G_{PS}:沿沉积方向平面中的剪切模量(5.6)

G_{PP}: 沉积平面中的剪切模量(5.6)

H_1,H_2:Lade 模型硬化参数(8.5)

I:梁单元截面惯性矩(3.5.3)

I_p:塑性指数(4.5.3)

$\boldsymbol{J}$: 雅可比矩阵(2.6)

J:偏应力不变量(5.3)

J_c:当前偏应力不变量(7.5)

$\boldsymbol{K}_E$:单元刚度矩阵(2.3)

$\boldsymbol{K}_G$:总刚度矩阵(2.3)

$\boldsymbol{K}_u$,$\boldsymbol{K}_p$:与未知位移和已知位移对应的总刚度矩阵对角阵分量(3.7.3)

$\boldsymbol{K}_{up}$:总体刚度矩阵非对角阵分量(3.7.3)

$\boldsymbol{K}_a$:迭代法中预设矩阵(11.4)

K_f:孔隙流体体积模量(3.4)

K_s:土体固体颗粒体积模量(3.4)

K_{skel}:土体骨架体积模量(3.4)

K_e:等效体积模量(3.4)

K_s:接触面单元弹性剪切刚度(3.6.2)

K_n:接触面单元弹性抗压刚度(3.6.2)

K_o:静止土压力系数(4.3.2)

K_o^{NC}:正常固结土静止土压力系数(7.9.3)

K_o^{OC}:超固结土静止土压力系数(7.9.3)

K':有效体积模量(5.5)

K_{sec}:割线体积模量(5.7.5)

K_{tan}:切线体积模量(4.3.3)

K_{F1},K_{F2}:临界状态模型屈服函数形状选择参数(7.11)

K_{P1},K_{P2}:临界状态模型塑性势函数形状选择参数(7.11)

L:梁荷载(1.5.2)

L:外力做的功(2.6)

$\boldsymbol{L}$:下三角矩阵(2.9.2)

L_i:面积坐标(II.1.1)

LER:应力空间中线弹性区(5.7.6)

$\boldsymbol{L}_G$:固结刚度矩阵非对角子矩阵(10.3)

M:梁单元弯矩(3.5.3)

M_Ψ:梁单元环向弯矩(3.5.3)

M_J:J-p'中临界状态线梯度,与洛德角无关的常数(7.9.1)

M_{JP}:屈服函数参数(7.6)

M_{JP}^{PP}:塑性势函数参数(7.6)

N:Lade 模型弹性参数(8.5)

$\boldsymbol{N}$:位移形函数或插值函数矩阵(2.5)

$\overline{N}_i$:替代形函数(3.5.4)

$\boldsymbol{N}_p$:孔压插值函数矩阵(10.3)

OCR:超固结比(4.3)

$P(\{\boldsymbol{\sigma}\},\{\boldsymbol{m}\})$:塑性势函数(6.8)

P:Lade 模型塑性剪胀应变参数(8.5)

P:塑性流动方向的球应力分量(8.7)

P^I:镜像点处塑性流动方向的球应力分量(8.7)

$\boldsymbol{P}$:塑性流动方向的偏应力,用转换变量表示(8.7)

$\boldsymbol{P}^I$:镜像点处塑性流动方向的偏应力,用转换变量表示(8.7)

Q:边界面梯度的球应力分量(8.7)

$\boldsymbol{Q}$:边界面梯度的偏应力矢量,用转换变量表示(8.7)

$\boldsymbol{Q}^I$: 镜像点处边界面梯度的偏应力矢量,用转换变量表示(8.7)

Q:源或汇(10.3)

$\boldsymbol{Q}$:方向余弦的旋转矩阵(3.7.2)

R:小应变刚度模型参数(5.7.5)

R:Lade 模型塑性剪胀应变参数(8.5)

R:Al-Tabbaa 和 Wood 模型参数(8.9)

$\boldsymbol{R}_E$:单元节点力矢量(2.3)

$\boldsymbol{R}_G$:总节点力矢量(2.3)

$\boldsymbol{R}_p$:与已知位移对应的总方程右侧荷载矢量(3.7.3)

$\boldsymbol{R}_u$:与未知位移对应的总方程右侧荷载矢量(3.7.3)

$\boldsymbol{R}_l^*$,$\boldsymbol{R}_l^{**}$:方程右边荷载的平行对称矢量和正交对称矢量(12.3.1)

$\overline{R_r^l}$,$\overline{R_z^l}$, $\overline{R_\theta^l}$:径向、竖向和环向荷载增量第 l 阶余弦调和系数(12.3.1)

$\overline{\overline{R_r^l}}$,$\overline{\overline{R_z^l}}$, $\overline{\overline{R_\theta^l}}$:径向、竖向和环向荷载增量第 l 阶正弦调和系数(12.3.1)

S:小应变刚度模型参数(5.7.5)

S:梁单元剪力(3.5.3)

S,T:局部(自然)坐标(2.5.1)

S_t:MIT-E3 模型应变软化度参数(8.7)

S_u:土体不排水抗剪强度(1.9.1)

Srf:积分面(2.6)

SSR: 应力空间中小应变区域(5.7.6)

$SSTOL$:应力积分次阶算法子步允许误差(IX.1)

T:小应变刚度模型参数(5.7.5)

T:应力积分次阶算法子步大小(9.6.2)

T:固结计算修正时间因子(10.9)

$\boldsymbol{T}$: 面力矢量(2.6)

T_o:土体抗拉强度(8.3)

$\overline{U_i^l},\overline{V_i^l},\overline{W_i^l}$:第 i 节点径向、竖向和环向位移的第 l 阶余弦调和系数(12.3.1)

$\overline{\overline{U_i^l}},\overline{\overline{V_i^l}},\overline{\overline{W_i^l}}$:第 i 节点径向、竖向和环向位移的第 l 阶正弦调和系数(12.3.1)

Vol:积分体积(2.6)

VCL:初始固结线(7.9.1)

W: 楔体重量(1.9.1)

W:应变能(2.6)

W_i:高斯数值积分权重(2.6.1)

$YTOL$:屈服函数允许误差(IX.1)

α:大主应力与竖直方向夹角(4.3.4)

α:小应变刚度模型参数(5.7.5)

α:Lade 模型塑性剪胀应变参数(8.5)

α:MIT-E3 模型确定边界面大小的变量(8.7)

α:黏塑性计算中时间步长参数(9.5.3)

α:应力积分次阶算法中应力增量弹性部分计算参数(IX.1)

α_K,α_G:K-G 模型参数(5.7.3)

α_P,α_F:临界状态模型屈服函数及塑性势函数形状变化参数(7.11)

β:破坏面与垂直方向夹角(1.9.1)

β:Lade 模型塑性剪胀应变参数(8.5)

β: 迭代求解参数(11.4)

β_G:K-G 模型参数(5.7.3)

β_P,β_F:临界状态模型屈服函数及塑性势函数形状变化参数(7.11)

γ:单位体积重度(1.5.2)

γ:梁单元剪应变(3.5.2)

γ:小应变刚度模型参数(5.7.5)

γ:MIT-E3 模型边界面塑性参数(8.7)

γ_f:孔隙水单位体积重度(10.3)

γ_{xy},γ_{xz},γ_{yz}:笛卡儿坐标中剪应变分量(1.5.3)

γ_{rz},$\gamma_{r\theta}$,$\gamma_{z\theta}$:柱坐标中剪应变分量(1.6.2)

δ:小应变刚度模型参数(5.7.5)

$\boldsymbol{\delta}$:梁单元节点位移与转角(3.5.4)

$\boldsymbol{\delta}$:迭代矢量(11.4)

$\boldsymbol{\varepsilon}$:应变矢量(1.5.5)

ε_x,ε_y,ε_z:笛卡儿坐标中正应变分量(1.5.3)

ε_z,ε_r,ε_θ: 柱坐标中正应变分量(1.6.2)

ε_v:体积应变(3.4)

ε_v^e:弹性体积应变(7.9.1)

ε_v^p:塑性体积应变(7.9.1)

ε_l:梁单元轴向应变(3.5.2)

ε_Ψ: 梁单元环向膜应变(3.5.2)

ε_s:三轴偏应变(4.3.3)

ε^p:塑性应变分量(6.3)

ε^e:弹性应变分量(6.13)

ε^{crack}:裂缝应变(8.3)

ε^{vp}:黏塑性应变(9.5.2)

ε_s:应力积分次阶算法中应变增量弹塑性部分(IX.1)

ε_{ss}:应力积分次阶算法子步应变(9.6.2)

η:小应变刚度模型参数(5.7.5)

η:应力比($=J/p'$) (7.11.2)

η:迭代求解参数(11.4)

η_P, η_F:临界状态模型屈服函数及塑性势函数形状变化参数(7.11)

η_1:Lade 模型塑性剪胀应变参数(8.5)

θ:大主应力与水平方向夹角(1.9.2)

θ:洛德角(5.3)

θ_c:当前洛德角(7.5)

θ_f:破坏时洛德角(7.12)

κ: v-$\ln p'$中回弹线斜率(临界状态模型参数)(7.9.1)

κ_0:MIT-E3 模型 v-$\ln p'$中回弹线初始斜率(8.7)

κ^*:$\ln v$-$\ln p'$ 中回弹线斜率(Al-Tabbaa 和 Wood 模型参数)(8.9)

λ:v-$\ln p'$中初始固结线斜率(临界状态模型参数)(7.9.1)

λ^*:$\ln v$-$\ln p'$中初始固结线斜率(Al-Tabbaa 和 Wood 模型参数)(8.9)

μ':排水泊松比(3.3)

μ_u:不排水泊松比(3.3)

μ'_{SP}:由沉积方向上应力引起沉积层面中应变变化的泊松比(5.6)

μ'_{PS}:由沉积平面中应力引起沉积方向上应变变化的泊松比(5.6)

μ'_{PP}:由沉积平面中应力引起同平面中应变变化的泊松比(5.6)

μ_P, μ_F: 临界状态模型屈服函数及塑性势函数形状变化参数(7.11)

μ:Lade 模型弹性参数(8.5)

υ:剪胀角(7.5)

ξ, η:与三角形两条边对应的局部坐标(II.1.1)

ρ:Lade 模型塑性剪胀应变参数(8.5)

$\boldsymbol{\sigma}$：总应力矢量(1.5.5)

$\boldsymbol{\sigma}'$：有效应力矢量(1.5.5)

$\boldsymbol{\sigma}_f$：孔隙水压力矢量(1.5.5)

$\sigma_x,\sigma_y,\sigma_z$：笛卡儿坐标正应力分量(1.5.2)

$\sigma_z,\sigma_r,\sigma_\theta$：柱坐标正应力分量(1.6.2)

$\sigma_1,\sigma_2,\sigma_3$：大、中、小主应力(1.9.2)

σ_v',σ_h'：竖向与水平方向有效应力(4.3.1)

σ_a,σ_r：轴向与径向总应力(4.3.2)

σ_a',σ_r'：轴向与径向有效应力(4.3.3)

σ_{vc}'：竖向有效固结应力(4.3.4)

σ_Y：屈服应力(6.4)

σ_{nf}'：破坏面上法向有效应力(7.5)

σ^{tr}：应力积分回归算法试算应力(IX.2)

$\tau_{xy},\tau_{xz},\tau_{yz}$：笛卡儿坐标中剪应力分量(1.5.2)

$\tau_{rz},\tau_{r\theta},\tau_{z\theta}$：柱坐标中剪应力分量(1.6.2)

τ_f：破坏面上剪应力(7.5)

φ'：剪切摩擦角(1.9.1)

φ_{cs}'：临界状态剪切摩擦角(4.3.2)

φ_p'：峰值摩擦角(4.3.6)

φ_r'：残余摩擦角(4.3.6)

φ_{TC}'：三轴压缩试验临界状态剪切摩擦角(8.7)

φ_{TE}'：三轴拉伸试验临界状态剪切摩擦角(8.7)

χ_l：梁单元弯曲应变(3.5.2)

χ_Ψ：梁单元环向弯曲应变(3.5.2)

Ψ：MIT-E3 模型边界面旋转参数(8.7)

Ψ：Al-Tabbaa 和 Wood 模型参数(8.9)

ω：Lade 模型弹性参数(8.5)

ω：MIT-E3 模型滞回弹性参数(8.7)

$\boldsymbol{\psi}$：残余荷载向量(9.6)

E_d：偏应变不变量(5.3)

E_d^e：弹性偏应变(VII.2)

E_d^p：塑性偏应变(VII.2)

$\boldsymbol{E}$：转换变量表示的偏应变矢量(8.7)

Λ：塑性应变标量因子(塑性乘子)(6.8.3)

$\boldsymbol{\Phi}_G$：固结刚度矩阵渗透系数子矩阵(10.3)